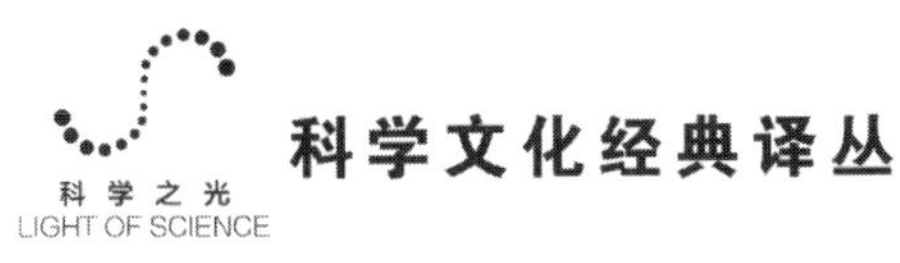

科学文化经典译丛

西班牙科学史

失落的帝国 上

HISTORIA DE LA CIENCIA EN ESPAÑA

EL PAÍS DE LOS SUEÑOS PERDIDOS

［西］何塞·曼努埃尔·桑切斯·罗恩 著
徐红梅 王 萌 赵 婷 译
何 冰 李伊茉 审译

中国科学技术出版社
·北 京·

图书在版编目（CIP）数据

西班牙科学史：失落的帝国 . 上 /（西）何塞 · 曼努埃尔 · 桑切斯 · 罗恩著；徐红梅，王萌，赵婷译 . -- 北京：中国科学技术出版社，2023.1
（科学文化经典译丛）
ISBN 978-7-5046-9678-6

Ⅰ. ①西… Ⅱ. ①何… ②徐… ③王… ④赵… Ⅲ. ①自然科学史—西班牙 Ⅳ. ① N095.51

中国版本图书馆 CIP 数据核字（2022）第 118497 号

EL PAÍS DE LOS SUEÑOS PERDIDOS

总 策 划	秦德继
策划编辑	周少敏 李惠兴 郭秋霞
责任编辑	郭秋霞 李惠兴 汪莉雅
封面设计	中文天地
正文设计	中文天地
责任校对	邓雪梅 张晓莉
责任印制	马宇晨

出 版	中国科学技术出版社
发 行	中国科学技术出版社有限公司发行部
地 址	北京市海淀区中关村南大街 16 号
邮 编	100081
发行电话	010-62173865
传 真	010-62173081
网 址	http://www.cspbooks.com.cn

开 本	710mm × 1000mm 1/16
字 数	1166 千字
印 张	74
彩 插	16
版 次	2023 年 1 月第 1 版
印 次	2023 年 1 月第 1 次印刷
印 刷	河北鑫兆源印刷有限公司
书 号	ISBN 978-7-5046-9678-6 / N · 294
定 价	268.00 元（全二册）

（凡购买本社图书，如有缺页、倒页、脱页者，本社发行部负责调换）

前　言

我读书时学的是理论物理，曾在这个学科沉浸多年，但后来科学史把我吸引住了。作为曾经的物理学家，我的注意力一开始放在更普遍的科学（主要是物理）上。西班牙在科学方面少有建树，只有个别特例，比如无人能媲美的圣地亚哥·拉蒙－卡哈尔（Santiago Ramón y Cajal）。我研究的主要课题有：狭义和广义相对论及其创立者阿尔伯特·爱因斯坦的传记，量子物理的复杂历史，以及 19 世纪和 20 世纪权力（政治、经济和军事）与科学的关系。在最初几年，我并没有想到西班牙科学史居然会占用我这么多的时间和精力。当然，我也从未放弃我们所说的最“广泛”的兴趣。

除了少数例外情况，我研究的西班牙科学史主要涉及 19 世纪和 20 世纪的物理和数学学科；我写过何塞·埃切加赖（José Echegaray）、圣地亚哥·拉蒙－卡哈尔、埃斯特万·特拉达斯（Esteban Terradas）和米格尔·卡塔兰（Miguel Catalán）的传记；我还研究过上述时期成立的一些大型机构（有的机构至今依然存续）：扩展科学教育与研究委员会、西班牙国家研究委员会，国家航空技术研究所（国家航空航天技术研究所的前身），以及核能委员会。1999 年，在开展这些研究之前，我承接了一项任务，负责对过去两个世纪西班牙科学界发生的事情进行一个总体介绍，由此我写了一本书——《凿子、锤子和石头：西班牙科学史（19—20 世纪）》[*Cincel, martillo y piedra. Historia de la ciencia en España*（*siglos XIX y XX*）]。

从那时起，我就不断撰写一些有关西班牙科学史的文章，同时也顺便学习相关领域发表的众多优秀著作［正如戈雅（Goya）在他的《波尔多画作集》（*Álbum de Burdeos*）中表现的那样，我也可以说："我仍在学习。"①］。就这样，我觉得是时候开始写一本真正的西班牙科学史书了，而不是局限在我那本《凿子、锤子和石头》的时间段内，那本书的内容，现在看来某些章节可以得到更广泛的更新和提升。而[1]《西班牙科学史：失落的帝国》这本书，就是我的成果。

我要回答的第一个问题是，为什么书名要叫作《西班牙科学史：失落的帝国》。接下来的章节会证明，科学被看作值得投身于其中的梦想，无论因其内在价值，即我们拥有的了解大自然中围绕我们的一切事物，如实体（包括我们自己）和现象的最佳工具，还是因为它在让我们生活更便捷方面有不可否认的实用性，它都是过去和现在一些西班牙人重视和追求的目标。事实证明他们的愿望和希望最终落空了，尽管曾经历过充满希望的时刻。他们在一个世界里唤醒了一个并非他们所期望的西班牙。接下来的章节中会记录不在少数、甚至可以说数不胜数的与此相关的哀叹。这些哀叹至今仍然在我们的耳朵中和灵魂深处回响。"真希望能够快乐工作和享受工作之快乐的时代早点到来！"何塞·埃切加赖在1910年的西班牙皇家精确、物理和自然科学院回应新任院士布拉斯·卡夫雷拉（Blas Cabrera）的讲话时感叹道。当然，我们都知道他指的是科学工作。如今西班牙的科研环境比当时要好得多，但是仍然存在太多的困难、太多的忽视，让我们重申这位多才多艺的土木工程师、著名剧作家、19世纪最优秀的西班牙数学家的呼声，他真正想做的事是投身于他最热爱的学科——数学。

有关本书的内容，我必须提醒各位读者，我不打算将所有曾以某种方式参与到西班牙科学史的人都包括在内，因为那是徒劳的，是不可能完成的任务。[2]我不是，也从未尝试要做一个"昆虫学家式的历史学家"，即那种事无巨细、一心要追查到每一个最微小的细节或者人物的历史学家。我明白历史不应该把那些（所谓的）"小人物"边缘化，不应该忽视那些自放弃研究以来或在那之前就失去踪迹的科

---

① "我仍在学习"，原文"Aún aprendo"。是西班牙著名画家戈雅晚年迁居法国波尔多之后创作的一系列铅笔素描中一幅画作的名称，画中是一位双手拄拐但仍奋力前行的老者，学者认为此画是画家心灵的自画像，反映了戈雅在晚年仍然追求新突破的精神状态。——译者注

学家。而且，不仅应该关注那些把科学当做毕生事业的人，也应该像年鉴学派[①]教给我们的那样，关注其他更“次要”的人物，例如卡洛·金茨堡（Carlo Ginzburg）在《奶酪与蛆虫：一个16世纪磨坊主的宇宙》（*Il formaggio ei vermi. Il cosmo diun mugnaio del‘500*）中，再现了一名看似“无名之辈”的人物——对传统历史而言如同消逝的鬼魂的人——磨坊主多梅尼科·斯坎代拉（Domenico Scandella）的生活。再举个例子，我们都很了解圣地亚哥·拉蒙－卡哈尔的生平，但是根据他在《我的科学工作史》（*Historia de mi labor científica*）一书里的记载，在马德里有一位除虫师为他提供了活着的“蛇、蜥蜴、猫头鹰、乌鸦、雕鸮、肋突螈、蝾螈、鳟鱼等”，以便他进行研究，但我们对这位除虫师又有多少了解呢？从根本上讲，除了那些伟大的人物或机构，权倾一方的国王，影响深远的政治家、战士或冒险家，大思想家，群贤毕至的社会和日不落的帝国[②]以外，我们并不关心那些默默无闻在背后促成这一切（或因这一切而受苦）的匠人和技工：战士、乞丐、抄写员、印刷工、奶酪制造商、文员、泥瓦匠，或者那些科学界本应将其涵盖在内的工具制造者、实验室助理、镜片打磨师，那历史就无法完整。但是如果我试图朝着这样一个包罗万象的目标靠近，那这本书记载的历史就无穷无尽了。

或许有些读者会感到惊讶，甚至厌烦我在这本书里长篇累牍地引用他人的文字。这是我有意为之的，因为我希望在历史可以提供的记忆以外，恢复常常会丢失的声音，记录下我重建的一些人物的话语和文字。我曾大量引用过一些历史学家的研究也是类似的原因。

一部科学史，无论是国家还是社会的科学史，如果不包含一个既是科学，也是技术和“艺术”（源自医患关系）的学科——医学，那就是不完整的。而且，如果不包含技能技术，那也是不完整的。鉴于本书的篇幅，很显然不可能在这本书里对认

---

① 年鉴学派（La escuela de los Annales）是一个史学流派，得名自法国学术期刊《经济社会史年鉴》（*Annalesd'histoire économique et sociale*）。该学派融合了地理学、历史学与社会学，依循社会科学的历史观，但又不像大多同时期的史学家那样过度强调这一点。这样的态度使得年鉴学派较强调一段长时期的历史架构，看重地理、物质等因素对历史的影响，也衍生出心态史的研究。年鉴学派的继承学者，转而强调以文化史、经济史的观点研究历史。——译者注

② 此处指西班牙。——译者注

知和实践这两个“宇宙”同时做到不偏不倚。它们当然会出现，但仅仅是在没有它们就无法理解我要讲述的故事时，也许圣地亚哥·拉蒙－卡哈尔除外。但是，我们怎么能少了这道能为西班牙更美好的科学未来照亮希望的耀眼光芒呢？

在很久以前，有一段时间，国内很多学者和科学家的注意力和努力被所谓的“西班牙科学争议”所占据，法国百科全书作家尼古拉·马松·德·莫维莱尔（Nicolas Masson de Morvilliers，1740—1789）在《方法论百科全书》（*Encyclopédie méthodique*）中对“西班牙”这个词条的表述激怒了他们：

> 西班牙人有科学天赋，有很多书籍。但是西班牙却可能是欧洲最无知的国家。对一个连阅读和思考都需要征得神父允许的民族，人们能有什么期待呢？……如今，丹麦、瑞典、俄罗斯、波兰、德国、意大利、英格兰和法国，所有这些国家，无论是敌是友还是竞争对手，都对科学和艺术的进步抱有极大热情。他们都认为要与其他国家分享科学成果，每一个国家都多少获得了一些有用的发现，并造福了人类。但是，西班牙做了什么？从两个世纪、四个世纪乃至六个世纪之前开始，西班牙为欧洲做了什么？[3]

这些争论过于激烈，我并不想参与其中。我不打算，也无法成为马塞利诺·梅嫩德斯·佩拉约（Marcelino Menéndez Pelayo）① 再世（这样说是出于对马塞利诺先生的记忆力和著作应有的尊重）。我无意维护所谓的“国家荣誉”，也不想去搜寻被忽视的民族先驱。我想通过这本书提供一个涵盖面广泛的关于西班牙科学史的概览，从塞维利亚的圣依西多禄（San Isidoro de Sevilla）撰写《词源》（*Etimologías*）的 7 世纪开始，到 1986 年西班牙颁布《科学法》（*Ley de la Ciencia*）为止。通过这样一个概览，我得出的主要结论是西班牙的科学史与其社会政治史相当一致，后者充斥着各种各样“打破常规”的事件，而这些情况和状态决定着那些希望从事科学研究的人的工作

---

① 马塞利诺·梅嫩德斯·佩拉约（1856—1912），西班牙学者、历史学家、文学评论家。以对观念史、西班牙语言文学的研究而知名，同时也是一位杰出的诗人、文学翻译家和哲学家。曾经五次获得诺贝尔文学奖提名。——译者注

机会和生活。尽管存在着某些例外情况，但或许西班牙科学史中缺少的是能够超越特殊国情的个人或群体。所有像西班牙一样历史悠久的国家都曾经历过十分动荡且艰难的时期，但是这些国家中有一部分，例如英格兰、苏格兰、法国，那些后来组成德国的联邦州，都不缺少愿意“超越”日常生活的个体，他们有着足够的好奇心或者求知欲，愿意尝试理解自然界发生的事物和支配它的规律，除了“了解”别无他求，就如同那些在17世纪下半叶初期在伦敦聚会讨论“自然哲学”的人，这样的聚会最终在1660年促成了皇家学会的成立。这类文化是西班牙所缺乏的。而且，在这类文化的西班牙参与者中，鲜有文化和经济地位高的贵族或乡绅，他们往往更关心如何拯救自己的灵魂、维护自己的生活品位或“荣誉”，而不是了解他们的周遭环境。

我知道我刚才提到的情况不能作为一个概括的解释，也不是一个完全令人满意的理论，无法让人们更好地了解西班牙的历史。我很赞同著名西班牙学家约翰·埃利奥特（John Elliot）在他的自传《创造历史》（*Haciendo historia*）（2012：212）中的表述：“虽然我对任何伟大理论形成的可能性都存在疑问，但我仍然热切希望为分析留下空间，但是同时又要注意不能影响叙事的流畅性。这是所有研究叙事历史的人都面临的挑战，当要讲述的历史不止一段，而是有两段或者更多段时，事情就不可避免地更加复杂了。”而我已经，或者尝试在这本书里讲述很多段历史了。

最后我终于完成了撰写这部史书的漫漫长路。和所有的作家一样，我希望这本书能对一些人有用，但约翰·埃利奥特曾明确表达过的一个疑问依然存在（2012：112-113）：

> 任何一个志向远大的历史学家都面临这样一个挑战，就是如何把握一个时代的特点，使人类的行动和行为能够被理解，在不干扰叙事流畅性的前提下将分析和描述结合起来。最后，正如所有历史学家都知道的那样，这样的尝试总是会留一点遗憾。没有任何叙事可以做到完全详尽，不存在完整的解释，在叙事和分析之间寻找平衡更是极度困难。他们能做的最好的事情就是利用保存下来的证据，尽可能有说服力地贴近过去的时期、人物和事件，并用足以吸引并保持读者注意力的有效方式加以呈现。

目　录

第 1 章

三种文化的国度

过去是脆弱的，脆弱得好似经年钙化的骨骼，脆弱得好似我们在窗子上见到的幻影，抑或是脆弱得好似那梦醒时分消散的梦境。它什么都没有留下，除了不安、痛苦，或是更少见的、某种奇怪的满足感。

西丽·赫斯特韦特（Siri Hustvedt）

《关于未来的记忆》（*Memories of the Future*，2019）

西丽·赫斯特韦特说的没错，她说“过去是脆弱的”。诚然，这种脆弱性不仅源自笼罩在迷雾下的久远时光，也产生于当下这个时代，它指引着我们试图利用我们所熟识的范畴和概念去了解这段过去。“往事犹如异乡”，这是莱斯利·P. 哈特利（Leslie P. Hartley）所著的小说《送信人》（*The Go-Between*，1953）中非常有名的句子。我提及此句是想说，如果我们追溯到很久以前，那时的“科学”并不符合我们现在所理解的概念。也正是因为这个原因，在这个时间跨度远大于其他任何章节的部分中，我放弃了阐述那些基本上可以公正地定义为“科学知识”的与之无关的事件和成就，如塞哥维亚引水渠是如何建造的；我也不会去探究，在古希腊、古罗马帝国或者古印度（相较于其他学科，其在数学知识上的钻研堪称“数学之母”）出现的知识是否寻找到了能够将其引入西班牙的方法。本书由此变得简单明了，而我也要开始踏上将本书打造为西哥特时期出现在伊比利亚半岛南部塞尔维亚地区百科全书式作品的漫漫长路。

圣依西多禄的《词源》

在其作品《西班牙上下三千年》（*España. Tres milenios de historia*）（2000：31-32）中，历史学家安东尼奥·多明格斯·奥尔蒂斯（Antonio Domínguez Ortiz）曾写道：

> 由于信息的缺失和变化的迟缓，西哥特时期就像是我们历史上的某种黑洞。该时期持续了将近 3 个世纪，几乎等同于整个现代，但如果说现代提供的信息能够填满上千卷，那么围绕着西哥特王国，我们所知晓并能够讲述的大概也就只有十几卷。阿拉伯人的入侵带走了几乎所有的官方文件，私人文件应该很少；用石板来粗略雕刻文字的支撑物又如此缺乏。至此，西哥特文学——我们信息的源泉，也基本只能缩减为干瘪的编年史。
>
> 这是一部重要的法律汇编、司法典和教会文件，其中突显了当时宗教法规的兴趣点，也体现了当时芸芸众生的丰富细节。

同样，他还说过“考古资料极度匮乏”；并且他还总结出：“在这片荒漠中有几片绿洲，历史学家们把注意力都集中到了这些地方：比如首个西班牙国家的形成、种族的融合、圣依西多禄的作品。”

伊比利亚半岛的西哥特时代始于 5 世纪中叶，当时有一支来自东日耳曼地区的哥特人随着罗马帝国的衰落抵达了西班牙。在狄奥多里克一世（Teodorico Ⅰ）的带领下于 427 年攻入半岛，但是真正征服西班牙则是在尤里克（Eurico）国王（466—484）统治时期。尽管在重建西哥特时代方面存在种种限制，但是对于阿梅里科·卡斯特罗（Américo Castro）（2001：47）来说，相比于在其他地方所发生的一切，这段时期并不是那么的黑暗："西哥特时期的那几个世纪称不上残暴。在 5 世纪初期，涌现了很多重要的历史学家，如保罗·奥罗西奥（Paulo Orosio）；还有在 6 世纪和 7 世纪之间出现的圣依西多禄。在日耳曼人入侵后、西班牙被破坏的日子里，西班牙的启蒙运动表现得并没有很差。这里有编年史家、历史学家和诗人，与那些蜂拥而至的新生的罗马语族相比，并无好坏之分，西班牙和东方帝国之间甚至还有联系。直到 711 年穆斯林到达了这里，并且在短时间内就成为了几乎整个伊比利亚地区的主人。他们自带两股友好力量的支持，政治统一和一个新兴的宗教帝国，这完全符合了贝都因人灵魂和身体的渴望。"

支持卡斯特罗观点的一个论据是，如果圣依西多禄没能进入拥有他作品中所列举的、涵盖这些知识层面的作品的图书馆，那么他是无法写出他最知名的作品《词源》的。这些作品应该包括：公元前 1 世纪罗马预言家马库斯·特伦提乌斯·瓦罗（Marco Terencio Varrón）（似乎是圣依西多禄作品的主要来源）的部分作品（大部分已经失传）；希波克拉底（Hipócrates）和盖伦（Galeno）的医学作品；迪奥斯科里季斯（Dioscórides）的《药物志》（*Materia medicinal*，又写作 *De materia medica*），以及罗马人盖乌斯·普林尼·塞孔都斯（Cayo Plinio Segundo，23—79）的《博物志》（*Historia natural*），他更著名的称呼就是老普林尼（Plinio el Viejo）。该书是一部伟大的百科全书，共分为 37 册，他在书中分析并着重描写了世界、元素、国家、民族、动物、植物、药物、地质、矿物学和各种发明。[1] 正如我将在第 2 章和第 4 章中解释的那样，16 世纪的西班牙博物学家弗朗西斯科·埃尔南德斯（Francisco Hernández），花费了十多年的时间致力于将普林尼的作品翻译为西班牙语。他在给费利佩二世（Felipe Ⅱ）的"献词"中写道：他在自己的翻译中加入了"神圣的普林尼《博物志》①，其中（如他在序言中所说）摘引了两万个鲜少被研究的重要事实，这些事实源自他精心挑选的百名成功且罕见的原始作者的两千本书（多数典籍已经失传）进行总结，才使得这部作品如此的优秀、完整，而且由于这本书包含了如此多的汇编和元素，使得任何一个章节都可以扩展出一整卷的内容。也正因如此，毫不奇怪有人评定普林尼是一个有时已经超越了真理界限的人，因为他写的东西是如

① 这里根据所查资料及联系上下文，应该特指普林尼所著的《博物志》一书。——译者注

此的罕见和令人钦佩，以至于对大多数人来说都太过深奥，听起来是如此的不真实和不可思议，但其实普林尼所写的一切都是可以找到出处或作者的。”然而更谦虚的是普林尼自己的主张，正如包含在他在给提图斯皇帝进献的“前言”中的词句所反映出来的：“最艰难的莫过于给旧事物赋予新生，给新事物赋予权威，让废弃的东西重现光泽，让阴暗的角落重获光明，对厌恶的事情予以恩惠，对怀疑的事情予以信任，使所有回归自然，使自然贯穿所有。”[2]

圣依西多禄（约560—636），又名依西多禄，也称为“塞维利亚的圣依西多禄”，这可能是因为他出生在这个城市并在此担任大主教30年之久；尽管他本该在卡塔赫纳担任这个职务，但后来他的家人可能因为拜占庭入侵造成的问题而逃离了那里，并迁往了贝梯卡的省会。可无论如何，他都是当时西班牙的一束光。还是引用多明格斯·奥尔蒂斯的话（2000：36）——“圣依西多禄的作品就像是矗立在沙漠中央的一块巨石。”他还补充道，“客观地说，他那些数量巨大种类繁多的作品总体质量并没有很高，但是在一个学术水平极度低下的欧洲，这些作品理应受到最高程度的尊重。”

如我所说，《词源》是他最著名的作品，这也是在当时及其后几个世纪里对欧洲影响最深、最广为人知的著作。[3]人们甚至会说：“在中世纪，该作品被传抄的次数仅次于《圣经》（Vera）（2000：146）。”本笃会修士吠陀尊者（Veda el Venerable，672—735）在英格兰延续了圣依西多禄的传统；来自约克郡的阿尔琴（Alcuino，735—804）在高卢人学校里沿用了圣伊西多禄的“学科”模式；德国哲学家和神学家拉巴努斯·毛鲁斯（Rabano Mauro，780—856），也是阿尔琴的信徒，将圣依西多禄的知识从富尔达修道院传播到了中部欧洲；还有被称为拉韦纳无名氏（Anónimo de Rávena）的基督教宇宙学家在大约670年著有《拉韦纳无名氏宇宙志》（*Ravennatis Anonymi Cosmographia*），其内容与《词源》中地理部分的内容十分相似。其后，印刷术得以普及，《词源》一书随即被反复出版，第一版《词源》在1472年于奥格斯堡出版后，很快就有其他版本纷纷面世：阿姆斯特丹（1477年）、巴塞尔（1477年、1489年、1570年、1576年和1577年）、科隆（1478年）、威尼斯（1483年、1485年和1493年）、巴黎（1499年、1500年、1509年、1520年、1522年和1850年）、昂热（1499年）、莱顿（1909年）和牛津（1911年）。马德里在1599年和1778年先后出版过圣依西多禄全集。

可以这样说，圣依西多禄在他的作品中对古代知识进行了汇编，建立了其中一座连接古代知识与中世纪知识的伟大桥梁。对于《词源》这一标题的由来，人们是这样解释的，圣依西多禄倾注了很多精力用于解释许多词汇的起源（在他看来）；事实上，这些词源类似于用一个说明，试图对各种类型的知识进行解释。关于这一说法的一个例子是：[4]

一、关于人类及其组成部分：

（1）大自然之所以称为大自然，是因为它催生万物。因此，它拥有创造生命的力量。有人认为大自然就是上帝，一切都由它创造并得以存在。（2）“Genus”（血系）这个词源于“gignere”（生育），这个词来源于土地，因为一切都从土壤中滋长，在希腊语中“土地”这个词是“gé”。（3）“生命”这个词源于“vigor”，或者说来源于生育和成长的能力（vis）。我们说树是有生命的，因为它可以结果并成长。（4）我们把人类叫作“hombre”（homo），是因为根据《创世纪》（2，7），人类是“humus”（泥土）做成的：“耶和华用地上的尘土造人”。

圣依西多禄应该是在621年之前完成《词源》的，因为其中包含了一篇致西塞布特（Sisebuto）国王的献词，这位国王于同年去世。目前，其内容按以下形式被分类为：

（1）语法及其构成；（2）修辞和论证；（3）数学（算术、音乐、几何和天文学）；（4）医学；（5）法律和年代学；（6）圣经、图书馆和书籍、周期、节日和职业；（7）上帝、天使、圣人和宗教等级；（8）教堂、犹太教堂、异教、哲学、诗歌和其他宗教；（9）语言和民族、职位及关系划分；（10）一些名字的来源；（11）人类及其身体部位、怪物和缺陷；（12）动物；（13）元素、海洋、河流和洪水；（14）地理；（15）城市，乡村和城市建设，以及测量和通信系统；（16）矿物学和金属，质量和体积；（17）农业；

（18）战争，表演和游戏；（19）舰船，渔业，职业，建筑和服装；（20）食品、饮料和器具，家用和农用器具。

书中包含的一些有关科学的内容案例可以让我们对那个时代有一个整体的概念。所谓“科学问题”主要指早期的三类科学，它们是人们为了满足迫切的需要和好奇心而自然产生的，即：数学、天文学和医学。

在第三册《论数学》（*Acerca de la matemática*）中，我们可以读到：

引言：在拉丁文中我们用“matemática”这个词称呼用来研究抽象数量的科学。当我们使用智慧将物质或其他外部因素与数量分开时，数量就变得抽象了。例如，“偶数”和“奇数”的概念。或者，若我们从其他类似元素之外的简单推测层面来分析，也是如此。这门科学有4个组成部分：算术、音乐、几何和天文。算术是可计数量的科学，主要考虑它本身。音乐是数字与声音相关联的学科。几何是测量和形状的科学。天文，则是分析天体在天空的行进轨迹、各种形态和恒星位置的学科。

在《论天文学大成》（*Sobre los maestros de la astronomía*）第26节中，他写道［他把《天文学大成》这部著作的作者——天文学家、地理学家和数学家克劳狄乌斯·托勒密（Claudio Ptolomeo）与“救主”托勒密一世（Ptolomeo I Sóter），或者是与托勒密王朝的其他成员弄混了。这个王朝于公元前4—前3世纪统治埃及，并促进了亚历山大城的文化发展］：

很多作者，都曾以各种语言撰写有关天文的作品。这些作品的作者中最出众的是亚历山大国王托勒密，他甚至制定了界定天体运动轨迹的定理。

另外，有趣的是他在《关于天空和它的名字》（*Sobre el cielo y su nombre*）中的内容也很有意思（第31节）：

> 1. 哲学家说天空是圆的，旋转的，炽热的。天空的名称来源于“caelum”，因为它就像一个雕琢出来的容器（caelatum），刻着群星的图案。
>
> 2. 上帝用耀眼的光芒让它变得更加美丽，他用太阳和像发光的盘子一样的月亮将它充实；另外，还用各种壮丽的闪烁的天体加以装饰……

《论苍穹的所在》（*Sobre el lugar que ocupa la esfera celestre*）中写道：

> 1. 苍穹的形象就像一个球体，它的中心是大地，所有的地方都是相同的……
>
> 2. 哲学家认为在世界上有七重天空，也就是说，包含了星球的协调运动，并且认为，一切都与它们的轨道相连。人们认为这些轨道是相互联系且彼此交织的，它们可以后退，并被其他轨道反向运动拖拽着。

关于被称作“银河”的区域，在第 46 节《论白色圆环》（*Sobre el círculo blanco*）中，他表示：“环状的银河是苍穹上的一条通道，因为它的颜色是白色，由此而得名。有人说这是太阳的环形行进路线，在穿过它的时候吸收了光亮，才得以发光。”在第 61 节《论星光》（*La luz de las estrellas*）中，他表示“星星没有自己的光亮，而是像月亮一样被太阳照亮”。

在第四册书《论医学》（*Acerca de la medicina*）中，圣依西多禄对医学定义如下：

> 1. 医学是保护或恢复人体健康的科学，它的活动领域主要在疾病和伤痛中。
>
> 2. 它不仅包含能够使人恢复状态的医学疗法，而且还包含食品、饮料、服装和庇护所；这一切都用于防御和保护，得益于此，我们的身体可以抵御那些外来的攻击和危险。

在后面的第 4 节《论四种体液》（*Sobre los cuatro humores del cuerpo*）中。圣依西多禄恢复了古希腊关于“机体流液”或“体液”的说法：

> 1. 健康指身体完整无恙且处于热度和湿度的自然平衡状态，即血液的平衡状态。因此，我们使用“sanitas”（健康）这个词，这个词含义和“sanguinis status”（血液状态）相同。
>
> 2.“疾病”这个词是人体所有病痛的总称……
>
> 3. 所有的疾病都来源于四种体液：血液、黄胆汁、黑胆汁和黏液。[5]

总言之，圣依西多禄一方面是老普林尼的继承者，另一方面也是我们所说的 7 世纪“高级文化”的绝佳代表。

伊斯兰和希腊科学的传承

虽然存在很多局限性，但是我们必须意识到，我们所理解的“科学”是与古希腊世界的哲学并行而生的，或者甚至可以认为是产生于后者的。如漫漫历史长河中的诸多文明或者帝国一样，希腊世界也是逐渐从巅峰走向衰落，虽然它的文化经历了艰辛的历程，但这并不意味着它文化的消亡。希腊的殖民活动推动了大量希腊人口向波斯流动，这体现在诸多城市的建立上。有很多城市名叫亚历山大，这是为了纪念那位征服者（他曾经给 180 多座城市起了同样的名字），但只有一座留存下来并为文化史带来了深远的影响：亚历山大大帝于公元前 331 年在尼罗河三角洲建立的亚历山大城。人口来源的多样化使四种希腊方言融合起来，在阿提卡方言的基础上，受爱奥尼亚方言的重要影响，形成了一门新的语言——通用希腊语（koiné），这是整个希腊世界曾使用的语言，也被称作“希利尼希腊语”（griego helenístico）。这门新语言在叙利亚、波斯和埃及等近东地区的上层阶级中广泛传播，方便了知识交流。

托勒密王朝使亚历山大城成为了伟大的文化中心，也是希腊文化的焦点。特别是王朝的创始人“救主”托勒密一世，他积极倡导保护并发扬希腊的文化和成就。他的儿子托勒密二世继承了父亲的事业，在皇家宫殿旁边建立了一座建筑，称之为“缪斯神庙”（Museo，即博物馆），用来纪念缪斯，文艺活动的保护女神。“缪斯神庙”事实上是一个研究中心，其中包含一个花园和一个动物园。其成员享有法老给予的津贴，专用于会议、散步和用餐的场所，以及进入古代最大的图书馆的权利，那里的手稿是唯一的科学参考来源。这座从公元前 3 世纪开始运作的图书馆之所以赫赫有名，是因为它藏有那个时代大部分的文稿，包括语法、哲学、科学等学科。很多科学哲学家在那里工作，如欧几里得（Euclides）和埃拉托斯特尼（Eratóstenes），后者是图书馆的管理员之一，并且自 1 世纪末进入罗马统治时期后，托勒密和盖伦也曾在那里工作。总之，亚历山大城曾是希腊思想传承的关键一环。[6]

罗马共和国（成立于公元前 509 年）在恺撒·奥古斯都皇帝（César Augusto，公元前 63 年至公元 14 年）统治下成为了罗马帝国，它的扩张使得政治和行政中心转移到了罗马。虽然是希腊文明（特别是在政治影响方面）的继承者，罗马帝国在科学或哲学领域并未能取得如希腊那样辉煌的建树。罗马的兴趣在其他方面，如西塞罗（Cicerón）所说：“希腊人是几何学方面的翘楚，而我们只会测量和数数。”事实上，罗马甚至没有什么出众的数学家或天文学家，只有一位脱颖而出的地理学家，蓬波尼乌斯·梅拉（Pomponio Mela，1 世纪中叶）。另外很显然，得益于其重要的实用意义，也存在一些医学家：塞尔苏斯（Celso，公元前 25 年至公元 50 年）就是其中之一，他是比提尼亚的阿斯克勒庇俄斯（Asclepíades de Bitinia，公元前 129—前 40 年）的学生。

罗马帝国最后一次分裂是狄奥多西（Teodosio，347—395）导致的，他自 379 年登基成为皇帝，统治帝国直到去世。他 383 年任命阿卡狄乌斯（Arcadio）为东罗马帝国皇帝，393 年任命霍诺里乌斯（Honorio）为西罗马帝国皇帝。导致罗马灭亡的并不是 476 年亚洲的蒙古人侵略，而是日耳曼人侵略。首先，西哥特人（哥特人的后代，东方日耳曼部落的一支）在阿拉里克一世（Alarico I，370—410）的率领下，于 410 年洗劫了罗马。当时皇帝霍诺里乌斯正在拉韦纳，对此一无所知。之前，在 406 年，汪达尔人、斯瓦比亚人和法兰克人，与其他民族一道（格皮德人、阿兰人、萨尔马提亚人、赫鲁利人）扩张到了高卢地区，之后到了西班牙行省。

在西哥特人进入罗马之后，霍诺里乌斯的妹妹仍然居住在这座城市，与其兄长截然不同的是，她劝说西哥特人与罗马人结盟，交换条件是嫁给新任西哥特国王阿陶尔夫（Ataúlfo），并在 412 年将阿基坦割让给西哥特人，以便恢复罗马对高卢地区的统治。之后，罗马人委托西哥特人将汪达尔人驱逐出西班牙行省，在 429 年，汪达尔人逃往非洲，占领了迦太基并把他们的统治扩张到了地中海（科西嘉岛、撒丁岛、西西里岛和巴利阿里群岛），并于 455 年抵达罗马。不过一切都是徒劳，反而让罗马帝国进一步衰落。451 年，一支来自亚洲的种族——匈人入侵意大利，罗马帝国又受到一次打击，他们的首领是阿提拉（Atila，395—453），已经在欧洲征战多年。虽然已经抵达罗马的大门前，阿提拉的部队并没有进入罗马城：他在城外与教皇利奥一世秘密会面，出于某种原因（或许是饥饿和传染病所致），他撤退了。事实上，不久之后瘟疫吞噬了匈人的军队，他们消失了。

无论如何，西罗马帝国已经命悬一线，不断发生起义，军队也失去了纪律。就这样，在 6 世纪，三个皈依基督教的王国成立：哥特、法兰克和东哥特（后者为 370 年前后的日耳曼部落，匈人入侵之后随着哥特人分裂而出现）。最后一个用拉丁文作为母语的，也是最后一个试图收复狄奥多西时代领土的罗马皇帝，查士丁尼（Justiniano），他的征服行动昙花一现，并且基本上仅局限在拉韦纳总督辖区。那些未被抛弃的城市，因为人口减少，萎缩到只有以前一个街区那么大，贸易收缩到仅限于周边地区，而教育则仅限于神职人员和统治阶级的某些人群，当然不会普及到所有人。农村化终结了西方的经典文化，但在东方仍在继续，仍然有蓬勃的活力和影响力。现在政治中心来到了拜占庭，一个古老的希腊城市，色雷斯的首都。皇帝君士坦丁一世（Constantino I，272—337）于 330 年重建了这座城市，并将其命名为“新罗马”或者“君士坦丁堡”（如今的伊斯坦布尔）。希腊文化在那里得到延续。

我们的重点逐步来到了伊斯兰的历史舞台，这个文明的巩固与穆罕默德（Mahoma，570/571—632）通过《古兰经》（*Corán*）的传教活动息息相关，其中内容之一就包括忠实的信徒应当把圣战当作自己的义务。他去世时，留下了一个统一的阿拉伯，虽然他没有指定任何继承人也未建立任何政权。他的家人把权力交给了哈里发——穆斯林群体的宗教和政治领袖。拜占庭和波斯之间的常年征伐（560—630）为阿拉伯的扩张提供了便利，他们用一个世纪的时间（632—732）造就了一个帝国，征服了从伊比利亚半岛到印度河的大片领土。早期的哈里发占领了埃及、叙利亚、美索不达米亚和萨珊王朝的波斯，倭马亚王朝于661—750年统治这些地区，并把大马士革定为他们的都城。希腊语直到7世纪末仍是官方语言，重要的文献通过叙利亚文转译为阿拉伯文。

伊斯兰的黄金时代发生在阿拔斯王朝，或者说在阿拔斯哈里发统治下（750—1258）。阿拔斯人对了解拜占庭、波斯和印度的文化遗产有极大的热情，这让他们获得了大量的文化积淀。他们并没有扩张自己的文化，而是吸收了被征服者的文化，把掠夺来的或是通过与敌人谈判获得的著作翻译成自己的文字。761年，第二任阿拔斯哈里发曼苏尔（Al-Mansur，712—775）在古巴比伦的废墟上建立了巴格达，这座城市便取代了大马士革成为了伊斯兰帝国的首都。自哈里发哈伦·拉希德（Harúm al-Rashid，776—809）即位以来，黄金时代开始在巴格达初具雏形，这位哈里发曾在《一千零一夜》（*Las mil y una noches*）里被多次提及，他最大的历史成就之一就是用纸取代了羊皮纸。得益于在巴格达建设的早期作坊，书写的成本大大降低了。然而，直到他的儿子马蒙（Al-Mamun，786—833）统治时期，黄金时代的到来才真正让伊斯兰世界成为科学、医学和哲学等知识的中心。

创建"智慧之家"（约800年）——它的字面意思实际上是波斯语中的"图书馆"，不过在这里它还增添了哲学和科学典籍翻译以及让各学科学者举行会面的功能是马蒙诸多成就中不可忽视的一项。在成立初期，它研究的主要是数学。印度的学者向他们传授了数字理论的巨大飞跃：进位制和引入"0"来代表空值。花拉子米（Al-Juarizmi，780—850）引入了印度的十进制，开始系统化地运用代数，并修订了托勒密地理坐标系。医学家胡奈因·伊本·伊斯哈格（Hunain ibn Ishaq，809—873）指导建设了一座翻译学校，在那里数不胜数的希腊科学和哲学典籍被翻译成阿拉伯语，若非如此，至少其中一部分典籍就会失传。其中比较关键的著作包括欧几里得的《几何原本》（*Elementos*）或者托勒密的《天文学大成》（*Almagesto*）。与智慧之家密切相关的众多人士之一，就是数学家和天文学家萨比特·伊本·库拉·伊本·马尔万·萨比·哈拉尼（Thabit ibn Qurra ibn Marwan al-Sabi al-Harrani，836—901），他修订并翻译了托勒密的地理学并将数字理论扩展到了几何量级。希波克拉底和盖伦的作品，以及迪奥斯科里季斯的药典的翻译工作为他撰写自己的《医学大全》（*Corpus Medicorum*）打下了基础。医生的工作往往具有针对性，涉及各种不同问题，因此无法准确地定位。波斯的拉齐（Rhazes，也称 Al-Razi，860—932）曾取得了一些成就，例如区分天花和麻疹，以及撰写了 30 卷本的百科全书《医学集成》（*Al-Hawi*）的一部分；还有阿维森纳（Avicena，980—1037）的《医典》（*El canon de la medicina*）（共 14 卷），在 5 个世纪之久的时间内都被当作医学参考书目，在这部书中他区分了脑膜炎和其他神经疾病，描述了炭疽病和结核病的症状，并对患者及其症状进行了综合考量。

通过所有这些成就之中积累下来的文化传统让安达卢斯（Al-Ándalus）时期的西班牙大大受益。

安达卢斯

塞维利亚的圣依西多禄所生活的西哥特王国的终结开始于 711 年 4 月初，那时，一位来自也门的将军兼大马士革倭马亚王朝哈里发的总督穆萨·伊本·努赛尔（Musa ibn Nusayr），派手下塔里克·伊本·齐亚德（Tariq ibn Ziyad）率领阿拉伯大军穿越分隔休达城与伊比利亚半岛南部海岸的海峡，抵达了如今被称作“直布罗陀巨岩”的地方，这个名字来源于阿拉伯语“Yabal Tariq”，也就是“塔里克之山”的意思。之后，大军北进，沿着巴埃提斯河［阿拉伯人称其为“al-Wadi-al-Kabir”，即“大河”之意，后来也被称为瓜达尔基维尔河（Guadalquivir）］顺流而上。在半路上，他们在另一条河“WadiLakku”，即瓜达莱特河（Guadalete）的岸边遭遇了西哥特国王罗德里戈（Rodrigo）的军队——这位国王本身在贵族之中就树敌不少，据说其中有人背叛了他。罗德里戈被击败后，西哥特时代迎来了末日，阿拉伯侵略者开始横行西班牙。穆萨·伊本·努赛尔派来了援军，而且他本人和自己的儿子们也参加了征服行动。714 年，他们已经控制了中部高原的城市；716 年，比利牛斯山南坡的居民也臣服了。

有一个十分值得一探究竟的问题：为什么这些人决定来到陌生的土地冒险？研究中世纪的学者布赖恩·卡特洛斯（Brian Catlos）（2018：47）解释说：

> 阿拉伯人和柏柏尔人穿越海峡进入西班牙是各种力量作用的结果。当然，宗教是其中之一。宗教给了侵略者自洽的逻辑和决心，让他们觉得自己在从事一项“道德高尚”的事业。如果这些战士在远征中丧生，他们至少可以像烈士一样死去……但是，宗教并不是从事这样一个史诗性事业的充分理由，并不是所有那些穿过海峡的人都是虔诚的。毫无疑问，主要的驱动力之一是对财富的追求。拉丁基督徒的教堂和修道院是储藏着黄金、白银和镶嵌珠宝的家具的宝库，这一切都等着他们去掠夺。另外，他们还可以掠夺庄稼、牲畜和居民。奴隶是宝贵的资源，而且外族的女人更是令他们垂涎不已。

事实上，历史证明，侵略未知领土的主要推动力和理由是贪婪，这种贪婪有很多表现：对财富的追求，或者是对政治或宗教权力的追求。但当这些目标实现后，外族在被征服的土地上定居，这些被征服的领土不再是他人的而是被视为自己的领地，获取的财富已经足够，此时就出现了其他的兴趣、热情。古老土地上的传统与新生事物的特点和可能性相结合，创造了新的文化，发明了新的物件。科学也由此发展，尽管它往往是因实用性而出现的。

在安达卢斯，科学活动的启蒙姗姗来迟。伟大的加泰罗尼亚历史学家何塞·玛丽亚·米利亚斯·巴利克罗萨（José Maria Millàs Vallicrosa）（1949：23-24）指出：

> 那些阿拉伯历史学家也承认这样一个事实，文字和科学在阿拉伯统治下的西班牙发展较晚。大多数征服者都是柏柏尔人，他们在文学，甚至阿拉伯语言上都没什么建树。阿拉伯人的常年内战，让穆斯林控制下的西班牙一片荒芜。只有在科尔多瓦，在埃米尔的周围，才有真正的和平，让人

们能真正有保障地思考，培育科学和发展教育。这种情况直到第四任埃米尔阿卜杜勒·拉赫曼二世（Abd-al-Rahmān Ⅱ（又写作 Abderrahmán Ⅱ，792—852）统治时期才逐渐结束，在他的统治下，安达卢斯才直接受到辉煌的巴格达文明影响。

并且在其他的作品中，他补充道（Millàs Vallicrosa，1960b：63）：

在埃米尔阿卜杜勒·拉赫曼二世（821—852）之前，穆斯林统治的西班牙和东方，特别是伊拉克，很少有文化往来。倭马亚王朝的历任埃米尔担心文化交流会产生政治冲击……但是，我们也了解到，在瓜达尔基维尔河畔曾有过一些初步尝试，试图引入已经在巴格达蓬勃发展的数学和天文学。阿卜杜勒·拉赫曼二世一个明显的举措是在 821 年派遣阿尔赫西拉斯诗人阿巴斯·伊本·纳西·塔卡菲（Abbas ibn Nasih al-Taqafi）前往伊拉克，并明确指示他负责寻找并带回关于自然科学和天文学的典籍。

自 9 世纪以来，安达卢斯的阿拉伯人加强了与穆斯林的联系。在《知识地图》（*La ruta del conocimiento*）一书中，维奥莉特·莫勒（Violet Moller）（2019：136-137）描述了建立这种关系的一些方式：

年轻人开始离家去寻找未知，目的是"找到自己"，向那个时代最伟大的思想家学习……这些旅程被称为"ribla"。他们首先是对宗教启蒙的探索，但事实上往往也含有对世俗科学知识的追寻（那个时代两者之间的区分还没有那么明确）。这一部分是源于伊斯兰教的教育体系，所有人都希望学习，解放思想，向大师致敬并寻求他们的教诲。贸易使伊斯兰帝国开放了；统治者建设并修缮了道路，把不同的地方联系起来，建设了基础设施，让人员和商品更便捷地流通。学者们跟随者商队旅行，在商队的篝火旁度过沙漠中的漫漫长夜。那些商人，由于见过世面，思想开放，往往也是知识渊博的人，他们借助自己的贸易活动购买书籍，并把它们带回安达卢斯，再抄录贩卖。在那个时代，还有一些专门从事书籍和纸张买卖的商人，他们负责生产、销售，而且经常出没在开罗、非斯、巴格达、廷巴克图和科尔多瓦的露天市场转卖文稿。这些地方是知识之河在伊斯兰帝国流淌的主要渠道。

医学和天文学因为其一贯的必要性，是在安达卢斯得到长足发展的学科。同样，植物学的发展也格外繁荣，一方面是因为它与医学的联系；另一方面，为了满足人们对美丽花园的追求，它也是必不可少的（例如阿尔罕布拉宫）。在这个领域特别值得一提的是，在安达卢斯，一部1世纪的伟大药物志被翻译成了阿拉伯语，即佩达西奥·迪奥斯科里季斯·阿纳扎尔贝奥（Pedacio Dioscórides Anazarbeo）的《药物志》（*Materia medicina*，又称《药材志》）。在这部书中他描述了600种植物及其药效，以及其他动物、酒和毒药。我曾提到过，这部著作在西哥特时代的西班牙已经为人所知，并且也曾在伊斯兰帝国的巴格达被翻译过（人们所知晓的最早的带插图手稿是5世纪在君士坦丁堡完成的），因此这部作品之前就有一些安达卢斯人了解过，但是那一版的译文有很多不足，很多植物的名字被翻译成了阿拉伯语，但是没有被正确甄别出来（其中的缘由之一就是有一些植物根本不在伊拉克生长）。因此，考虑到它的医疗用途，可能会带来很多害处。新版的译文在科尔多瓦完成，是直接通过希腊语抄本翻译的，但是由于当时没有人能将希腊语翻译成阿拉伯语，于是向拜占庭皇帝君士坦丁七世求助（他曾赠予一部珍贵的带插图的首版阿拉伯语译文抄本）。最终是一位名叫尼古拉斯的拜占庭僧侣提供了帮助，他教授一群讲拉丁文的混居在摩尔人中间的西班牙人（来自西哥特西班牙的阿拉伯化的基督徒）希腊语，以便让这些人成为他与那些负责翻译文字的阿拉伯人之间的沟通桥梁。以这样一个曲折离奇的方式，迪奥斯科里季斯的著作走向了欧洲，成为中世纪最有影响力的医学典籍之一。在16—17世纪，这部作品曾被翻译成法语、意大利语、德语、英语和卡斯蒂利亚语。

在安达卢斯培育的多门科学之中，最主要的是天文学。因为正确计算穆斯林月历的月份和日期是十分重要的，这涉及确定宗教节日的开始和结束，以及确定真正的“基卜拉”（麦加的方向）以便让祷告能够被正确传达，天文学研究的成果可以从安达卢斯的清真寺朝向中看出来。例如，那些在 8 世纪的科尔多瓦建设大清真寺的叙利亚人，并没有意识到地球是圆的，因此他们认为麦加在南边，就像大马士革，清真寺的朝向就朝那个方向。然而，当建设宰赫拉城（Medina Azahara）的清真寺时，建筑师们已经能够更好地判断圣城的位置，并把祷告堂的方向朝东建设（Catlos，2018：180）

然而，天文学也应将理论、数学计算和观测结合起来。理论和实践两方面同时在安达卢斯被培养起来，并不断完善，产生了新的计算和观测工具。为了满足这些功能需要，有一种仪器脱颖而出：星盘。这个仪器在希腊世界就已为人所熟知［关于它最早的理论研究是托勒密的《平球论》（*Panisferio*），最初的希腊文版本已经失传，人们能了解到这部作品要感谢一段阿拉伯文的评论，这段评论由“达尔马提亚人”赫尔曼（Hermann el Dálmata）翻译成了拉丁文］。在安达卢斯，人们根据伊斯兰世界和西方的文化对制造的星盘做了一些修改。

理论天文学与数学密切相关，因此我们可以谈一谈“安达卢斯的数学”，但是比起我们如今称之为“纯粹数学”这门学科（虽然有各种各样的制约）所带来的贡献，那时的数学贡献要小一些。在影响力和耐久性方面，数学与天文学没有可比性。回顾一下这一方面研究的先驱者何塞·奥古斯托·桑切斯·佩雷斯（José Augusto Sánchez Pérez）在他的专著《在西班牙的优秀阿拉伯数学家传记》（*Biografía de matemáticos árabes que florecieron en España*）（1921）中所列的清单，我们可以得到相同的结论。

在致力于天文学研究的安达卢斯人之中，有一个名字十分响亮，那就是来自马德里的马斯拉马（Maslama），他在 950 年前后出生在那个城市。[7] 可能因为那时马德里是一个危险地带［作为他征服行动的一部分，莱昂的拉米罗二世（Ramiro Ⅱ）曾于 932 年进攻马德里］，马斯拉马离开了这座城市前往科尔多瓦，在那里成立了天文和数学学校，并于 1007 年前后去世。

在马斯拉马数不胜数的贡献之中，就包括对托勒密《平球论》的修正，而他就是作出上文提到的那段评论的人。梅尔塞·比拉德里奇（Mercè Viladrich）（1992：

61）阐释了马斯拉马对星盘制作的影响主要“在于三种分割黄道的方式（托勒密提出了两种），独特的地平线投影，以及对网格布局中的水平和赤道黄道坐标的考量”。另外，他还做了一些观察，纠正了之前的一些天文图表，在其中增加了科尔多瓦子午线。

马斯拉马所生活的科尔多瓦在阿卜杜勒·拉赫曼三世（Abderrahmán Ⅲ，891—961）治下达到鼎盛，他先是担任了埃米尔，之后又成了哈里发，也正是他建立了宰赫拉城。[8] 弗朗西斯科·贝拉（Francisco Vera）（1933：91）曾发表了以下略带夸张但掷地有声的评论：“（科尔多瓦的）辉煌仅逊于巴格达。它有近百万居民，3000多座清真寺，130万座平民住宅，28座卫星城，6300个富豪宫殿，10世纪的科尔多瓦是一座奢华的城市。”尽管如此，那样的辉煌并没能阻止科尔多瓦哈里发国因1009年爆发的内战（穆斯林内战）而分崩离析（哈里发国和倭马亚国的解体发生在1031年）。这并不意味着分裂后的那些泰法①小王国就不再推崇天文学、医学、哲学、数学或植物学这些知识了。事实上，正是这些小王国为很多学者提供了庇护。其中，在托莱多泰法国（它的领土范围包括今天的托莱多、马德里、瓜达拉哈拉、昆卡和雷阿尔城）就有一位安达卢斯史上最优秀的天文学家：查尔卡利（Al-Zarqālï），他更为人知的名字是阿尔萨基耶尔（Arzaquiel，1029—1100）——据说这个名字来源于他有着淡蓝色眼睛的父亲。他也面临那个时代的一个通病，他的传记包含的秘密比基本信息更多，人们甚至不知道他是在哪里出生的：有可能是生在托莱多，也有可能是生在科尔多瓦，但是可以确定的是他曾生活在塔霍城，他在那里找到了一个温暖的智慧家园。这样的安全感来自马蒙对文化的保护，这种保护随着他的逝世戛然而止，后来托莱多王国被莱昂的阿方索六世（Alfonso Ⅵ）（他曾于1072—1109年兼任卡斯蒂利亚的国王）的军队攻陷。因此阿尔萨基耶尔迁往科尔多瓦，在那里度过余生。

阿尔萨基耶尔的一些作品被认为是“在哥白尼以前最重要的著作”，包含了天文学理论、天文图表和天文仪器的制作等内容。在理论方面，他的贡献有《论恒星

---

① 阿拉伯语，原意为“帮派、派系”，专指11世纪科尔多瓦哈里发国分裂后兴起的伊斯兰小王国。——译者注

的运动》（*Tratado sobre el movimiento de las estrellas fijas*），应该是 1084 年前后完成的，这部作品有一份希伯来语版本现存于世，其中研究了黄道面的变化；另外有两份著作已经失传，只能通过间接的阿拉伯文或拉丁文引用略见一斑：《论托勒密关于获取水星远地点方法的无效性》《太阳年》《太阳书信》（*Tratado sobre la invalidez del método de Ptlomeo para obtener el apogeo de Mercurio*）（*Sobre el año solar*）（*Epístola sobre el Sol*），其中分析了太阳远地点的运动。关于天文表，他编制了一部历书，目前有阿拉伯文、拉丁文和阿方索时代的卡斯蒂利亚语译文。特别是他出色地参与编制了《托莱多天文表》（*Tablas de Toledo*，也被称作《托莱多星表》或《阿尔萨基耶尔标准》），根据托莱多坐标对以前的天文表进行了修正。另外，他还撰写了关于浑天仪制作的论文，被阿方索十世（Alfonso X）《天文知识集》（*Libros del saber de Astronomía*）收录从而留存于世。

米利亚斯·巴利克罗萨（1949：126-127）复原了一份珍贵的文稿，其中阿尔萨基耶尔本人提到了自己的作品。这些自传体的稀世珍贵的文字出现在《论恒星的运动》（*Tratado sobre el movimiento de las estrellas fijas*）的希伯来文译文中，如下所述：

> 诚然，阿布·阿卜杜拉·穆罕默德·伊本·萨姆（Abu Abd Allāh Muhammad ibn al-Samh，马斯拉马最优秀的学徒之一）还记得（愿真主宽恕他），他曾做过很多天文观测，并由此理解了恒星运动的轨迹或规则。但是他对这些观测认识是极度不完全的。在他之后，我们继续和一群可信赖的人一道，在托莱多城研究这个问题上，这些人是科学素养极高，并能够理解关于印度太阳年以及天文学家观测理论实质的人。我们还注意到，在波斯理论和印度理论中，太阳的平均方位是有所不同的，由此造成的一些疑问，如果考虑到这两种理论分别来自两种远古的根源，是可以解释的。另外，我们还制作了一些用于观测的理想设备，并且我们发现，根据我们观测到的和上述作品观测到的数据，太阳方位差的极限是不同的，大约有 21 分的差异。这个差异并不能用观测来解释，因为它并不源于天体顺行和逆行的运动。这个差异是由于那些作者向我们的转述有根本上的缺陷，根

据他们的观点，太阳方位差的极限应该是2度14分。

就这样，我们抛弃了那些前人的理论，并不断对太阳、月球和恒星进行过去无法实现的细致观测。我们依靠那些可以信赖的人，用25年的时间进行研究。在那之后，我开始撰写《关于太阳的综述》（*Suma concerniente al Sol*），并尽我们所能试图解决问题。我们甚至在科尔多瓦城想到了研究天体分布的方法，并由此基于观测，解释恒星的顺行和逆行运动，没有任何困难。由此，在我的学徒和可信任的技术人员的帮助下，我开始研究每一个天体的分布。就这样，我们基于上述的天体运行轨迹和周期性，完成了在我们能力范围内的天体位置核定。

智者阿方索十世

正如我所说的，阿尔萨基耶尔离开托莱多是由于托莱多泰法被阿方索六世征服了。阿方索六世于1085年5月25日率领他的军队攻入了托莱多。之后，乌拉卡一世、阿方索七世、费尔南多二世、阿方索九世（独立的莱昂的最后一位国王）相继成为莱昂王国的统治者，而费尔南多三世则在1230年完成了卡斯蒂利亚和莱昂的统一。费尔南多三世于1252年5月31日在塞维利亚去世，他于1248年征服了（或者也可以称为“重新征服了”）这座城市，随后由西班牙历史上著名的国王继位：阿方索十世，绰号为“智者”（El Sabio）。阿方索十世1221年生于托莱多，1284年卒于塞维利亚。登基时，他统治了一块向伊比利亚半岛南部大幅扩张所得的领土，这种情况使基督徒比他们前几个世纪的祖先能够更多地接触安达卢斯文化，而阿方索十世也从中受益。

许多人写过这位智者国王的故事，大都是关于他在位期间面临的诸多政治变故（他生活在一个充满连续性的政治动荡的时代，这让他必须与自己的家人一同去面对），关于他的法典作品，尤其是为统一卡斯蒂利亚和莱昂当地法律而作成的《皇家法典》以及《诉讼法》（或《法律镜鉴之书》）和《七章法典》，以及关于他对卡斯蒂利亚的建设做出了多大贡献。但毋庸置疑的是，无论他在上述领域的学识或贡献如何，他的名字都被永久地载入了天文学、宇宙学研究的历史中，无疑这两项研究也是他热爱事业的一部分。

据说这位国王曾多次公开和私下评论说，如果他参与了世界的创造，有些事情就会变得不同。他所指的就是诸天的秩序。如果不是一位对将天文观测纳入解释太阳和行星运动的组织系统的困难有深刻认识的行家，谁能做出这样的断言？事实上，他在这样的任务上投入了大量的时间和精力，以至于他的宫廷中流传着一个皇家陵墓上的墓志铭："阿方索思索穹顶的事物时，他失去了尘世的一切。"后人将阿方索十世视为西班牙历史上唯一的科学国王，并且在很大程度上将天文知识传播到中世纪晚期和文艺复兴时期的欧洲归功于他。13 世纪下半叶，阿方索十世在托莱多成立了一个由阿拉伯、犹太和基督教学者组成的团体，他们继承了该城市已经存在的传统，寻找并恢复了最重要和最有影响力的阿拉伯文本，这些文本在同城翻译学院的帮助下，更新并先后翻译成了拉丁语及罗马语的自亚历山大城克劳迪乌斯·托勒密时代以来积累的天文知识。

与国王有关的科学著作其实也是国王身边学者们的工作成果。至少有 15 人已被确认在宫廷工作，其中大部分是天文学学者（Chabás，2019：125）。阿方索十世本人（2009：Parte Ⅰ，t. Ⅱ，393）在《世界通史》（*General Estoria*）中承认了他在文本创作中所起的作用：

> 说国王完成了一本书不是因为这是他亲笔写出的，而是因为他会指出为什么要完成这本书，并且他指示这本书应该如何来完成，以及命令了谁来完成这本书的具体工作。因为以上这些原因，我们称这本书是这个国王完成的。其他情况也一样，说一个国王建造了一个宫殿或者完成了什么作品，不是说他亲手去做了，更多的还是因为他领导指挥了这件事情。

有两部天文著作是获得阿方索十世支持和他在位期间所著，这两部著作在历史上很有地位，对后世有深远的影响——《阿方索星表》（*Tablas alfonsies*）和《天文知识集》。[9]

这两部作品在两名犹太人尤达·本·摩西·哈科恩（Judah ben Moses ha-Cohen）和伊萨克·本·西德（Isaac ben Sid）的指导下编写于托莱多，时间为 1252—1272 年（1272 年是最后一次编辑），同时国王命令他们制造仪器来观察太阳的轨迹并且纠正先前星表中的错误,《阿方索星表》是阿尔萨基耶尔天文表的更新版本，从 1320 年起的十年间通过手写副本迅速取代了阿尔萨基耶尔星表，最初主要是 14 世纪初的法语版本。[10] 这些星表不仅限于研究太阳的轨迹，还包含了 1252 年根据托莱多子午线计算的天体位置，其时也是阿方索加冕为卡斯蒂利亚国王的那一年，但星表的原始版本只有使用标准（或规则）部分保存了下来。现存的众多星表其实都是副本，而这些星表中的一些更正或添加的内容给准确了解原始星表又形成了一定的阻碍。[11] 在这些修订中，包括参考了除托莱多子午线以外的其他子午线的改动，如马赛、图卢兹或诺瓦拉等地的子午线以及儒略历。阿方索星表已知版本的内容，显示了阿方索的天文学家们进行的天文观测记录，有些是来自古代的，有些是由阿方索的天文学家们纠正和校正太阳、月亮和当时已知的五颗行星（水星、金星、火星、木星和土星）的星位，因此以上信息可用于计算出它们的星位和合相、黄道位置、太阳和月球的位置、测量时间所需的信息、月和年的持续时间，以及日历的建立、天文事件的预测等。因为其是用卡斯蒂利亚语写成的，所以制作的手稿副本并不多（可能只有一份是 1320 年用拉丁语写的）。但是随着活字印刷出现，拉丁文的版本激增。最早的拉丁文版本于 1483 年由埃哈德·拉特多尔特（Erhard Ratdolt）在他位于威尼斯的印刷厂出版，这个版本是基于一个未能保存下来的卡斯蒂利亚语版本:《天文表，约翰内斯·丹克，阿方索星表的标准》(*Tabulae Astronomicae*，*Johannes Danck*，*Canones in Tabulas Alphonsi*）。从那时起，在整个 16 世纪有十多个版本面世。它们成为那时西班牙和欧洲大学的天文学的教材，后来在 17 世纪被开普勒根据第谷·布拉赫（Tycho Brahe）的数据提出的鲁道夫星表最终取代。之前，克拉科夫大学的一位名叫尼古拉·哥白尼（Nicolas Copernico）的年轻波兰学生购买了最新出版的《阿方索星表》，该书于 1490 年印刷，从书的页面纸张状态推断出他经常使用这本书，而这本书至今保存完好。[12] 通过对哥白尼未出版的短文《评注》(*Commentariolus*）的研究——我将在第 2 章中详细介绍——斯维尔德洛和诺伊格鲍尔（2012 年）证实了哥白尼使用《阿方索星表》中的数据完善了他的新模型的许多细节。

有人认为（Cárdenas，1980），有充分的理由可以说阿方索十世推动了另一部伟大的天文学著作——《天文知识集》，其书名原为《占星学之书》，或者从根本上受到了物理学家、医生、藏书家和学者曼努埃尔·里科－西诺瓦斯（Manuel Rico y Sinobas，1819—1898）的影响。里科－西诺瓦斯将译本翻译成了卡斯蒂利亚语，并在5卷的对开本中进行了注释和评论（原本还计划了第6卷，但最终没来得及完成）：《卡斯蒂利亚国王阿方索十世的天文学知识集》（*Libros del saber de Astronomia del Rey D. Alfonso X de Castilla*）（Rico y sinobas，1863—1867）。其实里科－西诺瓦斯对占星术的看法是不合时宜的，他试图让阿方索十世的作品摆脱占星术这种他认为错误和有害的视角。但是（我们将在第2章中回到这一点）天文学和占星术是密切相关的：要进行占星术预测，不仅需要知道如何解释天空中星星的排列，还需要提前使用合适的天文仪器做出正确的计算。胡安·贝内特（Juan Vernet）（2000：10-11）在他的《文艺复兴时期的占星术和天文学》（*Astrologia y astronomia en el Renacimiento*）一书中解释说："基督教和犹太教都没有对占星术预测采取明确的政策，他们的神学家分为两个阵营：谴责占星术预测的人，例如圣奥古斯丁（San Agustin）；以及只要占星术的信徒承认星星的影响但不妄下推断就可以容忍占星术预测的人，例如圣托马斯·阿奎那（Tomás de Aquino）。当被问："天体是人类行为的原因吗？"他回答道："应该说天体直接对自身施加作用。"我们在伊斯兰教和犹太教的神学家之间发现了相同的差异。

无论如何，不管其原始标题是什么，重要的是《天文知识集》包含16篇最初以亚拉姆语或阿拉伯语写成的16篇论文的卡斯蒂利亚语译本。这些译本由耶胡达·科恩（Yehuda al-Cohen）和纪廉·阿雷蒙（Guillén Arremón）等于1279年前后完成。[13]在这本书的其中一个文本《象限之书》（*Libro del quadrante*）的序言中，提到了一个日期："因为这本书的第一部分现在在应有的真实和完善方面并没有失败，因此，上面提到的阿方索国王，给我们派来了来自托莱多的智者拉比扎①，让他真实而完善地执行这本书。这发生在我主耶稣基督的时代第1277年。"

---

① 伊萨克·本·西德的基督教名。——译者注

这部书由4册组成，随着时间的流逝，其中一部分已经不太完整。第一册的《八重天星图》中包含了组成星座和黄道带的恒星目录，并且添加了托勒密的《天文学大成》中没有出现的恒星和星云。这不仅仅是单纯的翻译，还加入了新的数据。在接下来的两册，专门介绍了天文仪器，并插入了阿拉伯天文学家的作品，主要是阿尔萨基耶尔关于星象仪和万能星盘（一种天文观测仪器）的论文，这两部作品都赋予了星盘和星象仪普遍性，解释了“万能板块”的构造，这使得它们可以在任何纬度用于观测和计算。此外，还有其他，如“平面星盘”（中世纪的天文测量程序）。第四部分由五小节组成，专门介绍了不同类型天文钟（日晷、沙漏、动态钟）的构建和使用：《暗影之石、水之表、活银之表和时间之宫》（*Libros de la piedra de la sombra, Libros del relogio del agua, Libro del relogio del argén vivo, Libros del palacio de las horas*）这4个是拉比扎（Rabizag）所写，以及蜡烛之表是托莱多的萨穆埃尔·哈莱维所著。

“八重天星图之书”中特别值得一提的是里面星星的命名。例如，据说在天鹰座中最亮的星星在卡斯蒂利亚语中被称为“飞翔的兀鹫”，这是阿拉伯语“alnaceraltayr”的翻译，而“Altair”①这个名字便是由此而来，并作为天文命名赋予了那颗恒星。而天蝎座的一颗星星，在卡斯蒂利亚语中被称“Alacrán”，则是来自阿拉伯语“aqrab”。

阿拉伯知识向欧洲的传播：里波尔和托莱多翻译学院

正如我已经指出的那样，在东方的伊斯兰国家，许多古希腊知识被保存了下来，其中一些在安达卢斯发展繁荣并被传播到伊比利亚半岛的基督教王国。我们已经证实了情况确实如此，但是所提出的案例反映在阿拉伯语、希伯来语或卡斯蒂利亚语的作品中，这些语言通常是欧洲半岛范围之外的外国语言，在那里拉丁语是有文化涵养的语言。[14]然而在这一部分，基督教影响下的西班牙作为将古代科学向拉丁语的传播纽带发挥了核心作用。这项工作的先驱是本笃会的圣玛丽亚－德里

① 天鹰座α，即牛郎星，又名河鼓二。——译者注

波尔修道院（赫罗纳）。第一批用阿拉伯语写成的科学著作的拉丁语译本，或者说至少是那些幸存下来的译本就是在那里完成的。何塞·玛丽亚·米利亚斯·巴利克罗萨是这项事业的先驱和最杰出的学者，并贡献了一本非常珍贵的书（本应继续完成第二部分，但却未能完成）:《关于中世纪加泰罗尼亚物理和数学思想史的论文》（*Assaig d'història de les idees fisiques i matemàtiques a la catalunya medieval*）（Millàs Vallicrosa，1931）。在他的另一本书《西班牙科学史的新研究》（*Nuevos estudios sobre historia de la ciencia española*）的一章中，米利亚斯·巴利克罗萨（1960：93）与读者分享了由于发现早期翻译作品的一种表现形式而引起的感受：[15]

> 实际上，它是位于比利牛斯山脚下著名的本笃会圣玛丽亚－德里波尔修道院，它属于巴塞罗那伯爵的万神殿，从一开始就拥有一个宝贵的办公楼和图书馆，基督教文化中心，在这里我们第一次发现了10世纪中叶将一系列科学著作从阿拉伯语翻译成拉丁语的证据。我们花了无数个夜晚，终于将这些译本中的一份手稿带到了我们手上，第225号里波尔手稿，今天保存在阿拉贡王室档案馆中，从这份手稿加洛林式的笔迹可判断其出自10世纪晚期。当时这份手稿成了自然科学、算术、几何、天文学和计算方面的论文集，供同一修道院的学童使用。这份手稿中的大部分论文都是从阿拉伯语到拉丁语的翻译，涉及数学、仪器天文学、制表和类似主题的各种论文。我们不能忘记研究这份可敬的手稿给我们带来的激动，它对基督教欧洲的科学文化史非常重要，因为它使拉丁语、阿拉伯语翻译的出现提前了一个多世纪。

然而直到11世纪，信仰基督教的王室才将落入他们手中的图书馆交到学者手中。1085年，托莱多向卡斯蒂利亚的阿方索六世投降，使这座城市的图书馆可以被后者使用，城里有大批混居在摩尔人中间的西班牙人，他们讲阿拉伯语、懂拉丁语；另外这里也有丰富的阿拉伯语书籍。突然出现了一个意外的可能性，这个消息动员了来自欧洲各地的大量学者，催生了所谓的“托莱多翻译学院”，这个学院非常国际化，有许多耳熟能详的人都曾在那里工作：蒂沃利的普拉托（Platón de Tívoli），巴斯的阿德拉多（Adelardo de Bath），切斯特的罗伯特（Robert de Chester），达尔马提亚人赫尔曼，来自韦斯卡、皈依基督教的西班牙裔犹太人莫斯·塞法迪［Mose Sefardi，他的受洗名为佩德罗·阿方索（Pedro Alfonso）］，还有布鲁日的鲁道夫（Rodolfo de Brujas），塞维利亚的胡安（Juan de Sevilla）和克雷莫纳的杰拉尔多（Gerardo de Cremona）。

鉴于我们不知道具体情况，甚至许多翻译人员的身份也不为人知，剩下的就只能是评估科学文本的内容，确定哪些是从阿拉伯语和希腊语到拉丁语的翻译，以及最流行的文本有多少版本。首先是聘请通晓两种语言的人将其内容口头翻译成罗马语，然后抄写员将其整理成书面形式，紧接着再被翻译成拉丁文，这些拉丁文由于带着中世纪拉丁文的局限性，而后也会让专家们做出适当的评注。

建立托莱多学院的先驱人物是塞哥维亚的多明戈·贡迪萨尔沃（Domingo Gundisalvo，1110—1181），他成为库埃利亚尔的副主教和教士会的成员。然而，这些都不是他的最终目标。托莱多大主教雷蒙多（Raimundo）将他召唤到这座卡斯蒂利亚城市，在他的庇护下，这位塞哥维亚人在此创办了学校。在皈依基督教的犹太人胡安·伊斯帕伦斯（Juan Hispalense，？—1180）的帮助下，贡迪萨尔沃将他口头翻译的内容转录成文字。后来贡迪萨尔沃的阿拉伯语日益精进，已经可以不再需要伊斯帕伦斯的协助。事实上，他的翻译工作可以分为两部分：第一阶段一直持续到 1150 年，只将希腊语或卡斯蒂亚语翻译成拉丁语，或者重新编写伊斯帕伦斯对阿拉伯语的翻译；第二阶段，他已经很好地掌握阿拉伯语知识，直接对这种语言进行翻译。与普通译者不同，贡迪萨尔沃利用亚里士多德（他翻译的文本作者之一）的版本建立了自己的哲学，其中《论哲学的划分》（*De divisione philosophia*）脱颖而出。

在上述译者群体中，最著名的一位是克雷莫纳的杰拉尔多（1114—1187）。据说他出于对阅读《天文学大成》的极大好奇心，于 1144 年前后抵达托莱多，结果被这座城市丰富的藏书所吸引，决定在此定居并学习阿拉伯语，后来致力于翻译工作，并对托勒密、盖伦、阿维森纳和亚里士多德等人表现出浓厚的兴趣。尽管在西西里岛已经翻译了《天文学大成》的希腊文本，但杰拉尔多的阿拉伯语版本是天文学知识最常用的参考译本。除此之外，他翻译了多达 87 部希腊语和阿拉伯语著作：如亚里士多德的逻辑学《后分析篇》（*Segundas analiticas*）和关于自然学科的著作，欧几里得的《几何原本》，以及阿基米德的一些著作。他还翻译了许多著名的穆斯林作品，并在翻译花拉子米的《按照印度计算术做加减法之书》时引入了印度数字。

直到 13 世纪从原文直译到本地通俗语言的版本才出现，同时人们对一些原文翻译的准确性和一致性提出了质疑，以避免诸如"亚里士多德受到教皇谴责"等错误，其中阿威罗伊①（Averroes）的一些翻译段落就受到了这样的质疑。这就是佛兰德人威廉·冯穆尔贝克（Wilhelm de Moerbeke，1215—1286）所做的事情，他翻译了希腊语的各种文本，应神学家托马斯·阿奎那（Tomás de Aquino，1224—1274）的要求——计划用逐字法对亚里士多德的所有作品进行翻译，并消除阿威罗伊的影响。然而，在那个宏大的计划中，我们最终只看到了《政治学》的第一版翻译。

阿拉伯人、犹太人和基督徒

我已经提到过两个犹太人，尤达·本·摩西·哈科恩和伊萨克·本·西德参与了《阿方索星表》的编写。这个细节让我能够指出一个重要的事实：犹太群体在基督徒统治领地的存在度不可忽视。著名的阿拉伯科学史学家胡利奥·萨姆索（Julio Samso）（1984：95）对犹太人在阿方索天文学著作中进行参与给了如下评价："犹太人无疑在阿方索天文学工作中承担了最重大的部分。如果不考虑那些重译部分，我们必须明白这个 12 人的工作，其中 5 人是犹太人（42%），他们参与了 23 部作品的编写（74%），而 7 位非犹太人（58%）参与了 8 部作品的编写（26%）。"不管这些数字如何，事实是这样的"文化混血"，即犹太 - 阿拉伯 - 基督徒的融合，丰富了被重新征服的王国的科学和人文文化，正如阿方索十世的例子所表明的那样，达到了一定的程度。

在经历了西哥特时代的艰难时期之后，犹太人在安达卢斯的处境有所改善，他

① 即伊本·路世德，拉丁名阿威罗伊，中世纪阿拉伯著名的哲学家、教法学家、医学家，亚里士多德学派的主要代表之一。——译者注

们不再受到迫害——虽然并非总是如此，马上就会看到——他们不仅因此对阿拉伯语言和文化开放（没有因此放弃了他们自身的语言和文化），也为阿拉伯文化以及后来的基督教做出了贡献。[16]特别是他们在医学领域脱颖而出，在西班牙，他们占医生总量的 50%，而他们只占人口的 10%（在任何情况下这个数字都非常重要）。阿梅里科・卡斯特罗（Americo Castro）（2001：478-480）在他的著作《历史中的西班牙，基督徒、摩尔人和犹太人》（*España en su historia*，*Cristianos*，*moros y judíos*）中提到了这一事实：

> 众所周知，行医是受过教育的犹太人从事最多的工作之一，而西班牙基督徒却最忽视这个职业。我们很少找到不是犹太人的王室医生，要不然就是法国人。在弗里茨・贝尔（Fritz Baer）所作的文件索引中，有 55 次提及卡斯蒂利亚的医生，58 次提及阿拉贡的医生。除此之外，国王、领主和主教曾经（让）犹太人当过御用医生……阿拉贡王朝档案的记录提到了 14 世纪的 77 位希伯来医生……科尔多瓦的哈里发有希伯来医生，迈蒙尼德则是萨拉丁的私人医生。

作为阿拉伯文化的两个伟大人物之一，犹太医生、哲学家和天文学家，塞法尔迪人①迈蒙尼德（Maimonides，1135? —1204）出生于科尔多瓦。[17]然而，迈蒙尼德的生活却十分颠沛流离，他的名字也不能完全与安达卢斯联系在一起。在他出生时，科尔多瓦由阿尔摩拉维德王朝统治，但在 1147 年，他们被清教徒和驱逐犹太人的阿尔摩哈德王朝所取代，因此他们一家不得不离开这座城市。1158 年，他们穿越了直布罗陀海峡并在非斯②定居，他可能在那里学习了神学、哲学和医学。但由于摩洛哥的局势不太稳定，他于 1165 年前往阿卡，然后去了耶路撒冷，最后到了开罗并在那里去世。科学史学家乔治・萨顿（George Sarton）（1968：82）对迈蒙尼德的传记进行了如下全面的总结：

① 塞法尔迪人，特指散居于世界各地的西班牙犹太人的后裔。——译者注

② 摩洛哥王国的城市。——译者注

总之，迈蒙尼德出生于西班牙，在马格里布地区接受了充分的教育，他在那里度过了人生的前 30 年（1135—1165），这段时间足以塑造一个人的个性。而最长的那一半，也就是 39 年（1165—1204），他是在东方度过的，并且几乎完全是在开罗。因此，很难界定他到底是西方的还是东方的。在他的生活中还有另一种二元论，因为他同时是一名阿拉伯医生，这与他的穆斯林或撒玛利亚同事没有任何区别，同时他也是一名犹太神学家。这两者之间没有任何矛盾，但他的生命并没有停止双重性，他是两种生活方式的巨人。他的活动成功是非凡的，因为他是一名医生、一名天文学家、一名塔木德教徒、一名拉比、一名哲学家和许多论文的作者，这些论文今天仍然被认为是普世性的经典著作。

因此，可以说迈蒙尼德为将安达卢斯文化带入伊斯兰世界做出了贡献，他的道路可以称为“回归之路”。

另一个伟大的名字也是一个科尔多瓦人，同时也是一位哲学家和医生，但他对数学和天文学也做出了很大贡献，他就是阿威罗伊（1126—1198），最后去世在摩洛哥的马拉喀什，与迈蒙尼德一样，也是在伊比利亚半岛外的地方逝世的。

直到 12 世纪初，西班牙大多数犹太人都居住在安达卢斯，那里的文化和经济水平均高于基督教统治的地区。正是日益增长的基督教经济和领土发展促使犹太人，尤其是富人和受过教育的人流向被重新征服的领土，或者说促使他们在安达卢斯人被击败后仍留在那里。

犹太学者在西班牙的存在持续了很长时间。一个非常显著的例子是天文学家（尽管他还研究了其他学科，其中包括词典学）亚伯拉罕·本·塞缪尔·本·亚伯拉罕·扎库特［Abraham ben Samuel ben Abraham Zacut，1452—1515？，也称扎库托（Zacuto）］，他对天文学也做出了重要贡献。[18]

扎库特出生在萨拉曼卡，但人们对他所学的内容或他的老师知之甚少，尽管人们知道他的父亲——犹太教士塞缪尔·扎库特，以及据说塔木德和卡巴拉学研究专家伊萨克·阿博阿布（Isaac Aboab）都参与了他的教育。似乎在萨拉曼卡大学——

他从未教过书——他去听了尼古拉斯·波洛尼奥（Nicolas Polonio）的课。尼古拉斯·波洛尼奥是新设立的天文学和占星学课程的第一位老师。在某段时间，扎库特让萨拉曼卡主教贡萨洛·德比韦罗（Gonzalo de Vivero）作为他的保护者，这促使他写了他的第一本关于天文学的书《大汇编》[*Ha-Hibbur ha-gadol*（*La Grun Composición*）]，这部为犹太人所写的希伯来语作品包含了天文学基准和星表。这些星表的数据基于 1473 年，扎库特在 1478 年前后完成了他的书。三年后，波洛尼奥的继任者胡安·德萨拉亚（Juan de Salaya）在扎库特的帮助下，将该书的基准部分翻译成了卡斯蒂利亚语。[19] 1485 年，扎库特离开萨拉曼卡，为居住在加塔（卡塞雷斯）的阿尔坎塔拉骑士团的最后一位首领胡安·德苏尼加（Juan de Zúñiga）效力。第二年，他在那里写了一篇《关于天空影响的简文》（*Tratado breve en las influencias del cielo*），随后写了《论日食和月食》（*De loseclipses del sól y la Luna*），他在文中自称“萨拉曼卡占星学家拉比亚伯拉罕”。在这两本书中，他都提到了之前的一本没有被保存下来的书，名为《日食预测》（*Juyzio del eclipse*）。当犹太人于 1492 年被天主教君主驱逐出西班牙时，扎库特前往葡萄牙，在那里为国王若昂二世服务，并在若昂二世 1495 年去世后为曼努埃尔一世服务。他可能得到了迭戈·奥尔蒂斯·德·卡尔卡迪利亚（Diego Ortiz de Calcadilla）的帮助。卡尔卡迪利亚曾是萨拉曼卡的天文学教授，并且对葡萄牙宫廷有一定影响（1467 年，阿方索五世国王任命他为丹吉尔主教）。但犹太人也没有在葡萄牙找到安稳：1497 年，曼努埃尔一世下令犹太人必须皈依基督教或者离开本国。扎库特选择了后者，他在突尼斯定居。在那里，他写了一本《家谱书》（*Sefer Yuhasin*），其中他提到他和他的儿子在抵达非洲时曾两次被捕。另外则是在 1498 年，他在那里应用了一种占星学历史理论，打算利用日食和行星合相，以确定弥赛亚预言必须实现的日期；他因此推断出以色列的救恩应该在 1503—1504 年开始。他还将《大汇编》中的星表改编为 1501 年的，并从 1513 年开始准备了一套星表，根据犹太历法和他当时居住的耶路撒冷的子午线进行排列。最后他可能在大马士革去世。

维奥莉特·莫勒很好地总结了 1492 年法令带来的后果：

在伊莎贝尔和费尔南多的西班牙，外来的文化或宗教没有容身之地。天主教君主驱逐了数千名犹太人，下令压迫和流放穆斯林，并开始了摧毁七百年穆斯林文明的进程。这一进程的高潮出现在1499年，当时一位狂热的神职人员弗朗西斯科·希门尼斯·德·西斯内罗斯（Francisco Jimenez de Cisneros）抵达格拉纳达，目的是让整个人口皈依基督教并结束伊斯兰文化的任何遗迹。他从城市图书馆中取出所有书籍，并在主广场上付之一炬，大约烧毁了两百万册——以“文化大屠杀”为基础，其原则是“摧毁文字是为了剥夺文化的灵魂，并最终剥夺其身份”。随后，当局颁布法令禁止用阿拉伯语写作并将使用该语言的书籍定为违法。

一段光辉历史的悲伤结局。

大　学

有许多活动都可圈可点，例如“智者”国王支持的那些活动——在修道院中进行的研究，或者一个城市丰富的藏书对远方的学者的吸引力。但还是缺少一个可以大规模系统学习的某种组织，而这恰好是日益抢手的法律或医学等领域专业人士需要的。这个“组织”就是大学，它是中世纪经久不衰的创造物之一。

这个机构的起源与日耳曼民族的法典（lex）有关，该法典建立于5世纪末至9世纪初，源自各民族的习俗，并由罗马标准进行完善。其内容的局限性促成了习惯法的引入，也称为“使用和习惯法”。在十字军的战利品中，有一份根据查士丁尼大帝的命令在529—534年制定的《民法大全》（*Corpus iuris Civilis*）。在汇编的执行者当中有意大利法学家伊尔内里奥（Irnerio，1050—1140）。他的论点之一是必须赋予法律自主权，将其与语法和修辞学区分开来。1084年，伊尔内里奥在博洛尼亚创建了法学院，绰号“红胡子”的皇帝腓特烈一世（1122—1190）作为这里的保护者，于1155—1158年颁布了《学术特权法》（*Habita*），保护了远离故国的学生，确保他们的行动自由，并使他们服从教师或城市主教的管辖。从这个雏形开始了基于法律（不仅是民事的，而且是符合教规的）的教学，最终博洛尼亚的一所机构获得了大学的级别并于 1317 年通过了它的章程。当时，增加了通识教育（由“三科”和“四艺”所含学科组成）以及医学，1364 年在引进了神学后完成了四大经典学院的典型大学架构。[20]

但是第一所大学并不在博洛尼亚，尽管在那里进行的法律研究促成了“大学”的现代概念的出现，当时这个术语出现在查士丁尼《文摘》中，意思是“集团、组织、行会、社区、学院”或类似的。而皇家、大教堂和修道院三所现有学校的联合促成了 1150 年所谓“通学”的诞生，后来又被称为“师生分组”。1215 年，教皇在巴黎的代表——英国神职人员罗伯特·德寇松（Robert de Curzon），解决了一群艺术学毕业生与大教堂的学校和学监之间的一系列冲突，冲突主要是围绕学位授予的要求，学生认为学校有义务不收取任何费用免费授予学位，当决定授予学位的时候，也意味着同时承认这个机构有批准其章程的权利。实际上这个机构类似于一个行会，但它为 1245 年前后在巴黎出现一所由校长、教师和学生组成的综合大学打下了第一步基础。

有一个事件影响了“大学”的整个历史，至少也可以说影响了其中一些大学。第一批托钵僧团的出现：1209 年的方济会修士和 1215 年的多明我会修道士。这个人群催生了修道院的产生，与远离城市的寺院不同，这种修道院位于城市中，可以在这里讲经、问道和寻找工作，与僧人的身份相符，并且也可以用来寻求施舍。大学为其中一些僧侣提供学习机会并聘请他们担任教师。特别的是，1220—1270 年，托钵僧团在牛津定居，并且在那里建立了学校来教授他们的成员。为了容纳不属于托钵僧团的学生，金雀花王朝时期的英格兰国王亨利三世和后来的爱德华一世的大臣沃尔特·德默顿（Walter de Merton，1205—1277）于 1264 年为世俗之人建造了一所住宿学院（默顿学院），他的做法引起了很多效仿。“通识教育”是牛津大学的第一个系，后来才慢慢建起了其他院系。这所大学的一个显著特点，就像剑桥大学一样（其起源可能可以追溯到 1209 年，当时一些牛津学者在那里定居，尽管它于 1231 年从亨利三世国王那里获得了大学章程），即大学和神秘的学院之间职权的划分，虽然很神秘，这些学院所进行的活动依然能在它授予的学位上体现出来。

一般在大学的最初，正常情况是至少有 3 个高级院系——（法学、神学和医学）中的两个。关于医学，最古老和最著名的大学之一是蒙彼利埃医科大学，该大学于

1220 年从霍诺里乌斯三世那里获得了第一部章程。尼古拉四世的宪法《因为智慧》（*Quia Sapientia*，1289）通过增加其他三个院系完成了它的大致架构（神学、法律和文科）。1340 年，解剖实践被引进，每两年可以进行一次解剖；1376 年通过的一项敕令，批准交付被处决者的尸体来深化这项工作，然而整个世纪在巴黎的相关学院都没有这样去执行。解剖学教学对蒙彼利埃医科大学的声望具有决定性意义，1554 年配备了阶梯解剖室，于 1593 年有了植物园。

在特略·特列斯主教的支持下，由阿方索八世创建的帕伦西亚大学（卡斯蒂利亚王国）成立于 1208—1210 年，仅限于通识教育。这里的研究和学生基本上是教权主义者，均与神学有关，教授都是受俸牧师。这个大学最后似乎在 1243 年前后因为经济上的困难而消失了。

1218 年，阿方索九世创建了萨拉曼卡大学（莱昂王国），包括艺术系、法律系和医学系；1252 年，费尔南多三世批准它作为皇家大学；1254 年，阿方索十世赋予它法规和经济安全，建立同样的组织规章，设置教规和民法、医学、逻辑、语法和音乐教席，桑乔四世（1282）和费尔南多四世（1300）沿袭了这些做法。萨拉曼卡大学在 1255 年巩固了地位，当时教皇亚历山大四世授予该校“通行执教资格”，该大学的学位得到普遍承认。

每所大学都有自己的学习计划并授予学位，但整体模式是共通的。第一阶段是授予文学学士学位，那些准备去教学的人则需获得相应的硕士学位，便可以进行基础教学，而专业的人可以获得更高的博士学位。

中世纪大学对经典文本有绝对的依赖，使教师和学者的贡献仅限于具体的评注，文本的来源也非常有限：文科的亚里士多德的逻辑，医生的希波克拉底和盖伦的逻辑，神学家的教父和大公会议的教规，法学家的《法学汇编》（*Digesto*）。但因为增加教规和教皇圣谕而出现了另一种专业，有一些学习累计起来可以获得一个“双学位博士”称号。所有研究通用的教学方法是阅读由坐在大教堂（讲坛）下的读者选择的文本，老师或学者则对此进行评述。考试旨在测试学生辩论自己的观点、答辩、思考、讨论以及用希腊语对话学术观点的相关能力。

第2章

为帝国服务的科学（16—17世纪）

依照哲学家们的看法，世界就是万物之和。它包含了天空、群星、大地、海洋，以及其他的所有要素，而这一切合在一起，便被称为世界。正如托勒密所说，它是在不断地运动的，一刻不停。

佩德罗·德梅迪纳（Pedro de Medina）

《航海术》（*Arte de navegar*，1845）

本章将谈论16世纪和17世纪。在这两个世纪中，西班牙和科学之间的关系与其他年代相比是迥然不同的。这是具有关键性意义的两百年，是被称为“科学革命”的两百年，这期间，现代科学得以奠定基础，并在1687年，随着艾萨克·牛顿（Isaac Newton）的《自然哲学的数学原理》（*Philosophiae Naturalis Principia Mathematica*）的出版，达到顶峰。尽管西班牙不能吹嘘在这两个世纪拥有像哥白尼（Copérnico）、维萨里（Vesalio）、布拉赫（Brahe）、开普勒（Kepler）、伽利略（Galileo）、博伊尔（Boyle）或牛顿这种高度的科学家，但这段时期的其中一部分，即16世纪，对于西班牙科学而言倒是不无作用，这时我们开始逐渐学会恰当地理解

“科学”这一词汇，而“科学”在当时并无明确定义，在概念上与“技术”之间也不像后来那样分明。这是因为，西班牙为了维护其在发现美洲之后建立起来的帝国，科学是必不可少的，或者说，“科学”和“技术”的结合体是必不可少的。对广阔的美洲土地进行维护并从中获益，势必对西班牙科学造成影响，而本章将对其中一些影响作一概述。正如我将在后文中详述的那样（特别是在第 4 章），当我们谈及科学革命，必须把大洋彼岸这一新世界的发现也考虑在内，因为尽管在那里发现的、研究的事物不属于在上述各个作者的物理、数学著作中所形成的概念范畴，但它们确实为真实的物理学、生物学、地理学和人类学开辟了新的篇章，对于这些新的篇章，人们也需要加以思考，并且引进和赋予前所未有的概念和意义。

响应国家需求的科学

16 世纪，西班牙是世界强国，既要管理一个横贯大洋的帝国，又要兼顾其在伊比利亚半岛和欧洲大陆上的属地，这促使其政治管理的界限不断拓宽，也意味着新的政府职能的出现，而这些新出现的政府职能，均与科学 - 技术的培植有直接或间接的关联。约翰 · 埃利奥特（John Elliott)（1990：31-32）在他的一本书中曾提及这一观点：

> 广阔的海外属地、征服和殖民活动、统治并捍卫那些遥远属地的愿望，对于西班牙哈布斯堡王朝而言意味着什么？为了占据和维持海外帝国，必然需要从国内投入巨大的人力、能量和资源。投资产生利益，至少从理论上而言是如此，但也会造成费用……此外，还有一些无形的后果，例如，在卡斯蒂利亚人民中滋生出一种以救世主自居的民族主义，这显然无法从成本和利益的角度上予以评估。

19 世纪至 20 世纪初，英国就出现了类似的现象，为了控制其殖民地，特别是印度，不得不付出大量的资源，包括人力和财力。

埃利奥特针对西班牙的情况所说的其中一种“资源”是指政府工作人员：为了统治如此广阔的领土，需要“编撰规章制度的秘书、誊写规章制度的抄写员，以及大量较低级别的职员，以保证前述官员能够如期履行职责”。这种官僚政治对西班牙的教育体系也产生了影响。埃利奥特是这样解释的：

> 16 世纪初，西班牙有 11 所大学。100 年后，有 33 所。大学数量的增长在很大程度上是由于国家在那些高层官僚机构的岗位上所需的大臣和官员的数量日益增长，特别是受过法学教育的大臣。据估算，在费利佩二世统治期间，卡斯蒂利亚王国每年的大学生人数为 20000~25000 人，大约占 18 岁男性人口的 5.43%，与同时期欧洲其他国家的数据相比，这是一个相当高的比例了。研究法学并完成学业的这些学生，成了官僚机构征募的执业律师。

至少可以说，这种现象对于西班牙青年在数学、医学、天文学或物理学等学科上本来可能产生的兴趣，造成了负面的影响。不光年轻人对这些学科缺少兴趣，就连各个大学也对这些学科的院系缺乏关注。尽管如此，国家仍需考虑其他各种事务，例如卫生问题的控制、军队技术状况的改善、与广阔的西班牙殖民地进行联系往来所需的科学技术手段的组织，以便开发当地的自然资源，等等。

为了探讨西班牙 16 世纪的科学史，除了关注大学之外，还应将目光投向那些隶属于王室的科学技术机构，这些机构在这一时期经历了长足的发展。塞维利亚交易事务所就是其中之一。至于为什么选择了塞维利亚，而非加的斯，这是因为经由瓜达尔基维尔河便可到达塞维利亚，而加的斯虽是大都市，但由于其环境位置，可能受到来自其他国家的船舰甚至海盗的袭击，因而塞维利亚也比加的斯更加安全。

费利佩二世统治期间，在卡斯蒂利亚王国，医生资格鉴定团（1447 年由天主教国王王后建立，由多名御医组成）根据 1588 年的一道敕令，被改制成一个对医生执业情况、公共卫生相关措施以及卫生事务相关赋税的征收情况进行管理的机构。事实上，由于费利佩二世一生身体孱弱（从小就多次发烧，有几次可能是出于食物造成的细菌感染），对医疗卫生尤为关注。因此他会下令派遣一支由他的医生弗朗西斯科·埃尔南德斯（Francisco Hernández）为首的远征队去往美洲，也就在我们意料之中了。这支远征队肩负多项使命，其中包含去寻找美洲原住民用以抵御疾病的植物。[1]在其统治期间，迪奥斯科里季斯的《药物志》（*De materia medica*）得以再次译成西班牙语版本，这也同样不足为奇了。这部著作，西班牙语版本的名称为《论药物和致命毒药》（*Acerca de la materia medicinal y de los venenos mortíferos*），可能是16—18世纪最为常用的科学书籍。[2]它的译者，安德烈斯·拉古纳（Andrés Laguna，1499/1510?—1559）是一位出类拔萃的人物，他是萨拉曼卡大学的艺术学士和巴黎大学的医学学士（1534），曾在1539年担任伊莎贝尔女王（la emperatriz Isabel）的医生，并多次担任卡洛斯皇帝（el emperador Carlos）的医生，以及其他一些职务，其中最为突出的有两项：曾担任教皇尤利乌斯三世（el papa Julio Ⅲ）的私人医生，曾在科隆发表过一次关于欧洲的著名演讲。他翻译的第一版迪奥斯科里季斯著作于1555年在安特卫普出版。[3]由于这第一版是献给费利佩二世的，拉古纳便借此机会在书中写道："意大利的所有王孙和大学都以在其土地上拥有大量出色的花园为荣，这些花园中点缀着这世间所能找到的一切类型的植物。恳请陛下下旨，在西班牙至少建立一座此等花园，并由王室津贴来供养，这是最恰当不过的了。"费尔南德斯·瓦林（Fernández Vallín）（1893：125-126）在为皇家精确、物理和自然科学院的建院仪式而准备的知识广博的演讲中，谈及由拉古纳翻译并注解的迪奥斯科里季斯的著作，他是这样说的：

> 安德烈斯·拉古纳，是出身高贵的塞哥维亚人，也是阿尔卡拉的教授，他为迪奥斯科里季斯的著作所作的注解，可以说是为欧洲提供了超越一个世纪的教科书，包含了很多医学上的应用，其中一部分具有科学-历史性，尤其是具有十分显著的技术性；也提及了多种语言上的同义性，例如希腊语、拉丁语、德语、葡萄牙语，等等；还在一些案例中对样本实物的制备和来源作出了解释，作者的介绍既清楚又精确，简直到了令人吃惊的程度，

同时还对大量有益的动植物进行了详尽的说明，包括其生长的土地和区域。他对费利佩二世说："为了光荣地完成如此艰巨的任务，我不想说我一路坎坷，翻山越岭，经受悬崖峭壁的考验，最后，我义无反顾地耗费大部分积蓄，想要从希腊、埃及和巴巴里地区[①] 带回许多珍贵、罕见的药品，并介绍其历史，但由于其原产地气候恶劣，尽管我也曾努力过，但仍无法亲自前往。"

在"谨慎王"费利佩二世统治期间，还开展了其他科学事业，其中尤其值得一提的是对自然地理和人文地理进行了系统性的研究，并对西班牙本土和美洲殖民地进行了地图绘制，形成了《西班牙各民族之间的关系以及印度群岛各土著民族之间的关系》（*Relaciones de los pueblos de España y las relaciones de Indias*，1575）这一著作，并在印度群岛的各个西班牙城镇中组织了标准化的天文观测工作。

交易事务所

为了筹划安排同新世界的贸易往来，天主教双王于 1503 年下令设立交易事务所，不仅负责对进出于美洲大陆的各种货物进行监督和检查，还承担其他多种职能。[4] 其中有一种职能特别引人关注：1508 年，"天主教徒"费尔南多（Fernando el Católico，[当时担任卡斯蒂利亚王国摄政王，因为人称"疯女"的胡安娜女王（la reina Juana，apodada La Loca）无力执政] 下令设立首席领航员的职位，负责对"印度群岛船队"的领航员学徒进行考核，评定其是否能获得资质，并负责"审查"航海图以及航海所需器具，以及编制"一份关于迄今已发现的、属于我们王国和领地的所有西印度[②] 土地及岛屿的统计册"。[5] 而这些工作内容不仅涉及有关天文学的知识，还自然而然地涉及了数学知识，因而交易事务所就被赋予了科学机构的性

① 巴巴里地区：埃及以西的北非穆斯林地区。——译者注

② 西印度：同"东印度"对应的地区名。15 世纪末 16 世纪初，意大利航海家哥伦布经大西洋向西航行，发现南美洲、北美洲东海岸和加勒比的一些岛屿，将其误认为印度。——译者注

质，至少在某一段时间内是如此，关于这一点，何塞·普利多·鲁维奥（José Pulido Rubio）（1923：4-5）在他对首席领航员的经典研究中是这样解释的：[6]

> 在新大陆发现后的最初几年里，也就是当对新大陆的认识还停留在基础阶段，地理研究也还不具备更为科学的属性的时候，通常把具有丰富航海经验的人员、具有远征经验的杰出航海家任命为首席领航员。
>
> 后来，当一些优秀人才致力于地理的科学研究，当广阔的新大陆扩展到地理科学的领域，当制图人才和航海仪器的制造人才成倍增加，当连续多年的航海经验告诉人们，许多海难的原因在于领航员缺乏科学知识储备的时候，首席领航员的职位就落到那些没有航海远征经历，但在科学领域出类拔萃的人身上。

第一位通过王室法令获得任命的首席领航员是佛罗伦萨人亚美利哥·韦斯普奇（Américo Vespucio，1454—1512）。马丁·费尔南德斯·纳瓦雷特（Martín Fernández Navarrete）（1846：132）在其生前未发表的作品《航海史和数学史论》（*Disertación sobre la historia de la Náutica y de las Ciencias Matemáticas*）中曾提及这一任命，内容如下：

> 天主教国王非常关心这些事务（航海事业的进展以及领航员的资质问题），他将胡安·迪亚斯·德索利斯（Juan Díaz de Solís）、比森特·亚涅斯·平松（Vicente Yáñez Pinzón）、胡安·德拉科萨（Juan de la Cosa，1500 年第一张包含美洲的地图的绘制者），以及亚美利哥·韦斯普奇召入宫中；在听取了他们的汇报之后，国王决定：鉴于他们都是具备西印度地区航行经验的人士，应再度起航，沿巴西海岸线一路向南进行探索，同时，国王还认为，他们中的一人须留在塞维利亚绘制海图，并随时将新发现的部分在海图中标示出来；为此，1508 年 3 月 22 日，在布尔戈斯，国王选定了亚美利哥·韦斯普奇，授予他交易事务所首席领航员的头衔，以担任上

述职责，工资为五万马拉维迪[①]。

众所周知，新大陆后来的名称是以亚美利哥·韦斯普奇的名字来命名的，围绕着这个命名，有一则所谓的“黑色传说”。例如，普利多·鲁维奥（1923：7）就发表过以下毫无恭维之意的言论：

> 谁是第一任首席领航员？一个出身高贵的佛罗伦萨航海家，在塞维利亚时，曾经拜访过美第奇家族（los Medicis）的一名侍者尤诺索·贝拉尔迪（Juanoso Berardi）的家，还拜访过克里斯托弗·哥伦布（Cristóbal Colón）的家，可能正是与哥伦布的交往，在他的灵魂中唤醒了发现新土地的愿望吧。一个说谎的人，既为西班牙又为葡萄牙效力，还发布了一份关于他自己的各种旅行奇妙故事，他夺走了“哥伦布发现并以自己名字来命名的新大陆”的荣誉。
>
> 这个航海家就是亚美利哥·韦斯普奇，1492 年在塞维利亚安家落户。1499 年参加了由阿隆索·德奥赫达（Alonso de Ojeda）领导的探险之后，转而为葡萄牙国王效力，不久之后，又回头为西班牙国王效力。

有一点是可以肯定的，那就是后来被称为“亚美利加”的地方，其实应该叫作“哥伦比亚”[②]，但这并不代表韦斯普奇应该受到这样的对待。里卡多·塞雷索·马丁内斯（Ricardo Cerezo Martínez）（1994：135）的描述更为全面：“不论如何，韦斯普奇是一名具有与他的同行们相等水平的航海家，对已发现的新大陆海岸有着最为充分的了解，在制图领域技艺娴熟，精于航海仪器操作，以及船位推算、天文观测等航行方法的应用。”除此之外，1500 年 7 月 18 日他写给洛伦佐·迪·皮耶尔弗兰切斯科·德·美第奇（Lorenzo di Pierfrancesco de Medicis）的、关于他与阿隆索·德奥赫达和胡安·德拉科萨一起参加航行的信件，也能证明他的学识和见解：

① 马拉维迪，西班牙古钱币。——译者注

② 亚美利加，即美洲，变化自“亚美利哥”；哥伦比亚，变化自“哥伦布”。——译者注

> 有多少个夜晚，我因思考星体的运行而辗转反侧，想要找出哪些星体的轨道更短，哪些距离天空更近，我无法忍受这些糟糕的夜晚，无法忍受象限仪、星盘这许许多多我用过的仪器。我没有发现那颗运行轨道变化的星体，我对自己不满意，我不能指出任何一颗南极方向的恒星的名字，也不知道星星绕着天空作巨大圆周运动的原因。

鉴于首席领航员原来的任务过于繁重，1523 年又设立了第二个科学职位，即宇宙志学者的职位，主要任务是制作航海图和航海仪器。这原本是首席领航员的指定工作内容，设立宇宙志学者之后，首席领航员的主要任务就是对去往西印度的船队上的领航员学徒进行审查。1552 年，当时的费利佩王子设立了一个关于宇宙志和航海术的课程，这个课程的教授必须负责传授以下内容（1552 年 12 月 4 日颁布的王室法令）：[7]

> 首先应讲解地球仪，或至少讲解两本关于地球仪的书，第一本和第二本。还应讲解关于太阳高度以及如何测量太阳高度、极点高度以及如何测量极点高度的守则，以及该守则其他一切内容；讲解如何使用地图，如何在地图中找出方位，保证无论怎样都能知道所处的真正位置；还应讲解如何使用仪器，如何制造仪器，在仪器出现问题时能进行目测判断。
>
> 仪器包括：罗盘；星盘；象限仪；天体高度测定器。对每一种仪器都须了解其理论知识，包括关于制造和使用的理论。
>
> 同时还须了解如何操作罗盘，目的是无论身处任何地方，都能知道该地罗盘由北向东倾斜或由北向西倾斜的程度，这是在航行中比考虑时差和安全距离还更重要的事情之一。
>
> 还应讲解如何使用昼夜时辰表，这在整个航行期间也是至关重要的。
>
> 讲解如何在一年中的任何一天，记住并书写进入河道或河口时是哪一月份，当时的潮汐强弱和时间，包括涉及实际操作和使用的其他类似事项。

教授需要讲解的这些课程，足以证明当时水手们在远离海岸之后需要面对的各种困难，以及这些困难同科学之间的关系。“讲解地球仪”——天和地——也就是要了解天文学和地理学。确定“太阳高度”和“极点高度”，就是要确定纬度，为此需要测量太阳的高度和天极附近星体的高度。关于罗盘的课程内容包括：指南针——“开启未知海洋之路，并让我们与全世界人类进行沟通的万能钥匙”（Fernández Navarrete，1846：55）；磁偏角，这是一个尤为复杂的问题，因为当时人们还不知道磁针会指向某个特定方向的原因，另一方面，磁针指向又并非总是一成不变，因为航行过程中指南针所指的方向发生出人意料的异常现象也并不罕见，例如航海者注意到，从佛得角群岛和亚速尔群岛的子午线出发，罗盘由北向西倾斜即为往西，罗盘由北向东倾斜即为往东。[8]

英国人威廉·吉尔伯特（William Gilbert），在他那部备受赞誉的著作《论磁》（*De Magnete*，*Magneticisque Corporibus*，*et de Magno Magnete Tellure*，1600）中，介绍了他用一个球状磁石（取名为“小地球”）所做的实验，他从这些实验中得出结论：地球就像一块巨大的磁铁，而这就是指南针的指针指向南方的原因。吉尔伯特（1893：232）还在《论磁》（*De Magnete*）中对解释磁偏角现象的其他既有观点进行了批判：

> 其他作者的臆测更加不切实际而且愚蠢：例如，科尔特修斯（Cortesius）认为，那是源于某个比最外层天空还更遥远的原动力；马西利乌斯·德菲奇诺（Marsilius de Ficino）认为，该变化的原因在于大熊星座的一颗星；彼得吕斯·佩雷格里尼（Petrus Peregrinus）认为，原因在于地球极点；卡尔达诺认为，原因在于大熊星座尾部一颗星的源头；法国人贝萨尔（Bessard）认为，原因在于黄道极点；利维乌斯·萨努图斯（Livius Sanutus）认为，原因在于某条磁子午线；弗朗西斯库斯·毛罗利科（Franciscus Maurolycus）认为，原因在于某座磁岛；斯卡利杰尔（Scaliger）认为，原因在于天和山；英国人罗伯特·诺曼（Robert Norman）则认为，原因是磁角随着对应地点而改变。

因此，我们先将这些与日常经验不符的观点，或者至少可以说是尚且未被完全证明的观点，撇开不谈，我们先来寻找磁偏角变化的真正原因。这颗巨大的磁石——地球，正如我之前说的，会给铁一个向北和向南的方向；经过磁化的铁就会很容易地向南北两点靠近。

要懂得操作各种仪器，还要了解关于其操作和制造的理论，这种强制性的要求其实是合乎情理的，这些仪器包括星盘（用于在海上观察极点高度或天体高度的金属仪器）、象限仪（这个仪器弧度为九十度或者说圆的四分之一，用于观察天体高度或天体经过子午线的情形）、天体高度测定器（用于观察天体高度的仪器），因为在当时的条件限制下，这些是用于“观测天象”的最为基本的仪器，而天象数据对于顺利航行是必不可少的。其中一种限制在于经度的测定；也就是说，两条子午线之间的地球赤道弧长，或者是在这个特定纬度的方向上，一条子午线同另一条子午线之间的距离。为了确定船只在地球上所处的具体方位，经度是一个必不可少的独特元素，由于没有开始进行测量的固定起始点，就把指定为起始点的那一条子午线叫作首子午线。[9][众所周知，现在的零子午线指的是通过格林尼治天文台原址的那条经线；这个决定是在 1884 年于华盛顿特区举行的大会上作出的。在这之前，人们使用其他的零子午线：托勒密选的是一条位于大西洋上、在加纳利群岛西侧的子午线；在阿方索十世领导下制作的天文学图表中，参考子午线经过托莱多，即当时的卡斯蒂利亚首府；墨卡托（Mercator）选的是一条经过亚速尔群岛的子午线；18 世纪下半叶，在西班牙，人们采用的是经过加的斯地区的一条子午线。其他地方，例如巴黎或萨拉曼卡，还有别的选择。]

对于西班牙而言，经度的确定具有特别重要的意义：经度确定后，便能够对西班牙和葡萄牙之间可能有争议的土地划分界限。1493 年 5—9 月，教皇亚历山大六世［Alejandro Ⅵ，即罗德里戈·博尔贾（Rodrigo Borgia），巴伦西亚人］颁发两道敕书，也称为“赠予诏书”。其中第二道（1494 年 5 月 4 日）将位于下述子午线以西、已经发现或尚待发现的土地判定为归卡斯蒂利亚王国所有，这条子午线就是距离亚速尔群岛西部 100 里格[①]，从北极到南极的一条假想线。亚历山大教皇与西班牙的天主教王后和国王，即伊莎贝尔和费尔南多，一向关系良好，所以葡萄牙的胡安二世（Juan Ⅱ）认为教皇偏向西班牙人。经过多次谈判，于 1494 年 6 月 4 日签署了最终协议《托尔德西利亚斯条约》，重新确定了一条分界子午线，在佛得角群岛以西 370 里格处。西班牙的天主教国王和王后于 7 月 2 日签字，胡安二世于 9 月 5 日签字。但这涉及多条经线，因此需要一个测定经线的可靠办法。

作者在查阅那个年代关于“航海术”的各种文章时，发现整个 16 世纪，人们进行了很多尝试，以上述各种仪器为依据来测定经度，但这样做困难重重：很难观察月球的实际方位；历书缺乏必要的准确性；日食或月食现象发生的次数很少，而且不是在所有地方都能观测到；最重要的是没有足够稳定精确的计时器，也没有仪器测量气压和温度的变化。最后一点是主要难点，从理论上讲，经度测量很简单，只要确定两点之间的时间差即可，即参考点（可以是船只的出发地）与参考物（船只）在某一特定时刻（可以是到达港）之间的时间差，但测量两地之间的时间差必须有足够稳定精确的计时器。

伽利略和经度

关于测定经度这一难题，国家设立了多个奖项，谁能解决问题就颁奖给谁，在这样的激励下，许多航海家和科学家纷纷受到吸引。费利佩二世和费利佩三世都设立了这种奖项，费利佩二世于 1567 年设立，费利佩三世于 1598 年设立，其中费利佩三世设置的奖金为 6000 杜卡多[②]以及每年 2000 杜卡多的终身年金（他们可能是最早设立经度奖励的人）。伽利略是其中一位接受这个挑战的科学家，他提出利用木星卫星的运行作为宇宙钟。阿曼多·科塔雷洛·巴列多尔（Armando Cotarelo Valledor）（1935：73）对这个事件进行了研究，并介绍了以下细节：

“1619 年，伽利略参加经度测量大奖赛，顺便展示了他的发明，借助他的发

① 陆地和海洋的古老长度测量单位，相当于 3.18 海里，但在海洋中通常取 3 海里，在陆地上，1 里格通常被认为是 3 英里（1 英里 =1.609 千米）。——译者注

② 杜卡多，西班牙古金币名。——译者注

明可以在目测距离的10倍之外就能发现敌船。这个事情通过1620年1月28日的皇家公文上报给那不勒斯总督奥苏纳公爵（duque de Osuna），供其下令核查。伽利略的方案是利用观测木星卫星掩食的方法，这是他最近发现的，是本人原创并且十分精确。然而，他的方案被否决了，就像古列尔莫（Guglielmo）在《意大利数学科学史，从文艺复兴到17世纪末（1838—1841）》（*Histoire des sciences mathématiques en Italie*，*depuis la renaissance des lettres jusqu'à la fin du XVIIe siècle 1838—1841*）一书中描写的那样，不是因为没人理解，而是因为他的方法在当时不具可行性，尽管他说的现象每天都在发生，但在船上进行观测既不舒服也不容易操作（从来如此），何况也没有精确的木星卫星星表。

1632年，伽利略再一次把这个方案提交给西班牙，还是没有成功，后来又提交给荷兰，也无功而返；但西班牙人与他一起合作，并对他的发明创造予以鼓励。卡洛·德尼纳教士［Abate（Carlo）Denina，［著有《回答西班牙的问题》（*Résponse a la question que doit-an à l'Espagne*，1786）一书］说，'我有一封伽利略的信件原件，信里写道，1635年，一位格瓦拉先生（Monsieur Guevara）与他交流了一些微妙的意见'。后来，痛苦的日子来临，伽利略受到迫害并被软禁在阿切特里。这时，有一个高贵的西班牙人，圣何塞·德·卡拉桑斯（San José de Calasanz），对伽利略心怀同情，觉得他是位值得称颂的老人，见他孤苦无依、病弱眼盲，于是便派遣两名神甫去陪伴他、安抚他，并担任他的助理。"[10]

前面提到的伽利略"可以在目测距离的10倍之外就发现敌船的发明"，显然是指他在1609年制作的望远镜，他就是用这个望远镜对月球、银河和木星进行了著名的观测工作（并发现有4颗卫星围绕着木星运行）。我在此借机说明一下，望远镜的发明权不仅限于伽利略。

望远镜（拉丁语名"lenteja"，来自拉丁语的透镜一词"lens"，因为最常见的透镜都是双面凸透镜形式）的发明不是光学理论家之间的争端，而是工匠之间的争端。比如来自米德尔堡的荷兰人汉斯·利珀斯海（Hans Lippershey，1570—1619），他为自己发明的望远镜申请了专利，这一行为导致另外两个荷兰眼镜制造商，来自阿尔克马尔的雅各布·梅修斯（Jacob Metius，1571—1630）和来自米德尔堡的扎哈里亚斯·扬森（Zacharias Janssen，1588—1638），对望远镜的发明人资格提出了申诉。1608 年 10 月 2 日，议会对望远镜专利问题进行了讨论，最终决定不授予任何人专利权，这样做出于多种原因，其中一个原因是人们认为，这样的工艺不应保密。当时可能还有其他类似的创见，尽管理论成分可能更大一些。下面说的这位就是一例：来自那不勒斯的多题材作家焦万·巴蒂斯塔·德拉波尔塔（Giovan Battista della Porta，1535—1615），在他的作品《自然魔术》（*Magia naturalis*，1589）第 17 章《反射光学设想》中谈及了透镜的放大属性，并对“望远镜可能是什么样子的”进行了概述。在这本书的第 269 页可以读到：“用凹透镜可以清楚地看到远处的东西，用凸透镜看近处的，所以你可以根据你的视力来选择使用。使用凹透镜，远处的东西会显小，但清楚，看近处的东西还是又大又清楚。我们为一些朋友完成了一件他们盼望已久的事，他们原来看远处的东西很模糊，看近处的东西也不清楚，我们使他们能够很清楚地既看到近处又看到远处。”还有一位意大利人，拉法埃洛·瓜尔泰罗蒂（Raffaello Gualterotti，1543—1639），可能也是早期望远镜的制造者，1610 年 4 月 24 日他给伽利略写信，说他在 12 年前（也就是 1598 年）就造出了一架望远镜，但他从未想过望远镜可以发挥如此之大的作用，竟可以用来进行天文观测。最后，在望远镜的发明上也能占一席之位的还有安东尼奥·德多米尼斯（Antonio de Dominis，1566—1624），在伽利略将自己的观测结果写成《星际信使》（*Sidereus nuncius*，1610）一书之后，这位安东尼奥·德多米尼斯决定将他的申诉意见公开发表在一本名为《论光学仪器和彩虹中的视线与光线》（*De radiis visus et lucis in vitris perspectivis et iride tractatus*）的书中，这部书和《星际信使》一样均由托马索·巴廖尼（Tommaso Baglioni）出版（威尼斯，1611）。此外，还有英国人托马斯·哈里奥特（Thomas Harriot，1560—1621），诺森伯兰郡伯爵的一名职员，他有一架大约能放大 6 倍的望远镜（他称之为“透视管”），并用这架望远镜观察月亮。在保存下来的他的绘图中，有一张 1609 年 7 月 26 日的图，他画的月亮上有一条曲线，线条略显粗糙，将月球的明暗两面分隔开来。

同时，本书还想指出，在《望远镜，伽利略观察星际的仪器》（*Telescopium*,

sive ars perficiendi novum illud Galiloei visorium instrumentum ad Sydera，1618）一书中，米兰人吉罗拉莫·西尔托里（或希罗尼米·西尔图里）（Girolamo Sirtori o Hieronymi Sirturi）提到了由一个法国人送给萨莫拉人富恩特斯公爵（conde de Fuentes，1525—1610）的一架望远镜，并在众多的望远镜制造商中提到了一个巴塞罗那的工匠家庭，似乎是来自赫罗纳的胡安·罗赫特（Juan Roget，卒于1618年）。

现在我们先暂停探讨望远镜的发明史，继续说经度测量的问题。对经度测量问题深感兴趣的著名科学家还有埃德蒙·哈雷（Edmond Halley），英格兰国王威廉三世（William Ⅲ）（哈雷曾向他汇报过“磁偏角理论”）命令他：“为了航海的发展”，须在大西洋各地对磁偏角的变化进行观测。为此，1698年8月19日，威廉三世任命哈雷为“帕拉莫尔·平克”号（Paramoor Pink）船长，并下令：“通过观测，寻找指南针变化的规律，在陛下美洲的定居点稍事停留并进行观察，以便更准确地测定当地的经度和纬度，并尝试探索大西洋以南有什么大陆。”[11]在一系列意外之后，哈雷不得不回到英国，后来又再次出发，最终于1700年9月7日结束航行返回英国。1701年，哈雷提交了航行报告，题为《显示西大洋和南大洋指南针变化的正确新海图》（*A new and correct Chart shewing the variations of the compass in the Western and Southern Oceans*）。

直到1760年，约翰·哈里森（John Harrison）才造出了一台满足航船上使用所需各种属性的机械钟，也就是被称为“H-4”的那一台。这之前他已经制造出了其他几个款式，但还达不到英国海军上将提出的所有要求，也就不能被授予英国议会于1714年规定的巨额奖金；在经历了多年奋斗之后，哈里森最终得到了23065英镑。

秘密科学

由于经度测量事关重大，在西班牙的官方历史上，16世纪期间试图寻找可靠方法来测定经度的宇宙志学者不在少数，而且都很优秀。[12]这其中，有一位是交易事务所的首席宇宙志学者阿隆索·德圣克鲁斯（Alonso de Santa Cruz，1505—1567），他是塞维利亚人，1526 年随着塞瓦斯蒂安·卡博托（Sebastián Caboto）指挥的远征队来到美洲。德圣克鲁斯的家境优渥，还为远征队的组织提供过帮助。[13] 他在拉普拉塔河地区生活了 5 年。回到西班牙后，他加入了交易事务所，从 1536 年开始成为宇宙志学者，负责制作和审核航海地图和仪器，从 1557 年开始担任首席宇宙志学者，这个职位要求他常住都城，尽可能地靠近王宫。然而，这个职位没存在多久，仅仅维持到了 1567 年，但它成了一个典范和先例，为 1571 年设立皇家印度群岛委员会的首席宇宙志学者一职奠定了基础，皇家印度群岛委员会的第一任首席宇宙志学者为胡安·洛佩兹·德贝拉斯科（Juan López de Velasco）。

费尔南德斯·纳瓦雷特，在他的《航海和数学史论》（*Disertación sobre la historia de la Náutica y de las Ciencias Matemáticas*）（1846：184-185）中转述了《关于经度和当前航海中已掌握的经度测量方法，及其证明和示例》（*Libro de las longitudes y manera que hasta agora se ha tenido en el arte de navegar*，*con sus demostraciones y ejemplos*）的几个段落，这本书是由德圣克鲁斯所著，写作日期不详，其手写稿现存于西班牙国家图书馆：[14]

> 德圣克鲁斯所说的方法六，即通过计时器来计算经度的方法，经过反复试验，力图将计时器调整到精确的 24 小时，在这过程中尝试了很多方式：有一些计时器采用钢盘、发条和钟锤；有一些采用比韦拉琴弦和钢片；有些采用沙子，就像沙漏那样；有些用水来替代沙子；有些在两种方式之间切换；有些采用注满水银的大杯子或大沙漏瓶；还有一些很巧妙，通过风的作用产生一定的重量变化，从而拉动钟弦，或者通过把在油中浸透的灯芯点燃后来带动变化，总之，其共同目标是持续时间为 24 小时。通过天文观测可精确得到出发港的时间，根据此时间调好计时器；显然，采用类似的观测方法，可知到达港的时间，然后与计时器上的时间做对比，通过其中的时间差便可得出两个港口之间的经度；但这需要计时器走时持续稳定，而当时的计时器在制造上、材料上均不能保证这种特性，而且航行中又总

是受到海洋潮汐波动以及气候变化的影响；因此，德圣克鲁斯总结道："使用计时器难以按照要求的精确度计算出经度。"

德圣克鲁斯本人在一封写给费利佩二世的信中，对《关于经度》这本书的内容和来源作了解释，我在此引用一部分，这样能更好地了解那个时代的宇宙结构学需求以及表达需求的方式（转引自 Cuesta Domingo，1983：Vol.I，139-140）：

遵照陛下旨意，日前召开了会议，与会人员有宇宙志学者、占星学家，以及其他通晓相关科学的人士，会议目的是对佩德罗·阿皮亚诺·阿莱曼（Pedro Apiano Aleman）用以测量经度的仪器和书籍进行审核，对于会上大家讨论的关于测量经度的各种方式，会议主席蒙德哈尔侯爵（el marqués de Mondejar）听后也有了一定的了解，确定经度目的就是能够方便安全地从东方航行到西方，或者相反方向也一样，就像如今我们可以很容易地从南方航行到北方或者由北向南，同时还可以知道东西方任何两个地点之间的距离或远近。

然而，侯爵对上述经度测量的方式充分理解之后，他觉得最好由我再对自己的看法做进一步阐释，内容包括关于会上所述测量方法以及我所知道的其他方法，并且按照发明这些方法从远到近的时间顺序，尽我所能地解释清楚，以便人们能够容易理解，除此之外，他还希望我对于经度测量能为航海事业的发展带来多少好处，也将我个人所了解到的尽数作一介绍。

我接受了这项任务，很高兴能有机会为陛下服务；我将在这个简报中，把我所领悟到的所有内容，分两部分进行陈述：

第一部分，我将介绍测量经度的所有既有方式，并将我自己发明的方法和我们这个时代其他人所发明的方法也补充在内，关于在将来的航行过程中，如采用上述这些方法，能够带来多少好处，我也会进行介绍，这包括在东方和西方的航行。

在第二部分，我将介绍托勒密在他的第一部地理学著作中所描述的内容，并对每一章作一定的说明和备注，便于人们更好地领会每章内容，如果情况需要，或者内容晦涩，我将给出几何证明，这样也能更好地理解第一部分的内容，第一部分中我没有进行证明，全部放在第二部分，是为了避免冗长烦琐。

上文中我曾提到《关于经度》这本书有一份手写件，现存于西班牙国家图书馆，事实上，这本书从未出版，因为德圣克鲁斯没能申请到相应的许可（他的其他作品也没有申请到出版许可）。当局认为，由于政治原因，其作品内容不适宜传播。因此，在 1563 年，费利佩二世致信印度群岛委员会主席，内容如下（Vicente Maroto，1997b：180）：

关于阿隆索·德圣克鲁斯申请付印的有关印度群岛地区说明的书籍，你们报告说这些书有助于更好地、有针对性地了解印度群岛地区，尽管这是事实，但你们要注意到，正是由于如此，这些书一旦付印，外国人或者那些非我臣民的其他人员也可从这些书中清楚地了解到印度群岛地区，这可能会带来许多不利之处，需加以考虑，因此我要求你们对此予以斟酌商讨，并将你们的看法向我汇报。

1563 年 11 月 26 日于蒙松（Monzón）

像德圣克鲁斯的作品这样的情况，在那个年代并不是独有的。另一个例子就是多次去过美洲的航海家和制图师胡安·埃斯卡兰特·德门多萨（Juan Escalante de Mendoza，1529—1596）。1575 年前后，埃斯卡兰特编制了一本《西部海洋和陆地航行路线》（*Itinerario de navegación de los mares y tierras occidentales*），费尔南德斯·德纳瓦雷特（1846：240）认为，“这部作品是对当时海洋知识的总结，在航海史上具有举足轻重的地位，风格简约，事实清晰，陈述流畅，是一部值得尊重的作品。”书中收集了对航海者而言非常有价值的一些评论和说明，例如一些航海仪器的用途和限制，用于预报天气或潮汐的征兆等。但当埃斯卡兰特向印度群岛委员会申请出版许可时，却遭到拒绝，理由是“国家的敌人会利用我们关于失败和航海的知识”。埃斯卡兰特提出了抗议，但没有成功，他的儿子阿隆索·埃斯卡兰特·德门多萨（Alonso Escalante de Mendoza）也没有成功。1880 年，手写稿的一部分（仅第一册）得以发表。直至 1985 年，海军博物馆才发表了完整版。

显然，在费利佩二世统治时期，在他的支持或控制下所产生的一部分科学和技术，那些与海图、水路志、航海仪器的限制或改良等相关的部分，也就是涉及天文学和数学方面的部分，在当时是处于被封锁状态的，不能交流和传播。如果没有这些封锁措施，或许能滋生出其他方向上的发展。国家利益重于科学利益。从这个角度上而言，科学史家马里亚·波图翁多（María Portuondo）（2009）将关于这些事件的一本书命名为《秘密科学，西班牙宇宙志学和新大陆》（*Secret Science. Spanish Cosmography and the New World*），也就很好理解了。

1559 年 11 月 22 日，在阿兰胡埃斯，费利佩二世以卡斯蒂利亚国王的身份颁布了一道著名的诏书，通过该诏书，禁止其臣民去一批相当数量的外国大学求学，除了阿拉贡王国的各所大学，葡萄牙的科因布拉大学，以及几所意大利大学：博洛尼亚大学、罗马大学、那不勒斯大学（其中那不勒斯大学属于阿拉贡王国的一个公国）。联系上文所述的背景，这道诏书就不难理解了。[15] 诏书内容如下：

> 关于禁止本国人去往本土各王国之外的大学学习的命令。
>
> 我们了解到，在我们的各个王国内有非常杰出的大学和学院，研究并教授所有的艺术、技能和科学，有充足的十分博学的师资力量，但仍然有许多臣民和国人，包括修士、教士、非神职人员，离开我们的各个王国，去往别的国家的大学求学，导致我们的大学和学院达不到本该达到的规模和人次，日渐衰微；而离开本土的这些臣民，除了劳力、费用和危险之外，在与外国人的交流中，还要兼顾多事、分散注意力，带来很多不便；大量钱财被消耗在本土王国之外，使我们的国家受到明显的损失。

在 1568 年，禁令范围扩展至阿拉贡王国。扩展的原因不甚清楚，据一些消息来源指出，新法律（1568 年 7 月 17 日）是为了阻止法国人在加泰罗尼亚公国担任教学人员。之前还有一条法律，禁止佛兰德人在巴黎大学学习。

这就不可避免地会产生一个问题，尽管随着时间的推移，这个问题时隐时现。那就是，王室禁令对当时的西班牙科学有什么影响？马里亚诺·埃斯特万·皮涅罗（Mariano Esteban Piñeiro）（1995：723-724）对此发表过中肯的意见：

> 这项王室命令通常被认为对西班牙的科学进步造成了非同一般的破坏。我们的看法却是，其实际影响比通常认为的要小很多。首先，当时在宇宙结构学领域居于科学事业先锋地位的那些大学，处于禁令范围之外，例如在当时极富声望的科因布拉大学，拥有巴尔塔萨·托雷斯（Baltasar Torres）作为教授的、同样享有盛誉的罗马大学，博洛尼亚大学和那不勒斯大学。诏书实际影响的是那些与费利佩二世持对立态度的国家的大学，也就是说，是与改革派相关的大学，以及法国和英国的大学，纯属政治原因。

这些“纯政治原因”造就了“秘密科学”。但正如埃斯特万·皮涅罗所说的，我们不要忘记那些宗教人员，他们也对费利佩二世的政策产生了影响。

佩德罗·德梅迪纳和航海术

还有一个对经度问题深感兴趣的宇宙志学者，安达卢西亚人佩德罗·德梅迪纳（Pedro de Medina，1493—1567）。他的情况很有意思，这至少有两个原因。首先，他是一部航海书的作者，他的这本书通常被认为是当时西班牙所出版的同类题材作品中最好、最为全面的一本，即《航海术——顺利航行必须知晓的所有规则、说明、机密和告诫》（*Arte de navegar, en que se contienen todas las reglas, declaraciones, secretos y avisos que a la buena navegación son necesarios, y se deben saber*，下文简称《航海术》）（Valladolid，1545）。第二个原因是，尽管梅迪纳（接受过圣职，但似乎没有具体职务）是交易事务所的“外围”成员，但他与交易事务所时有摩擦。他没有受到重用，1539 年仅以领航员审查人的身份加入交易事务所。起初，他的工作内容是复制皇家图册、制造航海仪器，这两项工作内容都为向“印度群岛船队”的领航员们出售航海图和仪器提供了便利条件。这是一门很令人羡慕的生意，因而也受到了来自同行的阻力。后来梅迪纳在印度群岛委员会的帮助下战胜了这些困难，他的才能在委员会得到了认可。《航海术》是基于他的前一部作品《宇宙结构学之书》（*Libro de Cosmographia*，1538）重新编制而成，是献给费利佩二世的，汇集了交易事务所的各个宇宙志学者所传授的或者应该传授的一切内容。下面我将选取他书中的一个段落，作为其内容和风格的一个示例，在这个段落中他介绍了“通过北极星或南十字座的高度来确定纬度”（López pinero，Navarro Brotons y Portela Marco，1976：54-55）：

> 如果领航员或者其他人员想要测量北极高度，即通常我们说的‘北极星高度’，拿起你的天体高度测定器或象限仪，或者你手头最常用的那个仪器，尽可能准确地测量北极星的高度，为此，你需要站到船上靠近中桅处，那里是感觉船的晃动幅度最小的地方。把北极星高度记录下来，计算出地平线至北极之间的纬度差，得出这个度数之后，便可计算出从测量北极高度之处至赤道之间的度数。

《航海术》出版后反响强烈，重印 6 次，并且有 6 个德语版本、5 个法语版本、2 个英语版本、1 个意大利语版本和 1 个荷兰语版本。由于此书大获成功，1552 年梅迪纳又出版了一个简要版：《航行守则——包含〈航海术〉中的规则、说明和告诫》（*Regimiento de navegación que se contienen las reglas*，*declaraciones y avisos del libro del arte de navegar*），1563 年他又对这一版进行了补充更新。[16]

与梅迪纳同一时代，还有一位具有类似影响的人士：马丁·科尔特斯·德阿尔瓦卡尔（Martín Cortés de Albacar，1510—1582），他是布哈拉洛斯人，但于 1530 年迁至加的斯，在那里他度过了一生中的大部分时光，研究航海手艺和技术。在加的斯，他写出了《球体与航海术简编》（*Breve compendio de la sphera y de la arte de navegar*），1551 年出版于塞维利亚。他写这本书的时间，大概与梅迪纳完成《航海术》的时间几乎相同。在致卡洛斯一世的题献中，科尔特斯解释了他的目的，其中排在优先位置的是：

> 我希望将这本熬夜工作才写出的新的航海简编公布于众。我不想说航海历史不长……我只是第一个将之缩写成一部简编的人，我在此书中介绍了切实可靠的原则和毋庸置疑的证据，记录了航海实践和理论，为水手提供了真实的准则，为领航员指明了道路，向他们介绍了各种仪器，以便测量太阳高度，了解大海的涨潮落潮，为他们整理了航海所需的地图和指南针，并提醒他们关于太阳轨道、月亮运转、昼间计时器的事项，确保它在每片土地上都能精准计时，还有可靠的夜间计时器，此外，还揭示了磁石的秘密属性，并对磁针由北向东倾斜或者由北向西倾斜的情形作了说明。

这本书在 16 世纪至少重印了 9 次，其中 3 次被译成英文，英文版第一版于 1561 年出版。

梅迪纳和科尔特斯的作品不仅仅是航海实践中切实有用的参考书，更重要的是，他们的作品反映了西班牙在当时的航海科学和技术领域处于突出地位，而航海科技又是当时世界科学的一个重要组成部分。

费利佩二世与科学

在继续探讨 16 世纪西班牙的其他科技机构、人物和活动之前，借着上文中提到费利佩二世诏书这个机会，就此对这位“谨慎王”作一番详述。他的统治时间很长，从 1556 年 1 月 15 日一直持续到 1598 年 9 月 13 日他去世为止。除了“智者”阿方索十世和卡洛斯三世之外，西班牙没有一个国王在其统治时期与科学有着更为紧密的关系。

正如我在本章开头提到的，以及我在前面几章中已经有所概述的，16 世纪西班牙在科学和技术方面所取得的成就不胜枚举。但是，由于这些成就中有相当一部分都是在费利佩二世统治期间取得的，那么，这位国王在这些科技进步中扮演了一个什么角色？我们要在两个背景的基础上，来回答这个问题：首先是国王本人的学识和倾向，他的绝对权力赋予他强大的行动力；另一个是社会政治背景。[17]我先从第一个，即个人背景，开始讲起。

费利佩二世与科学的关系是多方面的，具有一定的复杂度，但不管如何，总是与他所生活的时代相一致。[18]例如，他对巫术也像对科学一样着迷，“对一些信誓旦旦认为有可能通过磁铁实现与不在场的人进行交流的报告表现出兴趣”（Parker，1997：95）。对于身处 16 世纪的费利佩二世而言，其行为举止不能说是不合时代的，因为在那时，“巫术作为一种有用的精神活动保持着它的吸引力，同时它对于测量的价值和对于科学解释的重要意义也得到承认”（Webster，1988：34）。

费利佩二世是否对占星学兴趣十足，这一点尚不清楚。[19]一方面，已知费利佩二世接受过 5 次星象算命，并且，直到他去世，他的床边都一直保存着 1550 年的那份预测报告，那是由德国医生、数学家兼巫师马特奥·哈科［Mateo Haco，或叫作马蒂亚斯·哈卡斯（Matthias Hacus）］为他推算的。另一方面，费利佩二世对星象算命的兴趣或许也从细节上表现出来，位于埃尔埃斯科里亚尔图书馆顶棚上的其中一幅壁画，就是关于占星学的，展现的是这位国王出生之时的星空，当然关于这一点也需要考虑到建筑师、科学家兼工程师胡安·德埃雷拉（Juan de Herrera，1530—1597）的想法，他对费利佩二世统治期间所产生的科学创意具有相当大的影响力。[20]然而，昆卡主教管区的总巡查员，巴尔塔萨·波雷尼奥（Baltasar Porreño）（1702：99）在他的作品《西班牙和印度群岛强大和荣耀的君主——“谨慎王”费利佩二世言行录》（*Dichos y hechos del Señor Rey Don Felipe Segundo el Prudente*，*Potentísimo y Glorioso Monarca de las Españas*，*y de las Indias*）中提到了一个情形，“有一位占星术家向国王呈递了一部书，对其中的一幅王子画像作了一番解释，分析了王子被孕育和出生时天空和星辰的影响，以及对其一生的预测。国王接受了这本书，吩咐放置于书桌上，严肃并带着谢意地辞别了占星术家；结果，国王撕毁了这本书，一页一页撕开，连插图和配画部分也不放过，然后把插图部分交给了他的一个随从，说：拿着，这一页可能有用，那一页没用，他想让人了解：仅靠这些凭空妄断就想预知天意的人是疯狂的、徒劳的、毫无根据的”。尽管如此，到他去世的时候，费利佩二世至少拥有两百本巫术书（炼金术、占星术、神秘哲学），这个爱好很隐秘，因而他还曾在埃尔埃斯科里亚尔任命一个特别审查官，目的是让宗教裁判所远离那里。

这位国王，作为那个年代的人，对炼金术也很感兴趣。炼金术起源于阿拉伯人，经西班牙传入欧洲，因而西班牙是许多著名炼金术士的故乡，包括加泰罗尼亚人阿纳尔多·德比拉诺瓦（Arnaldo de Vilanova）和马略卡人雷蒙多·柳利（Raimundo Llull）。由于胡安·德埃雷拉以及帕尔马大教堂教士胡安·塞贡（Juan Según）的影响，费利佩二世成为雷蒙多·柳利的狂热崇拜者。在上文中提到的《“谨慎王”费利佩二世言行录》中，波雷尼奥（1702：187）写道：“他喜欢阅读殉道者雷蒙多·柳利博士的书，因为他学识渊博。为减轻压力，在日常工作中他常常随身携带，边走边读。在埃尔埃斯科里亚尔图书馆，现在还能找到几本他亲笔签名的书籍。”在数学学院（下文中会详述），他选择研读柳利写的《一般艺术和科学之树》（*El arte general y árbol de la ciencia*），这本书由佩德罗·德格瓦拉于1584年汇编并翻译成西班牙语，题目为《用于所有科学的两种工具的一般艺术简述》（*Arte general y breve, en dos instrumentos, para todas las ciencias*）。[21]

费利佩二世的父亲卡洛斯一世，也对炼金术抱有兴趣。他与出生于科隆的占星术士兼炼金术士恩里克·科尔内略·阿格里帕（Enrique Cornelio Agrippa）长期保持交往，而且他还持有多块“哲人之石”，对炼金术的兴趣由此可见一斑。（阿格里帕1508年来到西班牙，为阿拉贡国王效力，但那次合作关系没有持续很久，他的作品于1559年被归入“禁书目录”；他还曾担任马克西米利安皇帝（Maximiliano）的文书，以及弗朗索瓦一世的母亲路易丝王后（Luisa de Saboya）的文书。1557—1559年，为了寻找解决日益紧迫的国家经济问题的办法，费利佩二世对使用贱金属炼金的秘密实验给予支持。然而，国王的真实想法清楚地体现在以下评论中（Maroto y piñeiro，2006：61）：“确实，我对这些事情不很相信，更不着迷，但试一试也不坏，即使没有结果也不会怎么遗憾；但是，就我目前所看到的，以及您所感觉到的，包括对这项工作和这些工作人员，我不像以前那样不信了。”

埃尔埃斯科里亚尔修道院图书馆的藏书，是走进国王精神世界——特别是科学层面的精神世界——的重要桥梁。费利佩二世的受教育经历中，有过好几任老师，如多明我会成员胡安·马丁内斯·西利塞奥［Juan Martínez Silíceo，原名马丁内斯·吉哈罗（Martínez Guijarro）］，曾在巴黎教授了 9 年的哲学和数学，然后从巴黎来到萨拉曼卡，担任新设立的自然哲学课程教授，发表过几部著述，包括《算术理论与实践》（*Arithmética theórica et práctica*，巴黎，1514）；还有胡安·克里斯托瓦尔·卡尔韦特·德埃斯特雷利亚（Juan Cristóbal Calvete de Estrella），他是费利佩二世的少师，著有《西班牙天主教制度和西印度制度，第 20 册》（*De Rebus Indicis ad Philippum Catholicum Hispaniarum et Indiarum Regem. Libri XX*），书中介绍了关于哥伦布发现新大陆的大量航海科学资料。[22] 在费利佩二世 18 岁时，在萨拉曼卡和坎波城购买了许多书籍（Antolín，1919），其中包括维特鲁威（Vitrubio）所著的《建筑十书》（*De architectura*）、佩德罗·阿皮亚诺（Pedro Apiano）所著的《宇宙结构学》（*Cosmographia*）、希腊文和拉丁文的阿基米德著作、格伯［Geber，或叫作伊什比利人切伯·贝纳法拉（Chéber Benaflah el Ixbilí）］的一部炼金术著作、格雷戈里奥·赖施（Gregorio Reisch）的《哲学宝典》（*Margarita philosophica*）、托勒密的《天文学大成》以及两年前刚刚出版的哥白尼的《天体运行论》（*De revolutionibus*）。后来他又购买了希波克拉底、亚里士多德、迪奥斯科里季斯、盖伦和普林尼的科学著作，还有雷吉蒙塔诺努斯（Regiomontano）的《论各种三角形》（*De triangulis*）以及乔治·阿格里科拉（Georgius Agricola）的《矿冶全书》（*De re metallica*），其中《矿冶全书》（1556）是技术史上最重要的作品之一，介绍了各种冶金方法，直到 18 世纪才被超越。上述所有作品最后都成为了埃尔埃斯科里亚尔皇家图书馆的藏书。

然而，有两个信息值得注意：国王费利佩二世爱书，这是事实，这其中包含了科学方面的书籍，但他的这种爱好属于帕克（Parker）（1997：94）所谓的“费利佩二世的收藏癖，它没有尽头”。在某种程度上，埃尔埃斯科里亚尔图书馆算是他的私人图书馆（因为他想在那里生活），是当时西方世界同类型图书馆中最大的，但同时，他似乎又想赋予其另一个目的，那就是将他的藏书供众多学者使用，从而把埃尔埃斯科里亚尔变成一个研究中心。有一封信（Rubio，1984：246）可以证明他有类似目的，这是一封费利佩二世于 1567 年 5 月 28 日写给西班牙驻法国大使的信，他在信中表示，尽管修道院图书馆已拥有大量藏书，“我还是希望那里可以收藏到尽可能多的珍稀书籍，因为这是一份能够留存下来的重要回忆，可供在此处居住的教徒们使用，也可使所有那些愿意来此处阅读的有学问的人受益”。因此，在他统治期间，埃尔埃斯科里亚尔图书馆更像是一座皇家图书馆，供常住首都的科学家们使用：王宫和印度群岛委员会的宇宙志学者，为国王效力的建筑师、工程师、医生和自然科学家，包括数学学院的成员，以及为大药房实验室工作、制作“水”和“精华”的蒸馏者和炼金术士。

可以看出，这些都只是与宫廷相关的人员，这就限制了埃尔埃斯科里亚尔图书馆为整个王国的科学发展而发挥作用。事实上，图书馆的修建恰恰是出于为修道院教士及 1575 年建立的神学院服务的想法。这个图书馆的藏书中不乏宗教裁判所认定的禁书，对其更为广泛和更加一视同仁的使用或许与国王本人的初衷不一致，因为我们知道，他曾经下令，卡斯蒂利亚人（信教或不信教）不得离开西班牙去国外求学或任教（1559），以及禁止法国教授到加泰罗尼亚任教（1568）。

费利佩二世与宗教

毫无疑问，费利佩二世是一名坚定的天主教信徒。尽管他的阅读书目显得他对科学知识很有兴趣，但他对宗教著作更富热情。他年轻时获得的大部分书籍，要么出自古典作家，要么出自神学作家。从另一个角度来看，如果说在印刷术出现后的第一个世纪内，西班牙所出版的几乎四分之三作品都与宗教有关，也就不令人意外了。“国王在他的床边书柜上保存的 42 本书中，除了 1 本之外，其余都是宗教书。”帕克如是写道（1997：101）。

此外，费利佩二世生活的时代，天主教世界由于新教的横空出世而受到震撼

（新教改革始于1517年，路德发布了著名的九十五条论纲）。在尤斯特修道院隐居的卡洛斯一世1558年5月25日给他的女儿胡安娜（即当时的西班牙摄政王，由于当时费利佩二世不在西班牙），写了一封著名的信：

> 听着女儿，这件事使我深感不安，十分痛心，你都无法想象，看到……在你我眼前发生如此恬不知耻的卑劣行径，又有这许多人牵涉其中，你要知道，我在德国为此劳心劳力，开支巨大，甚至健康都大为受损……必须考虑是否可以按照处理煽动叛乱、喧哗吵闹、起哄闹事、扰乱社会的方式来处理他们，还要考虑他们是否有叛乱的目的，因此不可动恻隐之心……听着女儿，必须从一开始就予以惩戒和制止，阻止如此恶劣之事蔓延，不放过任何人，否则，今后无论是国王还是其他人都无法阻止了。

信中的“他们”指的是新教徒，是路德的信徒。费利佩二世延续了其父亲的政策。1559年4月17日，在萨拉戈萨举行了一个宗教判决仪式，有111名罪犯，但其中只有2个路德教徒；其后又在穆尔西亚举行了另一个判决仪式，有54个囚徒，其中12个按犹太教徒或隐藏的穆斯林处死；5月21日又在巴利亚多利德举行一次，这次仪式摄政王也到场参加，28人被指控为路德教徒，其中15人被烧死。从1559年9月到1562年10月，塞维利亚共举行4次判决仪式，在巴利亚多利德2次，逾300人被判刑，约70人死于火刑。1558—1560年，在穆尔西亚，60人被指控为犹太教徒并被处以火刑，35人被处以烧掉肖像；截至1568年，至少还有其他6次审判，48人按犹太教徒处死，12人按新教徒处死，6人按隐藏的穆斯林处死。[23]宗教裁判所在此作为调查方和执行方，在16世纪的整个后半个世纪期间，宗教裁判所的权力明显扩大。国王权力则用于控制宗教裁判所：1558年9月7日颁布了一道诏书，确定卡斯蒂利亚枢密院①有权授予印刷许可。如未遵守规定，或者未经许可出版作品，可处以死刑，当然，其作品也予以销毁。此外，还调整了外国书籍的销

① 根据《新时代西汉大词典》，“Consejo de Castilla”译为：卡斯蒂利亚枢密院（古西班牙最高法庭和国王的咨询机关）。——译者注

售许可。机构或个人的图书室应每年接受审查，审查委员会由各地的主教和地方长官，或者由他们指定的人员组成，可以是该城市宗教团体的领袖，如果是在萨拉曼卡、巴利亚多利德、阿尔卡拉，则可以是相应大学的两名代表。审查报告应发送至卡斯蒂利亚枢密院。在被清减书籍的图书馆中，萨拉曼卡大学图书馆是其中之一，从那时起，萨拉曼卡大学就开始日渐衰落。阿拉贡王国的各所大学也受到管控，但比卡斯蒂利亚的大学情况稍微缓和一些……直到 16 世纪 70 年代，由于政治原因和宗教原因，发生了荷兰叛乱（1566 年开始）和拉斯阿尔普哈拉斯的摩尔人暴动（1568 年开始）。

在第 3 章和第 4 章，我们将会涉及一些关于宗教裁判所行为的实例——百科全书（Encyclopédie）、豪尔赫·胡安（Jorge Juan）、奥拉维德（Olavide）、穆蒂斯（Mutis），但如果对其进行详尽的研究，便会超出本书的范围，然而，对于 16 世纪和 17 世纪西班牙在科学方面发生的事情或者不再发生的事情，不能认为应由宗教裁判所来负全责，它当然不是唯一的责任者。[24]

还有一个不应被遗忘的元素，那就是天主教会在西班牙教育体系中所占据的重要地位。它不仅拥有一套广泛的教育中心网络（教团、神学院、修道院学校），还对所有领域施加影响，包括大学。大学，是或者说本应是传授不同科学的清净之地，这是无需强调的。尽管本书中将会出现——或者已经出现——对西班牙科学作出贡献的宗教人士（他们中的很多人是耶稣会会士），但正如洛佩斯·皮涅罗（López Piñero）（1979a：70）认为的："宗教机构是抗拒革新的核心力量。虽然他们中的一些成员是著名的创新者，但作为一个社会团体，他们却倾向于使科学任务从属于神学和哲学，阻止了科学活动向自主的智力活动转变。"

西班牙社会针对皈依天主教的犹太人后裔的那种排斥态度，也对科学发展不利。我们要记得，无论是伊斯兰时代的西班牙，还是伊比利亚半岛各王国共存的西班牙，犹太人都以十分突出的方式参与了科学事业。居伊·博茹昂（Guy Beaujouan）曾说过一句常常被引用的名言，"特别是在卡斯蒂利亚，王侯或者大学周围是找不到科学的，科学在那些大型的主教城市，在半路上，在犹太教堂和天主教堂之间。"[25] 在 15 世纪、16 世纪，"正宗基督教徒的恶意"比比皆是，人们认为唯一值得尊敬和信任的人，是拥有正宗基督徒血统，没有掺杂穆斯林、犹太人或异教徒血统的基督徒。

马德里，王国的首都

费利佩二世推动了对西班牙和美洲殖民地的自然与人文地理学以及制图学的系统性研究，从而形成了《西班牙各民族之间的关系以及西印度各土著民族之间的关系》(*Relaciones de los pueblos de España y las relaciones de Indias*) 一书，1561 年他决定将马德里设为西班牙的首都，这一决定得以一直保持，除了 1601—1606 年，西班牙的首都设在巴利亚多利德。[26] 可用于解释这一决定的理由不在少数——首先，在地理上，马德里位于伊比利亚半岛的中心，而且它比其他历史更悠久的重镇（例如托莱多）更易于进行改造——但对于本书而言更为重要的是，发生在马德里、并且与西班牙科学史有关的众多事件中，都有这一决定的踪迹。[27] 建都的益处还表现在书籍的出版上。马德里的第一家印刷厂于 1566 年开业，也就是费利佩二世迁都马德里之后不久。很快，马德里便在西班牙的印刷行业中居于领先地位。

尽管这样，塞维利亚作为商业中心、经济中心以及科技中心，仍然保持了它的重要地位。在大学方面，萨拉曼卡还是有一定的重要性，它仍然是卡斯蒂利亚王国的文化中心（萨拉曼卡大约有 25000 名居民，而萨拉曼卡大学的注册学生达到 7000 人）。但它的优势地位已经开始受到埃纳雷斯堡大学的挑战，这所大学是由枢机主教西斯内罗斯（Cisneros）在 1499 年建立的。有许多杰出人物曾经在埃纳雷斯堡任教或求学，例如安东尼奥·德内夫里哈（Antonio de Nebrija）、胡安·希内斯·德塞普尔韦达（Juan Ginés de Sepúlveda）、弗朗西斯科·瓦莱斯·德科瓦鲁比亚斯（Francisco Valles de Covarrubias）、加斯帕尔·梅尔乔·德乔韦拉诺斯（Gaspar Melchor de Jovellanos）、安德烈斯·曼努埃尔·德尔里奥（Andrés Manuel del Río），此处仅列举这几位与科学有着直接或间接关系的人物。[28] 何塞·玛丽亚·洛佩斯·皮涅罗（1979：65）对 16 世纪西班牙各座城市的科学状况作了如下总结：

马德里在成为政治中心之后，从一个原来并无科学传统的地方，摇身一变，成了大放异彩的科学舞台，而与此同时，托莱多的重要性明显减弱。16 世纪的大部分时间内，卡斯蒂利亚王国的三大'大学城市'保持了近乎稳定的水平，但到了 16 世纪末，就开始出现下滑状态。在阿拉贡王国，巴塞罗那的地位和布尔戈斯一样，发生了非常明显的下滑；萨拉戈萨的下滑方式呈连续性，但较为缓慢。16 世纪的后几十年中，只有巴伦西亚的相应地位明显提升。在 16 世纪的第一个十年，塞维利亚在整个西班牙的科学活动方面都占据了十分突出的地位。

皇家数学学院

1582 年 12 月，皇家数学学院在马德里成立，这是马德里成为首都的一个实例。马丁·费尔南德斯·德纳瓦雷特（Martín Fernández de Navarrete）（1846：224-225）是这样解释数学学院的起源的：

在当时的西班牙，比较有利可图的专业是神学、法学和医学。因此，在设立公共教育机构时，这几个专业就尤其受到关注和追捧。数学被视作一门抽象深奥的学科，其应用稀少渺远。这就导致了一个现象，即在卡洛斯一世和费利佩二世统治期间，所有的工程师都是意大利人……费利佩二世当时也坚信如此，但他征服葡萄牙后，发现当地人使用的海图关于卡斯蒂利亚王国的属地界限有误。他将这些海图交给胡安·德埃雷拉（Juan de Herrearn），并命他转交给西印度宇宙志学者胡安·洛佩兹·德贝拉斯科（Juan López de Velasco），以便其按照存放于塞维利亚交易事务所的海图样本进行修改；在了解到许多类似错误也源自科学知识的缺乏之后，费利佩二世应德埃雷拉的敦促和请求，下令创立一个数学学院，以促进航海事业以及民用和军用建筑的发展；并指定将其设在位于特索罗大街的宫殿中。

实际上，这个数学学院是秉承着“必须对塞维利亚交易事务所传授的知识进行补充”这一理念开展工作的。此外，塞维利亚距离马德里的宫廷太遥远，而且过多地致力于将数学应用到航海中。正如费尔南德斯·德纳瓦雷特强调的那样，数学学院由胡安·德埃雷拉设计并担任第一任院长。有一点很奇怪，费利佩二世敏锐颖悟，但他对数学却不是特别有天赋。我在上文中提到过，马丁内斯·西利塞奥是一位出色的数学家，他曾经被委派担任费利佩二世的老师，但不久之后就被奥诺拉托·胡安（Honorato Juan）替代，奥诺拉托也尝试向费利佩二世传授欧几里得的数学知识，但与前任一样，收效甚微。尽管如此，费利佩二世还是创建了皇家数学学院——这也从另一个角度说明了他具有很好的洞察力和判断力。

16 世纪的最后三十多年里，在西班牙，数学不仅被当作宇宙结构学、占星学和航海术的基础，还被广泛应用到许多迥然不同的领域，例如商业计算或者军事技能和建筑技术中的具体问题，因而必须加强数学的教学工作。费利佩二世统治的那些年里，在航海技术的制图方面和宇宙结构学方面，以及为了绘制地图所需的测量中，达到了全国性问题的严重程度。

对数学学院的创立产生影响的另一个因素是为国王效力的宇宙志学者、建筑师、土木工程师，还有杰出的爆破专家和军事工程师汇聚于此所形成的氛围。此外，将葡萄牙王国纳入版图对于费利佩二世而言是一项巨大的挑战，而葡萄牙在数学和制图学两个方面是非常发达的，这是加诸上述环境之上的又一个因素。同时，还需要注意到，在卡斯蒂利亚王国的各所大学里——可能萨拉曼卡大学除外——几乎都没有涉及数学的应用层面。

人文学者、希腊语言文化学者、教育学家兼翻译家，佩德罗·西蒙·阿夫里尔（Pedro Simón Abril，1530—1595）在其一篇著作中对于这种有益于数学发展的环境作了很好的总结：《关于如何改革教义和教授方式以还原其原有完整性和完美性的概述》（*Apuntamientos de cómo se deben reformar las doctrinas，y la manera de enseñarlas para reducirlas a su antigua entereza y perfección，hechos a la magestad de Felipe II por el doctor Pedro Simón Abril*，1589）（Simón Abril，1815：54-56）。

数学容不得弄虚作假，它是经过确切证明的学科，是才智和经验的产物，不是各种各样意见和看法的简单总和。但还有一个很严重的问题，由于数学不是那种用于挣钱的学科，只是为了提高理解能力；所以那些学数学的人更注重兴趣，而非真正的学识，学习也就只是沾一点皮毛。这对国家大为不利，尤其是对陛下而言；如果数学不学好，战事将缺少工程师，航海将缺少领航员，楼房和防御工事将缺少建筑师；这会使国家和陛下的利益大为受损，也是全体国民的耻辱；因为需要人才时就得去国外寻找，这会大大损害公共利益。

尽管数学不像其他学科那样具有诸多现实的好处，但它能让人们的思维习惯于在事物中寻求坚实可靠的真相，不再为反复无常的各种意见摇摆不定，而这种摇摆不定的行为恰恰是对各种学问破坏力最大的；仅凭这一条理由，人们就不能跳过数学，而直接去学任何一门其他学科。柏拉图也是这么认为的，他在学园大门上张挂了一个招牌，上书：不懂数学者不得入内。

陛下下令使用平民化的语言传授数学知识，包括在学校和宫廷；并且下令，任何人都要先证明其数学成绩优异，否则各所大学和公立学校一律不得授予任何学位，这样就轻易地解决了这个如此严重的问题。

1584年，由胡安·德埃雷拉负责的一份刊物中，一篇名为《皇家数学学院成立，西班牙语版，由国王费利佩二世陛下下旨在首都建立（西班牙语版）》（*Institución de la Academia Real Mathematica*，*en Castellano*，*que la Magestad del Rey Don Phelippe II N. S. mando fundar en su Corte*），明确地指出了设立该学院的良好意图。内容如下：[29]

皇家数学学院的成立及其成立目标。

费利佩国王陛下获悉，尽管我们各个王国的大学或学院里设有数学讲堂或课程，但缺少教授人才，以前更少，大学内外都几乎没有，而现在有些人只具备最为基础的概念，连数学知识中的真伪都不能分辨，也不能区分哪些是具有真才实学的老师，哪些是徒有虚名。因此，我们国家在各行各业或者政府部门内都缺少精通、全面的人才，于是陛下在首都开设了面向公众的数学课堂，并为此招揽了杰出的人士，为所有愿意听讲的人们教授该课程。得益于陛下的乐善好施和慷慨大方，其臣民必能在数学学科上有所增益，这样在陛下的王国内，便会涌现出既有理论知识又有实践经验的算术家，他们能够利用科学依据和事实真相，来解决各门科学和技艺中隐藏的疑惑和问题，没有任何一门学科不需要算术的参与，只是或多或少的问题；由此我们的国家就会拥有能干的几何学家，他们擅长测量一切类型的面积、物体、空间和土地；会有聪明可靠的天文学家，他们对天体运行的轨道科学了如指掌；会有专业的音乐家，他们精通理论，因为没有理论便无法证明协和音程；会有具备科学精神的宇宙志学者，他们能确定土地的位置，描绘各省份和地区；会有训练有素、经验丰富的领航员，他们能安全地指挥各个王国装备精良的大型船队，在全世界乘风破浪；会有可靠又富有探索精神的防御工事建筑师，他们用宏伟的建筑以及公私楼房，使城市大放异彩，并为它增强防御，保障其免受敌人的冲击；会有内行的工程师和机械师，他们了解重力的原理，能制造并处理政治生活和经济生活中一切类型的机械；会有爆破专家、军事器械专家、炮兵等军事用途所需的烟火专家；会有生活和灌溉所需的管道工和引水工，这在各个王国内都是举足轻重的工作，他们还能为王国内以及西印度的各处金属矿藏进行排水和开采工作；还会有制作日晷和钟表的工匠；以及懂得各种透视方法的著名透视画家、油画家、雕塑家。

关于皇家数学学院带来的其他结果和目的，对以下内容进行引用并非多余，因为这有助于更好地理解当时的社会状况，或者更确切地说，更好地了解当时的西班牙文化——至少是宫廷文化：

为了在上帝的恩惠和庇佑下，使各个王国内的国民能够生活在基督教的信仰中，生活在神圣的武器和仁慈的文字中，使他们不缺乏这些技艺，而这些技艺来自其他更为优异完善的学识，因为所有的科学，就像美德那样，因互相之间的联结和关系，而互相促进和受益。

最后，为了使那些从小生活在首都和王宫、接受宫廷语言和交际教育的贵族子弟，在为国出征和从事政府职务之外，也能拥有可以名正言顺消磨时光的高尚可敬的工作。原先要追随人文科学的那些人，已经开始从事数学的研究，这门学科以它高度的准确性和可靠性，开启了通往所有其他学科的大门，而这些学科曾一度冒用数学的名称或与数学混为一谈，现在数学展示了真正的方法和知识体系，除了让人理解实体的、可感知的事物之外，还上升到了对于超自然的、超感觉的事物的理解上。因此柏拉图在学园大门上书写了布告，将那些不学几何的人驱逐出去。

安东尼奥·多明格斯·奥尔蒂斯（1963：288-289）指出了一个严重的问题，对于16—18世纪的西班牙而言，当战争不再为人们提供机会时，不投身于文学和科学，却意味着一种高贵的行为："不是将能量从一个领域引导到另一个领域，而是所有的重要活动发生了整体性的缩水，以至于形成了冈萨雷斯·德阿梅苏亚（González de Amezúa）所说的'18世纪大部分贵族老爷过着富足、无所事事、粗俗和形式主义的生活。祈祷、勾心斗角和打猎便占据了他们所有的时间'。"尤其是那些贵族家庭的小儿子们，许多高级学院靠他们维持，但他们不但不能使这些机构受益，反而还因他们的懒惰和不良示范使其受损。他们追求的目标是"政府、主教、法庭和议会等，他们几乎垄断了这些部门，因此高级学院就变成了贵族阶级社会政治优势的最强有力的工具。"

皇家数学学院的建立形成了很好的激励机制，但尽管它目标远大，其行动却几乎不曾跨越我们可以称之为"数学 - 技术"或"应用宇宙结构学"的界限。这是因为在该学院任教的都是优秀的宇宙志学者兼数学家：葡萄牙人胡安·包蒂斯塔·拉巴尼亚（Juan Bautista Labaña），1582年12月被任命为航海术教授，教授数学课直至1591年回到里斯本，被费利佩三世任命为葡萄牙首席宇宙志学者；佩德罗·安布罗西奥·德翁德里斯（Pedro Ambrosio de Ondériz），他的任命书中明确了他需要翻译一些教材，他是拉巴尼亚的数学课助手，1591 年 9 月被任命为印度群岛委员会的首席宇宙志学者，并在四年后替换了委员会的原首席宇宙志编年史学家阿里亚斯·德洛约拉（Arias de Loyola），他作为翻译家也很优秀：他将《几何原本》第 11 卷和第 12 卷、欧几里得的《透视与镜面分析》（*La Perspectiva y Especularia*）以及阿基米德的《平面图形的平衡或其重心》（*Los Equiponderantes*）译成了西班牙语；意大利人尤利安·费罗菲诺（Julián Ferrofino），1595 年 9 月被任命为数学教授，是《炮手理论与实践》（*El artillero teórico y práctico*）、《欧几里得评论》（*Los comentarios de Euclides*）、《数学碎片》（*Los fragmentos matemáticos*）等书的作者；安德烈斯·加西亚·德·塞斯佩德斯（Andrés García de Céspedes），非常出色的天文学家，在 1596 年翁德里斯意外去世后，被任命为印度群岛委员会的首席宇宙志学者，1607 年又兼任了数学教授；以及胡安·塞迪略·迪亚斯（Juan Cedillo Díaz），将在下文中另行介绍。[30] 但是，由于在社会政治方面有重要用途的那方面数学所具有的分量和名声，纯理论数学几乎被扼杀到无出头之日（这种实践维度在当时是习以为常的；要跨越“数学－技术”的界限，就只能期待新世纪即 17 世纪的来临了，那将是科学革命的世纪）。

1591 年，皇家数学学院的教授转归印度群岛委员会管理，这一信息有助于我们理解上文中所述的关于翁德里斯的任命。玛丽亚·伊莎贝尔·比森特·马罗托（María Isabel Vicente Maroto）和马里亚诺·埃斯特万·皮涅罗（2006：98）对皇家数学学院做了研究，他们认为：“这一转变可能有多种原因。一方面，王室对学院的工作可能有所不满；另一方面，费利佩二世离开阿尔卡萨尔（许多课程曾经在这里讲授），迁居埃尔埃斯科里亚尔，也许再加上因无敌舰队① 的失败而引起的关于航海方面的幻想破灭……可能还因为国王希望减少‘官员’数量，加强官员职责，从而降低费用，将各个机构和人员的效率提高到最大程度。”

① 指费利佩二世 1588 年派出的意图征服英格兰的庞大舰队，其征服行动以失败告终。——译者注

帝国学院和贵族神学院

从 1615 年开始，皇家数学学院的活动逐渐减少，这促进了它后来的变革。1625 年，塞迪略去世后，耶稣会帝国学院皇家研究院着手负责数学学院的课程和教授人员，这实际上宣告了数学学院的解散，但还有一种说法，声称实际发生的情况是，1628 年数学学院转到了帝国学院。

皇家数学学院被耶稣会接管这件事，受到加西亚・德塞斯佩德斯（1846：235）和费利佩・皮卡托斯特（Felipe Picatoste）（1891：149-151）的严厉批评，关于费利佩・皮卡托斯特，我将在第 9 章作详细介绍。根据加西亚・德塞斯佩德斯的说法：

> 1615 年前后，胡安・塞迪略・迪亚斯接替著名的加西亚・德塞斯佩德斯，担任数学学院的教授，薪水为 800 杜卡多。皇家图书馆内仍然保存着多个手写笔记，内容涉及地理、星盘、磁石及其他应用内容，都是他当时的授课主题。那可能是这所名实兼备的学院最后的声息：因为短短几年之后，1625 年皇家学院成立之前，某个团体或机构通过各种手段，“坚持不懈地克服了重重困难和矛盾”，将原先属于国王宫中的所有课堂都纳入麾下，包括其收益和拨款。这与先前获得重镇马德里 15 世纪以来一直维持的语法和人类学研究的手段如出一辙。这种垄断行为对人文科学十分不利，就像商业垄断对国家繁荣不利一样，这也是后来西班牙的文学和科学出现衰落的起因。

而皮卡托斯特的说法是这样的：

> 数学学院在一批首席建筑师［其中包括胡安・戈麦斯・德莫拉（Juan Gómez de Mora）］的领导下继续运营，一直到 1624 年前后，或更晚一些……耶稣会把这个大有裨益的机构吸收了，或者说是当时建立的圣伊西

德罗皇家学院把它吸收了。

数学学院的取缔，使精确科学遭受了严重的打击。耶稣会会士没有能力像原先的数学学院那样进行授课，甚至不能维持其附属的实践学科，根据比森西奥·卡杜乔（Vicencio Carducho）的证明……实践学科里甚至包括铸造。为了避免数学学院被吸收，以及为了应对耶稣会会士，人们做了大量工作。耶稣会会士用了很长时间，只是让这个学院名声日益受损，就像位于王宫不远处的重镇学院那样。人们向国王作了许多有力的汇报，发布了多篇文章，为数学学院的存续进行辩护，并根据正在发生的不幸情况预测其后果；王室人员也提出另立一个类似的但不同基础的机构，但一切都是徒劳。

不论上述说法是否与实际发生的情况相符合（毫无疑问，至少有一部分是真实的），事实是，耶稣会可以声称，科学，特别是数学，已经受到他们的关注，甚至是“基本”的关注点之一。耶稣会在欧洲拥有许多教学机构，他们在各个教学机构中把数学作为重点，这一行为的主要推动者是德国人克里斯托弗·克拉乌（Christophorus Clavius，1538—1612），他从1565年开始担任罗马耶稣会大学的数学教授，直至去世。他还把伊纳爵·罗耀拉（Ignacio de Loyola）关于支持数学研究的总体建议予以落实，于1568年形成了具体的方案。尽管克拉乌的建议主要集中于欧几里得的研究成果，以及他本人在对约翰尼斯·德萨克罗博斯科（Johannes de Sacrobosco，1195？—1256）的《天球论》（*Sphaera*）所作的评释中提出的几何天文学，但他对数学也十分重视，认为数学是理解自然哲学的途径，特别是亚里士多德的自然哲学。

不论情况如何，事实是费利佩四世颁布了一个不容置疑的王室法令：

鉴于胡安·德塞迪略博士去世后，我们国家原先设于首都中的关于西印度、数学和建筑的首席宇宙志学者讲堂无人执讲，我的意愿是，在寻找合适的人选执教的同时，可由马德里重镇耶稣会帝国学院的耶稣会宗教人士来进行教授工作，这些宗教人士原先的本职工作是在这个由我下令建立的帝国学院内讲授一般通用学科。

“在寻找合适的人选执教的同时”这句话，意味着一种临时性，但并非如此，皇家数学学院原先的职能被永久性地划归耶稣会帝国学院。这个耶稣会帝国学院实际上是 1572 年建立的“耶稣会学院”的延续，于 1603 年改名成帝国学院。1625 年采用了“帝国学院皇家学院”这一名称，并一直保持到 1767 年被强制解散为止，当时卡洛斯三世下令将耶稣会会士驱逐出西班牙。[31] 耶稣会学院建立之初的意图主要是设立几个通用学科，为朝臣（贵族）提供培训。当时设立了 6 门拉丁语法小型课程，以及 17 门专业研究课程，但受到了萨拉曼卡大学和阿尔卡拉大学的抗议，他们认为这是一种竞争，因此耶稣会帝国学院最后修改了计划，规定在该学院内完成的学业不得用作大学毕业资格。[32] 在这件事上，多明格斯・奥尔蒂斯（Domínguez Ortiz）（1963：289）强调：正如表现出来的那样，这件事阻碍了在西班牙发展一种不一样的文化的可能性，在这种不一样的文化里，科学应当独立于它的实际应用，而以其自身价值，在文化中扮演一个重要角色：

秉承着截然不同的教育原则，并且在贵族家庭的长子地位优于非长子的背景之下，1625 年耶稣会成立了马德里帝国学院，时任国王为费利佩四世。为了回应成立以来受到的各种批评，学院发布了一份声明，指出“治理良好的国家将大部分幸福寄托在年轻人的良好教育上，虽然希望将这种幸福感延伸到普通人群中，但是保证王公贵族的子弟不缺教育资源是更重要的事，因为他们才是共和国最重要的主体”……他指出，去上大学的一般都是小儿子们，“因为不是家族的主人，他们需要靠学问吃饭。”

照顾，或更确切地说是支持贵族教育的趋势，在波旁王朝第一任国王费利佩五世（Felipe V）时期得到重新加强，他通过 1725 年 9 月 21 日颁布的谕旨，建立了皇家贵族神学院。[33] 事实上，这座神学院从属于帝国学院，因此耶稣会会士将其安置在位于皇家学院对面的几座出租房内，通过一条走廊将两者相连。1727 年 10 月 18 日星期六，神学院在此处落成，但不久后就发现空间不够。

这座皇家神学院的目的有（Simón Díaz，1952：167）：

> 1. 最主要的目的是教导学生成为基督教绅士，并培育各种品德，从而使他们通过言行举止，将美德、慈悲和基督教的谦恭教导给他们的家人。
>
> 2. 次要目的（当然也十分重要）是传授那些最能美化贵族阶层的专业和学科。

被录取的学生需要具备的特质是："显贵家族的合法后裔，而非特权承袭。"入学年龄规定为 8~15 岁，体弱多病者、身体残缺者均不予录取，因为"如果是存在身体缺陷，就会一直处于其他人的注意下，也会有被取绰号的风险。"在该神学院的各种课程中，最具代表性的是"舞蹈、音乐、剑术和骑术这些绅士技能"的相关课程。

费尔南多六世（Fernando Ⅵ）统治时期，得益于他的保护，这所贵族神学院达到鼎盛阶段。其后一直维持经营到 1767 年，即耶稣会会士被驱逐出境那一年，但 1770 年又在豪尔赫·胡安（Jorge Juan）的领导下重新开课。重新开课后，院内安装了一座天文台，并开启了军事化进程，至 1785 年达到顶峰。那一年启动了一套提供军事指导的新教学方案，从事实上将神学院改造成了一座军事学院，尽管还保留了生源选择性的特点以及须证明家谱的入学要求。1786 年奥卡尼亚士官学院被取缔后，该学院的士官生转学至神学院。这样，贵族神学院就变成了一所军事专业教育中心，这也是神学院学生的主要出路：1770—1799 年，在所有注册学生中，将近四分之一的学生加入了陆军和海军（Andújar Castillo，2004）。经过种种变故，包括 1817 年耶稣会恢复，神学院最终于 1834 年停课，依据征用法被没收充公。

以上资料是关于本章所涉年代中不同社会阶层对西班牙科学所作贡献的一些特征。正如洛佩斯·皮涅罗（1979a：67-69）指出的，贵族中的最高阶层贡献极少，或者说没有贡献，不存在像英国人罗伯特·博伊尔（Robert Boyle）或亨利·卡文迪什（Henry Cavendish）这样的人物。即使科学文献中出现贵族的名字——这种情况也时有发生，那也是在作者写的题献中，而且其所做贡献也远不是以经济为基础的赞助。此外，贵族中地位稍低的阶层在科学事业上的参与情形略有不同，他们由骑士和绅士构成，但他们参与的科学问题，主要都是与军事技艺相关。在科学活动中最为突出的社会阶层来自城市“中产阶级”（如果这个术语可以这么用的话）。而医生这一行业，出于显而易见的原因，是最受尊敬的行业。医生居于首位，但其他一些相关职业的地位也相当高，尽管其重要程度和社会地位比医生稍逊，例如药剂师、外科医生、放血师或理发师。

回到帝国学院的话题，需要强调的是，由耶稣会会士管理的其中一项好处，便是可以向其他国家的耶稣会会士请求帮助，让他们来承担教学工作。因此，在前几十年的教学工作中，任教的有：瑞士德国混血的胡安·包蒂斯塔·齐萨特（Juan Bautista Cysat）、苏格兰人雨果·森皮尔（Hugo Sempilius）、波兰人亚历克修斯·西尔维尤斯·波洛努斯（Alexius Silvius Polonus）、比利时人让－夏尔·德拉·法耶（Jean-Charles della Faille）、勃艮第人克洛德·里夏尔（Claude Richard）以及意大利人安东尼奥·卡马萨（Antonio Camassa）。[34]还有一名外国耶稣会会士扬·文德林根（Jan Wendlingen，1715—1790），布拉格人，在帝国学院担任首席宇宙志学者兼数学教授，直至 1767 年学院解散为止。1750 年，文德林根向费尔南多六世提议，开设物理－数学的学科，并且再建立一座天文台，作为补充。在海军大臣拉恩塞纳达侯爵（marqués de la Ensenada）的支持和主持下，文德林根开始拟订数学课程，并着手准备在帝国学院建立一座小型的天文台。文德林根教士的计划与西班牙王室想要一份海外领地地图的需求不谋而合，这一需求曾经也是建立交易事务所的主要目的之一，同时也曾经是建立皇家数学学院的目的，尽管其表现方式更加间接一点。正如我们所见，皇家数学学院的职能当时已经由帝国学院来执行了。文德林根的想法是教会人们天文观测知识。虽然他的高期望没有实现，但他还是获得了足够的仪器设备，并于 1750 年 12 月 13 日观测到了完整的月食。然而，随着拉恩塞纳达侯爵失势，以及耶稣会教士被驱逐，这座天文台如昙花一现的历史也就结束了。贵族神学院则不同，正如我们在上文中看到的，1770 年它又在豪尔赫·胡安的领导下重新开课了。1770 年，尽管帝国学院已经关闭了，胡安·包蒂斯塔·穆尼奥斯（1745—1799）仍然被任命为首席宇宙志学者，他也成了该职位的最后一任，因为到了1783年，卡洛斯三世便取消了印度群岛委员会首席宇宙志学者和宫廷数学教授的职位。于是，穆尼奥斯便转为隶属于海军部，负责复核并整理档案。得益于他的一份报告，为了将关于西班牙海外领地的所有相关文件都汇集起来，1785年成立了印度群岛综合档案馆，馆址设于塞维利亚的一座大楼中。这座大楼建于1584—1598年，在1784年之前一直是交易事务所和塞维利亚商品交易所的档案馆所在地。

在帝国学院任教的所有出生于西班牙的耶稣会会士中，没有人比何塞·德萨拉戈萨－比拉诺瓦（José de Zaragoza y Vilanova，1627—1679）更出色。他来自奇韦特堡（卡斯特利翁－德拉普拉纳），被认为是17世纪最优秀的西班牙数学家。还有一位胡安·卡拉穆埃尔·洛布科维茨（Juan Caramuel Lobkowitz，1606—1682）教士（属于西多会）也非常优秀，但他大部分时间都在西班牙之外度过（他在卢万市获得博士学位，在不同地方，如苏格兰、英格兰、维也纳、布拉格、波西米亚生活及担任各种宗教职务，最后于意大利去世）。[35]萨拉戈萨－比拉诺瓦在巴伦西亚大学取得神学博士学位；1651年加入耶稣会；在卡拉塔尤教修辞学；在马略卡教艺术和神学；在巴塞罗那教神学；然后在巴伦西亚的圣巴勃罗学院度过了十年时光，期间对数学进行了学习和研究；1670年年末，被任命为帝国学院的数学教授，还教授天文学，以及与数学和天文学相关的其他课程，例如地理学、制图学、航海术。他在帝国学院任教直至去世（1672年他在首都被任命为宗教裁判所最高委员会的审查员）。在他的数学著作中，比较突出的有：《通用算术》（*Arithmética universal*，1669）、《平面与立体的思辨与实用几何》（*Geometría especulativa y práctica de los planos y los sólidos*，1671）、《西班牙三角学》（*Trigonometría hispana*，1673），以及三卷《见微知著几何学》（*Geometria magnae in minimis*，1674）。其中《见微知著几何学》肯定是他在数学领域内最为重要的作品，他在书中引进了点系统中“最小中心”的概念（物理学上称之为“质心”），通过这个概念可以解决大量问题。四年后，乔瓦尼·切瓦（Giovanni Ceva）独立采用这一概念用以确定几何学上的截线定理。然而，萨拉戈萨－比拉诺瓦不仅在数学上颇有建树，还致力于天文学的研究，除了观测天象之外，他还是一位理论讲解者（在他的观测记录中最为突出的是关于1664

年和 1667 年的彗星观测记录）。他在天文学领域内最重要的著作是《一般球体、天球和地球》（*Esphera en común，celeste y terráquea*，马德里，1675），分为三册（三部）：（1）《论一般球体》，讲述了球体中的线和圆；（2）《论天球》，讲述了关于天文学的问题；（3）《论地球》，他在这一部里试图总结的就是后来被称为"地球物理学"的内容。

总之，在 17 世纪的西班牙，帝国学院恰恰是对促进数学发展最为得力的机构。

乌戈·德奥梅里克

如果你们或多或少出于数学上的原因而记住了萨拉戈萨教士，你们也应该以同样的方式记住 17 世纪最著名的人才——桑卢卡尔人乌戈·德奥梅里克（Hugo de Omerique，1634—?）。他的生平鲜为人知。根据耶稣会的信息，他曾经与耶稣会会士一起学习，并受到耶稣会的庇护，在加的斯住过一段时间，有时候也待在马德里。[36] 在欧几里得《几何原本》的一个版本（布鲁塞尔，1689）中，记录有奥地利耶稣会会士雅各布·克雷萨（Jacobo Kresa）关于奥梅里克在加的斯学院和马德里帝国学院都曾任教，以及提出并解决的两个问题的评论。然而奥梅里克的名气主要还是来自艾萨克·牛顿在一封写于 1699 年前后的信中的一段评论，他在评论中说道（Hall y Tilling，1977：412-413）：

> 先生：我仔细研究了奥梅里克的《几何分析》，我认为这是一个有见解、有价值的作品，与它的标题相符，他的分析为复原古人的分析奠定了基础，而这种古人的分析，对于一个几何学家而言，比现代人的代数学更为简单、巧妙，也更为恰当，因为它能更方便、更直接地解决问题。总之，它能产生比采用代数学知识而获得的结论更为简单、更为讲究的解决办法。

牛顿在信中提到的作品是《几何分析，既能解决几何问题又能解决算术问题的新方法。第一部分：关于平面》（*Analysis geometrica sive nova et vera methodus resolvendi tam problemata geometrica quam arithmeticas quaestiones. Pars Prima*：*de planis*，加的斯，1698）。标题言下之意有第二部分，但第二部分没有出版。根据《几何分析》中的内容，可推断出奥梅里克还写过一篇算术著作和两篇三角学著作，但关于这几篇著作，我们也毫无线索。

这些成就似乎有些可怜——在我看来，确实如此，不足以让人们如此频繁地回忆起他。这种“反复回忆”的其中一个例子，就是1866年3月何塞·埃切加赖在加入皇家精确、物理和自然科学院时所作的演讲中表示的那样。关于这次演讲，我将在第9章展开介绍。当时埃切加赖说：

> 先生们，谈到17世纪的西班牙数学史，尤其是在迈入18世纪之前，我站在不偏不倚的立场，必须提及一个名字，仅此一个，尊贵的名字，虽然很不幸的是，他留存的作品不完整，但他具有真正的、深刻的天赋。我指的就是几何学家乌戈·奥梅里克，他在1689年出版了一部几何分析著作的第一部分，令人羡慕地获得了伟大的牛顿的赞扬！这本书的第二部分未能出版。我对这位安达卢西亚的几何学家一无所知，但他的名字，闪耀了一瞬间，便很快消失了，这在卡洛斯二世统治下那个多灾多难的时期是一件很自然的事情。

天文学和历法改革

到目前为止，我一直强调，天文学以及与之相关的学科——首先是数学，主要是因为与航海的关系而传播开来的。但还有一个具有政治重要性的原因，也有宗教的关系，还有一个具体的原因需要天文学知识：那就是对儒略·恺撒大帝（Julio César）在公元前1世纪规定的历法（儒略历）进行改革。实际上，无论是在西班牙，还是在整个欧洲，关于历法改革的调查研究，与天文学的发展是同步进行的。

历法的演变史为我们展示了一幅巨大的科学风景画，其中还有许多留白。一路以来，它是一部由历代教皇、各国国王、阴谋诡计、科学辩论，以及针对时间计算方法的错综复杂的争论而交织构成的漫长又曲折的历史。安娜·玛丽亚·卡拉维亚斯·托雷斯（Ana María Carabias Torres，2012）说过，为了解决这个问题，萨拉曼卡大学贡献了两份科学报告，分别在 16 世纪的不同时期编撰而成：一份写于 1515 年，是在第五次拉特兰会议的框架下写成的；另一份写于 1578 年。两份都是在教皇和国王的同时要求下完成的，分别是利奥十世教皇（León X）和格列高利十三世教皇（Gregorio XIII），以及天主教国王费尔南多和费利佩二世。在某种程度上而言，这件事在科学史上关注度如此之低，很令人吃惊。用卡拉维亚斯·托雷斯教授的话来说（2012：23）："实际上，没有科学史家对于这件事有更多的描述，都只是蜻蜓点水般一笔带过。总的说来，尽管这些工作具有沉甸甸的科学分量，对于西班牙科学史的那些伟大的研究者而言，格列高利历改革却被漫不经心地忽略了，仿佛没有遗憾，也没有荣耀。"

有历史数据记录以来，历法的问题在科学上、法律上、政治上和宗教上都具有高度的重要性。这种情况在基督教徒中尤为明显，至少从尼西亚会议（325 年）开始。我们知道，第一次世界性主教会议的召开是为了使基督教教徒在复活节的日期上达成一致意见，并且要与犹太教逾越节的日期不同。教皇西克斯图斯四世（Sixto IV，1414—1484）也试图采取措施解决这个问题，他委派天文学家兼数学家德国人约翰·穆勒·雷吉奥蒙塔诺（Johann Müller Regiomontano）进行研究，但不幸的是，1476 年，约翰·穆勒·雷吉奥蒙塔诺去世。第五次拉特兰会议对春分和耶稣复活之间的教义关系达成一致意见，表明基督教教会极度重视为教徒们确定社会时间，比天文时间更甚。教会力求使耶稣复活节——基督教徒最重要的节日——与天文学上的春天诞生之日建立不可分割的关系。为了满足使复活节日期符合天球"真实"规律的宗教需求，就必须对既有的儒略历进行改革。最基本的问题是，太阳和月球的运行缺乏完美的同步性，再加上古罗马历的特点，剩余时间逐步累积，随着一个又一个世纪过去，325 年，尼西亚会议上规定的春分日为 3 月 21 日，累积后变成了 3 月 11 日。[37] 正如卡拉维亚斯·托雷斯在另一部作品中指出的："在生活中人们可以忽视经度或纬度的问题，但没有一个西欧人不知道复活节的日期是变化的，而且这个日期的确定很复杂，每年由教会人员来确定。而且这个基本问题，也成了确定其他日期不定的节日的依据；至少有十几个宗教节日以耶稣复活节和阴历日期为准，这涉及教会历中约 17 个星期。”

为了对历法进行改革，不仅需要考虑使时间流逝与教义之间的关系达到和谐，还需要发明一种数学方法，通过收敛性的计算将太阳和月亮的不同运动规律联系起来。探索这种计算方法耗费了许多基督教教徒数学家的精力和才智，尤其是 13 世纪之后。萨拉曼卡大学 1515 年的那份报告找到了这种方法，1578 年的那份报告又把这个方法重申了一次。[38] 这一事件举足轻重，不只是因为它取得的成就，而是因为它比其他很多所谓的证据更好地证明了 1515 年前后萨拉曼卡大学的数学和天文学水平。正是萨拉曼卡大学在 1515 年提出的数学方法，最终得到了梵蒂冈的专家们以及教皇格列高利十三世本人的认可，并且被作为 1582 年格列高利历法改革的依据。这是卡拉维亚斯·托雷斯的新发现，因为以前人们都认为该方法的发明者是意大利人路易吉·利利奥（Luigi Lilio，1510—1576）。这位意大利的医生兼天文学家，去世前曾留下一份关于此次改革的报告《恢复历法新计划纲要》（*Compendium novae rationis restituendi kalendarium*），后来被他的兄弟、梵蒂冈历法改革委员会的成员之一安东尼奥提交给了教皇。但事实上，利利奥撰写这份报告时，采用了其他更早的一份或多份报告：至少包括 1515 年萨拉曼卡大学应教皇利奥十世要求，向第五次拉特兰会议和教皇利奥十世提交的那份报告——利奥十世是在天主教国王费尔南多的支持下，向萨拉曼卡大学提出的要求。1578 年，由于格列高利十三世和费利佩二世敦促科学家们找出最终的计算方法，萨拉曼卡大学负责撰写提案的代表们，在提交的报告中引用了 1515 年的那份报告，由此可以确定萨拉曼卡大学比利利奥更早发明这个方法。1578 年，萨拉曼卡大学的教授们发现，官方寄给他们用于参考的、据说由路易吉·利利奥撰写的方案——《恢复历法新计划纲要》，明显是萨拉曼卡大学于 1515 年所作的那份报告的复制品，于是他们写信向格列高利十三世和费利佩二世作了汇报。

萨拉曼卡大学的专家在 1515 年提出的方法主要基于以下几点：

1. 由于太阳年比教会年长约 10 分 4 秒，而阿方索星表的数据表明，儒略历每 134 年便会提前 1 天，因此提议从任一月份中去除已经累积提前的 11 个太阳日，或者从任一年中的每个月都减去 1 天，2 月除外。这样，真正的春分日就会回到 3 月 21 日，尼西亚会议的规定便能恢复，复活节日期也能得到确定。

2. 继续规定将每 304 年 1 次的闰年取消（与之相关的是，为了避免这种缓慢的时间提前，最后格列高利历法改革规定：每 4 年，仅有 1 个闰年；400 的倍数时为闰年）。

3. 每 152 年删去 1 个闰日，这体现了一种既精准又罕见的天文计算。这个计算方法可能是萨拉曼卡大学最为重要的数学贡献。在这之前，没有人提出过如此精确的数据。

4. 没有根据阴历的提前性将太阴周循环提前 5 天，而是建议用闰余表来替代太阴周循环，格列高利历法就是这么做的。[39]

需要强调的是，在第五次拉特兰会议要求萨拉曼卡大学对数学家巴勃罗・德米德尔堡（Pablo de Middelburg）在当时所作的改革方案发表意见时，萨拉曼卡大学的报告已经为时间计算问题提供了一个精确的解决办法，而米德尔堡的方案却对萨拉曼卡大学的观点无一认可，最终在 1582 年的格列高利历法改革中，萨拉曼卡大学的观点被采纳。

萨拉曼卡大学的方案为格列高利历的改革和发布作出了贡献，而新历法的诞生在当时是头等重要的事件。教皇格列高利十三世在 1582 年 2 月 24 日颁布的教皇谕旨中，向整个基督教界宣布了时间计算方式的变化。新历法代替了儒略历，从那时起被命名为“格列高利历”。费利佩二世在 1582 年 9 月 29 日颁布《关于一年中的十天的诏书》，宣布在他的帝国内实施格列高利历。费尔南多・博萨（Fernando Bouza，2018）指出，这一事件成了史上首个影响全球的大决定。实际上从很大程度上而言，由教皇启动的历法改革在全球化的历史上具有里程碑的意义，因为现在大众的生活仍然在遵循该历法。[40]

16 世纪的欧洲科学

如果不与其他国家的情况相比较，就无法理解西班牙科学问题和成就的真正本质，包括任何时期（任何其他国家也一样）！因此，在继续讲述在西班牙发生的事情之前，最好暂停一下，以便将西班牙科学放到一个更为广阔、国际化的背景下来讨论，尽管这个背景也相当有局限性。

16 世纪，加强数学教育的趋势在欧洲的不同地方强势涌现。文艺复兴的人文主义者，为了使经典遗产重现于世，抢救了大量的希腊数学文献，印成新的版本后，在欧洲各所大学及其他文化活动环境中流传，这在一定范围内提高了人们对数学的兴趣。例如，我们发现，15 世纪中叶，在雷吉奥蒙塔诺的一些笔记本中，出现了许多关于当时还鲜为人知的希腊数学家的评论；其中包括阿基米德、阿波罗尼奥斯（Apolonio）和欧几里得的摘录。这些笔记可以追溯到他在维也纳求学期间（1450？—1457）。1450 年前后，教皇尼古拉五世（Nicolás V）收集数学经典文献，并在博洛尼亚大学积极推广数学研究，并设立与数学研究相关的职位。面对大学里的保守主义，弗朗索瓦一世（Francisco I）于 1530 年建立了王室学院，用以推动巴黎的人文主义发展。这个学院也启动了数学教育的准备工作（1700 年这一计划得到扩大，共计划设立 20 个数学课程，当时已设置 3 个）。维滕贝格大学（即路德大学）的章程里也出现了类似的观点，声称如果没有数学，就无法正确理解亚里士多德的“一切科学的基本核心”。当然，数学在维滕贝格的影响来自路德的代理人菲利普·梅兰希通（Philipp Melanchthon），在他的推动下，该大学设立了 2 个数学课程。其影响不仅限于维滕贝格大学，而且还传播到了其他路德教大学，例如哥本哈根大学，这座大学在 1537 年按照维滕贝格模式进行了重建。

胡安·希内斯·德塞普尔韦达与历法改革

胡安·吉内斯·德塞普尔韦达（Juan Ginés de Sepúlveda，1494—1573）是 16 世纪伟大的西班牙知识分子之一。他是神甫、哲学家、法学家和历史学家，并且还关注历法改革。当然，他不具备像萨拉曼卡大学的教授们那样能作出历法计算方案的知识，但他还是大胆写出了一本小册子，完成时间应为 1539 年年初，但直到 1546 年才发表:《论罗马年月的改革》（*De correctione anni mensiumque Romanorum*）。为了证明这部分内容的重要性，我选取了他献给枢机主教加斯帕罗·孔塔里尼（Gasparo Contarini）的序言中的几个段落（Ginés de Sepúlveda, 2003: 278）:

鉴于你们既要关注习俗，又要关注宗教，因而需要处理更为重要的问题，那么我就在业余时间，发表几本反对异教徒和鼓动者的小册子，争取在这一问题上有所建树。尽管我工作繁忙，但前些天我还是决定写一些关于年份计算（受各方面因素影响已发生改变）和历法改革的文章。我写了这本小册子，寄送给你，希望在你们召开会议时，如果教士们认为合适的话（但愿如此），也能讨论一下这个关于改正时间计算方法的议题。因为这个问题不仅事关宗教——有那么多宗教节日要庆祝，而且实际上在方方面面影响着我们的日常生活。由于过去的神甫们出现严重的疏忽，从而导致历法计算上出现各种各样的错误。在最为神圣、著名的尼西亚会议上，那些异常虔诚的教士先辈们已经断定，这一问题与他们的关系非常密切，涉及教会的尊严和利益。然而，至今还没有决定消除这些错误。尼西亚会议上规定，庆祝复活节的日期应该是一年中最合适的时刻，是在考虑月份、日期、太阳和月亮的运行规律后得出的结果。但这些先辈们的这份虔诚却没有得到接下来的后辈们的重视，现在错误日渐扩大，已经造成现在庆祝复活节的日期与当时相比（即与这些圣人先辈们确定的那个古老日期相比），误差已达月余。

从上述情况来看，西班牙的一些大学，特别是萨拉曼卡大学，除了教授传统课程，例如算术、几何学、天文学或音乐，还会研究托勒密的地理学、阿皮亚诺的宇宙结构学、制图学、星盘、胡安·德罗哈斯（Juan de Rojas）的平面球体图，以及航海术。正如我们看到的，在 16 世纪中期，萨拉曼卡大学还接受哥白尼的学说，作为备选的研究课程；与其他国家的大学相比（包括英国的大学），并无很大区别。

另外，一些中欧王室体现出我们所谈论的这个世纪科学与国家之间关系有趣的一面。特别是在德国的新教地区，王室的势力没有与大学彻底分离。一些新教诸侯，急于保障已占领地的教派统一性，利用 1555 年签订的“奥格斯堡协议”（又称“奥格斯堡和约”或“宗教和约”）赋予他们的权力，以个人利益为目的，对属于他们领地内的大学名称以及教学课程进行干涉。因此，马尔堡大学设立了化学课程，这是黑森 - 卡塞尔的莫里茨亲王（Moritz de Hessen-Kassel）的直接要求，当时他正在路德教徒之中推行加尔文主义。莫里茨既是一个加尔文主义的信徒，同时又是帕拉塞尔苏斯（Paracelso）的追随者，他认为，帕拉塞尔苏斯关于“炼金术士能够拥有通往知识的捷径”这一想法，与信徒通往宗教知识的类似道路相关。莫里茨建立了一座庞大的化学图书馆，并且为开发新药品而进行试验（在教徒们不知情的情况下，在他们身上试药）。因此不能将开设化学课视为他为“现代”所做的努力，而应视为与他的宗教信仰有关。但这里更令我感兴趣的是关于鲁道夫二世（Rodolfo Ⅱ）的案例。

鲁道夫二世统治时期的科学

对于这一类比较性分析，最好的例子就是布拉格的神圣罗马帝国皇帝鲁道夫二世（Rodolfo Ⅱ，1552—1612）的天主教哈布斯堡王朝。他的统治时间从 1576 年开始直至他去世。还有一条内容是鲁道夫案例的增色点，那就是，鲁道夫二世是费利佩二世的外甥（鲁道夫二世是马克西米利安皇帝与费利佩的姐妹玛丽亚的儿子），而且他与费利佩二世的关系匪浅。1563 年，费利佩在巴塞罗那接待了鲁道夫及他的哥哥埃内斯托（Ernesto）。当时他们俩分别是 11 岁和 12 岁，然后在西班牙一直住到 1571 年。自然而然地，费利佩二世开始考虑，在他大限来临之时，是否可由其中一位外甥来继承他的王位，事实上，1561 年正是在他的儿子阿斯图里亚斯亲王卡洛斯（Carlos de Austria）生病期间（最终于 1568 年去世），他便已经考虑过这一选择。费利佩二世很高兴在他的宫中接待两位年轻的大公，鲁道夫和埃内斯托。他很喜欢他们俩，一直让他们接受教育，1570 年访问安达卢西亚途中还让他们坐在上座，表现得一点都不想放他们回家的样子。这段经历让两位王子都对西班牙的事物更加偏爱。有可靠的证据表明，鲁道夫后来对艺术和神秘学投入的热情，正是在其舅舅又丰富又奇异的藏书中度过的 8 年教育时光里熏陶出来的。举个例子，鲁道夫第一次看到英国占星学家约翰·迪伊（John Dee）的著作，可能就是在西班牙，而费利佩二世早在其旅英期间（1554—1556）就已认识约翰·迪伊了，也是在那个时候购买了他的书籍。鲁道夫还对钟表和所谓的“永动机”深感兴趣，或许是受意大利的水利工程师兼发明家尤阿内洛·图里亚诺（Juanelo Turriano，1500—1585）的影响。图里亚诺于 1556 年作为卡洛斯一世的宫廷钟表师在西班牙定居，后来继续为费利佩二世效力，并被任命为首席数学家。

鲁道夫的父亲，马克西米利安，曾经召集了一批具有人文主义倾向的享誉国际的学问家。博物学，尤其是植物学，是他最感兴趣的学科之一（正是马克西米利安身边的人把郁金香从土耳其引入西欧）。和费利佩二世一样，马克西米利安以及后来的鲁道夫，建立了一座庞大的图书馆，其中包括哥白尼的著作。

在鲁道夫的各种爱好中，正如上文提到的，神秘学是比较突出的一个。因此，他成了一个炼金术爱好者，但这或许也是因为他记得在他舅舅的宫中曾见识过炼金术的魅力——多亏了像香水这样的产品。事实上，布拉格确实是一个非常重要的炼金术活动中心，特别是这里的寻求哲人之石的活动，这也是 16 世纪末在日耳曼土地上辛劳工作的炼金术士们最为关切的话题。鲁道夫与炼金术最密切的关系是通过他的医生们建立起来的。米夏埃尔·迈尔（Michael Maier，1568—1622）是其中最有名的一位。从布拉格的宫廷中退休以后，迈尔发表了一系列关于炼金术的作品《逃离的阿塔兰忒》（*Atlanta Fugiens*，1618）。这些作品后来成了非常有价值的材料，对那个通过研究古老传说和金属的转化来追求精神重生的时代作了非常好的阐释。

但鲁道夫二世的宫廷里济济一堂的不仅有炼金术士。丹麦天文学家第谷·布拉赫（Tycho Brahe）（我将在下文中介绍）与一些宫廷医官分享对占星术的兴趣，和他们保持书信交往多年之后，放弃了丹麦的观天堡观象台 / 实验室，于 1599 年成了帝国数学家。布拉赫来到布拉格后，他的出现又吸引了约翰内斯·开普勒（Johannes Kepler，1571—1630），当时他被反宗教改革势力驱逐出奥地利城市格拉茨。1601 年布拉赫去世后，开普勒继任帝国数学家。开普勒的神秘主义才华与鲁道夫的宫廷氛围完美契合，他在接下去的 12 年间所取得的成就是布拉格帝国科学的巅峰。

尼古拉·哥白尼的日心说和西班牙

科学革命最为重要的时刻或贡献，始于波兰教士兼理论天文学家尼古拉·哥白尼（1473—1543）在 1543 年出版的《天体运行论》（*De revolutionibus orbium coelestium*）。这部著作的核心内容已经众所周知——是地心说模型之外的另一种理论，而地心说是托勒密在其 1 世纪[①]作品《天文学大成》（因其阿拉伯语版本的名称而闻名）中系统阐释的学说。但对于《天体运行论》，如何来解读它都不过分。为此我将引用一份短小的手抄件内容，名为《评注》。在这篇小论文中，哥白尼阐述了他关于天体运行的假说。这篇文章在哥白尼生前并未出版，但他应该曾经把副本寄给几位天文学家，后人发现了其中几份副本，这才使我们知道了这篇小论文的存在。《天体运行论》是一部以数学论据为支持的高标准论文，而《评注》的内容则更为明晰易懂，这可以从下文的引用中看出来，其中介绍了宇宙日心说的基本要素，归纳为七条基本原理：

1. 不存在一个所有天体轨道或天体的共同的中心。

2. 地球的中心只是引力中心和月球轨道的中心，并不是宇宙的中心。

3. 所有天体都绕太阳运转，太阳位于所有天体的中间，因此宇宙的中心在太阳附近。

4. 太阳到地球的距离与天穹恒星球体的距离的比值远小于地球半径与地球与太阳之间的距离之比。因此，地球到太阳的距离同天穹高度之比是微不足道的。

5. 在天空中看到的任何运动，实际上不是天空本身的运动，而是地球运动引起的。地球及其周围天体每天绕轴运行一周，天空维持不动。

① 据资料显示，托勒密（约 90—168）的这部作品写于 2 世纪。——译者注

6. 在空中看到的太阳运动的一切现象，都不是它本身运动产生的，而是地球运动引起的。我们绕着太阳运动，其他星球也绕着太阳运动。地球不止进行一种运动。

7. 人们看到的行星向前和向后运动，实际上都不是它们本身运动产生的，而是由于地球运动引起的。地球的运动足以解释人们在空中见到的各种不规则现象。

因此，宇宙是按以下方式排列的：

天体按照下述顺序以内接圆的形式排列。最高的是固定恒星的不动球体，它包含一切其他事物，为它们提供一个位置，紧接着是土星，然后是木星，再然后是火星，火星下面是我们生活的地球，接下去是金星，最后是水星。月球绕着地球作本轮运动。天体运行的速度根据其运行轨道的大小而决定。这样，土星的运行周期是 30 年，木星周期为 12 年，火星周期为 2 年，地球 1 年，金星 9 个月，水星 3 个月。

现在我要谈论的问题是《天体运行论》在西班牙的接受问题。对此需要考虑的是，1616 年，《天体运行论》被纳入“禁书目录”，“直至更正”，这与罗马教廷因伽利略支持哥白尼的学说而对其施加禁令有关。天主教会之所以坚定拥护亚里士多德 - 托勒密的学说体系，是因为在地心说模型下，地球是宇宙的中心，这与基督教认为人类（唯一按照上帝形象造的生物）是造物主最偏爱、最重要的作品这一观点不谋而合。谈到教会对日心说模型的坚决抗拒，就必须提及特兰托宗教会议（1546 年）。在反对宗教改革的背景下，会议宣布，对《圣经》的理解不能偏离教会神甫们保持的教义；特别强调，《圣经》是科学数据的来源，《圣经》中包含的任何判断都应作为科学真相来对待。

对日心说理论的谴责以及宗教法庭对许多欧洲天文学家著作的审查，在很大程度上限制了日心说的传播，但仍然没能将其抹杀。1630 年前后，在西班牙写作的最令人感兴趣的天文学论文中，仍然采用了地心说体系，埃尔埃斯科里亚尔图书馆保存了一本多达 378 张的手稿。这本手稿引起了桑切斯·佩雷斯（Sánchez Pérez，1929 年）的兴趣，但对它进行详尽研究的人是费利克斯·戈麦斯·克雷斯波（Félix Gómez Crespo，2008）。手稿中包含了关于托勒密《天文学大成》前 6 卷的译文加评论（关于托勒密及其他作者的天文学和数学理论的论文）。关于这份手稿的作者，就只有通过从这份手稿中推断出来的内容来了解。其序言中提到，他的专业是法学，但从小就对天文学感兴趣，向“有识之士”学了一些基础知识，后来就靠自学来研究天文学。从文中不同地方可以得知他是马德里人，他在文中各处描述的日、月食以及其他天文现象，就是在马德里观测的。还有，他名叫路易斯·贝莱斯（Luis Vélez），马德里帝国学院的学生名册中有这个名字，入学时间为 1614 年。这份学生名册曾被西蒙·迪亚斯（Simón Díaz，1952）复制。

贝莱斯对《天文学大成》的不同段落进行了评论，对每一章作了翻译，此外还对各种数据、计算技巧、不同天文学家提出的模型和理论作了充分而详细的解释，他提到的不同天文学家包括阿拉伯的天文学家［巴塔尼（al-Battani）、法加尼（al-Fargani）、塔比·B. 库拉（Tabit B. Qurra）等］；中世纪基督教天文学家（主要是阿方索时期的天文学家）；文艺复兴时期的天文学家［雷吉奥蒙塔诺、波伊巴赫（Peurbach）、哥白尼、佩德罗·努涅斯（Pedro Núñez）、赖因霍尔德（Reinhold）及其正切表、梅斯特林（Maestlin）、克拉乌、马吉尼（Magini）等］；还有 16 世纪末期的天文学家［特别是第谷·布拉赫，但也有隆戈蒙塔诺（Longomontano）、开普勒、兰斯贝格（Lansberg），以及加西亚·塞斯佩德斯等西班牙天文学家］。

欧洲天文学家对哥白尼学说的接受过程，是一个复杂而渐进的过程。有些大学公开声明反对该学说，例如，苏黎世大学在 1553 年，巴黎索邦大学在 1576 年，德国图宾根大学在 1582 年都曾表示反对。最初，只有少数 16 世纪的天文学家和自然哲学家接受日心说：德国的约翰内斯·开普勒，英国的托马斯·迪格斯（Thomas Digges）和托马斯·哈里奥特（Thomas Harriot），意大利的焦尔达诺·布鲁诺（Giordano Bruno）和伽利略·伽利雷，荷兰的西蒙·斯蒂文（Simon Stevin），还有格奥尔格·约阿希姆·雷蒂库斯（Georg Joachim Rheticus）、迈克尔·梅斯特林（Michael Maestlin）、克里斯托弗·罗特曼（Christopher Rothmann），以及西班牙的迭戈·德祖尼加（Diego de Zúñiga，1536—1600）。德祖尼加的情况比较有意思，尽管他对哥白尼学说的支持并不像人们想象的那样坚定。[41] 作为奥古斯丁派修士、哲学家兼神学家，德祖尼加的哥白尼派名声是基于一个不容忽视的事实。1616 年（教会第一次审判伽利略之后），罗马的宗教裁判所将《天体运行论》列入"禁书目录"，祖尼加的《约伯记评论》（*In Job commentaria*，1584）也被列为禁书，并且也像哥白尼的作品那样，直至更正，方予解禁。德祖尼加的作品被禁的原因是他对《约伯记》（*Libro de Job*，9：6）中一句诗句所作的解释。这句诗是："他使大地震动，离开原位；他摇撼大地的支柱。"这位西班牙修士赞成"哥白尼的理论比其他理论更好地描述了星球的运动以及其他天文现象"这一观点，他还认为，有了日心说，才能真正理解像《约伯记》书里的这种情节。"我们知道，"他在《约伯记评论》中写道，"太阳现在所处的位置比人们原先认为的位置近了超过 40 个竞技场的距离，但无论是托勒密还是其他天文学家都不知道发生这个位移的原因。相反，哥白尼采用地球运动的理论，有力地解释并证明了出现这些问题的原因，其他一切天文现象的问题也都迎刃而解。其理论与所罗门在《传道书》（*Eclesiastés*）中说的'大地永远长存'也绝不矛盾。"他还补充道："采用哥白尼的理论，能够比采用托勒密的《天文学大成》或者其他作者的观点，更好、更合理地解释各个星球的位置。托勒密不能解释春分点的变动，也不能提供稳定不变的一年之初，这也是他本人所承认的……"还有一个有意思的细节：费利佩二世曾下令皇家国库提供 300 杜卡多，用于出版德祖尼加的书。[42]

德祖尼加从 1573 年开始担任奥苏纳大学《圣经》课教授，一直到大约 1580 年退居托莱多修道院，然后在接下去的一部作品《哲学第一部分》（*Philosophia prima pars*）里，又否定了日心说体系，其哥白尼学说捍卫者的身份出现明显的动摇。

但西班牙对《天体运行论》的接受不仅限于德祖尼加。正如好几位历史学家指出的那样，1561 年，萨拉曼卡大学——那个年代在科学教育领域表现最为突出的大学——在编制其新的章程时，拟用于天文学教学的著作作者中包含了哥白尼的名字。[43] 实际上，萨拉曼卡大学的章程中写道：

在占星学课程上，第一年用八个月的时间教授天体和星球理论，以及一些星表；其他时间教授星盘。

第二年，教授六部欧几里得著作和算术，教到平方根和立方根为止，托勒密的《天文学大成》，或雷吉奥蒙塔诺编的《天文学大成摘要》，或贾比尔（吉伯）、哥白尼的著作，由听课学生投票决定；其他时间教天体。

第三年，教授宇宙结构学或地理学；法律和透视法入门，或一种仪器，由听课学生投票决定；其他时间教课内容由教师拟定并报送校长批复。

萨拉曼卡大学的章程中提到了哥白尼，足以证明他的作品已经为人所知，至少已经为一部分人所知，但显然不能证明萨拉曼卡大学确实在课堂上讲授了哥白尼学说；也不能证明他们就《天体运行论》开展过讨论或认可日心说的观点。将哥白尼列入章程的人，可能是阿吉莱拉家的胡安和埃尔南多两兄弟，其中胡安·德阿吉莱拉（Juan de Aguilera）是1550—1560年的占星术教授，埃尔南多·德阿吉莱拉（Hernando de Aguilera）在他兄弟之后接任同一门课的教授，两兄弟都参与了章程的编写工作。但这份章程虽然得以幸存，却残缺不全，因而也不能断定是否真的讲授了哥白尼学说。为了研究这个问题，费尔南德斯·阿尔瓦雷斯（Fernández Álvarez，1995）采用了萨拉曼卡大学现存的《课堂巡查簿》；在这些簿册中，学生们针对教师们的各种问题搜集证据进行记录，包括教师是否准时，上课是否严厉，以及所教内容等。用费尔南德斯·阿尔瓦雷斯（1995：89-90）的话来说：

学生们的证词有多少次证明他们学习过哥白尼的作品？一次也没有。这位天文学巨匠的名字出现过多少次？一次也没有。只有一个情形，当时已进入17世纪，这份簿册可以证明，在占星学的课堂上曾经讨论过日心说的问题。最常被提起的作者名字有托勒密、中世纪的托勒密拥护者约翰·德萨克罗博斯克（Juan de Sacrobosco）、我们的国王“智者”阿方索，以及文艺复兴时期关于托勒密作品的创新者，格奥尔格·波伊巴赫（Jorge

Peurbach）和佩德罗·阿皮亚诺。有一两次提到了胡安·德罗哈斯的《平面球体图》，以及的黎波里的狄奥多西（Teodosio）的古老的《天体论文》（*Tratado de las esferas*）。

有一种可能性是，他们采用《天体运行论》中含有的星表及其他天文数据，但并未全盘接受日心说模型。后面我们将会讲到赫罗尼莫·穆尼奥斯（Jerónimo Muñoz），他就属于这种情况。

胡安·塞迪略将《天体运行论》译成西班牙语

不管教没教，也不管该学说是否被认可，事实是《天体运行论》在西班牙并没有被忽视。众所周知，当时为了发展伟大的航海事业，必须要有包含天文星表等内容的著作，而《天体运行论》中就有，而且比其他作品（例如阿方索星表等）中的内容更好。认可《天体运行论》中的星表内容的例子不胜枚举。其中一个例子便是巴利亚多利德人罗德里戈·萨莫拉诺（Rodrigo Zamorano，1542—1620），他从 1575 年开始直至 1613 年退休，一直是交易事务所的宇宙结构学和航海学的教授（没有任何其他教授的在职时间比他还长）。他的作品《航海术简编》（*Compendio del arte de navegar*，塞维利亚，1581），在题献"致尊敬的皇家印度群岛委员会主席迭戈·加斯卡·德萨拉萨尔先生（Diego Gasca de Salazar）"中，表达了他对哥白尼的敬意："太阳赤纬表每六年做一次是一件很有必要的事情，因为我们地球年和太阳年之间的差异导致赤纬在春分前后偏了三分钟。其次，今天的最大太阳赤纬日度数比过去少了几分，波伊巴赫、雷吉奥蒙塔诺、哥白尼、伊拉斯谟·赖因霍尔德（Erasmo Reynoldo），以及当代其他非常博学勤勉的数学家都有类似发现；我们在塞维利亚通过有效的仪器也已经观测到了。"[44]

然而要证明西班牙对这位波兰天文学家的作品的认可程度，没有比下面这件事更有力的证据了，那就是有人准备将《天体运行论》译成西班牙语，尽管这部译作既不完整，也未能出版。这个译者就是马德里人胡安·塞迪略·迪亚斯（?—1625），他已在上文中多次出现：首先是 1611 年 2 月他被任命为印度群岛委员会的首席宇宙志学者，然后他又是皇家数学学院的数学教授。关于这个人，皮卡托斯特写道（1891：43）："塞迪略著述甚多，但很遗憾都未能出版。尽管如此，我们还是能够了解到，他是一位造诣深厚的数学家，一位孜孜不倦的学者，想为科学的进步贡献个人力量。他曾按照上级的命令，将欧几里得的前六卷书译成西班牙语，这一点在他的一封信中被证实，我们将在下文中抄录。他把佩德罗·努涅斯·德萨阿（Pedro Núñez de Saa）的《航海论》（*Tratado de navegación*）也译成了西班牙语。他十分博学，还著有关于各星球位置的作品，发现了几条崭新并且有用的规律；关于海图的作品；关于指南针和磁铁的作品；以及关于数学在建筑、水利和农业上的应用的作品。"

上一段中皮卡托斯特所说的信件手稿现存于马德里国家图书馆，信中只有以下内容可以辨认："尊贵的先生（很有可能指费利佩二世），按照阁下的指令，我已将欧几里得……几何学著作翻译成……西班牙语，即……学院现存的部分，我的前辈们已经阅读过，正如所有基督教大学……如阁下送来更多原著，我将继续翻译。"上文中提到过，这之前已经有一份欧几里得作品的西班牙语译作。译者是罗德里戈·萨莫拉诺，译作《欧几里得几何学前六卷》（*Los seis primeros libros de la geometría de Euclides*），出版于 1576 年。[45] 萨莫拉诺也是《时间的论断年表与汇编，迄今见过最丰富的》（*Cronología y reportorio de la razón de los tiempos*，*El más copioso que hasta oi se à visto*，塞维利亚，1585）的作者。他在书中融合了天文学和占星学的概念，讲述了星球位置与患病、气候及农作物收获之间有关联。我提到这些内容不是为了证明所谓的"迷信"，只是举一个例子，来说明那个年代关于这些事情，即使是为人尊敬的科学家也有各种各样的想法（伟大的开普勒也做过星象算命）。我们不应该脱离时代背景，孤立地对科学事件或对任何事情作价值判断。

皮卡托斯特的文章中没有提到塞迪略对哥白尼作品的翻译。显然是因为不了解这一情况。发现塞迪略的译本得以保存这件事，要归功于马里亚诺·埃斯特万·皮涅罗（Mariano Esteban Piñeiro）、费利克斯·戈麦斯·克雷斯波（Félix Gómez Crespo）、伊莎贝尔·比森特·马罗托（Isabel Vicente Maroto），是他们在国家图书馆发现了手稿（Ms.9091）。[46] 这一版译本包含了哥白尼拉丁文原著五卷中的前三卷（第三卷少了最后一章），前面附有一篇塞迪略的序言，序言中表明了他对日心说模型的支持。他为译本起的名字是《关于宇宙结构和天体运动的天文学思想》（*Ydea Astronomica de la Fabrica del mundo y movimiento de los cuerpos celestiales*）。米格尔·安赫尔·格拉纳达（Miguel Ángel Granada）和费利克斯·戈麦斯·克雷斯波（2019）誊录了这份手稿，并附上对手稿及其作者的全面研究。根据他们的研究可以得出结论——埃斯特万·皮涅罗和戈麦斯·克雷斯波也已经指出——塞迪略的翻译相当忠实于原著，但也有一些风格和字面含义上的差异，对原文进行了一些删减；事实上他甚至还加入了自己的观点。塞迪略完成翻译的日期是一个重点，但不幸的是，手稿上没有写明。因此关于日期有多种可能性：埃斯特万·皮涅罗和戈麦斯·克雷斯波认为应该是在 1620 年、1623—1625 年，1625 年也是他去世的年份；1623 年，为了证明文中星表内一些数据的准确性和真实性，塞迪略曾进行相关天文观测，他为这些观测结果所作的说明，可以作为上述时间推断的依据。不论日期如何，可以合理推测，不管塞蒂略是否接受哥白尼的宇宙论，但他的译作应该与他向学生们提供教材的义务相关。[47]

塞迪略采用哪一个版本的《天体运行论》作为其翻译的样本，这也是一个值得研究的问题。格拉纳达和戈麦斯·克雷斯波（2019：66，125）解释说，应该是第二版，即 1566 年在巴塞尔出版的其中一套；可能是第六代莫亚侯爵弗朗西斯科·佩雷斯·德卡夫雷拉 - 博瓦迪利亚（Francisco Pérez de Cabrera y Bobadilla）拥有的那一套，塞迪略曾在 1592 年前后担任这位侯爵的教士和文书。[48] 译自第二版而非第一版，这是一件重要的事情，因为 1566 年的这个版本与 1543 年的第一版在某些地方有些不同，而塞迪略的译本中出现的内容是属于 1566 年版的。

现存于西班牙的《天体运行论》古本

提到莫亚侯爵曾经拥有哥白尼著作的某个副本这件事，就让我想到一个问题，西班牙有多少本哥白尼著作古本？想到这个问题不仅仅是出于好奇，更因为它能为

《天体运行论》的传播情况提供一些线索，从而为日心说模型在西班牙的传播情况提供线索。除了这些书实际存在的“迹象”之外，还要补充一点，即这些书中是否有批注，有批注的话，就表示曾经有人研究过这套书的内容。为了了解哥白尼在1543年的版本中所执论点的接受度和传播情况，进行类似的分析是很重要的，这在科学史家兼天文学家欧文·金格里奇（Owen Gingerich，2002，2004）的两本著作中尤为突出：《哥白尼〈天体运行论〉评注普查》（*An Annotated Census of Copernicus' De Revolutionibus*，Nuremberg，1543 and Basel，1566）和《无人读过的书》（*The Book Nobody Read*）。第二本书的标题，《无人读过的书》，出自作家阿瑟·凯斯特勒（Arthur Koestler）在他的畅销书《梦游者》（*The Sleepwalkers*，1959）中提到《天体运行论》是一部没有人读过的书，因为它的复杂性和数学上的枯燥性。然而，金格里奇长期在全世界范围内探寻《天体运行论》的古本，查看它们是否有批注，是否有可能破译，最后他得出结论（2004：255）：事实绝非如此：“当然，不是所有拥有这套书的人都读过它。王室没有在他们拥有的《天体运行论》中进行批注，但很多其他人士确实作了批注，为后人们留下了科学复兴时期对这本书的阅读和理解方式的宝贵遗产。显然，当凯斯特勒（Koestler）把《天体运行论》写成‘是一部没人读过的书’以及‘有史以来卖得最差的书之一’时，他真是错得离谱了。”

尽管我们知道金格里奇的普查可能也是不完整的（事实也是如此，因为他查到的书里没有包括塞迪略使用过的那一套），而且因为这套书深受图书馆和藏书家们珍视，所以曾经在西班牙的一些古本可能已经被外国人士买走，但从这个角度来分析西班牙现存的古本确实是很有意义的。关于被外国人士买走的情况，我们知道这里指的是迭戈·德祖尼加曾经使用过的那一套，金格里奇（2002：139）在日本的广岛经济大学找到了它。这套书中做了很多批注，但批注的作者是否就是祖尼加，就不得而知了，但我们能知道祖尼加确实经手了这套书，因为扉页中出现了他作为持有者（至少在某段时间曾经是持有者）的名字。

金格里奇在西班牙发现的古本有：[49]

1543年版：埃尔埃斯科里亚尔修道院图书馆（带有费利佩二世的纹章；无批注）；马德里国家图书馆（无批注）；马德里皇宫（种种情况表明它属于卡洛斯四

世和费尔南多七世的藏书；但有一个情况除外：它有少量的批注）；圣费尔南多海军天文台［其中一位所有者是格雷戈里奥·罗德里格斯·德阿莫加巴尔·梅基内斯（Gregorio Rodríguez de Amogabar Mequines），他是住在丹吉尔附近的一位天文学爱好者；极可能是豪尔赫·胡安把他带到天文台的，因为豪尔赫·胡安在北非时，曾经向罗德里格斯·德阿莫加巴尔购买一些由他制造的天文仪器，用于圣费尔南多天文台；罗德里格斯批注］；塞维利亚大学［可能曾经属于赫罗尼莫·德查韦斯（Jerónimo de Chaves），他曾是交易事务所的老师，还曾将德萨克罗博斯科的书译成西班牙语，并于 1545 年在塞维利亚出版，书名是《天球论及大量补充》（*Tratado de la esfera con muchas adiciones*）；有一段备注］；巴伦西亚大学（无批注）。

1566 年版：埃尔埃斯科里亚尔修道院图书馆，2 份（无批注）；马德里国家图书馆，2 份（无批注）；马德里皇宫（少量批注）；萨拉曼卡大学图书馆，3 份（其中两份有批注及一些书籍索引，第三份几乎无批注）；圣费尔南多海军天文台，2 份（一份无批注，另一份曾属于塞维利亚耶稣会的发愿者之家，无批注）。

总之，西班牙幸存下来 16 份古本——6 份为第一版，10 份第二版，批注很少。

再举几个例子，在法国，金格里奇找到 30 份 1543 年版，29 份 1566 年版；在意大利，分别是 17 份和 42 份；在瑞典各找到 5 份。

第谷·布拉赫与赫罗尼莫·穆尼奥斯

第谷·布拉赫（1546—1601），望远镜发明之前最后的一位天文学巨匠，是 16 世纪，乃至有史以来，天文学界最伟大的名字之一。布拉赫经过大量观测，并且得益于他的仪器具有很高的精确度，实现了对托勒密模型进行深入的复核，从而促进了开普勒的新天文学或“天体物理学”的产生。然而，他不认可日心说，并且提出另一套理论，即太阳绕地球转但其他星球绕太阳转的体系，想要借此吸收哥白尼模型的优点，同时又避免地动说理论可能引发的宗教问题。

1572 年，布拉赫得到机会观测到一个罕见的天文现象：一颗新星出现（我们现在知道是一颗超新星）。1572 年 11 月 11 日的夜晚，他观测到仙后座的天顶附近有一颗特别明亮的新星，其亮度可与金星匹敌。但从 12 月开始，这颗新星的亮度就开始减弱，最终于 1574 年 3 月消失在视线中。通过自己制造的一台六分仪，他测量出新星的精确位置，确定它非常遥远——肯定比月球还要远，根据亚里士多德－托勒密模型，月球运行轨道是不变的。但这颗新星表现出来的样子却完全相反，而且这一地带的天体都在变化。1573 年，布拉赫将他的观测结果写在书中公布于众:《论新星》(*De nova stella et nullius aevi memoria primus visa*)，这本书使他获得了一定的名声，再加上他和国王之间良好的关系，于是丹麦国王弗雷德里克二世（Federico Ⅱ）将位于松德海峡（分隔丹麦与瑞典的海峡）的汶岛赐予他，在那里他建起了一座宫殿式的城堡，第一块基石于 1576 年 8 月落地，这就是乌拉尼堡，即“观天堡”。

这里需要强调一个重点，布拉赫在丹麦受到的科学教育与西班牙机构中可能提供的教育没有什么分别。我们知道（Throen，1990），1560 年他在哥本哈根大学学习，并购买了中世纪天文学巨著之一，约翰内斯・德萨克罗博斯科的《天球论》，这是他其中一位老师斯卡韦纽斯（Scavenius）在课堂上使用的作品。第二年他又购得了阿皮亚诺所著的当时最先进的《宇宙结构学》以及雷吉奥蒙塔诺的《三角论》。正如我在上文中提到过的，阿皮亚诺的文章（费利佩二世年轻时也购买过）在萨拉曼卡大学是常用教材。

德萨克罗博斯科的《天球论》，写于 13 世纪的巴黎大学，是长达 3 个多世纪的时间内最常用的书本之一，后来出现各种增扩版，补充了天文、物理、地理或数学上的一些新数据。到 17 世纪末，已经重印逾 300 次。原著分为 4 个部分：第 1 章讲述了宇宙地心说的基本原理，包括地球及其轴线和两极；第 2 章讲述了地球运行轨道和天球；第 3 章讲述了黄道星座、昼夜变化；第 4 章介绍了地心说的其他基本方面，例如星球的运行和轨道，日月食的原因。这本书在西班牙被广为使用和评论。1543 年，首席领航员阿隆索・德查韦斯（Alonso de Chaves）的儿子，塞维利亚数学家、宇宙志学者兼制图师，时任交易事务所制图师的赫罗尼莫・德查韦斯，出版了《关于约翰内斯・德萨克罗博斯科博士的〈天球论〉的专题论文以及补充》(由赫罗尼莫・德查韦斯重新从拉丁语译为西班牙语）(*Tractado dela sphera que compuso el doctorJoanes de Sacrobosco con muchas addiciones*：*agora nuevamente traduzido de latín en lengua castellana por el bachiller Hieronymo de Chaves*，塞维利亚）；德查韦斯所作的“补充”中，有星表、日月食计算、日历和地点及其经纬度关系的注释。此外，还有另一个《天球论》的版本（萨拉曼卡，1550），编者为萨拉曼卡大学的数学教授佩德罗·德埃斯皮诺萨（Pedro de Espinosa），这版《天球论》是与胡安·马丁内斯·波夫拉西翁（Juan Martínez Población，1526？）的《星盘使用简编》（*De usu astrolabi Compendium*）一同印刷的。胡安·马丁内斯·波夫拉西翁是巴黎皇家学院的第一位数学教授。我的最后一个例子是宫廷天文学家、穆尔西亚人吉内斯·德罗卡莫拉－图拉诺（Ginés de Rocamora y Turrano，1545—1612），他在 1599 年出版了《宇宙天体论——胡安·德萨克罗博斯科的〈天球论〉》（*Esphera del universo. Sphera de Juan de Sacrobosco*）。此外，萨拉曼卡大学修辞学和数学教授弗朗西斯科·桑切斯（Francisco Sánchez，布罗萨斯人）著有一本天文学的小册子，题为《天球论》（由多位作者组成）（*Sphaera mundi ex variis autoribus concinnata*），也是受德萨克罗博斯科的启发。

16—17 世纪初，布拉赫的影响遍及整个西班牙，他的学说被皇家数学学院的宇宙志学者及其他西班牙天文学家广为学习和使用。再加上加西亚·德塞斯佩德斯在他的《航行守则》（*Regimiento de Navegación*，1606）中大量使用了布拉赫的数据、表格和参数，虽然不致力于宇宙志方面的问题，但与其分享了自己的数据、表格和参数。同时，苏亚雷斯·德阿圭略（Suárez de Argüello）、安德烈斯·德莱昂（Andrés de León）等西班牙天文学家也在他们自己的作品中引用了布拉赫这位丹麦天文学家的数据，例如，《天体运动大事记……阿方索国王关于四颗内行星的意见，以及与实际观测更为相符的尼古拉·哥白尼关于三颗外行星的意见》（*Ephemerides generales de los movimientos de los cielos… Según el serenissimo Rey Don Alfonso en los quatro planetas inferiores, y Nicolao Copérnico en los tres superiores que mas conforma con la verdad y observaciones*，马德里，1608）。

布拉赫不是唯一一个观测到 1572 年新星的天文学家，但确实是最著名的那一个。放眼整个欧洲，有许多其他天文学家也观测到了这颗新星，其中包括英国天文学家托马斯·迪格斯（Thomas Digges）、德国天文学家迈克尔·梅斯特林（Michael Maestlin），以及来自巴伦西亚的赫罗尼莫·穆尼奥斯（Jerónimo Muñoz，1520?—1592?）。

穆尼奥斯的履历，就像他那个年代的许多其他学者（可能是大多数）一样，富有变化。他曾在巴伦西亚学习，后游历欧洲，回国后正好得以在埃尔切观测到1556年出现的那颗大彗星。在巴伦西亚从事私人数学教师直至1563年，同年被任命为巴伦西亚希伯来语教授，后来在1565年又增加了数学教授的工作。1578年，他接受了萨拉曼卡大学的邀请，担任占星学教授。1572年11月，上文说的那颗新星出现之时，穆尼奥斯和布拉赫一样，也是观测到这颗新星的杰出人士之一。而穆尼奥斯也不是唯一一个观测到这颗新星的西班牙人，除他之外，还有萨拉曼卡大学的拉丁语教授巴托洛梅·巴里恩托斯（Bartolomé Barrientos），以及胡安·莫利纳·德拉富恩特（Juan Molina de la Fuente）。1572年，费利佩二世对新星的出现十分关注，于是穆尼奥斯应费利佩二世的要求，将其观测结果和相关意见结集成册，共62页，并予以出版，题为《关于新星及其位置、如何从地球观测它，以及关于新星的预测》（*Libro del nuevo cometa y del lugar donde se hacen y cómo se verá por las parallaxes quán lexos de la Tierra y del prognóstico d'éste*）。[50]穆尼奥斯在西班牙并不是无名之辈，他曾应费利佩二世的要求治理了两条河流，将河水引到穆尔西亚、洛尔卡、卡塔赫纳。另一方面，这也不禁让人思索，在16世纪，作为一个数学家兼天文学家，他竟然能完成那么多不同的工作。

穆尼奥斯的著作驰名欧洲，1574年由居伊·勒菲弗·德拉博德里（Guy Lefèvre de la Boderie）译成法语，1575年由荷兰数学家、制图师和仪器制造师杰玛·弗里修斯（Gemma Frisius）的儿子科尔内留斯·杰玛（Cornelius Gemma）译成拉丁语。此外，穆尼奥斯还和一些外国天文学家保持书信联系。其中有一封信（被Navarro Brotons引用，ed.，1981：102-110；2019：204-209），是1574年4月13日从巴伦西亚寄给维也纳的巴托洛梅·赖萨舍鲁斯（Bartolomaeus Reisacherus）的，这封信中有几个段落值得引用：

我把关于新星的这本小书寄给你已经作过修改，由于当时要求的时间比较仓促，这本书是在几乎不到 26 天的时间内编写完成的。

我一直持有这样的观点：对于那些自己可以证明的事情，不应该去相信任何人，包括托勒密、阿方索国王、约翰·雷吉奥蒙塔诺——虽然于我而言，他们比尼古拉·哥白尼和伊拉斯谟·赖因霍尔德要博学得多。

除了我在这本小书中公布的内容之外，我对其他很多内容都作了保留。我感到愤怒，因为对于我完成的工作，不但没有人向我表示谢意，反而受到很多神学家、哲学家以及费利佩国王手下朝臣的侮辱，因此我决定将我的试验成果隐藏起来。正如奥拉西奥（Horacio）说的，欢乐不是富人的专利，活得潦倒的人也可以活得有声有色。我不愿再刺激那些讨厌的人，也不愿再花一分钱来传播我的作品，这本关于新星的书本来就是在国王的怂恿下才写成的，但国王也好，同伴也好，他们都没有对此做任何事情。以前我都把钱花在印书上，从今往后，在这方面，我一分钱都不想花。

普林尼说过，西班牙不是一个观测星辰的国家，人们也不与数学家精诚合作，只愿意投身到商业手段中去。在西班牙想要出版一点有关数学的东西，是鲁莽的行为，甚至可以说是挥霍的行为，因为印刷费用太高了，书又卖不出去。

“西班牙不是一个观测星辰的国家，人们也不与数学家精诚合作，只愿意投身到商业手段中去”这句话，不应该被忽视。过去致力于观测星空的西班牙人，只注重其实际应用，比如最为优先的航海事业。从这个角度上去想，就不难理解‘只愿意投身到商业手段中去’这句话的含义了。此外，他对哥白尼的说法也很关键。事实上，穆尼奥斯不认可哥白尼体系，但他确实意识到，新星的出现意味着亚里士多德认为天体不朽的学说是不对的。穆尼奥斯在他的《普林尼〈自然史〉第二卷评论》（*Comentarios al segundo libro de la Historia Natural de Plinio*）中对此是这样写的（Navarro Brotons，ed.，2004：393-394）：

> 它（地球）高悬在宇宙的中心。它是唯一不动的。从以前的证据中我们已经推断出，地球不可能处于宇宙中心之外，因此，毕达哥拉斯学派的菲洛劳斯（Filolao）、库萨的尼古拉（Nicolás de Cusa）和尼古拉·哥白尼都弄错了，他们让它旋转，认为它不过是天空中的又一颗星球罢了。实际上，如果地球是那样运动的，那必然会移出宇宙中心之外；如果它处于宇宙中心，就不可能作圆周运动。不论它以哪种方式旋转，相对于地平线的天极高度都不是固定不变的，而地球如果在宇宙中心静止不动，那么天极高度就是固定不变的。

正如纳瓦罗·布罗顿斯指出的："这个理由只有在一种情况下是成立的，那就是假设地球不是绕着'宇宙两极'连线这条轴线（也就是说，垂直于赤道的这一条轴线）旋转，而是绕着另一条轴线旋转。"

鉴于正在谈及《普林尼〈自然史〉第二卷评论》，我就再引用其中一段，这一段反映了宗教信仰对当时的科学家所产生的影响（Navarro Brotons，ed.，2004：279）：

> 谈到普林尼，我就需要完成一些任务：首先，介绍他的哪些想法与基督教相悖，哪些又与之相符。因为信仰与理性兼容，所以与教义相悖的那些想法，就会因自然原因而被驳斥；其他那些关于自然科学的概念，首先要解释他是从哪里获取这些概念的，是否准确引用，这些概念是否真实，尤其须注意，对于普林尼的这些评论，任何人都不能犯错；相反地，对于我们的解释，所有的学者将予以研究，从而找出我们之中哪些是值得相信或值得期待的；上帝揭示的全部教义对于教学、论证和改过都是有用的，目的是使上帝的臣民得到完善，准备好迎接一切善意。因此，我们愿意将所有的想法上报给神圣罗马教会进行审查，他们是真理的支柱和基础。

1543 年的另一场革命：维萨里

1543 年是一个特殊的年份。这一年出版了两部具有真正革命意义的书籍。其中一部是上文已经讨论过的哥白尼的《天体运行论》，另一部是比利时医生安德烈亚斯·维萨里（Andreas Vesalio，1514—1564）的《人体构造》（*De humani corporis fabrica*）。这里值得一提的是，维萨里是卡洛斯一世（维萨里写这部书就是献给卡洛斯一世的）的医生之一，后来还担任过费利佩二世的医生。在《人体构造》中，维萨里为捍卫解剖学振臂疾呼，他认为解剖学是理解人体结构和功能的必不可少的依据，同时他强调了盖伦研究的局限性，以及盖伦之后解剖实践日渐衰微的情况。维萨里医学相对于盖伦医学，确实不像哥白尼天文学相对于托勒密天文学那样具有如此显著的革命性，但他的教学和批评为在未来引发这种革命性奠定了必不可少的基础。

维萨里的著作中有一个重点，那便是对过去的医生的批评，他们太过于懒惰。他指出：

> 他们笨拙地将盖伦的学说收集到大部头的著作中，连一个逗号也不放过。他们就是这样信任他的一切，我从来没有发现，哪怕有一个医生认为他在盖伦的解剖书里发现了一个最最轻微的小错误，即使盖伦本人也常常进行修正，多次在一本书里指出另一本书中的错误，但随着时间的流逝，盖伦的学说日渐成型，通过对他的作品进行仔细地研读，又根据他的作品中那些被合理修改的地方，随着解剖技艺的重振，种种迹象向我们证实，他从未亲自解剖过一具刚死亡的人体。然而，我们知道，盖伦受到猴子的蒙蔽（尽管也有人为他提供人类的干尸，用以检查骨骼），导致他常常毫无道理地批评那些曾经进行人体解剖的古代医生。甚至还可以发现，有许多东西是他用不怎么符合教义的方式在猴子身上发现的。此外，有一点很奇怪，虽然人类与猴子的身体器官存在许多不同之处，盖伦却几乎不曾作出

任何提醒，除了手指脚趾和膝关节屈曲以外。在没有进行人体解剖的情况下，类似细节如果不是很明显的话，是很容易被忽略的。

维萨里曾无数次指出，盖伦的描述偏离了“对人体各器官的和谐关系、作用和功能的真实描述”。

总之，维萨里带来的是重大的新变化，可能对于现在的我们来说微不足道，但在当时可不是这样的：他不是在阅读经典著作中的相关段落时相信屠夫提供的分割尸体的经验，而是亲自进行解剖。

但是他的行为对西班牙有什么影响吗？答案是：有。例如，巴伦西亚大学就属于欧洲第一批根据维萨里的观点来教授解剖学的大学。这首先要归功于佩雷·希梅诺（Pere Jimeno，1515？—1551），他早先在巴伦西亚学习，1540—1543年，到帕多瓦拓展学业，在那里他去听了维萨里讲的课，在希梅诺于1549年出版的《医学对话》（*Dialogos de re medica*，*compendiaria ratione*，*praeter quedam alia*，*universam anatomen humani corporis prerstringens*）一书中，他写道：“我伟大的导师安德烈亚斯·维萨里，他近期在那里教授生动的解剖课。我去听了他的许多课，几乎他所有的课都听了。他在勤奋的、从不缺课的听众们面前讲授的解剖课非常出色。”在这本书出版前两年，希梅诺已经获得了巴伦西亚大学解剖学和单味剂学的教授职位。但他在很长时间内都没有任职，因为三年后他去了埃纳雷斯堡，那里的大学刚刚设立了解剖学课程，请他担任教授。在巴伦西亚大学，希梅诺的职位被另一位维萨里的拥护者接替，他也是巴伦西亚人，名叫路易斯·科利亚多（Luis Collado，1520—1589）。他也曾师从维萨里，但具体情况不为人知［“我公开承认，维萨里是我在解剖学上唯一的导师，我在解剖方面的才能全部归功于他，而非其他人”，他在其1555年出版的书《盖伦〈论骨骼〉评论，给初学者》（*Galeni pergameni liber de ossibus ad tyrones*）中写道。这本书在巴伦西亚印刷］。但16世纪巴伦西亚医学的主要代表人物还是希梅诺，他是一个享有盛誉的人物，据资料显示，他从1576年开始直至去世，一直是王室的御医和巡查员。[51]还有一个重点是，在维萨里出书的同一时期，西班牙的一些大学里就设立了解剖学课程，并对解剖实验的规模很有坚持，这一点也是《人体构造》里所强调的。例如，1550 年 11 月，萨拉曼卡大学就是否开设解剖课开展了讨论，最后讨论通过，原因正如校务委员会会议记录中说的：要治病，就不能只从书本里学习，还要“用眼睛去看”。

但维萨里作品的最突出的拥护者应该是胡安·巴尔韦德·德阿穆斯科（Juan Valverde de Hamusco，1525？—1588），他写的一本书与维萨里的作品相关，书名是《人体构造史》（*Historia de la composición del cuerpo humano*），他在书中不仅引用了维萨里的观点，还指出了他在《人体构造》中发现的疏漏和错误。[52] 尽管这是一本由西班牙人写的西班牙语作品，但巴尔韦德·德阿穆斯科的生平中与意大利的牵绊更甚于西班牙。相对于继承自中世纪的盖伦派观点（维萨里也抨击过这些观点），意大利的医生行业所采用的解剖学直接观察法简直熠熠生辉，巴尔韦德便是受此吸引来到意大利。在巴利亚多利德大学完成学业以后，1542 年他首先来到了帕多瓦（维萨里也曾在此学习）和比萨，在那里师从马特奥·雷亚尔多·科隆博（Mateo Realdo Colombo），然后来到罗马，师从巴托洛梅·欧斯塔基奥（Bartolomeo Eustachio）。他在罗马的停留有决定性的意义，最后他在那里定居下来，并在圣斯皮里托医院行医，直至去世。所以他再也没有回到西班牙。也是在罗马，1556 年，他出版了那本《人体构造史》，除了巴尔韦德的出生地、初始教育，以及这本书使用的语言之外，还有一层与西班牙的联系，那就是，巴尔韦德将这本书献给他的保护人，圣地亚哥大主教、罗马宗教法庭庭长——西班牙枢机主教胡安·阿尔瓦雷斯·德托莱多（Juan Álvarez de Toledo），巴尔韦德曾担任他的医生。[53] 题献中明确地提到了西班牙的医生行业状况，这有助于我们理解巴尔韦德移民意大利的原因，但无论如何，当时西班牙在意大利的影响力是巨大的，题献是这么开头的：“尊敬的先生，在我们的国家，理解解剖学的人太少了，对于西班牙人而言，解剖尸体是件丑陋的事情，有少数西班牙人来到意大利，本以为他们能理解，但他们迫不及待地选择了其他行业，因为他们不习惯于这类事情。鉴于这种情况给整个西班牙国家带来的伤害，有一部分原因在于外科医生不太懂拉丁语，有一部分原因在于维萨里写得太过隐晦，难以理解，但除此之外，首先要让他们有机会亲眼见识人体，并由好的教师来进行讲解。因此我觉得有必要用我们自己的语言将这些事情写下来，使我的受众更好地享受我的辛苦之作；拉丁语作品已经数不胜数了，我认为没有必要重复劳动。”

有句不中听但却很在理的话，反映了西班牙的一个坏毛病：很多最优秀的子弟为了在学习科学知识的道路上有所长进，不得不离开故土——在这里指的就是医学。不过幸好，他们还不需要放弃母语，因为当时西班牙在世界政治上的地位允许他们继续使用母语。

像维萨里的书一样，巴尔韦德的书也配有大量的插图，插图作者为尼古拉·贝亚特里泽特（Nicolás Béatrizet）。也像维萨里的书一样，巴尔韦德的书也广为传播，再版很多次，一直到进入 17 世纪以后还在重印。正如上文提到过的，巴尔韦德不仅引用了维萨里的内容，还对它进行补充，并改正了他犯的其中几个错误。我举一个关于眼球肌的例子："对于维萨里说的眼部血管数量，我感到疑惑；当然我以前接触任何其他动物样本都比接触人体样本更为方便，他除了说视神经不集中于瞳孔之后的中间位置之外，还说有一根血管围绕视神经，这在牛羊及其他动物上都很常见，但在人身上我从来也没有见过，我曾提到过的马特奥·雷亚尔多·科伦波也没见过……。涉及眼部运动的血管他也多算了一条，把它删除真的毫无影响……之前用于抬眼皮。”巴尔韦德还提供了关于肺循环或称小循环（将脱氧血液从心脏送至肺部，使充氧血液回到心脏）的精确参考数据；事实上，他是继阿拉贡人米格尔·塞尔维特（Miguel Servet，1511—1553）之后第一个提供此数据的解剖学家。

塞尔维特曾在巴黎学习，可能就是在那里遇到了维萨里。他是第一个发现血液流经肺部的“小循环”的人；也就是说，血液不能像盖伦认为的那样从右心室流到左心室，而是要通过另一种方式。尽管塞尔维特的发现是基于解剖学的考量（比如肺间隔的结构），但对于他而言，血液有特别的意义，超越了“纯物质”的范畴：他相信血液是灵魂的所在，上帝将它注入人类的身体内。他将这种神学与科学的交融写进他的书中，这是一部内容基本上属于神学的作品，名叫《基督教的复兴》（*Christianismi restitutio*，1553）。但恰恰是这种神学与科学的交融，使他既惹怒了天主教会，又惹怒了新教徒。他从宗教裁判所逃脱，却又落入更不包容的加尔文

（Calvino）的手中，最终因为“异端邪说”被活活烧死，同时被烧的还有五大包共500 本刚印出的《基督教的复兴》，只有 3 本幸免于难，或者说只有这 3 本为人所知，这也是它没有产生多大影响的原因。

科学革命中还有一位领军人物，那就是英国人威廉·哈维（William Harvey，1578—1657）。他最突出的贡献是对血液循环的研究，他的发现可能是 19 世纪以前生理学所经历的最大的飞跃。和很多人一样，哈维在意大利学习医学，求学于帕多瓦大学，并于 1602 年在那里获得了博士学位。回到英国后，由于表现足够优异，他入选为英格兰国王查理一世的御用医生。1615 年，伦敦医学院委托他教授一门关于解剖学的课程（伦姆雷讲学），这构成了他 13 年后发表的巨著《关于动物心血运动的解剖学论述》（*Exercitatio anatomica de motu cordis et sanguinis in animalibus*，1628）的萌芽。这本书通常被称作《心血运动论》（*De motu cordis*），是现代生理学的奠基之作。通过一系列的解剖和试验，哈维发现心脏就像一块会收缩和扩张的肌肉。他在书中解释道，血液循环就是心脏收缩时动脉扩张而推动的结果。此外，他还证明，心脏、动脉和静脉的瓣膜，只允许血液单向流动，心脏收缩时就像一个会输出血液的肌肉泵。他还发现，右心室为肺部血液流动提供服务，左心室为动脉系统提供服务，并证明血液通过静脉流向心脏。通过上述结果，再加上对排血量的计算，哈维得出结论：血液确实是循环流动的（也就是后来所谓的“大循环”）。但由于当时哈维没有显微镜［马尔皮吉（Malpighi）确实拥有显微镜］，所以不能证明血液是如何从动脉系统进入静脉系统的。

本书提及关于哈维的这段内容，不只是对塞尔维特的贡献进行补充，而且还有另外两个原因。第一个原因，哈维可能在 1630—1631 年，作为伦诺克斯公爵（duque de Lennox）的随从人员到访过西班牙，当时伦诺克斯公爵受英格兰国王之命出访“海那边的地方”（即穿越欧洲）。J. J. 伊斯基耶多（J. J. Izquierdo）在对《心血运动论》（*Demotu Cordis*）在西班牙的接受情况所作的研究中（1948：106）发现，事实确实如此，而且哈维在西班牙停留了将近一年，并且“他当时极有可能随身带着他的作品”。杰弗里·凯恩斯（Geoffrey Keynes）（1966：192-193）对此却不那么肯定。在他为哈维写的那部优秀的传记中，他指出，事实上无法确切知道哈维在公爵的旅程中到底陪同了多长时间："可能哈维不一定去了西班牙，即使他去了，肯定也没有陪伴公爵到他被封为西班牙一等贵族的时候"（伦诺克斯于 1631 年 2 月被封为西班牙一等贵族）。不论如何，重点是为了知道哈维的血液循环观点是否在西班牙获得了支持。在这一点上，正如伊斯基耶多已经证明的那样，结论是否定的：只有 4 名西班牙医生表示同意哈维的观点，其余的西班牙医学界权威人士均表示反对。这一情况的证据是，1928 年，当人们为《心血运动论》举行出版 300 周年庆祝仪式时，这本书的意大利语版已经印了 21 次，9 次被译成英语，2 次被译成德语和法语，以及被译成荷兰语 1 次，但从未被译成西班牙语。不要忘了，我们现在在讨论的是科学革命时期医学领域（尤其是生理学领域）的一部奠基之作。

科学革命和西班牙

费利佩二世统治时期，由他推动的与科学相关的关注领域、知识和机构，截至目前我们所谈到的内容，总体上呈现出相当有利的面貌，特别是与其他国家的情形相比更是如此。然而，我们很清楚，所谓的"科学革命"正是在这些"其他国家"里蓬勃发展的，例如在文艺复兴时期的意大利，尽管意大利远没有达到当时西班牙的社会稳定性和政治统一性；在费利佩二世的外甥鲁道夫二世的宫中，鲁道夫二世正是从"谨慎王"身上学到了关于科学世界的知识；在德国，那是费利佩二世的父亲卡洛斯国王生活过那么多年的地方；当然还有英国，艾萨克·牛顿马上就会掌握发言权。那么问题来了，这是为什么？为什么西班牙一点也不比这些国家逊色——而且事实甚至相反，西班牙明显还对其他国家产生了影响——科学革命却没有在伊比利亚半岛发展起来？或者说，至少没有像其他地方那样的独创性和发展力度？

对于类似的问题，最常见的答案之一是，这种局面与宗教问题和宗教裁判所的控制有关，或者是与对犹太人的驱逐、对那些改信基督教之人的打击和禁令有关，尤其是在医学和药学的领域，他们当中很多人从事上述学科。虽然我已在本章中讨论过这些问题，但现在我想从另一个视角来看看，即从费利佩和鲁道夫的王国差异上来研究一下。鲁道夫也是一位天主教国王，但正如我们在上文看到的，他在宫廷中留下了至少两位科学革命的主要人物——第谷·布拉赫和约翰内斯·开普勒。其中一项很重要的原因是鲁道夫和费利佩的领地之间存在相当大的差异。但还需要考虑到，鲁道夫和费利佩不一样，和他的弟弟马蒂亚斯大公也不一样。马蒂亚斯是反宗教革命的领袖之一，而鲁道夫虽然也是天主教国王，但他实行较为温和的宗教政策，而且坚决反对教皇的政治企图，这使他能够与最狂热的信仰捍卫者保持距离，不去打扰王国内占大多数的新教徒。而费利佩愿不愿意，或者说能不能够，为一个像开普勒那样非天主教徒的天文学家提供庇护呢？

费利佩二世统治下的西班牙与其他国家最大的区别在于他的权力，在于他广袤的领土。正如我们所见，他的权力促使他为科学知识指定一个“实用的”立场，即为了对国家产生实际价值而指明具体的方向，使之过度工具化。例如我在前面提到的“秘密科学”。而那正是科学要真正成形的时刻。我们不要忘了，科学革命最大的特点就是超越具体应用，寻找基本的规律和方法。

在费利佩二世掌控下或庇护下产生的科学，很容易就受到封锁，不予接触和传播，没有这些是很难产生和滋养其他精神的。国家利益重于科学利益。在相当大程度上，正是这种隔绝政策，再加上西班牙因战争而背负的债务，导致了费利佩三世、费利佩四世、卡洛斯二世的统治走向衰落。所以，伽利略和牛顿的新科学不仅不是在西班牙创建的，反而是在许久之后才战战兢兢地来到西班牙。[54] 到了 17 世纪，尚留存于西班牙的那些与科学活动相关的机构，实际上都只是上一世纪残存下来的贫乏又僵化的躯壳。而这里值得考虑的是，第一批真正的现代科学机构正是在 17 世纪下半叶建立起来的，第一个便是英国皇家学会（1660），第二个是巴黎科学院（1666）。如果将这些真正的现代科学机构与西班牙最突出的新式机构之一塞维利亚圣特尔莫学院（成立于 1681 年，主要从事航海教学）相比较，我们会发现它们之间存在巨大的差别（首先，圣特尔莫学院只招收男生，不招收“任何外国人，所有学生必须都是西班牙各王国的臣民，孤儿能比父母双全的学生享有更大优惠，学生不得小于 8 岁……也不得超过 14 岁”；此外，其教学内容单一，“领航术、炮兵和水手专业，目的是拥有大量航海人员、专业的炮兵和领航员”）。

尽管这一方面的资料很多，但这位记者、数学家、科学史家兼小说家，埃斯特雷马杜拉人弗朗西斯科·贝拉（Francisco Vera，1935b：3-4）说的话意味深长：

> 在17世纪的恶劣氛围下，什么是我们的文化？它的两大表现形式——艺术和科学，艺术尚且能从国家的总体不幸中获救，因为16世纪末至17世纪初的从业者并存使上一世纪出现的问题在这一世纪得到了解决。在诗歌上，随着1600年《谣曲总集》（*Romancero general*）的出现，开启了早该发生的蜕变过程，其代表人物有克韦多（Quevedo）和贡戈拉（Góngora）；在小说上，有塞万提斯（Cervantes）；在绘画上，有贝拉斯克斯（Velázquez）、穆里略（Murillo）、苏尔瓦兰（Zurbarán）和里韦拉（Ribera）；在雕塑上，有格雷戈里奥·埃尔南德斯（Gregorio Hernández）和阿隆索·卡诺（Alonso Cano）；尤其是在戏剧上，涌现出了洛佩·德维加（Lope de Vega）、卡尔德龙（Calderón）、蒂尔索·德莫利纳（Tirso de Molina）、纪廉·德卡斯特罗（Guillén de Castro）和蒙塔尔万（Montalbán）。这便导致了一个奇特的情况：17世纪成了西班牙文学和绘画的黄金世纪，而这恰恰是因为艺术是强大的个体的展现，但科学需要民主的集体力量。艺术是自由生长的，但科学是一个连续性的行为；艺术家创作自己的作品，是个人的作品，它是独立于其他所有作品的，而科学家需要考虑他人的发现、自己的发现，并且在前人停下的地方接着前进……艺术是艺术家独有的作品，但科学不仅是这些学者的作品，还需要社会的合作，这会带来丰厚的回报。
>
> 而这种合作——我很难过地说——在西班牙一向很缺乏，在17世纪甚至到了令人不安的地步。在一个16世纪的西班牙人眼里，甚至在许多20世纪的西班牙人眼里，学者就是一个荒谬的人：要么终日用望远镜看天，要么数着昆虫有几只脚，要么在一支玻璃管里把奇怪的液体混合在一起……
>
> 但对于学者而言，为了能致力于科学研究，他必须要生活在一个充满文化氛围的环境里，尤其是能够在精神上得到安宁的环境。而这些条件在

17 世纪的西班牙无论从数量上还是从程度上都不足以使科学结出有味道的果实。17 世纪的西班牙人，隔离于欧洲其他地区之外，与 17 世纪的文化洪流擦肩而过。

提出将新科学系统化地引入西班牙的人是该世纪末的“革新者”。这一运动中最突出的作品是巴伦西亚医生胡安·德卡布里亚达（Juan de Cabriada，1665？—1714）所著的《哲学、医学和化学》（其中介绍了从历史和经验中学到的最好的治病方法，古今治疗法）（*Carta filosófica*，*médico-chymica. En que se demuestra que de los tiempos*，*y experiencias se han aprendido los mejores remedios contra las enfermedades. Por la nova-antigua Medicina*），这本书出版于 1687 年，即牛顿的《自然哲学的数学原理》发表的同一年。何塞·玛丽亚·洛佩斯·皮涅罗（1979a：421）是研究这些革新者的专家，他用这样的评价来总结卡布里亚达的作品：“他出版这本书的直接原因是，宫廷中一些盖伦的老信徒与这位年轻的革新派卡布里亚达意见不统一。为了维护自己的立场，卡布里亚达超越了原先的具体议题——放血疗法的滥用，系统性地表达了他关于‘现代’科学基础的想法。”洛佩斯·皮涅罗得出结论：“由于卡布里亚达的作品既有力量又有高度，并且产生了意外的影响力，他的这本书足以被认为是我国医学革新以及与医学相关的化学和生物学知识革新的真正宣言。”[55]

为了举例说明这本书的内容，或至少是风格，特引用以下段落：

为什么这种研究不能进步和发展？为什么不能在西班牙的宫廷中设立一座皇家学院来促进其发展，就像法国、英国的国王陛下的宫廷所做的那样？为了实现像发展自然知识这样神圣又有益的目标（只有开展物理化学实验才能进步），所有贵族先生们为什么没有肩负起责任？是因为这不比生命更重要吗？为什么在我们这样强大的宫廷里，没有设立拥有欧洲最优秀人才的化学机构？而我们的尊敬的天主教国王陛下——愿上帝保佑他，在这片广阔的王国内已经拥有最优秀的人才。

……我的愿望只是，让真理的知识勇往直前，让我们挣脱旧时代力量的桎梏，自由地去追寻最好的选择。让我们睁开眼睛，来看看这些新时代的书写者，新的哥伦布和皮萨洛[①]们通过亲身试验在宏观世界和微观世界发现的大好河山。我们知道，有一个全新的世界，那就是比盖伦医学更好的另一种医学，以及其他值得用哲理推究的最为坚实的学说。我们竟然像印第安人一样闭塞，成为最后才接收到早已传遍整个欧洲的消息和文化的人群，这是多么让人遗憾和羞愧的事情啊。

虽然革新者们没有完全实现他们的目标，但至少奠定了一定的基础，使他们的目标在原则上成为可能。对于西班牙的革新者们而言，其中一项障碍是他们必须依靠贵族和教士的保护，但这些人的思想已有定式。举个例子，他们聚在一起会谈的场景，与英国皇家学会早期成员召开会议的场景是截然不同的。

革新运动的另一个问题是，大多数革新者都是医生，尽管他们也像卡布里亚达那样会思考其他学科，但总体而言，他们主要还是发展本职工作，即医生行业。关于这一点，洛佩斯·皮涅罗也是这么认为的。举个例子，革新者们的其中一个会议通常在位于塞维利亚的胡安·穆尼奥斯－佩拉尔塔（Juan Muñoz y Peralta）医生家中召开。1700年卡洛斯三世对他们的章程予以批准之后[②]，尽管受到了传统学说的拥护者——塞维利亚大学的教授们的强烈反对，这个会议还是转变成为“皇家医学和其他科学学会”，这是西班牙首个致力于发展新科学的科学机构。医学在这个学会中占主要地位。但事实上，17世纪就像18世纪一样，都以物理学为重点（18世纪还有化学），尤其是牛顿学说，但笛卡尔学说也占有一席之位，最终笛卡尔学说被牛顿学说所取代，但也为科学进步作出了很大贡献[笛卡尔学派的有：莱布尼茨（Leibniz）、惠更斯（Huygens），其中一段时期内的欧拉（Euler）和丹尼尔·伯努利（Daniel Bernoulli）]。

---

① 弗朗西斯科·皮萨洛（Francisco Pizarro，1471或1476—1541），西班牙殖民者，开启了南美洲的西班牙征服时期。——译者注

② 1700年为波旁王朝费利佩五世开始统治的年份；卡洛斯三世出生于1716年，其在位时期：1759—1788年。——译者注

上文中已经说过，不难理解医学在西班牙的突出地位：医学和航海一样，曾经是一门“必不可少的科学与技术”。而且，和“航海术”相反的是，医学永远是一门必不可少的科学与技术。

如果我们将目光投向 17 世纪更新得最多也最好的两门科学——物理学和数学（化学要等到下一个世纪），我们就会发现，西班牙没有为它们的进步做出贡献。当“新科学”来到伊比利亚半岛——确实来到了，但正如我们在其他章节中看到的，到得比较晚，而且其内容基本上都是从其他国家引进的。如果我们关注一下社会学的理论，就会发现清教徒（或苦行教徒）与 17 世纪英格兰科学发展之间可能存在的关系——此处便会想起马克斯·韦伯（Max Weber）的著名论文《新教伦理与资本主义精神》（*La ética protestante y el espíritu del capitalismo*，1904），以及罗伯特·默顿（Robert Merton）的《17 世纪英格兰的科学技术与社会》（*Ciencia，tecnología y sociedad en la Inglaterra del siglo XVII*，1938）。[56]“这种新教与科学之间的深层利益关系——可能在后来的时期内没有始终连贯如一，是尖锐的新教伦理所有相关方面中的其中一面”，默顿写道（1984：143）。如果真的存在类似这样的关系，我们就有另一条（不是唯一一条）依据来理解西班牙在科学方面的落后原因了。清教派和新教派是西班牙那个时代（以及其他时代）受迫害的人群。

如果我们选择探讨韦伯书题中的“资本主义精神”，那么对比结果也不是十分乐观。16—17 世纪的西班牙经济——我们将在第 4 章看到，拥有来自大西洋彼岸的强大支持。但美洲的金银一旦到达伊比利亚半岛，便流向了中欧，以便偿付历任国王向欧洲各大银行支取的贷款，而这些贷款是为了负担长期而又庞大的政治－军事机构，从而固执地维持欧洲帝国这一几乎不可能的任务。可以毫不夸张地说，西班牙为资本主义的产生做出了重大的贡献。

感谢伽利略、牛顿或莱布尼茨等科学家的工作，使 17 世纪取得了许多物理学和数学上的成就，但仅从这两门学科的角度来看待科学革命，就会有一个问题。这个问题就是我在本章开头就提到过的，本章的叙述中没有将发现美洲大陆的意义考虑在内。不只是因为科学不仅包括物理和数学，或者我们把范围扩大一点，再加上化学，而且还需要将视野扩大至大自然给予的一切。在这个意义上，也应该将新变化包括在内——那么从 1492 年以来，没有什么新变化可以与发现美洲大陆相匹敌了。当时的自然科学（植物学、动物学、地质学），人类学，以及语言学，都不得不因此而更新。这些也应该包含在科学革命中。或者说，它们在很大程度上促进了科学革命：开阔了眼界，使人们意识到以前采用的那套用于反映现实的旧的理论 - 试验背景已经不够用了。在这一方面，西班牙确实有一些内容，甚至有很多内容值得一说。

第 3 章

西班牙启蒙运动中的科学

启蒙，是指人类从自我导致的不成熟状态中觉醒。这种不成熟状态是指在缺乏指导下无力运用自我理性的状态。造成它的原因并非人们缺乏理性，而是在无人指导之下缺乏决心和勇气来运用理性。因此，启蒙的口号是“敢于求知”，即要有勇气运用自己的理性！

伊曼纽尔·康德（Immanuel Kant）

《回答这个问题：什么是启蒙？》

（*Beantwortung der Frage: Was ist Aufklärung*？1784）

启蒙运动

18 世纪拥有一种魅力，一种“神秘力量”，就像最强的磁铁那样具有吸引力。在所谓的“理性时代”（又称“启蒙时代”），对真理的理解和研究，从宗教上过渡到科学上，从而使研究者的身份从神学家和神甫过渡到科学家和哲学家——至少从理论上而言，抑或至少对于启蒙运动的文化人士而言。从这个意义上来讲，也只能从这个意义上来讲（宗教的“解释能力”没有消失，到现在也仍然没有消失），欧洲的主导宗教基督教的时代结束了，现代性的时代开始了。启蒙运动文化人士对人类理解和利用大自然的能力（科学和技术）寄予厚望，并受此鼓舞，他们相信有可能建成一个更加理性、正义、公平的社会。从这一角度来看，18 世纪末发生了西方历史上影响最大的政治事件之一——法国大革命（1789），就毫不意外了。我们也不要忘了美国革命，这场革命以 1776 年《独立宣言》发表，美利坚合众国成立而告终。

回溯当时，可以肯定，无论从政治角度还是从社会文化角度而言，那都是一个乐观且满怀希望的世纪，面向理性，并面向理性的主要后盾，即科学和它的手足——技术。这种“理性”与“自然”之间的结合，科学、技术与社会之间的结合，在当时最具代表性的作品标题中就能清楚地体现出来:《百科全书，或科学、艺术和手工艺分类字典》（*L'Encyclopédie ou Dictionnaire raisonné des sciences*，*des arts et des métiers*，1715—1768）。这部作品由哲学家德尼·狄德罗（Denis Diderot）和物理学家兼数学家让·勒朗·达朗贝尔（Jean Le Rond d'Alembert）编撰而成。后者个人还著有对启蒙运动的科学发展具有重要作用的多部作品，例如《动力学》（*Traité de dynamique*，*dans lequel les lois de l'équilibre et du mouvement des corps sont réduites au plus petit nombre possible*，1743），这部著作为以后分析力学的发展打下了基础。

达朗贝尔本人说过的话，可以让我们了解启蒙运动文化人士的一些感受。他所著的《论哲学的要素》（*Essai sur les éléments de philosophie*），出版于 1759 年，并于 1767 年进行了补充完善，在这部作品中，我们可以读到（d'Alembert，1999：10-12）：

> 自然科学每天都在获得新的发展：几何学拓宽了它的边界，将它的光芒带到了距离它最近的物理学的领域；我们终于认识了真正的世界体系，它已经得到发展和完善；我们把曾经用于研究天体运动的同样的敏锐性，也用于研究我们身边的物体；在将几何学应用到这些物体的研究过程中，或者说尝试研究的过程中，我们懂得了怎样感知并确定应用过程中的优点和弊端。总之，从地球到土星，从天体历史到昆虫历史，自然科学的面貌

已经发生了改变。物理学已经换了样子，随着它的改变，其他所有科学也获得了新的形式……

从科学原理到神启基础，从形而上学的问题到意愿趣味的问题，从音乐到道德，从神学家的烦琐问题到经济和贸易的问题，从王公贵族的权利到平民百姓的权利，从自然法则到国家的专断法律；总之，从对我们影响最大的问题到让我们最不感兴趣的问题，一切都经过了讨论、分析、改变。这一场精神上的大运动所带来的成果或后果，仿佛一道新的光芒照射在某些事物上，又像是一片新的阴翳遮挡了很多其他事物，就像是大海潮涨潮落，把一些东西带到了岸边，又把另一些东西冲向了远方。

严格来讲，并不是一切都经过了“讨论、分析、改变”。在科学的发展上，暂时先将化学抛开不谈，18 世纪是牛顿物理学的地位继续提升的阶段。它的说服力如此强大，它所取得的成就、给人们带来的希望是那样引人注目，最后人们不可避免地相信，从牛顿的基本原理中，从三大运动定律中，可以找到了解宇宙运行的钥匙。我们是否有能力详细计算各种运动是另外一回事，但原则上是如此，一切源自那些假定构成物质的微粒的运动（机械论）。皮埃尔 - 西蒙 · 拉普拉斯（Pierre-Simon Laplace，1749—1827）著有多部关于牛顿物理学的重要作品，例如《天体力学论》（*Traité de mécanique céleste*，1799—1827）。他在另一部作品《关于概率的哲学论文》（*Essai philosophique sur les probabilités*，1814）中写道：“它是一种智慧，能够在某一特定时刻了解使大自然富有生命力的所有力量，了解组成大自然的所有生物的相关情况，并且它足够博大，足以对这些数据进行分析，用一道公式涵盖宇宙中最庞大物体的运动和最细小微粒的运动；对它而言，没有什么是不确定的，不管将来还是过去，都在它眼前历历呈现。”

教会审查

在科学史上，相当长一段时间内，科学需要面对的一个问题——从某种意义上来讲可能是唯一一个问题，就是宗教试图强加于它的种种限制。尽管启蒙运动文化人士大力呼吁思想自由，但18世纪依然没有从这种束缚中解放出来，在这一时期，这种束缚主要是由天主教会带来的（其实在这之前和之后的许多个世纪里也是如此）；那些启蒙运动发展声势浩大的国家尚且不能摆脱这种束缚，更不用说西班牙了。尽管如此，我们将借此机会在本章中证明，当时仍然有许多宗教人士努力将科学之光引入西班牙。事实上，我们可以利用《百科全书》来探索天主教会在书籍出版审查上的问题，这种审查总体上对政治权利和文化，尤其是对科学均造成了影响。这部由狄德罗和达朗贝尔编纂的作品，第一卷于1751年6月28日出版，第二卷于次年出版，接下来每年出版一卷，即第三至第七卷。1757年，因为1759年天主教会将《百科全书》列为“禁书目录”而中止出版。1762年又重新开始印刷带版画插图的第一卷，次年又印了两卷。[1]关于《百科全书》在法国遭遇的困难，相关问题的专家罗伯特·达恩顿（Robert Darnton，2006：9）写道：“从1751年第一卷问世，到1759年出现大危机，《百科全书》受到了来自旧正统教义和旧制度捍卫者的不断攻击。攻击它的有耶稣会会士、詹森主义者、旧制度大会、巴黎高等法院、御前会议和教皇。”

1766年，带版画插图的第四卷以及最后的10卷凸印版全部付印。最后一卷是第十七卷，但后来又加了4卷“增补”以及2卷目录；最终带版画插图的共有11卷。在巴黎出版后，《百科全书》又再版了5次：在日内瓦（1771—1776）、在卢卡（1758—1776）、在里窝那（1770—1779），这三版都是对开本；后来出了一版16开本（日内瓦－纳沙泰尔，1777—1779）；最后又出了一版32开本（洛桑－伯尔尼，1778—1782），总发行量（截至1782年）约为24000册。

因为存在同样的审查问题，西班牙的书商不仅在《百科全书》这一套书上小心翼翼，而且对待所有进口的书籍都如此就不足为奇了。有一个典型的例子，那就是书商、出版商、印刷商（自己拥有15家印刷厂）兼装订商——安东尼奥·德桑查（Antonio de Sancha）。[2]“因为宗教裁判所，在这个国家谈论《百科全书》是一件非常敏感的事情”，他在一封写给纳沙泰尔印刷公司（18世纪最重要的法国书籍出版商之一）的信中说道，“宗教裁判所给了我一份许可，可以认购3

本……在这个国家，因为宗教裁判所，对外国书籍必须极其小心才行”。（达恩顿，2006：350）。

这里就有一个不可避免的问题——《百科全书》在西班牙卖了多少本？据达恩顿统计（2006：33）：第一版的《百科全书》，“印了 4225 本，但完整的套数应该较少，因为书籍会在认购者手里发生破损和磨耗，而且他们也并不总是购买最新卷册”。尽管需要教会批准，但我们了解到西班牙确实有好几个购买此书的案例；包括马德里、巴塞罗那和巴斯克地区（Sarrailh，1954：269-270）。1770 年，佩尼亚弗洛里达伯爵（conde de Peñaflorida）在购得整套书籍之后，申请“阅读此书的许可”，并于 1772 年 2 月 7 日获得该许可；不久之后，3 月 6 日，贝尔加拉皇家爱国神学院的教授们也获批可以使用这套书。[3] 然而，第一版《百科全书》到底在西班牙销售了多少本仍然不得而知。

西班牙天主教会权力的体现方式之一就是“禁书目录”，在整个 18 世纪期间都十分强势。波旁王朝统治西班牙之后，裁判所活动有所减少，尽管如此，18 世纪的前半个世纪仍然有 111 人被处以火刑，另外 117 人被处以焚烧肖像，而卡洛斯三世和卡洛斯四世统治期间共 4 人被处以火刑。西班牙的启蒙运动文化人士被判刑的例子也比比皆是：巴勃罗·德奥拉维德（Pablo de Olavide，1776）、贝尔纳多·德伊里亚特（Bernardo de Iriarte，1779）以及加斯帕尔·梅尔乔·德霍韦利亚诺斯（Gaspar Melchor de Jovellanos，1796）。此外，未经卡斯蒂利亚枢密院事先颁发许可就不得进行印刷，这一禁令依然保持了下来。法国大革命的思想令教会害怕，但却没能使宗教裁判所的势力持续减弱：卡斯蒂利亚枢密院决定重新启用宗教法庭，让宗教法庭对法国书籍进行特别追查；卡斯蒂利亚枢密院于 1795 年 3 月 13 日发布的决议很有代表性：“王室和政府的文书不得受理与法兰西王国直接或间接相关的文章、书籍或簿册的印刷许可。”（Bragado López y Caro López，2004：594）

为了让读者们对当时接触或持有教会制裁书籍意味着什么的问题有一概念，我将引用 1771 年宗教法庭的一份书籍制裁法令的几个段落：[4]

> 我们宗教法庭的地区法官针对异端邪说、道德败坏、背离教派等行为，

敬告所有人：不论什么阶层、学历、身份或地位，本地人或外地人，常住或是暂住，不论是来自城市、乡镇还是其他地区，愿我主耶稣基督保佑你们，任何人都必须坚决遵守我们的训令。

我们了解到，有一些可能对你们的灵魂造成精神毁灭的书籍和文章得以书写、印刷和传播，对这些书籍和文章，我们下令禁止和清除，具体办法如下：

完全禁止

I. 一部用法语写成的书籍，印刷于阿姆斯特丹，三卷，三十二开本，标题为《自然哲学论》（*De la Philosophie de la nature*）：完全禁止，因为此书含有异端的、亵渎的、错误的、妄断的、不道德的、有伤宗教虔敬的内容。

II. 一篇十六开本的文章，用法语写成，无印刷地点，其标题为《古德哈特生的永久和平》（*De la Paix perpetuelle par le Docteur Goodheart*）；这是一篇针对基督教的狂躁的抨击性文章，充斥着亵渎和异端的内容；本禁令对那些持有禁书阅读许可的人同样有效。

III. 一部十六开本书籍，用英语写成，印刷于伦敦，或印刷于任何其他地方，标题为《祷告的方法——如何使用经文祷告》（*A Method for praier Wit Scripture expressions*）：作者是切斯特市的一名牧师马太·亨利（Matheo Enri）；含有异端的、错误的、虚假的、对天主教有侮辱性的内容。

IV. 两卷十二开本书籍，用法语写成，印刷于阿姆斯特丹，或印刷于任何其他地方，标题为《德拉梅特里先生的哲学著作》（*Oeubres Philosophiques de Mr.de la Metrie*）：含有异端的、亵渎的、错误的、妄断的、不道德的、有伤宗教虔敬的内容；本禁令对那些持有禁书阅读许可的人同样有效。

……

这份禁令共计列入了 14 部作品，其中还包括 2 部在马德里的安东尼奥·桑斯印刷厂印刷的剧本：《大卫的眼泪》（*Las lágrimas de David*）和《魔鬼与马德里列霍斯教区神父的纠纷》（*El Pleyto que tuvo el Diablo con el Cura de Madrilejos*），前者是因为“含有错误的、不道德的、妄断的内容，并且滥用《圣经》”，后者是因为“含有不道德的、难听的、有伤宗教虔敬的内容，并且滥用教会仪式”。14 部被禁止的作品中，8 部用法语写成，3 部用拉丁语写成，2 部用西班牙语写成，1 部用英语写成。此外还有所谓“予以清除的书籍”，共 6 部，其中 3 部是用西班牙语写成的，2 部用法语写成，1 部用拉丁语写成。

在被禁书单后面，还有最终指示：

> 因此，为了对因阅读上述书籍、文章、手稿等内容造成的伤害作出及时的补救措施，应遵循信徒的意见，遵循天主教的规定，对于已发布禁令的这些书籍，我们予以没收，任何人都不得阅读，不得留存，不论其使用何种语言，否则处以自动逐出教会的处罚，并罚款二百杜卡多，以支付宗教法庭的开支。对于下令清除的这些书籍，我们允许书籍主人在本法令发布之日起 15 日内按照规定自行清除，并且上报给宗教法庭负责审查书刊的神学家或专员，由他们来认定其清除工作是否符合规定。此外，我们特此告诫并要求，为了遵守神圣的训诫，也鉴于上述开除教籍和缴纳罚款的规定，我们要求，从本规定公布之日起（或者以其他方式了解本规定后）6 日内（我们将给予 3 次机会，第三次为最后期限），将本人持有的上述书籍、文章或手稿上交给我们，或上交给常驻当地的宗教法庭的专员，如发现他人持有或隐藏这些书籍，也必须按此期限向我们汇报。相反，如上述期限过后，并且 3 次教规警告过后，仍然执迷不悟、违抗禁令的，我们将按触犯审查规定的条款执行开除教籍的惩罚。再次向你们提出告诫，我们将按规定着手执行审查工作。特此通告，签字，并由宗教法庭盖章。
>
> 于宫廷宗教裁判所，1771 年 3 月 6 日

为了使人们不敢撕下通告，每当在某个地方张贴这份通告时，最后会加上一句：“不得移除通告，否则开除教籍！”

西班牙的启蒙运动

米格尔·阿托拉（Miguel Artola，2008：36-37）在他的一部作品《亲法分子》（*Los afrancesados*）中写道：

西班牙没有启蒙运动，因为西班牙没有受过新思想熏陶的哲学家和政治专题作家的群体。启蒙运动，被认为是理性主义的运动，它是由外而内的。而我们的思想家们，他们远赴法国、英国、普鲁士，却连新哲学和新思想的基础都不得而入，只能徘徊于新哲学和新思想所带来的政治和经济影响中。回国后，他们根据从国外学来的新标准，致力于以理性的方式发展科学、改革政治。而实质上，他们似乎只是完成了一项从国外带回来的任务。在卡洛斯三世的统治下，他们将植入一种开明的专制主义制度，与他们在国外旅行中所见到的类似。

他还补充道：

有一件事情很能说明问题，梅嫩德斯·佩拉约（Menéndez Pelayo）在研究西班牙科学时，仅仅召集到 4 名政治专题作家，在整个 18 世纪，这几个人都寂寂无闻，但后来他却召集到 30 多名经济学家和法官，其中不乏著名的人物，例如坎波马内斯（Campomanes）、瓦尔德（Ward）、卡普马尼（Capmany）、卡瓦鲁斯（Cabarrús）、福龙达（Foronda）、霍韦利亚诺斯，等等。

启蒙运动时期西班牙科学对神学的影响微不足道。哲学上也没几个创作者和著作，政治上也没有什么成就。相对于实际应用而言，思想体系的所有门类都处于完全被遗弃的状态，经济学、社会学等等各种实际应用的门类却达到了空前的传播。所以事实是，西班牙在没有先实现相应的文化发展的情况下，就试图推行技术。

阿托拉对西班牙启蒙运动进行了最彻底的刻画，他的论据我们很难予以否定，因为西班牙没有像伏尔泰（Voltaire）、达朗贝尔、狄德罗、康德、卢梭（Rousseau）、欧拉（Euler）、拉瓦锡（Lavoisier）、拉普拉斯（Laplace）、孟德斯鸠（Montesquieu）、休谟（Hume）、亚当·斯密（Adam Smith）、沙特莱侯爵夫人（Émilie du Châtelet）、霍尔巴赫（Holbach）、孔多塞（Condorcet）这样的启蒙运动文化人士，这些人要么创立了新的思想（在科学上、哲学上、政治上等），要么发出了能使他们所生活的社会（从而使世界文化）更丰富更充实的评论，也就是说，他们为启蒙精神的形成做出了贡献，而不是将其引入国内。[5] 尽管如此，我在此还是要谈一下“西班牙的启蒙运动”，谈一下人们为引入和发展启蒙运动思想所作的努力，虽然除了极少数的情况之外，西班牙的启蒙运动是一场小规模的运动，甚至应把它归类为“二手运动”，特别是跟法国的启蒙运动相比。然而，17 世纪后期播撒下的种子，在遍及整个欧洲的启蒙精神的助力下，推动了 18 世纪西班牙科学事业的发展，但我还是坚持认为，这并不代表为科学发展做出了显著贡献。尽管这次发展是在卡洛斯三世统治期间达到顶峰，然后在卡洛斯四世统治期间开始衰退，但实际上可以将这次发展的源头追溯至新世纪之初，即 1700 年，西班牙迎来了一位新的国王——费利佩五世，以及一个新的王朝——波旁王朝。费利佩五世是法国国王路易十四的第二个孙子，安茹公爵费利佩（Felipe de Anjou），卡洛斯二世去世时，因无子女，便立遗嘱传位给他，于是他以“费利佩五世”的称号继承了王位。西班牙在结束了光复战争、殖民美洲、维持欧洲霸权之后，眼看其权力和声誉被哈布斯堡王朝最后几个成员糟糕的内部管理日渐销蚀，与外国的战争也使国家资源枯竭。然而，朝代的变更仍然不是这个国家即将要经历的唯一变化。波旁家族对西班牙的政事管理亲力亲为，这也许才是当时西班牙最为需要的。在接下去的 88 年里，3 个国王陆续执政，即费利佩五世和他的两个儿子——费尔南多六世和卡洛斯三世，国家有了明显的发展。人口出现了增长（据估算，从 1717 年的 750 万增长至 1797 年的 930 万），国家出现了明显的繁荣迹象，对殖民帝国进行了非常有必要的改革，在这一世纪结束前，西班牙又重新在国际政治舞台上占据了重要地位。

上文我说到西班牙的启蒙运动是“二手”的，除了少数情况之外。在西班牙的启蒙运动文化人士中，最为突出的、最没有争议的要数豪尔赫·胡安、安东尼奥·德乌略亚（Antonio de Ulloa）、德卢亚尔兄弟（Elhuyar）和何塞·塞莱斯蒂诺·穆蒂斯（José Celestino Mutis）。我将在本章和下一章谈到他们所有人，但在此我先提前作一个评论：这一段中我刚刚提到的所有人都与美洲有关——其中时间最长、关系最密切的是穆蒂斯。从这个情况中我们可以得出结论，西班牙启蒙运动中最与众不同的事件发生在美洲大陆上。而且，正如我在上文中提到过的那样，发现美洲，从而开发美洲，并将其殖民化，相当于开辟了一片全新的天地，那里充满各种新鲜事物，从生物学（植物学和动物学）到社会人类学，处处需要更新，从体验上到概念上都是全新的世界，因而它也是科学革命的一部分。

实用的科学

如果要给西班牙的启蒙运动用一个词来形容，应该要用“实用”这个词。当然，“启蒙时代”的众多属性中，包括了利用科学来改善人类条件，也就是对新科学知识进行应用，即发展技术；但同时，那些“一手”的启蒙运动文化人士，也就是创立者，他们致力于创造新的思想，包括科学方面、哲学或政治方面，力求将牛顿理论拥有的全部潜力都开发出来（具有这种科学精神的最典型例子就是欧拉或拉普拉斯，还有哲学上的康德）。加斯帕尔·梅尔乔·德霍韦利亚诺斯（1795；1820：177-184）在 18 世纪末写了《马德里经济学会致卡斯蒂利亚皇家最高委员会的关于土地法的报告》（*Informe de la Sociedad Económica de Madrid al Real y Supremo Consejo de Castilla en el Expediente de Ley Agraria*），从这份报告中我们可以感受到西班牙启蒙精神的精髓、滋养这种精神的人道主义希望，以及当时存在于西班牙的可怜的环境：[6]

> 把我们已经取得的成就暂时先放在一边，让我们来看看在这条宽阔的道路上，我们已经落后的程度，我们就会发现我们是多么懒惰，我们的农业是多么落后，我们是多么需要来拯救它。造成这么严重问题的原因在哪里？抛开已经指出过的政治原因不论，本学会发现，在精神层面上它只能归咎于学问和知识的匮乏了，只有学问和知识才能对耕作劳动的发展产生最为直接的影响。我们需要赶紧采取补救措施……
>
> 本学会认为，通过给农民上理论课来传播农业知识的这种想法十分徒劳，甚至可笑，通过学术报告来传授知识就更加荒唐了。我们不是谴责这种做法，但本学会认为，要实现这么宏大的目标，这种做法收效甚微。农业不需要坐在教室长凳上的读书郎，也不需要站在讲台上或坐在书桌边教课的博士。农业需要的是有耐心的、实干的人，他们要懂得施肥、耕地、播种、收割、清理收获的庄稼、保存果实，这些事情与学校的精神相距太远，也不能用科学仪器来教学。

但是，霍韦利亚诺斯又写道：“农业是一门手艺，任何手艺都在某一门学科里拥有其理论原理。这样说来，耕作的理论应该是最为博大、最为繁复的理论了，因为与其说农业是一门手艺，不如说它是许多复杂手艺的集合。因此，一个国家农业生产的发展，在某种程度上取决于这个国家相关知识的发展程度。一个拥有整套农业理论原理的国家，和一个完全忽视农业理论的国家，谁会更容易改善其耕作理论规则呢？”

这是一个值得思考的问题，也使他发出了这样的慨叹：“这一推断的结果在现实中真是可悲，对于我们而言也真是令人羞愧。我们的公共教育体系是多么薄弱啊！好像我们之前做的工作不仅忽视了有用的知识，而且让从事无用教学内容的机构越来越多。”接下来他又补充道：

> 这种将知识科学作为公共教育唯一目标的习惯，并没有我们认为的那么古老。各种脑力劳动的学科教学曾是我国一流学校的主要目标……在那个年代，那些一流的教育机构都曾经培养出物理学研究领域上的人才，并

且将所学原理应用到对公众有用的事物上……

后来，这些重要的研究消失了，而其他研究却没有因此发展起来。科学不再是我们寻求真理的途径，科学变成了追寻生活的方法。学生人数不断增加，学问却不进反退，就像一些从腐烂物上生出来的昆虫，生来只为了传播腐烂。那些脑力知识学科的经院学者、实用主义者、决疑论者和坏教授们，把实用科学的原理，对实用科学的欣赏甚至怀念，隐藏进这种腐化中。

所以，请您恢复实用科学昔日的尊严：请您重新发展实用科学，那样农业也将得到完善。精确科学能够改进仪器、机械、经济和计算，还能为研究大自然开启一扇大门：以大自然母亲为研究目标的科学，将会从中发现强大的力量和丰富的宝藏；而西班牙人，受到实用科学的教育后，最终会了解到上天让他生活其中的这片大地的丰饶和气候的奇妙。博物学为人们呈现了全球的产物，它会向人们展示在地球上生长和适应的新的种子、新的果实、新的花草树木，还有生活在各自领地的新的动物。有了博物学的帮助，人们就能找到培土、施肥的新方式，以及开垦、翻耕的新方法。平整土地、排水、灌溉、保存果实，以及建造谷仓和粮库、磨坊和压榨作坊，总而言之，农业这一伟大行业所附属的各种各样的技艺，目前只能依靠错误百出的实践经验，但有了实用的科学知识，这些技艺就能得到大力发展，人们能将这些知识应用到迫切的需求中，从而收获巨大的利益，也让这些知识成为真正“有用的”知识。

像许多启蒙运动文化人士那样，霍韦利亚诺斯（1820：192-193）持实用主义的观点——过分实用主义的观点，这在他的这份报告的另一段落中有更明确的反映：

地主阶级得到实用科学原理的教育，其他人也逐渐掌握利用科学知识的方法，这样做为农业和实用技艺带来多少好处，历历可见。知识分子应摒弃那些不现实的调查研究，因为那只能产生一些浮夸、徒劳的结果，应该转而去探索那些实用的真理，并将其简化、调整，使没文化的人群也易于理解，还要消除所有那些荒唐的思想，因为它不但阻碍了相关技艺的发展，更阻碍了农业的发展。

这反映了很多启蒙运动文化人士的伟大和不幸，公平地说，不仅仅是西班牙的启蒙运动文化人士，但他们尤为明显。伟大之处在于，他们希望将科学、霍韦利亚诺斯所谓的知识分子的本领用于改善人们的生活条件，尤其农民的生活条件；不幸之处在于，他们相信只要有“实用科学”就足够了，认为我们今天所称的“纯科学”是一种没有必要的奢侈。这种思想可能在像西班牙这样的国家中尤其受到推崇，因为在这类国家，以前“纯科学”存在的时候，其状况就不令人满意。

在西班牙出现的启蒙运动实用主义精神的例子主要在于航海、卫生、军事、农业、矿业、建筑业、机械、水路运输等实际应用上。例如，18 世纪初，西班牙的公路网情况非常糟糕，对交通往来、货物运输都造成了严重的问题（列举一个粮食运输的特别模式：谷物从卡斯蒂利亚运到坎塔夫里亚海岸，在那里加工成面粉后运到伊比利亚半岛的其他港口，再运到谷物产量欠缺的地区——如加泰罗尼亚，也运往美洲，特别是古巴）。[7]

法国对新的波旁王朝具有很大的影响力，当时西班牙希望采用法国模式，即试图通过修建运河来改善交通。法国早在 17 世纪就在这方面取得了显著的成绩，他们修建了南运河，连通了大西洋和地中海，横穿法国，使运输成本大大降低。但在西班牙修建运河的难度更大，因为其地势崎岖不平，河流也无规律可循，有时候流速迅疾，既有河床干枯的枯水期，也有极具破坏力的洪水期。不论情况如何，从方案变成现实的运河案例少之又少。

在得以实现的著名工程中，阿拉贡帝国渠和卡斯蒂利亚渠是最为突出的两个。阿拉贡帝国渠，其走向大致上与埃布罗河平行，16 世纪作为灌溉渠开始修建，直到启蒙时代才被改造成为可以进行航运的运河，其最重要的工程部分竣工于 1794 年。全长逾百公里，流量丰沛，是 18 世纪最伟大的水利工程之一。另一条大运河是卡斯蒂利亚渠［赫尔格拉·吉哈达（Helguera Quijada），加西亚·塔皮亚（Gacía Tapia）

和莫利内罗·埃尔南多（Molinero Hernando），1988］。有两名18世纪最著名的专家曾在运河工程中工作：为西班牙王国效力的法国工程师卡洛斯·勒莫尔（Carlos Lemaur），以及安东尼奥·德乌略亚。18世纪即将结束之际，卡斯蒂利亚渠工程暂停，当时已完成了整个北部支渠和南部支渠的一半，以及坎波斯支渠的三分之一。

此外，启蒙运动期间，居民供水情况也得到了改善，例如为无数的村镇配置了小型的水源，在很大程度上改善了居民的卫生条件。同时也有大型的供水工程，例如圣特尔莫引水渠，全长11千米，从水源地直至马拉加市。还有由建筑师本图拉·罗德里格斯（Ventura Rodríguez）完成的潘普洛纳引水工程。

对"实用科学"的偏好，也就是说，对技术的偏好，也反映在得到波旁王朝早期统治者支持的其他几项计划中，例如三座皇家工厂的建立。前两座，圣巴巴拉皇家挂毯工厂（1720）和拉格兰哈皇家玻璃工厂（1727），是在费利佩五世统治期间建成的；而第三座，布恩雷蒂罗皇家瓷器工厂，建成于1760年，即卡洛斯三世登上西班牙王位的第二年。这家皇家瓷器工厂的第一批工匠和材料都是来自那不勒斯，波旁王朝的这位新国王曾经在那里统治。皇家瓷器工厂致力于仿制卡波迪蒙特瓷器。波旁家族采用的一项策略是从国外引进那些掌握王室所需技术的人才，例如意大利建筑师弗朗切斯科·萨巴蒂尼（Francesco Sabatini，1722—1797），他与国王其实早有交往，卡洛斯任那不勒斯国王的时候，萨巴蒂尼在卡塞塔王宫[①]的建造工程中工作。来到西班牙后，萨巴蒂尼与本图拉·德拉维加（Ventura de la Vega）、胡安·德比利亚努埃瓦（Juan de Villanueva）一起组成了卡洛斯三世的建筑大师三人组，他们从修建圣哲罗姆派修道院开始，又对马德里的普拉多大道进行了改造，还在布恩雷蒂罗的皇家属地上设计建造一条"科学大道"，并从植物园开始着手。

为了取得这样的发展（以及其他各种发展），仅靠引进一些具体领域的政策是不够的，例如海关、长子继承权或者行会管控——当时的行会几乎全部由"大师傅"一手控制，他们剥削学徒和助手，为引进新方法制造困难；发生"思想转变"在所难免。理查德·赫尔（Richard Herr）（1988：106）是这样描述其中一种转变的：

---

① 卡塞塔王宫，波旁王朝那不勒斯国王统治两西西里王国时期的四处住所之一。——译者注

在坎波马内斯的影响下，人们也努力消除对体力劳动的社会歧视。我已经说过，1773年，国家批准贵族可以从事普通职业。十年后，制革工、铁匠、裁缝、鞋匠、木匠以及“这种阶层的其他职业”都已经提升至与贵族阶层、市政职务阶层同样值得尊重、可以兼容并包的水平了。一方面，工匠们被迫丧失了在手工业上的专有权，但他们在这方面所失去的，又从另一方面弥补了回来，那就是他们听到国王说（可能不会听到贵族绅士说），他们是比好逸恶劳的贵族人士更有价值的公民。

另一项值得一提的、由波旁王朝引进的政策就是，派遣年轻人去国外学习，同时从其他国家寻找专业人士，并接受他们到西班牙来安家落户。关于这项政策的实施，我们将在本章中看到典型的例子，也可以在介绍18世纪化学发展的章节中看到。在这一方面，我们需要考虑到，比起启蒙时代的要求，当时大学里所教授的内容、宗教信仰和经院哲学都与前几个世纪更为相符。安东尼奥·多明格斯·奥尔蒂斯（1988：164）是这样解释这种情况的：

考试（即我们现代含义上的考试）在当时是不存在的。学年升级和学位需要通过考勤证明获得，同时学生需要在公开活动上对一些论文提供支持依据，对异议进行答复；如果是硕士学位授予仪式，则还需要作学术答辩。答辩内容是从经典文章中随机抽选出来的几个观点，准备时间为24小时。公开答辩是最常采用的形式；在公开答辩中，学生需要证明他的学识、对拉丁语的熟练运用、为论文（这些论文通常是原创的或是不合逻辑的）进行想象和辩护的才能，以及为了驳斥教授、师兄弟或竞试者的论据所需的必要才智。

启蒙运动到了全盛时期，大学里的教学内容还存在着巨大的空白。学生们深入地学习拉丁语，因为它依旧是通用的文化工具，很少人学习希腊语，学习希伯来语的人就更少了。仍在使用的语言知识是一些王公贵族和有文化的中产阶级的教育内容之一，但不属于大学的教学计划之内。历史和地理的教学也不在计划之内，想学这些学科的人只能通过私人课程来获得相关的基本知识；那些精通拉丁语作品的人，能够在其中找到一些关于神话学和远古历史的基本知识，这在当时被认为是所有有学问的人必不可少的学识，但这些都是零散的信息，而非系统化的学科。

最严重的问题在于自然类学科上的空白。所有的教学内容都局限在书本上，只有医生有更多的机会直接接触具体现实，因为医生需要学习解剖学、植物学，以及一门正处于形成过程中的学科的基本知识。这门学科就是化学。当时的物理学是自然哲学的一部分，以亚里士多德的理论为基础，然后又被实验物理的发展而完全超越。至于数学，萨拉曼卡大学曾经在一段时间内对其投入一定的关注，但不仅没有使其发扬光大，反而变成一门学术课程而逐渐衰落。托雷斯·比利亚罗埃尔（Torres Villarroel）可能有所夸大，但不管怎样，那些数学课毫无闪光点。而在其他大学，数学课没有什么好坏之说，因为它根本就不存在。

上面提到的迭戈·德托雷斯·比利亚罗埃尔（Diego de Torres Villarroel，1694—1770）于1726—1750年担任萨拉曼卡大学的数学教授。在他的自传中，他多次提及数学课的状况；例如（Sebol，ed.，1985：166）："各所大学的数学教席都是空缺的，那里只有愚昧无知。在这个时期，一个几何图形会被看作是圣安东所要抵御的巫术和诱惑[①]，每一个圆形都会让人联想到那是一口沸腾的锅，里面煮着与魔鬼达成的协议和交易，正在咕嘟咕嘟往外冒。"但是，德托雷斯·比利亚罗埃尔的科学阅历主要是基于像托勒密的《天文学大成》、约翰尼斯·德萨克罗博斯科的《天球论》这样的作品，关于这些作品在西班牙的接受程度和使用情况，我已在第二章中介绍过［上述著作中距离比利亚罗埃尔所处时期最近的，应该是1629年路易斯·德米兰达修士应圣方济各会的要求而翻译成西班牙语的《关于约翰尼斯·德萨克罗博斯科的〈天球论〉的阐释》（*Exposición de la Esfera de Juan de Sacrobosco*），而且该译本正是在萨拉曼卡印刷的］。库埃斯塔·杜塔里（Cuesta Dutari，1974：16）写

① 取材自圣徒传说，即埃及修道士安东（约251—356）在沙漠中抵御各种诱惑的事迹。——译者注

道："托雷斯·比利亚罗埃尔的思维陈旧。他竟然认为，履行教学义务，他只需要将他那些生动形象的历书出版即可。萨拉曼卡大学在数学教学上浪费了 43 年（1727—1770）的时间，毫无疑问，托雷斯需要对此负责。"[8]

迭戈先生的两个外甥伊西多罗·弗朗西斯科（Isidoro Francisco）和胡达斯·塔德奥·奥尔蒂斯·加利亚多（Judas Thadeo Ortiz Gallardo）对此也没有助益，他们俩也在萨拉曼卡大学担任与数学有关的学科教授：伊西多罗是数学和天文学教授，胡达斯是占星学和数学教授，任教时间为 1772—1816 年。伊西多罗留下的著作主要是《关于地震的产生、原因和预兆的物理学、占星学、气象学的有趣课程，西班牙 1755 年 11 月 1 日地震的原因、预兆与影响》（*Lecciones entretenidas y curiosas physicoastrologico-metheorologicas sobre la generación，causas，y señales de los terremotos y especialmente de las causas，señales，y varios efectos del sucedido en España en el día primero de Noviembre del año pasado de 1755*）。胡达斯的作品是《1778 年通用历法和月相日志，以马德里子午线为依据，全西班牙适用》（*Almanak，y kalendario general，diario de quartos de luna，según el meridiano de Madrid，y con corta diferencia de toda España，para el año de 1778*）。

大　学

18 世纪初，只有两个部门可以传授当时已经创立的或者正在开发的新科学——特别是牛顿学说，那就是军队和耶稣会，他们自告奋勇来解决"技术人员培养""精英阶层教育"等问题。16—17 世纪的航海事业需要天文学和数学上的知识，特别是去往美洲的航行；同样地，对于军队来说，物理学和数学上的知识也是不可或缺的。各所大学在这些学科的教学上都呈现明显的衰落，不能为军人提供相关知识，尽管从 18 世纪中叶开始，发生了几次有关科学教学工作的改革活动，特别是数学教学。在 18 世纪前半叶，圣地亚哥 - 德孔波斯特拉大学根本没有数学课程，但由于"国王陛下希望圣地亚哥大学设立对公共利益和健康有重要作用的所有学科"，因此，1751 年，王室下令该大学在原先 13 门课的基础上再增设 5 门新课程（数学、外科学和解剖学、教规第六版、第二门军规课、法典课）。第二年，费尔南多六世又下令在马德里帝国学院开设第二门数学课程。

在王室的鼓励或要求下，设立新的课程成为西班牙的大学引进新科学的一条途径。然而还是存在种种困难，马里亚诺和何塞·路易斯·佩塞特（Mariano y José Luis Peset，1988：152-154）是这样解释的：

> 主要问题在于为了撼动顽固的大学结构，启蒙运动文化人士的力量可以达到什么程度。面对变化，反对力量的问题层出不穷，有些问题就出自大学内部，此外还有长期存在的教会力量，捍卫着教士阶层的正统性。耶稣会被驱逐也只是打破了各大教派之间的旧平衡，这使主导权落到另一个教派的手里，也就是多明我会的手里。在西班牙，每当发生改革，王室力量与教会力量总会针锋相对，所以大学结构无法得以改变。此外，启蒙运动时期的君主权力建立在宗教正统性的基础之上，因此18世纪中间那三十多年的冲突，自从法国大革命发生以来，也就逐渐消停了，掌握权力的社会阶层对新变化心生畏惧。就这样，陈旧的大学架构，以浮夸的仪式和古老的行政手续为依托，年复一年保留下来。
>
> 因此，大学还是僵化地停留在陈旧的状态，但在新开设的几门课程里，现代科学逐渐为人所知，它开始为一些特定的社会群体服务，特别是专业群体，他们为自身的发展寻求新的天地。不论如何，接受到新变化的人少之又少，因为大学仍然保持了它的精英属性；大学里发生的这些小变化并没有试图将其光芒延伸到大众中去，尽管有些时候可能看起来有相反的情形。启蒙运动文化人士毫不犹豫地公开承认这种情况。例如，巴勃罗·德奥拉维德（Pablo de Olavide）在他的研究报告中十分真诚地写道："大学就像是一座塔博尔山[①]，是那些需要为国家效力、启蒙大众、领导大众的少数人接受教育的地方。"

---

① 塔博尔山（Tabor），在以色列北部，据传为耶稣显现圣容之处。——译者注

巴勃罗·德奥拉维德为塞维利亚大学制订的计划

上面提到的巴勃罗·德奥拉维德，在 18 世纪的西班牙教育上，是一个集希望和不幸于一身的典型个例。他出生于秘鲁首都利马。他的父亲是一位来自塞维利亚的船长，后与一名利马女子结婚，定居在利马。奥拉维德先是毕业于耶稣会在利马开设的圣马丁皇家学院，然后又在圣马科斯大学完成了神学专业的硕士和博士学业，成了神学系的教授，同时他还兼任利马皇家法院的律师和法官。如果没有那场自然灾难，奥拉维德的生活可能就按照这个方向发展了。1746 年 10 月 28 日，利马发生大地震，几乎将这座城市夷为平地。巴勃罗·德奥拉维德一开始试图安慰利马人民，向他们解释地震的自然原因——地震是不可避免的，是合乎逻辑的。然而这样的解释让宗教人士大为反感，他们强调地震是因为所谓的神的干预。问题在于，或者说当时的情况是，奥拉维德开始趁乱实施诈骗，利用让父亲假死等伎俩欺骗他家的那些债主。结果，他被告上法庭，两年后审判程序结束，他被判驱逐出境，并撤销公职。但审判结果出来之时，年轻的奥拉维德已经不在秘鲁，而是在西班牙了：他于 1752 年 6 月到达加的斯，从那里先来到塞维利亚，后来又到达马德里。然而，殖民地和宗主国之间的联系虽然很慢，但确实是有联系的。马德里的印度群岛检察官继续审理利马案件，并于 1754 年 12 月对其宣判没收财产并入狱服刑，但最后入狱服刑又改为保释。在这之前，奥拉维德已经想方设法试图进入既有声望又有影响力的圣地亚哥教团。

然而，有一些人就是拥有特殊的能力，那些对于大多数人来说足以毁掉前程的问题，他们却能跨越过去；这种人就像壁虎的尾巴一样，能够重生。德奥拉维德就是这样的人。为了获得重生，1755 年他完成了一件有决定意义的事：他娶了一个住在莱加内斯的比他大二十岁的有钱寡妇，她把她的财产赠送给了德奥拉维德。弗朗西斯科·阿吉拉尔·皮尼亚尔（Francisco Aguilar Piñal）（1989：9）著有奥拉维德传记，我一直在阅读。他在传记中指出：这样的经历使得“奥拉维德以健康为由获得保释之后，1757 年 5 月，他的案件被永久审结，但此前已判决中止其法官职务并维持没收财产的判决。”而这个“没收财产”似乎并不包括他妻子赠予的财产。[9]

有了新的社会经济地位，德奥拉维德得以开拓他的文化视野。1757—1765 年，他游历意大利和法国；其间于 1561 年，还曾与伏尔泰一起度过了八天的时间。毫不意外，他变成了一名亲法分子，因此，西班牙的宗教裁判所也盯上了他。但在这之前，他早已开启了他的政治生涯。1766 年，阿兰达伯爵（conde de Aranda）开始掌权后，让德奥拉维德参与一些政务：负责马德里新建的一处收容所，收容穷人和流浪者，同时负责业已存在的圣费尔南多收容所。他在这些政务中取得了很好的成绩，并因此于 1767 年被任命为马德里市政府的“代理理事”——这是一个新设立的职位，负责市政府的记录文书，主要是经济方面的记录，并且不需要放弃他在收容所的工作。同年，他在政治生涯上又更进了一步，卡洛斯三世委派他将“外来人口”（德国人、巴伐利亚人、瑞士人、希腊人、加泰罗尼亚人和巴伦西亚人）迁入莫雷纳山脉的荒芜地带，就在安达卢西亚通往马德里的路上，有一片土匪强盗出没的地区。接受了这项任务之后，为了更好地完成任务，德奥拉维德又被任命为安达卢西亚行政长官以及塞维利亚市的副市长。作为塞维利亚市的副市长，他的工作安排很满：例如，1767 年，颁布了《塞维利亚剧院章程》，其中暗含了加强塞维利亚戏剧演出活动的目的，还颁布了《城市公有田产和公用事业税收的管理条例》（*Reglamento para la administración de propios y arbitrios de la ciudad*），此外还制定了《塞维利亚收容所条例》（*Ordenanzas para el Hospicio de Sevilla*）。但这里我们最感兴趣的成果，是他按照政府意愿制订的旨在改革塞维利亚大学教学工作的研究计划，该计划于 1768 年 2 月 12 日签字完成。我在此引用几段，让读者对该计划的目的有所了解：[10]

> 政务会议希望，这所大学能够得到长足的发展，但不是在那些无用的学科上，而是在那些真正对人们有用的知识上，让他们从中获得净化和益处。尽管我们很心痛，但我们知道，对于当前西班牙人文科学的状态，仅用缓和剂是无法实现如此重要的目标的，因为要想治愈坏疽，洗眼剂是不管用的，必须用烧灼剂。取消几门课程，用另外几门来代替；取消选择自由；把一个团体解散，再重组一个；采取这种或那种形式的竞聘或学位；

最终停止或这或那的滥用行为，这些都没有用。

有些文化水准较高的国家在新的发现和发展上已经比我们的国家先进了两个世纪，为了使我们的国家恢复往昔的文化辉煌，达到那些国家的同等水平，我们必须重新发展我国的研究工作，目前先研究别的国家比我们先进的这部分知识，希望赶上他们的步伐。西班牙的有识之士，一向乐观又富有生机，必定会像过去那样，赶超其他的国家。

但如果不完成两个重要的步骤，上述目标就不能实现。第一个步骤是，排除妨碍科学发展的一切障碍，打破从国外输入的状态，修正科学方法和管理上内在的一切不良习气。第二个步骤是，建立好的研究项目，这些项目对我们而言应该是全新的，但必须是实用的，能够使我们的国家繁荣富强的。

过去在我们的大学里滋生出两种支配力量，曾经压制、并将永远压制科学的发展。一个是派系力量；另一个是经院哲学①力量。在派系力量的影响下，形成了各种团体，为各自的利益明争暗斗。他们对大学进行控制，使大学处于可耻的被奴役地位；他们借助大学获得强大的权威力量，消除自由和竞争。而在经院哲学的影响下，大学变成了不值一提的无能机构，只能处理一些微不足道的问题，执迷于一些不切实际的假设和难以捉摸的区别，却将实践科学的扎实学问弃之不顾，但只有实践科学才能培养人们进行实用的发明创造。在经院哲学的影响下，大学对那些高贵品质的严肃研究弃若敝屣，但正是这些研究才能使人们真诚、谦逊、善良，而那些微不足道、枯燥无味的内容只能让人变得空洞而骄傲。

接下来，他将经院哲学描述为“恐怖和愚昧的代表，它产生于无知的时代，欧洲在很长时间内都处于这种状态，然而一些国家无法完全撼动经院哲学的力量，直到17世纪，那是科学复兴的幸福时代”。此外，奥拉维德还明确提及艾萨克·牛顿的物理学理论，他说：“这场伟大的革命要归功于一个人，他放弃了亚里士多德的学

---

① 经院哲学是天主教会在其所设经院中教授的理论，通过抽象的、烦琐的辩证方法论证基督教信仰、为宗教神学服务的思辨哲学。——译者注

说，放弃了经院哲学，用一种几何学说来取而代之。他赋予科学新的形式，用务实的、渐进的方法，探索人类智慧能够掌握的实用的、坚实的知识。”

在奥拉维德看来，就连医学也没能摆脱经院哲学的影响，而医学恰恰是他计划中的五大学科之一（其余学科为：物理学——与哲学密切相关，法学，神学，数学）：[11]“医学是一门务实的学科，其目的就是了解疾病，然后治愈疾病，其原则就是根据经验，按照大自然的规律进行观察，但最奇怪的就是，医学竟然也随波逐流，将这些值得尊重的准则弃之不顾，转而投入毫无意义的争论、虚妄不实的推理之中，它已经变成了一门妄想、猜测、诡辩的学科，堕入和其他学科一样的水平。”

至于谁需要对这种经院哲学负责任，奥拉维德也很清楚：

> 另一方面，如果想要把经院哲学从大学中清除出去，怎样才能做到斩草除根，同时又不影响清修教士们的正常教学？[12]所有人都知道，清修者正是经院哲学的推动者，他们每个人都有其原则，用他们的话说，都经过宣誓，他们的训诫要求他们捍卫他们的教学内容……实用科学和自然科学的学习，对于国家的发展大有裨益，但与清修教士们的专业和苦行生活相去甚远。宗教信徒原本应像贤人一般圣洁，他们的学习应该在修道院内完成，就像我们在上文中暗示的那样，不离开静修处，以免与俗世人群混居一处。因此，如果政府想要赋予我国的教学工作一个更好的模式，就不应当容忍那些对学校最为重要的部分——即纪律和准则造成破坏的个人，应当对这些人保持怀疑态度，并且有必要对其实行持续的监管，使其不能放松。

当时的卡斯蒂利亚皇家枢密院由阿兰达伯爵主持，1767年耶稣会被驱逐之后（他们被控在上一年煽动各种骚乱，例如埃斯基拉切暴动——这在很大程度上算是一个恰当的借口），奥拉维德还需完成枢密院发布的一项命令：向枢密院报告耶稣会曾经在西班牙拥有的那些产业应当派什么用处（耶稣会在塞维利亚曾拥有六处房产）。这位来自秘鲁的启蒙运动文化人士借此机会，将其中几处耶稣会的房产用作他规划中的大学校园。因此，奥拉维德毫不意外地成了天主教会的目标人物，更具体地说，他成了天主教会最可怕的爪牙——宗教裁判所——的目标人物。1768年，奥拉维德购置的29箱共2400册法国书籍到达毕尔巴鄂港，其中不乏禁书，这也被宗教裁判所记录在案。1776年11月14日，宗教法庭决定采取行动，奥拉维德被捕，然后开启了长达两年的审判过程，最后奥拉维德被判在一座隐修院监禁8年，以及永久流放马德里以外，远离利马，也远离莫雷纳山移民区。[13]然而，虽然宗教法庭为了杀一儆百，作出了严苛的判决，但实际操作却与审判结果不符：宗教法庭庭长、萨拉曼卡主教费利佩·贝尔特兰（don Felipe Bertrán）本人在启蒙运动的思潮中似乎也并非完全置身事外，他允许奥拉维德转移至加泰罗尼亚的卡尔达斯，那里是靠近国境的地方，这为奥拉维德逃往法国提供了便利。奥拉维德没有错过这个机会：他轻松地穿过边境线，先在图卢兹落脚，然后到了日内瓦，最后到达巴黎。奥拉维德的监禁和强制流放判决，使他成了一个具有象征意义的受到宗教法庭狂热迫害的启蒙运动文化人士，这影响了西班牙的对外形象。

显然，事情到了这一地步，并非仅凭宗教裁判所的力量。在当时的西班牙，反对改革的人有很多，他们对政府不满，因为政府一开始对改革计划是持肯定态度的（卡斯蒂利亚皇家枢密院于1769年8月22日临时通过该计划）。佩德罗·罗德里格斯·坎波马内斯（Pedro Rodríguez de Campomanes）早在1760年在由弗洛里达布兰卡伯爵主持的政府中，就被任命为王室财政大臣，两年后担任卡斯蒂利亚皇家枢密院的民事检察官，后来成了枢密院主席。有压力就会有结果：面对众多修士的请愿，并且考虑到阿兰达伯爵势力减弱，佩德罗·罗德里格斯·坎波马内斯最终表示，枢密院“没有对该计划进行充分审核”，不应该将清修者驱离大学，但他也承认，各所大学，尤其是塞维利亚大学，需要进行大量改革。最后的结局便是，即使像阿兰达和坎波马内斯（他们对奥拉维德不仅给予保护，还给予鼓励）这样有政治实力的启蒙运动人士，也没有足够的力量来对抗教会的冲击。

正如弗朗西斯科·阿吉拉尔·皮尼亚尔（1989：56）指出的：“该计划的实施对于未来几代人的文化和专业教育而言，是一个巨大的进步。奥拉维德提出的这些有意思的提议，受到了来自不同方面的抵制，或者因为惯例和利益上的矛盾而受到驳斥。这些提议只能逐步纳入后来在加的斯议会上所制定的各项计划之中，但直至19

世纪中期才完全生效，那时建立了许多中学，并且拿破仑大学采取了新方针。”

奥拉维德的流放持续了17年：1798年卡洛斯四世允许他回到西班牙（因此他参加了法国大革命），恢复了他的头衔，并授予他每年90000雷亚尔的年金。现在，他的名字与一所公立大学的名字联系在一起，就在他当年执行教学改革计划的城市，这所大学就是1997年建立的塞维利亚巴勃罗·德奥拉维德大学。这是对他表达的敬意，却也是一个悲哀的回忆：本来早就可以实现的目标，直到两个多世纪以后才得以实现。

塞维利亚大学的建立

塞维利亚大学的历史要追溯至1502年年初。2月22日，领班神父、受俸牧师罗德里戈·费尔南德斯·德圣埃利亚教士（Rodrigo Fernández de Santaella，又称“罗德里戈先生”）获得了由教皇尤利乌斯二世（papa Julio Ⅱ）签署的许可，批准其建立耶稣圣母玛利亚学院，这为大学的建立迈出了第一步。第二步则是1508年的教皇谕旨，它是1505年教皇谕旨的延续，该谕旨批准建立一所大学，可以教授“艺术、逻辑、哲学、神学、教会法和民法，以及医学”。然而，又过了8年之后，教皇才向大主教迭戈·德德萨修士（Diego de Deza）颁布了新的谕旨，批准该学校授予学位。但新的大学迟迟没有启动。曼努埃尔·卡斯蒂略·马托斯（Manuel Castillo Martos）、安东尼奥·巴连特·罗梅罗（Antonio Valiente Romero）和克里斯蒂娜·古铁雷斯·阿尔瓦雷斯（Cristina Gutiérrez Álvarez）写了一本关于塞维利亚大学历史的书，我正在阅读。他们在书中说：“现存的最早的学生名册是1546年的，最早的章程在60年后才出现。”而合并章程是1621年4月的。“根据1634年印刷的章程，可以发现当时已经有四个科系：神学系、教规与法律系、医学系和艺术系，可授予学士学位和硕士学位，包括艺术硕士学位。”卡斯蒂略·马托斯、巴连特·罗梅罗和古铁雷斯·阿尔瓦雷斯还补充道：“在艺术系，还设有物理学和化学的课程，但其教学内容与当时欧洲各所大学内这两门学科通行的现代流派不同。”在与美洲的贸易往来中，塞维利亚占据优先地位，而且塞维利亚还拥有像交易事务所这样的机构，这些条件为大学提供了坚实的科学－技术基础，然而塞维利亚大学却没有从中获益。

科学落后

上文中讲述的种种困难，构成了 18 世纪西班牙科学落后的原因。这个时期的西班牙科学经不起与英格兰、苏格兰、法国、荷兰等国家的科学相比较——自然除外。关于自然科学，我们将在关于美洲的下一章中进行论证。尽管启蒙运动在西班牙涉及的社会范围有限，但“启蒙精神”却有足够深入的影响，足以激发一种难以抑制的渴望，即人们想要形成一个计划，一种现实，使之成为进步和幸福的源泉。出于这样的原因，一批新的学校建立起来。在这些学校中，科学和技术的分量即使不算是最核心的，也可以说是相当重要的；此外，在一些既有的学校里，也加入了科学方面的教学工作。

1687 年胡安・德卡布里亚达出版了《哲学、医学和化学之书》（第二章中曾经提到），1726 年费霍（Feijoo）的《总体批判战场》（*Teatro crítico universal*）第一卷诞生。如果我们把这两个时间点之间的几十年视为第一阶段，就会发现，这期间出现了一些新的机构，例如：塞维利亚皇家医学和其他科学学会（1700），巴塞罗那皇家科学和艺术学院（1764 年建成时名为“实验物理 - 数学大会”），巴塞罗那军事工程师学院（1715）和加的斯海军学院（1717），以及马德里皇家贵族神学院（1725）。[14]

这些机构虽有差异，但也有共同的目标，为了体现这些目标，我将引用卡洛斯三世在 1765 年 12 月 17 日（也就是在上述第一阶段过后）向巴塞罗那皇家科学和艺术学院[15]颁发的王室法令的几个段落：

《关于学院》

1. 为了在发展自然科学的同时，也使实用技术得到最大程度的完善，学院将把全部精力投入自然科学的培育和实用技术的发展上，通过对既往发现进行研究，对做过的试验进行再现，来发现大自然中的新现象；学院将向工匠们展示那些能够引导他们对自己的业务进行充分了解的原理，学院也将检查他们的操作，用新的机械和仪器进行修正、协助和改善，从而用最实用的方法达到所需的目的。

2. 鉴于自然科学是数学和物理学的组成部分，是它们的实际应用，学院的首要任务便是组建一个实验物理数学课程，内容应包含精确理解科学和技术所需的实用知识，可采用国内外最好的自然物理学家的著作。

第二阶段一直持续至18世纪40年代末期。在这一时期，值得肯定的事件有：1748年，加的斯皇家海军外科学院成立，同年，由豪尔赫·胡安、安东尼奥·德乌略亚撰写的西班牙－法国至基多的联合科考队的考察结果出版，拉恩塞纳达侯爵重新启动海军政策，美洲白银产量增加使得公共财政得到改善。18世纪50年代，第三阶段开启，并一直持续至1767年，在这一阶段，西班牙科学的军事化进程得到巩固。在机构方面，最为重要的新变化就是成立了一批新学院，包括：马德里国王卫队学院、巴塞罗那炮兵学院、加的斯工程师学院，这三所学院是在1750年成立的；还有，加的斯海军天文台（1753）、加的斯文学友好大会（1755）、马德里皇家军事学会（1757）、巴塞罗那皇家外科学院（1760）、塞哥维亚炮兵学院（1762），这些新建的学院全部与国家军事机构相关。事实上，可以说，整个18世纪，从法律角度或是财政角度来看，相当一部分的科学活动都与国家的军事实体相关。通常认为第四阶段的结束时间为1789年，在这一阶段，教育占据了更重要的地位，各所大学、航海学校、艺术学校、绘画和工业设计学校、马德里的各所皇家学院、贵族神学院、各所海军学院和外科学院，都获得了更大的关注。然而，这些年里，在设立学校方面，最特别、最具标志性的事情是各种爱国主义学会或爱国者学会在全国范围内得到普及，第一个例子便是皇家巴斯克爱国者学会，它在许多年里都是国内最为出色的科学机构之一，随后其他地区陆续成立了类似机构。[16]

总之，到了18世纪后期，西班牙拥有了一批科学机构，像欧洲的其他国家一样，这些科学机构在很大程度上复制了法国科学机构的模式。有时候，西班牙的这些科学机构也能有机会融入欧洲的科学系统，主要是通过参与大型的跨国合作调研项目，例如植物学考察、“金星凌日”现象的观测，或者巴黎子午线经过巴塞罗那和巴利阿里群岛的三角测量。这些大型调研项目巩固了国家级的科学院（巴黎科学院是最明显的例子）在国家事务上拥有优先话语权的地位，因为它们有能力制定方案、管理财务资源，还能有机协调复杂的科学团体。

巴斯克爱国者学会

胡安·森佩雷－瓜里诺斯（Juan Sempere y Guarinos）（1785—1789：t. V，135-137）著有《卡洛斯三世统治期间西班牙最佳作家文库鉴定》（*Ensayo de una Biblioteca Española de los mejores escritores del Reynado de Carlos III*），这是一部很有意思的作品，是启蒙运动的成果之一，在这部书中，作者对巴斯克爱国者学会以及其他类似学会的产生作了如下解释：

> 卡洛斯三世统治期间，最引人注意、最值得称赞的事件之一，便是各个经济学会的成立。西班牙拥有了一大批实用至极的学派，它们无须大笔费用、无须薪酬，也没有其他障碍和风险，而这些恰恰是另外一些没那么重要的项目通常会造成的。
>
> 这些爱国团体最早出现于巴斯克地区。那里的贵族绅士有聚会的习惯，起初是为了别的目的；后来他们希望让聚会变得更有用处，但法律禁止没有特定名目的团体，于是他们向国王申请许可，并解释了建立团体的原因和目的。
>
> 巴斯克地区的贵族绅士将方案上报给国王之后，还没来得及谦恭和善地作出请求，国王便意识到如果其他省份的贵族绅士效仿巴斯克贵族的做法，也以这种高尚的目的建立各种科学团体和机构，会给国家带来巨大的好处。于是国王在1765年4月8日特为此事向比斯开总督、吉普斯夸总督和阿拉瓦总代表颁布了指令，并表达了他的意愿。“巴斯克地区三个省份的绅士们决定成立一个学会，并起名为爱国者学会，旨在发展科学和艺术。

为此，他们制定了相关规则，就学会的成员人数、提案的处理方法等事项达成了一致的意见。国王陛下对这些绅士制定的学会规则进行了检查，认为规则内容与该机构的高尚目的相符，也与国王陛下的基本准则十分相符，希望其他省份的绅士们积极效仿，像巴斯克的贵族所做的那样，建立切实有用的类似机构，为国家的富强做贡献。在本文件中，国王陛下向上述绅士授予设立学会的许可，并允许按他们认为的最佳模式来组建学会；同时通知各地：不得在当地学会的经营过程中设置障碍，在必要情况下应给予适当的协助。同时，通过本文件通知该计划的主要制定者之一佩尼亚弗洛里达伯爵（Conde de Peña–Florida），以便其采取相关措施。”

上述佩尼亚弗洛里达伯爵，就是哈维尔·玛丽亚·德穆尼贝－依迪亚克斯（Xavier María de Munibe e Idiáquez，1729—1785），他是一名巴斯克的启蒙运动文化人士，曾在图卢兹跟耶稣会学习，1746年在吉普斯夸定居，1750年成为当地的总代表。他希望仿效国外的模式在西班牙建立一些学会和团体，在他以前的耶稣会老师们的建议下，他组织了一个聚谈会，就在他家里举办，会上讨论数学、物理、历史和时事问题。由此建立学会的想法就应运而生，佩尼亚弗洛里达伯爵是推动者和第一任主席（终身主席）。学会组建过程中得到了第三代纳罗斯侯爵华金·德埃吉亚－阿吉雷（Joaquín de Eguía y Aguirre，tercer marqués de Narros）的大力协助，他是该学会的终身秘书和第三任主席。培尼亚－弗洛里达伯爵去世后，比森特·玛丽亚·桑蒂瓦涅斯（Vicente María Santibáñez）在为其撰写的铭文中，翔实地记录了该学会的成立情况。在此值得对其进行引用，能帮助我们了解这一倡议是怎样产生的（引用自 Sempere y Guarinos，1785—1789：t. V，153-158）：

在阿斯科伊蒂亚，就像在吉普斯夸和比斯开的其他所有乡镇中一样，绅士们的家中会举办聚谈会，大多数有空的绅士和教士都会参加。他们游戏、喝酒、吃饭、闲谈，每个人回家时都希望第二天晚上再来重聚。1748年前后，这些夜间聚会已经形成了较为讲究的形式。原先的游戏聚餐变成了一些聪明又好学的绅士和教士之间的学术会议。他们会制定一些简单的规则，确定聚会的时间和地点，以及时间的长度和分配。星期一只讨论数学；星期二讨论物理；星期三阅读历史和参与聚会的学者的译作；星期四举办一场小型而精致的音乐会；星期五谈地理；星期六谈时事；星期天谈音乐。

为了更好地理解森佩雷 - 瓜里诺斯提到的这类人物（绅士）的存在，先了解一下 18 世纪巴斯克地区各省份的状况或许会有所帮助。从这一角度来看，值得一提的是，从 1700 年起，这些省份的经济出现了一次明显的复苏。正如戴维 · 林格罗斯（David Ringrose）（1996：304–305）所说，尽管“巴斯克地区的钢铁行业在欧洲的相对重要性有所降低，但巴斯克所产的铁矿中含磷量低，加上他们使用的木炭炉相当简便，所以这一地区炼铁厂生产的铁质量好、易于锻造，适合多种用途”，因此在欧洲经济中还是占有重要的地位。此外，林格罗斯还说：“1700 年前后，巴斯克的商人们已经重新占据了他们在西班牙羊毛和铁的贸易上的主导地位。同时，由于不断扩张的美洲贸易、圣塞瓦斯蒂安的加拉加斯公司业务量上升，以及西班牙海军的重建、从 17 世纪艰难存活下来的那些巴斯克造船厂又经历了一次持续性的复苏。18 世纪上半叶，巴斯克人造出用于跨大西洋贸易的大型船只，也有用于沿海贸易船的数十艘商船。”1800 年前后，有 300 艘商船在毕尔巴鄂注册，还有很多巴斯克人的船只在其他港口注册，例如桑坦德或拉科鲁尼亚。在繁荣的经济环境下，便涌现出了像在阿斯科伊蒂亚镇举办学术会议的那些绅士一样的人物。

正如森佩雷 - 瓜里诺斯所说的那样，巴斯克的启蒙运动文化人士不只是空谈，他们还想方设法配置了一些设备：

这些学者的会议室配备了一台由诺莱教士（Abate Nollet）首创的电机，一台从伦敦运来的双气动机械。有了这些辅助装备，新学会越办越好，经验越来越丰富，对于试验的结果，大家也都会进行适度的探讨。

这样，在阿斯科伊蒂亚这样的小地方就有了诺莱的追随者，解释电力现象的各个相关领域中也出现了富兰克林（Franklin）的追随者。然而，在离此较远的地方，在那些更为广阔的天地中，人们却仍然在为了食古不化的玄学空谈和无休无止的陈旧争辩而浪费时间。

阿斯伊蒂提亚和洛约拉的耶稣会会士，对于“恐怖真空”的设想嗤之以鼻，而萨拉曼卡的教士们却将此奉为信条。新成立的学院迅速地消除错误，传播真理和实用的知识，但各种不幸的因素偏偏一起到来，而这没有引起仁慈的学会足够的重视，造成两位成员英年早逝，他们是最实干、最勤奋的成员。这对几年前刚成立的新学院而言是一个致命的打击。没有领军人物，就无法进行重建。伯爵很伤心，但没有倒下，而是将更大的热情投入阅读和研究中。

伯爵在都柏林学会的论文中发现了相当多内容有助于制订一个全面的农业或农村经济计划，他将计划提交给了吉普斯夸省政府。省政府在弗兰卡镇召开全体大会讨论此计划。省政府通过了计划，对这个项目表示赞赏，并对制定者表达了感谢。但是新事物的出现总会遇到各种阻力，这位爱国者大有助益的思想未能付诸实际。他的计划落空了。他为此苦恼，但没有气馁，他的爱国热情反而随着遇到的种种障碍而更加坚定。

上文中已经谈到，国王于1765年4月批准成立巴斯克爱国者学会，其章程“第一篇”中的内容很好地反映了该学会的目标：

1. 巴斯克爱国者学会是一个爱国主义的团体，建立学会的唯一目的是为祖国服务，力求改善农业、促进工业、发展商业。

2. 为了实现上述目标，很大程度上需要借助科学、技艺和经验的手段，因此本学会将在科技发展上投入力量，但主要偏向于那些和既定目标联系更为紧密的科技内容。

3. 学会主体将由热情善意的爱国者组成，为了建立并维持本学会，一部分成员将投入人力和财力，另一部分成员只投入财力。

接下来的内容是关于成员（爱国者）类型，确定“在政府中担任职务以及负责本学会领导工作的爱国者人数，应该在三个省份中平均分配”。第十五条对必须设立的四个委员会作出了明确说明：

> 每个省份都应有四个委员会，涵盖本学会考察得出的所有目标，具体如下：一是农业和农村经济委员会，其目标是加强和改善与农业和农村经济相关的一切事项，同时要关注国家的具体国情。二是科学和实用技术委员会，其目标是发展与三个巴斯克省份有最直接利益关系的科学和技术。三是工业和商业委员会，其目标是推动那些与国家建设目标一致的行业。四是历史和文学委员会，其目标是为公众带来启蒙和文化。

正如我们看到的那样，实用科学在这个著名的学会中占据了核心地位。

以巴斯克爱国者学会为榜样，其他省份也纷纷建立了类似的学会：1775年6月17日，马德里爱国者经济学会获得了许可，这个学会不仅招纳马德里常住人士作为会员，还招纳来自托莱多、瓜达拉哈拉、塞哥维亚、阿维拉以及塔拉韦拉的人士。坎波马内斯也是这个马德里学会的成员之一，他是西班牙经济学会的热情追随者。事实上，在巴斯克爱国者学会成立之前，1763年坎波马内斯就起草过一份文件，题为《关于在西班牙发展和采用真正农业知识的意见》（*Idea segura para extender i adoptar en España los conocimientos verdaderos de la Agricultura*），他在这份文件中制订了一个需要政府推动的计划，以便发展文中所述的政治团体，这些政治团体的作用是“起草用于更好地管理劳动者、制止破坏农业的不法行为的基本规则”，并且这些政治团体应当受到王室的支持（Fernández Pérez，1988：222）。坎波马内斯在这份文件中制定的一些条款——例如，成员人数（待定，参照英国皇家学会）以及不支付薪酬，就是巴斯克爱国者学会后来所采用的规定。

在马德里学会成立的同一年，还成立了塞维利亚爱国者学会；第二年成立了巴伦西亚爱国者经济学会；1778年，马略卡成立了一个学会；1780年，塞哥维亚也成立了一个学会。在所有这些学会中，当地的工业和农业利益成了它们最为主要的目标。

在《巴斯克爱国者学会1782年9月贝尔加拉镇全体会议的会议纪要》中，该学会满怀骄傲地宣布：

> 直到1764年年底、1765年年初，我们的国家才向新事物（各爱国者学会）敞开了大门，巴斯克学会就是在这个时期建立的；我们所作的示范，激发了全国性的爱国主义热情，现在我们的国家已经拥有了至少32个正式成立的爱国者学会，而且各地还有许多学会正在筹备过程之中，在资金的筹集和工作的安排上，这些学会都有充足的备选人员。国家在这一阶段取得的可喜进步，得益于整个王国对王室的信任，本学会可以荣幸地、肯定地向国王陛下派驻都灵的大使——尊敬的比利亚埃尔莫萨公爵（Duque de Villahermosa）报告："西班牙的启蒙运动要归功于西班牙的北方地区，就像欧洲的启蒙运动要归功于欧洲的北方地区一样。"

1789年，已经建立的学会有56个（Herr，1988：131），1820年达到了70个左右（Lynch，1991：231）。这些学会分布在巴利亚多利德、萨莫拉、莱昂、赫雷斯－德拉弗龙特拉、奥维耶多、哈恩、格拉纳达、穆尔西亚、戈梅拉岛圣塞瓦斯蒂安、拉斯帕尔马斯、索里亚、锡古恩萨……

巴斯克爱国者学会确实对后来成立的那些经济学会的活动起到了重要的引导作用，但后来这些学会所做的工作有时或许不能与巴斯克爱国者学会的工作相提并论。这里我们要谈一下巴斯克爱国者学会创建的两个主要机构之一：贝尔加拉巴斯克爱国神学院（另一个是维多利亚慈悲之家）。[17] 这里我们感兴趣的只是第一个机构，但在讨论这座神学院之前，我们先要看一下，巴斯克爱国者学会希望改善农业和工业的目标有没有实现。在这个问题上，答案不是很乐观，巴斯克的启蒙运动文化人士自己也有这样的感受。再次引用《巴斯克爱国者学会1782年9月贝尔加拉镇全体会议的会议纪要》（pp.20-21）：

一个启蒙运动文化人士的人生沉浮：森佩雷－瓜里诺斯

胡安·森佩雷－瓜里诺斯（1754—1830），《卡洛斯三世统治期间西班牙最佳作家文库鉴定》的作者，是一个多才多艺的阿利坎特人（出生于埃尔达）。他的生平可以反映西班牙启蒙运动文化人士可能经历的一些世事变化。他曾在奥里韦拉神学院就读，但不是为了成为神甫，而是为了接受语法和人文学科的教育，他是神学院的非宗教学生，领取学院奖学金。在奥里韦拉神学院获得哲学和神学学位后，他又在穆尔西亚读完了法学和历史的课程。1778年，他已经成了奥里韦拉神学院的一名哲学教授，但他在该神学院工作的时间不是很长，1780年迁至马德里，在那里，他的事业和交际关系都得到了长足的发展。很快，他就被吸收为马德里经济学会的优秀成员，并在马德里出版了他的《西班牙文库鉴定》：1785年，出版了前两卷；1786年，第三卷；1787年，第四卷；1789年，出版了第五卷和第六卷。其间，他还出版了《西班牙奢侈品和奢侈品法律史》（*Historia del lujo y de las leyes suntuarias de España*，1788），这部作品取得了巨大的成功，使他在1790年进入格拉纳达最高法院工作。1808年后，他不知不觉成了亲法分子，这一倾向让他不得不在1814年开始流亡国外，因为当时法国人战败，费尔南多七世重新即位。在之后的一部自传里，尽管森佩雷想要展示一种亲切的形象，但还是能在其中找到一些真相，他是这样对自己所作的选择进行解释的（Sempere y Guarinos，1821：14-15；引自埃希多，1997：28-29）："很多善良的西班牙人认为，他们这个国家种种不幸的最根本原因，不是因为这个国家是由这个或那个家族来统治，而是因为迷信和野蛮。他们认为，除了大力神赫拉克勒斯，没有人能阻止迷信和野蛮这两头怪兽，而这个时代新的赫拉克勒斯，除了拿破仑，别无他选。于是他们向其兄弟宣誓效忠，不是出于对正统国王的背叛或仇恨，而是因为他们坚信，在费尔南多七世已经退位的情况下，这才是拯救国家、治愈创伤的唯一途径，才能打败过去各届政府的无能和邪恶。森佩雷也是这样想的（这里他用第三人称来指代自己），因为有这样的看法，他就答应何塞，继续担任检察官的工作，虽然不愿意，但动机是好的。"

但流亡通常很艰苦，不是所有人都能一样地忍受流亡生活，也不是所有人都能有尊严地度过流亡生活。在波尔多，森佩雷出版了《西班牙宫廷史》（Histoire des Cortes d’Espagne，1815），他以前的一些朋友和保护人都不太能接受这本书的内容。曼努埃尔·戈多伊（Manuel Godoy）就是其中之一，他在《回忆录》（*Memorias*）（Godoy，2008：568）中写道："关于他（胡安·森佩雷－瓜里诺斯），我想说，那个年代没有几个作家像他那样让我追随，他曾是我特别欣赏的作家之一，他也是我救助过的作家之一，因为有人觉得被这些作家的文章和作品所伤害，因此便去纠缠迫害他们，要是没有我，他早在1797年就永远失去前程了。然而，这个人，在他人生的最后三分之一时光里，将近迟暮之年，渴望返回故国，不计任何代价……在巴黎写出了《西班牙宫廷史》，为了奉承当时的朝廷，他在书中做了两件事，第一个是贬低和诋毁我国的一些旧机构和制度；第二个是诽谤我、侮辱我。他就这样侥幸地回到了西班牙，晚节不保。"面对这样的控诉，森佩雷在他的《胡安·森佩雷－瓜里诺斯文学新闻》中给予了回应（*Noticias literarias de D. Juan Sempere y Guarinos*，8-9，注解7、8，想要了解这场争议的读者可自行查看，本书中不再赘述）。

在"自由派三年"（1820—1823）时期，森佩雷通过大赦回到西班牙，但由于费尔南多专制主义的复辟，1826年他不得不再次去了法国。但他最后还是回到了西班牙，并且在他的出生地埃尔达定居下来，直至终老。

（本学会的）章程中展示了这一团体的活动计划；在实验报告、年度总结以及其他公开文件中，记录了本学会在农业和农村经济、实用科学和技术、工业和商业、政治和人文科学各方面所提供的启蒙、推动和援助，这些也是本学会四个委员会的内容。阅读这些文件之后，不禁让人想问，那些承诺的效果实现了吗？我们的农业取得了什么进展？我们的机械和炼铁厂得到了哪些改善？我们的商业和工业实现了什么发展？我们的文学有什么进步？

对于这些重要的问题，其答案却并不如人意：

> 如果一定要坦诚的话，那我们不得不坦率地承认，我们的农田和山林还是采用与二十年前一样的方式进行耕作和照料，几乎没有差别；炼铁厂和磨坊的机器，其功能和操作方法都与我们父辈、祖父辈的相差无几；我国的工业主要依靠的钢铁产业，正在走下坡路；只有文学，在爱国神学院的影响下，有所发展。

这个时候，距离巴斯克爱国者学会成立，已经过去 17 年了。

贝尔加拉巴斯克爱国神学院、化学、路易·普鲁斯特、德卢亚尔兄弟

创立贝尔加拉学会的其中一个目标就是对年轻人进行教育，为此该机构希望在不同地方设立学校，这些学校将对实验科学予以特别关注。此外，尽管没有明确提出，他们还有一个目标是希望为巴斯克启蒙运动文化人士的下一代学习实验科学提供途径，同时也让他们能够学习人文学科的经典著作，这样他们就没有必要非去国外学习不可了，但这样做也不会妨碍愿意去国外求学的那些人。需要考虑的是，当时西班牙的各所大学在这些学科的教学上情况很糟糕。

为此，学会在 1775 年制订了一份教育计划，根据该计划，第二年在贝尔加拉创立了一所学校，命名为皇家巴斯克爱国神学院，并获得了教授初级文学、宗教、人文学科、数学和物理学的许可。[18] 学校所在地由王室赠予，是以前耶稣会在贝尔加拉的一处旧学校，1767 年耶稣会被驱逐出西班牙之后，该校舍就归王室所有了。

起初，这所贝尔加拉神学院的课程仅限于“人文学科、拉丁文化、绘画和初级文学”，但很快就进行了拓展，增加了“数学、实验物理、法语、舞蹈技巧、音乐等等，学生人数达到 61 人”（《爱国者学会 1778 年 9 月贝尔加拉镇全体会议摘要》，p.2），其教学计划的主要对象是贵族子弟。不久之后，该学院又产生了一个想

法：至少设立 2 个固定教席，由著名专家来担任，提供更加先进的教学内容，并开展调研工作。为此，佩尼亚弗洛里达伯爵和纳罗斯侯爵联系上了冈萨雷斯·德卡斯特洪侯爵佩德罗·冈萨雷斯·德卡斯特洪－萨拉萨尔（Pedro González de Castejón y Salazar，marqués de González de Castejón），他从 1776 年 1 月 31 日起开始负责海军部。这里我们就不禁要问，为什么是海军？海军跟这件事有什么关系？答案在于海军有改革需求，特别是针对他们强大的对手——英国海军。英国海军拥有的更快的船只，以及欧洲最好的火炮，由位于卡伦（苏格兰）的工厂生产。西班牙曾有 2 家很好的铸造厂，分别位于坎塔夫里亚自治区的列加内斯和拉卡瓦达，从 17 世纪中叶就开始供应火炮，但到了 18 世纪 70 年代中期，由于一些未知的原因，西班牙火炮生产开始衰落。从那时起就开始向卡伦的工厂购买火炮（1773—1778 年购买了 4498 件）。1778 年，英国与美洲殖民地之间的战争开始，就停止了火炮出口。为了解救这样的困境，冈萨雷斯·德卡斯特洪通过一封密信（密信日期为 1777 年 2 月 26 日）联系了一名海军军官何塞·德马萨雷多（José de Mazarredo），他在信中提出，请该军官考虑“我们是否能从比斯开或其他地方选一到两个有勇有谋的人，佯装离开西班牙，然后以临时工身份或其他方式进入卡伦的火炮工厂，观察并学习其全部流程，从而回头建立我们自己的火炮工厂。尽管上帝曾赐予我们建设一座令人生羡的火炮厂所需的最好材料，但我们原先的火炮工厂还是已经无可救药了”。[19] 换言之，信中所说的内容其实就是要组织一次工业间谍任务，这是一种和人类历史同样悠久的活动。在那个时期，西班牙的工业间谍活动得到了拉恩塞纳达侯爵的大力推动。他是费尔南多六世麾下最有势力的大臣，同时担任着财政部、国防部、海军部和印度群岛事务部的国务秘书。拉恩塞纳达侯爵制订了野心勃勃的改革计划，而加强海军建设就是其中较为突出的一项，包括对位于加的斯、费罗尔、卡塔赫纳的各座兵工厂进行加强，对海军队伍进行改革，为此，他派遣一些军人去往欧洲主要国家，参观那些比较突出的兵工厂和火炮铸造厂，目的是尽可能地搜集技术信息。[20] 为这种任务而征募的最早一批官员里包括了豪尔赫·胡安和安东尼奥·德乌略亚。1749 年年初，胡安去往英国，而乌略亚在同年底去了法国，之后又到访了荷兰、普鲁士和瑞典，行程将近两年半。[21]

德马萨雷多的答复很有意思，对于我们所讨论的内容也很重要，因为他提到了西班牙在矿物学知识上的不足。他还提到，为了解决这个问题，巴斯克经济学会能扮演怎样的角色：

> 目前的缺陷可能取决于三方面的问题：第一，矿脉不好；第二，不懂得如何将矿产炼制成去除杂质的铁；第三，在混合物中，铁的活性被减弱。
>
> 第一个问题很值得怀疑，因为整个比斯开的矿工们都保证他们能像先辈们那样，通过祖祖辈辈从未间断的实用方法来发掘矿脉。矿工们认为现在铁矿质量欠佳，主要原因在于矿脉的劣质，还有就是矿场管理经验不足，将发掘矿脉的工作交给只懂得使用镐和锄头的粗人，这些人缺乏寻找好矿脉，或发现隐藏于其他劣质矿层之间的好矿脉所需的知识；导致采掘出的原料有缺陷，而且很有可能不久之后他们就会找不到连通着铁矿核心的好支脉。
>
> 这一考量促使皇家巴斯克爱国神学院在其教学计划中增加了一个矿物学课程和一个冶金学课程，并打算从位于萨克森州的弗赖贝格矿场（我认为是这里）引进专家来教授矿物学课程，同时引进瑞典的专家来教授冶金学课程，从而用坚实的基础知识来为这两门课程奠定基础。巴斯克地区的生活几乎完全依靠这两个行业，这样做也能消除“仅靠从没有文化的师傅那里学习经验就开始工作”这种普遍的担忧。然而，该学会在这一方面的目标，以及其他很多目标，都需要大量的资金，直到目前为止，上述想法还停留在计划阶段，如果没有国王陛下的慷慨支持，就无法进行下一步工作。

德马萨雷多建议“通知常驻贝尔加拉的巴斯克爱国者学会主席佩尼亚弗洛里达伯爵，请他采取措施，让贝尔加拉镇的这所皇家爱国神学院开立矿物学和冶金学的课程，并申请国王陛下为其承担10年的费用，通过自筹或一些适用的公用事业税收来使这项善事得以继续，如果这些课程为矿场经营带来了所允诺或值得期待的利润”。

巴斯克爱国者学会给予了回复，并制订了一份设立化学、矿物学和冶金学课程的计划。这份计划意义重大，在此予以引用（这是一份由冈萨雷斯·德卡斯特洪发送给佩尼亚弗洛里达伯爵和纳罗斯侯爵的副本）：

> 矿物学和冶金学在瑞典、萨克森乃至整个德国都是一片繁荣的景象，这两门学科毫无争议地为这些国家的财富增长做出了贡献，同时又使他们获得了更多的相关知识。经营矿场、加工金属、开采各种矿物所能得到的经济保障和好处，使得其他王国不计代价地寻找矿场地区的人才，因为在这些王国里矿场比相关人才多。这导致那些有技术的国家不仅能利用本国的矿藏，还能利用相当一部分他国的矿藏。因此，这几门学科必须在这所爱国学校的教学工作中占重要地位。第一，这些学科的知识会使西班牙获得巨大收益，因为西班牙大部分财富就是依靠领土内丰富的矿产资源。第二，铁矿和少量的铜矿几乎是巴斯克地区三个省份唯一的产业；此外，巴斯克很多山区都有不同种类矿产的迹象，通过矿物学和冶金学，能发现许多隐藏的、未知的宝藏，节约在发现矿藏过程中因无知而导致的巨大花费，也避免炼铁厂使用劣质的材料，这必定会为国家带来巨大的好处；再者，金属的铸造、水火费用的节约、机械的改良、各种技术和行业的发展，都可以使人学到大量的知识。第三，这几门学科在全国范围内进行推广之后，国家将不必再从国外引进勘探和采矿的专家和工人，同时也为国王的臣民提供了新的工作岗位，节约了那些外国人因其工作和工业而从西班牙榨取的费用。

正如上文中《1778 年 9 月的会议摘要》中所说，1777 年 9 月，卡洛斯三世，“西班牙科学和艺术的复兴者”，批准发放教授两门课程（一门是化学和冶金学，另一门是矿物学和地下科学）的 3 万雷亚尔的年薪。此外，他还批准 6 千雷亚尔用于化学和冶金学实验，3 千雷亚尔用于建一处矿物学实验室兼金属仓库。所需资金来自海军。

在这个会议摘要中（pp.4–5），对化学、矿物学和冶金学作了一些解释，由此我们可以对这几个学科为何会引起重视有一定的了解：

化学，通过各种实验操作和方法，可以发现不同物质之间的共同之处，可以将联结最为紧密的各个部分分开，可以把结合成化合物的各个元素分开，可以找到隐藏得最深的属性，从而将发现结果应用到技术、经济、冶金等各方面，使之受益。

矿物学，教授的是，矿藏的标志、分支的方向、矿藏的种类、品质等级；地下降温和通风的方法；保障挖掘安全进行的技术，预防矿工遇到的各种风险；更快更好地发现隐藏于地下深处的矿藏，更安全、更有效、更经济地进行挖掘和开采。

冶金学，在化学的辅助下，再加上矿物学的基本知识，教导学生加工矿物的各种方法，包括铸造、煅烧、洗矿等；使用助熔剂帮助熔化；使用液体提纯金属、浸泡和精炼。

正如我们看到的，把化学、矿物学和冶金学作为首要课程是合乎逻辑的。这三门学科具有明显的工业应用性（至少对于巴斯克各省份的既有工业而言），而且这三者之间相互关联。此外，得益于拉瓦锡（Lavoisier）的工作成果，化学正在开启一个全新的时代。由于法语的兴盛，再加上西班牙在各个方面（地理、王朝、文化）都很重视法国，那么从法国寻找老师到贝尔加拉来任教就毫不奇怪了。实际上，他们也去伦敦和德累斯顿寻找了，但只有在巴黎找到了合适的人选（Gago，1978）。能够在巴黎联系到老师，要归功于当时正在那里进行自然科学方面深造的几个巴斯克学会奖学金学生，他们分别是佩尼亚弗洛里达伯爵的儿子安东尼奥·玛丽亚·德穆尼韦（Antonio María de Munibe）、纳罗斯侯爵的儿子哈维尔·约瑟夫·德埃吉亚（Xavier Joseph de Eguía），以及胡安·包蒂斯塔·波塞尔（Juan Bautista Porcel）。佩尼亚弗洛里达伯爵和纳罗斯侯爵是巴斯克学会的负责人。[22] 当时欧亨尼奥·伊斯基耶多（Eugenio Izquierdo）也在巴黎。这三个学生从他那里受益良多。欧亨尼奥后来成了皇家自然陈列馆的馆长，他是一个交友广泛的人（关于此人，我将在下文中讨论皇家陈列馆的时候再详细介绍）。在巴黎，他们三人参加了伊莱尔－马里·鲁埃勒（Hilaire-Marie Rouelle）的化学课，他当时是学校负责人。这所学校原先是由伊莱尔－玛丽·鲁埃勒的兄弟纪尧姆·弗朗索瓦（Guillaume François）建立的，那个时代法国许多最好的化学家都曾在这所学校待过（其中包括拉瓦锡）。[23] 伊莱尔·鲁埃勒推荐他的一名学生去吉普斯夸任教。这个人名叫黑内尔（Henel），当时在德国主持一个实验室的工作。黑内尔接受了这份工作，并答应于第二年圣卡洛斯日开始教学工作。但事实并非如此，因此鲁埃勒又推荐了他的另一名学生：路易·普鲁斯特（Louis Proust，1754—1826）。也许是机缘巧合，普鲁斯特在西班牙度过了好几年的时光，后来他在化学史上留下了重要的一笔，很大程度上要归功于他在西班牙所进行的各种研究。他的职业生涯于 1776 年就已经开始了，当时他脱颖而出获得了巴黎萨尔珀蒂耶慈善医院首席药剂师的职位。

普鲁斯特于 1777 年 10 月底到达贝尔加拉。在接下去几个月的时间里，他建立起了一座实验室，在这个任务的完成过程中，远在法国的伊莱尔·鲁埃勒为他提供了帮助。1779 年 5 月 20 日，普鲁斯特开始了教学工作，但没有持续很长时间，因为 1780 年年中他就返回了巴黎，之后在一所博物馆里工作。这所博物馆是在普鲁斯特返回巴黎后不久——即 1781 年由让－弗朗索瓦·皮拉特尔·德罗齐耶（Jean-François Pilâtre de Rozier）建立的，他是物理学和化学教授，也是浮空器操纵术的先锋人物之一，但普鲁斯特到 1784 年 6 月才在凡尔赛进行的一次飞行器升空活动中结识他。[24] 中央大学化学分析教授胡安·法赫斯－比尔希利（Juan Fages y Virgili）（1909：62），因《贝尔加拉的化学家及其作品》（*Los químicos de Vergara y sus obras*）一书获得了皇家精确、物理和自然科学院的奖项，在他领奖时发表的演讲中解释道："根据《摘要》（*Extractos*），在开始教学的好几个月前，普鲁斯特除了打理实验室之外，还对安东尼奥·德因乔雷吉（Antonio de Inchaurregui）发现的煤矿进行了确认。当时巴斯克的学会举办了煤矿勘探奖的比赛，安东尼奥·德因乔雷吉是参赛者。面对该学会的评奖委员会，普鲁斯特确认，因乔雷吉发现的矿产是石煤，但不能确定产量是否丰沛；由于比赛条件里对此没有详细规定，因此他建议将奖项颁给因乔雷吉。”法赫斯还对普鲁斯特发表在该学会《摘要》中的另几篇文章作了评论：一篇是《化学课入门》（*Introducción al curso de Química*），这本书本来要续写的；还有 1780 年发表的三篇《笔记》（*Notas*）。据法赫斯所说（1909：68）：“可能西班牙最早出现的几部化学著作可以与当时国外出版的化学著作相提并论。”上述三篇《笔记》分别是关于“石灰石、萤石、长石”“钴”“胆汁”，最后一篇属于有机化学的课题。这些都很有意思，但与他再次回到西班牙后（但没有回到巴斯克地区）取得的成果还是不能相比。

为了接替普鲁斯特的授课任务，学会选择了弗朗索瓦·沙瓦诺（François Chavaneau，1754—1842），他是来自法国的另一位科学家，原来就在该学会从事教学工作。事实上，他比普鲁斯特更早（1777 年 6 月）就作为物理和法语老师到贝尔加拉了（11 月份开始上课）。沙瓦诺也是伊莱尔·鲁埃勒的学生，他与该学会的聘用关系和程序与普鲁斯特相同。1780 年 5 月 26 日，佩尼亚弗洛里达向冈萨雷斯·德卡斯特洪通报了此次人事变化，具体内容如下（Pellón González y Román Polo，1999：160）：“根据前化学教授路易·普鲁斯特先生的提议，十月即将开始的化学课程转由弗朗西斯科·德沙瓦诺[①] 来担任教学工作，他原本是我们这所神学院的物理教授，但他曾在巴黎学习化学，并且上两学期一直与普鲁斯特一起在本校实验室工作，他个人的才学和智慧也很适合这个岗位；在巴黎时，他就与福斯托·德卢亚尔先生（即德卢亚尔兄弟中的弟弟）成了朋友。福斯托是冶金学的教授，等他回到我校时，我们的教学安排和课程分配就会非常完善了，他们俩将担任国王陛下亲自下令的两个教授职务。”不过，沙瓦诺并未在这个巴斯克的学会久留，他于 1787 年迁往马德里，指导白金的提取工作，其提纯方法实际上是他在贝尔加拉的时候得出的，同时他还在另一所启蒙运动的学校里授课，即皇家物理化学和矿物学学院。关于普鲁斯特和沙瓦诺接下去在西班牙的经历，我将在下文中再谈。现在可以说的是，他们俩都为西班牙的化学发展做出了贡献，而贝尔加拉是他们进入西班牙的“入口”。

---

① 即弗朗索瓦·沙瓦诺，弗朗西斯科是弗朗索瓦的西班牙语说法。——译者注

德卢亚尔兄弟

上文引用的佩尼亚弗洛里达的报告中出现了福斯托·德卢亚尔（Fausto Elhuyar，1755—1833）的名字，他和他的哥哥胡安·何塞（Juan José，1754—1796）都是启蒙运动时期西班牙科学界的伟大人物。[25] 他们来自洛格罗尼奥市的一个巴斯克－法国联姻家庭，他们的父母于 1753 年定居在里奥哈这个首府城市（父亲是医生）。两兄弟在国外留学多年，最早是 1773—1777 年，在巴黎。他们的父亲希望他们攻读医学，但他们俩很快就选择了化学，并加入了伊莱尔·鲁埃勒的圈子——伊莱尔·鲁埃勒是西班牙化学发展过程中一个无所不在的人物。因此，兄弟俩认识了年轻的穆尼韦和埃吉亚，并且在回到西班牙后到贝尔加拉定居，也就毫不意外了。兄弟俩后来都成了巴斯克爱国者学会的成员，当时他们的父亲也已经是该学会的成员。在巴斯克爱国者学会，一开始，兄弟俩分别担任不同的职务。福斯托担任矿物学和地下科学的教授，而胡安·何塞被派去执行一项秘密任务，到欧洲各国（德国、法国、瑞典、英格兰和苏格兰）学习并收集关于铁炮制造方面的冶金学相关信息。佩尼亚弗洛里达 1778 年 2 月 6 日给他下达的“机密指示”中说：“对于此次出行的真正目的你已经起过誓，请时刻谨记它是一项不可违反的机密。”[26] 在佩尼亚弗洛里达和纳罗斯于 1783 年 2 月 28 日写给冈萨雷斯·德卡斯特洪的信中，他们对胡安·何塞此次任务的风险性做出了如下评论（Pellón González y Román Polo，1999：233-234）：

> 蒙塔尔沃（Montalvo，本学会的另一名奖学金学生，担任间谍任务）乔装改扮，潜伏在一家敌方制造厂内。
>
> 德卢亚尔的任务是遍访北方的各大厂家，观察其经济和工作状况，研究其机械、仪器、熔炉以及一切类型的用具，并将所见所闻及时进行汇编统计。
>
> 显然这两名奖学金学生都遵循了各自的指令；两个人都完成了任务，承受了巨大的艰难困苦，其中第一个还冒了生命危险。

在担任教授工作之前，福斯托被派去弗赖堡进行深造——他在那里与他的哥哥相遇。当时地质学家亚伯拉罕·戈特洛布·维尔纳（Abraham Gottlob Werner）在弗赖堡著名的矿业学院里担任矿物学课程和矿藏检测课程的教授。这所学校位于当地的“矿山”厄尔士山区，那里从 1168 年起就在开采银矿。维尔纳以支持“水成论”而著名，《岩层的简明分类和描述》（*Kurze Klassifikation und Beschreibung der verschiedenen Gebirgsarten*，1787）是他在此方面的代表作。受圣经故事影响，维尔纳认为，地球原先被一层水覆盖，即有一个原始海洋，但由于原始海洋中有悬浮的物质，于是就发生了一个沉淀过程（机械沉积），从而产生了地壳。同时他还用火山喷发来解释沉积物中出现的断裂。维尔纳用这种沉积理论来介绍地壳构造，他认为地壳是由长期以来形成的各个地层组成，也就是一个“地质时代”。于是出现了一个新的地质学门类：地层学。1791 年，维尔纳发表了他的另一篇代表作《矿脉成因的新理论》（*Neue Theorie von der Entstehung der gänge*），他在这部作品中为构造地质学奠定了基础。这是一门研究构成地球的各个要素的成分、结构和状态的地质学分支学科。维尔纳在这一方面的观点基本上可以总结为以下两点：“1. 所有真正的矿脉都是在山体中形成的裂缝或裂隙，通常会横穿构成山体的各个矿层；2. 填满这些裂隙的物质与构成所横穿山体的物质基本不同，这些填充物质是通过降水的形式落入裂隙中的。”

1781 年 4 月，德卢亚尔兄弟离开弗赖堡，来到维也纳，他们在那里拜访了伊格纳茨·冯·博恩（Ignaz von Born），这个人最有名的成就就是引入了提取银子的新方法——汞齐法，下一章我们讨论美洲矿产时这个方法还会出现。兄弟俩从维也纳出发，又走访了其他几个矿业中心，有奥地利的，还有匈牙利的，然后，福斯托返回了西班牙。[27] 1781 年 10 月开始在贝尔加拉的神学院教书。在佩尼亚弗洛里达于 1781 年 10 月 14 日写给冈萨雷斯·德卡斯特洪的信中，可以看到（Pellón González y Román Polo，1999：189）：“本月 8 日，矿物学、地下科学和冶金学教授，福斯托·德卢亚尔先生到达这里，他正积极备课，计划于圣卡洛斯日过后就开课。他从德国学到了很多知识，让我们高兴的是，他不仅能很好地承担教学工作，还能为我们的国家进行很多矿物勘探的工作。毫无疑问，我们的国家矿产资源丰富。首先我们可以大胆向阁下报告，有多处铜矿资源，可供国王陛下建造军舰使用，而无需再去国外寻求这种材料。”他还补充道：“这位教授的哥哥，奖学金得主何塞·德卢亚尔先生，已于8月28日离开维也纳，去往德累斯顿，然后从那里去往哥本哈根，继续他的瑞典之行。他会将其所见所闻报告给我们，我们收到消息后将立即向阁下汇报。”

钨的发现

瑞典是当时走在化学发展前沿的国家，胡安·何塞·德卢亚尔首先（1781）来到了乌普萨拉，托贝恩·奥洛夫·贝格曼（Torbern Olof Bergman）当时就在乌普萨拉大学做研究并教课。后来贝格曼去了雪平城，继续从事研究及教学工作，和他一起工作的是卡尔·威廉·舍勒（Carl Wilhelm Scheele），这是那个年代化学界最为响亮的名字之一。他和贝格曼一起研究获取化学元素的最新试验方法，就是贝格曼本人将“白钨矿中存在另一种金属元素”的猜想转达给了胡安·何塞·德卢亚尔。现在我们知道，白钨矿是一种由钨和钙组成的矿物，即钨酸钙（其化学式为 $CaWO_4$）。1782年3月8日，胡安·何塞从乌普萨拉向佩尼亚弗洛里达和纳罗斯报告：“贝格曼先生传授了怎样识别位于不同土壤中的陌生物质的方法，包括国内和国外的土壤，我希望回国后能在这一方面有所建树。”（Pellón González y Román Polo，1999：206）。1783年1月，胡安·何塞途经英格兰和苏格兰，回到西班牙。同年秋天，胡安·何塞和福斯托·德卢亚尔成功分离出了一种元素——钨，它是当时发现的第一种不是直接从大自然中开采出来的化学元素，因为自然界中不存在自由形态的钨，它都是以化合物的形式存在的。1783年9月28日，德卢亚尔兄弟向巴斯克皇家学会的全体会议递交了一份报告，将他们的新发现公之于众。[28]他们将这份报告命名为《钨的化学分析，以及与一种新金属组成化合物的试验》（*Análisis químico del wolfram，y examen de un nuevo metal que entra en su composición*）（J.J. y F.Elhuyar，1783）。

这个宣告引起了国际科学界的广泛关注，他们的这份报告也被译成多种语言：

瑞典语（1784）、法语（1784）、英语（1785）、德语（1786）。关于这种新物质的命名问题，一直颇有争议，德卢亚尔兄弟在报告中是这样写的：

> 我们给这种新的金属命名为“wólfram（钨）”，取自我们进行提取工作的原材料的名字，我们认为它是一种矿产，经我们证实，这种矿产中混合着新金属、铁、硫锰矿。“wólfram”这个名字比“tungsto”或“tungsteno”[①]更合适，因为“tungsteno”或重石是从中提取出石灰的第一种物质，而“wólfram”就是一种矿物的名字，比重石的名字更早为人所知，至少对矿物学家而言是如此，而且几乎所有的欧洲各国语言都能接受“wólfram”这个词汇，包括瑞典语本身。我们把用此物质构成的盐的名称词尾原来的“m”改成“n”，以便更好地适应西班牙语的特征，我们称为“钨酸盐”。

因此，钨的名字定为“wolframio”（W），而不是“tungsteno”。

人往往会想：“事情原本可以这样”。从这个角度来说的话，我们或许要想：德卢亚尔兄弟原本可以继续进行研究，但不仅限于基础化学，而是包括周边各个有关方面。然而，不管是他们的生平，还是他们发现钨的那个时代背景，实际上都属于应用化学的范畴。事实上，钨的发现在很大程度上要归功于德卢亚尔兄弟在国外的工作环境，那里有很好的技术经济背景，使他们受到了极好的教育。因此，毫不意外，西班牙政府最后将他们派去了美洲，当时美洲的矿产是重大国事。1784 年，胡安·何塞被派往圣菲波哥大，在托利马省的马里基塔银矿工作。福斯托随后于 1786 年去往美洲，当时他已被任命为新西班牙矿业法院院长。德卢亚尔兄弟工作生涯中相当重要的一部分是在美洲度过的（胡安·何塞在哥伦比亚去世）。兄弟俩的“工作调动”对西班牙科学（化学）而言意味着什么，如果我们对此稍加思考的话，也可以理解为，把他们派到美洲工作，对西班牙本土科学的发展而言可能是一种损失。

这些问题，我们留待下一章讨论。

---

① “tungsto”或“tungsteno”，来自瑞典古文的“tung sten”，意为“重石”。——译者注

一种新的化学：从燃素到氧气

西班牙科学制度史的动态引领着我谈到了启蒙运动时期的西班牙化学，但我们应该以一种更为普遍全面的方式，而不是虚妄空洞的方式来考虑它的状况——这一点必须坚持。正是在这一段时期，化学这门学科发生了巨大的变革，但其实很早之前就已埋下了伏笔，而这一场变革的领军人物就是安托万-洛朗·拉瓦锡（Antoine-Laurent de Lavoisier，1743—1794）。

说到西班牙化学的起点，欧亨尼奥·波特拉和安帕罗·索莱尔（Eugenio Portela y Amparo Soler，1992：89）坚持认为："18 世纪初西班牙化学的状况十分艰难，就像其他所有科学领域一样。16 世纪某些科技领域出现的一些进展——例如用汞齐法提取银矿、金属的分析和提纯或者蒸馏技术，由于长达一个世纪与欧洲其他国家缺乏交流，已经落后了。"[29] 整个 18 世纪期间，科研环境毫无疑问好了很多——这我们已经证实，但每种学科发展都需依靠其他学科，对医学、药物学和矿物学的依赖尤为明显。只有在伊莎贝尔二世（Isabel Ⅱ）统治期间（1844—1868），即 1845 年根据大学教学计划《皮达尔计划》进行改革之后，马德里大学设立了理学系，化学才与医学脱离关系。

在与拉瓦锡这个名字相关的化学革命中，氧气扮演了主要角色。燃烧，是大自然中最为人所熟知的一种现象，现在的词典中将其定义为："氧气与一种可氧化物之间的化学反应，同时放出能量。"由于拉瓦锡的原因，解释燃烧的方式改变了，这与之前化学史上最有影响力的燃烧理论——燃素说简直大相径庭。根据燃素说，一个物体具备燃烧的能力，是因为其成分中含有一种叫作"燃素"（flogisto，来自希腊语"filox"，意为"火苗"；因此字面意义上就是"发火素"）的物质。这一名字是由燃素说的创立者格奥尔格·施塔尔（Georg Stahl，1659—1734）赋予的，他是普鲁士国王的御医，并著有多部作品，例如《教条化学和实验化学的基础》（*Fundamenta chymiae dogmaticae et experimentalis*，1723）。同理，一种金属要煅烧的话，其成分中也必须含有燃素，也就是：

矿物 / 氧化物 + 煤（富含燃素）→ 金属

根据现在的观点，煅烧是指一种金属通过氧化作用转变成矿物或氧化物。

按照燃素说，化学中最为基础的现象，燃烧和煅烧，其实是同样的过程：燃素从含有燃素的物质中释放出来。如果在密封容器内进行燃烧或煅烧，到某一时刻，燃烧过程会终止，燃素说是这样解释这一现象的：燃烧过程中释放出来的燃素已经使容器中的空气饱和，容不下更多燃素了。因此，金属不是一个简单的物质，而是由两个成分构成：一个是燃素，另一个是煅烧后留下的土壤或灰烬，也就是金属的"灰烬"。

18 世纪 70 年代初，拉瓦锡作了一系列的调研工作，研究空气在燃烧过程中扮演的角色。1772 年年底，他证明了磷和硫在燃烧过程中与空气结合，燃烧产物（磷酸和硫酸）比最初的磷和硫更重。所以，燃烧是一个增加的过程，而不是一个造成（燃素）脱离的过程。在接下去的两年里，他证明了煅烧过程与燃烧相似，也就是说，当一种金属进行煅烧时，它会与周围空气的一部分结合，使质量增加。1774 年 10 月，约瑟夫 · 普里斯特利（Joseph Priestley）告诉拉瓦锡，他最近对一种气体进行了研究，这种气体比"普通空气"更能维持燃烧，他称之为"脱燃素空气"，因为这种气体能吸收很多燃素，从而促进其他物体的燃烧。拉瓦锡很快就明白了这种新气体在燃烧和煅烧的化学过程中扮演什么重要角色，燃烧或煅烧的过程其实就是对一种新元素的吸收或结合，他把这种元素，即这种气体，命名为"氧气"。从那时起，普通空气就不是一种简单的物质了，它被认为是由两种或更多元素构成的混合物。

"燃素说"在西班牙的情况

和其他国家一样，西班牙曾经也相信燃素说。下面这本书就是一个很好的例子（下一章我们还会讲到这本书）：《西班牙博物学和自然地理学导论》（*Introducción a la historia natural y a la geografía física de España*）（1775：42-46），作者是威廉 · 鲍尔斯（Guillermo Bowles）。此处引用的这段内容，不仅能证明当时西班牙确实存在燃素说，还能让我们直观地了解当时的人们对燃素持什么样的想法：

> 如果我的生命和健康状况能支持我完成这部作品，我将在其中插写一些关于亚硝基土、硝石、岩盐、西班牙咸水源的内容，以及其他几个化学知识点。我曾多次提到过燃素，在此，我想为那些对化学语言不是很熟悉的人，解释一下什么是燃素，并谈谈我自己对燃素的一些见解。古时候的炼金术士最向往的东西莫过于贤者之石，它能改变金属的种类，他们认为大自然中有一种能使金属复苏的要素或力量，他们称为“硫素”；他们把物体散发出的会对眼睛或鼻子造成刺激的气味，叫作“物体硫”。贝歇尔（即约翰·约阿希姆·贝歇尔，Johann Joachim Becher，1635—1682）是较早了解这种物质的人，他把这种要素称为可燃土；但著名的施塔尔确凿无疑地证明了这个所谓的硫素、可燃土或可燃素，还有燃素，都是不同名称之下的同一种东西，组成地球的所有物体都或多或少含有燃素。它是一种看不见的要素，通过接触使土壤活跃，使金属复苏，通过金属性实现可熔性，再实现可锻性。总之，它是自然界中最纯粹最单一的可燃要素。物体所含燃素量的多少，决定其可燃或不可燃。上文提到的令人尊敬的施塔尔，认为燃素无处不在，但问题是截至目前都没人看到过燃素，除非这种富有活力的要素不是燃素，或者速度极快的光线使人看不见它。如果是这样，燃素就是火，而不是像许多物理学家和化学家认为的那样，是火的维持物。选择相信燃素作用的人，只需拿起一块红铅或氧化铅，氧化锡，或铜屑、铁屑，将其放入炭火中，加入失去的燃素，将会看到，它们又变回原来的金属。

他又补充道：

> 这个解释虽然很短，也不全面，但对于西班牙而言可能并非不合时

宜。据我所知，西班牙到目前为止还没有化学基础书籍。感谢上帝，我们现在有理由期待，这一欠缺将很快得到弥补，因为伟大的国王卡洛斯三世颁布了一系列英明的措施，在国王陛下的命令下，尊敬的格里马尔迪侯爵（Señor Marqués Grimaldi）积极落实，我们看到马德里建立了一座自然陈列馆，甫一成立，便能与欧洲最著名的类似机构相媲美。政府还斥巨资将植物园从一个位置不佳的地段搬到了一处风景秀丽、人员也更加密集的地方，并将在其中建立一个化学实验室。之前由于没有机会，西班牙人对自然科学不甚了解，现在西班牙人可以通过天生的融合力，再依靠自己的努力和洞察力，来了解自然科学。

拉瓦锡学说在西班牙的接受情况

尽管燃素说在 18 世纪最后几十年的西班牙还拥有一些支持者，就像上述鲍尔斯的这种情况，但拉瓦锡的学说没过多久就在西班牙传播开来，这也为贝尔加拉神学院聘用法国化学家提供了便利条件。上面我讲到路易·普鲁斯特于 1779 年年底来到贝尔加拉，但 1780 年年中他又返回了法国，由另一个法国化学家弗朗索瓦·沙瓦诺来接替他的教学工作，但沙瓦诺到贝尔加拉担任教师的时间其实比普鲁斯特还要早，他到贝尔加拉这所学校的时间是 1777 年 6 月。然而，普鲁斯特的西班牙之旅并未就此结束。1785 年年底，他又回到了西班牙，受聘于塞哥维亚炮兵学院。他在该学院主持化学实验室的工作，并担任化学课的教授。从教学角度来看，普鲁斯特在塞哥维亚并未取得太多成就（除了管理上的原因之外，还因为他直到 1792 年 2 月才开始授课），但在科研方面确实取得了一定的成绩，例如他出版了《塞哥维亚皇家化学实验室年鉴》（*Anales del Real Laboratorio de Química de Segovia*），或叫作《西班牙和美洲的工艺、炮术、博物学报告合集以及矿石分析》（*colección de memorias sobre las artes*，*la artillería*，*la historia natural de España*，*y Américas*，*la docimástica de sus minas*），第一卷于 1791 年出版，第二卷于 1795 年出版（以下简称“年鉴”）。普鲁斯特本人在第二卷的序言中说："第二卷的内容与第一卷相似，也是关于化学在西班牙工艺、铸造和矿物学上的应用"，这都是由普鲁斯特本人写的。我们在这些《年鉴》中还发现许多关于"金属矿熔炉理论""碱液制作方法""火炮用铜调查""补充大炮导火线的新方法试验"的文章。在《年鉴》中发表的各种论文里，最为突出的是关于定比定律的最早表述之一，普鲁斯特的名字也因此载入世界科学史册。在第二卷的一篇名为《天然氧化铜矿分析》（*Análisis de la mina de cobre vidriosa roxa*，*ó del oxîde roxo nativo de cobre*）的文章中，我们可以看到："对此矿物中铜的氧化程度（25%）经过考虑之后，可以推断出人为作用和自然作用的结果是一致的。实际上，即使是人为造成的金属氧化，它也受制于定比定律，是由大自然决定的，它不因人的意志而改变。"

在《年鉴》第一卷中，我们找到了普鲁斯特反对"燃素说"的证据。例如，《关于西班牙一些铅矿的几篇论文》（*Ensayos sobre algunas minas de plomo en España*）中有一条很长的脚注，普鲁斯特写道：[30]

关于燃素，我没有说过什么，因为我觉得不是非要用燃素去解释化学现象，如果非要用燃素来解释的话，我也不知道是否该采用施塔尔的理论或者施塔尔学派的理论（作者注：普鲁斯特把施塔尔的名字"Stahl"写成"Sthal"；为了保持统一性，下文中我将统一改作"Stahl"；施塔尔学派"Sthalianos"，我也将改回正确写法"stahlianos"）。

最近这段时期的'燃素'已不是它的创立者所说的'燃素'。马凯［作者注：应该指皮埃尔·约瑟夫·马凯（Pierre Joseph Macquer）］对施塔尔的燃素说进行了提炼和吸收，并按他自己的方式对其作了修改，赢得了不少称赞。由于马凯编写的词典已经成了现在化学家们普遍采用的经典书籍，所以这些化学家不仅接受了马凯的燃素说，而且还没有觉察出这已经不是施塔尔的燃素说。

任何试图从施塔尔的作品中研究燃素的人，任何想要对施塔尔用来证明其燃素说的证据和理由作出判断的人，都会清楚地发现，证明这种要素存在的论据并没有那么充分，并不像一个几何定理那样牢不可破，这一点施塔尔本人都不否认。根据施塔尔的说法，煤中含有燃素，但并不是说燃素就是煤，燃素只是一种微妙的物质，人们认为它夹杂在煤里面，就像笛卡尔说的精细物质（作者注：指的是“笛卡尔认为宇宙间充满了精细物质，做旋涡运动”），以及牛顿所说的以太（作者注：在这一点上普鲁斯特搞错了，以太不是牛顿提出的，牛顿的宇宙除了既有的物体之外是真空的）。

孔克尔（作者注：即约翰·孔克尔，Johann Kunckel，1630—1703，普鲁斯特写成了“Kunker”）的作品更好地反映了燃素的历史，我们有法语译本。他的燃素说也与施塔尔的理论有所不同。如果有人把这位伟大科学家的著作全部翻译出来（其中有一部分很罕见），可能从很早以前开始燃素说就没有追随者了，我们也不必花费时间来说：尽管金属还原需要煤，不代表我们知道煤是如何作用于还原过程的。总之，每当施塔尔学派对燃素说的反对者进行驳斥时，施塔尔的作品反而是最弱的证词；如果这些反对者想要有一条必胜的理由来批驳施塔尔学派的话，只需要说：“再回去看看施塔尔的书吧！看完后再来为燃素说作辩护，如果你们敢的话。”

普鲁斯特还有更强硬的说辞，而且明确地提到了拉瓦锡，那就是他在《年鉴》第一卷另一篇文章中写的内容——而不是在某一页的脚注中。这篇文章的标题为《关于煤的化学组成》(*Sobre la combinación del carbón*)：[31]

施塔尔从孔克尔以及其他一些科学家处吸收了一些证据，用以证明燃素的存在，但他没有对这些证据进行核查，因此其可信度不高，而他本人也承认这一点。另一方面，他自己没有什么证据，于是靠想象来补充缺少的部分，想象着燃素从一种形态变至另一种形态，越来越难以捉摸，从而使燃素与火的结合看上去也没那么难以置信了。这就是施塔尔建立燃素说的依据，确实难以接受。而拉瓦锡先生的新发现已经将这种理论打破。

按照施塔尔的观点承认燃素的存在，相当于承认一种想象的存在，因为截至目前，不管火与什么物质相结合，沙子也好，燃素也好，没有任何人证明过它们的结合方式。

威廉・冯・洪堡（Wilhelm von Humboldt），是亚历山大・冯・洪堡（Alexander von Humboldt）的哥哥。尽管亚历山大比威廉更有名，但威廉积累的学识和活动一点也不比亚历山大少（威廉是语言学家、政治家、教育家，还是柏林大学的创始者之一）。威廉于1799—1800年游历西班牙，在他的旅行日记中，曾经记录了他与普鲁斯特的会面。据他的记载，这位法国化学家告诉他，或者说，从普鲁斯特的话中可以推断出，他不是很喜欢塞哥维亚（Wilhelm von Humboldt，1998：83）：

塞哥维亚的这所学校一无是处。整个炮兵学校，没有一名老师是数学家或化学家。责任在于上级部门。他们将数学课分成很多分科，每个老师只懂得他自己负责的那一部分。贾尼尼是唯一一个都懂的人，但人们却讨厌他。我们的国王比任何其他国王都重视科学，但其重视的方式不总是正确。我们的国家现在可能都没有准备好足够的硝石，用于生产认真打一场仗所需的火药，而实际上没有一个国家的硝石储量比得过西班牙。现在，国家开支达到了10亿雷亚尔，而收入只有4亿雷亚尔。

1799年，普鲁斯特离开塞哥维亚，来到马德里指导一家新成立的启蒙运动学校：皇家化学学院。这所学校隶属于国务部，它将塞哥维亚的几所学校与当时马德里既有的两个机构合并在一起，马德里这两个机构原先都建于1787年：一个是由财政部设立的工艺应用化学学校，旨在教授怎样在工业生产过程中利用化学；另一个是皇家化学实验室。

工艺应用化学学校的设立反映了功利主义的目的，在颁布给多明戈・加西亚・费尔南德斯（Domingo García Fernández）的敕令中，此功利主义的目的也清晰可见。在此之前，多明戈・加西亚・费尔南德斯被委派编写一份关于学校教学内容的报告。敕令说：

> 您根据国王陛下之前的敕令所编制的工艺应用化学学校的教学计划，已经提交给国王陛下。陛下批准了计划的全部内容，并下令在拟建玻璃仓库之处建造一座实验室，还下令采购必要的仪器设备。陛下委派您根据计划所述方法，按照材料顺序以及指定的日期和时间来讲授化学课程。陛下希望您在工作中热情勤勉，对那些与生产、技术、手艺以及王国内普遍行业（即学校教学工作主要针对的行业）关系较为紧密的内容，投入更大精力。[32]

正如上文所述，多明戈·加西亚·费尔南德斯（1759—1826），被委派负责工艺应用化学学校的教学工作。实际上，在此之前，他便负责圣伊尔德丰索皇家玻璃工厂的工作（位于塞哥维亚的拉格兰哈），这家皇家玻璃工厂的历史要追溯至1727年，即费利佩五世统治时期。

加西亚·费尔南德斯对化学了解颇深。1780年他就读于药学院和巴黎医学院，1783年他获得政府奖学金，去往法国戈布兰工厂深造并开展间谍任务，其任务主要是关于染料的生产和使用技术。在担任工艺应用化学学校的负责人之前，政府还曾授予他另一项奖学金，为此他需要于1787年在法国度过4—6个月的时间，目的是"了解法国的化学发展情况，订购西班牙不能生产的仪器设备，特别是详细了解巴黎和波尔多的造币厂的经营情况。具体是关于货币的铸造、精炼、提纯、实验和重新冶炼方法，并设法取得最实用的熔炉和机械的图纸或模型，全面了解其工作机制、造成的费用、用以避免浪费和损失的预防措施，以及其他一切值得注意和提醒的事项"。[33]

加西亚·费尔南德斯在工艺应用化学学校只任教一年，即1789—1790学年，后来他自己申请不再担任此工作，理由是无法在担任教学工作的同时还要完成财政部分配的任务，其中包括与货币铸造相关的实验工作。他的教学工作由沙瓦诺接替。沙瓦诺已于1787年离开贝尔加拉神学院，定居于马德里，指导白金的生产工作（严格来说，是为了使白金具有延展性），并负责印度群岛部在一所矿业学校设立的矿物学课程，这所学校一开始设在奥塔莱萨街的一幢大楼内。[34]沙瓦诺在这个地方只工作了两年，因为根据 1791 年 4 月 9 日的一道敕令，矿业学校及其实验室都搬到了图尔克街（即现在的库巴斯侯爵街），也就是工业应用化学学校的所在地，而这所化学学校也转由沙瓦诺管理。[35] 对于这次搬迁的原因和影响，华金·金塔尼利亚（Joaquín Quintanilla）（1999：281）是这样解释的：

> 奥塔莱萨街的实验室在沙瓦诺的领导下发展迅速。这位法国化学家来到此处没多久，白金样品的供应就开始减少，最终耗尽。沙瓦诺决定转变实验室的重心，致力于研究来自印度群岛的任何种类的矿物。这其中的许多矿物由去往秘鲁的远征队队员提供（没过多久他们也开始提供白金，并且逐渐累积起来，成了一笔不小的财富，与之前的匮乏形成明显对比）。这座实验室最后发展成了“皇家印度群岛矿物学校”，沙瓦诺于 1790 年出版了《自然科学基础》（*Elementos de Ciencias Naturales*），用于指导学生。1791 年，大家认为这处场所太过拥挤，不适于开展教学工作，于是一致商定搬迁至图尔克街的大楼，同时还聘请了德国矿物学家克里斯蒂安·赫尔根（Christian Herrgen）。沙瓦诺与赫尔根一起在图尔克街工作到 1797 年，然后沙瓦诺返回巴黎，实验室暂时关闭。

另一方面，皇家化学实验室的主要负责人是佩德罗·古铁雷斯·布埃诺（Pedro Gutiérrez Bueno，1745—1822）。此外，他从 1795 年起还是皇家玻璃工厂的负责人。他来自卡塞雷斯，28 岁才开始在马德里圣伊西德罗学院学习高级课程，然后在首都担任了一段时间的药剂师助手。1776 年他在圣贝尔纳多街购得一间药房，并于第二年通过了由皇家医生资格鉴定团主管的药学硕士考试。加那利教士何塞·德比埃拉 - 克拉维霍（José de Viera y Clavijo，1731—1813）在圣克鲁斯侯爵宫建有一座私人实验室（克拉维霍是侯爵儿子的家庭教师），古铁雷斯·布埃诺的化学就是向他学习的，但后来他们俩之间出现了很大的分歧。正如我们看到的，古铁雷斯·布埃诺在化学上并没有受过“高等的”教育，但足以使他被指定为皇家化学实验室的教授，这是很关键的一步，这使他在后来成了外科学院的化学教授。1806 年国家正式设立药学研究项目后，他又成为马德里药学院的一名教授，后来担任系主任，直至 1815 年退休。和 18—19 世纪许多其他的西班牙化学家一样，古铁雷斯·布埃诺的著作主要以教育问题或应用问题为重点。在教育问题上，他著有《皇家实验室理论与实践化学教程》(*Curso de Química Teórica y Práctica para la enseñanza del Real laboratorio de esta Corte*，1788)、《皇家圣卡洛斯学院分期化学教程实践》(*Práctica del curso de Química dividido en lecciones para la enseñanza del Real Colegio de S. Carlos*，1803)、《化学、药学和医学手册》(*Prontuario de Química*，*Farmacia y Materia Médica*，1815) 等作品；在应用问题上，他著有《无机酸制造方法》(*Método de fabricar los ácidos minerales*，1775—1800?)、《硝酸及其他蚀剂的提取操作说明》(*Instrucción práctica para destilar las aguas fuertes y otros espíritus ácidos*，1787)、《麻、棉及其他材料的漂白记录：根据贝托莱先生以法语出版的相关文件改编的精简实用版》(*Memoria sobre el blanqueo del lino*，*algodón y otras materias*：*sacada de la que sobre este asunto publicó en francés Mr. Berthollet y simplificada en cuanto a su práctica*，1790)。

但古铁雷斯·布埃诺最为人称道的是他于 1788 年出版的一部译作，也就是他就职于皇家化学实验室的那一年。这部译作即《新化学命名法》(*Método de la nueva nomenclatura química*)，原作题为《化学命名法》(*Méthode de Nomenclature chimique*)，出版于 1787 年，是拉瓦锡偕同吉东·德莫尔沃 (Guyton de Morveau)、克洛德·路易·贝托莱 (Claude Louis Berthollet)、安托万·弗朗索瓦·德富克鲁瓦 (Antoine François de Fourcroy) 一起编制的，这本书是研究拉瓦锡派化学理论的基本著作。[36] 这本手册的重要性在于，它对化合物的命名体系作了解释，这种命名体系遵循一种系统性的规则和逻辑。而在拉瓦锡引发化学革命之前，人们对某些特定物质的命名都是随心所欲的，例如“硫酸锡”“燃素碱”“砷花”“汞水”，此外还有一种情况就是，同一种化合物有好几个名称，例如碳酸钠就曾被叫作 (以 18 世纪末西班牙语中的叫法为例)“泡碱”“海盐碱”“海碱”“无机碱”“钠晶体”“漂土钠”“泡腾无机碱”“钠漂土”“苏打灰”。[37]

古铁雷斯·布埃诺不惜花费时间翻译《新化学命名法》，这件事不禁让人觉得他是拉瓦锡化学体系的坚定拥护者。然而，他的立场却没有那么明确。在他的《理论与实践化学教程》中，相当一部分内容参考了莫尔沃的《新秩序下的理论与实践化学基础》（*Eléments de Chimie théorique et pratique rédigés dans un ordre nouveau*），却鲜少提及拉瓦锡（甚至在关于燃烧和煅烧的章节也是如此）。而且，对于燃素说，他还写道（Gutiérrez Bueno，1788：48）："燃素说体系已盛行多年，但气体被发现之后，燃素说似乎应该被抛弃了。事实上，气体这种东西确实能被感知到，但还需更进一步的验证。这两种学说我们暂时都不接受，因为两者的证据都差不多，还要看谁更能发挥聪明才智，将其理论解释得更加明确。"

（有可能）作为辩解，拉瓦锡在其著作《化学基本论述》（*Traité élémentaire de Chimie，présenté dans un ordre nouveau*）中，详细介绍了他的新化学。这本书是在《理论与实践化学教程》的第二年出版的。

我在上文中已经提到，1799 年，工艺应用化学学校和皇家化学实验室都并入了由路易·普鲁斯特领衔的皇家化学学院。到此来听课的人数看起来不少，但取得的专业成果却不大，至少，其中一名听课学生在其发表的作品中是这么说的。这名学生是马泰奥·何塞·布埃纳文图拉·奥尔菲拉（Mateo José Buenaventura Orfila，我将在下文中再详细介绍），他表示："大多数来听课的人都是见多识广的人，他们来听课就好像是来观看一场演出。"（许多启蒙运动文化人士对科学的兴趣确实犹如对演出的兴趣。）普鲁斯特在该学校做了大量工作，将教学与研究相结合，例如，进行了对糖的研究；并于 1803 年出版了一本书，名为《关于镀锡铜、镀锡和上釉的调查》（*Indagaciones sobre el estañado de cobre，la vaxilla de estaño y el vidriado*）。1806 年年底，由于家庭原因，普鲁斯特不得不去往法国，后来政治环境又使他无法返回马德里。当时的原因很复杂，其中一个原因便是 1808 年卡洛斯四世让位后，实验室失去了拨款。

西班牙不仅失去了普鲁斯特，还失去了沙瓦诺，后者已于 1799 年返回了法国。这两位著名的法国科学家为西班牙的化学发展做出了巨大的贡献，随着他们的离去，一个时代结束了。

1788 年，也就是古铁雷斯·布埃诺的译本《新化学命名法》出版的同一年，另一位化学家，胡安·曼努埃尔·德阿雷胡拉出版了一部专题著作，名为《对新化学命名法的思考》(*Reflexiones sobre la nueva nomenclatura química*)。翻开这本书，就会看到一封《致西班牙化学家们的信》，信中写道：

> 尊敬的先生们：我在翻译新的化学命名法的过程中，加入了几处备注，我觉得对于准确理解作品内容而言，这些备注很恰当，或者说必不可少；正当我准备将我的译作寄给尊敬的安东尼奥·巴尔德斯－巴桑先生（*Señor Baylío Fr. Don Antonio Valdés y Bazán*）时，我收到了一封写于 1 月 3 日来自马德里的信件，得知巴尔德斯－巴桑先生刚刚印刷完《化学命名法》：因此我暂时没将我的译本寄送出去，我把接下去的情况编写成了一份初步报告，现提供给我国的各位化学家，并提请化学评审委员会进行判断，请用化学专业知识进行评判。

这封信的日期为 1788 年 3 月 20 日，阿雷胡拉是在巴黎写的这封信。

胡安·曼努埃尔·德阿雷胡拉－普鲁泽特（Juan Manuel de Aréjula y Pruzet，1755—1830），来自科尔多瓦省的卢塞纳市，他的父亲是爱丁堡龙骑兵团的一名外科医生，他以父亲为榜样，18 岁时进入了加的斯外科学院，1776 年从该校毕业，然后作为外科医生加入了海军。[38] 1784 年，也就是阿雷胡拉回到加的斯一年以后，他获得了海军奖学金，与富克鲁瓦一起去巴黎进行化学方面的深造。后来，阿雷胡拉和富克鲁瓦建立了深厚的友谊，以及一种科学家之间的惺惺相惜的感情。但阿雷胡拉在巴黎不仅完成了学业深造，1789（法国大革命开始的年份）—1791 年，他游历英格兰和苏格兰，购买建立化学实验室所需的各种仪器设备，打算在加的斯建一座化学实验室，同时他还利用机会获取各种矿场和工厂的信息。正如我们在上文中说过的，在当时的西班牙（并将一直持续到 19 世纪的西班牙），工业间谍活动十分频繁。

他回到加的斯之后，以化学教授的身份加入了外科学院。由于计划中的化学实验室最终未能建成，他只好把重心放在医学和植物学等学科的教学上。1800—1804

年，他还致力于对抗当时在安达卢西亚流行的黄热病疫情。他从与疫情斗争的工作中总结经验，写出了一部著名的作品：《黄热病简述》（*Breve descripción de la fiebre amarilla*，1806）。医学，在西班牙（在其他地方也是）一直是一个安全的庇护所，它最终战胜了化学。

1814 年，医生资格鉴定团改制重建，更名为"公共卫生最高评审委员会"。由于之前取得的工作成果，阿雷胡拉被选为该委员会的主席。"自由派三年"期间（1820—1823 年），他进入政界，后来成为教学总局（这一机构成立于 1821 年 8 月）的成员。他在那里工作突出，又被选为医学教学改革委员会的主席。尽管他所从事的政治工作仅限于教育方面，但政治毕竟是有风险的，而且在那个年代的西班牙，政治又影响到人生各种各样的浮浮沉沉。1823 年，阿雷胡拉不得不流亡国外，最终落脚在伦敦，1830 年 11 月在那里去世。在去世那年的 5 月，他曾以健康状况为由，通过塞亚·贝穆德斯（Cea Bermúdez）向西班牙政府提出从宽发落的申请。他想死在自己的国家，但国家拒绝给予他这项"恩典"。

现在我们回过头来讨论《对新化学命名法的思考》。在这部作品中，阿雷胡拉对拉瓦锡关于氧气的一种化学理论作了批评。在书中可以看到（阿雷胡拉，1788：5）："整个新的化学理论几乎都在于确定其中混合的各种气体的比例及相互之间的关系。"他还补充道：

> 对于这种物质，新命名法的作者给它起名为"氧气"，因为它有形成酸的恒定特性，因此它又被称为酸的生成剂。[39]我们要好好检验一下其性质是否真如作者所说的那么恒定，我们是否可以通过这种酸性来了解与氧气（空气的主要成分）结合而形成的各种物质，命名法的作者在此是否遵循了第一部分记录中所说的原则。

对于拉瓦锡而言，氧气"oxí-geno"确实代表"酸的生成者"，同理，氢气"hidró-geno"就代表"水的生成者"，氮气"nitró-geno"（或偶氮"ázoe"）代表"不适于动物生命"。阿雷胡拉指出，如果拉瓦锡说的是对的，那么必然可以推导出以下结果，第一条便是："所有的酸都含有氧。"阿雷胡拉评论道："如果他的设想是正确的，这对化学来说很有好处；但是，如果我们只能在某些例子中证明其正确性，那么对于其他情况，我们就采用类推方法吗？如果没有确实的依据来提供支持，那它就只是一个无力的说法。以前，我们根据类推方法，得出所有的盐都有味道，所有的盐都可溶于水，化学里没有比这更肯定、更确信的事了；而现在我们知道了，许多盐都没有这两种属性。类推方法还曾经告诉我们，土和石都不可溶于水；但现在我们知道了，有些盐不溶于水，而有些土却可溶于水。"

阿雷胡拉对拉瓦锡的酸理论进行批判时，提到了几个证据，用来为他的批判提供支持。其中，他提到了"贝托莱，他在化学分析上的才能、毅力和洞察力是众所周知的，他可能是在盐酸性质的研究上投入最大精力的化学家，他认为盐酸不含氢。"事实上，1810 年前后，汉弗里・戴维（Humphry Davy）证明了盐酸（现在也叫作氢氯酸或氯化氢）不含氧，它含的是氢和氯：它的化学式是 HCl。戴维还证明了氢硫酸（H_2S）、氢碲酸（H_2Te），以及各种含氢酸都不含氧。

因此，阿雷胡拉提出弃用"oxígeno"（氧气）这个词，用"arxícayo"（可燃素）来代替：

> 经证明，"oxígeno"这个名称不合适。最为合适的名称，并且集齐所有相关条件的名称，应该是根据其唯一、持久的助燃属性推导出来的。因此，我们认为，空气的主要成分是能燃烧的那个要素，这一属性绝对不会把我们引至错误的方向，也不会使我们将其与别的物质混淆。但由于科学上有以希腊语命名的惯例，以符合专业人士的习惯，便于他们理解。因此，我们以希腊语为依据，取一个西班牙语的名字，那就是"可燃素"，它结合了"要素"和"能燃烧的"两个词的意思。

阿雷胡拉对拉瓦锡酸理论的批评引起了一定的反响。例如，沙瓦诺在其 1790 年于马德里出版的一本书中对这些批评进行了总结，这本书就是《自然科学基础》，但他不接受"可燃素"这一名称，而是另外起了一个："致火气（gas pirógeno）"，来自希腊语“pyros（火）”和“geinomai（产生）”的发音结合。支持阿雷胡拉提议的人不多，但其中包括了安德烈斯·曼努埃尔·德尔里奥（Andrés Manuel del Río），他于1795年在墨西哥出版了一部作品，《矿物学基础或根据A. G. 维尔纳原理的化石排列知识》（*Elementos de Orictognosia o del conocimiento de los fósiles dispuestos según los principios de A. G. Werner*），他在书中解释说：“我不习惯使用‘氧气’‘含氧’‘氧化物’等词的发音，就是因为众所周知的那些反对原因。化学家胡安·曼努埃尔·德阿雷胡拉先生关于新命名方法的思考中，对于这些原因也有所提及。我用他提出的‘可燃素’‘金属素’‘可燃要素’来代替‘氧气’等名称，因为阿雷胡拉先生的命名更能体现空气主要成分的持久属性，无论其处在固态、液态还是气态，它都是首要燃烧剂。”[40]

尽管阿雷胡拉的术语提议在西班牙取得的成就十分有限，但在西班牙之外，他的《对新化学命名法的思考》成了一部受人尊重的作品。因为这部作品被翻译成法语（略有改动），并发布在《物理、博物学和艺术观察》（*Observations sur la physique*，*sur l'Histoire Naturelle et sur les Arts*）（Vol.33，262-286）杂志上，就在其西语版本出版的同一年，即1788年，其法语名称为：《对新化学命名法的思考。关于新命名法西班牙语译本的介绍》（*Réflexions sur la nouvelle nomenclature chimique. Pour servir d'introduction à la traduction espagnole de cette nomenclature*）。

西班牙语和化学

古铁雷斯·布埃诺在其译作《新化学命名法》开篇处的《说明》中加入了几个段落，明确提到了新科学建立之时，西班牙存在的落后情况。当时最具代表性的问题是，面对用另一种语言创造的专业术语，西班牙必须将它译成本国语言，但翻译的难度又非常之大，这似乎是一个从未消失过的西班牙语问题：

起初，每当有一个新的词汇出现，就必须在我们的西班牙语里寻找一个与之意义相同又独特的词，这个词必须符合最权威的西班牙语词典（西班牙皇家语言学院的第一套词典《权威词典》当时已投入使用：共6卷，出版于1726—1739年），还必须经过最有声望的专家的认可。然而，不用多想便能知道，这项任务有多么艰巨。因为大家都心知肚明，在我们的语言里，关于自然科学和艺术的词汇非常缺乏。况且，虽然人们耗费大量精力，希望这些新的词汇适应西班牙人的语言习惯，但结果往往适得其反，不仅与术语命名者的意图完全相悖，对于创造该词汇的目的而言也是毫无用处。事实上，建立化学物质命名法的目的不是为了给本国语言增加一些词汇，而是为了完善和改变化学语言，并通过这种方式将化学推广至所有国家，也便于从事化学（这是一门最为实用的学科）的那些老师和爱好者之间交流工作。

因此，就只有从原文中照搬该词汇，或者仅对其进行尽可能小的改动，使之不会变化太大。这两种方法，我觉得都是可行的，视具体情况，哪种方法更合适，就采用哪种……

当法语发音听起来不顺，我觉得也可以采用拉丁语的发音。例如，我没有采用法语词汇“sulphure”，而是用了“sulfurete”，因为它与拉丁语中的“sulphuretum”更为接近[①]。几乎所有的术语都与它的原文有类似之处，如果说有例外情况的话，那就是“xaboncillo”，这个词的意思是由挥发油构成的皂性合成物；但只要认识拉丁语里的“sapo”，法语里的“savon”，就知道其西班牙语形式是“xabon”[②]，由此很容易就能理解，拉丁语里的“saponulus”、法语里的“savonule”，就是西班牙语里的“xaboncillo”，但这个词在我们的词典里是找不到的。

皇家植物园：“马德里科学大道”的第一个机构

1759 年 12 月，当卡洛斯三世（1716—1788）到达马德里，准备继承本不属于他的王位时（卡洛斯的同父异母兄长路易斯一世和费尔南多六世过早离世，而且没有子嗣，因此由卡洛斯继承西班牙王位），他看到的是一座肮脏、毫无吸引力的城

① sulphure、sulfurete、sulphuretum，这三个词都是“硫”的意思。——译者注

② sapo、savon、xabon，这三个词都是“肥皂”的意思。——译者注

市，更没有像卡波迪蒙特王宫、卡塞塔王宫那样的建筑，那是他以卡洛斯七世的名字担任那不勒斯国王时下令建造的宫殿。1764 年，卡洛斯成为第一个住进马德里皇宫的西班牙国王。而 1759 年的时候，马德里皇宫尚未完工（到收尾阶段时，建筑师弗朗切斯科·萨巴蒂尼参与了进来），但它早在 1738 年便开工了。1734 年，皇家阿尔卡萨宫失火烧毁，于是费利佩五世下令在原址新建马德里皇宫，来替代阿尔卡萨宫。

新国王的市政规划集中于现在的普拉多大道，从阿托查广场（那时候叫作奥利瓦尔 – 德阿托查广场）至大地女神广场路段。在当时，那是一条普通道路，曼萨纳雷斯河的一条支流——阿布罗尼迦尔河流经此地。由于费利佩四世下令建造布恩雷蒂罗宫作为第二处住所，这条支流的一部分已埋入地下。这片区域曾经是马德里的郊区，现在是布恩雷蒂罗公园的所在地。卡洛斯三世下令在那里设立的第一个机构是植物园，这个机构的前身位于一个远离城市的乡镇——索托 – 德拉佛罗里达，一个叫作“米加斯卡连特斯植物园”的地方（即现在的曼萨纳雷斯河旁边，靠近铁门）。[41] 米加斯卡连特斯植物园是根据 1755 年 10 月 17 日费尔南多六世的敕令“为了我们王国内的植物学研究向前发展”建立的。这座植物园能够建立，何塞·奥尔特加（José Ortega，也写作 Hortega）的坚持非常重要。他是国王的药剂师，也是马德里皇家医学学会的终身秘书，他向该学会主席何塞·苏尼奥尔（José Suñol）施加压力，请他向国王提出建立一座植物园的建议，以满足科研需求。这位何塞·苏尼奥尔，除了担任马德里皇家医学学会主席之外，还兼任塞维利亚皇家医学学会的主席，同时也是首席御医和皇家军队的医生。[42] 1753 年 10 月 31 日，苏尼奥尔完成了奥尔特加的委托。然而，当时并非只有奥尔特加有那样的想法，在这第一座马德里植物园的建立过程中，还有一位重要的人物，那就是医生兼植物学家何塞·克尔（José Quer，1695—1764）。关于这个人，奥尔特加曾经在一封信中这样说（Añón，1987：11）：“何塞·克尔先生，曾遵照国王命令游历欧洲，途中有许多优秀的植物学家向他赠送了各种植物，克尔先生出于对植物学的爱好、对国家的热爱，自费将这些植物养护在国王卫队军营附近的一座小花园内，因为没有足够的资金将它们移栽到马德里的皇家花园。”

普拉多大道的植物园落成于 1781 年，其所在位置旧称“阿托查旧牧场”。1543

年，身兼数学家、地理学家、制图师等各种身份的佩德罗·德梅迪纳曾这样描述这片区域（Añón，1987：37）：

> 马德里的东边，出住宅区不远，在一片高地上，有一座富丽堂皇的圣哲罗姆修道院，在住宅区与这座修道院之间的左手边，远离村子的地方，是一片广阔又美丽的杨树林，杨树排成三列，使街道显得又宽又长；在右手边是另一片杨树林，排成两列，风景宜人，形成一条长长的街道，通往人们称为阿托查的那条路：这片杨树林有引水渠，大部分渠道靠近果园的一边。人们把这两片杨树林叫作“圣哲罗姆牧场”。

植物园

花园的建造拥有悠久的历史。试问，谁没有听说过著名的巴比伦空中花园？它建造于公元前 6 世纪尼布甲尼撒二世（Nabucodonosor）统治期间，位于幼发拉底河沿岸，被认为是古代七大奇迹之一。埃及法老也拥有花园，和罗马帝国的富人们一样。建造花园的想法不断扩散，不仅是因为人们能从美丽的环境中享受乐趣，还因为花园中可以种植各种药用植物，曾在长达一千多年的时间里为人们提供了大部分的药物。

实际上，人们对植物学的兴趣在很大程度上是源于它在疾病治疗上所扮演的角色，有一部几个世纪以来再版了几百次的作品可以证明这一观点（在西班牙，正如我们所见，塞哥维亚人安德烈斯·拉古纳将它译成了西班牙语），这部作品就是《药物志》，其作者我们在上文中也提到过，就是定居于罗马、为尼禄（Nerón）军团效力的希腊医生，佩达西奥·迪奥斯科里季斯·阿纳扎尔贝奥（40?—90）。他随军队走过很多地方——希腊、西班牙、北非、高卢、叙利亚，在此过程中他累积了大量的知识，并汇集到了《药物志》这本书中，基本上它可以说是一部药理百科全书，其中讲述了各种植物（600 多种）、动物（90 多种）以及矿物（90 多种）的药用属性。

1316 年，第一座现代植物园在汉堡成立，但这种做法是在意大利萌芽的，与医学院系相关。由科西莫·德美第奇（Cosimo de Medicis，1544）提议建立的比萨植物园，带动了一批植物园的兴建，包括帕多瓦植物园（1545）、佛罗伦萨植物园（1545）、博洛尼亚植物园（1568），建造它们的目的都是种植药用植物。这之后有莱顿植物园（1590）和蒙彼利埃植物园（1593），17世纪又出现了牛津植物园、巴黎皇家药用植物花园［又称为“皇家花园”，由居伊·德拉布罗斯（Guy de La Brosse）医生提议，并由路易十三（Louis XIII）于1626年下令建造］、凡尔赛植物园［由安德烈·勒诺特（André Le Nôtre，1613—1700）］设计，他创立了一种新的文艺复兴风格模式，以遵循几何规则的方式来表现“理性与秩序”、乌普萨拉植物园（建于1655年，1741年林奈又对其进行了重新设计。）[43]在17世纪，宫殿附属的温室开始建造起来：1617年的卢浮宫橘园为这种类型的建筑赋予了名字；凡尔赛橘园于1686年竣工，拥有一个向南延伸155米长的中央画廊。18世纪下半叶，彼得·舍列梅捷夫伯爵（conde Pedro Sheremetev）在莫斯科的郊区——库斯科沃，建造了一座富丽堂皇的避暑庄园，他想将它打造成最为华美的贵族庄园，于是又增设了一个橘园，用来举办宴会。英国的邱园和德国的卡塞尔橘园都是在18世纪下半叶建立的。

与植物园有关联的著名博物学家不在少数（上文中我已经提到了林奈）：乌利塞·阿尔德罗万迪（Ulisse Aldrovandi）于1547年建立了博洛尼亚植物园，康拉德·格斯纳（Conrad Gessner）于1560年建立了苏黎世植物园，而赫尔曼·布尔哈弗（Hermann Boerhaave）于1709年成为莱顿植物园的园长。莱顿这座城市，1599年就建成了第一座温室，用以保护从好望角运抵荷兰的植物。之所以将这些植物运到莱顿，是因为活跃于17—18世纪的荷兰西印度公司于1685年在好望角建立了一座植物园，以便在该公司船队经过好望角时，向水手们供应水果和蔬菜，从而使他们摆脱坏血病的威胁。

在北美，第一座植物园是约翰·巴特拉姆（John Bartram）于1728年在费城建立的。

植物园和药品之间的关系十分密切，并且表现在各个方面。荷兰西印度公司的经营目标中就曾提及植物园和药品的关系，巴黎皇家药用植物花园更是从名字上就将这一关系体现得淋漓尽致。植物园中还常常立起纪念埃斯库拉皮奥（Asclepio）①、希波克拉底、盖伦等人的雕像（帕多瓦植物园就是如此）。皇家药用植物花园一直由御医监管，直到 1729 年，其名字改为简单的“皇家植物园”后，才停止接受御医监管。之后其管理落入保守派的手中，例如安托万－罗兰·德朱西厄（Antoine-Laurent de Jussieu）、让－巴蒂斯特·德拉马克（Jean-Baptiste de Lamarck）、拉塞佩德伯爵（conde de Lacépède）贝尔纳·热尔曼·艾蒂安·德拉维尔叙里永（Bernard Germain Etienne de la Ville-sur-Illon）、布丰伯爵乔治－路易·勒克莱尔（Georges-Louis Leclerc），他们将这座植物园变成了博物学的标杆。

普拉多大道植物园的初步设计由萨巴蒂尼负责，土方施工从 1776 年开始，1780 年由胡安·德比利亚努埃瓦接管这项工程。[44] 植物园与圣哲罗姆修道院、圣布拉斯山、普拉多大道毗邻。在普拉多大道处建造了正门——“皇家大门”，门上可以看到铭文：“卡洛斯三世。国父，植物园创立者，为了国民的健康和休憩。1781 年。”[45] 第一所建立的机构是植物园，这并不奇怪，因为这类机构结合了科学活动（例如从分类学的角度研究植物）和其他较为实际的活动（种子库、濒危物种保护、种植技术开发）。这些都很符合启蒙运动的关注点。

这个植物园有一件事情值得一提：从最初在米加斯卡连特斯建园开始，该植物园就一直遵循着已经成为明文规定的传统，即利用植物园来获取药品，植物园按照等级规定隶属于医生资格鉴定团——一个由医生建立并主管的王室机构。该鉴定团的副主席是首席药剂师，教授们只负责科研工作，并配备有园丁和各种科目的助手。这对于植物园来说大有裨益，因为医生资格鉴定团可以支配大量资源。然而，1799 年 4 月 20 日，卡洛斯三世下令取消植物园同医生资格鉴定团的从属关系，这严重影响了植物园的生存，因为之前都是由医生资格鉴定团独家赞助的。

我们在森佩雷－瓜里诺斯所著的《卡洛斯三世统治期间西班牙最佳作家文库鉴定》（以下简称《鉴定》）中，找到了一段关于那个时期西班牙植物学关注点和创作情况的介绍（1785：t. IV，167-169）：

① 埃斯库拉皮奥，掌管医疗之术，是医药之神。——译者注

所有的科学和艺术都归功于卡洛斯三世的雄图大略，他提供了保护、援助和推动。然而在植物学上，要么是因为管理有方，要么是因为没有那么多障碍需要克服，其进步较其他学科而言更为明显。在国王陛下来到西班牙之前，西班牙没有出版过条理清晰的关于植物学的任何作品，唯一拥有的植物园（米加斯卡连特斯植物园）只是一个满足人们好奇心的场所，而不是一个教育机构。但国王陛下来到西班牙之后没多久，克尔先生的《西班牙植物志》（*Flora Española*）就出版了。[46]然后，植物园转移到了更为舒适的地区，植物的栽种也更加井然有序。两门植物学课程已经设立……在加的斯、潘普洛纳新建了其他植物园，还适时下令在巴塞罗那和萨拉戈萨也建立植物园。除此之外，法国外交部向我们的国王申请许可，请求允许东贝先生（Mr. Dombey）去鉴别和观察海外王国的植物，国王陛下授予该许可，条件是东贝先生必须带领一支远征考察队的成员前往。于是国王陛下派遣了由两名植物学家和两名西班牙画家组成的考察队，并要求东贝考察回国后必须向马德里植物园提交两份由他制作的“秘鲁植物标本合集”，以及相关的观察和描述记录副本。这支考察队中的西班牙成员已经取得了很大的成就，他们完成了《秘鲁植物志》，将在回到西班牙之后付印。国王陛下同时资助了另外两支远征科考队，一支是在广阔的南美领地，由马德里学派的两名杰出弟子负责——伊波利托·鲁伊斯先生（D. Hipólito Ruiz）以及何塞·帕冯先生（D. Joseph Pavón）；另一支在北美领地，由何塞·塞莱斯蒂诺·穆蒂斯博士负责，他配得上林奈之子对他的高度赞扬：在林奈作品的补遗中，林奈之子称赞塞莱斯蒂诺是新大陆有史以来最为优秀的植物学家。在我们尊贵的国王陛下的赞助下，已经有多部植物学著作出版。费利佩二世的御医——弗朗西斯科·埃尔南德斯医生（Dr. D. Francisco Hernández）的手写原著《新西班牙博物学》（*Historia Natural de Nueva España*）目前也在印刷中。当政策执行得当，政府的精神自然也会激励民众。皇家菲律宾公司自费派遣马德里植物园的学生——胡安·奎利亚尔先生（D. Juan Cuellar）去往菲律宾那片富饶的群岛，勘察东方的丰富物产。

在这一段内容的结尾，他还说道：

> 奥尔特加（卡西米罗·戈麦斯·奥尔特加，Casimiro Gómez Ortega）先生在促进植物学发展的资料整理方面起到了重要的作用。上述考察队的通信往来就是由他负责的。关于克尔所著的《西班牙植物志》，克尔本人留下了杂乱无章的续篇草稿，奥尔特加先生对其进行了整理。此外他还负责上述弗朗西斯科·埃尔南德斯医生手写著作的印刷工作。[47]

森佩雷 - 瓜里诺斯所著的《鉴定》过分夸大了卡洛斯三世的主导作用，这是现代史在描述一个事件的时候常常会发生的情况，尤其是当这段历史涉及了有权有势的人物的时候。卡洛斯三世确实为启蒙运动新文化在西班牙的发展做了很多工作，他对植物学也确实表现出兴趣，但这并不代表西班牙各个科学领域内发生的任何进步都是由他主导的，包括我们正在讨论的植物学。[48] 可以确定的是，他的权力是至高无上的，这意味着以上任何计划都须经过他的批准。卡西米罗·戈麦斯·奥尔特加（1741—1818）是一个十分特别的人物，森佩雷 - 瓜里诺斯也曾提到他。戈麦斯·奥尔特加在经济上条件优渥（他拥有一家生意兴隆的药店，在长达二十多年的时间里，这家药店负责为马德里和圣费尔南多的慈善院提供药品。药店位于蒙特拉街。这家药店，以及位于阿兰胡埃斯、从 1788 年开始经营的另一家药店，都是他叔叔——上文中提到过的何塞·奥尔特加遗赠给他的）。他曾游历国外，见多识广：曾获得加的斯外科学院的奖学金，到博洛尼亚学习，并于 1762 年在博洛尼亚获得医学和哲学的博士学位。同年，他还在马德里获得了药物学的硕士学位，然后又到威尼斯和帕多瓦求学。1775 年，他来到巴黎，结识或师从于布丰、朱西厄、达朗贝尔等人。离开法国的首都，他又来到英格兰，在伦敦他结识了英国皇家学会的成员约瑟夫·班克斯（Joseph Banks）等人，参观了邱园（后来还去参观了牛津植物园）。1776 年回到西班牙后，再次出国到荷兰去了解阿姆斯特丹和莱顿的植物园，然后返回法国，充分利用机会参观了蒙彼利埃和佩皮尼昂的植物园。他的学识和人际关系，与他的勃勃野心不相上下，这使他的生活变成了一场持久的斗争，群敌环视，尔虞我诈。[49]西班牙的植物学能够得到制度化的发展，离不开这种野心，而这也不可避免地使他进入了混乱动荡的权力舞台。撰写戈麦斯·奥尔特加传记的专业作家哈维尔·普埃尔托·萨缅托（Javier Puerto Sarmiento，1992：xv，316），在传记中较为中肯地写道："这个人物终其一生，充当王室的影子，充当卡洛斯三世和卡洛斯四世的代表，执行王室的科学政策，特别是关于西班牙及其海外殖民地博物学方面的政策。"萨缅托在传记中还补充说："他在社会关系上和经济上都是一个有权势的人，却还是一直渴望着变得更有地位。他疑心重，又高傲，待人却格外的殷勤客气，甚至殷勤得过分，低三下四，令人发腻。我们会发现这个人在官场上非常强势，在做人上又非常弱势，沉浸于对自己的不满，长期追随权势，在社会交往上和科学事业上都不控制内心最深处的欲望。"[50]他的不满不是因为职位不高，或是不受认可，而是因为他被自己的野心和不安全感所控制：从1772年起，他就是皇家植物园的首席教授（在这之前，他是代理教授），并在马德里药剂师学院同时兼任多职（从会计到院长），此外他还担任医生资格鉴定团的药物学主考人、皇家历史学院的成员、巴斯克爱国者学会的成员、马德里各大经济学会的成员、塞维利亚爱国学会成员、萨拉戈萨爱国学会成员、巴黎科学院成员、南锡科学院成员、伦敦林奈学会成员，还有其他各种身份和职务。

一名外国游客眼中的植物园（1797—1798）

对各个机构或单位的历史进行分析时，免不了会对其相关方面做一番研究，例如创立该机构的负责人、他们可能遇到的问题、关于这些机构组织模式的细节等等。这些都属于历史学家们辛苦工作后得出的"内部"看法，有时候他们也需要一些更为"外部"、更为独立的看法，以帮助他们更好地理解所研究的课题。关于马德里植物园，我们有一条十分有意思的证据：德国作家克里斯蒂安·奥古斯特·菲舍尔（Christian August Fischer，1771—1829），1797—1798年游历伊比利亚半岛。1799年，菲舍尔出版了一本书，讲述这次旅行，目的地还有阿姆斯特丹和热那亚，书名为《1797—1798年从阿姆斯特丹经马德里和加的斯前往热那亚》（*Reise von Amsterdam über Madrid und Cádiz nach Genua in Jahren 1797 und 1798*）。经过马德里时他参观了植物园，对此他是这样回忆的（Rebok，ed.，2013：138-139）：

原来就有一个类似植物园的机构，位于米加斯卡连特斯。在卡洛斯三世的领导下，从1779年起，开始在普拉多建造一座新的园区。除了温室之外，这里还有一座楼房，其中设有一个会议厅和一个化学实验室。

在权威人士林克（海因里希·弗里德里希·林克，Heinrich Friedrich Link）看来，尽管有大量资金投入这座植物园，但它还是一片杂乱无章［参见林克的作品《关于法国、西班牙和葡萄牙之旅的评论》（*Bemerkungen auf einer Reise durch Frankreich*，*Spanien und vorzüglich Portugal*），1801］。没有系统的分类、没有命名、没有进行合适的挑选工作：大量普通植物都有20株样品，基本上各方各面都亟待改善。

尽管温室里有相当数量的新品种，都是从美洲尤其是墨西哥带来的种子，但温室都很小，采暖效果差。除此之外，马德里的气候条件，夏天太热，冬天又太冷，一点也不适合植物园。

植物园的负责人是卡西米罗·戈麦斯·奥尔特加先生，可能只有他那和蔼可亲的态度给他赋予了一定的名望。他出版了一套关于该植物园新奇品种的说明——我以为得到了国外工作人员的帮助，这套说明已经达到十八册，每一册介绍十种植物，而且还在不断增补［指的是《马德里植物园十年介绍》（*Novarum aut rariorum plantarum Horti Reg. Botan. Matrit.*：*descriptionum decades*，*cum nonnullsrum iconibus*）］。

可以看出，这位德国人对马德里植物园的印象不是很好。然而，要让什么机构运转起来，总是十分复杂的，更不要说是一座植物园。

林奈分类系统在西班牙的引进情况

地球上的生物种类繁多，数量巨大，其研究工作亟需某种分类系统。最终为大众所认可的方法是由瑞典博物学家卡尔·冯·林奈（Carl von Linneo）提出的分类系统。那么，该系统是如何引入西班牙的呢？

在西班牙，林奈在《自然系统》（*Systema Naturae*）中介绍的原则于 1739—1740 年间开始为人们所了解。加的斯海军外科学院从 1748 年开始讲授其内容。然而，在当时，林奈的分类系统需要同另一个系统竞争。法国植物学家兼探险家约瑟夫·皮顿·德图内福尔（Joseph Pitton de Tournefort，1656—1708，从 1683 年起担任巴黎皇家花园的植物学教授）在 1694 年出版的著作《植物学基础，或植物识别方法》（*Eléments de botanique，ou Méthode pour reconnaître les Plantes*）中提出了一种分类方法。这部作品的意大利语译本《皇家植物园》（*Institutiones rei herbariae*，1700）更为有名。在这部作品中，图内福尔以卡斯帕·博安（Caspar Bauhin，1550—1624）在更早以前制定的系统为基础，编制了一套新的多项式系统，并根据此系统介绍了 698 类、约 10000 种植物。植物园第一任园长何塞·克尔采用了图内福尔系统。林奈系统最终得以引入，要归功于米格尔·贝纳德斯（Miguel Bernades，1764 年克尔去世后被任命为植物园的教授），他以林奈系统为基础，著有《植物学原理》（*Principios de Botánica*，1767）一书，更要感谢皇家植物园的二级教授安东尼奥·帕劳·贝尔德拉（Antonio Palau Verdera），他将《林奈哲学和植物学基础解释，据此理解图内福尔的植物学原理》（*Explicación de la filosofía y fundamentos botánicos de Linneo，con los que se aclaran y entienden fácilmente las Instituciones botánicas de Tournefort*，1778）一书译成了西班牙语。在将林奈体系引入西班牙这件事上，戈麦斯·奥尔特加也出了一份力，然而他有疑虑。1763 年，他在马德里出版了第一本书，《论毒芹的用途和功效》（*Disertaciones sobre el uso y virtudes de la Cicuta*，采用拉丁语和西班牙语），他在序言中写道："如今植物学上使用的各种识别方法和系统，有两种比较受到欢迎。一个是图内福尔系统……简单方便，值得关注，非常有助于初学者提高水平。另一个是林奈系统，很多有经验、有见解的植物学家都在使用，因为它最可靠、最成熟、最准确，但是比较难，也比较麻烦。"[51] 戈麦斯·奥尔特加对待这两种分类系统的表现，就像是在两片水域里来回航行。事实上，他比较倾向于图内福尔系统，安东尼奥·何塞·卡瓦尼列斯（Antonio José Cavanilles，1745—1804）于 1784 年年初写给比埃拉 - 克拉维霍的信中提到："至于奥尔特加，我从来没有抱很大的期望。他现在拿着图内福尔的分类表又要搞什么鬼？大家早就都知道图内福尔的荣耀已经到头了。他见识到林奈的进展之后，还想再倒退回去，真是荒唐，交出来的工作也会毫无用处。”[52]

既然上面提到了卡瓦尼列斯，那就稍微花点笔墨来介绍一下他。1801 年 6 月 17 日，卡瓦尼列斯被任命为植物园园长，这对于戈麦斯·奥尔特加而言，很有可能是一种挫败。[53]上任后，卡瓦尼列斯不得不面对人事上、经济上的诸多限制，许多职位被取消，包括：主管、专有评判员、副园长、首席教授兼二级医生（卡瓦尼列斯担任唯一教授）、外科医生、文书、建筑师和出纳，还包括其中一名门房以及植物仿制学校的所有人员。

尽管限制重重，卡瓦尼列斯还是持乐观态度，从他那封 1802 年 6 月 19 日写给何塞·塞莱斯蒂诺·穆蒂斯（我将在下一章用一定篇幅介绍这个人）的信中就可见一斑（Hernández de Alba，comp.，1975：212-213）：

> 这个园区之前被放任不管，为了使它重获生机，我和我的两名学生不知道花费了多少精力。我发现这里的植物品种匮乏，已有的植物确定工作也很糟糕，没有学派，我按照缩减至 15 纲的植物性别体系进行了分类，就像去年我在课上公布的那样。没有热爱也没有爱好者；看到有超过 200 人汇聚一堂，其中有大量有用的人才，我终于被这个国家震撼了。我很愿意培养勤勉的学生，推动科学发展，让良好的兴趣和坚实的学问散播到各省各地。

此外，卡瓦尼列斯不久后说服了佩德罗·塞瓦略斯（Pedro Cevallos）——曾为他签署任命书的国务大臣，必须扩大空间，以种植从国外引进的植物。1801 年《百科全书》杂志的一篇文章提到了这一条正确的官方命令（引用自 González Bueno，2002：297）：

> 马德里皇家植物园刚刚接受了新的人事组织安排——卡瓦尼列斯担任

园长。一切都改变了，我们不遗余力地使它配得上这个最受大自然恩泽的国家。园区将进行扩建，各个温室也将准备就绪，以迎接金鸡纳、香胶树、西谷椰子树、椰枣树。自然科学，尤其是植物学，在西班牙取得的进步，要归功于国务大臣塞瓦略斯先生。他对植物的喜爱已经传递给了西班牙的年轻人。但现在只有卡瓦尼列斯先生在授课，他是马德里目前唯一讲授植物学课程的教授。

为此，相关部门制订了一份施工计划及相应的预算，同时还任命了一位建筑师——佩德罗·德拉普恩特（Pedro de la Puente），但由于资金缺乏，迟迟没有动工。最后，改建工程于1803年年初竣工。

林奈

卡尔·林内乌斯（Carl Linnaeus，1707—1778），被封为贵族后，以卡尔·冯·林奈这个名字为人所知，西班牙语里写作"Linneo"。他曾在乌普萨拉大学学习，并于1730年开始在该大学讲授植物学课程。后来他离开自己的祖国，1735—1738年，在国外生活。1738年他回到瑞典，在母校担任医学教授，并在此度过了他余生的职业生涯。他的第一部巨著《划分为三界的自然系统，基于纲、目、属、种、特征、异、同、地的分类》（*Systema Naturae per regna tria naturae，secundum classes，ordines，genera，species，cum characteribus，differentiis，synonymis，locis*，1735），出版于荷兰，书中确立了物种分类系统的原则。对植物界（他真正的专业），其分类方法为：（1）依据雄蕊（雄性器官）的数目来确定属于哪一纲；（2）依据雌蕊（雌性器官）的数目来确定属于哪一目。这是一个简单的方法，谁都可以做到：只需要清点数目即可。接着，他又建立了一套命名方法，并呈现在他的另一部书中，即《植物种志》（*Species plantarum*，1753），这种命名法就是"二项式命名法"，由两部分组成：属名和种名。属名表示这一物种属于哪一个植物或动物的群组，种名将这一物种与同一属中的其他物种区分开来，用形容词名词的组合[①]来确定某一物种，这种形式可以涵盖多种含义：来源地、颜色特征、机体结构等。例如，“*solanum*”（茄属）是一个拉丁语的属名（林奈要求使用拉丁语），约包含 1400 种植物，包括各式各样的乔木、灌木、草本植物；马铃薯也属于这一属，它被称为“*Solanum tuberosum*（能长出地下块茎的茄属植物）”，番茄被称为“*Solanum lycopersicum*（裂片桃茄属植物）”。

皇家自然陈列馆

对我们的物理环境进行了解，几乎可以说是人类的一种“祖传意识”，因为它与生存息息相关。因此，从一开始，并且在很长时间内，相比其他科学，自然科学、地理学、植物学和动物学都理所当然地受到了更早并且更多的关注，这种关注也导致这一方面的研究得到了制度化的发展，尤其在样本保存方面。这里我指的是那些珍品陈列馆、植物园、动物园，以及自然科学博物馆。严格来讲，这些机构最早都与收藏爱好相关，只有那些拥有足够经济资源的人才能保持这种爱好。收藏爱好转化成了“珍品陈列馆”。当然，“有钱有势的人”也分许多等级，差别各异，这在过去和现在都是如此。例如费利佩二世的收藏爱好，其中一个表现形式就是埃尔埃斯科里亚尔图书馆。他的外甥鲁道夫二世，即奥地利大公，也是神圣日耳曼罗马帝国皇帝，他的收藏爱好也很有名：在人工物品这一类别里，除了来自欧洲的绘画、雕刻及其他作品之外，还有大量来自印度、波斯、土耳其、暹罗、中国、其他亚洲国家以及美洲国家的人工制品和日常用具；在自然界物品这一类别里，汇集了大量奇特的收藏品，包括贝壳、禽类、蟹类、矿物、宝石和动物角。事实上，“他在布拉格的收藏，不仅仅是一座珍品陈列馆，更确切地说，那是一个既系统又扎实的收藏集，包含了自然界、艺术界和人类认知领域的各种物品。”（Fuciková，2017：51）。

除了上述这种广博的收藏爱好之外，还有许多专业收藏的案例。在 16 世纪下半叶的意大利，就有多个在专业领域上的收藏案例，其中最著名的有：弗朗切斯科·卡尔切奥拉里（Francesco Calceolari），在维罗纳；乌利塞·阿尔德罗万迪，在

① 据有关资料显示，属名用名词，种名用形容词。——译者注

博洛尼亚；米凯莱·梅尔卡蒂（Michele Mercati），在罗马；以及费兰特·因佩拉托（Ferrante Imperato），在那不勒斯［摘自奥尔米（Olmi），2017］。他们的收藏规模由两个因素决定：社会因素和经济因素。这几位收藏家没有任何一个是属于“旧贵族阶层”的，也没有与王公贵族保持稳定的关系（梅尔卡蒂除外，他享受教皇的赞助）。他们都在大学里学习过医学和植物学，并从事与所学专业相关的行业：卡尔切奥拉里和因佩拉托分别是他们各自所在城市里最重要药店的所有者；梅尔卡蒂是医生，负责梵蒂冈植物园；阿尔德罗万迪是博洛尼亚大学的自然哲学教授。

西班牙在美洲开展殖民活动的最初阶段完成之后，在美洲领地内收藏了许多植物学和动物学的资料。最后终于在卡洛斯三世统治期间设立了一个机构，专门用于管理未列入皇家植物园的那些自然物种。建立皇家自然陈列馆的想法很早便已浮现，甚至早于1755年建立米加斯卡连特斯植物园之时。1751年，安东尼奥·德乌略亚（这里再次谈到此人，下一章还会以大篇幅来介绍他）向拉恩塞纳达侯爵提交了一份关于建立自然和古董陈列馆的计划。事实上，拉恩塞纳达批准了该计划，并于1752年建立了皇家地理学之家和自然陈列馆。这个陈列馆位于马格达莱纳街一处租用的楼房，毗邻拉瓦皮耶斯街，但存在时间很短，开展的活动也十分有限。不久之后，即1757年，何塞·塞莱斯蒂诺·穆蒂斯在前往美洲之前，试图推动建立一座自然陈列馆，并想要由他自己来担任负责人，但他的计划也没有实现。这里就有一位新的人物要出场了，他是出生于瓜亚基尔[①]的一个既富有又有文化的克里奥尔人[②]，名叫佩德罗·佛朗哥·达维拉（Pedro Franco Dávila，1711—1786），他当时居住在巴黎，收藏了大量的矿物、化石、珊瑚、软体动物、禽类以及其他各种物品。他的收藏确实是一个珍品陈列馆。但恰恰因为他在收藏上过于热衷，所以出现了经济问题，因此当达维拉得知费尔南多六世想要创建一座尽可能完整的珍品陈列馆时，他就计划与费尔南多六世商谈藏品出售事宜。我们来看看森佩雷－瓜里诺斯（1785：t. II，243-245）是怎么描述这个事情的：

---

① 瓜亚基尔（Guayaquil），厄瓜多尔西南部港口城市。——译者注

② 克里奥尔人（Criollo），常指出生于美洲的欧洲人以及其后裔。——译者注

佩德罗·达维拉先生是秘鲁统治下的瓜亚基尔人，他对研究大自然充满了热情。定居于巴黎后，他用二十多年的时间，建成了法国最杰出的私人收藏馆之一。但由于种种原因，他不得不出售藏品；为了更好地向公众介绍这些宝物，他还印刷了一份目录：《达维拉收藏馆自然和艺术珍品的系统性目录》（*Catalogue Systématique et raisonné des curiosités de la Nature et de l'Art，qui composent le cabinet de M. Davila，avec figures en taille douce de plusieurs morceaux qui n'avoient point encore été gravés*，巴黎，1767）。这是一份值得欣赏的目录，不仅仅因为他在其中介绍了多种珍奇物品的信息，还因为他采用了非常简便的分类方法，尽管其藏品不计其数，分属动物界、矿物界和植物界，但目录秩序井然，条理清晰。

费尔南多六世自统治开始，就一直计划在马德里开设一家自然陈列馆。威廉·鲍尔斯先生负责此事，已经收集了不少物件，且负责这些物件的保管工作。达维拉先生得知这些情况以后，于 1769 年前后来到马德里，向国王陛下（卡洛斯三世）提交了他的解决办法，希望他的藏品能留在西班牙，它们都是他作为国王陛下的臣民，耗费大量工作收集的成果。国王陛下屈尊听取了他的愿望，同意了他的方案。考虑到一座自然公共陈列馆能够为国家带来好处，其中必须展出来自大自然和艺术界的各种产品，于是国王陛下下令选定达维拉先生的收藏品，同时任命他担任终身馆长，年薪 6 万雷亚尔，并赐以住房。

达维拉先生公开售卖他的收藏以来，销售额将近 80 万雷亚尔，而这只是还不到一半藏品的金额，但已经足以支付他的欠款，因为其欠款不到 30 万雷亚尔。付完欠款后，他对收藏的热情又重新引领着他投入这一事业中，而且他的学识也越来越渊博。所以，马德里自然陈列馆后来有许多藏品，都是来自其他有名的机构。

国王陛下下令，将达维拉先生带到西班牙的藏品与国王陛下已故兄长费尔南多六世统治时期收集的、由威廉·鲍尔斯先生保管的藏品，都汇集到一起。除此之外，国王陛下还下令，向美洲所有西班牙领地的总督、政府代表、地方长官、地方行政官、省长等发送一份由达维拉先生亲自拟定的指令印件，请他们将所在地区的所有自然珍品都寄送到西班牙。通过这个途径，马德里自然陈列馆的藏品数量得到了大幅度提高，时至今日已经成为全欧洲最杰出的自然陈列馆之一，在矿物界是最完整的陈列馆。

可以想象，达维拉的藏品并没有立即到达马德里，其运送过程也不简单。要知道，那是一大批各种类型混在一起的物品，不仅仅是自然界的藏品。藏品运抵马德里之后，随着时间流逝，收藏规模逐渐向着更为科学的方向迈进。

卡洛斯三世是在 1771 年建立皇家自然陈列馆的，其中还加入了王室的物品，使陈列馆的藏品内容更为丰富。1776 年 11 月 4 日，皇家自然陈列馆面向公众开放，取得了巨大的成功。这也是建立自然陈列馆的初衷之一——传播大自然所蕴含的知识。[54]一开始，陈列馆位于马德里阿尔卡拉街戈耶内切宫的二楼和顶楼，也就是现在的阿尔卡拉街 13 号，底层是圣费尔南多皇家美术学院（建于 1752 年），那里至今还可以看到上面的铭文："卡洛斯三世国王将自然科学与艺术汇聚一堂，为了民众的利益。1774 年。"

《马德里宫廷文学、教育和收藏简报》里有一篇短评，对自然陈列馆的内部情况作了介绍（引用自 Calatayud，2009：53）：

皇家陈列馆有两个精美的陈列室，一个是矿物学陈列室，另一个是宝石陈列室。关于动物界，有两个展览厅，展出大量的四足动物和飞禽；一个展出昆虫的陈列室；一个展出海贝和鱼类的展览厅。还有一个展示植物界的陈列室，特别展出一些高级独特的木制收藏品，在这些收藏品中间（因为其他地方没有空间）有一具大象标本和一具大象骨骼标本，这是两件值得观赏的藏品。此外，有一间展出国内外珍贵古董的陈列室，还有另外一间陈列室，展出了许多珍贵的杯具、浮雕宝石、水晶制品、东方玛瑙，以及其他由艺术和材料完美结合产生的精致物品。皇家陈列馆内还有一间公共图书室，由何塞·克拉维霍先生负责，藏有大量精美的博物学书籍。

尤其值得一提的是，上述所有展厅内，藏品都整齐有序地摆放在巨大宽敞的桃花心木展示架上，经过精心布置，并且藏品前设有晶莹剔透的玻璃罩，防止灰尘进入。

皇家陈列馆向公众开放之后不久，1777 年 1 月 13 日，欧亨尼奥·伊斯基耶多（1745？—1813）被任命为陈列馆的副馆长兼博物学和化学教授。伊斯基耶多是一个很有意思并且多才多艺的人：曾学习化学专业，并在巴黎深造，他的一生与巴黎这座城市有着千丝万缕的关系，他最后也在那里去世。但科学实践并非他的主要职业，他的主职工作是外交和组织工作。他应该是在巴黎结识了达维拉，这促成他被任命为副馆长，因而，在达维拉去世后，他又被任命为陈列馆的馆长。在担任副馆长期间，他的一部分工作任务是力争使馆内资金增长，与此同时，他还要开展一些外交工作。1786 年 5 月 24 日，他被任命为馆长之后，这种身兼数职的工作强度又加大了。这使得他大部分时间都不在马德里，因此不得不再选定一人来兼任馆长的职责。这个人就是加那利人何塞·克拉维霍，他名义上的职位是“索引制定者”。这件事做得很对，因为克拉维霍对于该陈列馆应该具备的功能有更为专业的想法。用玛丽亚·德洛斯安赫莱斯·卡拉塔尤德（María de los Ángeles Calatayud）（2009：72）的话来说：

对于一座自然陈列馆应该依循的方向，何塞·克拉维霍的观点与第一任馆长佛朗哥·达维拉的想法截然相反。达维拉喜欢购买奇特、夺目的物件，来吸引公众目光。

达维拉去世后，留下许多尚未开箱的藏品，分散在陈列馆的各个分馆。克拉维霍先是对这些藏品进行了检查，看看有哪些可以利用，包括直接收入博物馆，或者用于同其他机构交换藏品，再决定哪些需要处理掉。

他的格言是：“自然陈列馆不仅仅是物品存放处，还是了解博物学的学校。”

任命一个像伊斯基耶多这样的人担任皇家陈列馆的馆长，又委派他执行各种外交和政治任务，几乎占据了他全部的时间。这说明在建立皇家陈列馆的各种目的之中，推动科学的研究和发展并不是主要目的。毫无疑问，伊斯基耶多是王室的一名忠仆。他与“和平亲王”曼努埃尔·戈多伊（Manuel Godoy）的关系特别好。在戈多伊的《回忆录》里，伊斯基耶多多次出现——尤其是1807年前后在费尔南多七世与拿破仑之间举行的一系列会谈中，而且总是以正面形象出现。[55]在此，选取一个段落作为示例（Godoy，2008：1.116-1.117）：

> 他（指伊斯基耶多）那光荣又卓越的职业生涯从卡洛斯三世陛下统治期间就已开启，在此期间他完成了各种重要的任务——其中不乏机密任务，获得了格里马尔迪侯爵、弗洛里达布兰卡伯爵、莱雷纳伯爵（conde de Lerena）、巴尔德斯骑士（bailío Valdés），以及当时所有其他大臣的赏识。他是自然陈列馆的馆长，有文学修养，在自然科学方面的知识渊博，对政治也毫不陌生，与许多外国王室保持着良好的关系，尤其是在巴黎，上流社会完全对他开放；他严于律己，从不涉足赌场，不去歌舞场所，在各方面都是一个完美的人，绝不需要因为骗局、圈套或债务而出逃他方；他生活富足，但反对奢侈铺张，深受王室信任。此外，他在各种工作中总是十分敏锐警觉、谨慎周到。

除了上述工作之外，伊斯基耶多还接受过其他一些值得记录的任务，很有“启蒙运动特色”。例如，他曾负责为埃纳雷斯河的河床加宽工程提供咨询，该工程的目的是为皇家纺织工厂的缩绒机提供动力；还有，他曾被海军部派往英格兰和法国，学习用于舰底加固的铜板轧制先进经验。

说回皇家陈列馆，18世纪最后几十年里，随着大量藏品被寄送过来，陈列馆的规模及资金都出现了显著的增长，这些藏品主要来自美洲，但也有部分来自其他地方。其中有一个特别引人注目的例子，那就是1788年尼古拉斯·德坎波总督（Nicolás de Campo）从拉普拉塔河总督辖区寄送过来的一副巨大的大懒兽骨架。尼古拉斯·德坎波总督是一位具有典型启蒙运动思想的执政者。[56] 陈列馆受到了大众的热烈欢迎，因此，1785 年，在国务秘书弗洛里达布兰卡伯爵的提议下，决定新建一座大楼，不仅供陈列馆使用，同时还将在此设立一个科学院。新大楼采用新古典主义风格，分为两层，在建筑师胡安·德比利亚努埃瓦的带领下，施工进展迅速。1785—1792 年，专供科学院使用的新楼开始施工，新楼位于普拉多大道，毗邻植物园。然而，历史的进程（具体而言，法国的入侵）使施工中断了，直到费尔南多七世统治期间才重新开始施工。新楼竣工后，被作为皇家绘画雕刻博物馆使用，也就是现在的普拉多博物馆。艺术战胜了科学，皇家陈列馆（1815 年更名为“皇家自然科学博物馆”）的资金都流向了其他各座马德里博物馆，其中包括现在的国家考古博物馆，国家人类学、民族学和史前学博物馆，美洲博物馆。皇家博物馆从 1913 年起更名为国家自然科学博物馆。在 1895 年搬离阿尔卡拉街 13 号之后、1910 年安置到卡斯特利亚纳大街的大楼（当时被称作“工业与艺术宫”）之前，皇家博物馆在国家图书馆和博物馆大厦，即现在的国家图书馆所在地度过了几年时光。

豪尔赫·胡安、安东尼奥·德乌略亚和地球的形状

尽管只是一笔带过，但本章确实已经提到过航海家豪尔赫·胡安（1713—1773）和安东尼奥·德乌略亚（1716—1795），包括他们俩曾经参与的，前往基多的西班牙 - 法国远征队。本来我们可以把这次远征任务放到下一章再写，因为主要涉及美洲的内容，但这两个人物，特别是豪尔赫·胡安，将会在以下段落中频频出现，比下一章更为频繁。那么，我们就来看看他们是如何登上西班牙的科技舞台的。

这两个人——胡安和乌略亚，在执行远征队任务期间，尤其是远征队任务结束后，表现出了杰出的科学特长。但是，当初被选进远征队的时候，他们还只是两个年轻的海军士官生，还没有机会在科学和技术的世界展现他们的价值，但他们最终脱颖而出。这里问题就出现了：是因为与经验丰富的法国学者共同工作，或者是他们所需完成的任务成就了他们？还是当初选择他们的人通过某种方法看出了他们的巨大潜力？如果是第一种，结论就很明显：西班牙的年轻人要想真正在科学和技术

上有所建树，所需的就是合适的条件，其中当然包括他们可以师从的人和机构，当时科学院的成员恰好就证明了这一点。在当时西班牙的某些学校中学习的一些年轻人就没有这样的机会，他们原本有可能为科学和技术做出的贡献也因此而消散。我认为这有很深层的意义。我们先来看这次远征任务的情况。

《博物学年鉴》（*Los Anales de Historia Natural*）

有一个证据可以表明当时西班牙在自然科学方面投入的关注。1799 年，一份关于自然科学方面的刊物《博物学年鉴》创立了，这是在西班牙创立的第一份关于自然科学的杂志。这份刊物起源于一项政府法令，《年鉴》第一期的序言中引用了该法令：“国王陛下希望，借鉴其他文明国家的先例，在国内发行一份期刊，不仅能向国民通报外国人已取得和逐步取得的新发现，还可以通报西班牙在矿物学、化学、生物学及博物学其他分支陆续取得的进展。国王陛下委派克里斯蒂安·赫尔根博士、路易·普鲁斯特博士、多明戈·费尔南德斯博士，以及安东尼奥·何塞·卡瓦尼列斯博士，来撰写这份重要的刊物，并将在皇家印刷厂付印，刊物名称为《博物学年鉴》。”[57] 1799—1804 年，共发行了 21 册，合 7 卷。在这些发行的刊物中，登录了内容各异的文章，例如《关于白金的实验》（*Experimentos hechos en la platina*，路易·普鲁斯特，第 1~3 册，第 1 卷，1799）；《碳在矿物界中的不同化合物》（*Diferentes combinaciones del carbono en el reyno mineral*，克里斯蒂安·赫尔根，第 2 册，第 1 卷，1799）；《植物学历史材料》（*Materiales para la Historia de la Botánica*，卡瓦尼列斯，第 4 册，第 2 卷，1800）；《按穆蒂斯先生的原理所作的金鸡纳相关报告》[*Memoria sobre la quina según los principios del Sr. Mutis*，弗朗西斯科·安东尼奥·塞亚（Francisco Antonio Zea）——圣菲远征考察队的植物学家，穆蒂斯先生的学生，第 5 册，第 2 卷，1800]；《关于火山的演讲》（*Discurso sobre los volcanes*，1799 年 10 月 31 日在墨西哥皇家矿业学院的演讲，同年 11 月 11 日发布于《墨西哥公报》增刊，第 6 册，第 2 卷，1800）；《在图尔科街克里斯蒂安·赫尔根先生家中进行的天文观测》[*Observaciones astronómicas hechas en casa de D. Cristiano Herrgen*，*calle del Turco*，约瑟夫·谢（Joseph Chaix），第7、8册，第3卷，1801]；《佩尔·勒夫林在西班牙和美洲完成的博物学观察》[*Observaciones de Historia natural hechas en España y en América por Pedro de Loefling*，译自瑞典语，以卡尔·林奈的版本为依据，伊格纳西奥·德阿索（Ignacio de Asso），第3卷，第9册；第4卷，第11、12册，1801；第5卷，第15册，1802]；《关于矿物学研究的发展和益处》（*Sobre los progresos y la utilidad del estudio mineralógico*，原文为德语，作者舒茨男爵，1797；由克里斯蒂安·赫尔根翻译，配有备注，第9册，第3卷，1801）。看得出来，很多文章的内容都与美洲相关。

18世纪的各种显著特征之一，或者说，对18世纪特征的形成造成影响的因素之一，就是牛顿科学。然而，牛顿科学要在欧洲大陆站稳脚跟也是很不容易的，这里说的欧洲大陆是指除不列颠群岛之外的欧洲。1687年艾萨克·牛顿的巨著《自然哲学的数学原理》一经出版，便在不列颠群岛引起了巨大的反响。牛顿的运动和引力物理学在很长一段时间后才跨越了英吉利海峡，传播到欧洲大陆。因为欧洲大陆原先盛行法国人勒内·笛卡尔的思想。他认为宇宙间充满了一种精细物质，形成漩涡运动，在这样的宇宙里，牛顿的“超距作用真空环境”是没有立足之地的。[58]在这一方面，最具代表性的人物是弗朗索瓦-马利·阿鲁埃·德·伏尔泰（François-Marie Arouet de Voltaire）。1725—1728年，伏尔泰因政治原因被流放，生活在英格兰，他是最早捍卫牛顿学说的法国人之一，他在《哲学通信》[*Lettres philosophiques*，又称为《英国通信》（*Lettres Anglaises*），1734]中谈到了牛顿理论和概念的问题。在《第十四封信：谈笛卡尔和牛顿》中，他写道：

> 一个法国人到了伦敦，发觉哲学上的东西与其他事物一样，变化很大。他去的时候还觉得宇宙是充实的（指的是笛卡尔的充空），而现在他发现宇宙虚空了（指的是牛顿的超距作用）。在巴黎，我们认为宇宙是由精细物质的漩涡构成的；在伦敦，人们却不是这样的看法。我们认为是月球的压力导致海水的流动；英国人却认为是海水被月球吸引，以致当你们以为月球

应当给我们涨潮的时候，这些先生们却相信该是落潮的时候了。可惜不能证实，因为要弄清楚这一点，就得在开天辟地的一刹那研究月球和海潮。

笛卡尔思想在法国根深蒂固，表现在多个方面：首先，直到 1759 年才出现了第一个法语版本的《原理》[①]［翻译者沙特莱侯爵夫人（marquesa de Châtelet），出生名：加布丽埃勒·埃米莉·勒托内利耶·德布勒特伊（Gabrielle Émilie le Tonnelier de Breteuil），由于嫁给了沙特莱侯爵弗洛朗·克洛德（Florent Claude），因而被称为沙特莱侯爵夫人］；其次，对于法国的科学家而言，甚至对欧洲的科学家而言，很难获得第一个英语版本的《原理》（1713 年第二版出现后，这一问题得到了缓解）；除了以上这样的细节情况之外，笛卡尔思想在法国根深蒂固的另一个重要表现是，巴黎皇家科学院定期为自己拟定的主题颁奖。例如，在 1728 年，选定的主题是"重力成因"，格奥尔格·伯恩哈德·比尔芬格（Georg Bernhard Bülffinger）凭借一篇题为《物理重力成因的一般实验研究》（*De causa gravitatis physica generali disquisitio experimentalis*）的文章获得了该科学院的奖项。这篇文章除了讨论重力成因之外，还维护了笛卡尔关于行星运动的理论，并且对牛顿在此方面的理论表示反对。1730 年，该科学院选定的主题是"行星轨道的椭圆几何成因"。约翰·伯努利（Johann Bernoulli）凭借一篇名为《关于笛卡尔体系的新感想》（*Nouvelles pensées sur le système de M. Descartes*）的文章得奖，在这篇文章中，作者用漩涡动力理论来推导椭圆轨迹，并"对英格兰所出现的针对漩涡说的强烈反对意见作出了回应"。

最终使大多数法国科学家相信牛顿体系优于笛卡尔体系的原因是，18 世纪四五十年代，皮埃尔－路易·莫罗·德·莫佩尔蒂（Pierre-Louis Moreau de Maupertuis）和亚历克西斯－克洛德·克莱罗（Alexis-Claude Clairaut）等科学家陆续将牛顿理论应用到以下各种问题中：地球的真正形状是怎样的、哈雷彗星的回归（克莱罗预测为 1758 年）、月球的运动、木星和土星的运动轨迹，等等。

关于地球形状的问题特别重要。笛卡尔主义者认为地球是一个椭球体，两极长、赤道扁；而根据牛顿物理的说法，是两极略扁，赤道直径略长。为了解决这一问

①《自然哲学的数学原理》的简称。——译者注

题，巴黎科学院组织了两支远征考察队，一支前往拉普兰①，另一支前往基多。计划在高纬度地区测量出某条子午线的经度，并与在赤道附近测量的结果进行对比。前往拉普兰的考察队（1735—1737）由莫佩尔蒂带领，克莱罗也在这支考察队中；前往美洲的考察队由天文学家路易·戈丹（Louis Godin，考察队工作时间为 1736—1743 年）带领，但他的性格不够强硬，不足以使夏尔－玛丽·德孔达米纳（Charles-Marie de La Condamine）服从指挥，这个人的名字一直与基多考察队联系在一起。[59] 然而，西班牙王室不允许外国人在其美洲领地上旅行。1735 年，路易十五（Louis XV）通过其海军事务国务秘书向费利佩五世提出相关申请。我马上就要提到的《南美之旅历史叙述》（*Relacion historica del viage a la America meridional*）一书详细介绍了当时发生的情况（Juan y Ulloa，1748：8-10）：

> 法国最虔诚的基督教国王路易十五对考察事项十分关注，为此通过其大臣提出申请，希望费利佩五世国王能批准巴黎皇家科学院的一些人员前往基多，以便实施他们的计划，同时还说明了他们此次观察任务的目的、用途，以及此次任务与其他那些可能涉及国家政治机密的行为之间的差别。国王陛下被他们的真诚说服，希望他们能够在不损害西班牙王国，以及西班牙国民利益的前提下，实现计划的目标。国王要求同印度群岛事务部进行商榷。事务部对此事项进行审核后，表示同意，同时提出了一些必要的建议，并为此行人员提供高级别的保护；特于 1734 年 8 月 14 日和 20 日签发了相关证明，要求考察队将来途经之地的总督、政府代表、其他法官和司法机关对考察队予以接待，并给予他们所需的帮助，为他们的交通提供便利，不要因他们而改变物价，也不要使他们支付超出我国通用货币价格的费用。

但他还补充了一个条件：

① 拉普兰，北欧一地区，包括挪威、瑞典、芬兰等国的北部和俄罗斯的科拉半岛，有四分之三处在北极圈内。——译者注

除了这些事项之外，国王陛下也希望促进本国科学的发展，为西班牙增添荣誉，因此他计划派遣两名精于数学的海军官员，带着无上的荣耀和使命，加入考察队伍。这样西班牙便可直接通过这两名人员了解考察成果，而无需假借他人之手；此外还有一个原因：在有身份地位的本国人的陪同下，考察队途经之地就不会对那些深受启蒙思想影响的考察人员产生怀疑。为此，国王命令海军士官生团和学院的指挥官和负责人推选两人。这两个人不仅需要接受过良好的教育和拥有一定政治素养，能够与巴黎科学院的人员保持友好互惠的交往，还必须拥有执行所有相关观测和试验工作的能力，以及完成此次任务必须具备的其他特质。

入选的两名海军人员是：

豪尔赫·胡安先生，属于圣约翰骑士团，并曾担任阿利亚加地区骑士团长，时任海军士官生团的副准将，曾在为王室效力的工作中取得优异的成绩，对数学运用自如，这些条件都为他的入选奠定了基础。尽管我没有这么完美的条件（这里的“我”是指安东尼奥·德乌略亚，这本书的前半部分是由他写的），却也接受了相同的使命。我们两个人，肩负海军中尉的头衔，肩负我们需要执行的命令和指示，在候任秘鲁辖区总督比利亚·加西亚侯爵（Marqués de Villa García）的陪同下，登上了在加的斯港口准备就绪的两艘军舰，准备驶向印度群岛的卡塔赫纳和波托贝洛。在差不多相同的时间，科学院的那些人乘坐他们国家的一艘帆船出发，取道圣多明各岛，应当在卡塔赫纳与我们会合，然后所有人一同继续剩下的行程。

有鉴于这两个年轻的海军士官生——来自阿尔坎特省诺韦尔达的豪尔赫·胡安和来自塞维利亚的安东尼奥·德乌略亚的实际条件，美洲之行是他们的最佳选择。1735 年 5 月，两人从加的斯出发。考察持续了 10 年时间，从拉普兰和基多测得的结果均对牛顿有利：地球两极偏扁。[60]

考察任务一结束，胡安和德乌略亚就决定返回西班牙，他们带着双份资料，分乘两艘船回国，以确保考察中获得的珍贵资料万无一失。在他们的航行途中，英格兰宣布对法开战，德乌略亚乘坐的船被英国人俘获，并被带到了朴次茅斯。幸运的是，当英国人检查德乌略亚随身携带的文件时，发现了他所从事的事业的性质，贝德福德公爵（duque de Bedford）下令释放德乌略亚，公爵认为："战争不应冒犯科学，不应冒犯艺术，也不应冒犯科学和艺术的老师们。"获得自由后，德乌略亚来到伦敦，在那里他遇到了当时的英国国务大臣哈林顿伯爵（conde de Harrington），他曾担任英国驻西班牙大使，对西班牙心怀好感。通过哈林顿，乌略亚又结识了英国皇家学会主席马丁・福克斯（Martin Folkes），事实上，德乌略亚当时那些被没收的文件都被送到了福克斯的手中。福克斯不仅物归原主，还提出让他成为英国皇家学会的会员：1746 年 12 月 11 日，该学会正式接收他作为会员。德乌略亚最终于 1746 年 7 月回到马德里，距离他在埃尔卡亚俄港登船准备返回西班牙已经过去了两年。

胡安和德乌略亚合著了一部书，可以毫不夸张地说，这是一部不同凡响的作品，它记录了考察过程中发生的种种波折，描绘了他们所走过的那些美洲地区的历史、地理、人种和植物。这部作品共有五卷，于 1748 年出版。前四卷的标题是《南美之旅历史叙述——按国王陛下要求测量地球经度，从而了解地球的真正形状和大小，同时进行其他天文和物理观测》（*Relacion historica del viage a la America meridional hecho de orden de S. Mag.para medir algunos grados de meridiano terrestre，y venir por ellos en conocimiento de la verdadera Figura，y Magnitud de la Tierra，con otras Observaciones Astronomicas，y Phisicas*）（Juan y Ulloa，1748a），第五卷的标题是《天文和物理观测——以此推断地球的形状和大小，及其在航海上的应用》（*Observaciones Astronomicas，y Phisicas…… de las quales se deduce la figura，y magnitud de la Tierra，y se aplica a la Navegacion*）（Juan y Ulloa，1748b）。尽管五卷都由两人共同署名，但实际上德乌略亚负责前四卷，即《南美之旅历史叙述》，胡安负责第五卷，即《天文和物理观测》。[61]

大量的工作和财力被投入这部作品的出版之中。推动其出版的原因有很多，其中不乏政治原因，但主要来自拉恩塞纳达侯爵。他从 1748 年起就掌握了费尔南多六世政府的全部权力，担任财政部、国防部、海军部和印度群岛事务部的大臣。何塞·梅里诺·纳瓦罗（José Merino Navarro）和米格尔·罗德里格斯·圣比森特（Miguel Rodríguez San Vicente）是这样解释的（1978：xcvi）：

> 拉恩塞纳达提出对出版事项提供支持并非错误的决定：这部作品使其作者以及促成其问世的人声名远播，并且成了一项坚实的依据，将西班牙在南美大部分地区扎根的特征在欧洲传播，从而消除可能对西班牙王室造成不利影响的误解。如果曾怀抱这些希望，那么必须要承认，希望全部实现了，这部作品的各种译本在欧洲各个国家快速传播（德国莱比锡、英格兰、法国、荷兰），而且反复再版，以至于到现在为止有超过 25 个版本是在西班牙之外出版的，包括完整版或缩略版，单独出版的或与其他作品一起出版的。毫无疑问，这是向世界宣传西班牙海外领地体系的重要作品之一。[62]

国家科学院的缺席

上文中我曾提到，为了安置皇家自然陈列馆而建的新楼，按照原计划还会在里面设立科学院。如果历史的演变不是这样的，也就是说，如果没有发生法国入侵，科学院或许早就成立了，但事实是，西班牙直到 19 世纪中期才拥有了国家科学院。

将普拉多大道的新楼作为科研机构所在地的这一想法，起源于一个在马德里建立科学院的计划。1752 年，即费尔南多六世统治期间，豪尔赫·胡安和安东尼奥·德乌略亚为拉恩塞纳达侯爵制订了一份建立“皇家科学院”的详细计划。1754 年，由于侯爵被解职，计划也就此中断，直到 1785 年，才由卡洛斯三世和他的国务秘书弗洛里达布兰卡伯爵重新启动该计划。然而，在坎波马内斯的积极推动下，巴塞罗那在 1764 年就建立了一座自然科学和艺术学院。这件事说明了在加泰罗尼亚，地方贵族对现代化具有敏感的体察，对地方发展也十分用心。事实上，这个学院是从一个实验物理的聚谈会发展而来的，由圣地亚哥－德科德利亚斯学院的耶稣会会士推动建立，这就大大缩小了该学院的体制范围，在某种程度上，这个学院建立之初似乎就不希望与加泰罗尼亚的科学界人士相关联，也不希望与西班牙其他地区的科学界人士相关联。

没有一座真正国家级别的科学院，这一事实引起了各种后果。17—18 世纪，在其他欧洲国家，像国家科学院这样的机构已经在国家治理上扮演重要的角色了。此外，还能为加入这些机构的科学家们提供庇护，包括一定的自由和名望。在一个科学家尚未职业化的时代，这些属性绝不是微不足道的。同时，这些机构还提升了科学专业的形象和价值。但西班牙不是这样的，西班牙的王室，或者说“民间社会”（这里以贵族阶层为代表），对待国家科学院这类机构的态度与对待人文科学和艺术的态度大相径庭——不管他们是多么相信科技理念，或者说现代主义理念。

没有国家科学院，或者换一种不得已的说法，官方缺乏建立科学院的兴趣，这一现象与其他同类型机构的建立情况形成了反差：西班牙皇家语言学院，专注于西班牙语的研究，值得记住的是，这是一项由比列纳侯爵胡安·曼努埃尔·费尔南德斯·帕切科（Juan Manuel Fernández Pacheco，marqués de Villena）推动的私人性质的计划，并于 1713 年获得王室许可；皇家历史学院，建于 1738 年；圣费尔南多皇家美术学院，建于 1752 年。一直等到 1847 年，即伊莎贝尔统治期间，才建立了一所性质类似于以上这些学院的科学机构——皇家精确、物理和自然科学院。人文和艺术又一次战胜了科学。

加的斯 - 圣费尔南多天文台和马德里天文台

植物园，1785 年计划用于皇家自然陈列馆和科学院的新楼（最后成为普拉多博物馆），以第三个机构——一座天文台，作为一个整体宣告竣工，这一整体也就是马德里启蒙运动的“科学大道”。这座天文台位于圣布拉斯山上，布恩雷蒂罗公园的一侧（差不多在阿方索十二世街一所房子的正面，一个多世纪后圣地亚哥·拉蒙 - 卡哈尔在这所房子居住并去世）。当时会建立一座天文台一点也不令人意外，因为正如上文所说，天文学是另一门“实用的”科学，特别是对于航海而言。但必须强调的是，马德里的这座天文台并非第一座在西班牙设立的官方天文台，早在 1755 年，加的斯就已经建立了一座天文台。[63]

加的斯天文台不属于欧洲第一批落成的天文台。例如，著名的伦敦格林尼治天文台，可追溯至 1675 年，当时查理二世（Charles II）根据约翰·弗拉姆斯蒂德（John Flamsteed，后被任命为“首任皇家天文学家”）等人的建议决定：为了解决航海中的急迫问题，比如经度的确定，需要具备多个条件，其中包括更为精确的星图和月球运行图（我们在第 2 章中已经提到，发现美洲之后，世界被“拓宽”了，在这样的一个时代，航海无论在政治上还是在经济上都有着重要的地位）。当时很多天文台都属于科学院，但加的斯天文台不一样，它隶属于加的斯海军学院。该学院成立于 1717 年，位于莱昂岛的中世纪城堡中。这座天文台主要用于教育工作，目的是使将来的海军官员具备航海所需的天文知识。建立加的斯天文台是由豪尔赫·胡安提议的。他从美洲回到西班牙后，于 1749 年 9 月 26 日写信给拉恩塞纳达侯爵，并向他建议设立一座天文台，用以培训海军学院的士官生。他的提议被接受了，1752 年胡安还被费尔南多六世任命为海军学院的院长，1753 年第一批设备抵达，被安装在城堡的主塔楼上。与设备一起抵达的还有法国人路易·戈丹，上文中我们提到过，他也是胡安曾参加的西法联合美洲考察队的成员之一。然而，加的斯的这个天文台所在地不是最好的选择，1798 年，该天文台转移到了圣费尔南多，并且至今还在那里。

在加的斯进行的最早的观测

《天文观测》（*Observaciones astronómicas*，1776）这本书，署名为比森特·托菲尼奥（Vicente Tofiño）和何塞·巴雷拉（Josef Varela）。其中比森特·托菲尼奥在军队受过训练，1755 年，豪尔赫·胡安任命他为海军学院的数学教授；1768 年，他成了该学院的院长。何塞·巴雷拉也是该学院的数学教授。他们在这本书中对加的斯天文台的建立及其设施作了一些介绍，书的题献是献给国王卡洛斯三世的，值得引用（Tofiño y Varela，1776：s.p.）：

致尊敬的国王陛下

一直以来，精确科学都受到了历任国王的重视。陛下的先辈，尊贵的卡斯蒂利亚国王阿方索十世（Alfonso X），被认为是天文学的重建者；丹麦的费德里科二世（Federico II）亲王和德国的鲁道夫二世亲王，因为慷慨资助文学艺术、保护第谷·布拉赫而名垂青史。陛下对科学的热爱众所周知，承蒙陛下下令，由国库出资，将观测记录付印，这使我们深受鼓舞，在陛下尊贵的名字的庇护下，现将观测记录整理出版，我们必将在此殚精竭虑，为地理学和航海事业的发展作出贡献，如果我们因此能为国家、为政府出一份力，我们将感到万分荣幸。

以下观测记录均于加的斯皇家天文台完成。这座天文台设立于 1755 年，当时著名的豪尔赫·胡安先生大力推动此天文台的设立，他的去世令整个西班牙感到悲痛；路易·戈丹先生也参与了天文台的建立工作，他曾担任海军学院的院长。用于天文观测的位置是一处长为 11.5 竿[①] 的方形大厅，底下是一座古老塔楼的厚重拱顶，塔楼的建筑工艺和外形具有典型的罗马风格。墙体宽大，楼基坚固，使得这座塔楼成了加的斯最为稳固的建筑之一，十分符合费尔南多六世国王陛下指定的用途。国王陛下的命令是经由尊敬的国务秘书、海军大臣兼印度群岛事务大臣拉恩塞纳达侯爵告知我部的。天文台的四个角对应东南西北四个方位基点，从南边可以看到海平面，由于良好的气候条件以及加的斯得天独厚的地理位置，海面通常干净清澈。装备天文台的精密仪器是从伦敦运来的，其中包括了一座由约翰·伯德先生（Juan Bird）制造的半径六英尺的圆形壁式象限仪。这位著名机械师的作品大名鼎鼎，热爱天文学的人知道，格林尼治天文台、彼得堡天文台、勒莫尼耶（Le Monnier）在巴黎的天文台、托比亚斯·迈尔（Tobías Mayer）实施观测工作的哥廷根天文台等，都有他制作的仪器。在经度委员会要求出版的作品《壁式象限仪的制造方法 & 天文仪器拆分方法：由约翰·伯德先生提供》（*The method of constructing mural quadrants&. To which is added the method of dividing Astronomical instruments*：*By Mr Jekn Bird*）中，详细介绍了这些仪器的精确度、高质量。

① 竿，长度单位，合 0.8359 米。——译者注

马德里天文台的建立起源于豪尔赫·胡安向卡洛斯三世提出的一项建议，在首都设立一座天文观测机构，就像欧洲其他主要王室在他们的国家设立的那样。[64]起初国王下令由胡安·德比利亚努埃瓦来设计天文台的图纸，但由于未知的原因，图纸没有设计，天文台也没有开工，最后是卡洛斯四世于1790年再次下令建造。起初，计划将天文台设在布恩雷蒂罗，靠近圣布拉斯教堂，火药库所在的地方；但比利亚努埃瓦更喜欢邻近教堂的那片高地，最后他把那片高地移除，包括紧邻高地的一片球场，以容纳天文大楼。[65]然而，由于种种原因，施工进展非常缓慢，以至于新世纪来临后法国入侵之时，仍然没有完工。关于法国入侵给天文台带来的影响，我将在第5章讲述。

建筑师胡安·德比利亚努埃瓦

幸运的是，马德里建筑师胡安·德比利亚努埃瓦（1739—1811）在他的出生城市留下的踪迹，并未随着时间的流逝而消失。另一位伟大的建筑师安东尼奥·费尔南德斯·德阿尔瓦（Antonio Fernández de Alba）（1979：10），是这样评价比利亚努埃瓦的作品的：

他是一位具有那个年代不寻常的鉴赏力的建筑师，在他的眼中，建筑的外观不是一个孤立的物体，他的建筑风格已经融入城市的发展中，成为城市的一部分，他将城市这一整体视作一个具备各种功能的生态系统。

他是能力高超的技术人才，他将自己的学识提高到工程师的程度，设计、改造了阿兰胡埃斯和拉格兰哈的道路，以及加泰罗尼亚、巴伦西亚和阿拉贡的公路；设计了阿尔法克斯港、曼萨纳雷斯－埃尔雷亚尔、圣胡安修道院的运河和灌溉渠，以及比列纳和滕布莱克的排水渠。他精通业务，熟知预防火灾、改善建筑卫生条件、组织公共演出、保存修复老建筑的各种法规和措施。

他用智慧来绘制高楼大厦的蓝图，但他的建筑学素养不会因此而被消减，他将维度拓宽，把建筑当作城市的一分子。

比利亚努埃瓦为普拉多大道和科学山（普拉多博物馆、植物园、天文台）所作的城市设计，符合新古典主义文化的建筑学重现原则，在很大程度上为现在马德里最具代表性的城市大道的成型奠定了基础。这条城市大道的建筑设计给人启发，比例恰到好处，街道就像公园，设计中还利用了透视方法，尊重当地地形，建筑设计质量高超，无论是在含义上还是在符号标志上都有很强的连贯性。

微积分在西班牙的引入

17 世纪下半叶，科学史上发生了最伟大的里程碑事件之一：艾萨克·牛顿（用他的术语来说，就是“流数术”）和戈特弗里德·莱布尼茨（Gottfried Leibniz）发明了无穷小微积分（微积分）。关于微积分的成果归属问题——即莱布尼茨是否借鉴了牛顿之前完成的工作内容，曾经引起轩然大波。领会并发展微积分是 18 世纪的数学家们（还有物理学家们，他们也可以在一定程度上使用这一方法，说“一定程度上”是因为当时的微积分尚且处于欠清晰的初创阶段）必须要面对的任务。这里就有一个很明显的问题：当时在西班牙又发生了什么呢?

就像其他任何学科一样，实际上有人在微积分出现之前就已曾提到过这一计算方法。诺韦尔托·库埃斯塔·杜塔里（Norberto Cuesta Dutari）（1985：113-119）可能是研究西班牙在微积分的引入方面最为权威的专家。他发现：1717 年，在图卢兹大学的一场公开活动中，弗朗西斯科·德拉托雷·阿尔盖斯（Francisco de la Torre Argáiz）为他的教授撰写的 153 篇论文作辩护时，法国耶稣会教士让·迪朗（Jean Durranc）在其中几篇论文的讨论中谈到了与微积分相关的问题。但这样的细节无关紧要，因为现在已无迹可寻，除非有具备侦探能力的历史学家能发现什么蛛丝马迹，否则微积分的真实历史不会有丝毫改变。如果想要知道牛顿和莱布尼茨发明的计算方法是怎样被引入西班牙的，就不应该将目光放到普通的大学里，而应该去关注各所军事学校，这些学校需要教导未来的海军军官及士兵，特别是炮兵使用微积分这项工具，从而解决技术问题。于是，1753—1756 年，马德里国王卫队学院院长，工程兵上尉佩德罗·帕迪利亚·阿科斯（Pedro Padilla Arcos，1724—1807?）出版了四卷《军事数学课程——与战争艺术相关的科学技术，专供设在国王卫队军营的皇家学院使用》（*Curso militar de mathematicas*，*sobre las artes de estas ciencias*， *pertenecientes al Arte de la Guerra para el uso de la Real Academia establecida en el Quartel de Guardias de Corps*），其中第四卷（1756）有一章题为《关于微分和积分或者流数术》（*De los cálculos diferencial e integral o método de las fluxiones*）。

在那些年，加的斯海军学院也讲授微分和积分，1754 年的考试内容可证明这一点（上文说过，豪尔赫·胡安于 1752 年接手该学院的管理工作，第二年由路易·戈丹继任）。[66]

帕迪利亚的四卷《军事数学课程》出版两年后，也就是 1758 年，耶稣会会士托马斯·塞尔达（Tomás Cerdà，1715—1791）出版了《数学课程——算术和代数的基本原理，供课堂使用》（*Liciones de Matemática，ó Elementos Generales de Arithmética y Álgebra para uso de clase*）。[67] 标题中所说的课堂指的是圣地亚哥贵族学院的课堂，是塞尔达（于 1732 年加入）所属教团在科尔德列斯（巴塞罗那）拥有的学校。1757—1765 年，塞尔达担任该校的数学教授，数学课程是在市政府以及加泰罗尼亚地区法院的支持下专门为塞尔达设立的。在他这本书的题献中，可以看到（引用自 Garma，1988：105）：

> 第二卷关于方程式的内容已完结，这是代数学最为重要的部分，目前正在印刷。另外三卷我也已经准备就绪，即将付印；内容包括：几何学和三角学、代数学在几何学和曲线上的应用、直接流数术和反向流数术，最后两项也被称作微分和积分。

塞尔达的第二卷教程得以出版，但他承诺的剩余部分未能出版。但他确实写了，手稿现存于皇家历史学院。

这位耶稣会会士的生平值得被记录。他曾在塔拉戈纳、甘迪亚和巴伦西亚学习人文学科、哲学和神学；在萨拉戈萨（1747—1750）和塞尔韦拉（1750—1753）担任哲学教授，并且在塞尔韦拉出版了一部作品，名为《耶稣会哲学论文》（*Jesuiticae Philosophiae Theses*，1753），这本书中多次提到很多科学家的著作，包括开普勒、笛卡尔、伽桑狄（Gassendi）、惠更斯（Huygens）、卡西尼（Cassini）、克莱罗、诺莱、牛顿以及豪尔赫·胡安。在塞尔韦拉的教学工作结束之后，他与另一位耶稣会会士埃斯普里·佩泽纳（Esprit Pezenas）在马赛度过了一段时间，佩泽纳是麦克劳林（MacLaurin）《流数论》（*Treatise of fluxions*）的法语版译者（1749）。与佩泽纳在一起的这段时间，使塞尔达的微积分知识进益良多。从马赛回到西班牙后，塞尔达加入了贵族学院，并在该学院一直工作到 1765 年，然后受诏入宫，负责为公主们教授数学，同时，他也被任命为帝国学院的教授以及印度群岛首席宇宙志学者。然而，他这些职位并没有维持多长时间，因为 1767 年耶稣会被驱逐，他也不得不离开西班牙，到意大利定居，最后在意大利去世。

现在让我们来关注一下西班牙最有代表性的大学——萨拉曼卡大学，看看微积分是怎样、何时、由谁引进萨拉曼卡大学的。需要注意的是，1726—1750 年，迭戈·德托雷斯·比利亚罗埃尔在这里担任数学教授。诺韦尔托·库埃斯塔·杜塔里在关于胡安·胡斯托·加西亚（Juan Justo García）的优秀论文中，提到了托雷斯·比利亚罗埃尔的作用，具体如下：

> 莱布尼茨在莱比锡的《教师学报》上发表最早的微积分文献之后的第十年，托雷斯·比利亚罗埃尔出生；在牛顿去世的同一年（1727），托雷斯获得了他的数学教授职位。然而托雷斯直至去世都对微积分毫无所知，他甚至都不知道可以在萨拉曼卡耶稣会图书馆中读到莱布尼茨的文章，此外他还忽视了于 1635 年得到重生的解析几何。没有将微积分和解析几何带到他的数学课堂上，是托雷斯对萨拉曼卡大学永远的罪过。

1773 年，即托雷斯·比利亚罗埃尔去世后三年，来自埃斯特雷马杜拉的牧师胡安·胡斯托·加西亚（1752—1830），在经过不太顺利的考试之后，获得了萨拉曼卡大学的代数学教授职位。在这之前，他已在萨拉曼卡大学获得神学学士学位（1772 年 12 月）和艺术学士学位（1773 年 8 月）。[68] 1782 年，由于大学拒绝提供资助，为了能够继续教学，他通过借贷出版了一部用于课堂教学的作品《算术、代数和几何基础》（*Elementos de Aritmética*，*Álgebra y Geometría*，1782），汇集了当时的西班牙数学知识。在这本书开头的序言《致读者》中，加西亚解释了他写这本书的目的：

> 我希望能按规定完成教学工作，除此之外，我还迫切希望向我的学生们准确地传授算术、代数和几何方面的知识。因此，我决定写一本关于这三个科目的概略，尽可能使我们的课堂充实有用，因为每年教学时间就只有很有限的八个月。为此，我购买了我所知道的最优秀最先进的纯粹数学著作，我认真仔细地阅读了这些书，并对它们作了最为严肃的考量，从中摘取了最实用的知识，编成这本书。根据我的判断，其可以投入印刷，这样不仅可以使听课学生们免去誊录的麻烦，也可以传播到学校之外，使大家共享它的好处。

加西亚的阅读量确实使他在数学方面拥有了一个相当全面的视角，这一点在《纯粹数学的起源、发展和现状实录》（*Resumen histórico del origen，progresos y actual estado de las Matemáticas puras*）中得到了证实。在这部作品中，他提到了微积分，具体内容如下（García，1782：xxiii-xxiv）：

> 英国人沃利斯博士（Wallis）的无穷小算术，对于不可分原理而言是一种最为特殊的计算应用，已经成为几何学在微积分方面最新进展的基础。利用无穷小算术，沃利斯能够在一定条件下测量所有平面和立体空间：它提供了圆求方问题的一种解决方法，以及他在《圆锥曲线论》（*curvarum rectificatione et complicatione，y de centro gravitatis*）中写的所有内容的解决方法，包括关于摆线、二次曲线、立体、面积，等等。英国人巴罗博士（Barrow）在1666年出版的《几何讲义》（*lecciones geométricas*）中对曲线有很深入的发现，其中最著名的是，他发现了一种求切线的新方法，从他的新方法里已经可以隐约看到微分学的迹象，如果他继续测算下去的话，或许就会发现这一点；但他转而投身于神学的研究，并很高兴由他的学生

艾萨克·牛顿来接手其原先的工作。就这样，牛顿这个非凡的人物与几何学相遇了，他学习得又快又好，现在大家普遍认为他在年仅 24 岁时就已发现了令人惊异的微分学。三年后，他被授予剑桥大学的数学教授席位。牛顿到伦敦后，受到了英国王室，尤其是安妮女王（Reina Ana）的厚待，他被视为世纪奇迹。但他的作品本身才是对他最至高无上、最真实的赞扬。不必说他那无与伦比的《自然哲学的数学原理》、令人高山仰止的《光学》等，这些都不属于我们现在讨论的范畴。这里我们要探讨的是《曲线求积术》（*quadratura curvarum*）、《三次曲线枚举》（*enumeratione curvarum tertii ordinis*）、《利用无穷级数求曲线的面积和长度》（*Analysis per series numero terminorum infinitas*），以及《普遍算术》（*Aritmética universal*）这样的论文，除了上述微积分的发明之外，他还有许多充满了杰出的创意和智慧的其他作品。通常我们会说“打开某些大门的钥匙”，但他的作品是“打开无数大门的钥匙”。

莱布尼茨男爵，学识渊博，1684 年在他的故乡莱比锡的《教师学报》上发表了微分学原理，尽管其使用的术语不是那么精确，但其实就是牛顿之前所发现的内容，只不过牛顿的文章发表得更晚一些。关于谁才是微积分的真正发明者，上述巧合引发了两个学派之间一场长时间的争论。

可以说，胡安·胡斯托·加西亚作为数学家（如果可以这样给他定位的话）最突出的业绩，就是他把微积分的教学带进了西班牙的大学，尽管在这之前，其他科学机构对微积分就已经有所了解了。

继续追寻微积分进入西班牙的历史，我们可以将何塞·查伊克斯（José Chaix，1766—1811）在 19 世纪取得的成果加入其中。查伊克斯来自巴伦西亚省的哈蒂瓦镇，一生主要致力于天文学的研究。他上学时候的专业是天文学，后来在政府帮助下去往法国、英格兰和苏格兰进行深造，然后又到巴黎（1791 年），作为助手参加由德朗布尔（Delambre）和梅尚（Méchain）领导的考察队，测量敦刻尔克到巴塞罗那之间的经线长度。这项艰巨任务的成果后来被纳入法国大革命后签署的公约中，即确定了“米”为标准国际长度单位。在巴黎，查伊克斯与西班牙墨西哥混血工程师何塞·玛丽亚·德兰斯（José María de Lanz）合作，共同撰写了《微积分基础》（*Elementos de cálculo diferencial e integral*），但当时没有出版。1793 年，查伊克斯回到西班牙马德里，被任命为天文台的助理，1795 年又被任命为副台长。第二年，戈多伊设立“国家宇宙志工程师”专业，查伊克斯获得了国家宇宙志工程师协会的副会长，后来又升为会长。在该协会工作期间，1801 年，查克斯发表了《微积分原理及其在纯粹数学和混合数学中的主要应用》（*Instituciones de Cálculo Diferencial e Integral con sus aplicaciones principales a las matemáticas puras y mixtas*）。

这样的例子还有一些（不是太多），但所有例子都表明，微积分进入西班牙与教育相关。[69] 总而言之，无论是对于科学研究，还是对于工程设计，它都是一项至关重要的工具，因而它对于社会生活而言也是至关重要的，而且它并非只在具有某种程度独创性的研究中才能得到应用。如果我们非要寻找某一程度的独创性，那么无论是当时或是以后，我们都只能在豪尔赫·胡安身上找到这种独创性——他是第一个真正使用微积分的西班牙人。豪尔赫·胡安对牛顿物理理论的应用，对微积分的了解，主要表现在他为海军学院所写的《海洋学理论与实证——关于船只建造、认识和操作的力学论文》（*Examen marítimo theórico práctico*，*ó Tratado de Mechánica aplicado á la construcción*，*conocimiento y manejo de los navíos y demás embarcaciones*，1771）这本书中。这本书对牛顿物理学在西班牙的发展所作出的贡献，远远超过其他人在此方面的贡献。书中，豪尔赫·胡安在运用微积分时并未避免必要的理论计算，有些计算还涉及了艾萨克·牛顿在其 1687 年出版的巨著《自然哲学的数学原理》中所创立的力学原理。当时还没有西班牙人实际应用过牛顿的这些科学方法——或者说没有西班牙人以类似的精确程度实际应用过这些方法。豪尔赫·胡安的《海洋学理论与实证》分为两卷，第一卷 428 页，第二卷 411 页。在这两卷内容中，豪尔赫·胡安完整地论述了一个毫不简单的课题——流体物理学，这对于理解船只运动，了解怎样才是船只的最好设计，是一个必不可少的条件。这部作品中关于流体物理学的那些问题，其中有一部分，许多著名的科学家也曾探讨过，如克里斯蒂安·惠更斯（Christiaan Huygens），以及雅各布·伯努利（Jacob Bernoulli）和约翰·伯努利（Johann Bernoulli）两兄弟。但胡安（1771：xi，xiii）对其基本原理的兴趣远不及应用。例如，他这样写道："伯努利兄弟卓越的理论不甚适用于实际操作"，或者，如果将他们的理论运用到船只运动上，就会出现错误："爱丁堡大学数学教授、伦敦皇家学会成员、著名几何学家科林·麦克劳林（Colin Mac Laurin）在他1742年发表的巨著《流数论》（*A Treatise of fluxions*）中，谈到了船帆和龙骨之间、船帆和风力之间应有的角度。这位大师的解决办法就是：建议采用约翰·伯努利的方法。但在伯努利的方法中，前提条件是，相对于船只速度而言，风速是无限大的，而偏航为零；然而只有排除这些假设，并且排除关于阻力的虚假设想，我们才能找到解决这一问题的完美答案。"

此外，豪尔赫·胡安还表示（1771：xiv–xv），他对 18 世纪另一位数学和物理学巨匠莱昂哈德·欧拉（Leonhard Euler）的作品也有所了解："最近（1749 年），柏林皇家学院院长莱昂哈德·欧拉发表了两卷十六开本的作品，《建造和管理船舶的科学应用》（*Scientia navalis seu tractatus de construendis ac dirigendis navibus*）。这位大师在论述所有事项时采用了特别的条理和高超的几何知识，非常值得欣赏：要是这样精巧的理论配上实践操作，那将会是科学界——特别是航海学上的宝藏。但总之，他的方案为后来的新建议或想法起到了引领作用，因而也是不无益处的。"关于所提及的各位作者及作品，豪尔赫·胡安还补充了几句话，这些话无论在当时还是现在都十分令人信服：

> 在航海学的科学方面，这些科学资料为我们指明了方向。但从另一个角度来讲，实践的指导作用也不容轻视。当经过仔细检查，并且排除掉可能导致变故的所有意外情况后，实践与理论仍然不相符的情况下，所有科学家都会认为，这是由某一项不正确的理论假设导致的；必须要找到它，并且改正它，因为实践不应与理论不符；如果两者不相符，那其中一个必有问题。关于这一点，海员学习的主要内容中就有这样的案例。在老师们遇到的这种理论与实践不相符的问题，不是因为缺少科学指导，而是因为理论与实践本来就不一致。

1783 年，豪尔赫·胡安的论文被译成法语（译自西班牙语，附补充内容，译者为海军水文工程师莱韦克，即 M. Leveque[①]）；1822 年被译成意大利语，并附有莱韦克补充的内容。

豪尔赫·胡安的《海洋学理论与实证》发表后第二年，又有一位西班牙启蒙运动文化人士巴塞罗那人贝尼托·拜尔斯（Benito Bails，1730—1797）开始出版《数学基础》（*Elementos de matemáticas*，1772—1776），这套书共十卷（此外还有一份对数表），其中第三卷主要讨论微积分。他的另外一部作品，三卷的《数学原理——指导思维能力，及其在动力学、流体动力学、光学、天文学、地理学、日规原理、建筑学等方面的应用》（*Principios de matemáticas*，*donde se enseña la especulativa*，*con su aplicacion a la dinámica*，*hydrodinámica*，*óptica*，*astronomía*，*geografia*，*gnomónica*，*arquitectura*，1776），也对微积分进行了探讨。拜尔斯曾在法国接受教育：在佩皮尼昂和图卢兹学习数学和神学；24 岁时搬到巴黎，担任海梅·马索内斯·德林（Jaime Masones de Lin）大使的秘书。1761 年，拜尔斯返回西班牙后，定居于马德里，并结识了几位有影响力的人物，如坎波马内斯；1763 年，被任命为圣费尔南多皇家美术学院的数学教授（他担任这一职位直至去世），在担任数学教授期间，他撰写了《数学基础》。

有意思的是，在《数学原理》的第一卷中，拜尔斯写了一篇《豪尔赫·胡安赞》，其中对胡安的《海洋学理论与实证》大加赞赏（Bails，1776：26-27）：

> 豪尔赫·胡安先生从英格兰返回后，西班牙正处于持续不断的动荡不安之中，应王室要求，他需要从西班牙的这一头赶到另一头，反复往返，为一项工程奔波。这项工程需要进行大量重复的实验、烦琐的计算，以及各种整合协调。总而言之，十分枯燥。他勤学不辍，凡是已出版的关于船舶建造和操作的书籍，他都找来阅读学习。大量的阅读使他产生了一种怀疑，或者说是猜想：当那些一流的数学家在这个如此艰难的领域上尝试施展自己的所学时，使用了高超的洞察力和深奥的几何知识，但他们还是犯

① 此处括号里的内容原文为法语。——译者注

错误了。胡安开始着手查证，他的怀疑是否有充分的依据，但这个查证的过程其实已经等同于对这一课题进行专门研究。混合数学对他来说困难无比。

在此我不禁要引用《豪尔赫·胡安赞》的最后几句内容（Bails，1776：30）：

他（豪尔赫·胡安）不欣赏来自故乡的人。他是卫士，近乎一切能者的代表。对于许多心胸狭窄的西班牙人，他不会轻视他们（在他身上容不下“轻视”的存在），但他确实会同情他们，因为这些人眼界有限，除了他们生活的城市、乡镇、村庄、出生的角落，再也不了解更为广阔的国土。虽然他来自巴伦西亚，但他不是巴伦西亚人，他是西班牙人。

无论是在《数学基础》还是在《数学原理》中，拜尔斯都对微积分进行了探讨。如果我们翻阅《数学原理》，就会发现拜尔斯用于介绍牛顿和莱布尼茨所发明的计算方法的部分（“微积分原理”）出现在第 431—532 页。这一部分的开篇对微积分作了如下定义：“其主要内容可以由两个问题来涵盖：1. 已知各个数量，求各个数量的增长量之间的比值。2. 已知各个数量的增长量，求各个数量本身之间的比值。”组成这一部分的章节目录也很值得引用，因为它看上去是一个相当完整的讲解。这一部分的章节包括：“导言；微分，二阶微分，三阶微分，等等；级数，用级数求幂、求根、求各个数量的对数；对数微分，指数微分，正弦、余弦等的微分；微分学在曲线中的应用；各个数量的限制，以及最大数和最小数的问题；渐屈线，拐点；积分，如何完成计算中的积分，正弦和余弦微分的积分，对数和指数微分的积分，对数积分，关于圆的积分；用积分求曲线面积，曲线校正，用积分求物体的体积，用积分求曲边图形面积。”

和那个年代在西班牙发表的绝大部分数学作品一样，拜尔斯也是从其他国家发表的作品中获取灵感（如果不说是抄袭的话，而且整个 18 世纪都有这一现象），对于这种“灵感”，他本人也是承认的。在《数学基础》第一卷中，拜尔斯（1772：

XIX）承认：“在我们得到的最早的消息中，其中有一条消息是，巴黎皇家科学院的贝祖先生（M. Bezout）发表了一部《数学课程》。这位数学家才华横溢，他使我们相信，即使其教程中没有他自己得出的独特方法，至少也可以介绍或展示属于他人的新方法。”这里说的艾蒂安·贝祖（Étienne Bézout）的作品指的是《数学课程——供炮兵卫队和海军使用》（*Cours de Mathématiques, a l'usage des Gardes du Pavillon, et de la Marine*，6 vols.，1770-1782），这部作品曾被巴黎综合理工大学的学生们广泛使用。[70]

尽管拜尔斯有多位杰出的保护人作为后盾，但他还是被宗教裁判所指控持有禁书，以及在课堂上坚持唯物主义和无神论的观点。1791 年他被宗教裁判所逮捕，并被判流放至格拉纳达。最终，他由于健康问题得以减刑（1772 年曾罹患中风，后来便没有完全康复，导致下半身瘫痪），在去世之前不久回到了马德里。

数学物理学① 与实验物理学

如果要分析牛顿物理学是何时进入西班牙的，最好先思考一下著名的力学史学者克利福德·特鲁斯德尔（Clifford Truesdell）在其作品《力学史研究》（*Ensayos de Historia de la Mecánica*）中强调的一段内容：

> 尽管现在有许多人把力学当作物理学的其中一个分支，但在启蒙运动时期，人们却不是这样认为的，“古典力学”也不是由物理学家发现的。当时发表的物理学论文，一般都是关于实验物理或理论物理，不涉及数学理论……尽管当时也有一些十分有意思的实验发现，但它们并没有对现在被称为“古典力学”的这一伟大数学理论的发展和成长产生直接的影响。这一理论由一小群“几何学家”或“代数学家”创立——当时就是这么称呼的，他们力求用数学的方式来表达支配普遍物理体验的规律，而这种体验

① 即我们现在所谓的理论物理学。理论物理学通过为自然界建立数学模型，来试图理解所有物理现象的运行机制。——译者注

对于任何愿意费心观察的人来说都是显而易见的。

他们是微积分这一新数学内容的最典型代表人物。他们除了具备强大的数学天赋，还对现在我们称为“纯粹数学”的理论具有一定的兴趣。每个人都有自己的偏好：有些人偏向实验性多一点，有些人实验性少一点，但大多数人不做任何实验；有些人致力于纯几何和数论，另一些人则将其弃之一旁。

在西班牙，有一些科学家介于实验派和理论派之间，呈现两者兼备的状态。在两者之间达到平衡的第一个案例，可能就是巴伦西亚人比森特·托斯卡（Vicente Tosca，1651—1723）在其作品《数学简编——包含最为主要的数学理论》（*Compendio mathematico en que se contienen todas las materias mas principales de las Ciencias，que tratan de la Cantidad*）中所阐述的内容。作为巴伦西亚革新派的著名代表人物，托斯卡在巴伦西亚大学先后取得了艺术专业的硕士学位和神学专业的博士学位，1678 年成为神甫，进入圣费利佩·内里教团，是致力于西班牙科学事业发展的又一个天主教神甫。托斯卡的《数学简编》共有九卷，再版三次（巴伦西亚 - 马德里，1715 年，1717 年；巴伦西亚，1757 年；巴伦西亚，1760 年）。[71]

为了使读者对《数学简编》这部作品所包含的主题有一定的了解，各卷目录引用如下：

第一卷：基础几何、初级算术、实用几何

第二卷：高级算术、代数、音乐

第三卷：三角学、二次曲线、机械学

第四卷：静力学、流体静力学、水利工程学、液体比重测定法

第五卷：民用建筑、土石切割术和石方工程、军用建筑；焰火制造和炮术

第六卷：光学、透视、反射光学、屈光学、大气现象

第七卷：天文学

第八卷：实用天文学、地理学、航海学

第九卷：日规原理、时间规划、占星学

可以看出，它包含的主题很多，但可能错过的主题也不少。当然，“错过”这个词总带着一种追溯过往的看法，缺乏考虑当时的时代背景。尽管如此，必须要说明的是，这部作品中缺失的内容包含了牛顿物理学和微积分。正如维克多·纳瓦罗·布罗顿斯（2014b：408）说的，“《数学简编》是以17世纪中期欧洲出版的百科全书式教程为模板而编写的，那时候的百科全书式教程主要都是由耶稣会的科学家编写，用于教学目的。”

这部作品有各种局限性，其中有一种局限，主要是对宗教信徒有影响，但又不仅仅是对他们有影响，对于许多对科学感兴趣的人——不管处于何种水平也有影响，那就是：书中表达的一些内容，即与宇宙论关系最为紧密的那部分内容，充满了宗教意识形态（具体而言就是天主教的意识形态）。第七卷，即介绍天文学的那一卷，这种局限性表现得尤为明显，在这一卷中，作者试图用《创世纪》来解释“创造世界的秩序”（Tosca，1717：4-5）。[72]他的宇宙观更接近于亚里士多德，跟伽利略或者牛顿的观点相去甚远。例如，在“第四主题”中，这种差距便十分明显，他写道（Tosca，1717：10）：“星空是流动的。在这一主题中，我只谈星球所在的天空，它们是可以从地球上观察到的，既能用天文学进行观测，也能用哲学来进行推论；而关于最高天的部分，那是属于神学的范畴。”

托斯卡（1717：17-18）还花费了一定的时间来思考哪个体系最适合用以解释宇宙。他在第二章“宇宙体系”中写道：“宇宙体系，就是宇宙各主体之间的秩序和自然状态。由于不同哲学家、天文学家在这些主体的数量、顺序及运动上的观点各不相同……他们想出来的宇宙体系也就是各种各样的。我仅对几个比较主要的体系稍作解释，它们包括托勒密体系、柏拉图体系、古埃及体系、哥白尼体系以及第谷体系。了解这些之后，就能准确了解其他体系了。”然后他就开始解释这些体系。关于哥白尼体系，他是这样写的（Tosca，1717：21）：

这一体系巧妙地解释了我们可以在天空中观察到的一切，下文中我们就会看到。由于这种认为太阳静止、地球运动的看法，受到了宗教裁判所的审判，那就明确表示这种看法是一个假说、一个猜想，也就是说，这种说法是假的；但如果是真的，这种说法便能很好地解释各种天体运动和现象：根据这种体系，七大行星是土星、木星、火星、金星、水星、月球和地球。太阳是最大的恒星之一，由于它离我们比较近，就为我们提供了如此大量的光。试图证明这一体系真实性的理由，以及反对这种体系的理由，将在下文另行陈述。

在哥白尼的《天体运行论》出版 174 年之后，也就是伽利略的《关于托勒密和哥白尼两大世界体系的对话》出版 85 年之后，托斯卡的观点仍然在游移不定。此外，他的第九卷中还有一篇关于占星学的“论文”，其中包括了这样的段落（Tosca，1715：396）：

占星学的规则和基本标准是基于星辰的特性、效力和影响，基于星辰相互位置的变化，基于星辰相对于天和地的不同位置，以及其他类似方面。总之，要懂得所有这些依据，就需要了解天体运行知识。第七卷《天文学》的第一册中已经对这些知识做过详尽的解释，在此就不再重复了。

纳瓦罗·布罗顿斯认为（2014b：411-412）：“总的说来，托斯卡的《简编》中关于天文学的部分……大大超越了之前在西班牙出版的所有相关作品，包括萨拉戈萨[①]的《一般球体》（在第 2 章中提到）。托斯卡写的这一部分内容，可以说是关于牛顿之前天文学知识的一本不错的手册。看完以后，西班牙的读者可能会发现天文学观测上的主要问题。尽管托斯卡在地球运动的问题上表现得小心翼翼，但他仍然偏向于使用哥白尼体系来解释行星的运动。有时，我们会惊讶地发现一些表达上的奇

① 指的是萨拉戈萨 – 比拉诺瓦，他撰写了《一般球体、天球和地球》（*Esphera en común，celeste y terráquea*，马德里，1675），本书第 2 章中曾提到。——译者注

怪转变，这揭示了那时候的人们所处的艰难处境，他们不得不服从甚至吸收教义强加于他们身上的种种限制。”问题是，当时距离牛顿发表《自然哲学的数学原理》，已经过去了30年。对于历史学家布罗顿斯的话，我们当然能够理解，我们也能理解当时那些表达者（说他们是“科学家”似乎有点过了）所处的环境，在其他国家也有类似的情况，但我们不要忘了，在某些“其他国家”，也有人在牛顿之前的世界里已经超越他人。

托斯卡之后，我们必须要说一说另一位西班牙作者的作品：安德烈斯·皮克尔（Andrés Piquer，1711—1772），他是一位医生——这一点很有意义，他曾在巴伦西亚大学担任解剖学教授，直至1751年被任命为费尔南多六世的御医（后来他还担任卡洛斯三世的御医）。他发表的《现代、理性、实验物理学》（*Física moderna, racional y experimental*）有多个版本，在这本书中，皮克尔写道（1745：8）：[73]

> 现代物理学家要么属于体系派，要么属于实验派。体系派的物理学家根据某个体系来解释事物的特性。实验派通过实验结果来解释事物的特性。体系派在脑海中对世界的各个主要部分及其相互之间的关系形成一种看法或画面，尽管有时候纯粹是一种随意的看法，但他们会将它视作一种哲学依据或基础，并试图据此来解释整个宇宙中发生的事情。笛卡尔和牛顿都曾这样做过。实验派的人会进行大量实验，结合各个实验结果，并以此作为他们推论的依据。像罗伯特·博伊尔、布尔哈弗（Boerhaave），以及当代其他许多哲学家都是这样处理事情的。实践经验是发现事物属性的唯一途径，因此实验派的物理学家比体系派更值得尊重，因为真理比诡辩更受欢迎。

需要指出的是，这本书是由西班牙人写的旨在介绍现代物理学的最早作品之一，它的首要受众是医生，而不是那些（少数）对物理学本身感兴趣的人。正如皮克尔在序言中说的：“我写这本关于物理学的书，是献给所有希望理解物理学作品的人，尤其是医生群体。”他还在接下去的内容中解释道（Piquer，1745：6-7），

> 对于医学而言，物理学是必不可少的。有句话已经成了众所周知的谚语：物理学家的终点就是医生的起点。盖伦有一句忠告说，医生如果不理解宇宙的属性，就无法懂得人类的属性。医学无非就是关于人体的一门特殊物理学；而人体是与其他外在因素有依赖关系的，外在因素会以各种各样的方式改变人体的功能。因此医生必须了解那些外在因素的力量，以便维护人体机能的正常秩序。不了解环境状况，如何找到流行病的原因？不了解空气的力量，如何懂得呼吸的强大作用？如果忽视弹性效能的规律，如何解释心脏的连续运动？医生必须了解水，如水对人的好处、水的流动性，以及水在保持其特性不变的情况下进入人体的方式。医生必须知道火的力量，及其与人类的关系。食品、植物、昆虫、人体栖身之处，包括地球表面和内部，都是物理学的研究目标，也是医学的研究目标。

还有一点很有意思：皮克尔与托斯卡一样，对牛顿物理学的支持不是那么坚定（Piquer，1745：4）：

> 有几次，我也曾浏览过笛卡尔的理论，我不认同他所谓的精细物质，也不认同他的漩涡说。这么说吧，对于他的哲学思想，我深不以为然……伽桑狄对伊壁鸠鲁（Epicuro）作评注，对他的哲学思想进行解释，把他的哲学思想从亵渎和错误中解救出来。伽桑狄是一个有学问、有判断力的人，他不发明什么体系，但他写出了许多真理。最近，牛顿倒是发明了一套新的体系，与笛卡尔和伽桑狄的体系对立，如今在他的国家已拥有许多追随者，或许他们已经把追随或颂扬牛顿哲学变成一项政策了吧。

正如我们所见，当时微积分在西班牙根基很浅，没有像欧拉、伯努利兄弟或者拉普拉斯（时间跨度已经到下一个世纪）这种类型和高度的科学家——特鲁斯德尔含蓄地将他们定位为科学家。所以当时在西班牙盛行的都是一些以实验派的理论为主导的作品，通常包含将国外出版的书籍译成西班牙语的内容。

然而，还是有少数科学界人士认同牛顿物理学。与微积分的情况一样，牛顿物理学在西班牙的运用中，最突出的人物也是豪尔赫·胡安。举一个明显的例子，那就是《天文和物理观测——以此推断地球的形状和大小，及其在航海上的应用》（1748b），上文中已经说过，这一卷是由豪尔赫·胡安负责的，而不是乌略亚。但牛顿物理学在这本书中的运用导致他与教会之间出现问题，这在下文中会详细介绍。

实验物理的支配地位在法国神父让·安托万·诺莱（Jean-Antoine Nollet，1700—1770）的著作中尤为明显。这部书题为《实验物理课程》（*Leçons de physique expérimentale*），前两卷发表于1743年，之后又发表了后四卷。[74]第一部被译成西班牙语的诺莱作品是《物体电流原因猜想》（*Conjectures sur les causes de l'électricité des corps*，1745），译本出版时间为1746年，译名为《关于物体电流的研究》（*Ensayo sobre la electricidad de los cuerpos*，马德里）。这是第一部关于电力新知识的西班牙语作品。《实验物理课程》的译本要更晚一些，于1757年才问世，译名也为《实验物理课程》（*Lecciones de physica experimental*），是由马德里皇家贵族神学院的实验物理学老师安东尼奥·萨卡尼尼·科隆（Antonio Zacagnini Colón）教士翻译的。安东尼奥·莫雷诺·冈萨雷斯（Antonio Moreno González）（1988：72）认为，关键点在于，从牛顿物理学的观察角度写成的两部著作，不论是诺莱的《实验物理课程》，还是皮克尔的《现代物理学》，都没有在西班牙的各所大学里受到欢迎，基本上当时的大学还是更偏爱更为古典、用拉丁语写就的教科书。例如彼得·范米森布鲁克（Pieter van Musschenbroek）的《实验物理》（*Physical experimentalis*，1729；1734年再版，改名为《物理学基础》）。整个18世纪，相对于"体系物理学"或数学物理学，实验物理学一直处于上风位置，这种情形主要是由当时的医生推动形成的，因为他们看到了实验物理学的有用之处（参考第2章中谈到的关于"革新者"的内容，尤其是胡安·德卡布里亚达医生）。有一项很重要的数据是，西班牙直到1771年才开设了实验物理学的课程。此方面的先驱是圣伊西德罗皇家学院，他们遵照1771年1月10日的王室法令开设了西班牙第一个实验物理学课程。在这份王室法令中，卡洛斯三世下令：圣伊西德罗皇家学院"应该有一个老师，教授实验物理学"。

进入19世纪后，人们继续将实验物理学引进西班牙。有一部来自法国的作品可以作为依据，即《全面基础物理学论文——采用全新秩序和现代发现》(*Traité complet et élémentaire de physique, présenté dans un ordre nouveau, d'après les découvertes modernes*；共3卷，1813)，作者为安托万·利贝（Antoine Libes，西班牙语里写作“Antonio Libes”，1752—1832）。这部书的西班牙语译者又是一名医生，巴塞罗那皇家商业委员会的物理学“终身教授”兼巴塞罗那军医院首席外科医生、外科医学博士佩德罗·别塔（Pedro Vieta），西班牙语译名为《*Tratado de física completo y elemental, presentado bajo un nuevo orden con los descubrimientos modernos*》(即法语名直译，意为：全面基础物理学论文——采用全新秩序和现代发现)，这部译作受到了广泛的应用（至少再版3次，最后一次是1827年，第一次是1821年）。其内容主要是关于实验物理学，极少涉及牛顿在《自然哲学的数学原理》中引入的方法。

总之，数学物理，即我们现在所说的“理论物理”，在启蒙运动时期的西班牙是缺席的。

豪尔赫·胡安、牛顿物理学和宗教裁判所

从美洲考察回来后，豪尔赫·胡安撰写了《天文和物理观测》。正如我们所见，这本书因考察而写成，而此次考察的目的是为了到赤道地区进行测量，从而确定地球的形状。考察结果也将会是证明牛顿物理学或笛卡尔物理学的一项证据。由于考察结果支持牛顿的理论，那么该书中势必会对艾萨克·牛顿于1687年发表的物理学理论进行探讨。教会就是抓住这一点才介入其中的。选择牛顿物理学就意味着选择了日心体系，但当时距离罗马宗教裁判所判决伽利略（1633）已经过去一个多世纪了，而虔诚的西班牙宗教裁判所仍然不能容忍脱离原始的地心说。于是，在1747年进行的审查过程中，宗教法庭庭长弗朗西斯科·佩雷斯·德普拉多（Francisco Pérez de Prado）提出了种种问题，好像还对豪尔赫·胡安提出要求，让他在提及以日心地动说为基础的牛顿或惠更斯理论时，必须加上“受到教会严正谴责的体系”

这一句话。经过一系列的周旋工作之后，豪尔赫·胡安的书才最终得以出版。在这个过程中，耶稣会会士安德烈斯·马科斯（Andrés Marcos）以及另外一名西班牙启蒙运动文化人士格雷戈里奥·马扬斯（Gregorio Mayans）都为豪尔赫·胡安出了不少力，其中马科斯还负责在印刷前对该作品进行复核。[75]布列尔教士（padre Burriel）的参与尤为重要，他负责对作品进行必要的修改，据他本人所说，他具体参与的部分是在导言上，读者可以在导言中看到这样的话（Juan y Ulloa，1748b：XVI）："在地球日间运动①的猜想上，这些伟大的人物（牛顿和惠更斯）就是这样推测；但即使这个猜想是错误的，其平衡的原因也总是与地球呈正球体这一想法相悖。"

在布列尔教士于1747年12月10日写给马扬斯的一封信，可以证明他参与其中，以及因为他的言论而引发了胡安的坏脾气——有多项证据表明，胡安确实不是一个温顺的人（布列尔－马扬斯书信集）（2008：412-413）："他（我的兄弟）告诉我，豪尔赫先生竟然敢跟他说，我给他的书（匆忙付印，有两三处错误）写的导言是这本书的污点。请您来主持一下公道，我的导言对他这本书而言是不是必不可少，是不是写得恰如其分，也请您把他的信寄给我，再把我的信寄给他。几乎所有人都这样对待我，我就是这种命。"

负责审查这本书的宗教法庭庭长正是根据"导言"的内容来编写审查报告的，不然的话，只能说明胡安一无所知。因为作品正文里明确表示支持哥白尼－牛顿的理论。或者，换一句话说，是因为庭长大人对上述那句模棱两可的话十分满意（"在地球日间运动的猜想上……；但即使这个猜想是错误的……"）。这份报告的内容如下（引用自 Merino Navarro y Rodríguez San Vicente，1978：xxxvi）：

> 您根据国王陛下的命令交付给我审查的《天文和物理观测之书》，我已查阅，并已交由相关人士查阅……有几处因笔误导致的不当表述，对我们神圣的信仰和良好的习惯有所不敬，但审查完毕后，已没有任何冒犯信仰的内容，而且，文中非常明确地表达了对哥白尼体系的谴责，尽管天主

① 日间运动，指地球上观测者看到的。日月星辰的运动，即天体视运动。——译者注

教的数学家们已经提出，可以将哥白尼体系作为解释地球运动的一种假说，但他们承认其关于天球及星辰的运动说法是捏造的。

1773 年，即豪尔赫·胡安去世的同一年，《天文和物理观测》第二版得以出版（皇家公报印刷厂印刷）。当时的政治环境已经有了很大改善，足以使这位来自阿利坎特的航海家在其书中加入了一篇《新版序言》以及一篇题为《欧洲天文学状况》的论文。在新序言中，他写道（Juan y Ulloa，1773）：[76]

本书中阐述的经验和几何证明之中，有一些是以所谓的哥白尼体系为依据的，由于这样意味着违背《圣经》，所以被宗教裁判所在罗马宣判为“有异端邪说的嫌疑”。

当时不具备像如今这么多可用于逆向思考的依据，当然，如果当时有的话，也许就不需要担心造成任何怀疑了。

因此，在第二版出版之际，我认为有必要把天文学、力学和物理学从那时候起所取得的进展，以及为哥白尼体系提供支持的那些依据补充进此书中。请读者来判断这样做是否值得。

《欧洲天文学状况》这篇论文有一些段落也很值得引用：

普天之下没有地方不受牛顿体系制约，因此也就没有地方不受哥白尼体系制约；但这并不意味着要亵渎《圣经》，相反，我们对其崇敬有加，连当初判决伽利略的同一批人如今也承认对他们的所作所为感到后悔，意大利的行动便是最好的证明：如今整个意大利都在公开教授哥白尼和牛顿体系；没有宗教人士阻拦这些理论的出版；勒西厄尔（Lesieur）、雅基耶（Jacquier）、博斯科维奇（Boscowich）等神父们，甚至博洛尼亚学院，都不再有二话。

现在对于他们而言，不要说像以前那样宣判谁“有异端邪说的嫌疑”，相反，他们已经开始拥抱哥白尼－牛顿理论，甚至把它视作唯一的体系了。难道还有比这更为明显的证据吗？

而我们在阐释牛顿体系或牛顿哲学时，在写完每个基于日心地动说的现象之后，都不得不补充一句："不要相信这个，这是违反《圣经》的"，我们的民族被强迫这样做，这是合理的吗？有人试图对最为审慎的几何证明或力学证明大肆反对，这种行为就不是对《圣经》的亵渎吗？有没有信徒学者能够不大惊失色，坦然理解？如果我们的王国内没有足够的智慧来理解这些，我们就放任这个国家一叶障目、任人耻笑吗？

塞莱斯蒂诺·穆蒂斯，哥白尼学说在美洲的捍卫者

天主教会的一些机构或教团向哥白尼的日心体系发难，不仅局限于伊比利亚半岛以内，这种情况同样发生在西班牙在美洲的殖民地，尽管下一章我将对美洲进行详细讨论，但在此最好先把有关情况介绍一下。这件事情的主角是多明我会的成员，从 1760 年起就定居于新格拉纳达（哥伦比亚）的加的斯人——何塞·塞莱斯蒂诺·穆蒂斯。可以毫不夸张地说，他和豪尔赫·胡安以及安东尼奥·德乌略亚，都是出生于西班牙的伟大的启蒙运动文化人士。

1764 年，穆蒂斯开始担任圣菲波哥大罗萨里奥学院的物理学教授，在他的教学内容中最为突出的是，向学生们讲授哥白尼、伽利略和牛顿的理论。留存下来的穆蒂斯的资料，大部分现存于马德里的皇家植物园。在他的资料中，有一篇是关于对哥白尼体系的辩护：《在圣菲波哥大耶稣会最高学院所作的报告（1767 年之前）》（*Disertación leída en el Colegio Máximo de la Compañía de Jesús de la ciudad de Santafé de Bogotá，con anterioridad a 1767*），在这篇报告中，我们可以看到这样的段落（Hernández de Alba，comp.，1983：t. Ⅱ，98）：[77]

可以说，哥白尼体系如今获得的普遍赞同和崇高声望，不仅限于那些"离经叛道"的人群中——外行人才会这样认为，它已在意大利和西班

牙等国家广泛流行，连最热衷于维护宗教纯正性的人都宣布支持哥白尼体系，包括罗马的数学家们，重要的耶稣会会士博斯科维奇；在西班牙我们有豪尔赫·胡安先生，以及著名的耶稣会会士塞尔达（Cerda）、希梅诺（Ximeno）、文德林根、布拉米耶里（Bramieri）和萨卡尼尼。这些人都负有盛名，并且不怕落入流言蜚语中，更不怕落入那些迫害者和泯灭良知之人企图给哥白尼体系制造的恐慌中。

在那次报告中，穆蒂斯还断言："哥白尼体系对《圣经》绝无丝毫冒犯之处。"他仿佛伽利略再现（十分富有戏剧性，基本上，他一再重复的内容就是这位比萨科学家① 在 140 多年前使用的相同的论据），接着说道：[78]

虽然说，我同意应该按字面含义来对待《圣经》，除非某个清楚有效的理由、《圣经》中的其他段落、传统惯例、基督教先哲的普遍共识、教皇谕旨或教会指令强迫我们不按字面意思来理解。但是，天文学家的普遍共识难道不足以构成一个清楚有效的理由，让我们脱离《圣经》某些语句在字面上所表达的含义吗？因为这些天文学家就是负责调查这些问题的，要真正理解《圣经》中的那些相关段落就必须向他们咨询。而且罗马教会已经表示，只要天文学家们在地球运动的真相上达成一致，罗马教会就会立即宣布其理论不与《圣经》相悖。连罗马教会都宣布将立即接受天文学家的意见，那这些天文学家的普遍共识难道还不足以作为依据吗？

路易斯·卡洛斯·阿沃莱达（Luis Carlos Arboleda，1987）在对保存于皇家植物园的穆蒂斯手稿进行研究时发现，穆蒂斯在物理学上的知识储备足以使他有能力来翻译牛顿的《自然哲学的数学原理》，但译本可能不完整。[79]

确定以上内容之后，我们来看看由圣菲托马斯主义大学多明我会成员挑起的关于哥白尼体系的争论。他们是在 1774 年向总督政府当局提起对哥白尼体系的驳

① 指伽利略。——译者注

斥意见的。研究认为［内格林·法哈多（Negrín Fajardo）和索托·阿朗戈（Soto Arango），1984 年］，多明我会成员之所以要驳斥哥白尼体系，主要是因为他们想要保留其特权，以及避免使教学脱离宗教影响——教学也是他们的掌控领域之一（当然，我们要记得，穆蒂斯已于 1772 年 12 月 19 日被任命为神甫）。因此，我们应以权力关系为前提来理解这一事件。

我们让穆蒂斯本人来解释当时的事情经过吧。在穆蒂斯写给吉里奥尔总督（Guirior）的一封通知函中，他是这样解释的（Hernández de Alba，comp.，1983：t. II，125-138）：

> 先生：我，何塞·塞莱斯蒂诺·穆蒂斯，医生、牧师、罗萨里奥高等学院数学教授，特此向阁下报告。本月（1774 年 6 月）25 日星期六，我到家时，我的佣人交给我一份论断书，现根据有关誓约和程序呈报给您。这份论断书是由神圣传教士团的两名宗教人士送达我住处的，目的是邀请我参加 7 月 1 日星期五的最终辩论会。他们的论断是这样开头的："根据《圣经》的启示，对于天主教徒而言，哥白尼体系是不可接受的。"

具体而言，多明我会成员想要在 7 月 1 日的对证会上讨论的内容包括以下两个主题：

> 1. 根据基督教先哲的共识，尤其是伟大先贤阿古斯丁（Progenitor Agustín）和圣师安杰利科（Doctor Angélico）的共识，任何天主教徒都不得以便于解释天体现象为由而持有日心地动说的观点。
>
> 2. 根据《圣经》的启示，天主教徒不得接受哥白尼体系作为观点；如果将宗教裁判所的禁令也考虑在内，哥白尼体系更是不可接受的，天文学家必须采用其他途径来解释天体现象。

这是一个冗长的故事，为了不占用过多篇幅，我将择其重点讲述：传教士团的省教区大主教——多明戈·德阿库尼亚修士（fray Domingo de Acuña）急于缓和此次冲突，便于 6 月 27 日向总督写了一封信，解释说：这两名多明我会成员之所以向穆蒂斯发出“邀请”，“原因是他们清楚地知道，他们自己对各门科学都了如指掌，也知道穆蒂斯是文学、实验物理学、数学和占星学的爱好者，他们之所以要把对托勒密体系和第谷体系的辩护展示给公众看”，是因为他们希望“使教育事业达到顶峰”。阿库尼亚修士强烈希望事情不要向复杂的方向发展，因此他还补充道：

“我认为这只是理解上的争论，而非意志上的争端。仅此而已。请按阁下您的意愿吩咐，我作为谦恭的神甫，最大的喜悦就是为您效劳；如果不符合您的意愿，辩论就不予举行。”

原定于 7 月 1 日的辩论会没有举行，卡塔赫纳宗教法庭的最终报告也没有作出具体声明，因而该问题悬而未决（穆蒂斯用一份篇幅很长的辩护词对控告——更准确地说，对多明我会成员的论据作出了回应）。“可以将哥白尼体系作为一种‘假说’来处理”，再一次成了庇护理由，仿佛时间又回到了从前。

正如我在前面所说，传教士团的行动最终没有达到目的，那是因为他们在新格拉纳达总督辖区的权力没有达到足够重要的地步。他们被打败了。虽然过程比较温和，但还是被打败了。这与豪尔赫·胡安最后发生的情形一样，只不过换了主角而已。

费霍与牛顿科学

截至目前，我在本章中试图探讨的是启蒙运动时期西班牙同科学之间的关系，美洲的情况除外，因为我将把它留到下一章再讨论。我们用现在的术语称为“科普”的东西，我在文中都尽力避开不谈，但“科普”在任何历史时期都扮演了某个角色，可能是从有利的角度，也有可能是从有害的角度，它不仅会促使知识（知识就是通过普及而扩散的）到达其他的领域，还有助于塑造未来。从这一点来讲，谈到17世纪和牛顿物理学，就必须要说一说牛顿科学的一位忠实捍卫者，来自本笃会的多题材作家，贝尼托·赫罗尼莫·费霍－蒙特内格罗（Benito Jerónimo Feijoo y Montenegro，1676—1764）。他是奥维耶多大学 的神学教授，曾经在加利西亚、阿斯图里亚斯和萨拉曼卡求学，主要因为两部作品而为人所知：九卷《总体批判战场》（1726—1740）和五卷《奇异博学书简》（*Cartas eruditas y curiosas*，1742—1760）。《总体批判战场》第一卷出现6年后已经再版6次，到1786年,《总体批判战场》和《奇异博学书简》已经有15个版本问世，以上都证明了这些作品的成功。

理查德·赫尔（1988：32-33）在他的代表作《西班牙和18世纪革命》（*España y la revolución del siglo XVIII*）中指出："面对西班牙的经院哲学，费霍英勇地为英国新教徒（牛顿）的实验方法辩护。为了使同胞们具备科学知识，他努力向他们宣传科学上取得的进展。他指出当时医生们有可能出现的错误，揭发对圣者和虚假奇迹的过度崇拜，甚至还向迷信行为宣战。他从他能力所及范围内最好的资料来源中提炼信息：在他的那些文章中，他提到了200多部法国作品，以及64部来自其他不同国家的作品。"之后，赫尔又补充道：

> 费霍的作品标志着西班牙的精神生活进入了一个崭新的时代。虽然他所表达的并非他的新观点，但对于大众而言，其中很多都是陌生的观点，此外，他对各种观点所持有的怀疑主义的精神，确实为人们展现出新奇的一面。

赫尔说"费霍的作品标志着西班牙人的精神生活进入了一个崭新的时代"，这么说似乎有点太过了。历史上极少有科普作品能够标志"一个崭新时代"的开端。不要忘了，我们讨论的是科学，是物理学，特别是医学，在这些领域中，能够开启新时代的应该是科学贡献。在这方面，我赞同安东尼奥·拉富恩特（Antonio Lafuente）和曼努埃尔·塞列斯（Manuel Sellés）（1980：187）在一段时间以前所发表的看法："不用说，费霍的作品并没有提高西班牙在物理学上的知识水平。"事实上，曼努埃尔·戈多伊（2008：569）在其《回忆录》中也表达过类似的感受：

> 除了某一部对各种各样的错误和普遍成见进行抨击的作品，西班牙就不需要别的任何东西了，这种说法好像也不是其本来的意图。费霍大师的作品，由于采用直接抨击的形式，失去了一部分本可以期待的成果。在此之外，这位本笃会学者抨击的错误和弊端并没有超越，也无法超越某个有限的范围。

无论如何，我能够想象得到，费霍在奥维耶多大学，远离当时西班牙那些主要的科学机构，每日盼望着收到各种刊物、函件，一旦收到，就贪婪地阅读，好让自己在科学、医学，以及总体文化上与时俱进。他的工作很具典型性，当然，也很有勇气。

费霍在其作品中涉及的主题非常多样化，因而引用的相关内容可谓是不胜枚举，我就举一个与牛顿物理学相关的例子吧。在《奇异博学书简》第 2 卷（1773）第 23 封书简中，这位著名的修士写道：

> 正当哲学思想处于这种状态的时候，牛顿的伟大作品横空出世，其题目为《自然哲学的数学原理》，这是一部有着非凡智慧的非凡作品，然而过了一段时间以后它才获得应得的全部尊重。因为这部作品以深奥至极的几何学理论为基础，它毕竟是当时世界上最伟大的几何学家（没有人能否认牛顿配得上这一荣誉）的作品，那些中等水平的几何学家从这部作品中什么都看不出来，对其一无所知。而那些最为先进的几何学家就不至于如此了，他们不需要很长时间的思考和研究便能懂得新的体系；当他们理解新的体系之后，不仅向所有人表明他们的钦佩、赞赏之情，还使所有人都为他们所赞赏、钦佩的事情而发出赞赏和钦佩。

时代的精神如此强大，因而费霍在作了上述这样的声明之后，首先探讨的却是牛顿体系与上帝之间的关系，这一点也十分意味深长。不要忘了，费霍毕竟是一位宗教人士。关注完这一问题之后，费霍表示，他对牛顿的另一部著作《光学》

（*Opticks*，1704）也有所了解：

> 尽管我将牛顿哲学认定为一个体系化的哲学，但即使其他体系都陷入了不能应用于实验物理的这一问题，我也远远不能将这一问题归罪于牛顿体系。造成这一问题的原因不是牛顿哲学，也不是牛顿个人。不是由于牛顿哲学是因为如果仔细看的话，牛顿体系从其整个属性上都可以说是实验性的，它是经过对大自然中发生的大量运动进行深入的观察之后而产生的；更不是由于牛顿个人，因为他不仅十分重视实验，还在实验上表现出如同在其他方面一样的敏锐天赋，这是他从大自然中获得的天赋。我所说的这些实验，是牛顿新作《光学》的依据。谁能想到，人类智慧居然能想出对太阳光线进行精确细致分析的方法？牛顿做到了：只要牛顿做到了，我们就知道人类智慧是可以做到的。因此可以说，这个人在理解力上的天赋异禀向大自然施加了压力，迫使大自然向他透露隐藏在其最深处的秘密。

然而，不管有多么赞赏牛顿，费霍也只是一个评论员，他自己也承认这一点："很难向西班牙的民众解释牛顿体系，或者更准确地说，无法向西班牙的民众解释牛顿体系，哪怕只是最浅层的知识。我对牛顿体系的理解也只是停留在《牛顿哲学原理》的层面，这是一本由斯格拉维桑德（'s Gravesande）汇编的作品[80]，他没有试图进入那错综复杂的计算迷宫，但如果要将牛顿体系应用到各种现象中，这种计算又是必不可少的，要是没有熟悉掌握最为深奥精妙的几何知识，在这个计算迷宫里简直寸步难行。如果要将牛顿体系进行大规模的普及，每个省份有多少人能够理解呢？当你向人们解释力学定律——那相当于牛顿哲学里最基础的ABC，很少有人不被吓跑的，就好像有人在他们面前放了一个骇人的鬼魂一样。"[81]关于有多少人能够懂得牛顿科学，针对西班牙的情况，费霍这样说：

"第二个原因是，即使有人能懂，但西班牙还没有准备好接纳对于这个国家而言如此奇特的新鲜事物。请阁下想一想，到目前为止，我在物理学上的知识也就仅限于一些术语，能够抨击一下那些在伊比利亚半岛上盛行的最为严重的错误，例如逆蠕动、火的相关知识、天食的影响、灾年等，而且这些都有明显的论据。关于这些内容，阁下会发现，有些人有多么顽固，多么无理，非要让大众蒙蔽在这些严重的错误之中，使他们的眼睛蒙上尘埃，让他们不见光明。这样的尘埃，或者说飞扬的尘土，不是别的什么，它就是企图愚弄大众的一大堆杂乱无章的愚蠢言行，他们对于我的论据佯装不知，或者是真的不懂，也不提出反对，而是当作枯枝残叶不屑一顾。”

一个同时代人的看法：森佩雷 – 瓜里诺斯对费霍的看法

上文中已经提到过，森佩雷 – 瓜里诺斯（1785—1789：t. III，24–25）著有一部十分值得称赞的作品：《卡洛斯三世统治期间西班牙最佳作家文库鉴定》，他在这部书中记录了费霍及其作品。关于费霍个人及其对西班牙文化的价值，他是这样写的：

西班牙有一个优点，是其他国家所不具备的。在其他国家，启蒙运动的发展通常伴随着对宗教的亵渎；知识的进步又常常造成危险的争论，形成对宗教和国家荒唐有害的意见。在西班牙，就在有些人认为是被迷信占据王位的地方，却释放出了大量启蒙文化的光芒。因为，有谁比费霍神甫更有力地抨击虚假的信仰，抨击关于巫婆、鬼怪、邪祟的民间舆论，抨击当局滥用职权，抨击我国大学教学上的不良习气？

这位学者的各部作品产生了有效的发酵作用，使人们开始有质疑精神，使人们了解到与国内原有书籍迥然不同的其他书籍，激发了人们的好奇心。总之，这打开了通往理性的大门，在此之前，这扇大门被冷漠和虚假智慧关闭了。

费霍神甫所从事的这项艰巨的任务，给他带来了无数的反对者和不少的障碍。但是，他的爱国精神，再加上他恰当的笔触，尤其是他待人处事的方式，使他战胜了所有困难，并且名留青史。

我不知道当费霍提到西班牙缺少能够理解牛顿科学的人时，他的脑海中是否想到了什么人，但他很有可能想到了一本书，这本书的作者是拉穆尔特拉圣哲罗姆修道院和希伯伦山谷皇家修道院的一位老院长，也是乌赫尔主教管区和巴塞罗那主教管区的主教会议考官：约瑟夫·桑斯·蒙赫（Joseph Sans Monge），书名为《无知的智者，或关于智者缺陷和不良科学文化的介绍，以对话形式呈现》（*El sabio ignorante ó descripcion de los defectos de los sabios, y mala cultura de las ciencias, descifrado en dialogos*，1763）。这本书值得一读，尤其是第三部分《关于原子说哲学体系及其他现代哲学体系》（*De la Philosophia Atomistica y otras modernas*）。

这一部分内容（Sans Monge，1763：t. I，228-229）探讨了那些“承认‘物质’和‘形式’是自然物体本质要素的派别，比如亚里士多德学派……比方说铁，只需通过各个部件的处理、组合、塑造，就可以做成钉子、刀、锤、钟表及其他类似物品，也就是说，使用同一种物质，采用不同的组合和处理方式，就会形成石头、树干、金属，以及世界上的其他物体，而不需要物质的实质形式。”上面说的那些“派别”，共有17个，包括“伽桑狄学派、笛卡尔学派、牛顿学派、莱布尼茨学派、洛克学派等”，实际上书中对“近年最为著名的科学家学派，包括伽桑狄、笛卡尔、迈格兰（Maigran）、牛顿和莱布尼茨等人的学派”作了评论。关于这些体系，书中设想的其中一个对话参与者——胡利奥（Julio）试图对牛顿体系作解释，他是这样说的（Sans Monge，1763：239-240）：

> 1687年前后，这位著名英国哲学家（艾萨克·牛顿）的新体系得以发表。他不接受亚里士多德学派的推论以及现代学派的随意假设，以数学原理和运动定律为基础创立了他的哲学。考虑到名称上的相似性，他从他的哲学理论中去除了所有不必要的概念，使用少量的理由来解释自然作用或现象。这位哲学家与其他哲学家的不同之处在于，他只接受一种内容作为其哲学依据：即能够用其他原理也能解释的自然现象进行证明的内容。就这样，他建立了自己的体系，将引力和各个物体的重力作为最普遍的原理，也作为一切无生命运动以及其他自然现象的共同原因；他拒绝接受其他现代哲学家所说的理论，因为他们认为一切运动都是出于推动力和实体接触的原因。[82]还有，关于亚里士多德学派所谓的重物的内在运动，牛顿为他

们指出了一个外在因素，也就是上面提到的吸引力，或者说相互之间的引力，包括天体和地球上的物体；物体之间相互吸引，吸引方式不尽相同，并且遵循“大物体引力大，小物体引力小”这一原则。

面对关于牛顿体系的这样的总结，书中设想的另一个对话参与者——卡约（Cayo）表示（Sans Monge，1763：246）：

> 对“非本质形式是不同于原物质的存在体”这一观点予以否认，这种行为虽然对所有现代哲学家而言十分普遍，但与教会圣师教导我们的内容是不相容的，教会圣师以圣餐的非本质属性为例：即使圣餐中没有面包和酒的实体，圣餐的非本质属性也一直存在于圣餐过程中。因此牛顿的作品被禁了几年。牛顿把物质微粒之间互有引力的理论当作其体系的依据，但这种理论晦涩难懂，连牛顿学派自身的成员都坦诚，他们也不知道这个理论的内涵；他们之间还互相争论到底是内在因素还是外在因素。而作为这个体系基础的运动定律，牛顿提出它们时并没有什么证据：不是所有人都认可这些定律，其内容也不全是对的。

像上述言论这样的批评，就是我们今天所说的，被宗教信仰污染的言论，而这样的宗教信仰除了信徒的信念之外并没有什么基础。不得不承认，其作者桑斯·蒙赫神甫，对于牛顿在《自然哲学的数学原理》中所提出并阐述的体系有一定的了解。因此，当他写出“牛顿把物质微粒之间互有引力的理论当作其体系的依据，但这种理论晦涩难懂，连牛顿学派自身的成员都坦诚，他们也不知道这个理论的内涵；他们之间还互相争论，到底是内在因素还是外在因素”，他应该是想到了牛顿力学所说的那种神秘的超距作用（也就是说不需要任何媒介就能传播的力量）。在 1693 年 2 月 25 日写给理查德·本特利（Richard Bentley，他参与了《自然哲学的数学原理》第二版的准备工作）的信中，牛顿本人也承认，他不理解这种力量（Turnbull，ed.，1961：253-254）：

（在没有另外一些非物质的东西充当媒介的情况下，）没有生命的物体竟然能够影响和它没有接触的另一个物体，这真是不可思议。如果按照伊壁鸠鲁的理解，引力是物质的先天本质属性，那么它必然能够产生这样的影响。这就是我希望你不要认为是我发明了这种先天引力的原因。引力是物质先天的、固有的、本质的属性，所以物体在真空中无须借助媒介就能影响远处的物体。物体就是这样相互作用、传递力的。在我看来，这太荒谬了，我相信有哲学思考能力的人不会沉溺其中。引力必定是由某个按特定规律不断作用的因素造成的，至于这个因素是物质的还是非物质的，就留待我的读者们来思考了。

这种神秘的超距作用使牛顿感到“厌烦”，尽管是他自己把这一概念引入物理学的。超距作用持续存在，他作为一个足够优秀的科学家，也逐渐接受了这个概念。但有些人正好相反，约瑟夫·桑斯不自觉地称赞牛顿[83]，但他的宗教信仰使他不仅抗拒牛顿物理学，还抗拒牛顿所带来的科学作风，而这种科学作风正是科学革命的标志，并且对未来的科学发展模式产生了绝对的影响。约瑟夫·桑斯通过蒂西奥之口说道（Sans Monge，1763：251，255）：“虽然说经验是科学之母，但思考是科学之父，如果没有思考，就不能生出科学这个女儿；经验这种感觉只能发现非本质属性，却发现不了事物的本质，如果发现不了关于事物本质的知识，就没有科学，也不可能有科学。”最后，卡约发出这样的谴责：

这些就是现代哲学家们及其哲学体系的成就和结果，或者更确切地说，是疯子的执念，是魔鬼的脓肿，它们使哲学变质，使宗教染疫，直至将它变成无神论。

如果要对本章内容做个总结，那么不得不说，除了豪尔赫·胡安以及少数几个在其作品中加进一些牛顿理论的作者，在西班牙，面对艾萨克·牛顿的新物理学和新数学，大多数人的反应基本上属于一种无动于衷的态度。但在这样的反应中，在这个基本自由的启蒙思想世纪里，还是有一种紧张的状态，那是西班牙仍然存在的各种紧张状态之一——在天主教信仰之下的宗教争端，这种争端不仅影响到像豪尔赫·胡安这样的非教会人员，还影响到了那些支持新科学的宗教人士（例如穆蒂斯和费霍）。

第4章 美　洲

> 阁下，我知道您会为我主在旅行中赐予我的伟大胜利而感到高兴，因此我写下这封信，借此您将知道在33天内我是如何带领至高无上的君主，国王和王后赐我的船队，从加那利岛到达印度群岛的，在那里我发现了许多岛屿，人口数不胜数。我已经代陛下通过发布公告和展示皇家旗帜占据了全部岛屿，并没有遭到反对。
>
> 克里斯托弗·哥伦布书信，宣布发现美洲，1493年4月

1492年10月11—12日晚上，克里斯托弗·哥伦布舰队中的一名水手望见了远处的陆地，那是瓜纳哈尼岛，之后哥伦布将其命名为“圣萨尔瓦多”岛。这件事永远地改变了西班牙的历史。想象未来总是一项不确定的任务，而且很有可能以失败告终，但可以肯定的是，在那天晚上之前，人们所想象的西班牙的未来与实际的未来将大不相同。

不仅仅西班牙的未来被改写了。美洲的发现是人类历史上最重大的事件之一，毋庸赘述。用亚历山大·冯·洪堡（Alexander von Humboldt，1836—1839）（1992：11）的话来说：

15世纪……颇为有趣，甚至可以说在理性进步的历程中写下了浓墨重彩的一笔。它处于两种不同性质的文明之间，呈现为一个既属于中世纪又属于近代的中间世界。太空重大发现、人类新交通路线的开辟以及涵盖所有气候带和海拔的综合自然地理的雏形都产生于该世纪。是的，对于旧欧洲的居民来说，接触如此多的新事物“使创作作品翻了一番”，人类智慧获得了广阔的发展空间，并且人们在不知不觉中改变了思想、法律和政治习俗。从来没有任何纯粹的物质发现，在拓宽视野的同时，产生了更非凡、更持久的道德变革。揭开面纱，千百年来，半个地球就遮蔽在这面纱之后。就像月球的背面，尽管有月球天平动引起的小振荡，但只要行星系统没有受到本质上的干扰，地球上的居民就不会看到它。

在第2章中，我已经概述了西班牙在维护广袤的美洲大地、同时也从中获益的过程中，对西班牙科学造成的一些影响。当时美洲被划分成四个总督辖区，即新西班牙（今天的墨西哥，以及一些后来成为美国领土的地方）、新格拉纳达（哥伦比亚、委内瑞拉、巴拿马、厄瓜多尔、圭亚那）、秘鲁（除现在的秘鲁以外，还包括玻利维亚、厄瓜多尔、哥伦比亚、智利和巴西的部分地区）和拉普拉塔（阿根廷、巴拉圭、乌拉圭和玻利维亚的部分地区）以及三个都督辖区，分别是危地马拉、委内瑞拉和智利。本章将讨论在这些领地内开展的科学技术活动，关乎宗主国的利益（皇室的利益，也关乎一些教会和商人的利益）的活动，新大陆提供的可能性以及殖民所需的工具。

关于上述最后一点，征服、扩张和殖民显然需要应用到广泛的知识和技术：地理学、制图学、土木工程、建筑学、水力学、修建道路、桥梁、港口和民用、军事和宗教建筑，测量土地（土地测量术），引入农牧业技术，探索和利用发现的新物种：动物，尤其是植物所提供的可能性，以及寻找和开采矿产，尤其是银，我们之后会说到。[1]费利佩二世于1612年颁布的工程师条例对这一职业作出了指导，确立了他们在市政工程、道路设计和土木工程中的实践方法和义务。埃利亚斯·特拉布尔塞（Elías Trabuls）（2005：186-188）在以下段落中说明了其中一些方面（制图和土地测量学）：

> 发展更科学的土地测量技术，从而更精确地绘制地图的主要动力之一是到16世纪末，由于大土地所有权的形成，从而产生了严重的测量问题……（有必要）制定科学方法，以避免或至少减少产权边界、掠夺土地等造成的严重问题。在墨西哥某些特别肥沃或适合畜牧业的地区出现的饱和现象引发了产权所有者之间的诉讼，这是另一个刺激寻求科学解决办法的因素，这一问题在拉丁美洲其他地区，如秘鲁或新格拉纳达也很常见。
>
> 毫无疑问，17—18世纪拉丁美洲最伟大的数学家、地理学家和天文学家都致力于解决这一冲突。在这两个世纪里，几乎没有一个科学家不把自己的一部分精力和时间投入土地测量的需要、地下采矿工程的计算、城镇地图的绘制，或其他各种特殊图表的制作上。

特拉布尔塞继续解释说，有一个问题是，如果考虑到领土面积的大小及其所包含的非常多样化的需求和机会，那么付出这些努力和时间的人数仍然很少。试图弥补此类缺陷的一个方法是参考西班牙或欧洲数学家的涉及测量方法的书籍。然而，他们所提到的情况往往不适用于美洲当地的条件。“诸如安德烈斯·加西亚·德塞斯佩德斯（Andrés García de Céspedes）的著作，在专业测量师、建筑师和工程师中获得了极大认可，但只是用特殊的仪器来解释测量距离和高度的技术，其中一些是他的发明。其他诸如安东尼奥·马丁（Antonio Martín）或胡安·塞迪略·迪亚斯（Juan Cedillo Díaz）的著作，要么提供了实用算术的一般规则，要么描述了操作复杂、难以企及的测量仪器。在新西班牙最著名且最具影响力的是意大利数学家路易斯·卡杜乔（Luis Carducho）的作品，他是《欧几里得》的编辑，居住在西班牙，担任国王的数学老师。他的《土地测量》一书经常被17世纪的墨西哥科学家引用，他们还以他的描述为指导，制造了用于测量和采矿的精密仪器。”[2]

我还可以举出更多例子，但更值得在这里提出的是，科学和技术对当时的拉丁美洲来说是必不可少的需求。此外，他们还提出了一些问题，需要新的解决方案，例如采矿业。采矿业对宗主国经济的重要性非同寻常。从这个意义上说，美洲对西班牙科学技术发展是一种刺激，这是西班牙历史上不太频繁出现的科学技术进步的一个重要事件。

矿产与矿业

我们的星球——地球，不过是化学元素的集合体，它们以不同的形式和组合出现。其中一些特别珍贵且用途广泛的是“矿物质”，这是在地壳中发现的无机物质，通常由不同元素构成的化合物组成，这一点促使我们发明将元素分离出来的方法，并根据其特性和我们的需求将其用于不同的用途。在矿物中，一组特别重要的元素是金属。如果我们回顾遥远的过去，我们发现很长一段时间内，将金属从矿物中分离出来是通过水、锤子和火等效率有限的手段进行的，且无法达到熔化温度。这样做的结果就是并没有分离出纯金属，尽管足以识别它。铜是第一个被分离出来的元素。在安纳托利亚半岛（今土耳其）南部的恰塔尔霍于克发现的一些金属珠子是目前已知最古老的铜样本（公元前6000年）。黄金呈砂砾状，便于机械加工。已知最古老的珠宝来自同一时期的埃及王室陵墓，也就是银的发现。至于铁，很久以来，在人们知道这种宝贵的金属可以从地球上的矿床中提取之前，它的来源是陨石。大约5000年前，人类，可能是美索不达米亚人，学会了从陆地矿床中提取和冶炼铁。铁出现之后，它的使用范围得以扩大，并产生了深远的影响。例如，赫梯人的铁剑改变了中东的政治地图。硫是地层中一种储藏量非常丰富的元素，它以原始结晶的形式存在，荷马（公元前9世纪）在《伊利亚特》第十六卷中曾提到：“那里有一只精美的酒杯”。

汞是唯一在室温下呈液态的金属，其历史可以追溯到公元前2000年。自公元前1500年起，汞被用于埃及墓葬。木炭自古就被用作燃料，但直到18世纪才发现碳元素。当时已知的元素数量与行星（7个）的数量重合，因此希腊人将它们一一对应起来。其中一些对应关系很容易想象：黄金和太阳的特点是光彩照人，而白银和月亮的对应也属于这个类别。铁与火星的联系可能是与战神以及后来与地球的双重联系的结果。水星是词汇上的巧合，而铜与金星、铅与土星、锡与宙斯没有什么关联。

将矿物提炼为金属有助于将它们识别为元素（即具有基本特征的物体），而人类活动使化合物的数量成倍增加。其中最古老的是玻璃，由纯碱、石灰石和沙子组成，其样本在公元前3400年的埃及和美索不达米亚的遗址被发现。青铜的出现可以追溯到公元前 3000 年开始。青铜，一种能够承受高温的铜和锡的合金；钢，需要在 1528℃下将铁熔化并在冷水中快速冷却进行回火以便锻造。约公元前 400 年，伊比利亚镰刀（带有纵向凹槽的弯刃剑）和中国剑被铸造出来，不过钢的广泛使用要晚得多，并且很长一段时间仅限于武器。

为了获得矿物，出现了一项极为重要的活动：采矿。迦太基人和后来的罗马人努力了解和开采西班牙的矿产资源。公元 1 世纪的希腊地理学家和历史学家斯特拉博在他的《地理学》中提到图尔德塔尼亚（安达卢西亚地区，从阿尔加维到莫雷纳山脉的瓜达尔基维尔河谷地区），书中还写道："该地区拥有的财富不仅数量大而且物产丰富。这是一个令人钦佩的理由……迄今为止，地球上还没有任何其他地方发现过如此丰富和优质的原生金、银、铜或铁资源。"[3] 在西班牙仍然可以找到古代采矿的痕迹。例如，拉斯梅杜拉斯（Las Médulas，罗马人称为"Mons Medullius"）金矿开采留下的为数众多的巷道和废料堆，位于蒙福特－德莱莫斯的蒙特富拉多隧道（该隧道是为了对锡尔河进行改道而建造的，以利用其金砂），或是在里奥廷托矿区（韦尔瓦）发现的用于开采铜矿石的深达 150 米的巷道。

与里奥廷托铜矿一道作为西班牙古矿遗迹的是阿尔马登（雷阿尔城），顾名思义，该矿从 8 世纪起就被阿拉伯人所知并用于开采汞。

威廉·鲍尔斯在他的《西班牙博物学和自然地理学导论》(*Introducción a la historia natural ya la geografia fisica de España*)（1775：2-3）一书中提到了西班牙蕴藏的矿产，以及由此产生的采矿活动：

"我们第一次旅行是前往阿尔马登，于 1752 年 7 月 7 日出发：但在介绍其著名的矿藏之前，我想谈谈西班牙古老的矿产资源。《马加比一书》中对罗马人从西班牙开采的黄金大加赞赏。蒂托·李维的许多地方都展示了他们的统治者将多得难以置信的财富从这些省份带回罗马。卡东上交了 25000 磅银条（罗马 1 磅等于 12 盎司）、120000 磅银币和 400 磅黄金。米努西奥在对西班牙的胜利中获得了 80000 磅银条，300000 磅铸银。富尔维奥·弗拉科（Fulvio Flaco）展示了他赢来的 124 顶金冠、31 磅金条和 17000 枚银币。

腓尼基人，甚至罗马人之前的迦太基人、哥特人和他们的继任者野蛮的摩尔人，都对西班牙的财富贪得无厌。当他们意识到自己的统治不会长久时，就开始对这些省份强取豪夺：他们急于以人力开山采银，在沙丘寻金；他们烧毁和夷平森林；但从不种一棵树或播撒一颗橡子，很多矿仅仅因为缺少熔炼金属的煤炭而不再经营。

直至今日，仍然可以将摩尔人开采的矿山与罗马人开采的矿山区分开来。罗马人把堡垒的塔楼建成圆形，以尽可能躲避攻城槌的重击；罗马人的矿工，不知是出于习惯还是理性，他们建的矿井隧道也都是圆形的。不知道攻城槌的摩尔人把他们的塔建成方形，把他们的矿井的隧道建成方形。现在仍然可以在里奥廷托和其他地方看到罗马人的圆形矿井，在利纳雷斯附近看到摩尔人的方形矿井。”

最后，我将引用安东尼奥·德乌略亚在《美洲纪事》（*Noticias americanas*）一书中的一些段落，他在书中专门说明了一些众所周知的事情：人们和国家对采矿，或者更确切地说，对矿产兴趣的本质（Ulloa，1772：218-220）：

关于矿物（主要是银矿）及其开始工作的方式

各个国家发展的最大的动力一直是财富和贵金属，这是获得其他东西的手段。黄金和白银本身就极具价值，即使在没有将其定为保值资产的情况下，即使在最不需要金银买卖的国家中，它们也会受到极大的尊崇。这些金属为世界制定了法则，根据当时的情况，诸侯缺乏它们就无法使自己受人尊敬，并且无法平衡维持主权必不可少的费用。就像带来法则一样，它们也赋予事物价值，根据丰富或稀缺情况为其定价。中国人不断努力获取白银，而并非本国出产，中国不是最需要白银的国家。欧洲人努力获取白银，为的是与中国人交易，换取想要的东西。非洲摩尔人一直做海盗，渴望获取白银，他们通过奴役他人，作为获得白银的筹码，尽管是最野蛮的国家，但白银的买卖数量比传闻中的要少。欧洲人因囤积这些金属而面临各种危险，并且充满了无尽的竞争，他们通过挑起战争相互消灭，渴望拥有对方大量的金银。美洲人深掘大地，不断向最深处探索，希望通过拥有财富而感到更快乐，但他们始终没能享有很多金银，因为他们不知不觉地消失了。这些金属的力量在某种程度上超出了人们的想象，这需要他们相互打交道，因为如果没有这种吸引力，各国将无法交流，每个人都留在自己的领土上，而不会费心去寻找更偏远、更鲜为人知的地方。

白银帝国和欧洲经济

“白银帝国”是约翰·H. 帕里（John H. Parry）（1952：87）著作《欧洲与世界扩张》（*Europa y la expansión del mundo*，1415—1715）中一章的标题。这是一个恰如其分的标题，因为美洲白银不仅对西班牙及其皇室经济、（对内和对外）政策具有重要意义，而且对世界贸易亦是如此。自从16世纪40年代在萨卡特卡斯（墨西哥）和波托西（位于今玻利维亚南部）以及后来在瓜纳华托或塔斯科发现银矿以来，出现了历史上从未有过的白银产量的激增。“美洲的黄金和白银大量涌入欧洲”，汉密尔顿（Hamilton）（2000：9）在其经典著作《美洲宝藏和西班牙的价格革命，1501—1650》（*El tesoro americano y la revolución de los precios en España，1501—1650*）中指出，“这促进了价格革命，进而决定性地影响了近代前两个世纪社会和经济制度的转变”。

这说明了在美洲矿场开采的珍贵矿物先后到达西班牙以及欧洲其他地区意味着什么，亚当·斯密在其极具影响力的著作《国富论》（1776）中没有忘记指出这一事实。例如，我们可以读到（Smith，1987：271）：

> 从1570—1640年，大约70年的时间里，白银对于谷物（小麦）的相对价值的变化（与过去相比）呈现出不同的趋势。白银的实际价值下降了，所换取的劳动量比以前少了，而粮食的名义价格上涨了，不再是以每夸脱约2盎司白银，或以现行货币约10先令的价格出售，而是以每夸脱6~8盎司白银的价格出售，相当于现行货币三四十先令。
>
> 美洲矿产的发现似乎是上述白银对谷物相对价值下降的唯一原因。对

> 此，所有人的解释都一样，无论是事实还是原因，都没有争议。在此期间，欧洲大部分地区的经济活动取得了显著改善和进步，因此对白银的需求一定增长。但是供应的增长远远超过需求的增长，以至于白银的价值大幅下跌。请记住，直到 1570 年之后，美洲矿山发现才对英国的商品价格产生重大影响，尽管那时波托西的矿山已经发现了 20 多年。

亚当·斯密所关注的结果绝不是唯一的也不是最重要的。戴维·林格罗斯（David Ringrose）指出，“白银在亚洲贸易中扮演着重要角色。由于欧洲几乎没有生产出亚洲成熟经济体所希望的东西，白银成为贸易中一种重要的商品。欧洲生产了少量的白银，其长途贸易一直受到白银短缺的阻碍，直到 16 世纪 50 年代末，美洲白银开始大量涌入欧洲。之后，这些白银沿着商路进入中东和中国市场”。中国和印度对这种金属感兴趣的原因之一是白银是其货币体系的基础。这里再次引用林格罗斯（2019：82）书中的论断：

> 与中国一样，印度的货币体系也是以白银为基础的……经济的增长速度超过了白银的供应，因此白银的购买力增加了，印度成了对任何想要出售白银的人都具有吸引力的市场。长期以来，欧洲和中东一直是印度纺织品、珠宝和胡椒的常规市场，自 1560 年以来，白银的供应量不断增加，使欧洲商人能够购买越来越多的印度产品。

归根结底，白银作为茶叶、丝绸、棉花、香料和其他亚洲商品的进口等价物，对欧洲具有重要意义。据估计，1785—1801 年，通过加的斯运抵欧洲的美洲白银中有 30%—50% 用于向亚洲付款。一贯具有鉴赏力的孟德斯鸠在他的文章（引自 Bernal，1992：317）中意识到了这一点：“西班牙的白银，通过阿卡普尔科和加的斯从西印度群岛运出，在所有与东方开展贸易的欧洲国家中都很受欢迎，即使是被当作商品。”从这个意义上说，到此可以不必再说“白银帝国”是一个最适合西班牙及其美洲领土的标题，取而代之的是“白银全球化”。

对白银的需求导致产生了安东尼奥·米格尔·贝尔纳尔（Antonio Miguel Bernal）（1992：315）在他的《西班牙未完成的项目：帝国的成本与收益》（*España, proyecto inacabado. Costes/beneficios del imperio*）一书中描述的情况：

> 1726年5月31日，一位居住在加的斯的南特商人面临因英国人的骚扰而无法从美洲运回金属的问题。他表达了他的担忧，指出这种延误会造成严重的损失，将把整个欧洲的贸易额拖入大幅削减的可怕境地。他继续回顾说，长期以来，所有国家在这一贸易中的共同利益一直是船队和大帆船的保障，不阻止它们返回港口是一项不可侵犯的法律。因此，他总结说，英国人最好停止只考虑自己的利益，放弃不可取的骚扰做法，允许所有国家共同的公共财富返回欧洲。

毫无疑问，南特商人的意思是：在他看来，在拉丁美洲开采的贵金属如黄金和白银不仅属于西班牙，也是欧洲的财产。很明显这些金属的所有权属于西班牙，那么为什么会这样？原因很简单（尽管不能解释一切）：那就是黄金和白银供应的减少影响了国际贸易。用贝尔纳尔（1992：316）的话来说："（在18世纪）假如贵金属不是经济的引擎，至少也会是决定性因素，因此美洲的黄金和白银仍然被认为需要给予极大的关注。最终，相对于来源经济体，金属流入特定经济体仍然是生产优势的标志。"从这个角度来看，西班牙只是被当作一个中间商。

白银的重要性在于（黄金不具备相同甚至相似的丰度），如果欧洲国家，尤其是荷兰、法国和英国，认为白银在欧洲的正常分配受到阻碍，就会毫不犹豫地采取行动。例如，出动在大西洋和地中海主要港口停泊的军舰来保护他们国家的商船。

利用白银进行贸易赚取丰厚利润的主角主要是非西班牙的组织机构，如英国和荷兰东印度公司。这提出了一个问题，即作为白银主要的供应商，西班牙为什么没有参与这样的好事。直到美洲帝国末期，即19世纪，贵金属供应是西班牙王室主要的经济资产。用汉密尔顿（2000：299）的话来说："毫无疑问，在此之前，世界历史上没有哪个国家拥有像西班牙那样多的货币资源，也没有任何一个经济阶段长期以来经历了西班牙帝国期间金属货币供应量的持续增长。”众所周知，这个问题的答案是，西班牙当时陷入了诸如“八十年战争”之类的“行动”中。这场战争使西班牙在1568—1648年与荷兰的17个省进行了较量。为了维持在那里作战的军队，西班牙王室不得不贷款，最终靠大量美洲白银还清。

波托西

如果说有哪些地名与财富有关，那一定不能不提“波托西”，它已被刻入西班牙语中，并形成了“这值一个波托西”的短语。在《南美之旅历史叙述》中，豪尔赫·胡安和安东尼奥·德乌略亚（1748a：第Ⅱ部分，第XⅢ章，194-195）也都不忘提及这个地方：“在著名的波托西山脚下及其以南的地方，坐落着以‘波托西’命名的小镇，以出产大量白银闻名于世。其丰富的矿藏是1545年偶然发现的，与其他地方在此之前和之后不断重演的剧情并无不同。有一个印第安人，有人说他叫瓜尔卡（Gualca），也有人说他叫瓦尔帕（Hualpa），他跟着一群鹿，沿着山路一直追赶它们，到达一个有点陡峭的斜坡时，他抓住一根树枝以便向上攀爬，但树木显然承受不住他的体重，被连根拔出。他在树根的凹陷处居然发现了一个银块包裹在土块中。这位印第安人在波尔科获得了帮助，带着当时能从矿脉上取下的一部分金属来到了这里，他把其中所含的银子取出来弄干净，偷偷从中获益。每当他需要更多的银子时，就上山取银，循环往复……直到有一天，他的一个朋友，一个叫关卡（Guanca）的印第安人，注意到他变得富有起来，就开始软磨硬泡，直到他无可奈何方才透露了这个秘密。两个人开始一起上山采银，持续了一段时间，直到彼此意见发生不合，因为那个叫瓜尔卡或瓦尔帕的印第安人拒绝透露提炼银子的方法，于是关卡把有关银矿的消息告诉了他的主人比利亚罗埃尔（Villarroel），他是波尔科居民。比利亚罗埃尔立即行动，寻找和开掘银矿，从1545年4月21日起他就在那里一直辛勤劳动，获取了巨大财富。”

这里所蕴含的财富将原本荒凉的地方（位于海拔4000米林木线之上）变成

了一座大城市。在16世纪70年代初，它已经拥有50000名居民，而在1610年，人口几乎相当于当时伦敦人口的一半。今天很难体会到它在当时的重要性。历史学家克里斯·莱恩（Kris Lane，2019）在他的《波托西。改变世界的白银城》（*Potosí. The Silver City that Changed the World*）一书中准确地描述了这一重要性。另一位历史学家蒂莫西·布鲁克（Timothy Brook，2019：206）指出："波托西所做的不仅仅让它的控制者们致富，还让他们在战斗中决一死战。首先，它让西班牙变得富有，它也资助了西班牙帝国，巩固了其在南美洲的统治，支付了其跨太平洋扩张直至菲律宾的花销，并将以前分开的美洲、欧洲和亚洲的经济体整合为事实上的共管领土。这一切的发生并不是什么人努力寻求的结果。白银作为一种全球商品拥有了自己的生命，因为每个人在面对保持银块不断流通的机会和渴望时都会各显其能。"

西班牙在美洲的矿业

在美洲各个地区发现银矿对西班牙的科学机构组织产生了非凡的影响。哪怕仅仅是出于这个理由，也应该谈谈新大陆的矿业问题。但是，让我们先来看看豪尔赫·胡安和安东尼奥·德乌略亚的《南美之旅历史叙述》中关于采矿的一些内容，在第一部分中，有一章专门介绍"有关基多省盛产金矿和银矿的概况，以及提取黄金的方法"。其中，重点放在了新大陆蕴藏的财富上（Juan y Olloa，1748a：Parte Ⅰ，vol. Ⅵ，cap. Ⅹ，599，601）：

> 众所周知，秘鲁各个王国和省份，乃至整个西印度的财产之一就是珍贵的矿物，深藏在其血脉中，流遍各个国家的每一条血管。

然后，书中详细说明了可以找到的财富。例如，在基多省，据说它是"全秘鲁，农产品最丰富的；人口最多的，包括印第安人和西班牙人；牲畜最多的；工人劳作最辛勤的；至于矿产，如果说它不是最多的，也肯定不比其他地方少。"

美洲的发现是一个绝佳的机会，在来开展一项在西班牙有着悠久传统的活动时。[4]首先要注意的是，西班牙人并不是第一个发现美洲大地蕴藏贵金属的。在前西班牙时代，美洲原住民使用的方法是将银矿石放入容器中，然后将其点燃。当银熔化后，将其收集起来。这个当地人用来熔炼金属的炉子叫“砂锅”。[5]

问题在于，这种方法仅适用于富含银的矿石，但实际情况并非总是如此，而且随着白银开采规模的扩大，这种情况也越来越少见。西班牙人到来以后，发明了一种新方法：使用水银（汞的俗称）进行汞齐化。发明这种新方法的是塞维利亚人巴托洛梅·德梅迪纳（Bartolomé de Medina，1497—1585），他似乎是在1527年抵达新西班牙，时间不是很确定。但是他进行了这次旅行的原因是可以确定的，其依据来自费尔南德斯·德尔卡斯蒂略（Fernández del Castillo）发现的梅迪纳手稿，莫德斯托·巴尔加略（Modesto Bargalló）（1955：117-118）在他的基础著作《殖民时代西班牙美洲的采矿和冶金》（*La minería y la metalurgia en la América española durante la época colonial*）中转载了手稿的内容。这是一封日期为1555年12月29日从（墨西哥州）希洛特佩克寄给总督路易斯·德贝拉斯科（Luis de Velasco）的信，内容如下：

> 本人巴托洛梅·德梅迪纳，之前在西班牙与一位德国人交谈时获悉，无需熔炼或提纯就可以提取纯银，也可以省去其他成本巨大的步骤。得到这个消息后，我决定离开我在西班牙的家，离开我的妻子和孩子前往新西班牙，我想尝试一下，因为我明白如果成功的话会对吾主和陛下有莫大的帮助，对祖国大地也有益处。去了那里之后，我反复尝试了很多次，花费了很多时间、金钱和精力，始终无法成功，于是我将自己交给圣母我很高兴获得圣母的启发及引领而取得成功。尊贵的路易斯·德贝拉斯科先生见证了这一切，认为这将对国家财富、陛下乃至整个祖国都有巨大的贡献，他代表陛下赐予我六年都用不完的赏金，这真的是一大笔钱，没有人可以随身携带三百多银比索。因为我想履行我的承诺，我已经把我的想法告诉尊贵的总督路易斯·德贝拉斯科阁下，在这片土地上没有比帮助维护墨西

哥城女童或孤儿的家和学校更恰当的工作了。

1555 年 12 月 29 日

巴托洛梅·德梅迪纳

从前文梅迪纳提到的“与德国人的谈话”中可以看出，这个办法最初并不是他想出来的。但正因为如此，他清楚光有这个方法是不够的，还需要进一步开发，这是一项花费很多“时间、金钱和精力”的任务。尽管他的方法有待完善，但将这个化学过程的发明归功于梅迪纳是合理的，正如我所指出的那样，这对西班牙王国的经济和政治都产生了深远的影响。[6]

水银就这样成了银矿开采过程中的大主角。用安东尼奥·德乌略亚的话说就是（1772：233-234）：

水银就是银的度量，或者说是从矿石中提取银的保证，因为一般要采用汞齐法的话，没有水银的帮助就无法将银从矿石中分离出来。但是，也有一些矿场使用火来提取银，但数量很少，而且还有一个制约项，就是当地没有足够的木柴，也没有木柴的替代物针茅。因此，虽然有些矿物通过第二种方法提取可以比第一种方法产出更多，但却是不切实际的。所以可以确定的是大部分是通过水银提取的，知道水银的消耗量，就可以计算出提取的数量，虽然会有些许误差。

梅迪纳法（也叫“庭院法”）大约从 1551 年开始使用。如果矿石中含有天然银，则将银矿石压碎，与食盐、水和汞混合，然后露天放置。加盐时生成氯化银，氯化银与汞反应，产生游离银。

由于水银非常重要，因此不乏研究其在银矿开采中作用的报告和出版物。我将提到一位（韦尔瓦）莱佩人的工作，他作为一名牧师于 1588 年前往秘鲁，到那之后，他将自己的教会职责与矿物学研究结合起来，他就是：阿尔瓦罗·阿隆索·巴尔瓦·托斯卡诺（Álvaro Alonso Barba Toscano，1569—1662），简称阿隆索·巴尔瓦。[7] 我所指的研究范围包括矿藏的发现到各种实验，尤其是金属的提炼。后来这些作品集结成一本著名的书，于 1640 年出版:《金属工艺，教授用水银真正提炼金银、全部熔化，以及如何提纯并将金属分离的方法》(*Arte de los metals en que se enseña el verdadero beneficio de los de oro, y plata por azogue, el modo de fundirlos todos y como se han de refinar, y apartar unos de otros*, Alonso Barba, 1640)。[8] 他是应拉普拉塔检审庭庭长胡安·德利萨拉苏(Juan de Lizarazu)的要求写了这部书。庭长了解巴尔瓦的学识，将他从他所在的约托拉教区调到圣贝尔纳多－德波托西教区，负责编写一本关于提炼金属的书用来培训矿工(想必是在 1637 年完成的，因为那年他获得了调令)。

在加入西班牙皇家语言学院的入职演说中，先后担任马德里大学生物化学教授、药学系主任和校长的何塞·罗德里格斯·卡拉西多(José Rodríguez Carracido)是这样谈论阿隆索·巴尔瓦的贡献的(Carracido, 1908: 21):

> 将我们历史辉煌时期的冶金知识，按照人类发展的常态展现出来。尽管在逻辑顺序中，科学原理先于实际应用，但在时间顺序中，精神受到需求的困扰，首先发现经验性的方法，然后逐渐形成推论，直到最终。实践规则首先受到发明精神的启发，而后在实践上升到理论的过程中通过推理总结出规律，从而浓缩为基本原理，构成系统学说。
>
> 这种程度的进步在新大陆冶金发展中都是十分突出的。从巴托洛梅·德梅迪纳的惊人发明开始，这是直觉的产物，在没有先例的情况下获得结果，最后以阿尔瓦罗·阿隆索·巴尔瓦的《金属工艺》告终，这是一部学术著作，将以前不相干的事实以系统的结构呈现出来。因此，在这两个极端中，为了不遗漏任何一个特征，巴托洛梅·德梅迪纳被笼罩在巨大的黑暗中，就像所有过程的开始时刻一样。这与阿隆索·巴尔瓦的情况正相反，巴尔瓦的作品，甚至其创作之初，都被看作是一种成果，扎根于其作者和所有前人的丰富经验之中。

对阿隆索·巴尔瓦的书有很多可以讨论的，不仅仅因为其中有对矿物、矿藏和其他矿物学方面的描述，而且还有作者对矿物的产生、冶炼过程和对亚里士多德和其他古代思想家思想的看法（也是对他那个时代总体感觉的展示），但在这里我不打算讨论这些问题。以下我仅复述他对“水银”的定义（Alonso Barba，1770：60）：

> 这种著名的矿物就是水银，一种像水一样流动的液体，由黏稠和非常微妙的物质组成，湿度非常大，因此它非常重，非常明亮。大部分人觉得它非常冷，虽然也不乏有人说它是很热的，这是由于他们体验到水银非常微妙的质感和穿透力的结果，因为它不仅可以穿透肉，还可以穿透最坚硬的骨头，并且被认为是毒药。

阿隆索·巴尔瓦的《金属工艺》很快在其他国家翻译出版，这让人们了解了当时西班牙采矿业（拉丁美洲采矿业）的先进性，从而享誉国际：1670 年，在伦敦出版，由爱德华·蒙塔古（Edward Montagu）勋爵翻译（1666—1668 年任驻西班牙大使），并于 1738 年和 1780 年再版；1676 年，在德国汉堡出版，并于 1726 年、1739 年、1749 年和 1767 年再版。18 世纪，还出版了 5 版法文译本，3 版荷兰文译本，1 版意大利文译本。

水银对于银的提取和加工过程必不可少这一点迫使王室政府引入了一系列机制：首先是控制其供应。乌略亚（1772：236-237）在以下几点中提到：

> 使用水银提炼银矿之后，国家将水银供应收归国有。为了使这种没有水银就无法进行提炼的不可或缺的主要原料不遭受意外，使矿工们可以全身心地投入工作中，确保他们需要的时候有水银可用。为此，在那些矿产丰富的地方建立了几个仓库，尽可能多地储存水银。这些仓库也是用来熔炼从白银中提取物质的特定地点，以满足国王的“什一税”权利和对水银的需求。水银的需求需要在年度演讲中向每个人说明。

总共建立了12个仓库：关卡韦利卡（现万卡韦利卡）、豪哈、帕斯科、利马、特鲁希略、库斯科、丘奎托、拉巴斯、凯约马、卡兰加斯、奥鲁罗、波托西。

关于对水银（汞）的需求，西班牙的供应还不错，在美洲和本土都有一些水银矿。[9]在美洲，自1568年以来产量最高的矿在（秘鲁）万卡韦利卡。它的产量经历了大起大落，在1786年主要矿场圣巴巴拉倒塌前，都能够满足整个西班牙、美洲的需求。新西班牙没有此类矿产，主要依靠万卡韦利卡或从西班牙进口。西班牙的阿尔马登（雷阿尔城）矿脱颖而出，自古以来就闻名于世（肯定曾被腓尼基人开采过）。显然，还需要为水银在本地和国际上的分配设计一个精细和复杂的系统。

在经历了将近50年的停滞之后，在18世纪初，阿尔马登的水银产量开始呈指数级增长。[10]1710—1805年，新西班牙获得的水银量至少占其总产量的76.5%；而且，尽管还有从其他地方（奥地利、秘鲁和中国）进口，但1753—1805年间，新西班牙进口的水银有86%来自西班牙。正如拉斐尔·多巴多·冈萨雷斯（Rafael Dobado González，1997：470）指出的那样，“水银供应的增加对与该金属相关的直接（垄断收入）和间接（对生产和造币征税）税收产生了积极影响。因此，在阿尔马登进行的采矿加工活动对国库有利”。

1755年1月7日下午晚些时候，在阿尔马登的波索矿发生了一场火灾。为了灭火，通往内部的进气口被关闭，主入口被封死。花了两年时间才恢复生产。像这样的事故对水银的生产造成了严重的影响，但也存在其他不是危险性的而是限制性的问题。德乌略亚（1772：267-269）在他的《美洲纪事》中提及此事：

> 事实上，在很长一段时间，西班牙最好和最丰富的财产是西印度两个帝国的金矿和银矿。本来很适合建立实验室，在实验过程中就可以获得关于提炼金属的方式的实践和理论知识。比如利用水银来提炼金和银，因为在许多情况下，由于缺乏将金银矿中的有害杂质分离出来的技术，导致提炼过程会危害人的健康。例如硫酸盐、锑、砷、明矾、硫黄、雌黄（由砷和硫组成的矿物）和银矿里通常会含有的其他物质，在与水银混合之前有必要将它们分离出来。

清除金属银中有害的杂质，反复检查后，加入水银，为的是避免其损耗，提炼出来的银越多，成本就越低。许多因成本问题导致提炼出的金属未达到品位而被废弃的矿，将会重新启用。此外，还会有一个好处那就是提取银不再依赖水银。阿尔马登矿没落，很可能……会威胁到银矿的生存。能从战争中存活又是另外一回事了，按照刚才说的方法一切都有的救。

德乌略亚的一句话值得注意："本来很适合建立实验室，在实验过程中就可以获得关于提炼金属的方式的实践和理论知识"。在《美洲纪事》出版前二十多年，德乌略亚曾在西班牙主导推动这项事宜。这项活动起初由拉恩塞纳达侯爵委托进行的，事实上，这是一次"工业间谍"之旅，为了执行在第 3 章中已经讨论过的海军改革计划。德乌略亚听从了拉恩塞纳达侯爵的命令，但也采取了一些自主行动，其中一个就是在巴黎雇佣了法国人阿古斯丁·德拉普朗什（Agustín de la Planche），专长是矿物分析；两个德国熔炼工，安德烈斯（Andrés）和胡安·凯特林（Juan Keterlin）父子；以及爱尔兰人威廉（在西班牙被称为吉列尔莫）·鲍尔斯（1705—1780），一位经验丰富、旅行频繁的探矿者和博物学家，前文已经出现过。目的是推动西班牙的采矿业。

如前一章所述，1751 年回到马德里后，德乌略亚向拉恩塞纳达提交了一份计划，其中除了自然和古董陈列馆，还包括建立一个地理学院，培养制图员和绘制西班牙地图，这是一个需由威廉·鲍尔斯负责的采矿勘探项目，以及建立一个西班牙采矿专家培训学校和一个冶金实验室。1752 年，经拉恩塞纳达批准，在马格达莱纳街与拉瓦皮耶斯街交口处的一座出租建筑中，建立了皇家地理学之家和自然陈列馆（卡洛斯三世统治时期建立的自然陈列馆前身），以及一个冶金实验室，俗称"铂金之家"。不久之后，1777 年，在阿尔马登成立了一个矿业学校——未来矿业学院的起源（我将在第 8 章中讨论）。最初，该学院只有一名教授——来自弗赖堡的德国人海因里希·克里斯托弗·施特尔（Heinrich Christophe Störr）。他受聘担任矿山地下工程师，在 1777 年 7 月 14 日的敕令中最终被任命为矿山的主管。一个矿业学院只有一名教师和一个教席的情况并不罕见：1778 年成立的巴黎矿业学院也是如此。那里的教授教的是矿物学和矿物冶金，而在阿尔马登，教的是地下几何学和矿物学。

丰富白银对西班牙社会经济的影响

国家的历史，就像个人的历史一样，受到其所遇到的机会与所处的环境的深刻影响。就 16—17 世纪的西班牙而言，这种“机会 - 环境”就是坐拥大量美洲白银。因此有必要思考这对西班牙产生了什么影响（我之前已经提到了一些）。伟大的西班牙裔英国学者约翰·埃利奥特（John Elliott，1990）就是探讨过这个问题的人之一，见于其著作《西班牙及其世界（1500—1700）》（*España y su mundo，1500—1700*），我将在本节中引用一些片段。

“显然，”埃利奥特（1990：43）指出，“西印度群岛的黄金和白银对西班牙来说意味着意外的财富，尽管可以说，这些意外之财的大部分未经提炼就被浪费掉了。货物大量涌入塞维利亚，而且数量不断增加，而这些金银到达之后，大部分用于向外国银行偿还债务，成了许多人的利润。处于困境的贵族家庭可以梦想从西印度的收入中重新获得财富，由此卡斯蒂利亚的大人物之间产生了对美洲总督职位的竞争，因为新西班牙或秘鲁总督可以合理地期望在任期内赚得盆满钵满。此外，海外帝国至少为一部分西班牙贵族提供了外部安慰的手段。政府官员、神职人员和那些在美洲发财并决定把钱寄回祖国的人的亲属们，可以拥有白银储蓄，随心所欲地使用：还清债务，购置产业，送最喜欢的侄子去萨拉曼卡大学，或者在村里的教堂里建一个家庭礼拜堂。塞维利亚的商人接收了大量的白银，他们利用白银进行交易，特别是为下一支远赴西印度的舰队购置货物。”就科学和技术而言，如第 2 章所述，所有这些产生的“文明”都有利于航海（包括造船技术）、天文学和数学等领域的发展，但后两者一度被当作“应用科学”。我必须强调，在科学革命中，出现了科学的“广义、抽象”维度，比单纯应用科学产生更深远的影响。

水银运到美洲的（复杂）旅程

美洲银矿尤其是新西班牙银矿所需的水银，很大一部分来自阿尔马登，因此需要组织一次复杂且漫长的海运将其运输到美洲。运输的第一阶段是将水银从阿尔马登运到塞维利亚（在交易事务所皇家造船厂集结），然后从那里装上大型船只，沿着瓜达尔基维尔河顺流而下到达入海口，然后运往美洲。

从阿尔马登到塞维利亚的路上定期有车队往返。通过水银提取银的汞齐化工艺发明几年后，专门的运输路线建立了，但并不仅限于运输水银。正如伊格纳西奥·冈萨雷斯·塔斯孔和华金·费尔南德斯·佩雷斯（1990：80）指出的那样，“早在 1558 年 5 月，阿尔马登矿的管理者和王室代表安布罗西奥·罗图洛（Ambrosio Rótulo）就被授权购买 20 辆牛车，为‘陛下之路’奠定了基础，为的是向水银提炼炉（阿尔马登使用的蒸馏炉）运送柴火，即矿山需要的木材，还要运送每年运往塞维利亚装船的水银。第二年，也就是 1559 年，264 担水银被送往韦拉克鲁斯港（1 担相当于大约 46 千克），这一数量在接下来的几年里迅速增加，到 1570 年，装船货物已经增长到 1743 担。”

然而，当瓜达尔基维尔河口的泥沙使大型船只无法抵达塞维利亚河港时，问题就出现了，不得不使用吃水浅的船将水银运往加的斯港，并在那里储存起来，然后装上前往西印度航路行驶的船只。水银送往新西班牙的航程（在这里仅以墨西哥为例，波托西的情况明显不同）到达韦拉克鲁斯就结束了；然后从那里送至总督辖区首府墨西哥城的配送中心——另一个漫长的旅程开始了。冈萨雷斯·塔斯孔和华金·费尔南德斯·佩雷斯（1990a：78–81）对此有精彩的描述，下面引用他们的一些段落：

在殖民时期的大部分时间里，韦拉克鲁斯和墨西哥之间的道路，也称为“欧洲之路”，在某些路段只适合推车通过，其他路段则需要依靠骡子运输。

水银在韦拉克鲁斯卸货之后，就进入了通往墨西哥之路的第一阶段，韦拉克鲁斯到拉安提瓜之间大约有 6 里（古时西班牙里程单位，1 里 =5572.7 米）；这段路可以使用牛车，然后，正如迭戈·加西亚·德帕内斯（Diego García de Panes）（《墨西哥总督从到达韦拉克鲁斯到公开进入首都所经之路的私人日记》，手稿日期为1793年8月4日，加的斯）所述，一路都是海滩。

到达拉安提瓜时，由于没有桥，需要乘船过河；此后，地势崎岖，道路只适合骡马。

从拉安提瓜出发，前往距离韦拉克鲁斯33里的佩罗特，从那里有好几条前往墨西哥的线路可选，行程在80—90里，大约需要10天。

在总督辖区首都，会对萨卡特卡斯、瓜纳华托或雷亚尔－德尔蒙特等各个采矿中心的需求进行评估，以便向其提供适量的水银。

水银运输路线对王室来说至关重要，因为美洲的白银运过来也依赖于它。运输队伍从一开始就享有特权，扫除各种障碍，方便运输车队有序通行。运送水银的公牛和骡子享有在山上、牧场自由吃草的权利；按照卡拉特拉瓦教团的规定，骡夫和车夫被当作他们经过城镇的居民一样对待，他们还被授权砍伐用于制造和修理车轮和车轴所需的木材。这些运送水银的车队还享有其他特权，尽管在实践中有时很难行使这些特权。当他们将水银运送到塞维利亚造船厂时，途中免收过路费、过桥费和驳船费，以及其他任何运输过程中的税费。

铂的发现

铂是一种贵金属，在元素周期表中排第78位，当时被称为“白金”。众所周知，乔科省（哥伦比亚西北部）的当地人早就知道这种金属：他们通过熔炼获得铂金和含有金、银的合金。在埃斯梅拉达斯和阿塔卡梅斯（厄瓜多尔），这种金属也不陌生，在这些地区发现了含量高达72%的铂、16%的金和3%的银的前哥伦布时期物品。但是关于新大陆存在这种金属的第一个书面记录出现在豪尔赫·胡安和安东尼奥·德乌略亚的《南美之旅历史叙述》（1748a：606）的第六部第二卷第一部分的第十章。其中可以读到相关记录（值得注意的是乌略亚负责编纂的这一卷）：

在乔科省（今哥伦比亚共和国的32个省之一）有很多淘金矿场，比如刚才解释的那些，也有一些其他的金矿，外面包裹着其他金属物质、汁液和石头，借助水银才能提炼。也许发现了矿物之后，其中白金（一种坚硬的石头，不容易碎裂，也不容易在钢砧上用力敲碎）是它们被抛弃的原因，因为即使是煅烧对它都没有用，花费了大量的劳动力和成本，也没有找到提取其中所含金属的办法。

何塞·塞莱斯蒂诺·穆蒂斯（在上一章中已经提到过他），下面我会说到更多有关他的内容。他准备了一份《关于乔科白金及其诸多用途的报告》，署名日期为1790年9月12日于马里基塔，值得在这里引用（Hernández de Alba，ed.，1983：t. Ⅱ，199）：

虽然白金是在矿山采矿一开始时就被发现的，但被我们遗弃了，对它的性质和用途一无所知。安东尼奥·德乌略亚1748年向整个欧洲宣布发现了铂，外国人偷偷地恳求想要获取它，他们急切地希望通过做实验满足好奇心，实际上这些实验是在瑞典、伦敦和威尼斯进行的。已经发现的并收入白金经验合集中的避免贸易中可能出现的严重欺诈的方法，是由当地的一名爱好者翻译的，为的是通过在西班牙出版，激发那些希望增长金属知识、造福大众的西班牙学者尤其是当今在塞维利亚、巴斯克等地的学院，他们相互激励以传播实用科学知识的好奇心。

西班牙的铂金研究是由威廉·鲍尔斯发起的。在已经引用过的他的著作《西班牙博物学和自然地理学导论》（1775）中，介绍了当时分配给他的任务（Bowles，1775：155）：

1753年，部里要求我提交足量的白金，以及我的试验报告，说出我能得出的关于白金用途的好处和坏处。装白金的袋子里附有以下说明。在隶属于利马的波帕扬主教区，有很多金矿，其中一个名叫乔科。在它所在的山上，有一种砂子量很大，当地人称为白金和白色黄金。

我曾经听说过这种砂子，我开始检查它，发现它是一种很重的物质，并且混合了几粒煤灰颜色的金粒。把它们分开后，剩下的就是很像小弹丸或铅弹的白金颗粒，颜色更像德国人称之为“Spels”的半金属，这是一种经常被发现混入蓝宝石矿中的钴渣（不纯氧化钴，用于使玻璃呈蓝色）。

在接下来的几页，他详细介绍了针对收到的样品进行的试验，最后得出结论（Bowles，1775：167）：

那么，我们得出结论，白金是一种独特的金属砂，可能对于世界非常有害，因为它很容易与黄金混淆，尽管有化学方法分辨并分离这两种金属，但知道如何做的人很少。人的贪心很大，利益的诱惑很大，如果允许白金进行贸易，则利用其进行欺诈的方法操作很容易，而且很方便。

如我们所见，鲍尔斯并没有过多地欣赏铂的优点。然而，其他人做到了，包括来自贝尔加拉巴斯克爱国者学会实验室的化学家，沙瓦诺曾在那里分析了乌略亚从美洲带来的铂样品，并成功地使其更具延展性。多年后，法国化学家将其以椭圆片的形式归还给水手，上面刻有铭文：“致安东尼奥·德乌略亚先生，1748年他是第一个将白金带到欧洲的人，现于1786年将其完美地归还，弗朗西斯科·沙瓦诺。”[11]

根据在贝尔加拉进行的分析，沙瓦诺编写了一份报告，其中指出了在金银工艺品和精密仪器制造中使用铂的可能性。从那时起，西班牙经常收到来自国外、大使、科学家、自然科学实验室或个人索要铂样品的请求。例如，布丰至少向卡西米罗·戈麦斯·奥尔特加（Casimiro Gómez Ortega）索要样品一次。并且，在1802年，铂被用于某些质量和长度单位，例如布尔戈斯巴拉，这是一种地区性的长度单位，1巴拉相当于0.836米。总而言之，欧洲对来自西班牙的铂金需求强劲，因为西班牙拥有当时仅有的已知铂矿——西班牙当时还不懂得如何充分利用这样的财富。

拉丁美洲的矿业机构

既然采矿对西班牙如此重要，那么在新大陆建立矿业机构并派遣西班牙专家去任职就是自然而然的事情了。德卢亚尔兄弟就是最好的例子。

胡安·何塞是第一个踏上这条路的人。1784 年 5 月 22 日的敕令规定：

为达成陛下渴望造福新大陆臣民的虔诚意愿，由国库出资，准备派遣两名矿物学和冶金学的熟练技术工人，胡安·何塞·德卢亚尔和安赫尔·迪亚斯先生，以促进广袤大地上储量丰富的矿场的工作。

上述工人从卡塔赫纳的到来（总督规定从他们到任开始，即从他们到达之日起，就会向两位发放上述敕令中规定的薪酬）证明了马里基塔省拥有丰富的矿藏，因此规定新来矿工到达那里后，将在何塞·塞莱斯蒂诺·穆蒂斯博士的陪同下前往该城市及其管辖范围，等等。

提到穆蒂斯不是偶然的。吉列尔莫·埃尔南德斯·德阿尔瓦收集的穆蒂斯信件中有许多例子表明，加的斯人对美洲矿山的状况感兴趣。因此，在穆蒂斯 1785 年 2 月 2 日于马里基塔写给圣菲大主教兼总督安东尼奥·卡瓦列罗－贡戈拉（Antonio Caballero y Góngora）的信中，可以读到（Hernández de Alba，1968a：223-225）：

尊敬的阁下：

许多年来都没有比阁下刚刚递给我们的关于矿山开采优先级的报告更令我感到欣喜的事情了。作为委员会成员之一，根据陛下的命令，我必须审查这些对国家至关重要的问题。

从 1767 年开始，我就深入了解了美洲矿业的工作方法。出于某种幸运的巧合，或者是由于矿物王国所有产品与我《博物学》研究对象之间的密切联系，我带着最好的关于金属含量检定方面（对矿物进行检测以确定所含金属及比例的技术）的书，即矿物学和冶金学的书籍来了。我观察了美洲的采矿操作，很快我就知道他们的采矿操作不仅没有方法也不科学，而且无法将一些工匠的盲目操作总结成为科学规律：一个来自那种工艺本质的缺陷。

18年连续不断的经历证实了我在那边第一年的想法，如果不是慎重的思考阻止我，我想放弃一切去瑞典接受这方面的指导。作为热爱吾王的臣民，而不是为了可能获得的财富，考虑到通过隐瞒国库在水银上的收入以维护这项利益导致国家损失巨大，即便没有人倾听或理解我，我也会公开批评美洲的做法。

还没有成为王国总督时，阁下曾就此事提出了最令人信服的理由，说明将冶炼技术引入此王国的矿业有多么重要。

或许从那时起，关于陛下决定人选的消息就传开了，很容易激发那些致力于制定这份报告的人的热情。

这些简短的思考会让阁下相信，我对被任命为委员会成员感到欣喜，并心怀敬意。也许上面提到的巧合在我身上同时具备了一些优势，如掌握所谓的利用水银提炼金属的工艺的知识，避免所谓的提炼师的欺骗和诡计所必需的知识，以及对于在美洲所有辖区内应该采取的最佳方法进行监管的经验进行公平比较的知识。

正如我们所见，这封信中穆蒂斯所指的“人选”是胡安·何塞·德卢亚尔和安赫尔·迪亚斯——后者是拉里奥哈人，曾在贝尔加拉学习。两人相继在美洲早逝，前后没差多久：德卢亚尔1796年9月20日在波哥大圣安娜矿场去世，次月，迪亚斯在圣菲波哥大去世。他们1783年12月18日离开贝尔加拉，前往马德里，胡安·何塞在西印度大臣索诺拉侯爵何塞·玛丽亚·德加尔韦斯（José María de Gálvez）那里收到一封总督寄来的信，信中安排他们规划在格拉纳达新王国的金属冶炼工作，并教授当地人操作方法。抵达格拉纳达后，加尔韦斯应安排向胡安·何塞·德卢亚尔发放 2500 比索的年薪，向安赫尔·迪亚斯发放 1500 比索年薪，自抵达之日起开始计算。（Castillo Martos，2005：149-150）

福斯托·德卢亚尔也不得不前往美洲，但他被分配到墨西哥。根据 1786 年 7 月 18 日的敕令，他被任命为新西班牙矿业公司总经理和分庭庭长：“国王诏曰，任命阁下为墨西哥皇家矿业公司总经理，薪水为 4000 比索，特颁此令以表心意，鉴于阁下熟知博恩发明的汞齐化新方法，请阁下尽快前往新西班牙任职，令这些王国恢复生产，充分发挥这项工作所需的智慧和知识，不负陛下对阁下的热情和勤奋的期望。”（Gálvez Cañero y Alzola，1933：81）。德卢亚尔当时在维也纳。[12]

和胡安·何塞·德卢亚尔、安赫尔·迪亚斯的情况一样，这份敕令的背后是索诺拉侯爵，但穆蒂斯似乎也与此有关，至少这是他给卡洛斯四世的医生弗朗西斯科·马丁内斯·德索夫拉尔（Francisco Martínez de Sobral）的信中所传达的信息，信中日期为 1789 年 12 月 19 日（Hernández de Alba，1968a：504）：

> 我是赢得德卢亚尔兄弟这一光荣使命的经办人，并且以最快的速度引入博恩男爵的新成果，在其他情况下，需要半个世纪才能跨过西班牙部门的门槛。我也希望能尽快收获这些任务的丰硕成果，一种来自萨波的非常丰富的矿物，由于其丰富程度和宜人的环境，值得优先考虑。

王室希望促进新西班牙采矿业的发展，这也促成了新西班牙皇家矿业学院的建立。该学院于 1792 年成立，由福斯托·德卢亚尔担任院长。建立这样一个学校的想法在德卢亚尔之前就有了。1774 年，西班牙人胡安·卢卡斯·德拉萨加（Juan Lucas de Lassaga）和当地人华金·贝拉斯克斯·卡德纳斯·德莱昂（Joaquín Velázquez Cárdenas de León）以新西班牙矿主的名义提交了一份“请愿书”，要求批准在墨西哥城建立一所金属学院或研究院，旨在培养有能力指导矿山开采和金属冶炼的人员，从而使通常会被丢弃的贫矿获得充分的利用。正如伊斯基耶多·劳东（Izquierdo Raudón）（1998：60）说明的那样，该学校应该“由一位精通数学和实验物理学、化学冶金学，并在新西班牙采矿业拥有丰富实践经验的人”来领导，并且应该配备4位教师：“1位教师教两年算术、几何、三角和代数。1位教师教授两年流体静力学、水力学、空气测量学（矿井通风）和烟火技术（矿井炸药处理）。1位教师开设理论和实用化学基础课程。1位教师教授矿物学、冶金学以及美洲冶金水银应用。除了这4位老师，还应有1位，教授绘画”。

由于种种原因，这所学校的成立被推迟，直到1792年，福斯托·德卢亚尔顶着当地的压力，想方设法终于得以让其开始运转。基本上，四年的学习计划与贝拉斯克斯之前的设计相吻合。第一年，学习算术、代数、初等几何、平面三角和圆锥曲线；第二年，学习应用于常规采矿作业的实用几何学、动力学和流体动力学；第三年，学习化学，仅限于矿物，包括矿物的知识、构成原理和分析方法，此外还有冶金学，或关于提取所有地下产品通常使用的各种方法和操作流程的论文；第四年是地下物理学或山脉理论，作为矿山开采和地下挖掘工作后续研究的入门。同样还须学习绘画和法语课程。在第三年和第四年的课程结束时，学生须在墨西哥城附近的矿场中度过两三个月。每年有25名学生入学。经过4年的培训和1年的矿山实习，毕业时被授予矿业技师（相当于矿业工程师）或提炼技师（相当于冶金工程师）的资格。这是墨西哥第一所“科学之家”，也是其第一所高等技术学校。“1792年皇家矿业学院的成立”，埃利亚斯·特拉布尔塞（1994：120）在他的《墨西哥科学史》（*Historia de la Ciencia en México*）中说，“标志着墨西哥科学技术史上的一个关键时刻。”

皇家矿业学院的一位教授正是安德烈斯·曼努埃尔·德尔里奥（1764—1849）。

安德烈斯·曼努埃尔·德尔里奥与钒的发现

组成元素周期表的118种化学元素中，并不只有钨（在第3章中讨论过）和铂是由西班牙人发现的。与铂一样在美洲由西班牙人发现的第三种元素是钒。它的发现者是安德烈斯·曼努埃尔·德尔里奥。他是马德里人，曾就读于圣伊西德罗学院，1780年在埃纳雷斯堡大学获得学士学位，之后通过了一些考试后，获得了卡洛斯三世的奖学金，由索诺拉侯爵推荐前往阿尔马登皇家矿业学院学习，当时该学院的院长是德国矿物学家海因里希·克里斯托弗·施特尔。[13] 1785 年，德尔里奥作为奖学金获得者，开始了一次长途旅行，走遍了欧洲各个国家，以拓展矿物学知识。他首先到了巴黎，前往巴黎皇家矿业学院和法兰西学院学习，师从当时负责主持塞弗勒瓷器制造工作的让·达尔塞（Jean D'Arcet）。之后他去了弗赖堡，成了伟大的亚伯拉罕·戈特洛布·维尔纳的徒弟，也是尼古拉·泰奥多尔·德索叙尔（Nicolas Théodore de Saussure）、德奥达·格拉特·德多洛米厄（Déodat Gratet de Dolomieu）和亚历山大·冯·洪堡的同学。回到巴黎后，他在拉瓦锡领导的军火库实验室工作。正如我们所见，德尔里奥的学习经历十分精彩。

1791 年，福斯托·德卢亚尔向新西班牙总督胡安·比森特·德赫内斯·帕切科（Juan Vicente de Genes Pacheco）提议，请德尔里奥加入皇家矿业学院，担任化学教授一职。德尔里奥答应了，条件是教授矿物学和地球构造学，这一要求获得批准。他于 1793 年返回西班牙。1794 年 12 月 18 日，他抵达墨西哥城，携带了一批重要的仪器、机器和化学试剂，后来在学院成立了一个矿物学实验室（这是新大陆的第一个）。德尔里奥于 1795 年 4 月开始教授理论课，次年 1 月开始实践。同年，他发表了一部作品《锫系统和亚伯拉罕·戈特洛布·维尔纳原理下的矿物学和化石知识基础（实用部分：附英语、德语和法语同义词，供墨西哥国家矿业学院使用）》（*Elementos de orictognosia o del conocimiento de los fósiles，según el sistema de Bercelio，y según los principios de Abraham Gottlob Werner. Parte práctica：con la sinonimia inglesa，alemana y francesa，para uso del Seminario Nacional de Minería de México*）。[14] 这是第一本在美洲写成的矿物学著作。

1801 年，在勘察来自伊达尔戈州拉普里西马 – 德锡马潘矿场的棕色铅矿石时，德尔里奥发现了一种新的化学元素，因其具有多种颜色，他首先将其命名为"全铬（pancromio）"。后来他注意到加热时，它的颜色变成红色，他又将其命名为"赤酮（eritronio）"（因"erythrós"在希腊语中是"红色"的意思）。他于 1802 年向卡瓦尼列斯报告了他的发现。正如在第 3 章中所述，卡瓦尼列斯于 1801 年 6 月被任命为植物园园长。这一消息发表在《马德里自然科学年鉴》（1803 年 5 月）

第16期第6卷，内容如下："全铬"的性质。(注：曼努埃尔·德尔里奥在1802年9月26日于墨西哥写给安东尼奥·卡瓦尼列斯的报告中宣布发现了一种新金属物质。)

1803年，亚历山大·冯·洪堡利用访问墨西哥的机会，从德尔里奥那里获取了矿物样品，并将它们寄到巴黎以便研究是否真的是一种新的化学元素。1803年6月21日，他在墨西哥首都与邦普朗一起向法兰西学院报告了德尔里奥的发现：[15]

> 锡马潘的棕铅矿，类似于萨克森州的日霍潘、匈牙利的霍夫、英国的布卢恩出产的矿。在锡马潘的铅矿中，墨西哥矿业学院的德尔里奥教授发现了一种与铬和铀截然不同的金属物质，关于这一点我们已经在给公民沙普塔尔的一封信中说过了(这封信如今没有保存下来)。德尔里奥认为这是一种新的元素并将其命名为"赤酮"(因这种元素的盐溶液在加热和与酸发生反应时会呈现一种鲜艳的红色)。这种矿石含有80.72%的黄色氧化铅和14.80%的"赤酮"，少量砷和氧化铁。

在巴黎，伊波利特·维克托·科莱－德科蒂(Hippolyte Victor Collet-Descotils)得出结论认为："事实上这是铬"，元素"铬"是一种不久前(1797)在巴黎由路易·尼古拉·沃克兰(Louis Nicolas Vauquelin)发现的元素。不幸的是，德尔里奥接受了科莱·德科蒂的说法，并收回了他的发现。直到1831年，尼尔斯·塞夫斯特伦(Nils Sefström)才在瑞典重新发现了德尔里奥的"全铬－赤酮"，并最终给它定名为："钒"，这个名称来源于凡娜迪斯(Vanadis)，这是北欧女神弗蕾娅的其中一个别名(dis de Vanir，或叫"自然女神"，拥有繁殖力，智慧和预见未来的能力)。造成混淆无疑是由于这两种元素在元素周期表中的位置非常接近：铬排在第24位，钒排在第23位。

安德烈斯·曼努埃尔·德尔里奥最终定居在墨西哥，他认为墨西哥是他真正的祖国。1820年9月17日，他被墨西哥区新西班牙总督辖区选为西班牙议会的代表，1821年5月18日接受任职，两天后宣誓就职，1822年2月14日卸任。他在议会议员名册上被列为“墨西哥市议会议员”。他主张墨西哥脱离新西班牙。

在伊比利亚半岛逗留期间，他被任命为阿尔马登矿山和马德里自然科学博物馆的负责人，但他拒绝了，宁愿返回长期以来为独立而斗争的墨西哥。这场斗争始于1810年，并于1821年9月结束。[16]《矿物学基础》(*Elementos de orictognosia*)“序言”的最后几句表达了他对美洲新家园的依恋：

> 通过亲身经历可以切身体会到墨西哥青年进行科学研究时的幸福状态，我想在我生命的最后三分之一将我努力的小小成果奉献给他们。如果有一天我能对一个我居住了35年并在此收获了各种荣誉的国家有用，我会开心一千倍。如果这份礼物与我希望达到的目标不匹配，那至少会证明我渴望以我仅有的方式，对墨西哥人给予我的恩惠表示感谢：被认可是我唯一的荣耀。

西班牙人和美洲人在加的斯议会享有同等权利

得益于摄政委员会于1810年2月采取的一系列措施，德尔里奥才有可能加入西班牙议会。措施如下。

美洲和亚洲选举说明

1810年2月14日

西班牙和西印度摄政委员会致全体西班牙裔美洲人：

自革命伊始，祖国就宣布这些领土是西班牙君主政体不可分割的重要组成部分。因此，具有与宗主国相同的权利和特权。遵循这一永恒公平和正义的原则，曾经号召本地人参加已经撤销的代议制政府。因为这个原则，他们在目前的摄政委员会中拥有公平正义；因为这个原则，他们也将在国家议会拥有平等的代表权，根据本宣言之后的法令向国家议会派遣议员。

从这一刻起，西班牙人和美洲人，都被提升到了自由人的地位。你们不再像以前一样被沉重的枷锁所束缚，离权力中心更远，被漠视，被贪婪折磨，被无知毁灭。记住，当宣布或写下在国会中代表你们的人的名字时，你们的命运便不再取决于大臣、总督或州长，而是掌握在你们自己手中……

如此这般，美洲西班牙人，你们要对我们的议员、祖国或现在为其代言的摄政委员会充满信任。这些领导人将恪尽职守。然后，根据公共事务形势所要求的速度将他们派遣到位。他们将以饱满热情和聪明才智来为君主制的恢复和重组做出贡献；他们将与我们一起制订关乎幅员辽阔国家的幸福和社会完善的计划，并且通过共同参与这样一项伟大工程的执行，重现无上的荣耀。如果没有目前的革命，西班牙和美洲都无法怀有希望。

1810年2月14日，皇家莱昂岛——主席，哈维尔·德卡斯塔尼奥斯（Xavier de Castaños），弗朗西斯科·德萨阿韦德拉（Francisco de Saavedra），安东尼奥·德埃斯卡尼奥（Antonio de Escaño），米格尔·德拉迪萨瓦尔－乌里韦（Miguel de Lardizábal y Uribe）。

敕令——国王陛下费尔南多七世，西班牙和西印度摄政委员会以陛下的名义

考虑到在军事事件中立即举行特别议会的紧迫需要，来自西班牙、美洲和亚洲辖区的代表也要出席，他们将在议会中庄严和忠诚地代表本国人的意愿，君主制的恢复和幸福有赖于此，特颁布以下法令：

来自新西班牙、秘鲁、圣菲和布宜诺斯艾利斯总督区的议员，来自波多黎各、古巴、圣多明各、危地马拉都督辖区的议员，以及来自几个内省，委内瑞拉、智利和菲律宾的议员，将代表各地参加王国特别议会。

这些议员将由各个省份的党首担任，每个首府一名。

主席，哈维尔·德卡斯塔尼奥斯，弗朗西斯科·德萨阿韦德拉，安东尼奥·德埃斯卡尼奥，米格尔·德拉迪萨瓦尔－乌里韦，1810年2月14日，皇家莱昂岛。

作为该指示和法令的结果，1812年《宪法》第一条，规定“西班牙民族是两个半球所有西班牙人的集合”。根据第十条，西班牙的领土包括：

伊比利亚半岛及其属地和邻近岛屿：阿拉贡、阿斯图里亚斯、旧卡斯蒂利亚、新卡斯蒂利亚、加泰罗尼亚、科尔多瓦、埃斯特雷马杜拉、加利西亚、格拉纳达、哈恩、莱昂、莫利纳、穆尔西亚、纳瓦拉、巴斯克各省、塞维利亚和巴伦西亚、巴利阿里群岛、加那利群岛及非洲的其他属地。

在北美洲，新西班牙与新加利西亚和尤卡坦半岛、危地马拉、东部内陆省份、西部内陆省份、古巴岛与两个佛罗里达①、圣多明各岛的西班牙部分和波多黎各岛，其他邻近岛屿以及与大洋大陆相连的两个岛屿。

在南美洲，新格拉纳达、委内瑞拉、秘鲁、智利、拉普拉塔河各省以及太平洋和大西洋的所有邻近岛屿。

在亚洲，菲律宾群岛以及其他隶属于菲律宾的岛屿。

西印度博物学：费尔南德斯·德奥维多、萨阿贡和阿科斯塔

西班牙人到达美洲意味着诸多机遇和挑战，其中之一便是有可能从各个方面了解一个既不同又丰富的自然环境。当然，这些了解有实际用途（经济，行政，医疗，土地开发和人口分析，或矿床定位），然而，令人不能忽视的是探索一个全新的生物和地理世界的机会。随着美洲的发现，人们对肉眼观察到的生物的认知发生了重大变化。西印度对西班牙人来说是一个惊喜，就像东印度之于葡萄牙人，二者加在一起对于欧洲人来说也是一样惊喜，他们对世界上那片地方发生的事情很有兴趣。耶稣会士何塞·德阿科斯塔（José de Acosta，1540—1600）是传播新大陆知识最杰出的人之一，他以一种令人钦佩的方式表达了这一点："在西印度，一切都是惊人的，一切都是不同的，规模比旧世界更大。"

许多年后，语言学家、文法学家、政治家、散文家、对科学抱有极大兴趣的委内瑞拉裔智利人安德烈斯·贝略（Andrés Bello，1781—1865），在他的众多科学文章中的一篇中写道（Bello，1823；Latorre y Medel，2018：87）：

> 让我们不要忘记新大陆的壮丽景色，那些高耸的山脉，那些波澜壮阔的河流，汹涌的河水奔流入海，泛起白色的浪花。河边广袤的森林绵延开

① 指东佛罗里达与西佛罗里达，曾是西班牙的殖民地。——译者注

来，藤蔓交织，从树上垂下，像船的缆绳，形成了阳光无法穿透的绿色拱顶和开满鲜花的遮阳篷。炎热的中午，金刚鹦鹉，色彩艳丽的蜂鸟、灰鸫、嘲鸫、声音悠扬的乌鸫去那里避暑，成千上万的昆虫在池塘和沼泽地附近嗡嗡作响，貘和貒正在水里洗澡。凯门鳄慢慢地爬上河岸，响尾蛇在草丛中摇着尾巴上的响环；当秃鹰和兀鹫穿过云霄，原驼和小羊驼则在那边呼吸着皑皑雪峰的纯净空气。

阿科斯塔并不是第一个担起宣传新大陆这一重担的人，但他是最知名也是最严谨的。在他之前，还有马德里人贡萨洛·费尔南德斯·德奥维多（Gonzalo Fernández de Oviedo，1478—1557年），他曾经是天主教双王的宫廷成员（参加了对格拉纳达的占领），之后他游历了意大利，有时在西班牙军团服役，或为其他强大领主效力。1502年，当亚平宁半岛重新开始对法国作战时，他又被安置在西班牙，国王“天主教徒”费尔南多任命他为“伟大的将军”① 的秘书，这个职位让他的付出大于收益。也许正因为这样，他才像“伟大的将军”部队里很多杰出的士兵、贵族和骑士一样，决定“前往美洲”，即横渡大西洋，争取获取他在家乡无法获得的财富。[17] 1514年4月11日，他跟随庞大的舰队一起出海；7月12日，抵达哥伦比亚的第一个西班牙人定居点圣玛尔塔。然而，这里并不是讲述他冒险经历和诸多不幸经历的好时机。只能说他于1515年12月返回西班牙，这是他第一次返回。他曾经十次横渡大西洋，担任各种职务，并于1532年被任命为西印度的编年史家。在前两次航行之后，受国王委托，他于1526年出版了《西印度博物学概要》（*Sumario de la Natural Historia de las Indias*），在“献词”部分中，他对其中内容作了如下说明：[18]“首先我会讲述路途和航海，然后是那片土地上人们的生活方式；之后，是陆地上的动物和鸟类、河流和泉水、海洋和鱼类、植物、草和其他生物，以及那些当地人的一些仪式和庆典。”1535年，他出版了更详细的《西印度通史和博物学》（*Historia general y natural de las Indias*）。根据将人类包含在自然界的传统，他将印

① “伟大的将军”是西班牙著名将领贡萨洛·费尔南德斯·德科尔多瓦（1453年9月1日—1515年12月2日）的称号。——译者注

第安人描述为观察对象，并就他们的习俗发表了自己的看法。根据植物和动物的外部特征对它们的排序和描述进行了调整：乔木和灌木、陆地和海洋动物。在没有分类标准的情况下，他借助外观对标本进行分类，并且由于他只描述了欧洲人不知道的标本，因此人们经常将其与已知标本进行对比。

在阿科斯塔之前，另一位著名的编年史家是贝尔纳迪诺·德萨阿贡（教士）（ray Bernardino de Sahagún，1500—1590），他作为方济各会传教士生活在纳瓦特尔人中（今位于墨西哥），并掌握了他们的语言。他在1540—1585年用原住民语言写成的《新西班牙事物通史》（*Historia general de las cosas de Nueva España*）中有一部分专门描述自然，其中可以看出仅观察的局限性。他用来收集信息的问卷显示了美洲博物学家使用方法的缺陷，仅限于对植物和动物的外观，以及对动物的行动和行为方式的描述。除了亚里士多德体系之外，没有关于物种解剖或分类的信息。

至少按照今天的标准，阿科斯塔的方法更为“科学”。对比费尔南德斯·德奥维多和阿科斯塔的贡献，约翰·埃利奥特（2009：259-260）写道：

> 关于自然环境，也许只有16世纪晚期的何塞·德阿科斯塔对陌生的美洲世界进行了深入而系统的探究尝试。奥维多虽然清楚地意识到新大陆的“新奇”，但本质上还是老普林尼式的观察者和编年史家，经常因无法理解而感到困惑，但只要有可能，就将已知与未知进行对比。德阿科斯塔则相反，努力去理解，也努力去解释。如他敏锐地察觉到了美洲和欧洲之间的差异……
>
> 对美洲自然环境进行描述和分类对于像德阿科斯塔这样的人来说是一个智力挑战，他们担心自己的亲眼所见与传统宇宙学教给他们的东西之间存在差异。

何塞·德阿科斯塔出生于坎波城（巴利亚多利德省），并于1552年与他的两个哥哥一起加入了耶稣会，当时他还很年轻（12岁）。作为一名优秀的学生，1557—1559年他在卡斯蒂利亚和葡萄牙的多所学校教授人文和拉丁文语法，然后前往埃纳雷斯堡学习哲学和神学。1572 年，他加入耶稣会士的第三次新大陆探险，向美洲进发。他在那里待了 15 年，成为第一位神学教授。他从 1575 年 9 月起担任利马耶稣会学院院长。1576 年，他还被任命为省教区大主教，不得不经常往返于现在属于秘鲁、玻利维亚、智利和墨西哥的地区，每年都访问那里的耶稣会学校。这次经历，让他在 1587 年回到西班牙后，写下一本书，并被铭记:《西印度自然和道德史》(*Historia natural y moral de las Indias*，1590)——其完整的、极具说明性的标题是《西印度自然和道德史，天空和元素，金属、植物和动物，印第安人的仪式和庆典、法律、政府和战争》(*Historia natural y moral de las Indias*，*en que se tratan las cosas notables del cielo y elementos*；*metales*，*plantas y animales dellas*；*y los ritos y ceremonias*，*leyes y gobierno y guerras de los Indios*)——这是一部对新大陆进行研究的权威著作，后来被翻译成拉丁文、德语、荷兰语、法语、英语和意大利语(在西班牙以外有 25 个版本，其中还没有包括匿名出版在德布里的《美洲历史》系列第九卷中的版本，供新教世界使用)。[19] 亚历山大·冯·洪堡非常重视这部著作，从他在其著作《宇宙》(*Kosmos*，1845—1862)一书中引用这本书的次数就可以看出这一点。[20] 例如，在这部作品的第二册中，洪堡(2011：339)写道:

> 今天被称为“地球物理学”的基础，不考虑数学方面，都来源于耶稣会士何塞·德阿科斯塔的著作《西印度通史和道德史》，以及贡萨洛·费尔南德斯·德奥维多的著作，出版于哥伦布死后 20 年。自从有了社会以来，没有任何一个时代，像现在这样，就外部世界和空间关系而言，思想的范围如此突然而奇妙地扩大了。从未感受过如此强烈的需求，即在不同纬度和不同海拔高度下观察自然和通过多种手段来揭示其秘密的需求。

最近，圣地亚哥·穆尼奥斯·马查多(Santiago Muñoz Machado)(2017：167-168)从以下方面总结了阿科斯塔著作的内容和重要性:

> 萨阿贡和阿科斯塔的作品是最早关于美洲印第安人民族志的严谨且有

充分依据的论著。方济各会的《新西班牙事物通史》（*Historia general de las cosas de Nueva España*）研究了该总督辖区的当地人。而耶稣会士何塞·阿科斯塔撰写了他的《西印度自然和道德史》，研究了秘鲁总督区的历史，而且最后一次墨西哥之行让他将人类学研究扩展到了位于这些纬度地区的印第安人。这些文本开启真正了解原住民社会及其起源、演变、习俗和信仰、宗教活动、政府和机构的形式、对外关系、掌握的领土的经济和地理特征等的新阶段。

在他的书开头“读者序言”部分中，阿科斯塔很好地说明了他的叙述与以前叙述的区别：

许多作者撰写了各种有关新大陆和西印度的书籍和报告，讲述在这些地区发现的新奇事物，以及征服并居住在这里的西班牙人的真实生活和发生的事情。但直到现在，我还没有看到一个作者试图阐释这些新奇事物和大自然之奇妙的原因，也没有在这方面进行过研究和探索；我也没有见到哪一本书论述过新大陆古代印第安人的真实情况和历史。

当然，这两件事都有不小的难度。第一，因为这是从早就被接受和探讨过的哲学中产生的关于大自然的事物。例如：一个地区的炎热、潮湿但部分区域又非常温和的气候是如何形成的？大晴天下雨等类似的事情。而那些描写过西印度的人并不擅长哲学，甚至他们中的大多数人也没有注意到这些事情。第二，讨论印第安人的情况和历史——需要对印第安人本身进行大量非常近距离的研究，而大多数写过西印度的人都缺乏这种研究，要么是因为不懂他们的语言，要么是因为没有想办法了解他们的古代历史。因此，仅仅满足于讲述一些有关他们的肤浅的事情。

那么，我希望能得到一些关于他们情况的特别的信息，我与精通这些事情、注重实际的人们一起努力，从与他们实际的谈话和关系中，我能够得到我认为足以了解这些人的习俗和状况的信息。关于这些土地及其财产的性质，凭借多年的经验，通过不懈的询问和讨论，以及与学者专家的交流，我也得到了一些建议，即如果你觉得在这里发现的东西对你来说很好的话，那么借助其他人的聪明去寻找真相或许能更进一步。

这完全是一份关于未来将开展怎样的人类学研究的声明，这使得何塞·德阿科斯塔成为该学科的创始人之一。他和其他离开伊比利亚半岛到美洲学习和工作的同胞一起，令西班牙科学达到了新高度和国际认可的水平，之后除了某些特定人物，例如圣地亚哥·拉蒙－卡哈尔，再没有谁达到这样的高度，甚至到现在也没有。之前已经提到过并且在后面的章节中也会再出现的何塞·罗德里格斯·卡拉西多，在一部献给何塞·德阿科斯塔的作品（该作品在西班牙皇家语言学院的公开竞赛中获奖，并已由学院负责出版）中提到了这一点。在书中，卡拉西多（1899：8-9）写道：[21]

在西班牙科学史上，作为最杰出的、其他国家同时代人所不能超越的人物，那些专注于美洲事务的专题作者脱颖而出：对于这一断言，费尔南德斯·德奥维多和何塞·德阿科斯塔神父、阿尔瓦罗·阿隆索·巴尔瓦和贝尔纳韦·科沃神父（Fr. Bernabé Cobo）等人的人尽皆知和经久不衰的作品就是最无可辩驳的证明。那时数学家、宇宙学家和博物学家被经典权威的研究和评论所包围，他们在通过博览群书获得的、通过辩证法炮制的命题的狭窄范围内思考，在最伟大的时期，极具创新精神和才干的西班牙人面对新大陆及其物产——包括它的居民，甚至天空的星座，拓展和修改了宇宙的概念。对这些奇迹的观察为观察者的思想注入了独创性元素，对于那些受过古代科学法教育的学者来说，是充满惊喜的革命性的启发。用《西印度自然和道德史》作者的话来说，探讨那些“来自早就被接受和探讨过的哲学的事物”需要克服巨大的困难。

这件事的新颖性解释了美洲作者取得巨大成功的原因，他们的作品成功地传遍了欧洲，并被翻译成欧洲主要语言，值得被多次重印。但在拉丁美洲科学界的杰出人物中，一个人无疑占据着卓越的地位，因为他提供的信息之丰富准确，理论价值之大，研究范围之广和文字之优美，使其成为科学研究作者之典范，他就是著名的《西印度自然和道德史》的作者。这本书的名气，不仅几个世纪以来都没有消减，而且在我们这里重新获得了蓬勃的生机，正是由于亚历山大·洪堡慷慨诚实的学识，他在《宇宙》一书中将我们科学文献丰碑式的作者与费尔南德斯·德奥维多一起成为地球物理学基础方面近代大师级人物，也指出他是哈雷理论（该理论假设地球上存在四个磁极）的真正先驱。[22]

阿科斯塔的“前达尔文主义”观察

阿科斯塔书中的众多细节和评论中，我想谈一个特别重要的细节和评论。这是一个认真的耶稣会观察家无法回答的问题，只有查尔斯·达尔文在1859年的《物种起源》一书中提出了物种进化理论之后，这个问题才能得到解释。从以下引自《西印度自然和道德史》第4册第36章的段落中可以看出，阿科斯塔（2008：138-139）意识到，新大陆的有些动物是旧大陆所没有的，有些动物是旧大陆有而新大陆所没有的，非洲和亚洲也有类似的情况。他想知道它们是如何在那里形成或产生的，“上帝碰巧创造了新的动物形态吗？”[23]

在西印度怎么可能有世界上其他地方没有的动物？

找出西印度有而其他地方没有的各种动物遵循哪些规律则更为困难。因为，如果造物主在那里创造了它们，就没有必要建造诺亚方舟；那时甚至不需要拯救所有种类的动物，以备之后再繁殖。如果新的动物物种仍有待形成：大多数是完美的动物，并且不逊于其他已知的动物，那么上帝似乎也不能在6天的创造中让世界变得完整和完美。如果我们说所有这些动物都保存在诺亚方舟里，那么，正如其他动物从这个世界来到西印度一样，那些在这里有而其他地方没有的动物也应该去往世界其他地方才对。

那么既然如此，我就要问：他们的物种怎么没有留在这里？怎么只在异国他乡被发现？的确，这是一个困扰我很久的问题。例如，如果来自秘鲁的羊以及那些叫作羊驼和原驼的羊在世界其他地区没有发现，那么谁把它们带到了秘鲁？或者，如何带过去的？整个世界都没有它们的痕迹？而且，如果它们不是来自另一个地区，它们是如何在那里形成和产生的？上帝碰巧创造了一种新的动物形态？我要说的是除了这些原驼和羊驼，还有上千种不同的禽类和山上的动物，没有人知道它们的名字和外观，在世界这头的国家，无论是拉丁语、希腊语或任何其他语言也都没有关于它们的记载。如果不是我们说的那样，虽然所有的动物都离开了方舟，但是由于自然本能和天意，不同的种类去了不同的地区，它们在一些地区觉得很好而不想离开；或者，它们离开了，在当地就没有留存，或者在一段时间内灭亡了，就像其他物种发生过的那样。而且，即便有人这么看，但这不是西印度群岛的情况，而是亚洲、欧洲和非洲许多国家和地区的普遍情况：据了解，其中存在其他地方所没有的动物种类；并且，即便有，也知道它们是从哪里被带去的。当这些动物从方舟中出来时，例如只在东印度发现的大象，它们从那里去到了其他地方，因此我们会说来自秘鲁和西印度的、世界其他地方找不到的动物也是这种情况。

还需要考虑这些动物是否与其他动物有具体和本质上的不同，或者它们的偶然差异是否是由各种意外造成。例如，在人类的血统中，有白人，有黑人，有巨人，也有侏儒。又如，在猿类谱系中有一些没有尾巴，另一些有尾巴；在公羊的谱系中，有些是光秃的，有些是毛茸茸的，有些大而结实，脖子很长——就像秘鲁的那些，还有一些小而无力，脖子短——就像卡斯蒂利亚的那些。更确切地说，无论谁打算通过归因于偶然差异的方式，将西印度动物排除在外，还是将它们归入欧洲现有动物种类，都不会得到很好的结果。因为，如果我们要根据动物的特性来判断它们的物种，与已知物种的差异太大了，想要将它们归入为欧洲已知的物种，无异于拿鸡蛋和栗子类比，毫无相似之处。

发现美洲丰富了自然科学，是因为发现了新物种并提出了严肃的问题。如果有人质疑这一说法，那么阿科斯塔上面的这段话足以打消这些质疑。

科学考察

何塞·德阿科斯塔和其他像他一样的人提供的美洲自然知识基本上是个人行为或经验的结果，而不是任何机构或国家计划的结果。但是，为了能够加深对美洲与欧洲截然不同的自然环境的认识，并进行可能的利用，国家和机构的支持是必要的。因此，18 世纪西班牙王室（在不同程度上）赞助了几次对其海外领土的科学考察也就不足为奇了。用米格尔·安赫尔·普伊赫 – 桑佩尔（Miguel Ángel Puig-Samper）（2011：55）的话来说：

> 西班牙主要的开明改良主义事业之一就是科学考察，海军舰队在其中发挥了主要作用，将船只变成“漂浮的实验室”，借助仪器对新的天文测量方法进行了测试改进了现有制图法。他们坚信海洋将成为欧洲大国之间对抗的最终“舞台”，每天都更加野心勃勃地控制海上商业路线，保护西班牙海外的核心区域：加勒比海、美洲大陆西北部和南锥体①，重点关注通向西班牙帝国这些战略地区的海峡。[24]

在接下来的部分中，我将专门讨论其中五次探险以及一个个案，即费利克斯·德阿萨拉（Félix de Azara）。但在这之前，我还是要简要提一些性质完全不同的探险（尽管这意味着在某种程度上违反了时间顺序），因为他们寻求的主要目标是政治性的——海洋、水文、制图，不过这并不意味着在自然科学方面没有获得有价值的结果。这方面的例子有 1751—1760 年前往南美洲的探险，以确定西班牙和葡萄牙之间的边界；还有 1770 年在复活节岛的探险，该岛以卡洛斯三世的名义被占

① 南锥体，指南美洲南回归线以南地区，一般指阿根廷、智利、乌拉圭三国，有时也包括巴拉圭东南部及巴西南部几州。——译者注

领，这里的第一批地图就是在这期间绘制的。由于探险方法的广度不同，亚历杭德罗·马拉斯皮纳（Alejandro Malaspina）和何塞·布斯塔曼特（José Bustamante）的探险不限于美洲：1789—1794 年，他们的航程遍及北美洲到南美洲、菲律宾和马里亚纳群岛、新西兰和澳大利亚的海岸。在这 5 年期间，他们进行了非常多样化的研究和观察：地理、天文、测地学、水文、植物学、动物学、矿物学和人类学。[25]顺便提一下，马拉斯皮纳可能在 1789 年 1—2 月撰写了几条《关于美洲的政治公理》，在这里引用其中一条，即第三条："伟大的西班牙君主制由三个利益完全相反的阶级组成：居住在欧洲大陆的西班牙人，居住在美洲的西班牙人和印第安人。三者都在持续不断地相互对抗，长此以往导致整体真正弱化"，这是一个很好地总结了西班牙和美洲关系史的公理。[26]

皇家疫苗慈善远征队

如前所述，西班牙在美洲的探险性质各不相同。一个特别著名的例子是皇家疫苗慈善远征队，也被称为"巴尔米斯远征队"，指的是弗朗西斯科·哈维尔·巴尔米斯（Francisco Javier Balmis，1753—1819）医生，他在 1803—1810 年走遍了美洲和菲律宾的西班牙领地，为的是给当地人接种天花疫苗，因为天花流行给美洲原住民造成了灭顶之灾①（疫苗接种，由英国人詹纳发明，当时是一种相对较新的方法）。[27]1802 年，圣菲暴发了一场持续 2 年的天花疫情（当时 10 年之前已经经历了一场天花疫情，死亡率为 13.7%）。疫情伊始，1802 年 6 月 19 日，圣菲市政府向卡洛斯四世寻求援助。卡洛斯四世于 1802 年 12 月 25 日将这项请求转交给西印度委员会，并附上了所掌握的关于在新格拉纳达总督区肆虐的流行病的资料。经研究，1803 年 3 月 13 日，西印度委员会宣布应当在美洲广泛接种疫苗；1803 年 6 月 6 日，卡洛斯四世发布敕令，要求组织一次科学考察，以便"将有效的疫苗疗法作为天花的预防措施带到所有领地"。1803 年 8 月 5 日的《马德里公报》宣布："西班牙国王陛下在听取了委员会和一些智者的意见后，已安排组建一支海上探险队，由经验丰富的

① 天花病毒最早是由西班牙殖民者带入美洲大陆的，造成数千万美洲原住民死亡。——译者注

医生组成，并希望所有西班牙领土，在弗朗西斯科·哈维尔·巴尔米斯医生的指导下，传播疫苗这种宝贵的发明。”

太平洋探险

在介绍我认为最杰出的探险之前，我想回顾一下在 19 世纪下半叶由太平洋探索科学委员会组织的另一项探险活动，1862—1865 年，探险队走遍了巴西、乌拉圭、智利、秘鲁、厄瓜多尔和中美洲的海岸和陆地，旨在收集自然标本，以增加自然科学博物馆的藏品。6 名博物学家、1 名动物标本剥制师和 1 名摄影师兼绘图员参与了探险。团队中最杰出的要数马科斯·希门尼斯·德拉埃斯帕达（Marcos Jiménez de la Espada，1831—1898），他是马里亚诺·德拉帕斯·格赖利斯（Mariano de la Paz Graells）的弟子，时任自然科学博物馆馆长兼马德里大学比较解剖学和脊椎动物学教授。和许多探险家一样，希门尼斯·德拉埃斯帕达在那次旅行中经历了戏剧性的时刻：有一次是他于 1864 年 12 月登上皮钦查火山，在火山口中迷失了 3 天，当时他被认为已死亡。我忍不住要引用他自己描述那件事的文章的结尾（López-Ocón y Pérez-Montes，eds.，2000：329）：

> 科学也是一种军事，虽然没有战士的盔甲、武器和怒吼。如果说我不记得我因为在皮钦查的行动而获得了晋升，那么我也不抱怨我赢得的战利品：从火山锥上取下的几块石头，展示了粗面岩到泡沫岩的转变；两三个呈蜂巢状美丽的云母或鳞片状硫黄的标本，是我用手从堆积起来的炽热海绵状硫黄中取出的；最后，在环形中央山丘的灌木丛中取得还有卵的巢，证明了在深渊底部生存和生长的植物的安全性，拉孔达米纳（La Condamine）和洪堡只在那里看到了混乱的景象。

安德烈斯·贝略和疫苗慈善远征队

正如我上文指出的，我不会再详述巴尔米斯率领的远征，但我将在下面引用

安德烈斯·贝略撰写的关于那次远征的报告内容。日期为1813年1月11日，于伦敦：[28]

“作为在加拉加斯成立的旨在扩大天花疫苗使用范围的委员会秘书，我能够证实以下事实。1803年，西班牙政府组织了一次远征，目的是将这种珍贵的预防措施传播到其美洲和亚洲的殖民地，以抵御危害人类生命最危险的瘟疫，而这种瘟疫在美洲的西班牙殖民地尤其具有破坏性。国王的私人医生A.弗朗西斯科·哈维尔·巴尔米斯医生被任命为这次远征队的队长。远征队首先前往的地点之一是加拉加斯，那里每年春天都会出现天花，并在夏天造成严重疫情。在加拉加斯，接种疫苗从以前开始就很普遍，但这种做法无疑对接受接种的上层阶级有益，但对普通民众来说却是致命的。因为大多数普通人，要么出于迷信拒绝接种，要么没有接种途径，无法从中获益。因此，经常接种疫苗的上层阶级使传染不断持续和扩散，大多数人最终成为受害者。

美洲殖民政府的性质使西班牙政府在天花疫苗的使用和普及方面具有得天独厚的优势。就这样，在远征队抵达后的几个月内，天花就在委内瑞拉辖区被彻底消灭了。凭借政府的权威，神职人员的影响，特别是疫苗的效果和操作的方便性，疫苗很快就实现了推广，各阶层的孩子都涌向委员会设立的疫苗接种点，而我就曾担任过委员会秘书。

由于该委员会的成立是为了观察疫苗效果，为此我与御医和该教区的牧师进行了交流，可以绝对确认在加拉加斯的这次行动比想象的更加成功，只是在沿海的某些地区，人口分散，以至于无法常年保存疫苗液，天花又出现过两次，不过只感染那些没有接种疫苗的人。在西属美洲其他地区也取得了同样良好的效果，多亏了杰出的詹纳，这一地区的人口每年才能够增长1000000人，如果不是因为这一伟大的发明，这些人都会成为天花的牺牲品。

委员会在该辖区的目的之一是在各省牛群集中的地区促进对牛痘液的研究。在属于加拉加斯的卡拉沃索区，很幸运在牛身上找到了它。在卡拉沃索获取的牛痘液产生的效果与从欧洲带来的效果完全相同，只是观察到使用当地疫苗时刺激性更大一些。”

弗朗西斯科·埃尔南德斯的开拓性科学考察

面对未知的大自然，想要弥补这种缺陷，没有比科学考察更好的方法了，也就是说，不是任用阿科斯塔这样的个人进行研究，而是组织拥有人力和技术的团队开展考察。在这方面的先驱是由弗朗西斯科·埃尔南德斯（1517—1587）率领的探险队。该探险发生在费利佩二世统治期间。埃尔南德斯本人曾在宫廷中担任国王的御医（1568 年任命）。1571—1577 年，探险队调查了美洲（墨西哥）的动植物，被认为是第一次近代科学探险。1569 年 12 月 24 日，费利佩二世派遣埃尔南德斯前往西印度，为期 5 年，此行目的是撰写该地区“自然事物”的历史。更具体地说，他被任命为“西印度群岛和陆地首席御医”，其接到的命令是“必须书写这些地方的自然事物历史”。其中第一条命令是“登上前往新西班牙的第一支舰队，首先前往那里，而不是前往西印度其他群岛，因为据说那里有比别处更多的植物，包括草药以及药用种子”。[29]具体来说，国王要求的是“无论你们走到哪里，都必须了解当地所有的医生、外科医生、草药师、印第安人以及其他对这方面感兴趣的人，并且在你看来他们将能够理解和学会一些事情，还能够将你们所在省份可能存在的所有草、树木和药用植物都列出来”。[30]从这些表现来看，国王的兴趣似乎并不一定是为殖民地谋取利益，也不一定是为博物学贡献新的知识，尽管这两者都附带着实现了；相反，宗主国通常希望的是从殖民地获取财富。

探险结束后，埃尔南德斯给国王带去大量种在桶里的活植物、“68 袋植物种子和根茎”、贴在纸上的干植物标本、在松木板上绘制的蔬菜和动物画，以及 38 册有图画和文字的记录。然而，正如我在第 2 章中指出的那样，这部作品没有出版，他花了 10 年时间的翻译和评论的 37 册老普林尼《博物志》也没有出版。其中，最后 12 册以及他准备的地图和插图都已丢失，可能是毁于 1671 年埃尔埃斯科里亚尔图书馆的火灾中，幸存下来的那些资料现藏于马德里的国家图书馆。1580 年，意大利人安东尼奥·雷基（Antonio Recchi）被授权对作品进行汇总，并于 1651 年在罗马出版《新西班牙的医药宝藏、墨西哥矿产和动植物历史》（*Rerum medicarum Nouae*

Hispaniae thesaurus seu Plantarum animalium mineralium mexicanorum historia）。1998 年，弗朗西斯科·埃尔南德斯的这部作品。由墨西哥国立大学重新编辑出版。埃尔南德斯的影响力在林奈的作品和直至 19 世纪前几十年的后林奈医学中都有所体现。

佩尔·勒夫林被林奈派往西班牙和美洲

美洲科学考察的特殊情况，或者换句话说，它们缘于各种倡议，并且不像一开始的冒险那样，仅限于满足皇室的愿望和需求。例如瑞典人佩尔·勒夫林（1729—1756）的探险就是这种情况，相较于西班牙，他探险的缘由与瑞典的关系更大，更具体地说源于与伟大博物学家卡尔·冯·林奈的关系。如第 3 章中介绍的那样，林奈负责引进并推行了植物和动物物种分类系统。因为希望拥有尽可能多的植物，林奈习惯于派他的弟子到瑞典以外的地方采集植物，为此他与瑞典东印度公司合作，该公司负责把他的学生们带上船进行免费航行。[31]

当林奈得知西班牙王室想要聘请一位植物学家来描述西班牙的植物群时不是很理解，因为当时西班牙已经有一个植物园，即米加斯卡连特斯植物园，也有一些植物学家（一个可能的结论是这些人不是很受重视）。他与西班牙驻瑞典大使赫罗拉莫·格里马尔迪（Gerolamo Grimaldi）取得了联系，在大使的争取下，当局委托这位瑞典博物学家选择他的一名弟子。被选中的是勒夫林，他的研究不仅限于植物学。[32]他于 1751 年 10 月抵达马德里，受聘于西班牙王室，年薪为 100 杜卡多，包食宿和旅费。无论当初他被聘用的目的是什么，勒夫林在马德里居住期间的工作范围并不太广泛，主要是在周边城镇旅行，包括圣费尔南多、先波苏埃洛斯、钦琼或阿兰胡埃斯等城镇。据他说，这是由于诸如需要通行许可证、可供支配的经济资源不足，甚至是西班牙气候严酷等原因。尽管如此，他还是从马德里植物群中收集了大约 1400 株植物。

自然，勒夫林与他的老师林奈保持着书信往来。正是通过当年保存下来的信件，我们可以从他的视角了解一些他所遇到的人的特征。在这些信件中，有一封特别有趣，其中不仅讲述了勒夫林的处境，还捕捉到了当时西班牙的氛围。信件日期为

1751年11月4日，以“私人物品”开头，其中包含如下段落：[33]

> 马德里的植物学家都是些有趣的人，但几乎都对图内福尔太忠诚了。霍安·米努阿特（Joan Minuart）先生在西班牙推广植物学。他是一个很好的人，他是真心爱护我，把我当成是自己儿子一样。他在法国时，按照图内福尔方法学习植物学，在法国和意大利旅行期间收集了许多标本和数据，但在上次战争中失去了一切，包括他的藏书，当时德国人夺走了一切。[34]他很了解您的方法，但遗憾的是，由于年事已高，他的视力已经不能再允许他研究雄蕊和雌蕊之类的美好事物。他常说，年轻时就想了解您的方法，当时他的体力和意愿都还很强大。他带我看了这里所有的花园，除了药剂师的花园和克尔先生的花园，没有一个特别的。他还带我逛了据传将成为植物园的那座花园。[35]
>
> D. 约瑟夫·克尔（D. Joseph Quer）博士是一个有趣的人，但比起潜心学术他更喜欢炫耀。克里斯托瓦尔·贝莱斯（Cristóbal Vélez）先生喜欢别人的奉承，并且对您在《植物学丛书》（*Bibliotheca Botanica*）中有关花店的部分谈论西班牙人的方式感到有些恼火。他有抹掉您给他的同胞起的蛮夷之名的雄心，对这一想法我是再赞成不过的。克尔先生绝对是图内福尔的拥护者，听不进去其他事情。我认为他的植物标本是现有最精致的，在为国王制作收藏时，我有必要模仿他的技术。
>
> 如果您愿意通过写作或其他方式鼓励他们，我认为根据您的原则，在这里介绍一种新信仰将是一件容易的事。如果您找到任何方式让我在这里宣传我们的事业，写一篇文章或其他可以推荐给我的东西，我衷心希望您能告诉我，因为图内福尔主义在这里盛行。这就是为什么我会很高兴能够去美洲，不仅是为了了解有趣的事情，而且是为了避开西班牙人，他们不喜欢看到外国人成功。
>
> 我开始了解西班牙人的性格。幸得戈丁（Godin）先生担任翻译对我在宫廷的事业非常重要，我也将永远感激他在大臣们，特别是在卡瓦哈尔

> （Carvajal）先生和拉恩塞纳达侯爵面前进行演示时对科学的贡献。总之，他非常坚定地为我说话。他是加的斯海军学院的院长，在宫廷里很有地位。我注意到戈丁先生喜欢受人奉承，但是对于值得赞扬的人来说这一点没什么可鄙的。斯德哥尔摩皇家学院的成员中有这么多著名的外国人，在我看来，也应该邀请他成为成员，这对我来说很有好处，因为在西班牙肯定会有戈丁先生支持我。

勒夫林提到的西班牙植物学家的不满，只要阅读林奈在他的《植物学丛书》（*Bibliotheca Botanica*，1751）第3版第135页上所说的话，就可以理解："我们不了解西班牙植物群——这些西班牙肥沃土壤里生长的植物鲜为人知。令人心痛的是，我们这个时代，在欧洲最文明的地方，仍然存在诸如此类的植物未开化现象。"[36]

勒夫林终于实现他前往美洲的愿望。1754年2月15日，他乘坐由3艘三桅帆船和2艘小型帆船组成的船队从加的斯（他在那里待了几个月，并利用这个机会研究加的斯鱼类）启航。航行持续了55天。4月船队抵达委内瑞拉城市库马纳。该城市位于卡里亚科湾入口处，毗邻曼萨纳雷斯河河口。在旅途过程中，正如他在加的斯逗留期间所做的那样，一有时间他就会观察大西洋的鱼类。勒夫林在加的斯进行的鱼类物种描述和绘制，以及在库马纳和奥里诺科河对鱼类进行的研究被认为是其在动物学方面的主要贡献。在美洲，他也描述了植物和其他动物物种。

勒夫林前往的地方卫生状况很差，有沼泽、湿度很高、持续降雨、炎热，这对他的影响很深。在他的日记中，我们可以读到如下段落：[37]

> 我生病了，胃肠胀气，伴随着剧烈的疼痛，呕吐八天，这让我非常虚弱，连走路的力气都没有，全身和脊椎疼痛。

1756年2月21日，他的健康状况恶化，第二天就去世了。

他去世后，他在美洲收集、绘制的图画材料被送到马德里植物园，而他的手稿，《西班牙植物群》（*Plantae Hispanicae*）和《库马纳植物群》（*Flora Cumanensis*），连同他写给林奈的信件，1758 年由林奈编辑成书，取名为《西班牙之路》（*Iter Hispanicum*），由伊格纳西奥·德阿索（Ignacio de Asso）翻译成西班牙语并发表于 1801—1802 年《自然科学年鉴》，即《佩尔·勒夫林在西班牙和美洲的博物学观察》（*Observaciones de Historia Natural hechas en España y en América por Pedro Löfling*）。在《西班牙之路》中，林奈试图修正他早先的批评性评论，其中写道："我的弟子们被派往世界各地，不时给我带来非同寻常的消息。卡尔姆（Kalm），自加拿大；奥斯贝克（Osbek），自中国；哈塞尔奎斯特（Hasselqvist），自埃及；托伦（Toren），自苏拉塔（在哥伦比亚）；蒙廷（Montin），自拉普兰，等等。但是我没有来自南欧的重要报告，所以我觉得他们的植物比印度的更奇特。"

前往秘鲁和智利的皇家植物探险队

秘鲁和智利皇家植物探险队（1777—1788）拥有比勒夫林更多的资源和更好的组织。这次探险的倡议也来自另一个国家，即法国。该国在组织以自然科学为主要目标的探险方面领先于西班牙。对这一关键事实的解释有两个方面：一方面，他们有比西班牙更优越的科学机构基础设施，如皇家科学院、国王陈列室和皇家植物园（或国王植物园）；另一方面，在 17 世纪，即 1625—1640 年，法国殖民了瓜德罗普岛和马提尼克岛，并在圭亚那设立了一块飞地。这两个因素解释了法国组织美洲考察队的原因，最重要的是，正是科学院组织了天文学家、数学家和植物学家到新大陆和旧世界的考察（在第 3 章中，我们已经介绍了其中一次考察，1736—1743 年期间，考察队在厄瓜多尔测量子午线的弧度，豪尔赫·胡安和安东尼奥·德乌略亚参加了这次考察）。[38]

还须记住约瑟夫·皮顿·德图内福尔在欧洲植物学中的重要性（我已经在第 3 章和本章讨论过这个问题）。直到林奈《植物种志》（*Species plantarum*，1753）和第 10 版《自然系统》出版，甚至是出版之后，在植物鉴定和分类方面大家使用的更多的还是图内福尔的方法。

正如我所说，组织秘鲁探险队——后来扩展到智利的提议来自法国。用弗朗西斯科·佩拉约的话说（2003：45-46）：

> （提议）得到了巴黎皇家科学院的支持。学院秘书孔多塞侯爵要求西班牙王室派一名植物学家“前往美洲，走遍安第斯山脉和其他山区，那里一定有非常有用的草本植物，并用其来制作植物标本”，同科梅尔松（Commerson）和皮埃尔·索纳拉（Pierre Sonnerat）从印度、马达加斯加、好望角和麦哲伦海峡采集的标本一起组成“巨大的植物标本库”，因为约瑟夫·德朱西厄（Joseph de Jussieu）在秘鲁 35 年里收集的标本已经丢失（就像他的大多数手稿一样），学院和欧洲缺乏新大陆植物的植物学知识。这一主张与法国杜尔哥（Turgot）的重商主义①政策不谋而合，他支持寻找有用的植物物种，以便日后可以适应法国的水土。

西班牙政府接受了高卢的提案，条件是在探险结束时，西班牙保留收集到的植物标本和描述的副本。此外，正如西班牙要求豪尔赫·胡安和安东尼奥·德乌略亚参加法国探险一样，西班牙要求参与此次探险的是两位植物学家：伊波利托·鲁伊斯（Hipólito Ruiz，1754—1816）和何塞·帕冯（José Pavón，1754—1844），两位年轻人与卡西米罗·戈梅斯·奥尔特加关系密切，但植物学知识有限。[39]法国方面，医生约瑟夫·东贝（Joseph Dombey，1742—1794）被选中；派遣的必不可少的画师是何塞·布鲁内特（José Brunete）和伊西德罗·加尔韦斯（Isidro Gálvez）。提及画师并非偶然：他们非常重要。事实上，1777 年 4 月 9 日批准的“遵照陛下的命令前往秘鲁从事植物学考察的画师应遵守的指示”中指出，在这些探险中，科学家应该有艺术家陪同，“应该提醒他们坚持绘制自然产物，精确复制大自然，而不是像一些画家通常所做的那样，添加他们想象的颜色和装饰物来修正或装饰……当然，他们会在植物整体图的一侧绘制花和果实的部分，另一侧画它们的解剖图，因为这非常重要：所有画作都在植物保持新鲜的时候进行绘制。[40]通过这种方式——绘

---

① 雅克·杜尔哥（Jacques Turgot，1727—1781），法国经济学家，财政大臣，重农学派代表人物。——译者注

画，弥补了文字描述，甚至植物标本的不足之处”。

探险队于 1777 年 11 月 4 日从加的斯启航，于 1778 年 4 月在卡亚俄登陆。11 年间他们走遍了今天秘鲁和智利的领土。抵达利马后，“他们开始了第一阶段的探索和工作，一直持续到 1784 年。在抵达的当年，他们从利马前往钱凯，又从利马前往卢林；1779年，他们走遍了瓦罗切里（Huarocherí）省①和塔尔马省，然后继续前往豪哈和其他地方；1780 年，他们去了瓦努科、库切罗和钦乔，后来又回到钱凯采集植物；1781 年，他们通过海路到达智利，开始探索：先在塔尔卡瓦诺下船，接着前往康塞普西翁，探索阿劳科，抵达科迪勒拉山脚下的纳西缅托堡，随后进行了几次短途旅行，然后返回康塞普西翁，从那里继续穿越奇利翁（Chillón）②、伊塔塔、马乌莱、科尔查瓦（Colchahua）③和兰卡鲁拉（Rancalura）④等省。在圣地亚哥，他们采集各种植物，进行绘图和文字记录。1783 年 10 月，他们穿过阿空加瓜省和基约塔省，到达瓦尔帕莱索，从那里乘船返回卡亚俄”（Pérez-Arbelaez，Álvarez López，Uribe Uribe，Balguerías de Quesada y Sánchez Bella，1954：19）。

这次探险的主要目的是根据林奈分类法对植物进行分类、整理成册，并调查植物的用途。在那些年里，探险队历经了无尽的艰辛。医生东贝在 1784 年 2 月 8 日从利马写给法国植物学家、朱西厄的弟子安德烈·图安（André Thouin）的一封信中对此进行了很好的总结：“我觉得自己已经不能胜任各种工作了，智利的旅行使我患上了坏血病，1 月底我又患上了一种极其严重的痢疾，即所谓的虫病。[41] 事实上，不久之后，也就是 4 月，东贝离开美洲前往加的斯，和他一起的还有约 80 大箱行李，里面装着他在美洲期间积累的材料。当时，法国和西班牙为争夺这些材料的所有权存有长期争论，因为正如我所指出的，西班牙方面的条件之一是两国获得相同的材料。卡西米罗·戈麦斯·奥尔特加坚持西班牙方面掌握东贝带来的箱子中的物品。关于这一点可以参考他于 1784 年 8 月 18 日寄给加尔韦斯的报告，正如我们所知，

① 应指秘鲁的瓦罗奇里省（Huarochirí）。——译者注

② 应指智利的奇廉省（Chillán）。——译者注

③ 应指智利的科尔查瓜省（Colchagua）。——译者注

④ 应指智利的兰卡瓜（Rancagua）。——译者注

后者是西印度大臣：[42]

> 由于东贝和我们的植物学家都没有说明东贝箱子中的物品，因此我们的植物学家是否认可并拥有和东贝收集而来的相同物品尚不得而知。东贝被告知，必须向西班牙寄送与寄往法国相同的收集物。这些发现是植物学探险队员共同的成果，荣誉也应该共享。如果允许外国人不等我们就抢先出版他们的作品，甚至盗用我们作品的话，这对我们来说将是一种伤害。为了防止这种情况发生，陛下希望阁下能告知东贝，是否可以中途截下这些箱子，等我们的箱子到达，或者至少可以确认其中的物品，并确保有相同的副本，这样就不用担心西班牙人在这次探险中的功劳被抢走，使他们的发现可能给国家带来的荣誉免受损失。

正如我们所看到的，个人和国家利益阻碍了科学的进步，不过，这种情况在自然科学中很常见。最终的结果是，经过长时间的埋怨和激烈的讨论，推迟了一年多后，随着东贝的健康状况更加恶化，戈麦斯·奥尔特加在法国人那边的威信扫地，25 个箱子送达了马德里，其中 20 个送到了阿尔卡拉街的博物学陈列馆，卡西米罗先生获得了 5 个箱子。

关于卡西米罗·戈麦斯·奥尔特加——一个已经在第 3 章中大量出现过的人物，尤其是关于他与秘鲁和智利探险队的关系，外国观察员、德国植物学家、博物学家和医生海因里希·弗里德里希·林克（Heinrich Friedrich Link）（2010：116），评论他在 1797—1801 年包括西班牙在内的欧洲国家的旅行回忆录时说（毫无疑问，评论会让他的敌人穆蒂斯和卡瓦尼列斯满意）：

> 卡西米罗·戈麦斯·奥尔特加先生是（植物园）首席教授，他是一位矮胖、健谈且乐于助人的人，也许拥有丰富的学识，但对植物并不了解。《马德里皇家园林新植物或珍稀植物说明》（*Descriptiones novarum aut rariorum stirpium horti regii Madr.*）已经出版了数十年，大概是他的女婿伊

> 波利托·鲁伊斯（Hipólito Ruiz）的作品。他关于卡瓦尼列斯所描述新生物种属问题的《一位利马居民的来信》表明，他可能变得嫉妒和狡猾。对于他负责监督的国王派往秘鲁和智利调查动植物的探险队，毫无疑问，这次探险没有达到预期的成功是他的错。

探险中获得的材料，最终适得其所，保存在马德里植物园，除了利用其中的植物知识，其成果也会适时发表。为此，1790 年（探险队中的西班牙成员已于 1788 年返回）设立了秘鲁和智利植物群植物学办公室，进行相关研究工作和书籍编纂工作。该办公室的成立是由于野心勃勃和诡计多端的卡西米罗·戈麦斯·奥尔特加的坚持，他想要转移走放在植物园的材料，尽管当时他仍然是园长，但他的权威越来越受到质疑（正如我们在第 3 章中看到的那样，在 1801 年他被卡瓦尼列斯取代）。无论如何，这项任务执行起来并不容易，原因之一是随着 1787 年 4 月何塞·德加尔韦斯和 1788 年 12 月卡洛斯三世的辞世，连同弗洛里达布兰卡伯爵权力丧失，探险队在最初获得的官方支持业已不在。正如科学史上许多先例一样，尤其是在西班牙，科学发展与政治形势分不开。

就这样，这部著作终于问世了，由伊波利托·鲁伊斯和何塞·帕冯（José Pavón）编纂，由出版商加布夫列尔·德桑查（Gabriel de Sancha）[传奇出版商兼印刷商安东尼奥·德桑查（Antonio de Sancha）的儿子和继任者] 出版，共分三卷，名为《秘鲁和智利植物志，或秘鲁和智利植物描述和图鉴，根据林奈系统分类，对已公布的一些种属特征加以修正》（*Flora Peruviana et Chilensis*，*sive descriptiones*，*et icones Plantarum Peruvianarum*，*et Chilensium*，*secundum Systema Linnaeanum digestae*，*cum characteribus plurium generum evulgatorum reformatis*）。第 1 卷于 1798 年中期出版，由 6 页序言（拉丁文）、68 篇正文（含 277 个描述）和 106 幅版画组成。第 2 卷于 1799 年 9 月出版，由 2 页序言、76 篇正文（含 251 个描述）和 116 幅版画组成。第 3 卷于 1802 年 8 月出版，由 24 页序言，96 篇正文（含 223 个描述）以及 103 幅版画组成。51 名版画师参与了图书出版过程。

然而，这三卷并没有出版完所有计划出版的内容。伊波利托·鲁伊斯于 1816 年去世，困难和复杂的情况导致帕冯将存放在植物学办公室的部分新西班牙和秘鲁－智利藏品卖给一些欧洲植物学家。最后，该办公室被撤销，其保管的材料于1831年9月运回植物园。[43] 直到20世纪中叶，在恩里克·阿尔瓦雷斯·洛佩斯（Enrique Álvarez López）的关心下,《植物志》的出版工作才得以恢复。第4卷直到1954年才开始印刷，第5卷于1958—1959年部分出版，其余卷数仍未出版。[44]

何塞·塞莱斯蒂诺·穆蒂斯和新格拉纳达皇家植物探险队

下面要谈的这个探险队，与秘鲁和智利的探险队不同，没有外国人参与。团队的动力和灵魂是西班牙最优秀的学者之一，之前偶尔出现过的，来自加的斯的何塞·塞莱斯蒂诺·穆蒂斯（1732—1808）。[45]

穆蒂斯出身于富足的资产阶级家庭，曾就读于加的斯耶稣会圣弗朗西斯科学院，之后年仅17岁的他去了新成立的皇家外科医学院。他在塞维利亚大学完成了正式学业，并取得了艺术和哲学以及医学学士学位。然后他回到家乡，在加的斯海军医院行医，这是西班牙当时最先进的医疗中心之一。在那里，他进行了“新”医学实践，这不仅需要解剖学等传统学科知识，还需要物理学、化学和植物学知识。这个阶段结束后，1757年他移居马德里，并在那里获得了正式的医生头衔，与佩德罗·比尔希利（Pedro Virgili）一起工作了3年。佩德罗·比尔希利是穆蒂斯在加的斯时就认识的人，前者当时是后者接受教育的皇家外科医学院院长，还是费尔南多六世的外科医生。在首都，穆蒂斯在米格尔·巴纳德斯（Miguel Barnades）身边完善了自己的植物学知识，巴纳德斯是卡洛斯三世的医生兼皇家植物园园长，也是林奈分类系统的拥护者。以下是1764年6月26日，他从圣菲（他当时人已经在美洲）向卡洛斯三世提出的请求中的一些段落，能让我们了解他在马德里时的愿望（Hernández de Alba，comp.，1968a：31-32）：

> 已经在这个宫廷所在地（马德里）安顿下来，并致力于学习最优秀外国作者编写的、研究自然科学所有分支的课程，我逐渐注意到最近几个世

> 纪以来，所有开展这些科学教育的国家在我们面前展现了不可估量的优势。在这种情况下，一种真挚无私的爱国情怀，促使我数次在几个计划当中酝酿并渴望创建或改造一所科学院，因为就近观察到马德里医学院和塞维利亚科学院的无所作为。另外，眼见着我们报人最重要的作品从一开始就完全被扼杀和消灭，有时候我也想，和其他熟练而活跃的作家一起，打造一部所有西班牙作家的批评史。这两个想法，在短短两年的时间里，肯定达到了公之于众的程度，不仅是为了唤醒国民对美好日子的记忆，更是为了推动自然科学的进步，这些逐渐被我们的半岛所遗忘了。与此同时，我努力在著名的巴纳德斯博士的指导下磨炼我的植物学知识。

这样的知识和关系促使穆蒂斯迈出了他人生的标志性一步：1760 年，他前往美洲担任佩德罗·梅西亚·德拉塞尔达的医生，后者刚刚被任命为新格拉纳达总督。多年后，如同亚历山大·冯·洪堡或查尔斯·达尔文等著名的敏锐的观察家一样，在美洲新格拉纳达领土上，他发现了一个丰富的大自然，并投身于这方面的研究。

在一封 1763 年 5 月从西印度卡塔赫纳写给一位不知名记者的信中，穆蒂斯提到了他移居美洲的一些细节，以及当他发现自己身处一个与欧洲截然不同的世界时的第一感觉（Hernández de Alba，comp.，1968a：20–27）：

> 自从我离开马德里以来，我就全身心地投入对博物学的认真研究中，以实现我下定决心前往新大陆时为自己设定的目标，并有幸得以在一位总督身边任职。并且，我从没有放弃过这些研究，在研究中，我为我的教员义务和另一个新的目标而感到高兴。可以确定的是，我想要为我完整的旅行记录收集材料，我不愿意放弃那些有助于说明我的观察成果的东西，尤其是在自然科学方面。沉浸在这些想法中增加了我对这些研究的热爱，并丰富了我在西班牙获得的粗浅知识。在我从马德里到加的斯的旅行途中，

我收集了几颗种子，然后寄到了瑞典。这些种子的收集离不开大量的工作，林奈先生的来信使我受益匪浅。当我意外地收到那位伟大的博物学家的来信时，我正在圣菲波哥大——我的目的地和新王国总督们的府邸所在地。他也收到了我的回信，并授予我乌普萨（乌普萨拉）科学院院士的头衔；您看这就是我辛苦旅程的第一个成果。

整个 11 月，在一个对我来说一切都是新事物的国家，我全然沉浸在对动植物的观察中。我过度的工作并没有因为欧洲人对这种极端气候的不适应而中断。在最冷的季节最冷的夜晚，房间里的空气却是如此炽热，甚至超过了欧洲最闷热那天的热度！

没过多久，他就在工作中站稳了脚跟。在我刚刚引用的同一封信中，他是这样说的：

在（新格拉纳达总督）府邸立足后不久，陪伴在总督身边的医生时听从我的建议和告诫（耶稣会会士常会提出的私人建议），以及医生不足，让我拥有了大量的非常有用的实践经验。我有过被大家需要的快乐，虽然预期与工作不相符，但我非常开心！

虽然我全力投入这些有意义的工作中，而且还时常被数学教授的新职责打断（我下面将会讲到它，这绝对是我旅行冒险中一件非常值得纪念的事），但我并没有放下博物学研究。当圣菲大学（实际上是罗萨里奥圣母高级学院）得知我有一定的数学水平时，他们要求我公开教授数学，之前拒绝教授医学是我这次无法推辞校长对我的新要求的主要原因。

仅凭穆蒂斯的只言片语，就足以让人意识到，他很快就在哥伦比亚社会上取得了显赫地位，而不仅仅是作为一名医生。在第 3 章中，我提到他从 1764 年开始担任罗萨里奥学院物理系教授，在他的教学中，展示并捍卫了哥白尼、伽利略和牛顿的理论。也正是拥有圣菲皇家天文学家头衔的穆蒂斯负责建造波哥大天文台，为此他挪用了本应用于植物研究的资金。这座天文台位于海拔2634米处，成为当时世界上海拔最高的天文台。[46]它是一座八角形建筑，有两层楼和一个屋顶平台，始建于1802年5月24日，并于1803年8月20日竣工。1806年，多才多艺自学成才的植物学家、天文学家、地理学家和记者弗朗西斯科·何塞·德卡尔达斯（Francisco José de Caldas，1768—1816）在为穆蒂斯组织的植物探险队工作了4年后成为天文台台长。后面我还会介绍他。[47]

在穆蒂斯的多项机构建设倡议中，值得一提的是，他是在圣菲创建的爱国者经济学会的主要推动者。因此，何塞·路易斯·佩塞特（José Luis Peset，2005）仅称其为“哥伦比亚科学之父”是不公平的。我们还不应忘记他的神父身份，尽管这个身份来得有些晚了（他于1772年12月19日接受教职，当时他已经40岁了）。[48]

穆蒂斯和林奈

在我上面引用的这封信中，穆蒂斯提到了“收到林奈先生的来信”，鉴于林奈在植物学上的重要性，我将详述那次通信交流，并以此来再次说明新大陆的发现对自然科学和西班牙裔科学家的重要性。[49]

穆蒂斯与林奈的书信往来有一个中间人克拉斯·阿尔斯特勒默（Clas Alströmer），他是瑞典博物学家林奈的弟子，当时正在西班牙旅行，穆蒂斯1760年8月在加的斯认识了他。不久之后，9月6日，阿尔斯特勒默从塞维利亚写信给林奈，说他认识了穆蒂斯——一位对植物学非常感兴趣的医生，他要去美洲，行李中携带着林奈的一些作品，其中包括《植物学哲学》（*Philosophia Botanica*）和《自然系统》（这些作品是由林奈在加的斯的另一位弟子弗雷德里克·洛吉耶提供的，穆蒂斯作为回报，回赠了他一些从马德里到加的斯旅行时收集的植物和种子，以便其转交给林奈）。阿尔斯特勒默给他在乌普萨拉大学的老师林奈写信时建议：“没有什么比首席御医阁下（林奈）亲笔写下一些建议给这位穆蒂斯先生更能让他深受鼓舞的了。作为回报，他会将他的调查情况告知首席御医阁下，并寄来一些收集物。”[50]

众所周知，林奈于1761年2月写信给穆蒂斯，要求他成为自己在新格拉纳达的联系人并探索哥伦比亚领土，还进一步承诺任命他为乌普萨拉科学院的成员。然而，由于地理上相距甚远，二人之间的书信往来非常困难，书信不断丢失。不要忘了，这两个世界相隔非常遥远。正因如此，1763 年 10 月 6 日，穆蒂斯才从圣菲波哥大回信给林奈（两者之间的通信是用拉丁文书写的）：[51]

> 我曾思考再三，究竟是什么意外情况让我无法收到您的信件，我将其归咎为我的居无定所和疏忽大意。我可以肯定我绝没丢弃您的信件。那么，恕我冒昧，用另一封短信来表达我希望以前写给您的那些信件都已到达您手中的急切盼望，以及我很担心您尚不知道我是多么重视您的认可……
>
> 我最近拜托瑞典驻加的斯领事贝尔曼先生（Mr. Bellmann）代表我向您表达问候，以免您以为我已经把您忘了。现已确信与您的友谊得以保持，我打算尽快寄给您我在不同场合写给您的四封信的副本。

即便如此，林奈的一些信件仍然没有送达。1764 年 9 月 24 日，穆蒂斯旧事重提，提到“您的那封信，就是我在考虑与您建立通信关系时收到那封，充满了善意”并感叹尚未收到回信。他还指出（Hernández de Alba，comp.，1968a：44-45）：

> 我记得 1762 年 3 月第二次给您写信，告知您我对美洲蚂蚁的一些观察。我在这封信中向您提起了我急切盼望获得您的《瑞典动物群》（*Fauna Suécica*）第二版，我非常需要这本书。同年 7 月，我通过加拉加斯的渠道再次给您写信。由于英国对哈瓦那的袭击中断了我们的贸易，我几乎对我的信能通过常用的邮递方式送达您那里不抱任何希望。我附上了一些对植物的描述，以及我最近陪同总督前往卡塔赫纳的旅行报告。

接着穆蒂斯提到了写给对方的其他信件（多达 6 封），提到在 1764 年 1 月的第六封信中，包含“对一种巴西凤冠雉的描述，我倾向于将其视为全新的物种，因为它美丽蓬松的冠毛，好像一种无花果”。他补充说，“为了让这封信看起来不是完全没用，我给您附上了一幅秘鲁金鸡纳树皮的版画，还有几朵金鸡纳树的花。”

这就是林奈最终收到的一封信，他回复了这封信（Hernández de Alba，comp.，1975b：21-23）：

卡尔·林奈向最杰出、最专业的何塞·塞莱斯蒂诺·穆蒂斯博士致意。

8天前，我恰巧收到了你的日期为1764年9月24日的来信，我深受感动并深感欣慰：也就是一幅精美绝伦的画作，有金鸡纳树皮、叶子和花朵。这些花朵我以前从未见过，让我对这种非常罕见的植物类型有了真正的了解，与孔达米纳先生的绘制让我形成的概念非常不同。对于所有这些事情，每一件事，我都深深地感谢你。

如果从现在起你想继续给我写信，请你在地址处写明寄给乌普萨拉皇家科学院：这样我确定会收到它们，而且是免费的；因为你最近的这封信，我不得不向邮局支付不低于一个比利时杜卡多[①]的费用。

最近，新版《瑞典动物志》已经出版，篇幅几乎是之前版本的两倍。第一卷包含6000多只动物，其他卷也是如此。我希望这个版本在一年内完成。如果你有什么想要增补进来，请及时告诉我，你会看到每一个案例中都提及您的大名。

我把这封信装在一个寄给佩尔曼（Pellman）[②]先生的信封里，因为我不知道它可以通过什么方式安全地到达你那里，因为我从你的信中看出你没有收到我之前的信，除了最近一封。

在另一封日期为（1769年4月10日）的信中，林奈继续表达他对穆蒂斯的钦佩（Hernández de Alba，comp.，1975b：23-24）：

① 杜卡多（ducado），曾用于西班牙和奥匈帝国的金币名。——译者注

② 可能是指上文提到过的瑞典领事贝尔曼。——译者注

祝你平安回欧洲！从你的来信中，我看到你说会带着植物和观察报告回来，比克洛伊索斯和他的财富更丰富。当你从“天堂”回来的时候，我希望今生能有机会见到你，哪怕只一次。当然，如果你回来，为了你，我甚至敢拼上性命踏上前往西班牙之旅，衰老和死亡的临近都不能阻止我！

有趣的是，林奈在1774年5月20日写给穆蒂斯的另一封信中说，他已决定用穆蒂斯的姓氏为他寄来的一株植物命名。信中是这样说的（Hernández de Alba，comp.，1975b：24–27）：

这次我很快收到了你日期为1773年6月6日的来信，我一生中从未如此欣喜若狂，因为里面包含了如此丰富的珍稀植物和鸟类，我完全震惊了。

我祝贺你获得了不朽之名，未来任何时间都无法将它抹去。

在过去的八天里，我昼夜不停地翻看这些东西，每当看到这些我从未见过的新植物，都会高兴地跳起来。

这些话语（就像当时其他作品中包含的那些，如阿科斯塔的作品）有助于理解西班牙，至少在自然科学方面，因其对美洲的殖民化和探索，对启蒙世纪的科学做出的重要贡献。

在前面的话之后，林奈列出了一些（对他来说）新植物，首先就是以穆蒂斯的名字命名的新植物：

第21号我会称它为“穆蒂西亚”（Mutisia，帚菊木族）。我从未见过比它更奇特的植物：它的草像铁线莲，花为单性花。谁听说过有攀缘茎、卷须、羽状茎按这种自然顺序排列组成的花？[52]

在信的最后，林奈添加了一条评论，事实上是为了强调他以穆蒂斯的姓名为一株植物命名的决定：“不要用你的朋友或在这门学科中不出名的人的姓名为植物科属命名，因为，可以预见，早晚有一天他们的名字会被抹去。”

但是生命、年龄并不会在意人们能够为人类共同遗产做出多少贡献，正如林奈的儿子（也叫卡尔·林奈）在1777年11月6日给穆蒂斯写的信中描述的那样，“植物学王子”在上一封信后不久就突发严重中风（Hernández de Alba，comp.，1975b：28-30）：

> 最近我时常想起，许多年前，一个非常有名的人送给我父亲的很多博物学最美丽的事物，特别是其中最美丽的植物收藏。从那以后，我父亲再也没有收到过一封信，也不知道你在哪个国家，也无法给你写信。当我与驻加的斯领事我亲爱的朋友加恩先生聊起这件事，他告诉我你还在美洲，我感到非常高兴，这让我有机会给你写信。父亲今年中风，最终右侧身体偏瘫，无法写字，甚至无法阅读，但理解力并没有减弱。他教授植物学、动物学、医学和饮食方面的职责在国王的许可下转给了我。我已经成为乌普萨拉大学这些学科的教授，以及试验田负责人。为了很好地完成工作，履行职责，我认识到我是多么需要与欧洲学者进行广泛的通信交流，以及这会对我（今年已经开始的职业生涯）有多大用处。如果我也能和你书信交流，那将是我的荣幸。在接下来的一年里，我计划编纂一个新版本的《自然系统》，也是一个增订本。如果此时你想寄给我一些植物，我会很高兴，现在由我负责引用你发现的新物种了。
>
> 你有没有看到我父亲编纂的新版本，以及他在其中经常引用你的名字的作品《尾数》（*Mantisas*）？如果你还没有这些作品，我会在获悉之后将它们寄给你。
>
> 我听说你在圣菲附近又找到了药用金鸡纳树。我想要一份标本。之前加恩先生拿到标本了，但他在路上丢了。我们在药房（药店）也有很多补救办法，它们在植物学上的性质被忽视了，我是说，这些植物从哪里来的都不清楚。你，哦！你是一个非常著名的人，你有幸生活在那个幸福的国度，你可以发现和描述这些事物。

然后他详细列出了一些问题；例如：

> 秘鲁香胶是从什么树上采集来的？那种可以像皮革一样弯曲和伸展的弹性橡胶或弹性树脂来自哪里？碰巧在你所在的国度生长那种可以获取药材喇叭根的植物？那边有吐根吗？这些植物的种类尚未确定。
>
> 对植物科学的热爱激发了我想去西班牙的愿望而不是待在自己国家，尤其是现在我们从公开新闻中了解到，西班牙建立了传播博物学的博物馆，甚至已经在谈论派人到秘鲁和墨西哥。
>
> 你现在所在的国家，有没有我父亲在另一封信中提到的那种以你的名字命名的美丽的植物帚菊木呢？如果有的话，我想请你再提供一份标本；因为我们这里那个标本花的部分在运送过程中损坏了。愿上帝保佑你，铭记你的善意。希望你能够回信，我有预感我的愿望一定会实现。如果你有什么需要我从我的祖国寄给你的，请不要客气尽管跟我说。上帝保佑你，照顾好自己，愿你生活幸福。

在那之后，伟大的林奈没有活多久。穆蒂斯的另一位联系人，曾在美洲和瑞典之间艰难地充当书信交往的中间人，就是前一封信中提到的博物学家、瑞典驻加的斯领事胡安·雅各博·加恩（Juan Jacobo Gahn），在一封寄自斯德哥尔摩、日期为1778年4月15日的信中通知了他这个悲伤的消息（Hernández de Alba，comp.，1975a：303-304）：

> 老林奈去世了。我知道看到这个消息您会是什么感受，因为我们都感同身受，相信您也会是如此。他给儿子留下了一个实验室、一些手稿和最直接的指示，让他尽其所能地保持、这个名字在这门科学中的声誉和领导地位。

穆蒂斯用一封长信向小林奈表达了他的哀悼之情（Hernández de Alba，comp.，1968a：77-86）：

我几乎无法开始写这封信，因为在这种情况下收到你的信时，我泪流满面。哦，伟大的人啊！回想以前我带着喜悦和满足给你写信。当我展开来信，上面写着“致我亲爱的兄弟，写于加的斯”，信上的笔迹是外国人的笔迹，我无法确定这是谁。读着我兄弟写的信，我猛然意识到林奈先生的宝贵生命恐不久矣，或者已然逝去了。确实，读到最后，我非常遗憾地得知，正如公告中宣布的那样，这位伟人已经去世了。我想说，虽然你敬爱的父亲已经去世了，然而多年以来，我有幸与他建立的真挚友谊，早已超越了极地和赤道之间的距离。

不幸的是，小林奈也没有活多久，未能如他所愿。他于 1783 年死于肝病，年仅 42 岁。

穆蒂斯和金鸡纳树皮

穆蒂斯是金鸡纳树皮用途的坚定拥护者，他也致力于该项研究，其研究成果在他死后才出版：《金鸡纳树皮的奥秘》（*El arcano de la quina*，1828）。[53] 尽管该书于 1828 年出版，但其部分内容之前早已开始在名为《圣菲波哥大市报》的期刊上发表。曼努埃尔·埃尔南德斯·德格雷戈里奥（Manuel Hernández de Gregorio）博士为最终版本撰写了序言，尽管该版本还是因为文本遇到的意外情况而暂停出版，他在序言中是这样解释的（Mutis，1828：ix–x）：

经（穆蒂斯）同意，这部作品开始在圣菲波哥大的报纸上发表，从 1793 年 5 月 10 日星期五的第 89 期到 1794 年 2 月 14 日星期五的第 129 期，其中包含了著作的前两部分，以及第三部分的一部分，随后就暂停在报纸上发表，因为穆蒂斯博士的一位同胞朋友承诺将其单独出版，上述第 129 期报纸对此进行了说明。

目前尚不清楚当时未核实该承诺的原因是什么。但是，鲁（Roux）

先生确实可能利用这些情况，将其作为他自己的作品提交给法国国民公会……穆蒂斯医生的弟子弗朗西斯科·安东尼奥·塞亚（Francisco Antonio Zea）也以《关于金鸡纳树皮的论文》（*Memoria sobre la Quina*）为题发表了这本《金鸡纳树皮的奥秘》，编入马德里 1800 年《博物学年鉴》第五册；但是这个“论文”的内容不过是从圣菲波哥大市的报纸上摘录的，以及对鲁伊斯金鸡纳树皮学的一些批注，[54] 与穆蒂斯《金鸡纳树皮的奥秘》中的研究对象不相干，他们之间的争辩肯定对穆蒂斯不利，在鲁伊斯和帕冯先生的金鸡纳树皮学补充中可以看到，在对上述塞亚先生的回应中，对秘鲁金鸡纳树皮进行了激烈的辩护。

穆蒂斯医生出版《金鸡纳树皮的奥秘》的经历就是如此，以千百种形式和伪装出版，而且总是掺假且不完整。

如此多的盗用和版本，充分表明了金鸡纳树皮在当时的重要性，穆蒂斯（1828：2）本人在他的书中也称赞了金鸡纳树皮的好处：“被发现几年后，金鸡纳树皮对抗间歇性热病这个强大对手的神奇疗效得到充分验证，这唤醒了贸易中的永不满足的贪婪”。穆蒂斯所指的“间歇性热病”正是疟疾，俗称“打摆子”“间日热”“三日热”，由疟原虫属寄生虫导致，现在仍是能够导致大量死亡和严重症状的烈性传染病之一。在穆蒂斯时代，疟疾在伊比利亚半岛的流行非常普遍（直到 1950 年才被消灭）。至少，(厄瓜多尔）洛哈地区的印第安人了解金鸡纳树皮（发音源自“queñua”① 一词）的特性，他们用这种树的树叶和树皮泡水喝来治疗发烧。[55] 正如传说的那样，得益于钦琼伯爵的夫人弗朗西丝卡·恩里克斯（Francisca Enríquez），这种药物的疗效在欧洲传播开来。1638 年，伯爵夫人患上了疟疾，一位侍奉她的印第安女仆将一些金鸡纳树皮粉末撒入水中打算为她治病。人们注意到这种行为，以为她想毒害弗朗西丝卡女士，她和丈夫一起被判处死刑。正要行刑时，伯爵夫人请求放了他们，女仆得救了，当地人透露了金鸡纳树皮的秘密。[56] 正是出于这个原因，林奈在 1742 年正式给这种树皮命名为“金鸡纳”（Cinchona）。[57]

① 厄瓜多尔方言，意为“灰毛多鳞木”。——译者注

穆蒂斯不知疲倦地工作，不仅寻找好的金鸡纳树标本，而且还分析他人自愿或非自愿采集的标本。这方面的一个例子是他在写给何塞·马丁·帕里斯（José Martín París）的一封信（未注明日期）中说（Hernández de Alba，comp.，1968b：140-141）：

> 我的朋友，领主先生：我推迟了关于对著名的波帕扬金鸡纳树进行鉴定的答复，与其说是因为我不间断的工作和职责，不如说是因为我需要大量的树皮用于各种试验；如果有时间我还要将其用于病人身上再进行一些观察。收到小样后，我不想被我的第一个猜测冲昏头脑；但是在我得到了更多的样本之后，我终于能确认把它当作金鸡纳树存在欺骗性，类似的情况还有所谓的圭亚那金鸡纳树，以及其他草药师和种植者容易搞混的植物，因为它们在苦味和外皮上存在相似性。在没有标本或花和果实保存完好的干枝的情况下，植物学家不会仅凭树皮的比较来确定，还会进行其他试验。但如果有植物的标本或完整的干枝，就能看到造物者盖上的属和种的烙印，根据现有资料就能立即排除已知的植物或确定其为新植物而对外宣布。由此可以推断出那些缺乏这种科学知识的人将多么容易受到欺骗。

1820年，皮埃尔·约瑟夫·佩尔蒂埃（Pierre Joseph Pelletier）在巴黎分离出金鸡纳树皮中所含的生物碱，以奎宁为主。世界上第一家奎宁工厂于1823年在费城建立。然而，这些看似偶然的事件表明，西班牙无法从他们率先发现和研究的植物中获益，并且缺乏的不仅仅是化学技术，还有主动性和必要的工业基础设施。

有了这样的材料，很多出版物问世，其中包括一些插图和研究，但没有哪个能与1954—2018年间（最后出版的是第14卷，由波哥大哥伦比亚人类学和历史研究所负责）出版的50卷（有些是两册本）丛书相提并论。这套书是由西班牙和哥伦比亚政府支持，西班牙国际开发合作局赞助，哥伦比亚人类学和历史研究所、马德里皇家植物园、哥伦比亚国立大学自然科学研究所和自然博物馆参与编纂的：《在何塞·塞莱斯蒂诺·穆蒂斯倡议和领导下的新格拉纳达王国皇家植物探险队（1783—

1816）发现的植物群》[*Flora de la Real Expedición Botánica del Nuevo Reyno de Granada*（*1783—1816*），*promovida y dirigida por José Celestino Mutis*]。

新格拉纳达皇家植物探险队

穆蒂斯在新格拉纳达发现的生机勃勃的大自然使他很快萌生了进行植物学考察研究的想法。事实上，他在去美洲之前就已经有了这个想法。1762 年，他第一次向国王提出请求，但没有成功。两年后，即 1764 年 6 月 20 日，他以一篇长篇“陈述”（可以理解为“致王子或国王的有理有据的请求或建议”），从圣菲再次向卡洛斯三世提出申请，我从中截取了以下部分（Hernández de Alba，comp.，1968a：31-43）

> 造物主在美洲这片幸运的土地上创造了无数令人惊叹的事物，不仅因其深藏大地中的金、银、宝石和其他宝藏而受到推崇；地面上还盛产从植物中提取的精美染料，供人使用和买卖；这个王国还盛产胭脂虫，虽然当地人由于懒散而没有养殖它；一种叫作月桂的灌木和棕榈生产珍贵的蜡；许多种树胶，可以在工业中用于多种用途；有可以用于制作乐器和家具的非常名贵的木材；还有可为人类所利用的许多其他树木、草本植物、树脂和香胶，将永远保留它们不可估量的繁殖力。旅行者应该继续收集、描述和保存这些制品，将它们存放在陈列馆和其他公共场所，以便学者去了解它们，激发他们的好奇心，并有一天借助它们的用途造福人类。主啊，很难相信美洲盛产的药用植物仅限于金鸡纳、卡藜树（另一种不同的植物）、秘鲁合欢树皮、吐根、黑莓灌木、愈创木、妥鲁香脂、萨拉戈萨香脂、红檀香、裂榄、秘鲁香脂、玛丽亚油和圣木油，以及许多其他已知的植物。还有很多事物有待了解，当务之急是善用好已知的事物也需要了解更多的东西。

穆蒂斯随后向国王详细说明了探索西属美洲领地可能带来的诸多好处。他强调了“最有用的金鸡纳树皮，仅在陛下领土上出现的宝藏，由陛下分发给其他国家，就像荷兰人分发锡兰肉桂一样”，然后他针对野生肉桂提到：“对如此有用的发现重复进行多次试验的重要性。一直渴望最大限度扩大贸易范围的英国人，根据公开文献可知，他们提出了可观的奖励以激励瓜德罗普岛的居民种植野生肉桂。如果说英国人希望看到此类尝试成功，然后在某一天吹嘘他们已经切断了荷兰人这一伟大的贸易分支，那么西班牙人是不是对此有更多值得期待的基础呢？众所周知，我们的野生肉桂比瓜德罗普的肉桂好得不是一星半点儿。”在欧洲国家努力从东方获得香料的时候，穆蒂斯的提议强调了以下方面：

向陛下展示我们香料的优点，我们的香料在各个方面都更具优势，要不是因为欧洲人的口味如此习惯东方的香料，这就是为什么要向陛下重申许多旅行者在他们的作品中暗示的内容。据孔达米纳先生证实，马拉尼翁河河岸可以为整个欧洲提供香料，这些香料能够降低东方香料的至尊地位。

他心目中的探险会优先考虑植物学，但不仅限于植物学：

我的想法还不仅限于这一种工作。每一步都为我提供了进行许多重要观察的机会，这些观察值得在我的旅程历史叙述中占有一席之地，分别以医学、物理学、地理学、天文学和其他一些数学科学分支的相应标题为它们命名。博物学中不应缺少连续的气象观测记录和旅行者经过地方的地面高程记录，从这些记录中可以产生许多启示和科学知识。毫无疑问，我在如此遥远的并且直到现在学者们还未深入其中的国家进行长期朝圣之旅，为我提供了非常多的机会进行值得交流的发现和观察。

这基本上就是穆蒂斯向卡洛斯三世提出的建议。但是，不幸的是，尽管得到了总督的支持，并由他向宫廷转达，推荐穆蒂斯的请愿，但在马德里没有得到回应，穆蒂斯灰心丧气，在随后几年从事其他活动，重点是矿山的开采（例如，他在蒙托萨皇家矿场度过了四年)。在总督安东尼奥·卡瓦列罗－贡戈拉(Antonio Caballero y Góngora)大主教的坚定支持下，他的提议在经过20年后得以重启。总督回复了穆蒂斯(他实际上已于1777年退休，致力于开采马里基塔省的萨波皇家矿)1783年3月27日寄给他的一封信，并于4天后给西印度大臣何塞·德加尔韦斯写了一封密函。这一次，提议成功了，新格拉纳达王国的皇家植物探险队于1783年4月30日正式诞生，经由同年11月1日签署的敕许获得赞助。该探险一直持续到1812年。

在穆蒂斯的率领下，上述探险队的成员包括胡安·埃洛伊·巴伦苏埃拉－曼蒂利亚(Juan Eloy Valenzuela y Mantilla，科学专员，哥伦比亚希龙人)、弗朗西斯科·安东尼奥·塞亚(Francisco Antonio Zea，科学助理，出生于麦德林)、辛福罗索·穆蒂斯·孔苏埃格拉(Sinforoso Mutis Consuegra，见习人员，植物学替补负责人，出生于哥伦比亚布卡拉曼加，塞莱斯蒂诺·穆蒂斯的侄子)、弗朗西斯科·何塞·德卡尔达斯(Francisco José de Caldas，科学助理和天文学替补负责人，出生于波帕扬)、豪尔赫·塔德奥·洛萨诺(Jorge Tadeo Lozano，科学助理和动物学的替补负责人)、恩里克·乌马尼亚(Enrique Umaña，矿物学助理)，来自卡塔赫纳的方济各会修士迭戈·加西亚·梅希亚(Diego García Mejía，见习人员和旅行专员)、何塞·坎达莫(José Candamo，植物标本负责人)和萨尔瓦多·里索·布兰科(Salvador Rizo Blanco，探险队的管家和画师负责人，画师们负责在各个时期和地方，随时进行绘图)。[58] 1808年穆蒂斯去世后，辛福罗索·穆蒂斯通过遗嘱继承了探险队的领导权，这一决定使渴望担任队长的卡尔达斯非常恼火，他想放弃在天文台的工作，全身心投入植物学研究。我稍后将再次讨论塞亚、辛福罗索·穆蒂斯、卡尔达斯与独立运动的关系。

探险队取得的成果：植物标本、植物版画、动物学和矿物学收藏品、各种奇珍异宝和手稿，根据政府的命令，于1816年被送往马德里(于1817年抵达)。这批货物装满了104个大木箱，其中包含植物标本、种子、绘画(2945幅彩色版画和2448幅单色版画，代表大约2700个物种，约占哥伦比亚植物群的十分之一)、矿物、手稿和其他自然产物。没有其他哪一支致力于自然科学研究的西班牙美洲探险队收集制作了如此丰富的材料，当然这也是花费最多的一次，拥有大量特派员、笔官和抄写员，植物标本师和画师（同时拥有19位画师，也是唯一拥有自己绘画学校的探险队）。尽管事实上他们去过的地区最少，基本上是圣菲周边地区，包括波哥大大草原、东部荒野以及东科迪勒拉山脉西侧的森林。除此之外，我们还必须算上何塞·德卡尔达斯于1802—1805年在厄瓜多尔获得的材料，以及其他助理、特派员或穆蒂斯的朋友从博卡亚、桑坦德或马格达莱纳河上游河谷等地送来的材料。

将上述材料运送到马德里的重担落在了辛福罗索·穆蒂斯身上，当时他已经是探险队的前任队长，因为支持独立的活动而被监禁。每天早上，他都会被带离位于圣巴托洛梅学院的关押处，以便可以专心整理探险材料并装箱封存。

在皇宫里，所有货物在经过检查后，矿物和动物标本都被送到了皇家自然陈列馆，而植物标本则连同探险期间的手稿一起送到了皇家植物园。

新西班牙皇家植物探险队

这次探险很大程度上归功于阿拉贡人马丁·塞塞－拉卡斯塔（Martín Sessé y Lacasta，1751—1808）。他是哈卡人，毕业于萨拉戈萨大学医学专业，曾作为军医参加过直布罗陀的战役和美洲的战役，后来继续行医，首先在哈瓦那，后来在墨西哥。正是在墨西哥，在弗朗西斯科·埃尔南德斯先例的影响下，他萌生了重走和延续埃尔南德斯两个多世纪前（1571—1577）探险之路的想法。他向卡西米罗·戈麦斯·奥尔特加报告了他的想法，奥尔特加表示强烈支持。尽管该项目当时进展并不顺利，但塞塞和戈麦斯·奥尔特加都很坚持。最后，经过无数次挫折，他们还是找到了实现这个计划的各项支持。塞塞于1785年5月20日被任命为墨西哥植物园专员。1787年3月20日，何塞·德加尔韦斯在埃尔帕多签署卡洛斯三世的敕令，最终启动了探险的组织工作（他作为西印度大臣曾支持过类似的行动，签署该敕令后不久，于6月17日去世）。这次探险的目标是有条不紊地探查、绘制和描述新西班牙总督辖区的自然产物（主要是墨西哥，也到达了太平洋北部海岸，到达旧金山，走遍了自危地马拉到加勒比海的广阔美洲地区），打消外界对这些地区所产医药产品有关的疑虑，增加贸易，根据当时的自然科学状况，说明和完善弗朗西斯科·埃尔南德斯留下的著作。探险本来不应超过6年（尽管它于1803年结束），管理权落入当时由弗洛里达布兰卡伯爵担任的西印度恩典和司法国务秘书（类似于外交大臣，这个职位他一直担任到1792年）手中。

最初被选为探险队成员的是药剂师比森特·塞万提斯（Vicente Cervantes），动物学家和训练师何塞·隆希诺斯·马丁内斯（José Longinos Martínez），植物学家胡安·迭戈·何塞·德尔卡斯蒂略（Juan Diego José del Castillo），他当时负责波多黎各皇家医院药房，墨西哥药剂师海梅·森塞韦（Jaime Senseve），当然还有一些画师和下属。探险任务不仅限于探索新西班牙及周边地区，还包括建立植物园和设置植物学终身教授（委托给塞万提斯，植物园于1788年5月1日成立）。还有一些其他的措施旨在促进植物科学研究和药学实践改革和检验，并间接促进医学的进步。塞万提斯和隆希诺斯于1787年7月下旬或8月初抵达墨西哥，而卡斯蒂略则在一年后加入。1787年开始首次行程，在首都墨西哥城周围采集植物。第二次行程开始于1788年，路线是从墨西哥城到阿卡普尔科。第三次是1790年，墨西哥人何塞·马里亚诺·莫西尼奥（José Mariano Mociño，1757—1820）加入，走遍了太平洋沿岸的米却肯、纳亚里特和索诺拉，最终在瓜达拉哈拉结束旅程。

莫西尼奥是墨西哥科学界的杰出人物。用海梅·拉瓦斯蒂达（Jaime Labastida，2010：31）的话说，“毫无疑问，他是开明的哲学家，是新西班牙作为总督辖区三个世纪以来最完美的现代科学家”，还补充说，“他是最不为人所知和研究的学者之一”。莫西尼奥和塞塞一起将获得的材料带到了西班牙，当塞塞于1808年去世时，莫西尼奥负责这些材料的保护和研究。这发生在拿破仑入侵半岛期间，莫西尼奥站在约瑟夫·波拿巴一边，在后者的支持下他成为皇家医学院院长。然而，当法国人被击败，费尔南多七世重新夺回王位时，莫西尼奥被监禁，最终流亡，但他也带走了探险队的收藏品。这些收藏品曾长期留在蒙彼利埃，莫西尼奥委托瑞士植物学家奥古斯丁·皮拉米·德康多勒（Augustin Pyramus de Candolle）进行研究。后来这些藏品又从蒙彼利埃去了日内瓦，但最终莫西尼奥被允许返回西班牙（他于1817年返回），并要求德康多勒将收藏品还给他，以便重新将其安置在西班牙。“德康多勒同意了，”拉瓦斯蒂达（2010）写道，“但设法让‘整个日内瓦’在几周内复制这些精美的图画。一个半世纪以来，这些副本是唯一能让科学家了解塞塞和莫西尼奥宝贵工作的文件（该系列被称为‘日内瓦女士植物志’，并保存在那个城市）。而皇家植物园在马德里保留了一些图、植物标本和探险档案。”完整的收藏品没有保存在马德里植物园中的原因是，当它们返回西班牙首都时，被留在了为莫西尼奥治疗晚期疾病的医生手中，并因此丢失了超过一个半世纪，后来几经转手，其中就有加泰罗尼亚历史学家和图书管理员洛伦索·托尔内（Lorenzo Torner），一些亲戚从他手中继承了这些遗产后，1981 年将它们卖掉了。目前，作为所谓的“托尔内藏品”收藏于匹兹堡的卡内基－梅隆大学亨特植物文献研究所。

2010 年，21 世纪出版社和墨西哥国立自治大学出版了探险期间绘制的完整图集。这部作品由 13 册组成，其中第一册是对这次旅行的各种研究，加上莫西尼奥的作品选集；其余的则涵盖了不同的植物和其他生物科属，例如昆虫、鱼类、爬行动物（有 70 多位研究人员参与），还有软体动物、蜘蛛、鸟类、哺乳动物等。这项非凡工作的成就之一是根据生物学和植物学中当前公认的标准更新了其中收录植物的分类。诸如此类的细节反映出伟大的新西班牙皇家植物探险队的重要性。

费利克斯·德阿萨拉：横空出世的博物学家

与许多人一样，西班牙军人费利克斯·德阿萨拉（Félix de Azara，1742—1821）的人生发生了意想不到的转变，造就了他传奇的经历和莫大的贡献。他是奥斯卡（今韦斯卡）一个上阿拉贡家庭的小儿子（出生于巴布尼亚莱斯，现属于韦斯卡省），属于我们可以称之为“低级贵族”的人。他的兄弟中最著名的，在那个时代比费利克斯有名的是其长兄何塞·尼古拉斯·德阿萨拉（José Nicolás de Azara，1730—1804），他是外交官、政治家和艺术赞助人。尽管两人之间的大部分通信已经丢失，但费利克斯写给何塞·尼古拉斯的一封信却被保存下来，从中我们能够知道二人的关系，实际上已经很多年没有联系了（Azara，1969：29）：

> 亲爱的尼古拉斯：我们才刚出生，父母就将我们分开。在我们的一

> 生中，只有那次在巴塞罗那（1776），我偶然遇见了你，我们才在短短的两天内见了面。你生活在伟大的世界里，你的地位和才华，你的作品和美德，在西班牙和整个欧洲都享有盛誉；但是，我还没有做过任何杰出的工作，没有机会让你或其他人知道我，我在地球的边缘度过了生命中最美好的二十年，忘记了我的朋友，没有书，没有任何有价值的作品，不断地在沙漠或巨大而可怕的森林中穿行，除了空中的鸟类和野生动物之外几乎与世隔绝。我写了整个旅行经历。我寄给你，通过它你就可以认识我，了解我的工作。[59]

面对如何谋生的问题，费利克斯·德阿萨拉选择了军旅生涯。在韦斯卡大学（成立于14世纪，名为韦斯卡塞多留大学）学习法律和哲学后，他于1757—1761年尝试进入塞哥维亚炮兵学院学习，但当时的法令不允许超过18岁的学生入学，他已经超龄，因此决定作为士官生，于1764年9月1日进入加利西亚炮兵团。那之后他去了巴塞罗那皇家工程兵学校，接受了科学和技术培训。他的军事生涯从那时开始：1767年，他从士官生晋升为驻要塞和边境的国家军队步兵少尉和绘图工程师。因此，他参与了各种工程，如圣费尔南多－德菲格拉斯要塞的防御工事建设、埃纳雷斯河和哈拉马河道的工程或马略卡岛堡垒的重建工程。1774年，他晋升为部队助理并被任命为巴塞罗那堡垒工程研究大师，但他没有前往上任，然后第二年他参加了阿尔及尔战役，捍卫西班牙在北非的利益。那场战争中有20000人和40艘船舰参战，以惨败告终，造成527人死亡和2000人受伤，其中包括阿萨拉本人，他也差点丧生。

当然，如果不是发生了改变可预见未来的事件，阿萨拉的生活会沿着类似的道路继续，即担任一名军事工程师。1777年10月1日，一直在为美洲领土的边界而战的西班牙和葡萄牙，在圣伊尔德丰索签署了一项初步边界条约，商定他们在美洲和在亚洲各自占有的土地，阿萨拉是被选中组成西班牙委员会的四人之一（后来任命了第五个人），前往美洲大陆工作，实地确定两国的界限。为此，他被任命为舰长（任期从1776年2月开始），已经到了海上才获悉这一任命，因为当局认为所有的专员都应该是海军军官。1778年《埃尔帕多和平条约》获得批准，阿萨拉于1781年离开里斯本前往美洲，抵达葡萄牙人在巴西的主要港口里约热内卢。他的任务是与葡萄牙特派员共同根据1777年的《初步边界条约》，从海上开始确定西班牙和葡萄牙属地的分界线。从拉普拉塔河稍远处开始到夸波雷河和马莫雷河交汇处以下，马德拉河在这里形成，汇入马拉尼翁河。然而，葡萄牙人并没有那么急（他们的政策是拖延此事），直到1783年，阿萨拉才得到消息，葡萄牙特派员将前往预定的会面地点。当他们终于见面时，却没有达成一致。许多年后，阿萨拉（1969：41）在他1806年9月22日写给法国博物学家夏尔·阿塔纳斯·瓦尔克纳尔（Charles Athanase Walckenaer）的一封信中解释了他认为造成这种情况的原因：

> 葡萄牙人不想确定他们和西班牙在美洲领土的界限是因为，当葡萄牙发现领土界限没有没有明确建立时，他们有尽可能进入其邻国领土的习惯，而这种习惯自从发现美洲以来就得到了验证，一旦他们占有了一个国家，他就坚持认为这是财产，不愿放弃。这种肆无忌惮的行为是因为西班牙政府对其在美洲的领土一无所知，对这种掠夺漠不关心。

阿萨拉很好地执行了他从总督那里收到的命令，进行了无数次旅行。瓦尔克纳尔根据他的手稿编纂成书《南美洲之旅》（*Viajes por la América meridional*），并被翻译成法文（*Voyages dans l'Amérique méridionale*，4册，1809）出版，阿萨拉（1969：45）在其中写道：

> 我进行频繁且路途遥远的旅行主要目的，就是绘制这些地区的精确地图，因为这是我的专业，我有必要的工具。因此，我每走一步都会带上两个好用的工具，一个哈雷反射仪和一个人工地平仪。无论我在哪里，甚至是在田野里，每天中午和晚上，我都会通过太阳和星星观测纬度。我还有一个带照准器的罗盘，通过将它的方位角与我计算和对太阳观测得出的方位角进行比较来验证差异。

旅行中一有时间和机会，他也会做其他事情——例如观察美洲的自然。地理学工程师因此也成了博物学家。这里再次引用《南美洲之旅》（Azara，1969：48）中的一段话：

> 我的工作并不仅限于地理。身处一个陌生且辽阔的国家，对欧洲发生的事情毫不知情，没有书籍，也没有愉快有益的谈话，几乎全身心投入大自然呈现给我的事物中。我近乎强迫自己观察大自然，每走一步，我都会看到吸引我注意力的生物，因为以前从来没有见过。我认为有必要记录我的观察以及思考；但是无知激发了我的担心，我担心大自然向我展示的新事物已经被美洲的历史学家、旅行者和博物学家充分描述了。不过，毫不掩饰地说，像我这样一个孤立无援的人，因忙于地理和其他必要的事务而筋疲力尽，无法很好地去探索发现如此繁多和多样的事物。尽管如此，我还是决定，在我的能力范围内，在时间和环境允许的情况下，尽可能多地观察，记录一切，并暂停发表我的观察成果，直到我摆脱我的主业。

阿萨拉于1789年1月被任命为船长，在美洲度过了20年。1801年年底回到西班牙，他做的第一件事就是发表他对美洲四足动物和鸟类的观察成果，出版了两部在自然科学史上留下深刻印记的著作：《巴拉圭和拉普拉塔河四足动物博物学记录》（*Apuntamientos para la Historia Natural de los Quadrúpedos del Paraguay y Río de la Plata*，马德里，1802）和《巴拉圭和拉普拉塔河鸟类博物学记录》（*Apuntamientos para la Historia Natural de los Páxaros del Paraguay y Río de la Plata*，3册，1802—1805）。他将这两部作品都献给了他的兄弟何塞·尼古拉斯，当时何塞是西班牙驻法国大使，阿萨拉很快就搬到了巴黎和他一起生活。《巴拉圭和拉普拉塔河四足动物博物学记录》的献词基本上是阿萨拉随书寄给何塞的信的正文，我之前引用过（“我在地球的最后一个角落度过了我生命中最美好的20年”）。在《巴拉圭和拉普拉塔河鸟类博物学记录》的献词中，他说：

亲爱的尼古拉斯：你是我的哥哥，我知道你有多喜欢各种类型的人类进步，我毫不犹豫地将这部作品献给你，我相信这是第一本由阿拉贡人用西班牙语写就的鸟类学书籍，也是最准确的美洲鸟类记录。有了这个，相信我的任务和愿望已经达成。

你的兄弟费利克斯，马德里，1802 年 5 月 16 日

与阿萨拉的想法不同，他在美洲的 20 年并没有被西印度或宗主国政府忽视：1802 年 10 月 5 日，国王授予他海军准将军衔。1804 年，他的兄弟何塞·尼古拉斯去世后，国王命令他返回西班牙，将他召入宫廷，并任命他为西印度防御工事委员会委员。此前，1803 年，戈多伊曾打算让他担任墨西哥总督职位，但他拒绝了。正是在这些年里，1805 年，戈雅为阿萨拉绘制了肖像——在这幅杰作中，阿萨拉身着海军准将制服（黑色外套和鲜艳的黄色马裤）出现在书房里，背后的书架上面摆满了鸟类和四足动物标本，他的右手拿着一张钞票，上面有画作的名称、戈雅的签名和 1805 年的日期。在桌子上可以看到两角帽和三本关于他科学研究出版物的书。

正如所见，阿萨拉在几乎完全独立的情况下进行观察，"没有书籍，也没有愉快有益的谈话"。他为数不多的藏书仅限于布丰的作品，其书中经常引用布丰的论述，作为比较的来源。[60] 然而，正如华金·费尔南德斯·佩雷斯（Joaquín Fernández Pérez，1992）在《巴拉圭和拉普拉塔河鸟类博物学记录》再版的初步研究中指出的那样，阿萨拉经常不同意这位法国博物学家的观点。[61] 其中一些观点分歧出现在《巴拉圭和拉普拉塔河鸟类博物学记录》（Azara，1992：83）的头几节内容中："布丰确信，在美洲发现的不是其他大陆现存鸟类以外的其他鸟类，而是那些能够忍受极寒并穿越了北方的鸟类，因为北方是两个相连且相近的世界。但是我们经常会在这个国家看到来自欧洲、非洲和亚洲的鸟类，它们没有受过这种寒冷，没有横渡现在的海洋，也没有从他所说的地方而来，而是来自另一个更靠南的地方，那里之前或许与各大陆更近或者相接。"

在科学中，许多科学家取得成果的记录，迟早会从记忆中消失，从科学史册中消失。费利克斯·德阿萨拉的作品却并非如此，这不仅仅是因为他的观察细致入

微——我们可以说他是经验科学的大师，还因为他的作品在整个科学史上最重要的学者那里产生了回响，而这位学者的记录像牛顿或爱因斯坦一样，永远不会消失，他就是：查尔斯·达尔文。在《物种起源》第一版中，达尔文（1859：73）写道：

由此看来，牛在苏格兰冷杉的生存上占有绝对决定权；然而在世界上的某些地方，牛的生存却是由昆虫决定的。巴拉圭也许可以提供与此相关的最奇特的一个事例：虽然那里从未有过牛、马或狗变成野生的情况，但在北方，大量上述动物却在野生状态下游荡。阿萨拉和伦格尔曾经提出，巴拉圭的某些蝇过多导致了这一现象的出现。这种蝇会在初生动物的脐中产卵。

从第三版开始，达尔文（1861：203）再次提到了阿萨拉，这一次与啄木鸟有关，在最终版（1872）中，其内容如下（Darwin，2008a：248-249）：[62]

有时我们可以看到某些个体具有不同于同种和同属异种（动物）所固有的习性，因此可以预期这些个体有时可能产生具有特殊习性的新物种，并且这些新物种的构造模式发生了细微或显著的变化。这样的情况存在于自然界之中。在适应性方面还能找到比啄木鸟更好的例子吗？它攀爬树木并从树皮的裂缝中取食昆虫。但是有的北美洲的啄木鸟基本以果实为食，还有一些长有长翅并在飞行中捕食昆虫。在几乎没有树的拉普拉塔平原上，有一种叫草原扑翅鴷的啄木鸟，其两趾朝前，两趾朝后，舌长而尖，尾羽又尖又细而且十分坚硬，这种构造使得它在树干上可以保持直立，但是没有典型啄木鸟的尾羽坚硬。另外，它的喙也十分直且坚硬，虽然没有典型啄木鸟的喙那么直或坚硬，但也足以在树木上凿孔。因此，从构造方面的主要部分来看，这类鸟确实是啄木鸟的一种；即便是某些次要的性状，比如色彩、粗糙的音调、波状飞行，都鲜明地显示出它们同普通啄木鸟的密切的亲缘关系。可是根据我本人以及阿萨拉的观察来看，我断定，在一些大的区域内，这些啄木鸟并不攀爬树木，而是在树林边缘地带筑巢。然而据哈得孙先生讲，在别的地方，它经常飞翔于树林中，并在树干上挖洞筑巢。

查阅了大量达尔文信件后，我们发现他在两封信中提到了阿萨拉的观察（Burkhardt，Browne，Porter y Richmond，eds.，1993：177，481）。他在 1860 年 4 月 28 日寄给昆虫学家和植物学家、鞘翅目和针叶树专家安德鲁·默里（Andrew Murray）的第一封信中写道："阿萨拉完全证实了我对拉普拉塔甲虫习性的描述。" 同年 11 月 20 日，第二封信正是寄给伟大的地质学家查尔斯·莱尔（Charles Lyell）："《爱丁堡哲学杂志》的一位作者否定了我关于拉普拉塔啄木鸟并不经常待在树上的说法。我观察了它们的栖息地两年，但更确定的是，准确性为众人所认可的阿萨拉比我更为强调这种啄木鸟不经常待在树上。"

达尔文评论的依据是阿萨拉的《南美洲之旅》（*Voyages dans l'Amérique méridionale*，1809），这本是英国博物学家达尔文本人的藏书，并有他本人的批注。

达尔文在其另一本伟大著作《人类的起源和性选择》（*The Descent of Man*，*and Selection in Relation to Sex*，1871）中引用阿萨拉的内容比《物种起源》里更多：在十页不同的页面中提到了阿萨拉对于诸如瓜拉尼人的男女比例、杀婴、一妻多夫或恰卢亚人的离婚自由等问题的描述。下面我引用一段这样的内容举例说明（达尔文，1871：366）："例如，阿萨拉描述了一个瓜纳女人在接受一个或多个丈夫之前，如何谨慎地为争取各种特权讨价还价，因此，男人非常注意他们的个人外表。" 达尔文引用的参考文献同样是《南美洲之旅》，在本例中为第 2 册第 92-95 页。

为旧世界提供食物的美洲植物

新大陆的矿产为宗主国西班牙提供了财富，不仅改变了后者命运，还为伊比利亚半岛，乃至大西洋彼岸的欧洲国家带去了其他丰富的宝藏：大自然的果实。对西班牙和欧洲来说，发现美洲重要的成果之一就是在美洲土地上发现了天然产品，例如马铃薯、番茄、玉米、鳄梨、花生、可可、番石榴、烟草和木薯，这些产品先后到达了西班牙，然后从那里去往了欧洲大陆的其他地方。它们出现在我们的花园和厨房——然后是我们的胃里，它们还出现在植物科属文献和西班牙语里。一些例子足以说明西班牙语使用者耳熟能详的词汇的美洲起源，例如“cacahuete”（花生，来自纳华语“cacáhuatl”）、“maíz”（玉米，来自塔依诺语“mahís”）或“tomate”（番茄，来自纳华语“tomatl”）。显然，植物（或树木，如橡胶树或金鸡纳树）不是在美洲发现的唯一生物，也有动物：短吻鳄、秃鹰、金刚鹦鹉、原驼、鬣蜥、美洲狮、大嘴鸟或小羊驼，它们的卡斯蒂利亚语名字揭示了它们的起源；“tucán”（大嘴鸟），源自图皮－瓜拉尼语中的“tuká”“tukana”；“vicuña”（小羊驼），来自克丘亚语，“vicunna”……米格尔·莱昂－波蒂利亚（Miguel León-Portilla，1962：3）老师在墨西哥语言学院（西班牙统治时期的语言教师）入职演讲时说得很有道理，他指出：

> 我们的卡斯蒂利亚语已经在伊比利亚半岛上，通过无数源自希伯来语、日耳曼语和阿拉伯语等语言的元素丰富了其对拉丁语的传承，随着它在整个新大陆的传播，再次与当地语言发生了融合。这里有数百种土著语言，都能通过各自特色，表达这片土地上人民的思想和经历。

我已经提到过马铃薯，在此我想引用一首巴勃罗·聂鲁达的诗（《土豆颂歌》），无需多言，诗歌的第一行是这样写的：“土豆，你叫土豆，不叫马铃薯，你并不来自卡斯蒂利亚：你的外皮好似我们的皮肤，我们是美洲人，土豆，我们是印第安人。”

植物产品对宗主国的重要性体现在各个方面。非常值得注意的是运输过程中要特别小心，这一点之后得到验证。例如，在弗朗西斯科·埃尔南德斯的探险中，活的植物被装在大大小小的桶里运输，准备移植到半岛。但要做到这一点并不容易。因此，一份报告对这种情况进行了说明（Fernández Pérez y González Tascón，eds.，1990b：40）：“关于陛下下令留在塞维利亚的植物，有15株植物以桶装运回，6株存活，包括非常重要的香脂树，和养殖胭脂虫的仙人掌。那些种子中，播种了60种并交给市长负责，只有一种生长出来，是来自美洲的百合花，但没有禁得住时间的考验，剩下的种子留待明年春天播种。”在新西班牙和新格拉纳达两次伟大探险开始之前，1777

年5月12日，西印度事务国务秘书办公室要求卡西米罗·戈麦斯·奥尔特加准备一份《关于活植物通过海路和陆路运输到遥远国家最安全和经济方式的说明》也就不足为奇了。《说明》开篇段落进行了如下解释（Gómez Ortega，1789：1-3）：

> 如果我们的先辈没有极其勤奋地获取和在祖国播种有用的外国植物，也许我们就不会有现在所拥有的、大家喜闻乐见的美味水果和珍贵植物，因为先辈们已经仿照其他国家，主要是罗马，小心翼翼地将这些植物融入西班牙的土壤和气候中。

并且，在提到一些古老的例子之后（例如，来自意大利的樱桃树、来自亚美尼亚的杏子或来自波斯的桃子），他继续说道：

> 我们东印度和西印度的第一批征服者，通过努力，小心翼翼地将最奇特和最有用的植物从他们征服或航行途经的国家移植到西班牙。龙舌兰，成了我们南部省份几乎所有庄园的围墙，辣椒、马拉加甘薯、马铃薯是征服墨西哥得来的果实①；还有来自秘鲁的西印度独行菜、补骨脂和柔毛肖乳香或秘鲁胡椒树，它们在塞维利亚、马拉加和巴伦西亚附近旺盛生长，与在原生气候的山谷里长得一样茂盛；来自智利的草莓，来自弗吉尼亚的愈创木，以及来自美洲各地的玉米、番茄、西番莲和美洲商陆②，它们已经在我们的土地上落地生根，人工种植或自然生长。[63]

戈麦斯·奥尔特加编写的说明大致上是清晰的，但移植目的地的气候起着至关重要的作用，因此建立“驯化中心”是必要的。在半岛上，有时在巴伦西亚、科尔多瓦、马德里植物园的温室，阿兰胡埃斯或位于马拉加圣特尔莫学院的温室等地方取得了良好的效果，但有什么温室能比美洲和半岛之间的地带更好呢？那就是加

① 甘薯、马铃薯均非植物果实，前者为块根，后者为块茎。——译者注

② 该植物全株有毒，易与山牛蒡或人参混淆。——译者注

那利群岛。特内里费岛，“距奥罗塔瓦港 1/4 西班牙里，距奥罗塔瓦山谷不远”，在那里建立了驯化园，一直延续至今。建立驯化园的命令是由当时担任西印度环球事务办公室秘书（1790 年成为恩典和司法大臣）的安东尼奥·波列尔 - 索普拉尼斯（Antonio Porlier y Sopranis）下达给特内里费岛普拉多新镇侯爵的，并任命后者担任园长，日期是 1788 年 8 月 17 日，于圣伊尔德丰索签署，内容如下：[64]

> 国王急于通过一切可能的手段，让那些从亚洲和美洲带回来的珍贵植物种子可以在他的欧洲领土上蓬勃生长，其中一些已经种植在了马德里和阿兰胡埃斯的皇家植物园中，但要付出极度小心和不安的代价，保护它们的天生属性免受严冬的破坏。考虑到加那利群岛的气候和天气更类似于这些植物的原产国，陛下已委托我在特内里费岛上寻找最适合这些植物生长的土地，建立一个或多个种植园，并将王子殿下为此目的给我的种子播种在这些植物园里。根据陛下和殿下的命令，通过这份航海邮件，由邮政管理员把密封在小盒子中的种子转交给您。国王将这个任务委托给您，特别命令您必须经常向国王陛下汇报：您为验证此想法所采取的所有措施，选择种植的土地，种植取得的进展，以及您对该事项所做的其他观察。陛下希望在此事项中，您能全力以赴并践行尽心尽力为皇家效劳的承诺，鉴于该任务的重要性，将适时对您论功行赏。在此附上：敕令全文，敬请阁下知悉与达成。

如果旧世界收到了我所提到的食物的馈赠，那么其他同样价值不菲的礼物也会来到新大陆，尽管由于气候、地理或社会学原因（例如，当地人反对他们耕作的土地被用于种植新的作物），在那里的种植并不总是那么容易。移植到新大陆的植物首先是小麦，还有大麦、大米和豆类，如鹰嘴豆、扁豆和蚕豆。[65]在西班牙人到来之前，木薯在安的列斯群岛和热带地区居民的饮食中扮演着非常重要的角色，类似于中美洲的玉米。哥伦布在他第一次航行的日记中，提到了岛上种植的一些根茎，印第安人用这些树根制作“面包”。这就是木薯，“印第安人的面包”。对此，可以说“农业成了旅行家”。

美洲独立运动中的科学家

如果说，没有什么能够永恒，哪怕是我们居住的地球和带给我们光明和温暖的太阳，更不用说在征服中出现的，与征服母国被浩瀚的海洋远远隔开的政治组织了。我指的自然是西班牙王室的美洲殖民地，即克里斯托弗·哥伦布在1492年发现，最终瓦解并产生了一批独立国家的美洲。但是，本书的读者可能想知道，独立与书中所关注的科学有什么关系？答案是，正如我们马上就会看到的，一些科学家积极参与了独立运动。

通常情况下，这些运动的萌芽是可以预见的。亚历山大·冯·洪堡是意识到美洲社会潜在紧张局势的人之一。在他最重要的著作之一《关于古巴岛的政治论文》（*Ensayo político sobre la isla de Cuba*）中，他写道（1998：284）：

> 古巴岛的人口仍然不足法国的1/42，一半的居民极度贫困，消费很少。它的收入几乎与哥伦比亚共和国相当，高于美国海关的所有收入，在1795年之前，美国这个联邦国家已经有4500000名居民，而古巴岛只有715000名。这个美丽殖民地的主要收入来源是关税，仅关税就占总收入的3/5以上，足以轻松满足内政和军事防御的所有需求。如果说近年来哈瓦那财政部的开支超过了400万杜罗①，那么这一超额开支是由宗主国想要与已经解放的殖民地进行顽抗所导致的。200万杜罗用于支付从美洲大陆经哈瓦那向半岛方向撤回的陆军和海军部队的工资。一直以来，西班牙无视其真正利益，迟迟不承认新共和国的独立，而受到哥伦比亚和墨西哥联邦威胁的古巴岛，必须为了自身防御而时刻保持军事戒备，耗费了大量殖民地收入。仅驻扎在哈瓦那港的西班牙海军一般花费就超过65万杜罗，而地面部队每年大约需要花费150万杜罗。如果半岛不减轻殖民地的负担，这种状况也持续不了太久。

① 银币名，1杜罗相当于5比塞塔。——译者注

亚历山大·冯·洪堡

奥罗塔瓦驯化园创建11年后，亚历山大·冯·洪堡（1769—1859）在前往西班牙美洲的途中游历了特内里费岛，他的名字将永远与美洲联系在一起。我们知道他去了奥罗塔瓦①，并了解了这个植物园当时的情况。1799年6月20日，据说是他去参观植物园的同一天，他“在特内里费山脚下的奥罗塔瓦港”写信给他的兄弟威廉（Humboldt，1980）:“我带着无限的快乐来到非洲大地，我被椰子树和香蕉树包围着。在（特内里费岛）圣克鲁斯，我们在阿米亚加（Armiaga）将军家留宿；在这里（在奥罗塔瓦港），我们住在一个英国商人约翰·科勒根（John Collegan）的房子里，库克（Cook）、班克斯（Banks）和麦卡特尼勋爵（Lord Macartney）也住在这里”。三天后，他在信中继续欣喜若狂地写道:“昨天晚上，我从（泰德）峰回来了！太壮观了！太享受了！我们去了火山口的底部，可能比其他任何博物学家都更进一步。”并且，在详细描述了那次远足的经历后，他得出结论:“在奥罗塔瓦市有一棵龙血树，周长为45英尺。在400年前的贯切人时代，它就已经和现在一样粗壮了”。(这棵龙血树不属于当时不太发达的驯化园，而属于弗兰希先生的花园。）多年后，查尔斯·达尔文乘坐“猎兔犬”号开始了他闻名于世的航行（1831—1836)。当他抵达加那利群岛后，立刻想到了洪堡。因此，他在2月8日至3月1日之间，从巴西给他父亲写信时说道（Burkhardt，1999: 45-46):“在（1832年2月）6日晚上，我们驶入了圣克鲁斯港。这是我第一次感觉良好，正当我想象着美丽山谷中生长的新鲜水果的美味，并阅读洪堡对岛屿壮丽景色的描述时，一个小个子男人通知我们，我们将接受12天严格的隔离——我们的失望可想而知。船上一片死寂；直到船长大喊‘升帆’，我们才离开了这个期待已久的地方。我们在特内里费岛和大加那利岛之间休整了一天，在这里我第一次体验到了一些享受：景色很美。可以透过云层看到特内里费岛（泰德）峰，仿佛是另一个世界。我们唯一的不甘就是没有参观这座秀丽的岛屿。”他渴望效仿洪堡登上泰德峰，但无法实现。

---

① 位于加那利群岛，位于非洲板块上。——译者注

达尔文曾在多个场合表达自己对洪堡的钦佩。“我反复阅读洪堡。您也这样做吗？”他在1831年7月11日写给植物学家约翰·史蒂文斯·亨斯洛（John Stevens Henslow）的信中（Burkhardt，1999：37），提到他的一本书，该书于1814—1829年以英文出版，书名为《1799—1804年到新大陆赤道地区旅行的个人叙述》（*Personal Narrative of Travels to the Equinoctial Regions of the New Continent During the Years 1799—1804*）。并且，在达尔文的《自传》中，他是这样提到洪堡的（达尔文，2008b：61）：“我在剑桥的最后一年，我认真并兴致勃勃地阅读了洪堡的《个人叙述》。这部著作和J. 赫歇尔爵士（Sir J. Herschel）的《自然哲学研究导论》（*Introduction to the Study of Natural Philosophy*）激起了我要为自然科学的大厦做出哪怕是最微小贡献的强烈意愿。在我读过的十几本书中，没有一本书像那两本书那样对我产生如此大的影响。”

洪堡在法国植物学家艾梅·邦普朗（Aimé Bonpland，1773—1858）的陪同下前往美洲之行历时五年：1799年6月5日从拉科鲁尼亚启航，1804年8月1日到达波尔多。那时外国人要获得进入西班牙美洲领地的许可并不容易，但是，由于良好的人际关系，洪堡获得了授权，这是一件新鲜事，因为在此之前，西班牙王室拒绝外人进入海外西班牙领地。由巴黎科学院组织并由孔达米纳领导的法国探险队，打算在赤道地区测量子午线弧度，该探险队于1735—1746年，穿越了西班牙美洲的领地，但是，如同我们所看到的那样，获得授权的条件是海员豪尔赫·胡安和安东尼奥·德乌略亚作为西班牙代表也参加此次探险。这份许可改变了洪堡的生活。在南美洲，他的才华得以展露。他的母亲认为这个孩子软弱胆小，结果证明他是一个勇敢坚韧的探险家（例如，他在1802年6月攀登钦博拉索山创造了一项新的世界纪录——尽管没有登顶），以及认真严谨的科学家。美洲令他着迷。抵达美洲后不久，1799年7月16日，他写信给萨克森驻马德里大使菲利普·德福雷尔（Phillipe de Forell）男爵，他帮助洪堡获得了前往美洲的皇家许可（Humboldt，1890）：“上帝！天主教国王拥有多么棒的国家，多么壮观的植物，多么美丽的鸟，还有白雪覆盖的山峰……！”[66]

通常，科学是在实验室（进行实验）或办公室（构建理论）里完成的，相反，洪堡在现场实践，测量一切可能的东西（大气压力、温度、高度、地理坐标、磁场等），收集植物（收集了大约60000种，其中6300种在欧洲不为人所知）或研究人群及其习俗。简言之，他让大自然成为他的实验室。他在地球和空气物理学、地质学、气象学、矿物学、地理学、植物学、人种学、政治和经济学等领域自如切换并充满热忱。他随后出版的关于古巴和墨西哥的专著是他多才多艺和跨学科能力的一个极好的例证：是这些地方在科学、政治和经济方面的第一批地理研究。他在1806年1月3日从柏林寄给瑞士医生、气象学家和天文学家马克·奥古斯特·皮克泰（Marc-Auguste Pictet）的信中，描述了他雄心勃勃和跨学科海纳百川的精神（Humboldt，1980：138-142）：

“另一方面，你可以为我受到的指责辩护。社会上常说我同时关注太多东西，植物学、天文学、比较解剖学。我的回答是：能否禁止人想知道、了解周围一切的欲望？化学和天文学的元素不能同时描述，但可以同时对月球距离和大气吸收[1]进行非常准确的观测。对于一个旅行者来说，各种知识是必不可少的。不如检查一下，我在针对不同学科分支所作的小论文中，是否完全投入这个主题，是否追随既定的目标（参见我与盖·吕萨克的论文）。如果想要得出对事物总体的看法，需要构想所有现象的关系（我们称这种关系为大自然），就必须先了解各个部分，然后在同一观点下有机地将它们组合在一起。我常年的旅行对于致力于研究如此多的对象起到了很大帮助。”

他在南美洲旅行的过程中，不仅接触到大自然的产物，还仔细观察了当地人的风俗和语言。1802年11月25日，他从利马写信给他的兄弟威廉（威廉是一位有成就的语言学家，曾要求亚历山大告诉他美洲所说的语言），信中写道（Humboldt，1980）：“我还花很多精力学习美洲语言，我已经看到孔达米纳关于他们语言贫乏的说法是多么错误。例如，加勒比语丰富、美丽、充满活力且文雅。不乏抽象概念的表达，有关于后世、永恒、存在等等说法，数字符号足以指出所有可能的数字组合。我首先致力于研究印加语：印加语在社会上很普遍，它包含

① 指大气中各种成分对电磁波的吸收作用。——译者注

丰富多样的变化形式，年轻人为了对女性说甜言蜜语，在耗尽西班牙语资源后开始用印加语说。”他补充说：“这两种语言，以及其他一些同样丰富的语言，足以证明美洲曾经拥有比西班牙人在 1492 年发现的文明更伟大的文明。”

更为具体的内容可参见他的著作《新大陆赤道地区之旅》（*Viaje a las Regiones Equinocciales del Nuevo Continente*）（Humboldt，1991：t.2，179-180）：[67]

“当有人说丹麦人学习德语，西班牙人学习意大利语或拉丁语比学习其他语言更为容易的时候，当然可以判断这种便利源于所有日耳曼语言共有的大量词根的同一性，欧洲拉丁语系也是如此；但人们忘记了除了声音的这种相似性之外，还有另一种相似性在同源的民族中更具影响力。语言不是任意约定的结果：变形机制、语法形式、倒装的可能性，都来自我们的内部，来自我们的个体的组织。

现在，在美洲，最现代的研究结果对于我们人类的历史来说具有无限的意义。在美洲，从爱斯基摩人的国家到奥里诺科河两岸，从炎热的河岸到麦哲伦海峡的冰层，一些原始的语言有着完全不同的根源，却有着相同的面貌。不仅在印加语、艾马拉语、瓜拉尼语、墨西哥语和科拉语等完善的语言中，而且在完全原始的语言中，都能在重要的语法结构上找出相似性。这些语言在源头上比不上斯拉夫语和巴斯克语来源之间的相似性，具有在梵语、波斯语、希腊语和日耳曼语中发现的内在机制的相似性。在新大陆的几乎所有地方，动词都有多种形式和时态变化，是一种用来表达过去事情的人为改动，可能通过形成动词词尾的人称代词的屈折变化，也可能通过添加后缀，搭配的性质和关系来实现。主语是用于区分搭配关系是有生命的还是无生命的，阳性还是阴性，单数还是复数。由于这种结构的普遍相似性，也因为某些美洲语言在发音上相同（例如墨西哥语和克丘亚语），在语言组织上具有相似性，并且与欧洲拉丁语地区的语言完全不同，考察团里的印第安人更容易熟悉美洲语言，而不是宗主国的语言。我在奥里诺科河的丛林中看到，最粗鲁的印第安人会说两三种语言。不同国家的野蛮人经常用不是他们国家的语言来交流他们的想法。”

洪堡在美洲开展的无数活动中，最后我会提到他结识并十分欣赏穆蒂斯，并前去圣菲拜访他。当时穆蒂斯得知男爵有意与他会面，1801 年 4 月 20 日写给他的一封信，足以证明这一点（Hernández de Alba，1968b：141-142）：

亲爱的先生：

我非常钦佩您打算途经圣菲并继续基多之旅的决定，并且唯一目的是观察《波哥大植物志》中提到的植物。对于您慷慨的友谊，作为该书作者的我是无比受宠若惊的，您在王国首都居住的日子将是我此生最愉快的时刻。

在圣菲，您会很受欢迎；而在您逗留的日子里，这座都城都会因为被一位如此著名的学者访问而感到荣幸，因为在其他时候无法有幸见到杰出的学者。基多在繁荣的时期更幸运，因为在这么多充满智慧的书籍中被引用，现在，在某种程度上由于其不幸的灾难，再次引起另一位学者的注意，以调查我们地球上一些地方发生的并将延续数个世纪的可怕革命。

祝您旅途愉快，请代我向您的好朋友兼同事 M. 邦普朗表达我最诚挚的敬意！

洪堡（1980：73）在 1801 年 9 月 21 日的一封信中对他的兄弟威廉说，他有兴趣见一见穆蒂斯：

“我渴望结识伟大的植物学家何塞·塞莱斯蒂诺·穆蒂斯先生——他是林奈的朋友，现在住在圣菲波哥大。我想要将我们的植物标本与他的植物标本进行对比，以及登上从利马（北侧）延伸至达连湾阿特拉托河口的安第斯山脉科迪勒拉山，以便根据我个人的观察绘制一张从亚马孙河到地图，这些愿望促使我选择陆路，从基多到圣菲和波帕扬；选择从海路前往波托贝洛港[①]（Porto Bello），巴拿马和瓜亚基尔。”

当旅行接近尾声，尽管他还需要一年的时间才能回到欧洲，1803 年 3 月 28 日，他从阿卡普尔科向总督何塞·德伊图里加赖（José de Iturigaray）发送了一份关于他在美洲活动和经历的详细综述（Humboldt，1980）：

“为物理知识的进步做出贡献并近距离研究偏远国家的习俗和生产活动的渴望促使我自费前往新大陆内部进行探险。我有幸于 1799 年在阿兰胡埃斯觐见天主教国王陛下，他对我的旅行特别感兴趣，在我的护照和推荐信上盖章批准了我的

① 巴拿马城镇，西班牙殖民时期为重要港口。——译者注

旅行，我将有幸在几天后亲自呈给阁下。在伟大而尊贵的索韦拉（Sobera）的支持下，我和我的朋友兼同事艾梅·邦普朗先生虽然并没有走遍帕里亚海岸、库马纳省、新巴塞罗那省、加拉加斯省和巴里纳斯省，但是我们已经使用经线仪从北海岸深入奥里诺科河、卡西基亚雷河和内格罗河，到达奥里诺科河的未知源头和大帕拉地区的边界。在博物学家还没有踏足的原始国家，如此微妙的探险，为我们提供了丰富的自然物产，还有在天文、地质和植物方面的观察成果，我们希望有一天文章发表之后能够呈给阁下。我们从哈瓦那出发，途经卡塔赫纳、马格达莱纳河和圣菲，从那里穿过整个新格拉纳达王国，经过波帕扬和帕斯托，到达基多省——那里有世界上最大的火山——驻留了五六个月；之后南下经过洛哈和哈恩－德布拉卡莫罗斯森林到达亚马孙河，再次穿越安第斯山脉科迪勒拉山，到达秘鲁首都利马，逗留了几个月；然后启程前往瓜亚基尔和阿卡普尔科，并于3月22日抵达那里。我们希望几天后离开这里前往墨西哥城。如此长时间工作导致的疲劳和仪器状态，只能允许我在这个伟大而美丽的新西班牙王国停留了几个月，就不得不匆匆返回欧洲。令人欣慰的是，这些肥沃的地区所包含的壮观景象已经被欧洲著名的杰出人才研究过。”

洪堡接近五年的美洲之行的出版成果就是之前提到过的30册著作《1799年、1800年、1801年、1802年、1804年洪堡和邦普朗在新大陆赤道地区之旅》（*Voyages aux régions équinoxiales du Nouveau Continent fait en 1799, 1800, 1801, 1802, et 1804, par Al. De Humboldt et A. Bonpland.*）。该系列的扩展版花费了作者更多的时间和金钱（约780000法郎），其中包括的经典作品有:《关于新西班牙王国的政治论文》（*Essai politique sur le royaume de la Nouvelle-Espagne*，2册，1808—1811），《新大陆赤道地区之旅历史叙述》（*Relation historique du voyage aux régions équinoxiales du Nouveau Continent*，3vols.，1814—1817，1819—1821，1835—1831），以及《关于古巴岛的政治论文》（*Essai politique sur l'île de Cuba*），《关于古巴岛的政治论文》在1825年和1826年以三个不同的版本出现。

在此我并不打算探讨拉丁美洲独立运动的起源和发展，但有一点值得一提，那就是独立主义者中有一些杰出的科学人物。“在那里（西班牙殖民地）工作的许多科学家，”何塞·路易斯·佩塞特（José Luis Peset）（1987：14）写道，“特别是土生白人，加入了起义者的行列，用他们的鲜血、他们的思想和他们的著作来奠定新国家的基础。”我们已经看到，其中之一就是钒的发现者安德烈斯·曼努埃尔·德尔里奥，但更值得注意的是，其中很大一部分是塞莱斯蒂诺·穆蒂斯的徒弟或合作者。这些人中包括辛福罗索·穆蒂斯、弗朗西斯科·安东尼奥·塞亚、弗朗西斯科·何塞·德卡尔达斯、何塞·华金·卡马乔、何塞·玛丽亚·卡沃内利、豪尔赫·塔德奥·洛萨诺、弗朗西斯科·哈维尔·马蒂斯、何塞·梅希亚（José Mejía）、米格尔·德庞博（Miguel de Pombo）、萨尔瓦多·里索（Salvador Rizo）和恩里克·乌马尼亚（Enrique Umaña），都是新格拉纳达植物探险队的参与者。由于参与独立运动，卡尔达斯、卡马乔、卡沃内利、洛萨诺和庞博被处决。[68]

辛福罗索·穆蒂斯、弗朗西斯科·安东尼奥·塞亚和何塞·德卡尔达斯的情况更值得关注，这也是由于他们对科学作出的重要贡献。1794 年 8 月，当所谓的“无头告示骚乱”发生时，辛福罗索与他的一些来自罗萨里奥学院的同事一起加入了这场起义，这导致他于 1795 年被驱逐到西班牙，1796—1799 年他被关押在加的斯，有一段时间与塞亚和军人安东尼奥·纳里尼奥（Antonio Nariño）在一起，后来他在政治上始终追随纳里尼奥。他被释放后，就搬到马德里，经常光顾植物园并接受植物学教导。1802 年，他回到美洲，回到圣菲，在叔叔的建议下，他花了几年时间处理与植物有关的事务，尤其是金鸡纳树皮，并参与了一项在古巴的任务。尽管他在 1810 年重新开始政治活动，并全身心投入其中，但在 1812 年他重新领导新格拉纳达植物探险队，前面提到他在 1808 年叔叔去世后被任命为队长。当时探险活动由于西班牙的政治事件，已经停滞了一段时间。担当队长期间，当存放各种材料的地方（圣菲植物馆）被玻利瓦尔的军队攻入时，他阻止了这些材料丢失或被掠夺。最终，探险于 1816 年结束，这一年他再次被捕，被控“煽动叛乱”。正如我之前指出的，他每天都被带出监狱，筹备将探险队的物资运往西班牙。1817 年，他被赦免，并于 1820 年被驱逐出卡塔赫纳，但次年他返回参加库库塔大会，该大会组织建立了后来的哥伦比亚共和国。1822 年，辛福罗索·穆蒂斯被任命为马格达莱纳省财会部长，但他并没有担任多长时间，因为他在同年去世。

弗朗西斯科·安东尼奥·塞亚的情况也很值得研究。[69]他出生于殖民地贵族家庭，接受了优良的教育：在攻读法学期间，他在穆蒂斯本人那里学习植物学课程，正是由于他的用功，穆蒂斯才将他收入新格拉纳达的探险队中。塞亚一边研究，一边开展之前那样具有强烈政治色彩的活动，这使他与钦佩法国百科全书派并渴望一种新的殖民管理形式的圈子联系起来。结果，他于1795年被捕并被遣送到加的斯接受西印度委员会的审判。他在加的斯的监狱里度过了一年，并于1797年在市医院学习植物学课程。从那时起他也开始与卡瓦尼列斯通信，1799年，最终被宣布无罪。获释后他搬到了马德里，在那里他取得了卡瓦尼列斯的信任。1800年在卡瓦尼列斯的帮助下，国务秘书办公室将他派往巴黎学习自然科学。在那里，他与安托万-洛朗·德朱西厄和让-巴蒂斯特·德拉马克（Jean-Baptiste de Lamarck）等著名博物学家关系密切。1803年，他回到马德里，被任命为植物园的二级植物学教授，并担任《马德里公报》和《信使报》等官方报纸的编辑。次年，卡瓦尼列斯去世，塞亚被任命为植物园园长，这加剧了他与渴望担任该职位的卡西米罗·戈麦斯·奥尔特加之间由来已久的敌意。然而，这个职务他不想担任太久，最终于1807年辞职。拿破仑入侵时，他与亲法分子结盟，并担任了一些公职，如内政部二司司长（1810年）和马拉加省长（1812年）。正是在那时，他的独立思想得以展现：他代表危地马拉担任巴约纳议会的议员。但是，法国人战败后，他被宣布为“费尔南多七世事业的叛徒”并被判处死刑。他设法逃到巴黎，又从巴黎逃到伦敦，1815年搬到美洲，并与西蒙·玻利瓦尔合作，开始了一系列活动，就任了一些职位，其中包括1819年安哥斯图拉议会主席，他利用这一机会起草了之后作为哥伦比亚共和国基本法的《宪法》，并被选为哥伦比亚共和国副总统。

关于何塞·德卡尔达斯（1768—1816），我要说不论是在政治领域，还是在科学领域，他无疑是穆蒂斯所有追随者中最富有激情的。卡尔达斯没有接受过科学教育，自学成才，怀揣着一无所有但向往天堂的热情。穆蒂斯对卡尔达斯来说就像是梦中从天堂下凡的天使。在这一点上，我将引用卡尔达斯1801年8月5日自波帕扬写给穆蒂斯的第一封信的开头（Caldas，2016：113）：

> 我亲爱的先生：我收到了您的第一封信，但这怎么能说是一封信？里面是两个不错的气压计管和林奈的著作。这种写信方式是独特而新颖的：是一种最野蛮的国家都能理解的语言，只有慷慨的灵魂才能使用。我承认我简直受宠若惊。像您这样功勋卓著且具备我向朋友津津乐道的优点的人，能想到给我写信，还说遗憾没能认识我，在我不知道的情况下就开始维护我，还送给我书籍和仪器，我简直太惊讶了。

1816 年 10 月 29 日，何塞·德卡尔达斯因参与哥伦比亚独立斗争而在圣菲波哥大被枪决。两天前，他曾向殖民地总督帕斯夸尔·恩里莱（Pascual Enrile）请求宽大处理。他在信中说（Caldas，2016：378）：

> 先生，我确实让这场波及甚广灾难般的革命洪流席卷，我在其中犯了一些错误，但我的行为确实也是最温和的：我没有迫害任何西班牙人；我没有对他们造成任何伤害；我既不是国家政府也不是省政府的官员；我没有拿起武器，也没有出去与国王的军队作战；我没有焚烧、谋杀、偷窃或犯下任何被称为公开报复的罪行。我一向热爱和平，崇尚科学，辛勤耕耘，我热爱工作和隐居生活，并为许多原创作品打下了基础，这些作品本可以向收集了这些资料的植物探险队致敬，如果我的自尊心没有欺骗我，我相信，如果政治动荡没有打乱我的平静生活，这些作品本应在欧洲引起广泛的关注。
>
> 先生，我一生都致力于既可应用于地理和航海，也可应用于物理学和博物学的天文学。当我看到何塞·塞莱斯蒂诺·穆蒂斯先生和洪堡男爵对我的工作表示赞赏，开始给予我保护和恩惠时，我开始说服自己（相信）我在这个困难重重的职业生涯中取得了成功。

他继续回顾自己的成就，回顾他为西班牙语美洲所做的一切。在那些艰难时期，卡尔达斯为独立运动提供了卓有成效的帮助。一个很好的例子，也有助于理解那些拿起武器反对“殖民者”的人的感受，就是安蒂奥基亚省政府秘书弗朗西斯科·安东尼奥·德乌略亚（在1816年与卡尔达斯同时被枪决）的一封信。这封信是他回复总工程师的卡尔达斯（肯定是在没有热情的情况下接受了职务），于1815年3月6日寄出的“共和国总工程师办公室公文，向（安蒂奥基亚省）政府汇报火药厂已经完工并投产”（Caldas，2016：367），信中是这样说的：

> 尊敬的秘书、公民弗朗西斯科·安东尼奥·德乌略亚：
>
> 杰出的独裁者科拉尔去世前构想的火药厂建成，国家获得了新的力量来支持独立，以抵抗欧洲暴君再次奴役它的企图；并且这项事业的执行要归功于总工程师弗朗西斯科·卡尔达斯上校的才能和毅力，我仅以祖国的名义向这位可敬的军官表达最深切的感谢，他值得获得认可和不朽的赞赏。

在他被枪决的那一天的三年多以前，卡尔达斯（2016：359）写给贝内迪克托·多明格斯（Benedicto Domínguez）和弗朗西斯科·乌尔基瑙纳（Francisco Urquinaona）的信中的话，其深义应该用火，而不是像在那种情况下用血，铭刻在西班牙语民族的记忆中：

> 你是否致力于为后人服务并全心投入卡西尼、开普勒、哥白尼和牛顿的科学，继续我已经开始的工作，并通过不懈努力维护该机构（波哥大天文台）的荣誉，比那些军队，那些羽毛帽，那些旗帜，那些愚蠢的、笨拙的、虚荣的和幼稚的盾牌，为国家的荣耀做出了更多贡献。是的，让我们期望所有的工作，不只是为了塑造心灵，而是为了发展那些可以提升、升华、拓展和完善我们精神的科学，让我们对造物主存有一种崇高、宏伟、无限的认识。

对身后名进行追悼、纪念或忏悔的价值是相对的。我们无法挽回过去，也无法在必要时撤销已经发生的事情，但仍然值得去做。也许通过这样的致敬，后来者会在这些人身上找到可以追随的榜样，或应被唾弃的对象。1924 年 10 月 12 日，《马德里公报》发布了一项敕令，宣布在西班牙国家图书馆大厅放置一块卡尔达斯纪念碑。阿方索十三世于 1925 年为这块纪念碑揭幕。这块纪念碑就在图书馆大厅中央的马塞利诺・梅内德斯・佩拉约雕像旁边，他曾声称西班牙欠卡尔达斯一座赎罪纪念碑。大多数人（我们）路过时都没有意识到它的存在，但它的意义是深远的。碑文上说："来自祖国的永恒忏悔，以纪念不朽的格拉纳达人弗朗西斯科・何塞・德卡尔达斯。"

因此，不可避免地出现了一个问题：如果刚才提到的几乎所有人都是或曾经是穆蒂斯的徒弟或合作者，那么穆蒂斯这样一个总是尊重总督甚至西班牙国王的人，是否分享了他的独立理想？我的回答是，我不这么认为。但是，他对一种活动、机构和个人都致力于科学的内核的建立，做出了重要的贡献，播下了种子，萌生了民族意识，即西蒙・玻利瓦尔梦想的大哥伦比亚，但最终分裂成多个国家。如果科学——科学研究，与思考、分析情况和可能性密不可分，那么美洲最优秀的科学家们（包括那些虽然不是出生在新大陆，却把那里当作祖国的人，比如德尔里奥）很难不产生这样的想法或感觉，那就是对西班牙来说，美洲首先是用于榨取财富的殖民地，尽管正如我们所看到的，1812 年的《宪法》[1] 宣布"西班牙民族是来自两个半球的所有西班牙人的集合"。但这些话主要是修辞手法，写在纸上的标志，与美洲实际缺乏联系。

如果想更深入地了解穆蒂斯在这个领域的想法，我所知道的关于这方面最好的描述，就不得不提何塞・路易斯・佩塞特（José Luis Peset）（1987：341-342）专门针对科学家和美洲独立这一主题写的书：《科学与自由。科学家在美洲独立中的作用》（*Ciencia y libertad. El papel del científico ante la independencia americana*）：

何塞・塞莱斯蒂诺・穆蒂斯想摆脱宗主国的压力，将西班牙与其殖民地、新格拉纳达与其他文明国家同等对待，并将首都置于各省之上。用他

① 指 1812 年由加的斯临时议会制定颁布的宪法，也称《加的斯宪法》，是西班牙历史上第一部宪法。——译者注

的话来说，这是一种同质化的复杂尝试，也是一种与马德里拉开距离并控制其他城市的尝试。这需要贸易自由化和提高生产，但也需要扶持工业，以及扶持医疗和冶金等高等学校。相反，总督圈更倾向于为了商人和政府的利益开放一个市场，致力于用原材料换成品，通过建立手工基地来满足这一点。新旧帝国正在变得相互依赖。西班牙宗主国加强了对金属和植物的攫取，砍伐森林和对某些作物进行改良，以及加快道路建设和运河开挖。如果项目中产量减少了，却不考虑完善科学、技术和工艺，那么这位智者旅行家有必要再次考虑新的解决方案。但无论是新的或旧的方案，也都已经按此执行了几十年。

在这一章最后，我想添加一个我认为并非微不足道的细节，主角就是之前已经出现过的、杰出的加拉加斯人安德烈斯·贝略。他曾经是西蒙·玻利瓦尔的老师，参与了委内瑞拉独立的进程，担任过智利财政部高级官员，还是智利大学的创始人和校长，他获得了智利公民身份，他的记忆也深深地扎根在了卡斯蒂利亚语言的历史中，他是《供美洲人使用的卡斯蒂利亚语语法》（*Gramática de la lengua castellana destinada al uso de los americanos*，1847）一书的作者。在这部著作中，有一段比黄金更有价值的话语，因为它帮助卡斯蒂利亚语在独立后的拉丁美洲继续存在，同时也成了社会、政治紧密相连的两个世界之间不朽的纽带（Bello，1847：x–xi）：

我没有为卡斯蒂利亚人写作的打算。我的课程是针对我的兄弟们，即西班牙美洲的居民。我认为重要的是将我们父辈的语言尽可能纯洁地保存下来，作为一种天赐的交流方式，和连接遍布两个大陆各个国家的西班牙裔兄弟情谊的纽带。

但我尤其想提及的是，文法学家、语言学家、作家、政治家、外交家和教育家贝略，非常重视科学，他作为“文人”在这个领域中拥有非同一般的学识。在1825年1月6日从伦敦寄给哥伦比亚外交部长佩德罗·瓜尔（Pedro Gual）的一封信中，

希望返回拉丁美洲的贝略提到了他的科学学识（引自 Jaksić，2010：108）：[70]

> 但是，正如我所说，我会接受政府为我指派的任何职位，只要供我生计即可（我）在来（英国）之前就已经熟悉（欧洲）主要语言。在这 14 年中，我为使团秘书处工作了 6 年。如您所知，我从小就学习人文学科；我可以说我也掌握纯数学知识；虽然由于缺乏条件，无法使用工具，但我已经研究了绘制平面图和地图所需的一切。我也掌握其他科学领域的常识。

从 1848 年他在智利圣地亚哥出版的一本雄心勃勃的书中，可以看出他对科学的欣赏。他将其命名为《宇宙学或对宇宙最新发现的描述》(*Cosmografía o descripción del Universo conforme á los últimos descubrimientos*)，并用以下话语作为他这本书“前言”的结尾（Bello，1957：4）：

> 我斗胆希望这项工作对所有年龄和性别、希望对科学部门所能够创造的美妙奇迹拥有一般概念的人，都有一定的用处。如果这对我们学校的年轻人来说不是太过初级的宇宙学课程的话，我会很高兴；这对没有专门研究天文学的老师会有用；而且我也相信，它的大部分章节都会让学生看到，这本书在他们日常学习的内容基础上，还会有所延伸。

第5章

19世纪：科学、政治和意识形态

我相信咖啡馆，相信对话，相信人类的尊严，相信自由。我感怀过去，但无边无际的焦虑，却是为人类，量身定制。

埃内斯托·萨瓦托（Ernesto Sábato）

《抵抗》（*La resistencia*，2000）

如果说18世纪意味着牛顿科学的巩固，得益于像欧拉这样的科学家的数学才能取得的形式化的进步及其在天体力学等高要求领域的应用，同时也不要忘了其在社会和文化（几乎可以说是意识形态）方面所代表的意义；那么19世纪则出现了极为重大的科学发展。一方面，在英国、法国、德国等国家，包括19世纪末的美国，产生了科学的制度化，也就是科学作为一种专业化活动的最终成形，有机化学和电磁物理学等分支显示出其对国家的重要意义。确实可以找到1800年之前反映制度建设的实例。例如，启蒙运动时期的法国对科学和技术教育十分关注，建立了诸如路桥学校（1715）、矿业学校（1783）、理工学校（1794）等学校。另一方面，我们也会注意到，在整个19世纪，科学的社会相关性在其适用性方面获得了一定的高度和广度，对社会经济生活的参与也达到了前所未有的程度。

19 世纪的科学制度化是法拉第、菲尔绍、亥姆霍兹、克劳修斯、基尔霍夫、本生、冯·李比希、贝采利乌斯、凯库勒、门捷列夫、范特霍夫、巴斯德、麦克斯韦、开尔文、赫兹、伽罗瓦、黎曼、孟德尔、拉蒙－卡哈尔、科赫、莱尔、达尔文等科学家进行科学研究而取得的成果，还有诸如威廉·伦琴，随着 X 射线的发现，在 19 世纪结束时，将为放射性的发现打开大门。没有他们，就不会有这种制度化（没有思想，没有科学家，也就没有科学）。但是，如果没有一系列社会经济和政治条件，例如 1871 年俾斯麦领导的德意志第二帝国所带来的对科学的需求和可能性，以及美国的工业能力或英国的贸易和财富，也很难实现制度化。

在提及西班牙时，须探究此类问题：科学活动背后的组织结构以及社会政治和经济支撑是什么。同样，我们必须扪心自问，关于我所提到的那些科学家们的贡献，我们都知道些什么？这些贡献是如何被接纳的？我们的大学状况如何？大学里面教了些什么，谁教的？还有哪些其他科学机构——科学院、天文台、学会、期刊，以及它们所处的状况如何。我将在本章和后面的章节中讨论其中的一些问题，但首先我将分析刚才提到的这种“社会政治”支撑是什么。

危机中的国家对科学技术的影响

不论 18 世纪末西班牙科学状况有多大问题，与 19 世纪相比，局面已经有所改善，充满对更美好未来的希冀。但科学研究和技术发展不仅需要觉醒的智慧、创造的雄心和物质基础设施，还需要政治稳定，而这一点在 19 世纪的西班牙可谓是稀罕物，因为当时西班牙战争和革命不断，政治制度（君主制、共和制、复辟）更迭频繁。因此，实际上 18 世纪初开始的独立战争（1808—1814），意味着 18 世纪启蒙运动所带来的科学革新的努力戛然而止。“更确切地说，当更科学的一代开始形成时，”马塞利诺·梅嫩德斯·佩拉约（Marcelino Menéndez Pelayo，1894：176；Fernández Vallín，1893；1989：xlvi）这样评价，“法国的野蛮入侵将这一切都扼杀在萌芽阶段，使我们几乎失去了半个世纪以来辛勤耕耘所获得的一切。”从这个意义上说，在马德里，土木工程学院以及皇家天文台的建立意义重大，前者建于 1802

年，主要推动者是阿古斯丁·德贝当古（Agustín de Betancourt，1758—1824），1808年由于在马德里发生了反抗拿破仑军队的起义而关闭，直到1821年才重新开放。[1]皇家机械陈列馆（被学院收归旗下）里用于实践课的藏品，被从布恩雷蒂罗宫（成为法国军队的兵营）转移到圣费尔南多皇家艺术学院的展厅保存，直到1808年7月拜伦战役西班牙获胜，马德里解放。[2]藏品回到布恩雷蒂罗宫后，1808年12月在拿破仑军队围攻期间，宫殿遭到袭击，藏品遭受损失，被迫再次转移到布埃纳维斯塔宫，一直保存在地下室直到1813年5月28日首都彻底解放。然而，之后藏品并没有回归土木工程学院，而是来到了马德里皇家爱国者经济学会在图尔科街（今天的库巴斯侯爵大街）的房产内。1816年进行的清点显示，在战争年代藏品遭受严重损失。1824年，藏品转移到了新建的皇家工艺学院，这座建筑也位于图尔科街上，里面有皇家水晶品库，几年后藏品被瓜分并最终消失了。[3]

此外，1821年土木工程学院重新开放后，也没有维持太久，1823年再次关闭（这次是由于专制主义者的反对），这种状况一直持续到1843年，当学院终于得以重新开放后，我们发现，这一宏伟的启蒙运动遗产迟迟没有为西班牙的科学技术发展做出贡献。

天文台

我们在第3章中已经看到，马德里天文台是新波旁王朝重视科学的结果。但由于1808年拿破仑的入侵，计划中的天文台还未完工，就被法国人改造成兵营。在入侵者发现的仪器中，有一台委托威廉·赫舍尔（William Herschel）建造的大型望远镜。威廉·赫舍尔是当时望远镜造得最好的人，也是杰出的天文学家。赫舍尔为该天文台制造了一台7.6米长的望远镜，其装有直径为61厘米的镜片。[4]包装完成后，这台仪器于1802年1月7日装船离开英国，4月17日抵达马德里。8月18日该望远镜已经可以用于观测。一切似乎都预示着马德里的天文学以及西班牙的天文学将会走向繁荣，参与到西班牙亟须的科学复兴中。然而，法国入侵的“历史环境”阻止了这个进程。占领天文台后，法国军人拆开望远镜，用它支架上的木头点燃篝火，以便冬天可以围着它取暖；档案馆和图书馆也被洗劫一空。公共教育总局局长安东尼奥·希尔·德萨拉特（Antonio Gil de Zárate，1793—1861）提出了一项研究计划，包括将天文台并入马德里大学，他本人在该天文台担任国王专员直到去世，用他的话来说：[5]“随之而来的政治环境不仅使半个世纪以来的努力和花费付诸东流，而且由于天文台所在地（圣布拉斯山）的地势有助于架设炮台，法国人占领了它，摧毁拆解了各种装置，只保留了大望远镜的镜片和其他一些价值不大的镜片。法国的侵略结束后，这座建筑被彻底废弃，后来官方也没有打算修复敌人所造成的诸多破坏，导致一天比一天破败。”

这场不幸的灾难对马德里天文台本应取得的天文学发展来说是毁灭性的。用希尔·德萨拉特（1885：t. Ⅲ，370-371）的话说：

> 政府两次试图为这个机构做点什么，任命了台长：第一次是 1819 年，任命何塞·罗德里格斯（José Rodríguez）担任台长，他与何塞·查伊克斯（José Chaix）一道帮助博伊特（Biot）和阿拉戈（Arago）测量地中海沿岸的子午线弧长；第二次是 1834 年，任命加利西亚地图的作者多明戈·丰坦（Domingo Fontán）担任台长。但是，由于也没有其他任何措施来配合这些努力，共同完成这项既困难又昂贵的工作，这两个学者无能为力，天文台仍然处于悲惨境地，除了工程师赫罗尼莫·德尔坎波（Gerónimo del Campo）所做的一系列气象观测外，没有发挥任何作用。
>
> 1840 年，皮达尔（Pidal）大臣为了结束政府任由如此美丽的建筑荒弃的尴尬，向我表达了希望修复和重建的愿望，甚至如果可能的话，重新为该机构配备所需的所有仪器和天文学家。相关命令下达后，在建筑师科洛梅尔（Colomer）的带领下，天文台的整修工作按照比利亚努埃瓦大楼的规划完成了，修复了法国人和时间流逝造成的损坏。
>
> 但这还不够：要实现这个想法，不仅需要天文学家和仪器，还需要新的场馆，以及可以开展实验的场地。

问题是“西班牙没有人可以领导这种机构，除非向海军陆战队求助，因为他们是唯一研究这门科学的部门。所以他们试图从那里找到一位领导，但没有人想放弃海军的职业生涯。因此不得不勉强培养天文学家，把对人才的期望交给时间”。

“解决方案”（考虑到所取得的结果，这样一个术语是恰当的）是派两名年轻人，安东尼奥·阿吉拉尔－贝拉（Antonio Aguilar y Vela，1820—1882）和爱德华多·诺韦利亚－孔德雷拉斯（Eduardo Novella y Contreras，1819—1865）接受天文学培训，首先在圣费尔南多天文台。后来在一些欧洲城市（都灵、米兰、帕多瓦、维也纳、慕尼黑、日内瓦、巴黎和布鲁塞尔）的天文台。[6] 四年后，他们作为天文学家加入了马德里天文台。阿吉拉尔自 1847 年起担任圣地亚哥－德孔波斯特拉大学的高等数学教授，并担任系主任长达三十多年。而诺韦利亚成为天文学家。[7] 最新的情况是 1851 年 9 月 24 日伊莎贝尔二世发布敕令，宣布正式重建天文台。9 月 30 日发布在《马德里公报》上的这份敕令指出：“在首都建立一个天文台一直是陛下最渴望达成的目标之一，因为在科学界拥有如此有用的科学机构是极其重要的，并且考虑到马德里的地理位置和天空之美——晴空万里，几乎可以不间断地进行观测。”然后，在回顾了这座建筑中开展的工作，以及选派了“两位精确科学领域最出类拔萃的年轻教授”前往圣费尔南多天文台学习，并参观了“意大利、法国、比利时、英国和德国的主要天文台”之后，敕令又提到：

> 因此，现在是时候实现一项有助于恢复我国荣光的想法了。
>
> 为此，（天佑吾主）女王躬亲制定了以下规定：
>
> 第一条，开展马德里天文台的建设。为此，陛下任命安东尼奥·阿吉拉尔先生和爱德华多·诺韦利亚先生为天文学家，由前者担任台长一职，并由台长聘任必要的助理和雇员。
>
> 第二条，该天文台也将是气象台，由马德里大学一位物理学教授负责主持这项工作，同样也将由其本人聘用必不可少的助手。
>
> 第三条，对于已购置和已订购仪器的装配，将在建筑物中进行必要的施工装修，为必须住在天文台的天文学家及其家属提供房间。

第四条，任命的天文学家，除了完成观测所需的工作外，每年还将按照政府规定的形式，在大学教授天文学课程。

第五条，天文台台长可向部里了解我国在天文台建设有关各方面的要求；在教学方面，两位天文学教授将加入中央大学哲学系教务委员会，并向校长汇报。

公共教育总局局长签署了敕令。

为履行敕令中的要求，对“比利亚努埃瓦大楼”进行重建，1846 年大楼竣工；获得了更多土地，用于修建其他设施；购买了仪器，在接下来的几年中进行了对行星、彗星和日食（1860 年和 1870 年）的观测。[8] 那么，关于第二条，天文工作与气象工作具有同等重要性，希尔·德萨拉特（1885：t. Ⅲ，373-374）这样解释：

天文台也是气象台。为此，所有必要的设备都从伦敦运来。主楼的第二个厅用于磁偏角观测：倾角仪位于建在腾出的土地上的小木屋中，和主楼有一段距离。观测亭的穹顶装有风速计和静电计，它们的指数通过巧妙的机制在内部传输。各种风速计、温度计和雨量计分布在天文台各个适宜的位置，观测全部由中央大学的物理学教授负责［先是胡安·埃切瓦里（Juan Echevarri），他监督了仪器的采购和设施的安装，然后是曼努埃尔·里科 - 西诺瓦斯（Manuel Rico y Sinobas）］。

1865 年，天文台正式更名为“天文气象台”（下文依然简称为“天文台”）。

马德里天文台的气象学

天文台的气象功能被认为是非常实用的，因此仅在马德里建天文台是不够的，还必须将其扩展到整个伊比利亚半岛进行协同观测，并建立一种类似国家服务的系统机构。在这里我们再次把目光转向希尔·德萨拉特（1885：t. Ⅲ，374-375），他作为国王专员在该机构的决策中发挥了重要作用，他一直担任该职务直到去世：

> 气象观测的巨大效用让我相信，仅仅在马德里建立天文台是不够的，有必要将它们扩展到整个半岛，用一种通用系统将它们联系起来，随着时间的推移，就能够为我们的农业提供宝贵的指数和极为重要的数据。为此，我委托胡安·埃切瓦里教授撰写了一份关于此项目的报告，他与曼努埃尔·里科·西诺瓦斯合作提交了一份明晰的书面文件，遗憾的是该报告尚未公开。在他的见证下，决定在所有省级大学和以下中等教育机构建立气象观测站：阿尔瓦塞特、阿利坎特、巴达霍斯、毕尔巴鄂、雷阿尔城、赫罗纳、哈恩、马拉加、马略卡、桑坦德、索里亚、塔拉戈纳、贝尔加拉和加那利群岛，观测方式必须与马德里相同，因此相应的仪器是从伦敦订购的。事实上，订单发出后不久，这一想法的合理性得到了证实，英国政府有消息称已将同样的观测系统覆盖整个欧洲，邀请我们加入这项伟大的科学事业。

实际上，西班牙按照与英国人将要使用的仪器相适应的标准订购了所需仪器。这些仪器运抵马德里后被分发到相应省份。“制造和运输这些仪器所需的时间，”希尔·德萨拉特继续解释道，“使得该重要项目最终计划的实施不得不推迟并超过了预期时间，但命令要求从 1855 年 1 月 1 日开始观测，并将观测结果发送到马德里天文台，每年由他们负责收集并连同自己的观测结果一起发布。当然，虽然不能在每个季节都进行检验，第一年会有很多不准确和随之而来的缺陷，但相信一段时间后，一切都会达到完美；并且该系统将达到所需的总体和完美的运行状态，并将取得预期的结果，从而促进气象科学——这门迄今为止物理科学中最落后的、尚处于蒙昧状态的学科的进步。”

在这一点上，我们不要忘了，17 世纪末和 18 世纪上半叶，下列仪器的发明使气象学的产生成为可能：包括温度计、气压计和湿度计，以及测定风速和雨量的仪器。[9] 这门新科学的先驱之一是勒内·笛卡尔，他将构成他著作《方法论》（*Discurso del método*，1637）的其中一章献给了气象。1657 年，托斯卡纳大公、斐迪南二世·德美第奇（Ferdinand Ⅱ de Medicis）与他的兄弟莱奥波尔多（Leopoldo）王子（枢机主教），以及罗伯特·胡克（Robert Hooke）一起成立西芒托学院。斐迪南二世给居住在不同欧洲城市——巴黎、华沙和因斯布鲁克的十个人（主要是耶稣会士）送去了进行气象测量的仪器和指令。而时任英国皇家学会秘书的胡克为学会编写了《编制天气史的方法》(*Method for making a History of the Weather*）一书，并将此书与温度计一起分发给一些英国观测员。[10]

将目光转回西班牙，我们注意到自马德里天文台成立以来，对气象的关注就被纳入其职责之中。这些观测是在希门尼斯·科罗纳多（Jiménez Coronado）教士的指导下，由最近成立的天文学院负责气象学的教师进行的。其中，第一位教师是何塞·加里加（José Garriga），他是 1794 政府出版的《气象学教程》(*Curso de Meteorología*）的作者。[11] 但是，不应将这些研究的起源归功于西班牙政府。正如艾托尔·安杜亚加·埃加尼亚（Aitor Anduaga Egaña，2012）所说，气象观测是由爱国者经济学会推动的，其中第一个是皇家巴斯克爱国者学会。出现这种情况不足为奇，因为天气预报是气象学的最终目标，对农业极为重要，因此这些协会对此尤为关注。[12] 出于同样显而易见的原因，海军对气象观测很感兴趣，这些观测是在加的斯和费罗尔海军学校由水手和天文教师进行的。将气象学与天文学结合在一起的原因之一是为了进行天文观测，必须确定气象条件。因此，在加的斯海军天文台（成立于 1753 年）和马德里天文台，气象学从一开始就占有一席之地。1796 年国家宇宙测量工程师协会成立时，其条例中包含了关于气象观测的规定——这项任务也落到了马德里天文台身上，要求记录风暴和其他一切大气现象，以及使用仪器进行测量以观测大气的变化和征兆。事实上，1841 年，在争论马德里天文台“无效天文活动”时，其所隶属的研究总局决定将其改成一个单纯的气象台，将其工作人员配置减少为一名教授台长［他们选择了马德里大学天文地理和气象学教授曼努埃尔·佩雷斯·贝尔杜（Manuel Pérez Verdú）］和一名助理。从那一刻起，这个天文台被官方机构废弃了几年，让位于一个新的时代，而当 1845 年研究总局被撤销后，它与植物园和博物学陈列馆一起归属了马德里大学。这个“新时代”受到了上述

1851 年 9 月 24 日的敕令的鼓舞，也正是该敕令宣布成立一个兼作气象观测台的天文台。

这种“合二为一”仍然是天文台必须坚持的模式。布拉斯·卡夫雷拉提交的博士论文间接表明了这些任务的持久性，正如我们将在另一章中看到的，他是 20 世纪至少前 20 年里最杰出的西班牙物理学家。他于 1901 年 10 月进行论文答辩，论文题为《风的日间变化》（*Variación diurna del viento*），卡夫雷拉（1902）在其中使用了马德里天文台等机构采集的数据。而且，论文评审小组五名成员中有两人就隶属于该机构：大学物理天文学教授兼天文台天文学家安东尼奥·塔拉索纳－布兰奇（Antonio Tarazona y Blanch）和气象学教授兼天文台助理弗朗西斯科·科斯－梅尔梅里亚（Francisco Cos y Mermería）。[13]

法国的入侵与西班牙的科学

从关于马德里天文台的叙述可以看出，拿破仑的入侵是西班牙的灾难，是对政治和文化的摧残，以及对启蒙运动之后科学和技术正常发展的阻碍，在很大程度上是这样。然而，必须指出的是，撇开政治上的因素不谈，法国在 1789 年革命之后，曾试图做些有利于西班牙科学和技术的事情。用何塞·拉蒙·贝托梅乌·桑切斯（José Ramón Bertomeu Sánchez）（2009：770）的话来说：

> 亲法人士按照拿破仑在法国发展出来的模式，进行了一次真正的科学家招聘，任命其在政府和公共行政部门任职。此外，他们受到法国革命和帝国时期创建的科学机构的启发，进行了许多改革项目。他们宣称要促进一门为该国农业和工业服务的科学的培育和传播。这样就可以理解他们对植物学、农学、矿物学、化学或土木工程相关机构的保护，这是在经济危机、战争和国家组织的困难中依旧维持管理的一种支持。对这种“实用知识”的推广是为了使法国皇帝入侵获得合法性，并将他打造成“艺术和科学的恩人”，始终为国家的整体利益服务。

出于类似的目的，1809年西班牙国王约瑟夫·波拿巴（约瑟夫一世，拿破仑的长兄）在马德里开设了一所工艺学院，复制了巴黎国立工艺学院。西班牙的工艺学院随即消失，但后来在1824年8月18日根据费尔南多七世的敕令重建，名称与以前相同，坐落于图尔科街（我之前提到这个时期的工艺学院）。根据敕令的序言，工艺学院创建的宗旨是“为发明人提供保障，为工人提供指导；促进和加速工业进步；教授必要的实用技术；完善生产过程；激发对实用器具发明的兴趣以改进工艺；改善工业流程，包括手工业和农用工业”。[14]

约瑟夫一世关心的另一个机构是植物园，他于1809年参观了该园，并为园区争取了更多土地。这个扩建项目，主要是基于圣哲罗姆修道院的花园及其与布恩雷蒂罗宫天文台之间的土地，是一个大型项目的一部分：建立皇家自然博物馆，将植物园、自然陈列馆以及化学和矿物学学院归为一个机构。另一个与约瑟夫一世密切相关的项目是，建立国立科学与文学学院，下设四个分院，每个分院下面又分为多个学科。其中最重要的、也是本书最感兴趣的是第一分院：科学院，由学院近41%的成员组成，分为几何、力学、天文学、地理和航海、普通物理、化学、植物学、农业和兽医学、解剖学和动物学以及医学和外科学。[15]

很明显，约瑟夫一世规划的国立学院是受到了法兰西国立科学工艺学院（法兰西学会的前身）的启发，该学院是1789年法国大革命的成果。

西班牙独立战争的悲剧之一是，在不少情况下，都要同时面对两种爱国者：“亲法派”和“民族主义者”。这种分裂，科学也未能幸免，因为约瑟夫一世寻求并获得了西班牙科学家的合作。在亲法的西班牙人中，有何塞·玛丽亚·德兰斯（José María de Lanz）和弗朗西斯科·安东尼奥·塞亚等杰出人物。[16] 1808年，也就是兰斯与阿古斯丁·德贝当古（Agustín de Betancourt）一起出版重要著作《关于机器组成的论文》（*Essai sur la composition des Machinery*）的那一年，兰斯在这本书的出版地巴黎，宣誓效忠约瑟夫一世；回到马德里后，他被任命为水文资料库主任和内政部一处处长；他还参与了《西班牙全图》的绘制，为创建土木工程师协会撰写了一份文件，并受聘进行科学书籍审查；最后，他担任科尔多瓦省长，直到约瑟夫一世统治结束（1813年12月），之后流亡法国。至于之前已经讨论过的弗朗西斯科·塞亚，我们记得，他在1808年离开植物园领导岗位担任内政部二处处长，并在1811年年底成为马拉加省长。

显然，约瑟夫一世的项目并非都能取得成果，但仍有一些成果保留下来了。费尔南多七世（1814年5月）重返西班牙王位后不久，1815年，他下达了一份敕令，要求将自然陈列馆、植物园、化学实验室、皇家矿物学研究所，以及后来的天文台合并，成立“自然科学博物馆”。

法兰西国立科学工艺学院

1793年8月8日，法国国民公会法令下令取缔旧政权的所有学院，将其视作社会秩序的残余、精英歧视的根源或焦点，因而希望消除。[17] 共和三年果月（指1795年8月）5日的《宪法》① 也由前一年取消了学院的法国国民公会投票通过，其中第298条规定成立“负责完善科学和工艺的国立学院”。该机构是通过共和三年雾月3日和共和四年芽月15日（1795年10月25日和1796年4月4日）的法律成立的。即使匆匆浏览政治家和历史学家皮埃尔·克洛德·弗朗索瓦·多努（Pierre Claude François Daunou）在该学院第一次公开会议期间发表的宣言，也能明显看到激励它的革命精神，一种知识与理性密不可分地结合在一起、占据了首要地位的精神：[18]

公民们：

与根据法兰西人民意志产生的第一批权力机构、机关或工具一起，《宪法》还设置了一个文学学会，致力于促进所有人类知识的进步，并在科学、哲学和艺术的广阔领域中通过持续关注，支持共和国贤才的活动。

国立学院不对其他教育机构行使行政管理权，也不负责任何常规教学。为了消除它被视为一种公共权力机构的危险，法律将它置于远离所有能即刻激发运动的机制下，并使其具有润物细无声的影响，即传播文明，以及产生的绝非意见或意愿的快速表达，而是一门科学的持续发展或一门工艺在不知不觉中的改进。

① 共和三年宪法，亦称1795年宪法，1795年8月22日通过，是法国的第三部宪法。——译者注

他补充了以下令人难忘的话："所有有权要求他们工作的人都无权命令他们发表意见，而且由于学院不具备任何使自己成为当局对手的手段，它就不会再成为暴政的奴隶或工具。"

最初打算将国立科学工艺学院分为四个学院：物理学与数学（24 名成员）、科学在工艺中的应用（40 名）、道德与政治科学（22 名）以及文学与艺术（42 名）。然而，最终第一个和第二个学院合并了，共 60 名成员，其余两个学院分别有 36 名和 48 名成员。每个学院又分成几个学科，每个学科仅限一个主题，6 名成员居住在巴黎，6 名成员居住在其他省份。

科学、政治和意识形态

费尔南多七世接受了约瑟夫一世和亲法人士的部分倡议，并不意味着他的回归对西班牙科学有益，当然，对整个社会也不一定有益，至少不会对那些渴望一个自由和世俗国家的人有益。身为卡洛斯四世之子和卡洛斯三世之孙，他不想继承他前任良好开明的传统。促使他登上王位的原因是众所周知的，他本人参与的阴谋，换来的也不过是第一次非常短的在位时间（1808 年 3—5 月）。当他 1814 年重新夺回王位时，被称为"全民渴望者"，并于当年 5 月 4 日废除了 1812 年《加的斯宪法》，恢复了君主专制，国家倒退回了旧政体，一些旧机构被重新建立。耶稣会帝国学院就是这种情况，耶稣会士们得以返回西班牙，1815 年 12 月 26 日费尔南多七世下令为他们重建该学院。这种情况一直持续到 1820 年 4 月 1 日列戈（Rafael del Riego）起义，费尔南多七世被迫恢复《加的斯宪法》，由此开始了所谓的"宪法三年"或"自由派三年"（1820—1823）。1821 年，颁布了《中央公共教育条例》，这是西班牙历史上第一次为中等教育立法，中等教育是天主教会的传统领域之一。大学教学也进行了改革：在马德里建立了中央大学——该大学于 1822 年 11 月 7 日正式成立，关闭了当时已经没落的埃纳雷斯堡大学，其职能转移到马德里中央大学，圣伊西德罗皇家学院也是该大学的组成部分（耶稣会士在 1820 年再次被驱逐，皇家学院得以重建）。

然而，西班牙摇摆的历史再次有了新的跳跃，这次是向后倒退。国王于 1823 年被摄政委员会短暂罢免，其理由是密谋重建君主专制。他后来成功的原因是，其他欧洲君主国不喜欢西班牙发生的革命，害怕传染到自己国家，因此成立了“神圣同盟”，由法国对西班牙进行军事干预，并于 1823 年派遣了所谓的“十万圣路易斯之子”。最终的结果是，在所谓的“黑暗十年”中，费尔南多七世的专制精神再次显现，财产被归还给了神职人员。耶稣会士回到帝国学院，教士们占据了世俗教师的位置，他们中的大多数还是新手。但很快，在玛丽亚·克里斯蒂娜王后摄政期间，西班牙 19 世纪的历史钟摆再次发生新的摆动，1836 年门迪萨瓦尔（Mendizábal）首相签署一项法令颁布了教会财产征收令。这个命令下达之后，帝国学院永久消失了，再次被称为“圣伊西德罗皇家学院”。

更糟糕的是，1833 年费尔南多七世去世时，他的兄弟卡洛斯·玛丽亚·伊西德罗（Carlos María Isidro）亲王的支持者和他的女儿伊莎贝尔（Isabel）的支持者之间发生了冲突，即第一次卡洛斯战争，最终伊莎贝尔夺取王位，1833—1868 年在位。直到 19 世纪中叶之后，政治局势才开始好转，但随即又急转直下。

这种政治不稳定性，十分不利于科学发展。在 19 世纪，科学在不少场合成为一种政治武器，这意味着它没有成为我们所谓的“公民话语”的一部分，即为社会广泛接受的一套价值观。科学面临的冲突局面是由于它与激进派圈子和思想之间建立的关系，特别是在从 1868 年“光荣革命”开始的革命六年（1868—1874）期间。

拿破仑与科学

对拥有科学家的渴望是拿破仑·波拿巴政策的另一个特征。[19] 1796 年 3 月，当他被任命为法国驻意大利方面军总司令时，他将一个“负责在共和国军队征服国搜寻科学和工艺品的政府委员会”列入了远征的队伍。该委员会成员于同年由督政府任命，其中有数学家和巴黎综合理工学院的教授加斯帕尔·蒙日（Gaspard Monge），他为人所熟知的最重要原因是他是画法几何学和射影几何学的创始人；还有化学家克洛德·路易·贝托莱（Claude Louis Berthollet）。两人不仅是杰出的科学家，而且都是意识到科学在社会中的重要作用。因此，蒙日在 1799 年出版包含了其在师范学校教授的课程的《画法几何学》(*Traité de géometrie descriptive*)中写道（Dhombres y Dhombres，1989：417）：

“为了使法兰西民族摆脱迄今为止对外国工业的依赖，首先有必要让国民教育满足国家对精确性人才的需求，这一点直到现在都被忽视了。”

蒙日是一位热忱的革命家（他在法国大革命期间担任海军部长），而贝托莱的政治意识远不如蒙日且极其保守，两人与拿破仑十分亲近；在科学问题上，他们是拿破仑最忠实、最坚定的顾问。事实上，意大利之战以后，他们二人就已经属于拿破仑的核心圈子了。

奥地利人战败，1797 年 4 月在（奥地利）莱奥本，拿破仑与他们的代表签署了初步停战协议，阿尔卑斯山南共和国成立，拿破仑于 1797 年 12 月 5 日返回巴黎。征服意大利之后，只有英国仍在与高卢人交战。督政府任命拿破仑为军团司令，打算从英国手中夺取埃及。蒙日和贝托莱再次陪同拿破仑出征，与他们一起的还有一大群科学家和工程师，其中大部分是贝托莱挑选的：一个由 151 名科学家、工程师和工匠组成的科学和工艺委员会，其中 84 人拥有专业学位，还有 12 人是医生（蒙日仍在意大利，在他从事的各种工作中，包括收集梵蒂冈的印刷机和精美的阿拉伯语活字，为了将它们带到法国）。这其中有来自巴黎天文台的天文学家尼古拉·奥古斯特·努埃（Nicolas-Auguste Nouet）、弗朗索瓦·凯诺（François Qusnot），以及曾与德朗布尔一起确定长度单位“米”的著名天文学家皮埃尔·弗朗索瓦·梅尚的儿子热罗姆·梅尚（Jérome Méchain）；还有自然博物馆的从矿物学家转为动物学家的艾蒂安·若弗鲁瓦·圣伊莱尔（Étienne Geoffroy Saint-Hilaire），以及其他博物学家：伊波利特·内克图（Hippolyte Nectoux），植物学家朱尔－塞萨尔·勒洛尔涅·德萨维尼（Jules-César Lelorgne de Savigny）、阿利尔·拉菲诺·德利勒（Alire Raffineau Delile）和夏尔·艾蒂安·科克贝尔·德蒙布雷（Charles Étienne Coquebert de Montbret）。有些人在当时还名不见经传，但他们将在未来广为人知，就像萨维尼（Savigny），他是《无脊椎动物研究纪要》(*Mémoires sur les animaux sans vertèbres*，1816）等作品的作者。还招募了著名的地质学家德奥达·德格拉特·德多洛米厄（Déodat de Gratet de Dolomieu），他是最早的火山和地震专家之一，自 1795 年以来一直是法兰西学会的成员。

相较于约瑟夫一世想在西班牙做的事情，拿破仑想要模仿法兰西学会，建立一个埃及学会。于是，1798 年 8 月 22 日他颁布了一项法令，创建了一所“科学和工艺学院，总部设在开罗”，确定其职能如下（Solé，2001：apéndice Ⅱ）：

（1）在埃及推进知识文化的进步和传播。

（2）调查、研究和出版有关埃及的自然、工业和历史事实。

（3）就政府咨询的各种问题提供建议。

在占领埃及的3年里，学会的成员总数为51人，其中26人属于两个学科（每个学科本应有 12 名成员），即数学和物理学科；其余人分属政治经济学、艺术和文学学科。拿破仑在第一次会议上拒绝担任学会主席（后来同意担任副主席）之后，蒙日被选为主席，傅立叶（Fourier）担任常任秘书。在从马穆鲁克人手中夺取的一座宫殿里，共举行了 62 次会议。[20]

当制宪会议召开，即为西班牙制定将于 6 月 6 日公布的 1869 年《宪法》时，新议会在起草这部新宪法时必须考虑的所有问题中，有 3 个问题十分突出：政府形式、对个人权利的承认还有宗教自由。关于第一个，大多数代表想要君主制（共和派占少数）；第二个问题上有分歧，但不是根本性的，这一点与第三个问题的情况恰恰相反。确实，第一个问题的投票进行得很顺利，第二个关于个人权利的投票也是如此。最后，关于信仰自由的讨论由共和派埃米利奥·卡斯特拉尔（Emilio Castelar）和维多利亚大教堂讲经牧师比森特·德曼特罗拉（Vicente de Manterola）最先开始。最令人难忘的是双方于当年 4 月 12 日进行的辩论。从以下段落中，可以看出曼特罗拉（1869：9，19）所持的观点：

> 我说，拥有这样敏锐的才智和得天独厚智慧的人，怎么可能想要赋予每个人绝对的、无限的、不能用法律进行规定的主权？你们想如何授予人反上帝的权利，忘记上帝是人类的创造者了吗？
>
> 思想的绝对自由是荒谬的，传播这种思想的绝对自由也必然同样荒谬。

而卡斯特拉尔捍卫信仰自由和政教分离的言论如下：[21]

议员阁下们：曼特罗拉先生告诉我，如果犹太人再次团结起来，在耶路撒冷重建圣殿，他将放弃他所有的信仰，他将放弃他的所有想法。那么，曼特罗拉先生是否相信孩子要为父母的罪负责的可怕教义？曼特罗拉先生是否相信今天的犹太人是杀害基督教的人？好吧，我不这么认为。我对基督教的信仰超越了这一切，我相信正义和神的怜悯。

西奈山①上的神是伟大的。雷声先行，闪电相伴，光明笼罩，大地震动，群山崩塌；但有一位更伟大的神，他不是西奈山高高在上的神，而是髑髅地谦卑的神，被钉在十字架上，受了伤，死了，戴着荆棘冠冕，嘴里满是胆汁，然而，他说："我父，原谅他们，原谅我的刽子手，原谅我的迫害者，因为他们不知道自己在做什么！"权力的宗教是伟大的，但爱的宗教更伟大；无情正义的宗教是伟大的，但仁慈宽恕的宗教更伟大。而我，以福音的名义，来这里请你们在基本法典中写下宗教自由，即自由、博爱、人人平等。

制宪会议上，在宗教部分产生了激烈争论和对抗。可以听到诸如加泰罗尼亚医生和革命者（他还将在第一共和国期间担任海外部长）弗朗西斯科·苏涅尔－卡德维拉（Francisco Suñer y Capdevila）的演讲，他在 4 月 26 日，也就是在卡斯特拉尔和曼特罗拉对峙两周后，加入议会辩论，并发表了以下讲话：[22]

当临时政府第一次出现在这里时，告诉我们新的理念即将取代西班牙过时的理念。政府和委员会都没有明白新的理念是什么，在此我就讲个明白。过时的理念是信仰、天堂、上帝，而新的理念是科学、地球、人类。我很高兴在少数派共和派最后一排长凳这里发表宣言，因为这是我一生的愿望：25 年来，除了宣布这些想法之外，我什么都不想要，但这些不是我

① 又称摩西山，位于西奈半岛中部，是基督教的圣山。——译者注

> 的想法，不，不要把它们归功于我；不是我创造它们，不是我感受到它们的。我是在它们杰出的作者那里观察和研究过它们。

正如我所指出的，虽然会议上很快就政府形式应该是君主制达成一致，但问题是为空缺的王位找到一个合适的国王（一开始，拉托雷公爵作为内阁首脑摄政，胡安·普里姆将军担任国防大臣）。这项任务并不容易：有好几个人选，但总会出现一些困难，甚至来自候选人本人或他所处的环境（比如有人想到推荐热那亚公爵，条件是他要娶蒙庞谢尔公爵的长女为妻；事实上，有些人希望蒙庞谢尔公爵成为君主）。西班牙经受了磨难，用何塞·埃切加赖（我将在后面的一章中专门讲他）的话来说（1917：t. Ⅲ，258）：

> 临时政府执政的时间在延长；制宪议会在消耗更多的时间；联邦主义者在骚动；卡洛斯主义者在密谋；革命分子越来越不团结，如果他们中的一些人从来没有互相喜欢过，那他们已经开始互相憎恨。政府的所有财政来源都在减少，尽管劳雷亚诺·菲格罗拉（*Laureano Figuerola*）付出了巨大努力、才华和精力，财政部还是朝着深渊坠落。
>
> 支出与收入的差距；赤字；用流动负债来填补；流动负债的负担沉重、无情、残酷，每个月、每个小时都压在财政大臣身上，面临破产和毁灭的威胁。用于债务重组的贷款，能够提供短暂的喘息时间，但会增加债务的利息，也会体现在下一个赤字中。
>
> 然后就是更长的期限，更高的赤字，新的流动负债，新的贷款来进行债务重组，因此，形成一个致命的和被诅咒的恶性循环。相较之下，但丁的地狱仿佛是平静且可供休闲和享福的地方。

最后，议会在1870年11月16日举行的会议上选举了意大利国王维克托·曼努埃尔（Víctor Manuel）的儿子阿马代奥·德萨博亚（Amadeo de Saboya）当国王，德萨博亚有191名代表投了赞成票；蒙庞谢尔公爵有27票；埃斯帕特罗（Espartero）

有 8 票；25 票零散票或空白票。此次选举的主要负责人是当时的内阁首脑普里姆，此外他还担任国防大臣。然而就在 12 月 27 日——阿马代奥前往西班牙的同一天，普里姆在离开议会后，在图尔科街遭遇袭击，三天后去世。那一天阿马代奥抵达卡塔赫纳——顺便提一下，这是一座拥护共和派的城市。

袭击发生后，内阁开会商议决定前往卡塔赫纳迎接国王。海军中将胡安·包蒂斯塔·托佩特（Juan Bautista Topete）临时担任内阁首脑，何塞·玛丽亚·贝朗热（José María Beranger）将军担任海军部大臣，埃切加赖担任发展大臣。然而，西班牙的局势仍然非常复杂：外有海外分裂主义起义，半岛内有卡洛斯战争，地方分裂主义盛行，保守党愤愤不平，国库状况悲惨。因此，1873 年 2 月，因普里姆被谋杀而失去主要支持者的阿马代奥退位也就不足为奇了。当时的司法权力掌握在议会手中，并成立了国民议会。国民议会于 1873 年 2 月 11 日以 258 票对 32 票，宣布成立西班牙第一共和国。不过这并没有持续多久：1874 年 12 月 29 日，马丁内斯·坎波斯（Martínez Campos）将军宣布波旁王朝复辟，阿方索十二世的统治开始，从 1874 年持续至 1885 年。

这就是西班牙当时的政治局势。

达尔文的物种进化论：冲突的焦点之一

科学与意识形态之间冲突最显著的表现之一与物种进化理论有关，该理论由查尔斯·达尔文于 1859 年在其革命性和开创性著作《物种起源》中提出。尽管这本书是 1877 年才由恩里克·戈迪内斯（Enrique Godínez）翻译成西班牙语，书名为《通过自然选择即在生存斗争中保存优良种族的物种起源》（*Origen de las especies por medio de la selección natural o la conservación de las razas favorecidas en la lucha por la existencia*），但在此之前，达尔文的思想就已经被广泛传播，并被人们频繁而激烈地讨论。事实上，一年前，也就是 1876 年，《人类的起源》（*El origen del hombre*）的不完全翻译版就在巴塞罗那出版了，原版由达尔文于 1871 年出版，其中将进化论应用在了人类身上。[23] 鉴于达尔文思想的性质，关于进化论的讨论不在其科学层面，而更多地集中在其宗教意味，受到激进自由主义者的极力捍卫。1867 年 4 月 13—15 日晚上，加泰罗尼亚医生何塞·德莱塔门迪（José de Letamendi）在加泰罗尼亚科学和文学协会精确、物理和自然科学部门发表了几次演讲，提到了达尔文和进化论。尽管很简短，但他是当时最先提到达尔文和进化论的人之一（当时他是巴塞罗那大学解剖学教授；1878 年，他搬到马德里担任普通病理学教授）。演讲内容的公开版本是这样开始的：[24]

> 泛神论批判——当代实证主义认为我们从猩猩进化而来，本质上与猩猩相同，只是种属不同。也就是说，如果我是猩猩的儿子，出于同样的原因，我也是卷心菜的孙子和石头的曾孙：逻辑是不可动摇的，或者说是永不满足的。因此，从结果到结果，我们完全是泛神论，并且有必要处理这个问题，而不是针对实证主义命题，也不是针对其他任何不完整的命题。至少对我来说，就像对任何学习解剖学的人一样，批评拉马克、杰弗里、圣伊莱尔、卡鲁斯、韦斯特、达尔文等许多人的假设，因为他们提出了各种各样的、无端的学说体系，一些观点认为我们来自两个原始的生物属，其他的认为来自三个或四个，还有的没有指定数量，还有的说来自单个原始生物物种，但这一切都是浪费时间，这些是次要错误，在解剖学领域已经被一一驳斥；重要的是要批判主要错误：最好调查一下我们是否可以确定我们来自石头。而这正是各种泛神论的根本错误。

达尔文的进化论对宗教的可能影响是显而易见的。例如，多米尼加人塞费里诺·冈萨雷斯教士（fray Ceferino González）在其著作《宗教、哲学、科学和社会研究》（*Estudios religiosos*，*filosóficos*，*científicos y sociales*，1873）中一篇题为《达尔文主义》的文章中写道：[25]

> 在我们揭露之后，我们认为没有必要表明达尔文主义本质上包含反基督教的学说和倾向。且不论其他人，达尔文的人类起源理论与天主教教

> 义格格不入，因为教义中指出我们的始祖亚当和夏娃是由上帝创造的。那些试图调和达尔文主义与基督教教义之间矛盾的人，会让人觉得他们无论是对前者还是对后者或都没有深入了解。克莱芒丝·鲁瓦耶（*Clemencia Royer*）无疑是在这方面的一位见证人，她也公然承认了这一点，写道："达尔文学说是对进化的理性启示，在逻辑上，与人类堕落的非理性启示针锋相对。它们是两种原理，两种针锋相对的信仰，一个正题和一个反题。我挑战试图在二者之间找到调和点的、最为擅长逻辑进化的德国人。这两种理论水火不容，必须在两者之间进行选择，宣称自己支持一个就是反对另一个。"[26]

鉴于塞费里诺教士成为塞维利亚和托莱多的枢机主教和大主教，他在鲁瓦耶提到的两种可能性之间做出哪种选择也就不言而喻了。

宗教和达尔文主义之间对抗的证据有很多。这里我想提的主人公是一个毕业于自然科学专业的塞维利亚人拉斐尔·加西亚·阿尔瓦雷斯（Rafael García Álvarez，1828—1894）。1872 年，格拉纳达中学校长兼博物学教授加西亚·阿尔瓦雷斯发表了 1872—1873 学年的开学演讲。其间，他为达尔文和物种进化理论辩护，受到了文官、军事和宗教当局的严厉批评。正如莱安德罗·塞凯罗斯（Leandro Sequeiros，2008）所说，当时的格拉纳达大主教比恩韦尼多·蒙松·马丁－普恩特（Bienvenido Monzón Martín y Puente）反应迅速，仅仅几天后，即 1872 年 10 月 23 日宣布对"格拉纳达学校的异端演讲"进行宗教审查并谴责。他说："他的开场白中宣称达尔文理论在当前的历史时刻比其他理论更符合科学的进步，好像这些理论永远不会与超自然存在分歧，好像那（科学）代表了前所未有的进步，就好像我们不知道他对于启示分离的古老和现代流派的影响。"他在这篇长文的结尾总结道："综上所述，主教会议将上述文字判断为'异端邪说，损害上帝及其无限的天意和智慧，贬损人的尊严，使良心蒙羞'。"

然而，加西亚·阿尔瓦雷斯并没有因此丢掉教职，一直担任至 1874 年，同年他成为副校长，1891 年他再次成为校长，一直担当此职直到去世。他也没有放弃将他的想法公之于众：1883年，他出版了一本385页的书，名为《种变说研究》（*Estudio sobre el transformismo*）。[27]书的开篇即是何塞·埃切加赖的序言，长期以来他一直是该国最伟大人物之一，他在序言中说：

哲学学说往往因为过于脱离经验，显得十分抽象，因此几乎总是不适用于物质的现实；并不是因为它们构成了一个不同于精神世界的世界，而必须被排除在哲学概念之外，成为其准则和启示的弃儿。达尔文的学说始于对自然事物一丝不苟和持之以恒的观察，以建立多样化的体系，从而开辟了一条广阔的研究道路，为共同的科学工作贡献了具有重要价值的数据和材料，将原理与事实、理性与感性结合在一起，并倾向于统一各种知识来源。

显然，在西班牙宣传这一学说，这里的哲学水平肯定没有达到其他活动所达到的水平，这是一部值得拍手称赞的作品，您和您所属的教育部值得获得最崇高的敬意。

加西亚·阿尔瓦雷斯在他的书中表达了他对达尔文在进化论方面的前瞻性及其优点和困难的充分了解（应该指出，达尔文并不是第一个拥有这种想法的人，除了发展出一种解释机制之外，他还提供了更翔实的证据来佐证自己的观点）。关于《物种起源》，加西亚·阿尔瓦雷斯（1883：29）这样说：

达尔文的著作是一件具有重要意义的科学事件，因为它确立了科学史上最受关注的时代之一。新理论对时间铸就的古老信仰的打击是如此沉重，以至于这些古老的信仰当时没有以后也永远无法从如此强大的冲击中恢复过来。而达尔文的理论则为生物科学开辟了一个全新的方向，取代了以前的二元论和目的论的假设，是真正的一元论科学，具备因果关系和连续性，从客观和现象两个层面上对整个自然进行解释，遵循支配宇宙的永恒不变的法则。诚然，具有严谨精神的人都会认识到旧的学说是站不住脚的，正在准备改变思想，这与科学的不断进步有关，有的已经在这方面进行了有意义的尝试，特别是英国、法国和德国；但是需要对积累的事实论据进行浓缩、比较、讨论、总结规律。总之，构成一门学说，建立一个新的理论来取代旧理论，这是一项伟大的工作，而这正是查尔斯·达尔文的著作所达成的伟业。

达尔文主义者（或进化论支持者）和反进化论者之间的冲突频发。前面已经提到过的何塞·罗德里格斯·卡拉西多，作为马德里大学校长兼教授、西班牙皇家语言学院和皇家医学科学院院士，不仅因其科学贡献而著称，还因为他积极推动科学在西班牙的传播和进步（例如，他是 1911 年创建的材料科学研究所主席，以及自由党参议员），为其中一个事件留下了证词。1872 年，由奥古斯托·冈萨雷斯·德利纳雷斯（Augusto González de Linares，我们稍后会再次提到他）在圣地亚哥 - 德孔波斯特拉医学院发表演讲，作为圣地亚哥 - 德孔波斯特拉大学的博物学教授，他在演讲中为达尔文辩护（Carracido，1917c：275）：[28]

演讲者广泛地谈到了进化论的依据，将其扩展到自然进程的所有谱系，从那些始于混沌星云团的到那些以更高的组织形式出现的星系，最严重的是，不排除人类有机体的起源是由它们的祖先类人猿进化而来的。抗议的交头接耳声和倒彩声经常打断演讲者，但是颇具演说家气质的他，随着逐渐高涨的情绪，对进化学说的阐释也更有力。演讲的最后，他说物种的进化论和宇宙的演变总体来说，不是一种科学理论，而是科学本身，它是人类最新知识体系中唯一可以在理性上接受的理论。

作家埃米莉亚·帕尔多·巴桑（Emilia Pardo Bazán）也卷入了“达尔文事件”。她在 1877 年发表于《基督教科学》（*La Ciencia Cristiana*）杂志的一篇文章中写道（转引自 Núñez，1977：133-134）：

对进化论引发的道德、社会和政治后果的研究是非常有意义的——顺便说一下，这些后果显然与许多达尔文主义狂热追随者的想法大不相同；而且这不符合我们写作的性质，即为了在错误的理论面前呈现真正的事实。达尔文主义这般规模和性质的科学理论通常在想象面前是庞然大物，是恍惚的精神面前的巨人，可一旦事实来了，就像小鹅卵石一样，痛击巨人的泥足并一击即倒。

我们认同达尔文主义可以是想要的任何东西，除了简单且易于理解……毫不夸张地说，进化论至少与智者阿方索讽刺过的著名的天文系统一样复杂。[29]

显然反对达尔文思想的因素之一——在大多数情况下是主要因素——就是宗教信仰，在西班牙是天主教。这方面不难找到明确的例子，其中之一与海洋动物学家奥东·德布恩（Odón de Buen，1863—1945）相关，他不仅将科学和教学结合在一起［他的著作，例如《植物学（包含植物地理学）》（*Botánica. Con inclusión de la geografía botánica*），1891—1894，对于介绍和理解最新潮的理论很重要］，还结合了政治，这种综合形式在19世纪的西班牙并不少见。德布恩是巴塞罗那大学博物学教授（1900—1911）和马德里大学地质与植物学教授（1911—1934），巴塞罗那市议员和省参议员，激进的左翼共和派拥护者。正是在加泰罗尼亚首府，他经历了其中一场使当时的西班牙无法达成在科学方面的社会契约的冲突。由于天主教会不妥协，西班牙在相当长的一段时间内保持这种状态。1940年夏至1941年秋，他在滨海巴纽尔斯流亡期间写下的回忆录中对此进行了描述，一直没有出版，直到2003年天主教徒费尔南多协会将这些整理出来后才出版（De Buen，2003：62-63）：

自从我来到巴塞罗那，被打上自由思想者的标签，我就被宗教狂热主义打击。我和我年轻的妻子住在著名的埃斯特韦特旅馆（利塞乌大剧院对面）。有一天，一位耶稣会牧师专程来看我，他曾是我的同学，我们之间有过真挚的情谊。他试图用卑劣的理据说服我皈依天主教：在你面前有一条宽阔、开满鲜花、轻松、充满欢乐的道路，而另一条则是黑暗、曲折、荆棘丛生、通向灭亡的道路，你为什么不走第一条路？为何要头脑发热冲向地狱？这就是一个科学专业毕业生从事了牧师职业后人格突变的有力证据。我当着目睹了这惊悚恐怖一幕的妻子的面，友善地回答了他，没有责备。他跪下来，拉着我的手，乞求我的认同；然而，眼见说服我失败，愤怒地站起身来，对我说："你要知道，若不是修女们在祈祷中祈求真主感化你，你将一无是处。"

当然，不只修女们对奥东·德布恩进行哀告：

所谓的家长，联合起来针对学术自由发起攻击，他们向校方施压要取缔我的大学教科书；凭借时间和耐心，他们设法绕开了在西班牙和罗马提出的严肃和审慎的反对意见，致使我的一本书《地质学》被列入（禁书）目录中。然后，他们设法恢复了已被后来的法令废除的莫亚诺法的一项旧规定，并要求校长解除我在大学的教职，因为我的教案与天主教教义相悖。校长是药学系的一位教授——卡萨尼亚斯（*Casañas*）博士——他作为科学家自然并不是很出众，他接受了这个借口，将我临时停职。我不记得是他下达的命令还是他设法让马德里下达的命令。

结果，在1895年，德布恩的两本书：《地质学基础理论》（*Tratado elemental de Geología*，1890）和《动物学基础理论》（*Tratado elemental de Zoología*，1890）被列入禁书目录。由巴塞罗那主教区发布、主教海梅·卡塔拉－阿尔博萨（Jaime Catalá y Albosa）亲笔签署的声明中公布了这一消息：[30]

怀着深刻的不情愿，我们必须向教区教友传达，我们的至圣父，教皇利奥十三世，通过6月14日的教宗法令，批准了索引会众①的提案，躬身谴责了巴塞罗那文学大学教授，奥东·德布恩博士的两部著作《地质学基

① 索引会众，是天主教会16—20世纪审查出版物的机构，定期发布《禁书索引》。——译者注

础理论》和《动物学基础理论》。因此，根据我们的教牧事工，我们要让我们亲爱的信徒们知道，任何天主教徒都不得阅读和保留上述作品，并且对于上述作品的作者，根据我们获得的消息，他已经接受圣洗礼在基督那里重生，我们告诫他撤回上述作品，撤销其中包含的错误，并谦卑地服从教会的权威，履行加入天主教教团时所承担的职责。同样，我们命令那些拥有上述书籍副本的人立即将其交给自己教区神父或我们的公会秘书处，以按照法律的规定将其作废。

教会的权威并没有就此止步。9 月 19 日的教会公报中转载了主教的声明，并补充道：

巴塞罗那主教阁下要求所有孩子即将进入科学、医学和药学院的学生父母前往位于列拉德圣胡安 20 号的托里维奥·波夫拉（*Toribio Pobla*）的办公室，签署一份将呈给上级的申请书，申请撤换被索引会众谴责的作品。我们相信以尊敬的发展大臣的能力，将尊重《宪法》和法律的权威，回应公众舆论的热切愿望。

虽然没有明确说明将这些书列入（禁书）目录的具体原因，但肯定与《动物学基础理论》最后几节中出现的表述有关："人类的有机体，遵循支配所有动物有机体的同一生物法则，这是一个如此公理化的法则，简单的怀疑都是荒谬的。没有必要展开思考来证明人类的组成形式是许多动物有机体中的一种，它完全属于动物学的范围。" 这就是纯粹的达尔文主义。如果还有疑问，再看这句："近代始于 1859 年，查尔斯·达尔文出版了载入史册的著作《物种起源》，在生物学上引发了一场深刻的革命。"

巴塞罗那大学校长，政府，特别是教育所属的发展大臣，不仅被迫取缔相关书籍（3 年前，即 1892 年，他们收到了好消息，认为这些书适合大学教学，虽然不是必修课本），还被迫暂停德布恩的博物学教职。取缔这些书籍的依据是，规范西班牙公共教育的1857年9月9日颁布莫亚诺法中的一个要点，具体是在第295条和第296条中：

> 第295条　民事和学术机构，必须严格履行其职责，公共和私立教育机构均不得出现任何妨害教区尊敬的主教和其他神职人士的情形，在行使这一职责时，受其事工委托，要确保信仰教义、习俗和对青年进行宗教教育的纯洁性。
>
> 第296条　当教区主教发现教科书或教授讲解的内容中，出现了对青少年良好宗教教育有害的教义时，必须即使向政府报告；政府听取皇家公共教育委员会的意见，并在认为必要时咨询其他神职人员和皇家委员会的意见，然后下达相应的处理办法。

1895年10月7日，另一家天主教出版物《天主教联盟》宣布，发展大臣签署了一项敕令，规定将这两本著作从教学目录中撤除，并解除德布恩教职，在办理相关手续和讨论进一步决定时，该职位临时由其他教授担任。该法令最终没有生效，这无疑是因为仅仅宣布就引起了强烈反响。10月7日，上完德布恩的课并陪他回家后，学生们决定向校长讨个公道，并用石头砸主教宫。骚乱在继续，全国媒体上出现了一个又一个对此事的评论（卡斯特拉尔为德布恩的书辩护）。国家还成立了委员会来研究此事，最终在11月28日，决定撤销对德布恩的停职决定。

这一切只不过是一场意识形态斗争，特别是阅读他回忆录中的以下段落时，这一点变得格外清晰（De Buen，2003：65）：

> 这件事奇怪之处在于，大学版是因为其中某些段落受到谴责，据我了解，是《地质学基础理论》开篇的自然科学史部分，而这第一版已经绝版了，第二版出版时我删减了很多，因为课程时间有限，无法承载这么多内容，而被删减的内容之一正是自然科学史，因为我认为这是最不适合预科课程的部分。

我并没有因为这次事件而在经济上蒙受损失。大学教科书的需求量很大，但不够通俗，我在索莱尔出版社出版了一个通俗版，是的，其中大大扩充了历史内容，而且为所有适合的主题增添了不少优美的描述，不再整个复制大学教科书，并用数百幅插图、大量版画和地图进行辅助说明……

我的两卷有着优雅红色封皮的《通俗自然史》（*Historia Natural Popular*）仍然在西班牙语国家盛行，这是从对西班牙的进步和繁荣造成极大损害的，该死的天主教（我不是说宗教）对我的不容忍以及不公正的打击中充分恢复的成果。

我们在化学家、将化学应用于摄影的先驱、历史学家约翰·威廉·德雷珀（John William Draper）的一本书中找到了另一个当时在西方世界，科学与宗教领域展开“对抗”的案例。他1831年出生于英国，他的母亲当时刚成为寡妇，于是决定带着她的孩子移民到美国弗吉尼亚州。此时，约翰已经在著名的爱德华·特纳（Edward Turner）的指导下，在伦敦大学学院完成了化学学业。在美国这个作为独立国家才刚拥有半个多世纪历史的年轻国家，德雷珀开始了非凡的学术生涯，先是在纽约大学医学院工作，1840—1850年担任教授，1850—1873年担任医学院院长，同时兼任化学教授直至1881年。德雷珀的著作中，除了化学课本之外，还有一本关于美国内战历史和另一本关于欧洲知识发展史的书，最为著名的是1874年出版的一本书:《宗教与科学冲突史》（*History of the Conflict between Religion and Science*，这本书很快被翻译成西班牙语）。德雷珀在“前言”中清楚地交代了这本书的背景。这里我引用头几段内容:[31]

任何有机会了解欧洲和美洲开明阶层人士知识状况的人都一定已经注意到，人们对社会宗教信仰的摒弃规模之大，迅速之快。

这种摒弃范围如此之广，力度如此强大，以至于无论是惩罚还是蔑视都无法遏制。无论是武力、还是嘲弄谩骂都无法消除，发生严重政治事件的时间就快要到了。

世界政治不再受教会精神启发。以信仰为支撑的战斗热情已经消失，唯一留存的记忆是长眠于教堂寂静地窖中的十字军骑士坟墓上的大理石雕像。

危机浮现，大国对教皇统治的态度表明了一切；教皇统治代表了欧洲三分之二人口的想法和愿望，坚持教皇至高无上的政治权力，根据其使命和神圣起源，主张重建中世纪的秩序，大声宣称不想与现代文明和解。

因此，我们所见证的宗教与科学之间的对抗，是基督教在获得政治权力时就开始的斗争的延续。神的启示绝对不能自相矛盾，必须否定其统治范围内的所有进步，并蔑视可能因人类智慧的逐渐发展而产生的进步。但是我们对每个事物的看法都可能会随着人类知识不可抗拒的进步而发生改变。

更具体地说，从以下的段落可以看出德雷珀这本书（1885：1）的内涵，从第一章（“科学的起源”）第一行开始：“在一个最庄严、最悲愤的灵魂面前，没有比慰藉了几代人之后老迈垂死的宗教更精彩的场景了”。并明确提到基督教（新教和天主教），从第八章（“关于真理标准的冲突”）“目录”的梗概中可以一目了然：“对于科学而言，真理的标准在于自然的启示。对于新教徒，真理在圣经中；对于天主教徒，真理在教皇的一贯正确中”。在这一章的结尾，德雷珀写道（1885：191）：

科学不负责调和这些对立的主张；科学不负责确定宗教人士的真理标准是否存在于圣经、大公会议或教皇那里。科学只要求采用自己标准的权利，并自愿授予他人……

科学史不仅是对一个个孤立的发现的记录，还是对两种对立力量冲突的叙述：一面是人类智慧扩张的力量；另一面是传统信仰和世俗利益的压力。

现在我们回到西班牙，德雷珀的书1876年在西班牙翻译出版，就在英文原作出版的两年后。有意思的是，翻译成西班牙语的任务是由天文学家、气象学家和制度主义者奥古斯托·阿西米斯（Augusto Arcimís）承担的，我将在另一章中详细介绍他。政治家尼古拉斯·萨尔梅龙（Nicolás Salmerón）写了一篇长篇序言，下面会引用。阿西米斯和萨尔梅龙是当时在西班牙可以称为“进步趋势”的成员，即将文化和政治结合在一起。二人都与伟大的“自由教育学院之父”弗朗西斯科·希内尔·德洛斯里奥斯（Francisco Giner de los Ríos）有关系。尤其是阿西米斯非常重视希内尔的意见。这种影响的一个例子是他于1875年11月6日写给弗朗西斯科的一封信，其中他提到的正是对德雷珀书的翻译（De Valdeavellano，1980：8-9）：

> 我想知道您对于我出版这本书的计划是否有任何异议，并且您愿意给我些意见吗？我不知道您会不会觉得我告诉您这些有点奇怪，但既然您给过我一些建议和行为准则，我通常会反思我所做的一切，并赋予事物我做梦都想不到的重要性。我在所有事情上都遵循您的准则，除了不能放弃我安静的隐居生活。我的新伙伴钟摆，用滴答声陪伴我，多么令人赞叹的等时性啊，我为此着迷，我发现比起外面那些会议我更喜欢我的实验室。但是，回到这本书，无论翻译得多么糟糕，都不乏有人买它，如果这本书不好，我可能就会成为误导别人的罪魁祸首，或者夺走信徒那甜蜜的信仰，在他心中引起怀疑，那我就将犯下一个严重的错误，不会因为它被忽视了，就不再受到谴责。但是，如果您不反对我继续我的工作，那么完成后我会带给您看，到那时我们再看看您有什么想法以及建议我做些什么。12月15日或20日我会带着手稿去马德里。

阿西米斯确实去了马德里，在那里他遇到了萨尔梅龙和其他著名的制度主义者，如奥古斯托·冈萨雷斯·德利纳雷斯和古梅辛多·德阿斯卡拉特（Gumersindo de Azcárate），等等。

对于萨尔梅龙的长篇序言（1885：vii-viii），我只引用一段话：

在当今这样一个前无古人的优越时代，人类文明愈发成熟，已然摒弃了对不存在和荒谬事物的信奉，取而代之的是对真实和理性的信仰，出于对法则的普遍性和永恒性的清楚认知，神秘和奇迹不复存在，终于，教义之于科学概念的劣势显而易见，理性太阳无限威严的光辉，驱散了信仰的阴霾。从来没有像今天这样，宗教与科学之间的关系问题充分显现出来——之前这个问题只存在于特定的关系中且蒙着一层神秘的面纱。

反对进化论的观点甚至渗透到西班牙科学界最具代表性的机构中。例如，在马德里皇家科学院，反对达尔文理论的观点也很盛行。直到1900年12月9日，植物学家更是真菌学家的布拉斯·拉萨罗·伊维萨（Blas Lázaro Ibiza）发表了他加入科学院的演讲（题为《植物在求生过程中使用的防御性武器》），达尔文的思想才在马德里皇家科学院中得到捍卫。

英国对达尔文理论的反应

为了更广泛地了解达尔文《物种起源》出版后引发的反响，我就来说一说在英国发生的事情。在英国，这本书的出版立即激起了人们极大的热情，其中科学论证与政治和宗教的考量交织在一起。这种早期讨论的例子和人物不胜枚举。在主要反对者中，我会提到比较解剖学专家理查德·欧文（Richard Owen，他曾帮助达尔文对后者从著名的“猎兔犬”号航行带回来的化石进行了分类）、定居美国的瑞士动物学家和地质学家路易·阿加西（Louis Agassiz），以及两位达尔文的老熟人，亚当·塞奇威克（Adam Sedgwick）和“猎兔犬”号船长罗伯特·菲茨罗伊（Robert FitzRoy）。尽管他们使用了科学理由，但还是更多地强调了神学宗教论点（或者这些更具说服力）。

在公开讨论中，我想提的是1860年6月30日，《物种起源》出版后不到一年，英国科学促进协会大型年会其中一次会议期间，在牛津举行的那场著名辩论。那一次，牛津主教塞缪尔·威尔伯福斯（Samuel Wilberforce）和托马斯·亨利·赫胥黎（Thomas Henry Huxley）正面对抗。作为比较解剖学和古生物学的专家，赫胥黎于 1851 年认识了达尔文，尽管起初并不是特别喜欢他（发现他才华横溢却过于挑剔、尖酸），但很快他们就开始频繁通信。此外，达尔文认可知识渊博、敏锐、人脉广的赫胥黎是一位优秀的批评家，可以为他的书写评述。关于威尔伯福斯和赫胥黎在牛津的对峙有好几处描述，在公开的会议纪要中没有任何踪迹（遗憾的是，赫胥黎寄给达尔文的一封说明此事的书信没有保存下来）。[32] 在所有现有版本中，我选择了赫胥黎（Huxley）（1900：186-187）提到的尊敬的 W. H. 弗里曼特尔（W. H. Freemantle）主教的版本，他参加了那个现在看来有些神秘的会议。“牛津主教攻击达尔文，起初是开玩笑，但后来却是言辞犀利……”“（达尔文理论）有什么贡献？”他大喊道。然后他开始嘲讽：“我想问一下坐在我旁边，打算等我坐下来就剁碎我的赫胥黎教授，关于您相信自己是猴子的后代，请问这血统是来自您祖父这边，还是祖母那边？”随后，他以更严厉的语气，更严肃的口吻指出达尔文的想法与上帝在圣经中的启示相悖。赫胥黎教授不想回答，但他被要求回答，于是，他带着惯有的犀利和几分不屑，说道：“我来这里只是想为科学说话，”他说，“我尚未听到任何可能损害我尊贵的客户——科学的利益的消息。”最后，关于猴子变的，他说：“我不会因为有这样的起源而感到羞耻，但如果有人卖弄文化和口才，为偏见和虚伪服务，我会感到羞耻。”

第 6 章

自由教育学院与科学

只有亡者和幽灵，没有为自己活过的人，会永远故去。我认为只有恶棍与骗子，我们称之为恶霸的狠人，令人厌恶，自称政客，贪得无厌的家伙，会彻底死去，不得超生——原谅我这个颇为异端的信念在各个场合哗众取宠的人，所有邪教的法利赛人[①]、许多生锈的铜像随着时间的流逝已然消亡，尽管，也许他们的名字还留在大理石基座上。

安东尼奥·马查多（Antonio Machado）

“弗朗西斯科·希内尔·德洛斯里奥斯先生（讣告）”

《自由教育学院通报》

1915 年 2 月 23 日

前一章中讨论了 19 世纪的科学、政治和意识形态问题。我几乎没有提到那所将这些要素兼容并包的机构，这些要素不仅决定了它的历史，还决定了它的起源——西班牙自由教育学院（ILE）。

西班牙动荡的 19 世纪最后几十年，阿方索十二世的统治结束了第一共和国并

① 一个犹太教宗派，一般认为其过于强调摩西律法。——译者注

复辟了波旁王朝，自由教育学院为西班牙科学做出了巨大贡献。它以各种的方式做到这一点，但都是基于科学中使用的方法论，它的两个支柱是思想自由和对现实的批判性分析。尽管如其名称所示，它是一个专注于教学的机构，但它不仅通过所培养的学生影响了西班牙科学的未来，还因为学院里聚集了一群学院的推动者、教授、支持者以及研究人员，都为西班牙科学的繁荣发展做出了贡献。此外，还有必要指出自由教育学院在扩展科学教育与研究委员会的创建和后续发展中所发挥的作用——我将在另一章中讨论，该委员会成就了 1907—1936 年西班牙科学最好的时代。

研究自由教育学院的历史时，就会发现在其创立之初，一些科学家的存在格外突出。因此，当发展大臣奥罗维奥（Orovio）侯爵 1875 年 2 月 26 日发布的条例规定，“教师不应发表任何可能被视为反对新建立的君主制度和天主教的言论，天主教是国家接受的唯一宗教信仰”，众多反对者中就有圣地亚哥大学的两位年轻科学教授：一位是奥古斯托·冈萨雷斯·德利纳雷斯（1845—1904），如前文所述（第 5 章），自 1872 年 7 月起担任博物学教授，同时也是马德里大学法哲学教授弗朗西斯科·希内尔·德洛斯里奥斯（1839—1915）的老朋友；另一位是劳雷亚诺·卡尔德龙（Laureano Calderón，1847—1894），1874 年 5 月起担任药学系有机化学教授。[1] 3 月初，二人都以坚决反对的态度回应了校长发出的通知。事实上，说“反对这些条例的人中有两名科学家”并不准确，但正是他们两位的自发行为引发了接下来的事情。就这样，3 月 12 日，弗朗西斯科·希内尔·德洛斯里奥斯作为该校教授，致信马德里中央大学校长，信中表达了自己的回应。在 1873 年担任了一个半月西班牙第一共和国（1873 年 2 月 11 日—1874 年 12 月 29 日）行政长官的尼古拉斯·萨尔梅龙和古梅辛多·德阿斯卡拉特也进行了声援，他们都是马德里的教授。

阿斯卡拉特和萨尔梅龙写信给他们俩在中央大学的同事、刑法教授、时任内政部副大臣路易斯·西尔韦拉（Luis Silvela），下面引用这封信来展示科学在那些反抗奥罗维奥法令的人论据中起到的例证作用（从他们使用科学这个词的意义上讲，不仅限于自然科学，还包括社会科学，尽管在自然科学方面的表达更为准确）：[2]

亲爱的挚友和同僚路易斯·西尔韦拉先生：

鉴于您崇高的目标，我们全心全意地支持您。受到内心责任感的驱使，我们以同样强烈的愿望，希望您将和平带回我们的大学。在此我们回复您今天的关切，确定了我们接受您提出的条件的前提。

第一，我们同意提交教科书和教学大纲，只要其目的是为了了解教学状况，以促进其发展，但不希望政府渗透到每门学科的教学内容和方法中去，高等教育和教学研究中从未有此先例。在这一点上，我们唯一可以承认的，与科学自由并行不悖的，是官方制定的方案只划定学科之间的界限，并只作为建议而非强加的标准；在任何情况下，教授都没有义务在课程内容中遵循这一主张，对于课程内容的确定，除了已经明确表述过的有关课程方面的条件，不能有其他条件。至于形式，需要的不是一项恢复 1857 年和 1859 年立法的法令，其非法性对我们来说是毋庸置疑的，对其他人来说是值得怀疑的，我们认为应该下达一项法令，在序言部分，用上述内容，取代 2 月 26 日所制定的目的和理由，并将提交教学大纲的期限推迟至本学期末。

第二，我们绝不接受天主教教义和代议制政府基本原则对科学施加的限制；至于国王本人，就不用说了，因为，一方面科学与人无关，另一方面，刑法的制裁就足够了；在这种关系中，就像在所有关系中一样，教师必须受到普遍法的约束，没有任何特权，但不能比其他公民更糟。我们要求这种科学的绝对自由不应与，可能令教师诽谤或贬低宗教机构或信仰，或煽动叛乱和蔑视政治的纵容相混淆，但应总是承认教师有权在他们的学科范围内以科学要求的严格程度来对此进行检查和判断，并且出发点只是对真理的追求，不能将成文的法律标准强加给他们，更不要说是政府规定，大学内部的权威对他们进行必要的约束就足够了。请注意 1874 年莫雷诺·涅托（Moreno Nieto）的法令（莫雷诺当时是公共教育局长）：他肯定了科学完全和绝对的自由，除了反对不道德的学说之外，没有对教师施加其他限制。

第三，依据上述前提发布法令后，我们可以据此撤回提出的抗议。至于能否对其他人的意见做出回应，我们估计希内尔会同意这个解决方案，但我们不敢贸然说他是否会撤回抗议，因其已产生法律效力。

我们认为，如果这些条件被接受，对圣地亚哥大学教授们的停职就应被撤销，这是一个必不可少的条件，相信您也是这么理解的。我们请您自行决定是否向希内尔道歉，因为他作为教师和人的尊严遭到了暴力践踏。

此致

敬礼

您的挚友和同事

古梅辛多·德阿斯卡拉特，尼古拉斯·萨尔梅龙

科学对于自由教育学院所有创立者的重要性体现在希内尔·德洛斯里奥斯本人身上，他是学院创建背后的灵魂推手，曾利用自己的著作《心理学课程概要》（*Lecciones sumarias de psicología*，1877）第二版来扩展这些课程，其中提到了自第一版（1874）出版以来，在人类学、生理心理学和心理物理学方面取得的进展，并提到了赫尔曼·冯·亥姆霍兹（Hermann von Helmholtz）、古斯塔夫·费希纳（Gustav Fechner）、威廉·冯特（Wilhelm Wundt）、赫伯特·斯宾塞（Herbert Spencer）和赫尔曼·洛策（Hermann Lotze）等人的贡献。[3]

继这些教授的态度引发的一系列事件后，政府的反应是逮捕希内尔，他被转移到加的斯并被关在军事监狱中，并将萨尔梅龙流放到卢戈，将阿斯卡拉特流放到卡塞雷斯。冈萨雷斯·德利纳雷斯和卡尔德龙的抗议行为，导致他们也被关押在拉科鲁尼亚圣安东城堡中数小时。全西班牙共有 39 名教师抗议，其中 19 人受到制裁，当然包括上面提到的 5 人。1868 年“光荣革命”胜利之后，5 人的教职得以恢复，尽管并非所有人都回到了教学中。但 1875 年波旁王朝复辟后，卡诺瓦斯·德尔卡斯蒂略（Cánovas del Castillo）的命令再次迫使他们离开教学岗位。

在这种情况下，有人提出了在直布罗陀建立一所西班牙“自由大学”的想法，但这一构想没能实现，取而代之的是一所更为适中的学院，不属于大学，但属于中

等教育范围，即自由教育学院，自然科学将在其中发挥重要作用。如果考虑到学院主要创始人的想法，那么会是这样一种情况也就不足为奇了。正如佩德罗·塞雷索（Pedro Cerezo）所指出的，对于希内尔来说，科学构成了“超越艺术、宗教和政治的精神生活的最高境界”。“教授科学”，弗朗西斯科写道，“就是传播真理。”[4]

尼古拉斯·萨尔梅龙的想法也是显而易见的，正如几年后他在自由教育学院创办的《通报》(Salmerón，1881）中所写的那样：

> 在人类理性目标中，科学作为生活的导师和引路人无疑是第一位的。在科学中和通过科学，艺术、法律、道德和宗教本身的重要性和使命得到承认。在我们各个活动领域中，如果没有科学的完美构想和建议，就不会有任何进步或改进。工业，需要科学对自然的了解和重大的发现；艺术，需要科学的理念；法律，需要科学的规则；伦理，需要科学的法则；宗教，需要科学的依据。
>
> 然而，承载着人类进步和人性改善之声的科学，直到今天，其自身独立的社会功能终究没有被认可。时而服从教会，时而屈从于国家，尚未实现其传播者的崇高预言：真理让人自由。
>
> 当今科学居于国家之下，国家的组织主要是由政治目的而决定的，这损害了科学只关心的永久、永恒和普遍的利益。因此，即使在今天，最崇高的思想追求仍然受到压制和谴责，而理性的进步与政治生活短暂的且往往是不公正的利益联系在一起。然而，科学知道如何并且能够克服这一切，像被拥入了人性的怀抱，受到对真理和善的纯粹思索的启发，通过唤醒个人和公众的良知，温和地准备一个更明智的社会组织，在那里科学可以充分并有尊严地履行它作为人生引路人的使命。
>
> 这就是称之为大学的科学机构的现状。

阅读自由教育学院的章程（1876 年 5 月 31 日由缔约者大会临时通过，经同年 8 月 16 日的敕令批准），我们注意到，“组织的一般基础”的第一点规定了以下内容：

“成立一所协会，目标是在马德里建立一所自由学院，致力于各个科学学科的研究和传播，特别是通过教学手段。”当然，正如我之前指出的，并非只涵盖尤其重要的自然科学，还包含社会科学。此外，章程的另一个基本要点，即第 15 条的内容，本着前面引述的阿斯卡拉特和萨尔梅龙写给西尔韦拉的信中的精神，指出：

> 自由教育学院与宗教团体、哲学流派或政党的任何精神和利益格格不入。只宣扬科学自由不可侵犯的原则，科学调查和说明独立于其他权威的原则，并对自己的学说负全部责任。

这是关于科学是什么的一个很好的定义，因此科学精神是这个新机构最基本哲学思想的组成部分，另一个事实是，自由教育学院开设的“中等教育”阶段十二门课程中，有五门是科学：算术和代数；几何学和直线三角学；物理和化学元素；基础博物学；生理学和卫生学。

关于学院的组织结构，第一届董事会的八名成员之一是冈萨雷斯·德利纳雷斯，他担任秘书一职［他很快于 1876 年 11 月辞职；由弗朗西斯科的兄弟埃梅内希尔多·希内尔·德洛斯里奥斯（Hermenegildo Giner de los Ríos）接替］，劳雷亚诺·卡尔德龙是学术委员会的成员。然而，浏览股东名单，就会发现西班牙裔科学界的知名人士寥寥无几，这种情况可能与西班牙科学当时所处的糟糕境地不无关系。除了上述已经提到的，还有天文学家奥古斯托·阿西米斯（Augusto Arcimís），医生卡洛斯·科尔特索（Carlos Cortezo），格拉纳达大学生理学教授、工程师和政治家何塞·埃切加赖，以及数学家和马德里天文台成员欧洛希奥·希门尼斯（Eulogio Jiménez）。

私人关系

将一群人凝聚在一起建立自由教育学院，除了共同思想根源，还有一些别的性质不同的东西，这是以前就存在或后来出现的具体情况的结果，往往是事先无法预见的，先是因为共同职业追求建立起来的关系，后来形成了长久的友谊。[5] 我要提到的第一对亲密的私人关系的主人公是冈萨雷斯·德利纳雷斯和希内尔。

1868 年，希内尔被释放后离开加的斯，搬到了桑坦德，他借住在冈萨雷斯·德利纳雷斯一家在卡武埃尼加山谷的大房子里避难，这一点可以理解，因为两人在马德里相识，多年来一直是朋友。此外，由于健康状况不佳，之后的 18 年里，每个夏天，他都会去那里拜访并住一段时间。当冈萨雷斯·德利纳雷斯一家在桑坦德市定居时，希内尔也经常去做客。事实上，有充分的理由认为，正是在冈萨雷斯·德利纳雷斯的家里产生了建立自由教育学院的想法。由于这种与坎塔夫里亚的联系，选择圣维森特－德拉巴尔克拉作为自由教育学院学生团体夏天的活动场所就不足为奇了。[6]

另一个私人关系是冈萨雷斯·德利纳雷斯、劳雷亚诺·卡尔德龙和弗朗西斯科·基罗加（Francisco Quiroga，1853—1894）之间的关系，他们是与上述学院有关联的三位主要科学家。为了了解他们之间的这种关系是如何建立或加强的，我想借用何塞·罗德里格斯·卡拉西多在一篇题为《西班牙结晶学》（*La cristalografía en España*，1917）的文章中所写的话。首先，卡拉西多在书中谈及加利西亚人何塞·罗德里格斯·冈萨雷斯，后者成就之一是于 1806 年与弗朗索瓦·阿拉戈（François Arago）和让·巴蒂斯特·比奥（Jean-Baptiste Biot）一起担任特派员，继续皮埃尔·梅尚的工作，测量巴塞罗那到敦刻尔克之间子午线的长度。罗德里格斯·冈萨雷斯的另一项事业是在弗赖堡与亚伯拉罕·戈特洛布·维尔纳，在巴黎与结晶学主要创始人之一勒内·朱斯特·阿维（René-Just Haüy）一起研究矿物学。阿维送给罗德里格斯一套精美的收藏品，由 1024 个模型组成，代表了各种类型晶体所有可能的衍生结构。罗德里格斯·冈萨雷斯去世后，这套藏品被送到圣地亚哥－德孔波斯特拉大学，他生前曾是该大学高等数学教授（该大学从其继承人、药剂师路易斯·苏亚雷斯那里购买了这套藏品）。关于这一点，卡拉西多（1917b：268-270）写道：

> 阿维贡献给我们的同胞的收藏品就这样转到了孔波斯特拉大学的实

验室里，除了之前提到的教授对这些藏品进行了一项研究，以及一些标本用作教学模型之外，这些藏品在实验室的架子上几乎完全成了摆设。直到1872—1873学年，奥古斯托·冈萨雷斯·德利纳雷斯担任博物学教授时，他对研究“不幸”的罗德里格斯·冈萨雷斯的宝贵遗产非常感兴趣，几乎把整个课程都花在了这上面，他给学生们的任务是从总体上对所有现有的形态进行分类，同时逐个查看1024个结晶多面体的每个组成面。

1874年，劳雷亚诺·卡尔德龙来到圣地亚哥，被任命为药学系有机化学学科的教授，由于他和同事兼老朋友冈萨雷斯·德利纳雷斯的友谊，也被拉去做结晶学研究。但是，1875年，发展大臣奥罗维奥（Orovio）的通知令两名教授被迫离开教职，产生的最直接影响是，两位教授不得不中断他们的结晶学研究工作。这项工作源自我们的同胞学者献给他深爱的大学的科学宝藏，由上述两位教授继续研究，他们渴望深入了解阿维的作品，阿维用描述动物世界形态的模型对自己的作品进行了详细说明。

从拉科鲁尼亚圣安东城堡被释放后，孔波斯特拉大学的前教授们搬到了马德里，自由教育学院成立了。冈萨雷斯·德利纳雷斯在这所新学校担任教授期间，热切地传播了他所掌握的非凡的结晶学知识，并通过他令人钦佩的课程的力量，在中央大学的旁边，在圣地亚哥面对阿维藏品开启的研究有了回响。[7]

卡尔德龙在马德里定居后不久前往巴黎和斯特拉斯堡旅行，在简短介绍了这些旅行以及他如何在这些旅行中增进结晶学知识之后，卡拉西多继续写道：

年轻的药学和理学博士弗朗西斯科·基罗加是冈萨雷斯·德利纳雷斯先生讲座的忠实听众，当卡尔德龙于1880年返回西班牙时，凭借着优越的知识条件，他继续在友好的科学讨论中，巩固和扩大他以前结晶学研究上取得的成果，并以此成为传播和发展由加利西亚孔波斯特拉大学保存的多面体结晶丰富形态所启发的思想的核心。[8]

通过阅读这些摘录，我们可以了解冈萨雷斯·德利纳雷斯、卡尔德龙和基罗加是如何通过结晶学和他们共同的意识形态立场建立起一种亲密的友谊的，自由教育学院也从中受益，他们为学院的活动做出了积极的贡献。

在加的斯的监禁也为希内尔带来了新的私人关系，这些关系之后也丰富了学院的科学活动。奥古斯托·阿西米斯·韦莱（Augusto Arcimís Wehrle，1844—1910）就是这种情况，他出身于巴斯克 - 法国家族，家里做葡萄酒生意。阿西米斯出生在塞维利亚，但从小就住在加的斯，拥有药学博士学位，尽管他从未从事过这一职业，而是喜欢天文学和气象学，为此他访问了法国、德国和英国的一些天文台。他在家里的屋顶上安装了一个小型的天文气象观测台，获得的成果使他在欧洲天文学界享有一定的声誉[当他认识希内尔时，他已经与诸如奥本·勒维耶（Urbain Le Verrier），以及意大利耶稣会士兼罗马学院天文台台长安杰洛·塞基（Angelo Secchi），等知名的天文学家建立了关系]。他还是伦敦皇家天文学会和意大利光谱学家协会的会员。[9]

当阿西米斯初识希内尔时，立即就被后者强大的人格魅力深深折服。“我是如此爱戴您，”阿西米斯在 1876 年 11 月 13 日写给希内尔的信中说道，“您令我激起的不是尊敬也不是恐惧，我对您毫无保留，就像对我自己的影子一样，很多次当您责备我时，我从来没有想过是我的朋友、我的父亲或我的导师在责备我，而是来自我良心的谴责，因而我不得不听。向奥罗维奥致以千次祝福，多亏了他我才能认识您！”[10]

我们知道，约翰·威廉·德雷珀《宗教与科学冲突史》（*History of the Conflict between Religion and Science*，1874）的西班牙文版是阿西米斯翻译的，于 1876 年出版。尼古拉斯·萨尔梅龙（1885：v）在为其撰写的序言开头提到他和希内尔之间的关系是这样开始的：

一年前的冲突打乱了一些科学自由支持者平静的教学生活。纪念在马德里大学举行第一次抗议对教学人员施加的非法限制的活动，令政府感到无比的愤怒。但这些却给法哲学教授希内尔·德洛斯里奥斯带来了社会地位和崇高友谊，官方的冒犯得到了补偿，他的所作所为受到了颂扬，甚至

> 他的健康也得到了宗教热情般的照顾，这是政府不懂得或不想尊重的。本书的译者，是那些受过教育的人当中为科学尊严献上应有敬意、值得尊敬的人之一。一个懂得仅靠个人努力和牺牲将自己的名字同天文学的最新发展联系起来的人，他在国外比在西班牙国内更出名，这是我们的不幸，难怪他知道如何颂扬因传扬科学而受苦的人。

通过阿西米斯，希内尔在加的斯还认识了何塞·麦克弗森（José Macpherson，1839—1902）。麦克弗森出生于加的斯，是一位安达卢西亚人和一位居住在加的斯的苏格兰富商的儿子。麦克弗森经常前往加的斯，尽管当时他似乎已经在马德里定居。他曾在直布罗陀学习，后来在巴黎学习，虽然他没有读大学，但他成为西班牙地质学的杰出人物。他在西班牙首都定居后，开始与自由教育学院合作，我们将在后面看到。

这些私人关系，一方面巩固学院早期创建人之间的友谊，另一方面也与西班牙自然科学的发展有关：学院组织的徒步远足活动，主要是在瓜达拉马山脉。1886年，瓜达拉马研究学会的成立就是这些倡议的具体体现，希内尔、科西奥、基罗加、麦克弗森和伊格纳西奥·玻利瓦尔（Ignacio Bolivar）是该学会的创始人（后来总共有20多名成员）。学院组织的山区远足活动始于1883年前后，而卡尔德龙和基罗加在此之前就经常来这里考察。我将在下一章中讨论的玻利瓦尔，他名义上不是自由教育学院的成员，也没有在那里任教，但他和自由教育学院联系紧密。那么他参加山区远足就很容易理解，不仅因为他是博物学家，还因为他与卡尔德龙兄弟，以及基罗加之间的友谊。另一方面，他先后娶的两任妻子属于彼尔塔因家族，该家族与学院有着密切的联系。他与第二任妻子生的儿子坎迪多（Cándido）与学院的联系更为紧密，曾经是自由教育学院的学生，后来他继承父亲的事业，先是在西班牙，后来流亡到拉丁美洲。[11]

在自由教育学院的背景下，私人关系对科学做出贡献的另一个表现反映在学院本身的组织上。尽管学院成立于1875年，但直到1884年才在当时的马德里郊区、方尖碑大道（今天的马丁内斯·坎波斯大道）一座带花园的宅子里安顿下来。正如戴维·卡斯蒂列霍（David Castillejo）（1997：309）所说的那样，“有两个家庭住在那里：一个家庭是曼努埃尔·巴托洛梅·科西奥（Manuel Bartolomé Cossío），他的妻子卡门·洛佩斯·科顿（Carmen López Cortón）和两个女儿纳塔利娅和胡利娅，以及和他们住在一起的弗朗西斯科·希内尔；另一个家庭是里卡多·鲁维奥（Ricardo Rubio，也是著名的制度主义者，教育博物馆副馆长）和他的妻子伊莎贝尔·萨马，以及两个孩子曼努埃尔和米凯拉。两家人住宅经由一道内门连通，只有在卡门身体不适或抑郁发作时才被锁上”。

方尖碑大道的这栋房子附近，还住着其他与希内尔和自由教育学院相关的人士，他们在当时的西班牙科学界留下了自己的印记，同时也参与了学院的各种活动。在现在的奥拉将军街，毗邻而居（这两栋房子现在还在，但已作他用）且共用一个实验室的是路易斯·西马罗（Luis Simarro）——另一位著名的制度主义者（也是学院的股东，我们稍后会讨论），和胃肠病学家胡安·马迪纳贝蒂亚·奥尔蒂斯·德萨拉特（Juan Madinaveitia Ortiz de Zárate）——他是希内尔的医生，后来是大卫·卡斯蒂列霍的医生（卡斯蒂列霍是希内尔的弟子，扩展科学教育与研究委员会秘书）。胡安·马迪纳贝蒂亚是化学家安东尼奥·马迪纳贝蒂亚（Antonio Madinaveitia）的父亲。安东尼奥曾在自由教育学院完成初中教育，在马德里卡德纳尔－西斯内罗斯学院读的高中，之后在苏黎世理工学院学习化学工程，在巴塞罗那学习药学。我将在第 13 章再次提到安东尼奥·马迪纳贝蒂亚，专门讨论扩展科学教育与研究委员会中物理和化学方面的情况，以及科学领袖布拉斯·卡夫雷拉和恩里克·莫莱斯（Enrique Moles）。

奥古斯托·冈萨雷斯·德利纳雷斯和桑坦德海洋生物学实验站

到目前为止，仅提到了一次《自由教育学院通报》（*Boletín de la Institución Libre de Enseñanza*，*BILE*，下文简称《通报》）。本章中我们还将会谈到，该出版物对西班牙包括科学文化在内的文化发展做出了重大贡献。《通报》创刊号中，紧随尼古拉斯·萨尔梅龙文章《承认历史规律的必要性》（*Necesidad de reconocer ley en la historia*）之后的第二篇文章，是由奥古斯托·冈萨雷斯·德利纳雷斯撰写的《几何学与自然形态学》(*Geometría y morfología natural*)，多年来他为《通报》撰写了大量文章，其中一些基于他在该学院所作的系列讲座，例如主题为“海克尔形态学”的讲座。[12] 恩斯特·海因里希·菲利普·奥古斯特·海克尔（Ernst H. Ph. A. Haeckel）对冈萨雷斯·德利纳雷斯的思想产生了重要影响。这位德国生物学家尽管有些特立独行，但他是达尔文思想的坚定追随者，努力传播达尔文思想。特别是，他以对有机体普通形态的研究而著称，其中包括个体的发育史和物种的进化史。有必要了解冈萨雷斯·德利纳雷斯（1877—1878：80-81）1877 年 5 月 11 日在自由教育学院发表的演讲中对海克尔研究的看法：

> （海克尔的理论）主要包含两个要点：一个是关于有机体本身；另一个是关于有机体的最初起源，及其与当前形态的主要区别，统一自然世界，解决普遍认为由有机体和无机生物构成的荒谬二元论，前者用纯机械因果律解释，后者如果不用神学目的论就无法解释，与大自然自身的机能格格不入。总之，海克尔的目的是：用思想和现象统一的一元论取代直到今天仍在自然科学中盛行的非理性二元论。

冈萨雷斯·德利纳雷斯所指的书是《生物体普通形态学。有机形态科学的基本原则，机械地基于查尔斯·达尔文的物种起源和进化理论》(*Generelle morphologie der organismen. Allgemeine grundzüge der organischen formen-wissenschaft*，*mechanisch begründet durch die von Charles Darwin reformirte descendenztheorie*，1866)，这本书由历史学家、记者、共和派政治家萨尔瓦多·桑佩雷－米克尔（Salvador Sanpere y Miquel）翻译成西班牙语，于 1887 年出版。[13]

海克尔的思想在西班牙有很强的影响力。他的《自然创造史》(*Natürliche Schöpfungs geschichte*，1868）被 M. 皮诺（M. Pino）翻译成西班牙语：1893 年以《一元论作为宗教与科学之间的纽带。博物学家的信仰职业》(*El monismo como nexo entre la religión y la ciencia. Profesión de fe de un naturalista*）为题出版（F. Cao 和 D. del Val 印刷，A. 马查多－阿尔瓦雷斯出版社，马德里）。[14] 据我们所知，他还

影响了西班牙自然科学领域的另一位杰出人物华金·玛丽亚·德卡斯特利亚尔瑙（Joaquín María de Castellarnau，1848—1943），仅仅在冈萨雷斯·德利纳雷斯开始在学院研究海克尔并在《通报》发表文章两年后，他就深深迷上了其中有关海克尔的内容，正如他在回忆录中所写：[15]

> 1879 年阅读恩斯特·海克尔的《自然创造史》是达尔文理论对我的首次正式启蒙。莱图尔诺（Letourneau）出色的法文译本被我带到了位于比斯开海岸的萨图拉兰度假村，我坐在海滩的岩石上开始阅读，从第一页开始，我就为之折服。我不可能找到一个更合适的地方了，因为我第一次欣赏到，海洋潮汐的壮丽，与海克尔热情讲述的地球上有生命万物的创造故事的伟大相得益彰，在我看来，只有弗拉马里翁（Flammarion）对广阔天空的描述能与之相提并论。除了我们是猿猴的后代之外，我对达尔文的书几乎一无所知！

三年来，冈萨雷斯·德利纳雷斯在自由教育学院教授结晶学和自然形态学，直到 1881 年恢复大学教授的身份。不过由于他在圣地亚哥的职位已经被占，他来到巴利亚多利德大学担任矿物学和植物学教授。然而，忙于出国旅行和各种事务的他，直到 1884 年才重返教学岗位。

但冈萨雷斯·德利纳雷斯最突出的地方，也是他在西班牙科学史上留下最多印记的活动就是对海洋世界研究制度化。无需赘述，西班牙这个拥有广阔海岸线的国家与大海之间的关系。这种制度化是通过桑坦德的一个海洋生物学站 / 实验室实现的，实际上是早期建立的站点之一：在此之前的有孔卡诺站（法国，1872）和彭尼克塞（美国，1873）以及最重要和最负盛名的那不勒斯站（1874）。

自 19 世纪 80 年代初，冈萨雷斯·德利纳雷斯与伊格纳西奥·玻利瓦尔一起从政府那里获得了前往那不勒斯动物学实验站进行研究的助研金。此举的目的是为了在西班牙建立一个类似的研究站。这一目标最终通过 1886 年 5 月 14 日的敕令和公共教育委员会的一份报告得以落实，成立了海洋动植物实验站，其更为人所知的名称是“海洋生物学站”，坐落于桑坦德。[16] 其目标是：

1. 国家海岸和邻近海域的动植物群及其相关科学问题的研究和教学。

2. 将这些知识应用于海洋工业的发展。

3. 为博物馆和教育机构提供藏品。

7月30日，建站的敕令颁布后不久，冈萨雷斯·德利纳雷斯受一份敕令的指派，从9月开始研究那不勒斯站的组织情况，为期6个月，但他第一个月用来探索加利西亚、阿斯图里亚斯和桑坦德的海岸。这次考察的结果是，坎塔夫里亚首府桑坦德后来被选为海洋生物学站的所在地，该站在行政上隶属于自然科学博物馆，尽管最初是考虑设在圣维森特－德拉巴尔克拉，此处值得思考一下“制度主义的关联”。选择桑坦德除了因为其靠近深海，人们对那里的动物群知之甚少，并且有低吨位船只和辅助拖船可供使用之外，还因为市政议会在省议会之外又提供了额外的扶持。1887年6月21日，冈萨雷斯·德利纳雷斯被任命为站长，几乎在他成为自由教育学院教师的同一时期。[17]

我坚持认为那不勒斯站是该领域在世界上最好的站点之一。从冈萨雷斯·德利纳雷斯在那不勒斯期间写给希内尔的一封非常有意思的信（未注明日期，但可能是1887年）中，我们可以了解一些信息。[18]值得在这里摘录信件的大部分内容，从中可以看出利纳雷斯当时缺乏领导桑坦德海洋生物学实验站的资历。这种情况在19世纪和20世纪前期西班牙科学的其他一些著名案例中屡见不鲜（例如，物理学家布拉斯·卡夫雷拉1910年被任命为扩展科学教育与研究委员会于当年成立的物理研究实验室主任，他向委员会申请了助研金，为的是出国进修以增进这方面知识——我们将在另一章中看到）：

最亲爱的帕科：

上帝知道我有多么感激您的来信……

在这里（在那不勒斯），我一直并且仍然过得很痛苦。因为之前没有谁准备充分来到这里只为进行初始研究。我天真地暴露了我的无知，看他们在这里做的事情，真的很棒。在不得不忍受了相当多的冷眼和无视之后，我想，我开始得到了一些尊重。确实，我的情况会让人误解。一方面我没有做好准备开展自己的研究，另一方面我要在西班牙建立和领导一个动物站，这里的人接受不了这样的矛盾，我看起来像是一个利用自己国家“无知”而谋取自己利益的骗子。现在他们开始相信，无知也好，其他什么也好，我有良好的意愿，并打算为我的国家提供服务，为未来的研究人员在本国接受初步培训，然后来这里进修的可能性做好准备。现在我“利用”一切愿意被我“利用”的人。站里的助理或研究人员：一个人（勃兰特）告诉我一些关于放射虫的事情，另一个（拉法埃莱）给我讲关于鱼的事情，P. 迈尔（P. Mayer）跟我讲一些关于切片技术的事情等等，尤其是藏品管理员洛比安科，他非常了解动物群，并且对我非常好。

在这方面，冈萨雷斯·德利纳雷斯也提到了获取信息的限制：

找不到任何与动物制备和保存程序相关的内容。这些是机密，是海洋站的资源，只教给那些前来学习以备下一次出航的海军军官，并要求他们进行进一步的保护，没有向博物学家教授的先例。确实，在保守的洛比安科身边工作的卡斯特利亚尔瑙学到了一些东西，但不是全部，也不是其中最重要的部分，他们担心他会将这些发表在他的书中……确实在我提出要求时，洛比安科给了我一种他开玩笑地称之为“神奇”的液体，它不仅仅是升华物，但我从来没有尝试了解它是什么：我的意思是，我不是那种会偷偷打探他们不应该告诉我的事情的人。

其主要任务如下（在这里引用很有意思，因为从中能了解他在该学科的知识领域，并加深对其科学缺陷严重程度的了解）：

因此，我的主要任务是了解我不知道的，且这里盛产的远洋动物群，很有趣。我从未见过超过两种水母，我不知道管水母也不知道栉水母，现在我逐渐熟悉它们了。我也不知道环节动物和远洋软体动物，以及各种群的幼虫和胚胎，我每天在这里观察10~12种不同的生命形式。我学会了制备要保存在加拿大香脂中的小型生命体，作为对其进行进一步显微镜观察研究的手段；只不过我的手很笨拙，而且我做不了很精巧的事情。

我的专长是盘管虫。目前我仅限于做物种的确定，而洛比安科已经允许我纠正或完成之前的确定，因为他看到我正在逐步熟悉它们；而另一方面，他们从未非常重视系统学。我需要使用切片机制备切片，了解组织学和胚胎发生学，只有这样，到时我才能准备好对该种群开展进一步的个人研究。

对于其他种群，我继续进行制备工作，仅限于熟悉其形态。对于海绵，我做了一些事情，因为助理沃斯梅尔对我很好，但是研究我的收藏需要时间，不能仓促做出判断，因为今天海绵学是一团糟，每个物种都必须通过显微切片仔细研究，才能确定物种。我所掌握的是知道该做什么，我希望以后能对这个种群做进一步的研究。

对于藻类，我借机观察和保存了一些；我正在与研究藻类的M. 诺尔和加迪纳先生打交道，希望他们教我一些制备方法等等。

冈萨雷斯·德利纳雷斯领导桑坦德海洋生物学站，直到1904年去世。站助理何塞·里奥哈·马丁（José Rioja Martín，1866—1945）继任。里奥哈出生于马德里，并在马德里学习自然科学；1886年，他获得了巴利亚多利德大学博物学教授助教的职位，教授由冈萨雷斯·德利纳雷斯担任，一年后他获得了博士学位。作为第一项措施，里奥哈被派往那不勒斯，他在意大利期间，曼努埃尔·卡祖罗·鲁伊斯（Manuel Cazurro Ruiz）被任命接替他，等里奥哈回来后，再派曼努埃尔去那不勒斯，在那里待了两年。[19]

西班牙的海洋学：奥东·德布恩

西班牙的海洋研究起源于桑坦德生物学实验站，但其发展也可以说制度化主要归功于一个与自由教育学院无关的人——奥东·德布恩，但他认可学院对西班牙自然科学的重要性。我们已经在讨论达尔文进化论在西班牙引起的反响时提到过他。[20]在回忆录中，德布恩（2003：43-44）回忆了他在马德里大学学习的岁月：

那些年，大学里因为被保守派奥罗维奥侯爵撤职的教授的回归而洋溢着欢乐的气氛。卡斯特拉尔、萨尔梅龙、莫雷特、劳雷亚诺·菲格罗拉、弗朗西斯科·希内尔·德洛斯里奥斯等人重回讲堂，老礼堂里挤满了听众。我们也悄悄地庆祝了卡尔德龙兄弟（劳雷亚诺和萨尔瓦多）和冈萨雷斯·德利纳雷斯回归理学系。我们的欢乐无法引起轰动。我们人太少了！萨尔瓦多·卡尔德龙在国外的逗留，在美洲的旅行，给我们带来了地质学和矿物学的复兴之风。他的哥哥劳雷亚诺曾在德国教书并指导实践，引领了结晶学的发展方向，令人钦佩。奥古斯托·冈萨雷斯·德利纳雷斯在海洋生物学站实验室期间已经取得了巨大的成就，为我们带来了神奇的收藏品和革新的思想。

多亏了奥东·德布恩在国内和国际上的努力和杰出的作为，时任公共教育大臣、马德里大学医学系普通病理学教授（也是皇家医学、艺术和科学院成员）阿马利奥·希梅诺签署通过 1906 年 11 月 3 日《马德里公报》颁布的一项法令，决定在波托皮（马略卡岛）建立巴利阿里海洋生物实验室，旨在促进地中海研究。该实验室于 1908 年落成，德布恩担任主任。1912 年，实验室在马拉加开设分支机构，目的是将研究扩展到直布罗陀海峡。此外，在 1914 年，根据 4 月 18 日的敕令，奥东·德布恩被任命为新近成立的西班牙海洋学研究所（IEO）所长。其创始法令的前四条明确了新机构的性质，其中德布恩的影响（即思想）显而易见：

第一条　成立西班牙海洋学研究所，旨在研究环绕我们领土周围的海洋物理、化学和生物环境，并应用于渔业问题。

第二条　巴利阿里海洋生物实验室以及桑坦德和马拉加海洋生物学站将作为该科学院的组织基础，同时扩大沿海实验室网络建设，另外两个实验室将分别建在维哥和加那利群岛。

第三条　上述研究所和下属实验室的管理机构将设在马德里，并在预算资金允许的情况下，相继设立中央办公室、实验室、海洋博物馆和水族馆。

第四条　研究所负责通过授课、讲座和出版物传播海洋学知识。将申请和组织商船队和海洋学学会工作人员的竞聘，也可以委托外国教师开设专题讲座和课程。

敕令中提到的两个新实验室是在几年后建立的：第一个是 1927 年在加那利群岛建立的实验室；第二个实验室没有设在维哥，而是 1932 年建在了蓬特韦德拉的马林。最初，研究所隶属于公共教育和美术部，但于 1924 年移交给发展部，又于 1932 年移交给海军部（直至 1962 年）。在这些变化背后隐藏着的，不是对其领导权的争夺，领导权毫无疑问是属于德布恩的，而是对机构本身控制权的争夺，即对行政、经济和科学上的控制。自成立以来，海洋学研究所主管所有现有的海洋实验室，因而主导了西班牙海洋生物学的制度化，这种情况无疑困扰着自然科学博物馆。自然科学博物馆当时隶属于扩展科学教育与研究委员会（我将在另一章中讨论），而委员会又隶属于公共教育和美术部。博物馆馆长伊格纳西奥·玻利瓦尔反对海洋学研究所作为一个独立机构——也就是说，不隶属于博物馆，因为这意味着博物馆失去了对桑坦德站的控制权。1917 年 6 月，时任扩展科学教育与研究委员会主席的圣地亚哥·拉蒙 - 卡哈尔向公共教育和美术部发送了一封来自玻利瓦尔的信，玻利瓦尔在信中抱怨道：[21]

如果桑坦德站归入新的研究所，偏离建站目标，博物馆则不得不筹建一个新海洋实验室用于研究，因为必须考虑到该研究所不能垄断海洋生物研究，并且其使命与生物学研究相去甚远，只能以非常次要的方式关注生物学研究，这将导致海洋方面的知识不受重视，因此博物馆更有必要进行这方面的研究。

玻利瓦尔说的是，博物馆工作人员的海洋研究属于“学术”范畴（物种的生物学和分类学、生物多样性、生物之间的关系以及教学任务，包括为学校提供培训课程和标本），海洋学研究所更侧重于实际应用。这是一个正确的认识。正如弗朗西斯科·哈维尔·多西尔·曼西利亚（Francisco Javier Dosil Mancilla）（2007：187）所说：

> 海洋学研究所的研究模式具有明显的应用特征。其主要目标是促进海洋资源的合理利用。研究一般采用定量标准，优先获取理化参数及其与生物参数的相关性，以了解种群动态和渔船的利用能力，对更适合开发利用的物种进行跟踪监测。这种应用视角很早就摆明了，在其创始敕令中，在坚持渔业（尤其是地中海）对我国的重要性之后，指出该机构“……旨在研究环绕我们领土周围的海洋物理、化学和生物条件，并应用于渔业问题”。

综上所述，海洋学研究所在其开展的各项活动中可以获得军舰的支持也就不足为奇了。而另一方面，对沿海地区更感兴趣的科学博物馆的科学家不得不满足于小船上的挖泥机。

在这方面，斗士奥东·德布恩并没有保持沉默。他坚持海洋学研究应该统一归属到他所领导的机构，并援引了有效性标准，因为在他看来，机构的重复会导致研究力量被分散和严重的经济浪费。1921 年 1 月 15 日，在得知将在马林建立一座隶属于博物馆的实验室后，他致信卡哈尔反对该计划：[22]

> 作为海洋学研究所的所长，我已经非正式地了解到您作为主席的委员会的目的，即在马林湾建立一个海洋生物学实验室，主要致力于研究具有经济利益的海洋动物，以及为实现这些目的需采取的措施。这个计划如此重要且导向如此正确，要不是看到浪费人力物力的明确风险，以及一个国家机构蔑视其他机构为履行现行规定而被赋予的职能，以及在相同领域所

做出的努力和取得的成就，那么我所在的研究所不得不向委员会致以最热烈的掌声。事实上，按照敕令的规定，西班牙海洋学研究所须在预算允许的情况下（如果有足够的财力和人力则更好）在维哥建立一个实验室，而同样由我负责的渔业科学研究监管机构，出于经济目的已经建立起这个实验室了，但因为无法克服的困难又不得不放弃它，马林湾也会出现同样的困难。而且，研究所还发表了关于沙丁鱼生物学研究的著作，西班牙以外的专家（西班牙没有此类专家）对此有着极大的兴趣。出版的还有研究所的论文集，其中包括在加利西亚海湾，使用一艘军舰开展的两次卓有成效的活动的成果。因此，我所在的研究所并没有忘记国家赋予的需在加利西亚海湾执行的任务。委员会显然没有必要在马林或其他地方建立和维护此类实验室。完全可以将大量财力和今天很难找到的人力用于被我们忽视的其他科学分支。没有必要再建一个实验室，因为本研究所可以向委员会提供满足其目的的服务，因为我们已经组建了足够多的此类实验室。现在已经建立的有巴利阿里、桑坦德和马拉加的实验室，拥有丰富的资源和训练有素的专业人员。在其服务范围内，可以轻而易举地为委员会提供各种便利。我从来没有设置任何障碍，但我提供的服务却经常被拒绝。说我们组建的实验室缺乏条件既不合理也不公正。主席阁下，您本人也是特例的见证人。几年前，阁下工作的地方有着各种各样的便利条件，有来自各个国家学识丰富的专家在那里工作，他们可以尽情使用各种资源直到获得想要的研究结果，在不歪曲事实的情况下，没有人能说我们没有充分的开展研究的条件。而且情况已经有了很大改善，并且还在不断改进。对每个人来说，最爱国、最合情合理的事情就是委员会帮助弥补可能存在的缺陷，并停止创建需要消耗大量资金，并且只有长时间才能产生可观成果的机构。我希望阁下和委员会的杰出人士，聆听爱国主义的声音，并劳烦您考虑我有幸向您提出的以下建议：①对于与海洋有关的研究，委员会可使用隶属于西班牙海洋学研究所的实验室及其可支配的资源、组织的国家级的海洋学研究活动，而不是创建类似的实验室；②还可向实验室派遣获得奖学金的学生，组织适宜的暑期或冬季课程，由实验室的特聘教授或常任人员任教；③国家自然科学博物馆可以利用研究所开展的活动，在其所探访地区进行标本收集。

此前，为了克服自然科学博物馆在海洋学研究方面的局限性，1919 年在巴伦西亚建立了一个水生生物学实验室。

根据 19 世纪下半叶和 20 世纪初，西班牙在海洋生物学领域的活动、机构和科学家的数量，我们可以做出总结：尽管远不尽如人意（拿出困难和挫折的例子并不难），但相对而言，西班牙海洋生物学在那个时期的情况比物理和数学等科学更好更有希望，并且很可能比化学也好一点——因为在化学领域，外国工业可以满足国家需求，而在渔业方面则不行。对海洋生物学如此重视的原因是前面已经提到的：西班牙是一个很大程度上被海洋包围的国家，渔业非常重要，很容易引起当局（包括军方）的关注。因此，以上就是“科学 - 技术 - 工业”三角或“科学 - 社会”二重奏，在一个国家的历史和科学发展中具有重要性的众多例子之一。

劳雷亚诺·卡尔德龙和弗朗西斯科·基罗加

我之前已经提到劳雷亚诺·卡尔德龙和弗朗西斯科·基罗加建立了密切的关系，起初是老师和弟子的关系，后来是平等的关系。我还提到了卡尔德龙和自由教育学院的联系是如何建立的，他的兄弟们像他一样，也是希内尔的私人朋友，也都加入这个关系网之中。他的兄弟是作家阿尔弗雷多（1850—1907）和地质学家、植物学家、动物学家、著名的自由思想家萨尔瓦多（1851—1911）。萨尔瓦多在该机构任教一年并在《自由教育学院通报》上发表了大量文章。正如我们稍后将看到的，萨尔瓦多·卡尔德龙对西班牙自然科学贡献的重要性丝毫不亚于劳雷亚诺。

尽管没有他们教课的记载，但从 1876—1877 学年的初始课程起，劳雷亚诺·卡尔德龙和他的兄弟萨尔瓦多都被认为是自由教育学院的教师。[23] 与冈萨雷斯·德利纳雷斯不同的是，当劳雷亚诺能够重返大学时，他并没有回去。获释后，他在巴黎逗留了一段时间，拓展了生理化学的学习；后来在斯特拉斯堡与德国矿物学家保罗·冯·格罗特（Paul von Groth）一起进行了培训，后者最重要的贡献是根据矿物的化学成分和晶体结构对矿物进行系统分类。在那段时间，劳雷亚诺发明了十字镜，这是一种用于测量晶体角度的装置［他在该领域发表的一些文章发表在格罗特 1877 年创办的《结晶学与矿物学杂志》（*Zeitschrift für Kristallographie und Mineralogie*），和《法国科学院报告》（*Comptes rendus de l'Académie des Sciences*）］。事实上，劳雷亚诺·卡尔德龙被认为是西班牙现代结晶学的引入者。他还是致力于改革化学术语的国际委员会的成员。

在《自由教育学院通报》（1894a：98-99）一篇感人的讣告中，回顾了劳雷亚诺·卡尔德龙与学院保持的关系：

> 他长期在国外和外省生活，无法亲自参与学院的教学。但《通报》发表了他的一些原创作品。其中最近的几篇关于几何学与自然形态学关系的文章，是对利纳雷斯先生不久前也在该专栏中发表的研究文章的一系列评注。
>
> 科学论文，实验室研究，两种不同科目繁重的教学工作，马德里科学和文学协会的讲座和讨论，农业和工业问题，持续的奔波，个人问题，乃至我们政治和政党的风波，迅速耗尽了他 46 岁的生命，如此年轻的体格，被长期精神紧张的生活所摧毁。

关于弗朗西斯科·基罗加及其与学院的关系，我也想引用《自由教育学院通报》（1894b：195-196）中的内容：

> 自学院成立以来，基罗加就是教师队伍中的一员，并且是最活跃的教师之一。地质学、化学、物理学相继或同时成为他课程、讲座、实验室实践和野外考察的研究对象。[24] 他的大量科学调查结果为国际地质科学事业添砖加瓦，作为学院的一分子，他是我们的荣耀和榜样。《通报》中他的一

些野外考察描述成为与科学基础知识一样重要的教科书，由于其清晰、严谨和完整的内容，成为任何初级教师都可以利用的真正指南，有了这样的经验，基罗加在将现代教学精神带到自然博物馆的同时，得以在该机构重建野外地质学考察实践，如果不说是引入的话。

除了这种教学以及他的作品和研究不可估量的价值之外，基罗加还为学院做出了许多其他重要的贡献，包括已经提到过的、丰富了我们图书馆的宝贵藏书，以及另一套非常珍贵的矿物收藏，尤其是岩石，与麦克弗森、利纳雷斯和卡尔德龙先生的捐赠一起构成了我们地质陈列馆的基础藏品，藏品目录是他与卡尔德龙先生一起制定的，出版于我们《通报》第二卷。[25]

后面我们会看到，基罗加在《通报》中发表化学文章方面尤其活跃。

自由教育学院中的地质学：何塞·麦克弗森

我已经说过，何塞·麦克弗森是在希内尔被关押在加的斯的时候认识的。[26]何塞经济条件不错，曾在巴黎，按照洪堡的方式，学习数学、物理、化学、地理和自然科学，1870 年返回西班牙，但之后又返回法国首都巴黎专攻地质学，师从奥古斯特·多布雷（Auguste Daubrée）和斯坦尼斯拉斯·默尼耶（Stanislas Meunier）。1873 年，他在马德里定居，建造了一座房子，里面设有一个实验室，比大学里的任何实验室都要好得多。萨尔瓦多·卡尔德龙和基罗加等人都受益于这个实验室。麦克弗森与基罗加一起被认为是西班牙岩石学的引入者，他们也是用显微镜研究岩石的先驱。他在该领域的第一部著作于 1875 年出版，其中探讨了龙达山区蛇纹石的来源是橄榄石。卡斯特利亚尔瑙（2002：84）在他的回忆录中指出，当其他欧洲岩相学家刚开始开展此类研究时，“将现代地质学和显微岩石学引入西班牙的何塞·麦克弗森”已经开始撰写他的著作《西班牙的单斜构造》（*Estructura uniclinal de España*），其中包含了对 400 多种岩石的分析。

1885—1887 年，他将岩相学研究重点放在北方、塞维利亚和加的斯省的“太古代地层”及加利西亚的岩石，以获得各种地层之间的年代关系。对这一领域感到失望后，他又致力于研究造山运动。这是当时地质学一个年轻分支，他研究了伊比利亚半岛的构造（山脉的起源，半岛海岸的形式与陆地和海底最小阻力线之间的关系）。关于这一点，奥东·德布恩（2003：38）在他的回忆录中写道：

> 我也有幸了解了地质学。环境所致，我与何塞·麦克弗森建立了联系。我和他一起到山上考察，在他位于跑马场高地的房子里设施非常齐全的实验室里，我学习并熟悉了岩相技术。麦克弗森研究的是高级地质学，而不是关于大地的粗浅学问，他在显微镜下仔细研究了岩石的结构、成因和演化，探究形成它们的矿物之间的动态现象，大地内部悄无声息的分子活动的关联，看似没有变化，但随着时间的推移却发生了最深刻的转变；一种真正的矿物质生命，它像自然界中的所有事物一样不断进化，新的形态不断形成，旧的形态不断消失。

麦克弗森没有后代，只有姐妹和外甥，在遗嘱中，他将他的矿物和岩相样本收藏、实验室仪器和宏富的藏书遗赠给希内尔；如果无法实现的话，就赠给曼努埃尔·巴托洛梅·科西奥（Manuel Bartolomé Cossío）。这些材料曾存放在教育博物馆中，之后转移到自由教育学院专门为其设置的存放地，不过1939年从那里消失了。此外，麦克弗森还嘱托将他的一部分财产用于在自由教育学院建造一座小楼开展教学工作，称为“麦克弗森楼”。

西班牙的自然科学和制度主义者

在概述了投身自然科学的自由教育学院主要成员的活动之后，有必要进行总结，首先是这个科学分支在西班牙的重要性。关于奥古斯托·冈萨雷斯·德利纳雷斯前面已经提到过了，没有必要再赘述，尤其是关于他的创举：创建和领导了桑坦德海洋生物学站。在第8章中，我们还将谈及弗朗西斯科·基罗加、何塞·麦克弗森和萨尔瓦多·卡尔德龙的重要性，即他们在西班牙博物学会的《西班牙博物学会年鉴》（*Anales de la Sociedad Española de Historia Natural*）上发表的文章。

综上所述，再引用另一个制度主义者的一段话也不为过，安东尼奥·希门尼斯－兰迪（Antonio Jiménez-Landi）（1996b：128-129）在他撰写的《自由教育学院史》中，对学院最初的几年是这样描述的：

> 关于自然科学的研究，在西班牙的院系中几乎不可能找到更称职和更先进的教师队伍。当时冈萨雷斯·德利纳雷斯和卡尔德龙兄弟都还没有出国，不久之后，他们最大限度地发挥了自己非凡的科学才能。而更为年轻的弗朗西斯科·基罗加已经是麦克弗森最器重和最偏爱的弟子。

希门尼斯－兰迪没有提，我到目前为止也没有提的另一位与自由教育学院有关的著名西班牙博物学家布拉斯·拉萨罗·伊维萨（Blas Lázaro Ibiza，1858—1921），他在 1880—1881 学年和 1884—1885 学年是学院教职员工的一员。作为助理教授，他主要教授植物学和农学课程，但也研究与自然科学相关的其他学科。[27] 与自由教育学院其他教师的情况一样，拉萨罗的科学工作在整个西班牙科学界大放异彩，而他的专长是海洋生物学。用多西尔·曼西利亚（Dosil Mancilla）（2007：83-85）的话来说：

> 布拉斯·拉萨罗是官方植物学家的典范：优秀学生和年轻有为的植物学家，药学和自然科学硕士，药学博士，他很快就接触到了皇家植物园……他还得到了植物学官方最高层代表米格尔·科尔梅罗（Miguel Colmeiro）的支持。年仅 34 岁的他就当上了中央大学药学系植物学教授，并成为西班牙在国际植物学大会上的主要代表。而他承担了许多官方职责，由于繁忙的工作日程，他的植物学采集范围限定在半岛中心地带，只能在夏季前往海岸收集海藻的旅行中放松一下……
>
> 在担任教授的 39 年里，他开展了丰富的活动，包括建立了一个设施完

备的研究实验室，收集了一套优秀的植物标本，藏书颇丰，特别是关于隐花植物的书籍十分齐全，以及丰富的教学材料。

拉萨罗在大学以外的其他官方领域也有出色的表现，例如，西班牙博物学会，他 24 岁就加入该学会，担任过各种管理职务，1901 年担任主席，1915 年被任命为名誉会员；1900 年，他进入皇家精确、物理和自然科学院；15 年后他被授予皇家医学科学院正式院士。此外，他还加入了许多委员会，参与了政府指派的许多工作：科学出版物审稿人（1885）、获得助研金前往那不勒斯动物学实验站进修（1887）、乌普萨拉大学官方代表（1907）、科学材料研究所成员、非洲采集品研究专员，等等。

路易斯·西马罗和自由教育学院

在探讨与自由教育学院相关的科学家在天文学、气象学和数学方面取得的进展之前，我想先谈谈路易斯·西马罗（1851—1921），他的名字在之前的章节中已经出现过。作为杰出的人才，西马罗拥有复杂的性格和极高的天赋，在他那个时代的西班牙生物医学领域占据突出的地位，不仅仅因为他的个人贡献，还因为我们将在后面探讨的一些情况，例如将铬银染色法传授给圣地亚哥·拉蒙－卡哈尔，后来被这位来自佩蒂利亚－德阿拉贡的学者巧妙地应用于他的研究当中。[28]

西马罗在巴伦西亚学习医学，很快就表现出伴随他一生的特征之一——政治进步主义。当时他作为当地共和派青年领导人之一，在 1869 年起义期间设置路障示威。他在共和派工人阶级学校教授职业健康方面的课程（1870—1871），在巴伦西亚科学和文学协会的一次充满激情的演讲上为实证主义辩护（1872）。这种态度引发的后果是他的学业中断，因此他不得不在 1873 年秋天搬到马德里来完成学业。在首都，他在佩德罗·冈萨雷斯·德贝拉斯科的人类学博物馆的显微绘图实验室工作，并通过参加马埃斯特雷·德圣胡安（Maestre de San Juan）创立的西班牙组织学学会的课程完成了他的学业。

1876 年，西马罗在公主医院任职，次年被任命为莱加内斯市圣伊莎贝尔精神病院院长，1879年他因与教会当局发生冲突而不得不辞去该职位。这件事促使他前往巴黎，1880—1885年，他一直在巴黎与马蒂亚斯·杜瓦尔（Mathias Duval）、路易·安托万·兰维尔（Louis Antoine Ranvier）、让·马丁－沙尔科（Jean Martin-Charcot）和瓦朗坦·马尼昂（Valentin Magnan）一起工作。通过这些人，他深入地掌握或者更确切地说是完善了他在达尔文理论、显微学、神经组织学和神经精神病学方面的知识。

回到马德里后，他投身于神经学研究，最终转向精神病学研究。作为一名研究人员，他的兴趣集中在神经组织学和实验心理学。他的弟子中有尼古拉斯·阿丘卡罗（Nicolás Achúcarro）、贡萨洛·罗德里格斯·拉福拉（Gonzalo Rodríguez Lafora）、何塞·桑奇斯·巴努斯（José Sanchís Banús）和何塞·玛丽亚·萨克里斯坦（José María Sacristán）等杰出人物。华金·索罗利亚（Joaquín Sorolla），西马罗的朋友（西马罗是华金及其家人的医生），1897年为西马罗绘制了一幅精美的画作。画中，西马罗正在展示他在马德里的实验室，为子孙后代保留了他教学与研究相结合的这一面。画中可以看到他在进行组织学样本制备工作。在前景中，有一个装有重铬酸钾的大瓶子，颜色醒目，是西马罗教给卡哈尔的铬银染色法的基本产物（重铬酸钾独特的色调在镀银染色法制备的显微绘图以及相应的图画中十分显眼）。在桌子旁边，同样在前景中，有一台莱茨切片机，这是当时最好的切片机，他的学生使用这台机器来进行工作，卡哈尔也是如此。围绕在西马罗身旁的是他第一批弟子，当然他最著名的学生阿丘卡罗和拉福拉站在最前排。

1902年，西马罗获得马德里大学实验心理学教授职务，这是西班牙该领域的第一个教授。他还是创建西班牙科学促进会的主要推动者之一，并作为委员参与了扩展科学教育与研究委员会的工作。然而，他于1912年11月9日辞去了这一职务。11月12日，他将他的决定告知了委员会秘书（Castillejo，comp.，1998：797）：

尊敬的朋友：上周六（11月9日）我向大臣正式提出辞去扩展科学教育与研究委员会委员的职务。我的目的是脱离与政府的各种关系，参加会议以支持费雷尔案的重审，避免大臣和自由政府遭受类似于阿莫斯·萨尔

> 瓦多（Amós Salvador）在议会为费雷尔辩护时遭受的挫折；由于我直到最后一分钟都不想发言（直到我不得不屈服于会议组织者的理由），所以我没有时间向委员会递交辞职，我直接向大臣递交了辞呈。

西马罗与弗朗西斯科·希内尔·德洛斯里奥斯对弗朗西斯科·费雷尔·瓜尔迪亚（Francisco Ferrer Guardia）的看法大不相同，事实上，从1912年起，西马罗与自由教育学院的关系就结束了。[29]

西马罗在费雷尔案中的表现必须在国际自由思想联合会的框架下来看待，因为他是该联合会的重要成员。1910年，他出版了题为《费雷尔案和欧洲意见》（*El proceso de Ferrer y la opinión europea*）的著作，激发了创建西班牙捍卫人权和公民权利联盟的想法。在该联盟的框架下，西马罗领导了一个全国委员会，其成员包括贝尼托·佩雷斯·加尔多斯（Benito Pérez Galdós）、奥东·德布恩和尼古拉斯·萨尔梅龙等人。

西马罗是一名共济会成员［费雷尔·贝尼梅利（Ferrer Benimelli），1987］，虽然不知道他具体何时入会。1913年，他被任命为第33级最高议会的至高指挥官，负责哲学和教士会，同时兼任西班牙共济会高等宪章法院院长；1917年，被选为西班牙大东方总会长和骑士团大会主席，担任该职务直至去世。另外，拉蒙-卡哈尔也与共济会有过接触，但并不看好西马罗的这一面，这一点在他1922年8月8日写给他当时最好的朋友之一卡洛斯·玛丽亚·科尔特索（Carlos María Cortezo）的一封信中体现得很明显——西马罗当时已去世（Fernández Santarén，2014：228）：

> 恰好您提到了西马罗，他全身心扎根于“自由学院”所产生的影响没有得到充分的赞赏，而“自由学院”的一个神圣的准则是学习而不是写作。我会一直努力宣扬这位兰维尔的弟子，他从巴黎带来组织学的好消息，把它传播到四面八方，造福于我们所有人。他的倾囊相授给我留下了最美好的回忆，在我的自传中，这些我都会一一讲述，同时也要感谢在实践教学

中给了我巨大帮助的那些学者。不幸的是，西马罗在竞聘前是我的一个亲密朋友，后来有点疏远我，尽管我们兄弟般的情谊从未断过，他还没有读过我的"回忆录"就去世了，也不知道我有多崇拜和敬爱他。如果我能够强迫他的狱卒传话，我会告诉他，在西班牙，有比主持共济会分会、捍卫无政府主义者和加入一个垂死的、名誉扫地的共和派政党，以及为所有文明国家都称之为野蛮和无知的种族的特权和荣誉而归来更要紧、更值得他施展才华的事情。用事实证明我们可以在普世文化事业中合作，这就是当代和未来开明的西班牙人所肩负的重大而紧迫的任务。其他的事情（信仰自由、社会主义和无政府主义等等）则留给政治律师或平民护民官。

关于西马罗与自由教育学院的关系，是费德里科·鲁维奥（Federico Rubio）介绍他加入的，这里我引用阿松普西奥·比达尔·帕雷利亚达（Assumpció Vidal Parellada）（2007：41）所写的西马罗传记中的话：

在（他的）所有来自自由教育学院的朋友中，与他（西马罗）一起从建院之初就在那里工作的只有弗朗西斯科·基罗加和赫瓦西奥·冈萨雷斯·德利纳雷斯。他在学院组建了一个物理实验室，在那里展示了亥姆霍兹（Helmholtz）在声学中的发现和廷德耳（Tyndall，又译作"丁达尔"）在光学中的发现，并开设了科学传播课程和神经系统生理学课程，在《通报》上发表了一系列文章，以及一些关于眼睛特性的注解。他还负责《通报》医学文献部分的综述（Simarro，1878，a y b，1879）。1877年，他做了一场关于"发声敏感火焰理论"的讲座（Simarro，1877）。

西马罗处世积极，他想将自由教育学院的消息甚至是它的存在传播到西班牙以外的地方。因此，自从他1880年11月到达巴黎，在巴黎生活的那段时间里，他在给希内尔的信中坚持要让该学院为人所知，以便在外国知识分子和科学家中获得声望。但令他恼火的是，他的建议在弗朗西斯科那里没有得到回应。1880年11月

23日，他在给希内尔的信中写道："如果学院的每一位教授都写一则关于自己钻研的学科在西班牙出版的书籍和发表的文章，那么就可以让我们在国外广为人知，因为外国对我们的了解比对中国的了解还要少。"在这方面，他建议聘请哲学家埃内斯特·勒南（Ernest Renan）、伊波利特·泰纳（Hippolyte Taine）和阿尔贝·雷维尔（Albert Rèville）以及科学家马塞兰·贝特洛（Marcellin Berthelot）、路易·安托万·兰维尔（Louis Antoine Ranvier）和保罗·贝尔（Paul Bert）担任自由教育学院的名誉教授。他的另一个想法是成立一个委员会，作为学院在国外的官方代表：他认为该委员会应由当时流亡的萨尔梅龙担任主席，冈萨雷斯·德利纳雷斯担任秘书，劳雷亚诺·卡尔德龙担任委员（他本人也希望担任这一职务），因为他们当时都在巴黎。[30]西马罗还把胡安·拉蒙·希梅内斯（Juan Ramon Jiménez）介绍进自由教育学院，胡安1903—1905年住在西马罗的家中。据最著名的胡安·拉蒙研究者之一玛丽亚·特蕾莎·戈麦斯·特鲁埃瓦（María Teresa Gómez Trueba）的说法：[31]

> 经由路易斯·西马罗博士的介绍，胡安·拉蒙1902年开始与自由教育学院接触。在那里，他发现了一个充满想法、知识和态度的新世界，从一开始就令他目不暇接，并且认识了弗朗西斯科·希内尔。尽管年龄有差距，但他们很快就建立了亲密的友谊和相互尊重的关系。胡安·拉蒙常常在星期天陪同弗朗西斯科去他常去的瓜达拉马旅行，给他带书并与他就诗歌进行长谈。1905年，胡安·拉蒙离开马德里，前往莫格尔修养，一直到1912年。在修养八年后重返马德里时，他立即恢复了与自由教育学院人员的联系，他经常去学院里吃饭。1915年弗朗西斯科·希内尔去世的那一年，胡安·拉蒙是学院的常客之一。纳塔利娅·科西奥（Natalia Cossío）这样评价："我们可以认为胡安·拉蒙·希梅内斯就是学院的人，他经常来学院。"

西马罗于1921年6月19日在马德里去世。他去世之后，《自由教育学院通报》（BILE，1921）在1921年6月30日的一期中刊登了讣告，内容如下：

今天早晨，这座学院里留下了不可挽回的遗憾，乃至是整个西班牙的遗憾。一股强大的精神力量消失了，带走了一名杰出才俊多年积攒的努力和不懈的奋斗，正是这些造就了他在同一代人中最具普世价值的高尚人格，他就是路易斯·西马罗博士。

我们学院成立之初艰苦奋斗的几年，他从事学院宣传工作和教学工作。他在学院教授物理课程，建立了这门科学的实验室，就当时时兴的科学问题举行了一系列讲座，并在我们的《通报》上发表了他的教学笔记和摘要，关于神经系统解剖学、生理学以及心理学问题的文章。

1894 年，西马罗被任命为国家教育博物馆的助理教授，并在那里创建了西班牙第一个教育人类学实验室。他在这个实验室工作了二十多年，首先是与自由学生一起工作，后来通过竞聘获得中央大学高级心理学教授职务，与他的医学、哲学、文学和理学系的学生一起工作。

在此之前，他在位于圣玛丽亚拱门街的家中建立了第一个生物学实验室，在那里他开展了他最重要的研究，许多弟子，如今在科学界享有盛誉的医生，都曾经在他那里学习实验步骤和内容。

最后，他还负责在这所大学的理学系创建了第一个西班牙实验心理学实验室，该实验室归他负责，他用自己财产购置的仪器丰富和完善了实验室。

除此之外，还需补充一点，他去世前几天的最后一个愿望，是将他精选而丰富的藏书和他宝贵的设备捐赠给新实验心理学实验室。之前他曾将他财产收入的一半用于实验室维护，后来，当他卸任某些临时职务后，便将全部财产收入用于实验室。

西马罗是他那个时代具有重要社会和科学意义的人物、人权捍卫者、著名的组织学家和神经科学家，以及自由教育学院积极而宝贵的合作者。他完全可以用那句古老的拉丁名言来评价他自己，“*Homo sum，nihil humani a me alienum puto*。”即“吾为人，人性所在，吾无例外。”

达尔文，自由教育学院的名誉教授

截止到目前，所有提到的制度主义者的共同点是他们都拥护查尔斯·达尔文的进化论思想。我们已经看到，在19世纪后期的西班牙，且不论这些假说的说服力和坚实的科学基础，达尔文的理论都出现在了关于言论自由的辩论中。自由教育学院章程中的一个条款也捍卫言论自由，即上文提到的，规定“与宗教团体、哲学流派或政党的任何精神和利益完全无关；只宣扬科学自由和不可侵犯的原则，以及随之而来的相对于任何其他权威的探究和阐述的独立性，除了作为学说唯一负责人的教授本人的良知以外”。从这个角度来看，对《物种起源》中提出的理论的辩护完全符合自由教育学院的利益。因此，制度主义者们站在捍卫英国博物学家达尔文的第一线，并且决定任命他为名誉教授也就不足为奇了。

该机构章程第19条第6节规定，教务委员会的职权之一是“向为科学做出杰出贡献的外国人授予名誉教授称号”。因此，1877年11月29日，自由教育学院教务委员会批准了对达尔文的任命，并颁发了一份由校长蒙特罗·里奥斯（Montero Ríos）签署的荣誉证书，该证书已发送给查尔斯·达尔文，目前连同他获得的其他荣誉，一起存放在剑桥大学图书馆手稿部。荣誉证书内容如下（转引自Hernández Laille，2010：141）：

> 鉴于尊敬的查尔斯·达尔文先生为科学做出的杰出贡献，并根据本学院章程第19条第6节的规定，我有幸主持的教务委员会，于1877年1月29日会议上一致同意，授予达尔文先生“名誉教授”称号。
>
> 谨代表委员会签发本证书。
>
> 1878年1月16日于马德里
>
> 校长，蒙特罗·里奥斯

伟大的博物学家达尔文于1882年4月19日去世，同年4月30日也就是在他去世后不久的一期《自由教育学院通报》上发表了以下这则简讯：

本月，学院的名誉教授，查尔斯·达尔文，在他的祖国英格兰去世。他是本世纪最杰出的博物学家和生理学家之一，以其才华为我们的时代增光添彩，在此我们向他不朽的贡献致以我们最诚挚的钦佩和敬意。《论自然选择的物种起源》，因其学说之新颖和大胆，因其古代生命的发生和发展所依赖的规律之简单，因其所依据或从中得出结论的事实和观察之丰富，因其风格之清晰、生动，版本和翻译数量之多，以及遇到的抨击者人数之众，在自然哲学史上开辟了一个新时代。

奥古斯托·阿西米斯：自由教育学院的气象学和天文学

本章前面已经提到，因为奥古斯托·阿西米斯，自由教育学院气象学和天文学的表现尤为出色。当希内尔在加的斯认识阿西米斯时，阿西米斯已经在国际天文学界享有一定的声望。他曾与英国人威廉·哈金斯（William Huggins）和 J. L. 林赛勋爵（Lord J. L. Lindsay）等著名同行通信。后者是阿伯丁一家以他名字命名的天文台的创始人。毫无疑问，这些关系的起源与加的斯是 1870 年 12 月 22 日可以观测到日食的地点之一有关。月亮的阴影首先覆盖了位于葡萄牙西南端的圣维森特角，然后延伸到加的斯，再到直布罗陀，然后穿过地中海到达阿尔及利亚，在那里也覆盖了奥兰。1870 年 3 月，当时哈金斯担任秘书（1867—1872）的英国皇家天文学会开始制订计划，打算派遣一个代表团前去观测日食，英国皇家天文学会很快就加入了这个项目。11 月 11 日，英国政府宣布将派一艘名为“紧急号”的船，将天文学家运送到西班牙、直布罗陀和奥兰。12 月 12 日，该船抵达西班牙加的斯，13 日抵达直布罗陀，16 日抵达奥兰，科学家团队在每个港口登陆进行观测。[32] 虽然哈金斯没有留在加的斯，而是继续前往奥兰，但很有可能是在准备考察的时候——甚至是他短暂在加的斯登陆的时候，他作为皇家天文学会秘书，与加的斯著名天文学家之一阿西米斯建立了联系。至于林赛，由于他还不是皇家天文学会的成员，自费前往加的斯进行了一次私人考察，他一定是在那时认识的阿西米斯。

这种关系的建立想必有利于阿西米斯在英国皇家天文学会会刊《皇家天文学会月刊》（*Monthly Notices of the Royal Astronomica Society*）中发表他在加的斯对黄道光、月食、金星圆面和木星卫星的观测结果（1876—1877，a，b，c，d），阿西米斯 1875 年 12 月 10 日当选英国皇家天文学会会员。他还在格林尼治天文台月刊《天文台》（*The Observatory*）中发表了他对恒星掩星的观测结果。

他曾在《意大利光谱学家协会会刊》（*Memorie della Società degli Spettroscopisti Italiani*）发表过多部作品，该刊于 1872 年开始创刊。[33]

有了这样的履历，并且在希内尔的圈子里，那么希内尔想到让他的安达卢西亚的朋友阿西米斯来领导一个项目，即国家气象局，也就不令人感到意外了。这将像桑坦德海洋生物站一样，助力西班牙科学革新。正如艾托尔・安杜亚加（Aitor Anduaga）（2003，2005，2012：cap.3）所说，1883 年，希内尔提议阿西米斯加入气象局项目，并担任局长，他希望气象局能够在何塞・波萨达・埃雷拉（José Posada Herrera，1883—1884 年担任内阁首脑）政府的支持下成立，阿西米斯接受了这个提议，与希内尔分享了他的观点，想必在弗朗西斯科那里得到了共鸣："我将要担任的职务对于我的兴趣爱好来说再好不过了：我认为以后可以为气象局打造一个非常多样化的组织结构，甚至会用到乡村牧师和学校教师。如果可以，我会给每个人一个雨量计。大致了解雨水的分布后，就需要由工程师来建立水文服务。西班牙的气象因该国的地形和两面临水（临大西洋和地中海）而变得非常复杂。"这是非常具有"制度主义"特色的意图。

正是在这种背景下，阿西米斯 1884 年搬到了马德里。然而，建立国家气象局的想法因政府更迭而中断：1884 年 1 月，卡诺瓦斯・德尔卡斯蒂略（Cánovas del Castillo）取代了波萨达・埃雷拉（Posada Herrera），继任者并没有表现出其前任那般对希内尔想法的兴趣。几个月后，也就是 1885 年 11 月下旬，政府发生了新的更迭，转由自由派普拉克塞德斯・马特奥・萨加斯塔（Práxedes Mateo Sagasta）领导，蒙特罗・里奥斯担任发展大臣，情况也没有改变。但后者位子还没坐稳，1886 年 10 月 10 日，希内尔的密友卡洛斯・纳瓦罗－罗德里戈（Carlos Navarro y Rodrigo）

取代他成为发展大臣。在纳瓦罗的命令下，中央气象研究所最终凭借 1887 年 8 月的敕令成立，独立于马德里天文台和加的斯圣费尔南多海军天文台。阿西米斯通过竞聘当选所长，但不久政府再次垮台，新政府取消了这个新设立的机构。然而，希内尔设法获得了摄政王后玛丽亚·克里斯蒂娜和伊莎贝尔公主的支持，计划中的气象局，通过 1887 年 8 月 11 日的另一项敕令得以恢复，仍然叫作“中央气象研究所”。阿尔西米斯随后通过 9 月 7 日的竞聘，再次出任所长。就这样，在希内尔以及自由教育学院的努力下，西班牙不再是没有国家气象服务机构的三个欧洲国家（还有希腊和土耳其）之一了。（在此之前，天气预报的职能一直由海事气象局负责，该局成立于 1884 年，由圣费尔南多海军天文台领导。）

从 1888 年年底起，中央气象研究所的第一个地点位于马德里布恩雷蒂罗公园东南角的一座塔楼，该塔楼曾被用于设置光学电报系统。直到 1913 年，这是中央气象研究所的唯一所在地。此外，中央气象研究所还需面对重重困难，1891 年 4 月，保守党政府决定撤销了气象局，后经几次议会讨论，于 1892 年 7 月恢复。无论如何，中央气象研究所的处境都非常困难。阿西米斯在 1904 年编写的一份报告中写道（引自 Palomares Calderón de la Barca，2016）：

> 工作人员之前和现在都只有所长和一名助理，他们全年无休。不可能指望两个人就可以履行气象研究所的职能。可以任用了解这类科学组织的运作方式和目标的人，以便让中央气象研究所直接或间接参与观测工作、仪器和人员选择，以及设在大专院校的省级气象站的建立和运行。但情况并非如此。

最后，1904 年的一项法令赋予中央气象研究所收集观测结果的职责，而观测仍由包括天文台在内的其他机构负责。在随后的几年里，工作人员略有增加。

从加的斯来到马德里并管理中央气象研究所的一段时间里，阿西米斯一直担任自由教育学院的物理教授。他的一项倡议是将物理课改为一个讲习班，使学生主要熟悉气象学，并稍微熟悉天文学。为此，他设立了一个小型天文台。对此，希内尔说：[34]

学院一刻也没有忽视对教师的教育。教师需要具备两个条件：职业和科学。第一个通常与才能有关。第二个是通过唤醒未来教师个人自由探索精神来实现的。学院已经将六名教师送到国外，完成通识教育后，选择他们最感兴趣的专业学习。

学院的一些教授更像是“老师的老师”，而不是我们学生的老师。例如，麦克弗森先生目前正在他的实验室中指导一些教师学习地质学。为了顺应这一趋势，阿西米斯先生正在建造小型天文台，专门用于个人研究工作。

同样在《自由教育学院通报》中，可以在阿西米斯 1885 年发表的一系列文章中找到一系列关于天文台的内容。第一个提到的是学院的建筑（Arcimís，1885：9）：

它所在的建筑位于方尖碑大道上，这是马德里北部一条东西走向相当宽阔的大道（从卡斯特利亚纳大街一直延伸到钱贝里区的伊格莱西亚环岛）。它周围的建筑稀少且间距甚远，因此带来的影响可以忽略不计；但是，也不好说学院的建筑是否合适，它由正面的配楼和另一个与之平行的长方形楼房组成。

鉴于学院尚未拥有最终必须拥有的正常气压计，目前暂时使用结构简单的虹吸式水银气压计。

他接着描述了天文台拥有的气象设备（尺规、温度计）以及它们的位置（例如，温度计被放置在一个类似于“英国工程师史蒂文森几年前设计的小房子里。尺寸是：高度，56 厘米；宽度，46 厘米；深度，56 厘米；花园地面以上的高度，3.40 米”）。

值得一提的是，《自由教育学院通报》提供的信息（该简讯出现在 1885 年 1 月 15 日的《通报》上）被翻译成英文，转载于 2 月 12 日出版的英国科学周刊《自然》（*Nature*）（1885：349）。很有可能是阿西米斯本人将该消息发送给该杂志，并且通过它，让学院出现在英国科学界，虽然影响有限。

学院的天文台对日食进行了观测，并编写了一份气象月刊，在《自由教育学院通报》上发表。[35]

自由教育学院的数学：欧洛希奥·希门尼斯和何塞·列多

数学是一门特殊的学科：不仅是所有自然科学的基础和支撑，特别是物理学，也是一些社会科学如经济学的基础，数学更是兼具严谨性、组织性和逻辑性的典范，有助于塑造个人的精神和思想。正因如此，数学几乎一直是学术课程的一部分，也是中等教育课程的组成部分。因此，自由教育学院不能——当然也不想——将其排除在课程之外。在这方面最突出的人物是欧洛希奥·希门尼斯（1834—1884）。

希门尼斯（Jiménez 或 Giménez，他的姓氏可以用这两种方式书写）出生于托莱多，在马德里学习精确科学和法律，并获得这两门学科的硕士学位（于 1864 年获得精确科学博士学位）。虽然没有像大多数制度主义者那样公开表达自己的观点，但希门尼斯是一个具有先进政治思想的人（他参与了 1868 年的革命斗争）。1860 年，他进入马德里天文台担任助理；1865 年 1 月 31 日，通过竞聘获得天文学家职位，在那里度过了他的整个职业生涯（实际上，他死在了天文台为天文学家准备在布恩雷蒂罗公园一侧的山上的住所里）。尽管他通过天文学谋生，但他最喜欢的学科，以及在西班牙科学史上留下印记的地方，是数学，他在数学方面当然是很有天赋的。

关于他对这门学科的贡献，我首先要提到他与哈恩·曼努埃尔·梅雷洛学院教授合作翻译的德国数学家里夏德·巴尔策（Richard Baltzer）的一些作品，特别是《数学基础》（*Die Elemente der Mathematik*）（1860—1862，2 vols.）。[36] 让我们看看同为几何学教授和皇家科学院院士的路易斯·奥克塔维奥·德托莱多（Luis Octavio de Toledo）（1912：3-4）是如何看待该译本在当时西班牙数学背景下的意义：

> 但欧洛希奥·希门尼斯真正具有革命性和创新性的作品是对里夏德·巴尔策《数学基础》的翻译及其与曼努埃尔·梅雷洛联合出版的西班

牙语版本。必须生活在出版了这些外观平平无奇但却包含了如此丰富数学教义的小册子的时代，才能准确地了解它们对那一代数学系学生产生的影响。我们是通过阅读布尔东（Bourdon）、西罗德（Cirodde）、布里奥（Briot）、樊尚（Vincent）、鲁歇（Rouché）和孔布鲁斯（Comberousse）等法国作品，以及受这些书启发的西班牙著作才成长起来的，我们至多还读过洛朗（Laurent）和鲁比尼（Rubini）等人的论文。

阅读产生的第一个反响就是惊讶，为什么不把这些坦率地说出来呢？那就是当我们意识到有这么多新想法以及其他打破我们基本认知或与之相矛盾的想法时产生了本能的反感。

我们中的大多数人在斗争的最初时刻没有积极参与，后来成为巴尔策作品中所包含思想的最热心的宣传者。这些思想，尤其在其《通用算术》（*Aritmética universal*）中贯穿的思想，是我们国家多年来几乎所有关于这个主题著作的母本。这些著作在我们的理学系传播这些丰富的思想，令人遗憾的是没有被其他学校抱以同样的热情接受，他们在教学中仍然坚持上世纪中叶的法国模式。

希门尼斯的原创数学贡献产生于综合几何领域，但在当时西班牙数学界中几乎没有引起反响，综合几何最终将被更简便和易于掌握的解析几何所取代。幸运的是，希门尼斯找到一种途径来传播他的观点：自由教育学院和《自由教育学院通报》。

综合几何深深扎根于几何学，正如欧几里得在其著名的《几何原本》中所介绍的那样。这是一场捍卫基于逻辑过程构建几何的方式的运动（也与射影几何有关），或者也可以称之为一种公理化的方式；也就是说，这种方式是基于公理、命题和定理。它们的替代选择是解析几何和代数几何。笛卡尔在 17 世纪创立解析几何之后，综合方法就失去了地位，直到 19 世纪，一些数学家努力抛开解析方法、坐标和微积分的基础。其中一位数学家是瑞士的雅各布·施泰纳（Jakob Steiner），他自 1834 年以来一直是柏林大学的几何教授。希门尼斯沿用了他的方法，在他之前，对此感兴趣的有何塞·埃切加赖，他是《高等几何学导论》（*Introducción a la*

Geometría superior，1867）的作者；然后是爱德华多·托罗哈·卡瓦列（Eduardo Torroja Caballé，1847—1918），他的《关于位置几何及其在测量理论中的应用的论文》（*Tratado de geometría de la posición y sus aplicaciones a la teoría de la medida*，1899）是对施陶特［K. G. C. von Staudt,《位置几何学》（*Geometrie der Lage*）的作者，1847］几何学的解读，在西班牙数学史文献中被引用的次数比希门尼斯的作品要多得多。[37]

欧洛希奥·希门尼斯是自由教育学院一位无私的股东和早期合作者，他之所以加入该学院是因为他与克劳泽派哲学家的友谊，如希内尔和阿斯卡拉特。当学院需要他时，他还曾两次担任过通识学科的教师。[38]正因为《自由教育学院通报》，我们才能获知他在 1878—1881 年口授的几何课程的细节：第一年，他专注于"几何的原理和定义"，提议将其作为接下来几年教授的综合几何学的引论。在《通报》的第三期，他发表了一篇文章，说明了他第一年课程的用意，即提出了他对什么是几何学的看法（欧几里得几何学从很久以前开始就是学校教授的一门学科，它严谨和透明的结构有助于塑造学生的思想）：[39]

> 欧几里得创建的几何原理，今天仍在教授，大体上如这位伟大的数学家所呈现的那样，是否需要进行深刻的修改？这个问题可以毫不费力地从我们在书中读到的关于基本几何形状的定义中得出答案。几何学没有普遍的科学原理、来源和组成部分的天然联系，可以让我们顺利探究其范畴或组织的唯一通途仍然未知，可以称之为一套并不从属于另一套高级综合原理的原理。根据著名数学家们的说法，几何学中的这种空白源于大多数数学家对形而上学的仇恨，以及它在很大程度上没有伴随符号。在不少的情况下，符号表达的概念甚至也没有被许多赋予符号比其所指事物更大重要性和意义的人所瞥见。因此，有必要揭示一些无私地致力于研究这些科学的人所理解的几何形状、图像或形象的概念，好好修正它的原始定义，并传播这些比当前流行的更古老、更原始的想法，以便在自然界和现实中眼见为实，而不是完全从虚幻的抽象中得出结论，这是数学中最有趣的部分

之一。因此，这些就是课程的对象和目的，还需要补充的是，课程主要是针对中学生的。

1878—1881 年,《综合几何学导论》课程的内容在《自由教育学院通报》的页面上留下了丰富的印记。[40] 因为发表了希门尼斯关于该学科课程的大量内容，该出版物成为研究西班牙 19 世纪数学史不可或缺的参考文献。

有一个细节与自由教育学院的历史不无关系，欧洛希奥・希门尼斯与弗朗西丝卡・兰迪（Francisca Landi）结婚，生下了两个孩子卡门和佩德罗。后者，佩德罗・希门尼斯 - 兰迪（1869—1964），与他父亲一样也是学院的成员（他在那里读高中，是第一批去学院读书的小学生之一）。他 1892 年 11 月 8 日通过竞聘，也进入马德里天文台工作。这是第一步，最终他在 1906 年获得天文学家职位，即他获得物理学博士学位的同一年（他于 1901 年硕士毕业）。在他的职业生涯中，他主要致力于日珥研究，于 1932 年 3 月退休。[41] 佩德罗的儿子是安东尼奥・希门尼斯 - 兰迪・马丁内斯（Antonio Jiménez-Landi Martínez，1909—1997），他是自由教育学院历史上杰出的学者，也曾在该校接受教育。他攻读哲学和文学，并试图竞聘当代历史教授一职，但当佛朗哥政府要求他提供在该学院的有关信息时，他不得不放弃这一愿望。

何塞・列多（José Lledó，1844—1891），一位专攻数学的教育家，因为没有为数学做出创新贡献，数学成就远不如希门尼斯。但我们绝不能忘记，教育是致力于研究的第一步，也是必不可少的一步。列多的教学活动包括 1868 年起在中央大学为工人开设的晚间课程授课，以及 1873 年在萨尔梅龙 1866 年创立的国际学院（于 1874 年撤销）授课；他还是参议院的图书管理员。在他去世后,《自由教育学院通报》(1891：113-114）认可他在以下方面为学院做出的贡献：

自学院成立以来，已经失去了两位在编教师：1884 年欧洛希奥・希门尼斯先生去世，今年 4 月 24 日何塞・列多先生也离开了我们。除了亲密个人友谊纽带之外，将他们二人紧密团结在一起的还有共同的事业，即所有级别的数学研究，从最基础的到最高级的数学基本原理。我们的这位同事和其他年轻人一起开始在1868年革命时期由费尔南多·德卡斯特罗在大学里创办的工人夜校教书，后来他还负责了一些学校的其他课程。1873年前后，他来到了国际学院工作。该学院由萨尔梅龙先生于1866年创立，是我们私立学院发展的代表。尽管它的生命短暂，结束于1874年，对学院的发展来说却是一场难忘的运动。我们的相当一部分教师曾经隶属于国际学院（如果不是在那里接受教育的话），在其名单中我们可以找到鲁伊斯·德克韦多（Ruiz de Quevedo）、莫雷特（Moret）、乌尼亚（Uña）、卡尔德龙兄弟（劳雷亚诺、萨尔瓦多和阿尔弗雷多）、布伊雷奥（Buireo）、费尔南多·希门尼斯（Fernández Jiménez）、冈萨雷斯·德利纳雷斯、赛恩斯·德鲁埃达（Sáinz de Rueda）、梅西亚（Messía）、卡索（Caso）、马德里（Madrid）、孔德－佩拉约（Conde–Pelayo）、希内尔兄弟（埃梅内希尔多和弗朗西斯科）：或作为中学或高等教育教师，或作为学生。出于这个原因，可以说国际学院的遗产一大部分已经传给我们学院。

我们英年早逝的同事作为该学院成员开展的工作，除了初等数学教授之外，有必要提及他参加的两次教育大会：布鲁塞尔的一次（1880），他与其他教授一起代表学院出席，以及马德里（1882）的一次。今天我们进行这方面研究的人中间有很多人会永远记得他在马德里会议中关于德育的演讲，尤其是当时他在学院发表的关于小学算术教学的令人难忘的讲座。作为对这种基础教育的补充，1878年，他逐步开设了数学导论的高级课程，其中他展示了重建这门学科的宏伟蓝图，并特别利用了克劳泽和巴尔策在他们国家的成果，等等。学院《通报》登载了他算术和代数课程的大量摘要，与他的数学导论讲座和其他一些文章一样，深刻又充满新意。[42]

《自由教育学院通报》中的科学

前面通过对一系列杰出的科学家的介绍，回顾了自由教育学院科学的一些情况。下面，我将对《通报》的内容进行总结作为本章的结尾。幸运的是，我们有一份非常有价值的文献可以用来评估《通报》中出现的科学知识的情况：由玛丽亚·伊莎贝尔·科尔茨·希内尔（María Isabel Corts Giner）、塔蒂亚娜·巴尔瓦·布拉沃（Tatiana Barba Bravo）、亚历杭德罗·阿维拉·费尔南德斯（Alejandro Ávila Fernández）、胡安·奥尔加多·巴罗索（Juan Holgado Barroso）、安赫尔·韦尔塔·马丁内斯（Ángel Huerta Martínez）、玛丽亚·孔索拉西翁·卡尔德龙·埃斯帕尼亚（María Consolación Calderón España）、安娜·玛丽亚·蒙特罗·佩德雷拉（Ana María Montero Pedrera）、卡洛斯·阿尔戈拉·阿尔瓦（Carlos Algora Alba）、安东尼奥·弗兰科·卡拉斯科（Antonio Franco Carrasco）和米格尔·安赫尔·罗德里格斯·比利亚科塔（Miguel Ángel Rodríguez Villacorta）共同撰写的一篇内容丰富的文章，题为《〈自由教育学院通报〉中的科学与教育。内容目录》（*Ciencia y educación en el Boletín de la Institución Libre de Enseñanza. Catálogo de sus contenidos*）。[43]

根据这项研究，《通报》在各个科学领域发表的文章数量为 272 篇，紧随其后的是法律 167 篇、历史和民族志 109 篇、政治 87 篇、社会学 71 篇，这些都是希内尔和萨尔梅龙尤其感兴趣的主题。而且，更不具有可比性的是，关于教育的文章有 1447 篇，因为教育是学院的重要主题（其中大部分是关于“海外教育”共 368 篇，关于教育学 190 篇，关于“教学方法”126 篇）。

如果仅限于基础科学，我会说天文学最多产的作者是奥古斯托·阿西米斯（正如我们所见，阿西米斯主要研究气象学，他在《通报》上发表了 18 篇关于气象学的文章）和奥古斯托·冈萨雷斯·德利纳雷斯，每人各发表 7 篇文章。而利纳雷斯，除了一篇文章外，其他文章的标题都是《天体的生命》（*La vida de los astros*）。这些是在 1904 年和 1905 年发表的，但几十年前，1878 年，《通报》曾以专刊形式发表了他在自由教育学院一个学期所做的第 12 个讲座，标题也是《天体的生命》。[44] 冈萨雷斯·德利纳雷斯在生物学方面也很出色，1878—1891 年间撰写了 5 篇文章［其中 1882 年的一篇，题为《一位牧师眼中的达尔文》（*Darwin juzgado por un canónigo*）］。排在他之后的是布拉斯·拉萨罗·伊维萨，写了 3 篇文章［《微生物简讯》（*Notas microbiológicas*）、《植物有机体中生物碱的起源和意义》（*Origen y significación de los alcaloides en el organismo vegetal*）和《植物精华的使命》（*Misión de las esencias de los vegetales*），写于 1882—1893 年]。但拉萨罗擅长的领域是植物学，1881—1901 年间，他在该领域发表了 6 篇文章，涵盖伊比利亚植物群的各类问题，具体来说例如《植物求生斗争中的防御武器》（*Armas defensivas de los vegetales en la lucha por la vida*）。此外，植物学文章数量处于第二位的是博学多才的冈萨雷斯・德利纳雷斯，发表了 3 篇文章。

在自然科学 / 博物学方面，最多产的是萨尔瓦多・卡尔德龙，有 3 篇文章：2 篇关于《瑞士科学评论》（*Revista científica de Suiza*，1878）的系列文章和 1 篇关于《英国的博物学会》（*Las Sociedades de Historia Natural en Inglaterra*，1896）的文章；他在地质学方面的文章更多，他在该领域撰写了 11 篇文章，第一篇写于 1878 年，最后一篇写于 1906 年。在这个领域，他探讨了各种各样的问题，从《西班牙的蛇纹石》（*La ofita en España*）到《地震学研究的现状》（*El estado presente en los estudios sismológicos*），以及《西班牙第三纪湖泊的成因和消失》（*El origen y desaparición de los lagos terciarios de España*，1884）和《半岛的天然黄金》（*El oro nativo en la península*，1898），等等。之后是弗朗西斯科・基罗加，1877—1894 年，7 篇文章（其中一篇分为两部分）；何塞・麦克弗森，3 篇；爱德华多・埃尔南德斯・帕切科（Eduardo Hernández-Pacheco），3 篇，其中一篇（分为两部分），正是对他同事的赞美，题为《地质学家何塞・麦克弗森及其对西班牙科学的影响》（*El geólogo José Macpherson y su influjo en la ciencia española*，1927）。

物理学——19 世纪下半叶到 20 世纪上半叶贡献新闻最多的学科。《通报》特别关注了 20 世纪前期的两大革命之一量子物理学，发表了以下文章：莫里斯・德布罗伊（Maurice de Broglie）的《光和当今科学对它的看法》（*La luz y lo que piensa de ella la ciencia de hoy*，1932），弗朗茨・希姆施泰特（Franz Himstedt）的《放射性与物质的构成》（*La radioactividad y la constitución de la materia*，1908），Y. 马约尔（Y. Mayor）的《根据“量子”理论和波动力学，物质和能量的终极构成》（*Los componentes últimos de la materia y de la energía*，*según la teoría de los“Quanta”y la mecánica ondulatoria*，1923），以及 G. E. 莫诺（G. E. Monod）的《波与物质》（*Ondas y materia*，1931）。[45] 另一场革命，即相对论也没有缺席，尽管关注度较小，发表的文章有：林登・博尔顿（Lyndon Bolton）的《相对论》（*La teoría de la relatividad*，1921）和理查德・甘斯（Richard Gans）的《论相对论的原理》（*Historia del principio de la relatividad*，1923）。[46]

在化学领域，弗兰西斯科・基罗加发表了 11 篇；其次是萨尔瓦多・萨尔德龙，5 篇。最后，数学方面，在《通报》上发表文章最多的作者是欧洛希奥・希门尼斯，23 篇，与其他人的情况一样，其中许多文章是他课程的部分内容（例如，关于综合几何的文章）。列多紧随其后，发表了 6 篇文章，冈萨雷斯・德利纳雷斯在该领域也发表了 3 篇文章。

第7章

19世纪的物理学和化学

我们渴望认识自然的方式绝不是通过空泛和任意的假设，而是通过对各种现象的思索研究和对此现象与彼现象之间的比较，并且——只要行得通——把大量的现象缩减成可以视为科学原理的单一现象。

让·勒朗·达朗贝尔（Jean d'Alembert）

《百科全书》（1751年）前言

（*Discours préliminaire de l'Encyclopédie*，1751）

加的斯议会制定了《公共教育总纲》，但该总纲并没有落实，直到宪政体制重新建立，它才再次被提交给议会得到批准和完善，并于1821年公布，教育总局也得以创建。该总纲有利于开展科学研究，但由于经费的原因，计划并没有付诸实践（西班牙19世纪最饱受诟病的特点之一就是大学课题研究计划的激增和频繁的"流产"）。随着1823年叛乱的发生，费尔南多七世重回专制主义宝座，《公共教育总纲》被废除，并在接下来的一年里，科学高等教育的理念出现了倒退。1836年，另一个计划公布，但也未得到实施。1841年开始的改革仅仅持续到1845年。这一年引进了"皮达尔计划"并发生了新的政治变化。举例来说，如果我们将当时西班牙大学中数学——在任何教学计划中都是毫无争议的科目——教授的数量作为一个指标，我们就会发现，根据 1847 年的排名，教授的数量相当有限，仅有如弗朗西斯科・特拉韦塞多（Francisco Travesedo，马德里。高等数学，即我们现在所说的“微积分学”）、德梅特里奥・杜罗（Demetrio Duro，巴利亚多利德）、阿尔韦托・利斯塔（Alberto Lista，塞维利亚）、何塞・巴塞・科特（José Basse Court，巴伦西亚）、洛伦索・普雷萨斯・普伊赫（Lorenzo Presas Puig，巴塞罗那）和安东尼奥・阿吉拉尔・贝拉（Antonio Aguilar Vela，圣地亚哥）等其他一些高等数学教授。

在大学之外，教学活动——尤其是数学——主要发生在与军事工程师培训相关的教学中，因此出版了一些关于代数学和微积分的书籍，例如由军人加西亚・圣佩德罗（García San Pedro）和何塞・德奥德里奥佐拉（José de Odriozola）编撰的《微积分》（1828）和《数学完整教程》（1829）。

在试图理解 19 世纪西班牙物理学家、化学家和数学家的贡献的时候，必须指出的是，在 19 世纪处于政治动荡中的西班牙，被科学吸引的人要想从事专业工作是多么艰难。通过回顾 19 世纪物理学和数学这一科学领域内最早一批数学家（和医生）之一弗朗西斯科・特拉韦塞多 - 梅尔加雷斯（Francisco Trevesedo y Melgares，1786—1861）[1] 的传记，可以弄清这方面对于伊比利亚半岛生活的影响。

在学习了科学和文学之后，1805 年特拉韦塞多通过资格考试赢得了帕赫斯皇家骑士学院的一个数学教席，但因为年纪尚轻没有被录取[2]。于是，他进入了 1802 年新成立的土木工程学院，从这里离开后他便参加了西班牙独立战争。这场战争冲突的后果之一就是导致土木工程学院的消失，在此之前该学院只培养了 11 名毕业生［萨恩斯・里德鲁埃霍（Sáenz Ridruejo），2016］。其他学校、学院、神学院和大学也在费尔南多七世的政策影响下停止了运行，或者部分地停止运行。因此，特拉韦塞多不得不从 1812 年开始致力于私人授课。1818 年，他再次参加了资格考试并又一次获得皇家骑士学院的教席，这一次他可以正式上任。1821 年，在土木工程学会重建之际，特拉韦塞多被任命为工程师和土木工程学院特聘教授。但是两年之后，费尔南多七世再次解散土木工程学会，继而导致土木工程学院的解散和特拉韦塞多的失业。1835 年，他在圣伊西德罗学院获得了数学教授的教职，两年后他成为该学院的负责人。1845 年他被任命为哲学系高等数学教授，并在 1847 年成为终身教授。同年，西班牙皇家精确、物理和自然科学院成立（我将在第 9 章中讲述），特拉韦塞多被任命为创始院士。由此可以看出他们对他的重视。

显然，这样的生活并不利于研究。科学研究是一项需要时间，而且几乎在任何情况下都需要最低限度稳定性的活动。

1857 年，大学在物理、化学和数学的教学方面迈出了重要一步。随着《莫亚诺法》的颁布，大学设立了理学系，分为物理学 - 数学、化学和自然科学 3 个专业，并从哲学系剥离。然而，这样的改革并没能在整个西班牙平等地付诸实施，只有马德里设立了完整的理学系。在巴塞罗那、格拉纳达、圣地亚哥、巴伦西亚和巴利亚多利德，最初只能延续到学士学位（拨付给塞维利亚大学的基金被转移到加的斯医学系，从而可以在该系完成理学学士的学习）。事实上，在 1860 年《马德里公报》整理的资料中，各学校理学系的总共 43 名在编教授和 12 名编外教授中，马德里中央大学分别占有 19 名和 6 名，其余的按 4∶1 的比例分配给巴塞罗那、格拉纳达、圣地亚哥、塞维利亚、巴伦西亚和巴利亚多利德的六所大学。这些数据反映出 19 世纪西班牙的学术科学赋予马德里更多的机会，同时也可以在那里得到更好的培育和发展，尽管这仅仅是因为马德里为更高的学术水平提供了更多的工作岗位（此外，只有在首都才能继续博士学位的研究）。正如科学史学家胡安·贝内特（Juan Vernet，1976，213-214）所说："无论哪个政党执政，无论是奴性的、温和的还是进步的政府，19 世纪科学政策是以中央集权和统一化趋势为主要特点，反映了开明政府的思想，这是唯一不变的准则。"鉴于当时西班牙普遍的行政集权化，很难甚至不可能产生像 19 世纪德国高度依赖于各个州的 21 所大学那样促进新学科发展和教授职位竞争上岗的学术活力。

由于我已经提到 1860 年西班牙各理学系现有的教授数量，最好将这一数据与同期其他系的数据加以比较，从而获得一个不同专业相对重要的间接指数，但确实也必须考虑到不同专业数量、各门课程的在编教授和编外教授分别为：哲学和文学有 54 人和 13 人、医学分别为 85 人和 28 人、药学为 22 人和 5 人、法学为 86 人和 25 人、神学为 32 人和 7 人。

科学发展与工业发展

在 19 世纪的科学史中，化学（有机）和物理学（电磁学）因其在科学的体制化中发挥的重要作用而拥有突出地位。所谓科学的体制化也就是将科学实践转化为一种与其他职业共享当时并不十分常见的职业特征的活动，比如越来越多的对某一领域感兴趣的人被可能的工作机遇所吸引而成了科学家。由于有机化学和电磁物理学的发展，加之这样的工作机遇大大提升了人们的职业层次和社会地位，使得需要挣到一份薪金而投身科学研究的人变得越来越多。

在化学领域，从 19 世纪 30 年代初开始由尤斯图斯・冯・李比希（Justus Von Liebig）领导的德国吉森大学的研究尤为重要。借助自己开发的化学分析技术，冯・李比希在教学中引入了一项重要创新：让学生进入实验室的目的不仅仅是培养学生，还可以给他们分配不同的研究课题。将这种方法应用于有机化学领域，意味着有关有机化合物结构式知识的大幅拓展，反过来又导致了具有巨大经济价值的化学领域研究的改善，如染料、化肥和药品等，在这些领域德国最终都占据了世界领先地位。

至于电磁物理学领域，其发展进程更难被关注到，但也取得了进展。基于迈克尔・法拉第（Michael Faraday）、威廉・汤姆森[William Thomson，即后来的开尔文勋爵（Lord Kelvin）]和詹姆斯・克拉克・麦克斯韦（James Clerk Maxwell）等科学家的工作，电、磁和光现象的知识得到了验证，并最终形成了伟大的电磁综合概念，也就是麦克斯韦电动力学，同时导致电报——首先是陆地电报，随后是海底电报，最后是“无线”电报——和照明工业的发展，这些显然是具有巨大社会经济价值的产业。

鉴于上述事实，有必要问一下的是，当时为何会发生这样一种进程。最简单的回答大概是：原因就在于那个时候源自科学内部的、伴随更大的社会影响力的进步已经达到了足够的发展水平，足以让它大规模地“发挥作用”。但这样的说法并不能说明什么。不言而喻，科学在更早的时候就已经证明了它的功效。事实是，我已经多次指出，科学的应用是启蒙时代一个反复出现的主题。

尤其是从 19 世纪下半叶开始，“社会”（生产、商业、实证技术、教育、政治）和科学的发展已经达到了可以相辅相成的程度。这一关系的内在动力是复杂的，时至今日许多方面仍未能被理解。但是，对于我现在要谈到的主题，却是一个特别重要的方面。

整个 19 世纪，西方社会从物理化学当中获得了很多东西，例如，作为电力产业背景的基础知识。但是，如果我们不考虑到这样一个事实，即科学反过来也从这些应用中自我受益，我们就会犯一个严重错误。19 世纪 60 年代中期，在詹姆斯·克拉克·麦克斯韦综合并扩展了有关电磁现象的零散知识，从而创造出今天称之为“麦克斯韦电动力学”之前，这些知识已经在电报，尤其是海底电报领域得到了应用。这些技术的应用并不是没有意义的，它们对科学理论和科学实践两个方面都产生了深刻影响。因此，有人认为，法拉第提出的对电磁理论发展至关重要的“场”这一概念的功劳在于，发现了当电流通过地下电报电缆进行长距离传输时产生的延迟。在实践方面，只需要回顾的是，对电力技术人员的需求推动了——有时甚至是导致了——专门用于电力研究的科学实验室的建立。

我正在分析的这个环节所产生的一个严重后果是，物理学的发展在工业化程度低的国家受到了严重阻碍。在 18 世纪，“社会适用性”（或称收益性）构成了物理学和化学体制化的一个重要因素，这也意味着更多的物理学家和化学家出现了，尤其是具有创造力的物理学家和化学家。西班牙正是这种情况。

正如本章所要谈到的，整个 19 世纪西班牙的物理学和化学发展都很糟糕。实际上所有思考过这个时期西班牙科学概况的研究人员都曾反复指出，一些教育方面的原因有助于理解这种情况的发生。但是在我看来，过多地强调问题的这个方面也许是因为西班牙多数科学史学家并没有充分关注其他国家的现实，或者是因为他们忘记了关心更为普通的历史学家和经济史学家做出的贡献。在整个 19 世纪，不仅是西班牙，许多国家在建立以科学为导向的教育体系方面都存在缺陷，例如英国。我并不是说这种缺陷是可以比较的。没有必要用这样极端的方式来支持我所要表达的观点。与其他对 19 世纪科学发展有显著贡献的国家相比，即便是西班牙克服了更多科学教育方面的弊端，但相对而言它与其他国家在物理化学成就方面的差距仍远大于它与其他国家在各自教育体系缺陷方面的相应差距。我认为，造成这种相对差距的原因要从它们各自的工业能力中寻找。

工业发展直接或间接地将其规则强加于科学。这有助于逐渐消除中世纪经院主义的残余。例如在德国，新人文主义理想（强调对古典文化和语言的研究，在英国也是如此）明显失去了原先的突出地位，从而有可能让高等理工学院（理工学校）获得与大学同等的地位，继续增加了这两类机构之间的联系［针对德国的情况，佩因森（Pyenson）在 1983 年曾讨论过这方面的一些问题］。这种驱动力，或者说“净化器”在西班牙并不存在，至少没有足够的强度，尽管一些工程学院——尤其是土木工程学院——也享有相当高的声望。

正如福西（Fusi）和帕拉福克斯（Palafox，1997）所坚持认为的那样，尽管 1808—1874 年自由经济在西班牙得到巩固，并随后由于经济和工业对科学的实际需求而形成了一定的工业基础（除加泰罗尼亚之外，我将在另一章论述），但是在物理学和化学方面，霍尔迪·纳达尔（Jordi Nadal）于 1975 年提出的观点还是更为正确的。他认为，西班牙在试图参与工业革命方面失败了，而工业革命在许多方面是如此彻底地改变了欧洲的社会经济状况。从这个意义上说，一个重要的事实是，西班牙的外贸收支表明在技术领域进口战略方面有很大优势。出口主要集中在农产品和矿产品。随着资本主义和工业化走上相同路径，西班牙历史学家米格尔·阿托拉（Miguel Artola）于 1990 年对 19 世纪西班牙情况的概述则更为合理：

> 经自由主义者之手重组的以农业为基础的经济很快就让位于刚刚萌芽的资本主义，但是除铁路之外，所有部门都发展得极为缓慢。因此，如果考虑到资本主义经济部门在国民收入形成中的重要性，可以公平地说，西班牙的资本主义形成应该是 20 世纪的现象。

而如果真的像我提出的那样，资本主义和工业化是 19 世纪物理化学科学的体制化及其发展中特别重要的因素，那么就可以把阿托拉的话解释为“19 世纪逐渐形成的让物理化学科学得以相对满意地发挥作用的必要条件，直到 20 世纪才在西班牙出现”。

尽管没有合适的环境允许通过获益的方式促进其发展，但教授们和历届政府都清楚地认识到工业发展和福祉之间的关系（此外还有启蒙运动遗留的传统）。由于这种认识，一种功利主义的科学概念在这两种社会力量中间占了上风，尽管原则上意味着物理化学和数学等科学将得到推动，因为人们还是普遍认为工业的未来取决于这两门科学，但也表明随之而来的是一种放弃，或者至少是忽视纯科学和非实用性的研究，而纯科学和非实用性的研究在大学教师看来正是他们的首要任务之一。加泰罗尼亚人弗朗西斯科·蒙特利斯 - 纳达尔（Francisco Montells y Nadal）曾先后担任格拉纳达大学化学教授和科学系主任，并在 1868—1872 年任校长，1870 年，他指出（Peset y Peset，1974：762）：

> 几个聪明人花时间在乐此不疲地寻找第一个有机细胞、原始物质的原子、化圆为方问题或连续运动……有什么用呢？他们花大量时间争论这些不可能解决的问题，这些问题在任何一个时代都可以让这些具备非凡能力的人获得愉悦感。但是，各国政府不要忘记它们肩负的不可推卸的责任，即通过普及科学来指导教育，同时清醒地认识到，没有任何一个国家会因为仅仅拥有把自己最好的青春年华用于大学学习的大多数人，同时使工人阶级处于被抛弃和备受屈辱境地而变得更加开明进步。

还可以找到比经济 - 工业发展更具有普遍性的其他社会表现，用以佐证成为 19 世纪西班牙主要特点的物理化学领域科学研究的落后。在那个世纪发生的一个与科学有关的重要现象是为推动科学进步而成立的各种协会。这种机构在 19 世纪遍及世界大部分地区，成为解释科学是如何得到普及并扩展其内部（科学家之间的）联系及其与外部（科学和社会之间的）联系的一个绝妙例证。第一个协会是 1822 年在生物学家洛伦茨·奥肯（Lorenz Oken）的推动下在莱比锡创立的德国自然科学家和医师协会；1831 年，英国科学促进会成立；1848 年，这一模式跨越了大西洋，紧随英国成立了美国科学促进会；法国人在 1872 年也加入了这一运动，创建了法国科学促进会。如果说不是简单地面向科学爱好者的话，那么这些协会除了用于展示科学成果或为其他领域的同行发布信息综述外，它们中的一些（特别是英国）还成立了委员会来研究特定的课题（例如物理常数），从而为本国和国际科学研究提供了重要的服务。这些协会的一个共同特点是，它们经常成为讲坛，用以呼吁社会（特别是公权力）的关注并为科学研究提供资料。然而，西班牙直到 1908 年才成立其相应的协会，即西班牙科学促进会［奥塞霍（Ausejo）曾研究过，1993］，而意大利的科学促进会在此一年之前就已经成立。这是我国科学落后的另一个标志。同样，在 20 世纪之前西班牙也没有真正意义上的物理学家和数学家的专业学会（西班牙皇家物理和化学学会成立于 1903 年，西班牙皇家数学学会成立于 1911 年）。

大家可能已经注意到的一点是，在这一节中，我在试图把“科学”和“工业”发展联系起来的时候，一直在强调物理学和化学。除了顺便提到的，我并没有把数学放在这种联系中。事实上，在 19 世纪，数学的进步和体制化并不那么依赖于工业成就，这门学科的进步与物理化学的进步截然不同。

非原创科学

我在本章中所谈到的科学的情况——可以说数学也是如此——在整个 19 世纪的西班牙并没有糟糕到让我们到处都找不到对这些学科感兴趣的人的地步，无论是专业的还是业余爱好者。然而，假如我必须以某种方式描述这些人的工作，恐怕我会使用“缺乏原创性”这种表达。19 世纪大多数西班牙物理学家、化学家和数学家所从事的工作是教学，并且是一种普通的而非带有深入研究性质的教学。这种教学的首要目的是传播知识，因此这些科学家出版的作品往往不过是把通过各种来源获取的材料编写而成的文章。20 世纪初，当谈到由 19 世纪承袭而来的西班牙科学状况的时候，西班牙物理学家布拉斯·卡夫雷拉（1913：23-24）以相当严厉的措辞批评了他认为是西班牙科学的一种病态的现象：这位来自加那利群岛的物理学家说，教科书的“存在比例远远大于我们的科研成果，因此，从逻辑上说基本上这些书没有一本是优秀的……优秀的基础书籍的出版与研究的丰富程度应该是同步的。当前者比后者多得多的时候，它们的特点便是缺乏原创性和明显的滞后性”[3]。卡夫雷拉认为，这一现实导致的后果是物理化学文献中“基本的”概念与“过时的”概念两者相混淆。对于 19 世纪的西班牙物理学家、化学家和数学家来说，鉴于它们所处的环境，除了不时地写一些“初级的和过时的”书籍外，很难有其他作为。当然，毫无疑问的是这样的书籍也发挥了作用，而且随着时间的推移，一些不那么初级和过时的作品也出现了，尤其是数学方面，以及数学范畴内的几何学，但在物理学和化学方面却没有出现这样的变化。

在从事教学活动的同时，当时的西班牙科学家也报道了其他国家科学领域取得的进展。在这方面，皇家精确、物理和自然科学院在 1850—1905 年出版的《精确、物理和自然科学进展》杂志具有代表性。该杂志的报道要么是翻译外国科学家发表在其他地方的文章，要么是简要的新闻，只是偶尔发表某位西班牙科学家的文章。让我们以该杂志第 12 册合订本（1862 年）为例看看具体情况。

在精确科学部分，除了别的学科有 3 篇文章及注释（一篇关于三角学，一篇关于地形学，最后一篇关于“兵法”），其他都是关于天文学的。在 9 篇文章中，只有 2 篇是西班牙人撰写的：其中一篇是关于马德里天文台观测到金星掩星的简讯，另一篇则是由米格尔·梅里诺（Miguel Merino）编写的“马德里纬度的新测定”。

物理科学部分则介绍了 12 篇文章，另外还有大量关于在马德里天文台进行气象观测的简讯。关于物理学本身的文章有 4 篇，但都是由外国人撰写（两篇关于地球物理学，一篇关于吸胀作用，最后一篇是“对德国物理学著作的回顾”）。化学科学共分为 5 部分，其中一篇令我看到了曙光——这一点尤为重要。该篇文章是基尔霍夫（Kirchhoff）和邦森（Bunsen）于 1860 年至 1861 年在《波根多夫年鉴》（*Anales de Poggendorfj*）上发表的系列文章之一，他们二人以该系列文章奠定了光谱学的基础，从而创立了天体物理学。该篇文章标题是《基于光谱观察的化学分析》（第 12 册第 1 篇）。除此之外还有一篇关于地形问题的文章。

此外，还有自然科学部分和另一个关于“选粹”的部分，这部分一般是从其他杂志上摘取刊发出来的各种新闻，从学术生活到“马铃薯病害”，从跨大西洋电报到马略卡岛的丝绸工业或者法国公共教育部长的讲话。

实验教学设施

贯穿整个 19 世纪的物理学和化学的体制化进程中最明显的成果之一是这些学科的工作室和实验室等设施的实质性改善，这些设施对学科进步至关重要。很难想象，在德国和英国等国家，如果没有这些设施的支持，这些学科在这些国家如何能取得如此程度的发展。因此，在思考当时西班牙的物理学和化学发展状况时，解决现有实验室问题是必不可少的。

物理－化学科学工作室（这个词比“实验室”一词更为贴切）似乎是在 19 世纪中期前后开始出现在西班牙的大学里的，是前面提到过的“皮达尔计划”的成果。该计划由当时的内政大臣佩德罗·何塞·皮达尔（Pedro José Pidal）签署，并在 1845 年 9 月 17 日获得批准［1847 年经另一位内政大臣马里亚诺·罗卡·德托戈雷斯（Mariano Roca de Togores）修订］。西班牙数学家古梅辛多·比库尼亚（Gumersindo Vicuña）（1875：29）曾说：“1845 年的计划比之前的计划优越得多，但与欧洲国家的普遍情况相比仍是不完整的和落后的。然而，考虑到人类不会以其他方式行事，皮达尔计划不可能不是现在这个样子。”

从下面的几段话中可以了解西班牙大学在此之前的实际情况。皮达尔担任发展大臣期间任公共教育总局局长的安东尼奥·希尔·德萨拉特（1855，t. Ⅱ，317-318）写道：

> 从校舍开始说起，这些建筑物都破旧不堪，这样的状况表明政府和直接负责维护的人都有失职。教室昏暗、肮脏，没有必要的桌椅书柜，即便有也都损坏严重，让人看了都会觉得惭愧脸红。如果说这些建筑的外表因其建筑之美而激发了人们的钦佩和尊重，那么当进入这些建筑里面的时候，一切都呈现出废弃和悲惨的景象，热情就变成了羞赧。此外，人们看到的是创建者自己更关心炫耀外表，而不是教育的真正需求，因为尽管有宽敞的礼堂或剧场，但却看不到符合科学教育所需的设施，也没有用于多样化

和拓展教学所需的足够数量的教室，其实这些教室在当时是应该已经拥有了的。

他还继续指出了一些细节，特别是本书特别关注的细节：

更不必说想要在这些设施中寻找到各种仪器和标本教具，而这些仪器和标本教具才是那些崇尚观察科学的学校必不可少的组成部分。既然科学如此被轻贱，或者更确切地说是被禁止，以下情况就不足为怪了：师生们上课时最起码应该享用的讲台桌椅即便被当作纯粹的猎奇之物，在那里也难觅踪影。如果在某个地方发现一个粗制滥造的磁铁，一个老旧无用的气动机，或者一个缺少零件的电动机器，如此无用的仪器就会被当作陈旧而微不足道的垃圾被丢弃在一边。近年来，因为几位年纪较轻的校长们的热情，只有少数几所大学开始购买一些最珍贵的仪器，但是多数情况下根本搜寻不到它们的踪迹。没有一所大学要求必须建立普通的物理工作室、实验室，更没有要求必须提供有关自然历史的标本收藏。至于植物园，除了卡洛斯三世在马德里修建的一座，只有巴伦西亚大学拥有一座属于大学的，而巴塞罗那、加的斯和另外一处植物园，则都不是大学所有。

为了扭转这种可悲的状况，并为哲学、医学和药学系的物理和化学教师提供设备，任命了一个委员会负责起草报告，说明需要购买的仪器的数量和规格，必要的投资估算为621028雷亚尔（在马德里，一位最高职位的大学教授的年工资大约为3万雷亚尔）。如上所述，直到1857年，随着发展大臣曼努埃尔·阿隆索·马丁内斯（Manuel Alonso Martínez）在所谓的“进步的两年”期间起草的《公共教育总纲》的颁布，并在另一位发展大臣克劳迪奥·莫亚诺（Claudio Moyano）的努力下获得批准，才正式设立了各理学系。在此之前，一直是哲学系负责科学研究，这种情况在其他国家同样存在，比如德国。

在这样的背景下，1845年希尔·德萨拉特和物理学教授胡安·查瓦里（Juan

Chavarri）前往巴黎，并在时任法国索邦大学医学院院长、著名化学家马泰奥·奥尔菲拉（Mateo Orfila，他将在后面再次出现）的建议下，参观了若干个最知名的科学仪器厂，购得了价值 4.5 万杜罗[①]的仪器，这些仪器被分配到 11 个物理学工作室。

然而，这一措施并没有持续下去。尽管科学（尤其是物理学）需求越来越多，实验教学的数量随着陆续的改革也在增长，而且 1845 年从巴黎获得的那些仪器也需要更新，但国家预算并没有包括用于这些目的的任何拨款。数学物理学教授古梅辛多·比库尼亚（1875：39）作为政治家、波旁王朝复辟时期的议会代表和皇家科学院院士，在中央大学 1875—1876 学年开学仪式的演讲中指出："与其他科学门类相比，西班牙的物理学发展非常落后"。他的依据之一是："实验仅限于用极其简单的仪器，大部分实验只能给学生展示——如果所用仪器还没有七零八落和破损不堪的话。用来验证复杂的自然关系的精巧而昂贵的仪器在我们的工作室里并不存在，或者即使存在，也很少使用。"他还说："我们拥有优秀的数学家，灵巧又聪慧的化学家，博学的自然学家，但那些称得上'物理学家'的人却非常罕见。"

需求变得如此迫切和明显，以至于 1877 年公共教育部颁布了一项规定，学生在入学时要捐资，该资金由校务委员会管理，专门用于——或者说应该用于——购买仪器。这一创新举措持续了大约 4 年，之后国家没收了这些费用，以满足教师等级改革带来的公共教学预算的增加。作为补偿，确实有一笔固定预算编制，但正如巴伦西亚大学教授胡安·安东尼奥·伊斯基耶多·戈麦斯（Juan Antonio Izquierdo Gómez）（1917a，664；1971b：327）在 1917—1918 学年开学典礼上所说，这笔资金"少得令人害臊……虽然一直保留到 1915 年的相应预算中，也就是现行的预算中，但这笔预算中还包括了用于大学建筑楼宇的维修保养的费用。这等于说那笔补偿资金实际上已经从预算中消失了，因为同样紧急的维修工程基本上已经占用了全部的拨款"。

物理和化学设施匮乏的另一个相关证明是，格拉纳达大学第一位分析化学教授何塞·阿隆索－费尔南德斯（José Alonso y Fernández）（1888：20-21）在格拉纳达

① 杜罗，西班牙硬币，1 杜罗相当于 5 个比塞塔。——译者注

市文学大学 1888—1889 学年开学典礼上以《化学与司法和市政管理》为题发表演讲。这位教授说：

马德里大学理学系是西班牙唯一拥有构成理学系全部 3 个专业的大学，该大学应该是各省大学的典范，但它没有校舍，它为拥有一处校舍所做的一切努力都没有成效。

接着，他把西班牙的科学尤其是化学的物质条件与其他国家的情况作了比较：

实验科学在国外得到的待遇是多么的不同啊！请看知名人士（埃德蒙）弗雷米（Edmond Frémy，当时的巴黎自然博物馆馆长）在其巨著《化学百科全书：1882》中的表述：我们现在被安置在气派、宽敞和通风的实验室里，有现成的助手协助我们工作、安装仪器和照看我们的实验。我们还有物理学、机械学、冶金学和玻璃制造等专业所能提供的所有资源供我们研究使用。

他还根据从同一部著作中摘取的经费数据，详细介绍了“外国对化学研究的重视程度”：

法国米卢斯的化学学校：16.145 万比塞塔。

在霍夫曼领导下建立的波恩实验室：46 万比塞塔。

1868 年至 1872 年修建的布达佩斯实验室：67.5 万比塞塔。

维也纳的实验室：75 万比塞塔。

由德国化学家尤斯图斯 · 冯 · 李比希的继任者拜尔在慕尼黑建造的实验室：86.25 万比塞塔。

1874 年至 1879 年建于格拉茨的实验室：87.2 万比塞塔。

日内瓦的实验室：95 万比塞塔。

同样由霍夫曼领导的柏林实验室：119.3 万比塞塔。

1875 年至 1879 年在亚琛修建的实验室：156.5 万比塞塔。

他的结论十分清楚：

将这些款项与西班牙用于类似目的的款项相比较，看看这是否就是我们在化学方面落后的一个原因，或许还是一个重要原因，从而导致我们工业和农业的衰退。

1900 年，所谓的“实践操作费”应运而生。随着注册学生的增多，这笔费用由选修参加实验室实践操作课程的学生们缴纳。伊斯基耶多·戈麦斯本人（1917b：328）宣称，“这是我们今天用于实验教学的唯一固定款项。它几乎不足以支撑实验室的维护费用”。从 1911 年起，这笔费用中又增加了来自当年（根据 3 月 17 日颁布的一项王室命令）成立的材料科学研究所的费用。虽然这是一个值得欢迎的贡献，但该机构掌握的这笔费用总额（所有大学一共 25 万比塞塔）并不允许人们过于乐观。

伊斯基耶多·戈麦斯认为所有这一切的后果是：

总之，1845 年以来科学器材一直没有更新，在我们的工作室里仍旧使用着庞然大物阿特伍德机、巨大的拉姆斯登车床、海伦喷泉和间歇泉的实验设备、流体静力天平、阿基米德反射镜和其他一些早该成为美好回忆的设备。这些就是我们的学生在 20 世纪学习物理的时候唯一能够借助的东西。

除了这些物质上的短缺，还必须加上那些同样糟糕的其他恶劣条件，比如师生上课的地方缺乏舒适性、光线昏暗、通风欠佳；实验室的条件也很差，不具备安装和用来仔细观察精密仪器的设备的必要条件，也没有足够宽敞可以容纳应该参加实践课的众多学生的实验室。

大学的数量和皮达尔计划

西班牙高等教育遗留的问题之一是创建的大学数量过多。安东尼奥·希尔·德萨拉特（1855：t. Ⅱ，165-166）也认为数量上的巨大是不可取的："如果不是有其他一系列不同类型的机构与大学相伴而生，以便在人民中传播启蒙思想，共同促进整个国家的智力进步，那么西班牙如此众多的大学远不是文明的象征，而恰恰是落后的证明。"他还列出了西班牙当时拥有或曾经有过大学的四十几个城镇。

1845年颁布的"皮达尔计划"对这种情况加以干预，将大学的数量减少至10所：巴塞罗那、格拉纳达、马德里、奥维耶多、萨拉曼卡、圣地亚哥、塞维利亚、巴伦西亚、巴利亚多利德和萨拉戈萨（加那利群岛、韦斯卡和托莱多的大学则变成中学）。只有马德里大学可以授予博士学位，并提供可以获得该学位的必要课程。这一决定的理由如下：

"西班牙应该有多少所这样的机构（即由国家出资的大学）？目前我们的大学数量被普遍认为是过多的，因而有必要减少。但是这种观点在付诸实践时却遇到了巨大的、也许是无法克服的困难。所有人都嚷嚷着要取缔大学，但每个人又都在援引各种并非永远可以置之不理的理由来为他读过的和特别偏爱的大学辩护。构成它们社会生活和政治重要性的各种既得利益、人们对这些学校的喜爱，某些杰出人物的名声、破坏被全省认为是有益的机构所导致的不得人心，所有这些促成了这样一个事实：对那些深受公众爱戴又牵动各种利益的机构给予致命一击是一件既不容易，也不公正，也不符合政治正确的事情。"

假如西班牙还没有制定《公共教育总纲》，假如没有这些扎根于数个世纪传统力量和习惯的教育机构，政府若是抽象地看待这个问题，可能它还会建立纯粹因需要而存在的大学并将其置于最合适的地方……对一些学校来说，这个时刻已经到来，政府毫不犹豫地撤销了它们。但是现在就把这种做法带到很多人都梦寐以求想要去的地方并不是最好的时机，因为这些人相信，政府和民意宁可保留比实际应该保留的还要多的大学也不愿意引起公众不满并造成撤销这些大学必然造成的损失。即便如此，将来也还是少不了各种投诉，官司和索赔也不会停止。

对物理学的贡献

如果我们现在把注意力放在物理学上，就会发现在谈到它的任何有分量的贡献时，正如前面引述过比库尼亚所指出的，在整个 19 世纪，物理学都落后于数学（直到 20 世纪 20 年代，随着布拉斯・卡夫雷拉的学校及其扩展科学教育与研究委员会物理研究实验室的成立，情况才开始有所改变）。矿业工程师、林业工程师专科学校电气工程教授何塞・玛丽亚・德马达里亚加（José María de Madariaga，在 1906—1907 年担任西班牙皇家物理和化学学会的负责人）在加入皇家科学院的入院演讲中说："在哪个物理学工作室可以观测到塞曼效应（磁场导致的光谱线分裂现象）？有多少人熟悉旋磁偏振的韦尔代常数？在哪里可以对赫兹波的长度进行可靠的测定？"

我已经指出了我认为可以解释西班牙物理学不够发达的原因之一：工业的落后和对技术进口的依赖。工业落后的后果之一是物理学家的就业市场十分有限。事实上，工作岗位的短缺甚至影响了比理学系毕业生更有声望和技术能力的工程师。比库尼亚（1875：40-41）也指出了这一点：

> 曾经最辉煌的非军事专科学校，那些我们在年轻时代进入的学校，用严苛的学习培养了如此多优秀工程师的学校，如今却如此衰弱无力，没有可以挑选的学生，这是昔日辉煌留下的苍白阴影和悲哀……今天，进入就业市场的学生要么被列为编外要么是失业，他们必须和那些老工程师们竞争。没有前途可言，学校因此失去了生机。

如果对工程师来说是这样，那么对科学家来说什么事情不会发生呢？比库尼亚写道（1875：41），"理学系的硕士和博士只能在研究所或院系内争取到教师职位，报酬不高，而且需要通过与同行或工程师在录用考试中竞争获得，而后者获得教师职务则是由政府从最合适的人中招募，没有任何的考试。如果他们想进入大多数工程师类的非军事或军事学校，只通过其中一门课程是没有保证的，甚至最近看到有军事工程学校录用了一批人，他们是从某些专科学校而不是从同类大学或者那些有大学教育的建筑和工业工程学校来的。”

创建于 1870 年的国家地理研究所是西班牙物理学者和数学家就业困难的一个最有说服力的例证。该所从军事和非军事院系中招聘高级工作人员，并且更青睐于前者，没有给曾经学习过天文学和大地测量学的精确科学博士保留哪怕一个职位，而这两门学科正是该研究所研究的核心问题。然而，军事技术人员在学校里并不会像大学里一样必须学习这些学科。理学博士只有通过竞争考试才有可能获得国家地理研究所的低阶职位。

这种情况解释了为什么 19 世纪西班牙物理学家的传记（和兴趣）与当时在其他国家蓬勃发展的专业研究人员的传记（和兴趣）不太一样。让我们看一些例子，从而理解在 19 世纪的西班牙可以找到什么类型的“物理学家”（尽管在许多情况下我们也可以称之为“工程师”）。

物理学家和医学博士曼努埃尔·里科－西诺瓦斯（Manuel Rico y Sinobas，1821—1898）的情况就是如此。作为巴利亚多利德大学的物理学教授，他编写了一份关于“在穆尔西亚省、阿利坎特省和阿尔梅里亚省发生持续干旱的原因”的报告，该报告在 1851 年皇家科学院组织的一次特别竞赛中获奖（何塞·埃切加赖因同一课题的研究获得二等奖）。之后，里科－西诺瓦斯在中央大学获得了高等物理学的教席，并于 1856 年被选为皇家科学院院士（物理－化学科学部）。在《学院回忆录》系列中里科－西诺瓦斯发表了他的以下研究:《1841 年 10 月 29 日经过西班牙半岛部分地区的飓风研究》(1855)、《18 世纪至 19 世纪在西班牙观测到的北极光》(1855)、《从 1854 年冬至到 1855 年夏天在马德里进行的第一系列光辐射观测》(1859) 和《大气中的电现象》(1859 年皇家科学院的入院演讲)。他的其他出版物有:《马德里天文台核实的 1854 年气象学研究综述》(Madrid，1857) 和《物理学和化学元素教材》(Madrid，1856)。

另一个很好的例子是前面提到的何塞·玛丽亚·德马达里亚加。作为电气工程教授，他属于矿业工程学校的教员（他最终成为该校校长，同时也是矿业委员会的主席）。虽然是这样的履历，但德马达里亚加也可以被看作是一位物理学家。和他同时代的人是这样看待这件事的，因为他被授予了皇家科学院物理－化学科学的奖章。先不谈他为工业界工作花费了多少时间（他是负责阿尔马登矿区矿物煅烧厂的工程师），他的职业生涯遵循的模式在当时的西班牙学术界一定不罕见。从这个意义上说，弗朗西斯科·德保拉·罗哈斯（Francisco de Paula Rojas）在评价德马达里亚加加入皇家科学院的演讲时说的话很值得回味：

> 他的著作不多，因为除了担任教授，在过去 10 年或 12 年里，他的其余时间都致力于电力学理论和实践研究。他是一位勤奋的工作者，是研究型的工人，他把业余时间都花在电气实验室里，与大自然进行着激烈的斗争。在那里，他在他所掌握的微薄的实验资源所允许的范围内，反复研究了电力学的所有最新发现：阴极射线、伦琴射线、赫兹振荡。

然而，似乎很难接受的一点是，在这些当时处于物理研究前沿的领域，德马达里亚加只能算是一个充满好奇心的、熟练的和有学识的（在最好的情况下）业余人士，与专业研究人员的形象相去甚远。然而在当时，主导物理学的是后者，而不是前者。此外，虽然罗哈斯有这样的看法，但德马达里亚加确实有出版物，只不过他的论文都是《小议离心泵的基础理论及其计算》之类的标题。

既然我刚刚提到了出版物，那么就让我们看看当年出版的是什么样的物理学书籍。在缺乏足够的参考书目的情况下——这项工作尚待进行——可以说，整个 19 世纪在西班牙出版的物理学书籍分为以下三类：①一般的从其他语言翻译过来的普及型书籍。如阿梅迪·吉耶曼（Amadeo Guillemin）的《物理学世界》（5 卷，巴塞罗那，1882—1885），或由本国作家编写的书籍，埃切加赖的《现代物理学理论》和《物质力量的统一》（Madrid，1867，1873，1883，1889）即属于这种情况，再或者《辐射性物质》（1880），其中包括了何塞·罗德里格斯·莫雷洛（José Rodréguez Moulero）在马德里科学和文学协会举行的一些讲座的内容。②大学和专科学校使用的教科书。评判这些教材的时候，必须考虑哪些是理学系需要教授的物理学课程

（例如，在 1880 年的计划中包括物理学扩展、物理学扩展实践、理性力学、宇宙结构学和地球物理学、高等物理学Ⅰ－Ⅱ、高等物理学实践，以及博士课程中的天文学理论与实践、数学物理学。物理学扩展课程实际上就是现在所说的“普通物理学”，而高等物理学是其延伸，涉及热力学、声学和光学，以及电力学和磁学。因此，这些课程并不算太先进。）在这一节中可以举出许多例子：中央大学教授贝南西奥·冈萨雷斯·巴列多尔（Venancio González Valledor）和胡安·查瓦里的《物理学和化学概念初级课程教学大纲》，这部作品第三版（马德里，1854）第一部分专门讨论物理学，以《通过电力产生磁力和通过磁力产生电力的方法》这一课作为结束。其中甚至没有提到丹麦物理学家汉斯·奥斯特（Hans Oersted）①，更没有提到法拉第，只提到了一位克拉克［或许是拉蒂莫·克拉克（Latimer Clark），英国海底电报专家］。虽然这一课的结论是合理的（“对于电和磁的一致性不能再有任何怀疑，证实所有不可估量的流体都具有这种一致性的一天终将会到来”），但有关讨论基本上是定性了的。第二类出版物还可以有一个分支，即原本应该成为教科书但据我所知并没有用于教学方面的书籍。埃切加赖的《热力学初论》（1868）和《光的数学理论》（1871），或比库尼亚的《电的数学理论简介》（1883）等都可以包含在这个分支中。总体而言，这些出版物数量不多，比数学的出版物要少，而且作为对相对现代学科的入门介绍，其本身并不太先进。当然，相比通常教学所用的教科书还是不乏先进性［更多关于当年大学里使用的或向学生们推荐使用的物理教科书的情况可以参考莫雷诺·贡萨雷斯（Moreno González）1988 年的著作］。③应用物理学书籍。这一类的代表作是弗朗西斯科·德保拉·罗哈斯的《工业电动力学概论》，他是科学院院士、工业工程师、工程师和建筑师综合预备学校的首席教授，之后还担任过中央大学的数学物理学教授。这部三卷本的著作在 1910 年已是第五版（第二版于 1898 年出版），其目标读者是“电工和众多实用电力的业余爱好者”，甚至工程师。在一个电气化特别是照明都快速增长的国家[4]，这种类型的书籍是必要的。我们要记住的是，正如西班牙经济学家霍尔迪·纳达尔（2003）在他的《西班牙工业化图表集：1750—2000》中解释的那样，“与那些先驱国家相比，西班牙对电力的引进几乎没

① “奥斯特”为磁场强度单位。——译者注

有延迟。1875 年，在格拉姆发电机获得专利的几个月后，西班牙便进口了第一批，并在随后的几年里安装在各个工厂。1882 年，第一家公共电力公司——西班牙电力公司——在巴塞罗那成立，其他各种规模和背景的公司纷纷效仿”（其他重要的数据包括：1855—1880 年，西班牙的电报线路长度和电报局数量都有很大增长，从 1855 年的 713 千米和 14 个电报局增长到 1880 年的 16124 千米和 365 个电报局。众所周知，19 世纪“电磁革命”的表现之一就与电报有关）。1898 年至 1913 年，西班牙的电力生产增长了 4 倍。在西班牙这样一个欠工业化国家，只有考虑到生产和使用煤气设备的严重不足，才能理解这一事实：大多数西班牙人从使用油灯直接跨越到电灯，而没有像大多数欧洲人那样，经历过煤气灯时代。

塞莱斯蒂诺·穆蒂斯谈化学教学的重要性

对于开明和见多识广的塞莱斯蒂诺·穆蒂斯来说，化学的重要性并没有被忽视，他还想将化学教学引入美洲。1801 年 11 月 9 日，他从圣菲向总督佩德罗·门迪努埃塔（Pedro Mendinueta）提议“建立一个化学实验室并配备相应的教席，附属于罗萨里奥寄宿学校的医学系”，提议由豪尔赫·塔德奥·洛萨诺（Jorge Tadeo Lozano）担任首任教授。以下我复述有关文件的部分内容（Hernández de Alba，comp.，1983：vol. I，271-273；1968：170-171），其内容不仅说明了穆蒂斯的出色感知，而且总体而言也说明了人们在 19 世纪初是如何看待这门科学的。

化学系

尊敬的阁下：

在我根据陛下的命令发布的报告中，也就是在有关建立医学系教席的文件中，我提出在核准建立解剖学阶梯教室和植物园之后，有必要随即建立化学实验室及其各自的教席。

与数学、物理学和植物学一样，化学教授职位的教学不仅限于面向医生，对于医生而言化学课程仅是其主要院系课程的辅助分支，化学课程是具有更普遍用途的学科，其他专业的学生也可以选修这门课程，就化学科学而言，它的目标是研究所有物体的性质和属性，让它的光芒遍布所有科学和艺术。没有化学，其他学科就不能取得我们今天所取得的令人钦佩的进步。

这就是现在所有启蒙国家用以培育并发展化学研究所具有的高度认知和热情，这些国家不仅设立了公共教授职位，而且还有其他知名教授开设的私人课程，特别是在法国、瑞典和德国，他们的名望吸引了全欧洲军事和政治团体中最聪明的年轻人，而且都从各自君主那里领取了助学金。

西班牙在费尔南多六世开明统治时期培养了一批聪慧的教师，这些人又被陆续派往这门科学蓬勃发展的其他王国接受培训，自此以后西班牙在宫廷和各省省府都开设了化学公开教学。我们辉煌的文学史将永久保存对这位先驱者的记忆，西班牙在精确科学方面的启蒙也要归功于这位先驱者，拉恩塞纳达侯爵的名字将因此而永世流传。他的思想也使得那些追寻美洲命运的人在化学研究领域找到了可以为国家做出贡献的位置。

这一点在胡安·洛萨诺的身上得到了体现，他对自然科学的应用和众所周知的化学教学源于他对维护国家利益抱有的热情，这种热情又有助于国家利益。他的功劳在于，提供了如此杰出的服务，以建立一门在这个王国普遍不为人知的科学的公共教学，最大限度地弥补了博学的化学家胡安·何塞·德卢亚尔离世带来的损失。化学这门极其有用的科学具有的所有荣光理所当然地属于德卢亚尔。国家缺乏配备有各种必要仪器和试剂的实验室，这是验证化学命题所必需的。既然事先有周密计划过的方案，这样的实验室就不应该被推迟建立。因为拉恩塞纳达侯爵的理论思想将会激发年轻人自己动手进行最简单操作的兴趣。

穆蒂斯提议由豪尔赫·塔德奥·洛萨诺（1777—1816）出任化学教授。他是一个多才多艺的波哥大人，出身于贵族，1791 年前往欧洲。1792—1793 年，他在马德里的皇家化学实验室学习，随后开始了在国王卫队的军事生涯。1797 年，他回到波哥大，在那里他开展了各项活动——1801 年他与一位堂兄一起创办了《圣菲波哥大好奇、博学、经济和商业邮报》，包括在穆蒂斯的提议下担任化学教授。他还致力于动物学和植物学的研究（1801 年，他成为穆蒂斯率领的新格拉纳达王国皇家植物学探险队的成员之一），不过他最被人们记住的是他参与的政治活动：1810 年哥伦比亚宣布独立后，他被任命为昆迪纳马卡省自由和独立国的总统。这个国家存在于 1810—1816 年，领土包括当时新格拉纳达总督区的首府圣菲波哥大。他于 1811 年 4 月上任，但因为遭到严厉指责，于 9 月辞职。他参与独立进程的经历导致在新格拉纳达被重新征服后他被逮捕并于 1816 年 7 月 6 日被枪决。正如我们已经看到的，此后不久，也就是同年 10 月 29 日，另一位科学家何塞·德卡尔达斯也在圣菲波哥大遭遇了同样的命运。

罗哈斯意识到，“电气”技术人员需要有读物作为工作和进修的教材。因此，在其《工业电动力学概论》第二版的序言中写道：

> 在电力的各种工业应用中，今天最主要的是照明。由于近年来这一领域取得的许多进展，专门用于讨论这一应用的章节将比第一版时更加完整和广泛。此外，电力能源在城镇的分配有望极大地促进小型家庭工业的发展，这种类型的工业所使用的是不足一马力的发电机，价格也与燃气发电机相当。

在这方面，他用一些章节谈到从电表到直流发电机，再到白炽灯、“电子弹道”装置、投影仪和电话等。然而，就电磁理论而言，罗哈斯这本论著涉及的内容就相当少，因为“麦克斯韦方程式”还没有出现，这本书只从非常初级的层面讨论了它的归纳公式。事实上，在西班牙介绍麦克斯韦的理论有很多不足之处，他的理论是 19 世纪后期的物理学标志：1874 年，麦克斯韦为《大英百科全书》准备的关于“分子”的文章被翻译成西班牙语，发表在一本昙花一现的杂志上——《科学教师协会杂志》。

19 世纪的最后 10 年，关于物理学在西班牙的发展，特别是在马德里和巴塞罗那的发展，开始出现希望的迹象。我们看到天文学在巴塞罗那取得重大进步。此外，还必须提到的是爱德华多·洛萨诺（Eduardo Lozano）和他成立于 1893 年的西班牙科学保护学会［罗加－罗塞利（Roca i Rosell），1990］在物理学领域付出的努力。在这个仍是小心翼翼开放的新时代，一个代表性事件是伦琴关于 X 射线的实验在巴塞罗那加速重复进行并获得公众的高度关注。另一方面，各种技术性质的新实验室在马德里成立。但在这些实验室中，物理学尤其是电学也占有一席之地，包括 1897 年成立的军事工程师实验室，1898 年成立的炮兵精密车间、实验室和电工中心，1887 年成立的中央气象研究所和 1898 年成立的土木工程学院建筑材料测试中心实验室。1910 年，轮到了物理学本身，成立了上述提到的扩展科学教育与研究委员会的物理研究实验室。但这是另外一个故事，我将在第 11 章中论述。

19 世纪西班牙的化学

在第 4 章中，我们看到了一些实例，即化学是如何在一些由王室或国家经济学会等团体的推动下成立的机构中得以实践和发展，如萨拉戈萨、格拉纳达或巴斯克地区的经济学会，也包括专业院校，如加的斯外科学院。此外一些大学也在教授化学。巴伦西亚大学 1788—1789 学年开设了化学课程。在该大学开设一门新的课程并不令人惊讶，因为从 16 世纪开始，巴伦西亚大学开设的学科中就包含了医学，其地位甚至高于神学和法学。除了包括意大利帕多瓦大学和法国蒙彼利埃大学在内的少数几个之外，巴伦西亚的情况与当时几乎所有主要大学的情况都不同。显而易见，化学是医生必须了解的一门课程。因此，一个相关的问题是，巴伦西亚大学化学系的教学水平如何？为了回答这个问题，让我们看看马泰奥·何塞·布埃纳文图拉·奥尔菲拉（Mateo José Buenaventura Orfila，1787—1853）在 1805 年 8 月 18 日[5]写给他父亲的信中的内容。正如我已经指出的，他在西班牙之外享有很高声望。

> 亲爱的父亲，我已经拿到了获奖证书，并且已经由三位公证员做了公证。这是一项崇高的荣誉，包含了在化学和植物学方面的成绩，尽管我没有获得后者的奖项，但校长说，看到化学领域的另外两位对手不想参加

竞争，比赛就不举行了。因此，我被授予这项荣誉——就像我参加了比赛一样。

您知道埃尔南德斯博士向我保证，巴伦西亚大学是西班牙或许还是欧洲最好的大学。而我——作为一个老实人，相信了，啊！父亲！只有我有勇气告诉你，我宁愿死也不愿在这所大学里多待十天。我宁愿做鞋匠，做裁缝，做织工，做任何什么都可以，与其在这些野蛮人中浪费我的青春，就像住在这里的人一样，我宁愿饿死。我们做过统计，在这所大学里一年只上 55 ~ 56 堂课……有课的那天，一堂课最多 45 分钟，有人抽烟，有人说话，有人唱歌，老师们都希望学生们像他们一样愚蠢，每一课就是一小张纸，纸上的内容有时要重复三四天，因为大多数人都没有学会……所有的教授们——从第一个到最后一个——都是卖弄学识的人，整个西班牙都知道，他们只知道卷雪茄和抽烟，如果有机会，他们就去找人聊天，否则也会等着饿死，因为大学没有给他们足够的报酬用来供养生活。我们被抛弃在这样的环境里，很不幸，没有学到任何东西。您会对我说：到他们的家里去学习，但是如果这些装模作样在教书的人都不知道怎么学习，他们又怎样教书呢……好吧，您应该知道（虽然我不该说这些，但我说的都是真的），这些教授和我自己的教授都在催促和恳求我去教他们。想到一个小伙子必须去这样落后的地方念书，我也就没必要再为此感到痛苦了。

课程持续 6 年，他们说要学会他们教的内容 6 年是必不可少的。有一天我对三位最年长的教授（和年轻的一样愚蠢）说："如果我不能在 10 个月内学会你们 6 年教的东西，我可以让你们砍掉我身体的任何一部分，你们想砍哪儿就砍哪儿。在这里一切都特别迟缓而笨拙，从来没有人连续学习超过一小时，所以你们觉得一切似乎都是不可能的。"至于解剖学（这是我明年应该学习的内容），我已经自学过，没有通过教授（因为在这里如果你想学东西，必须靠自己的努力），我曾尝试和一些教授谈论解剖学，他们能回答什么呢？这些事都千真万确，就像确实有一个万能的上帝一样。因此，谁能忍受留在这些野蛮人中间，白白地花钱呢？我一想到这里所有的教授们都当面对我说“我们大家都应该向这个小伙子学习”，而他们又对博伊格斯博士说“那个男孩讲的 60 个问题里，有 59 个我们从来没听说过”。父亲啊，让一个 18 岁的小伙子面对这一切，他能不气炸了吗？是的，我对大家说：“我宁可跳海，也不愿在这里再待 10 天。”因为我的悲伤已经无以复加了。因此，父亲，当你给我回信的时候，请给我下命令，让我去西班牙之外的任何地方，因为如果说自古以来我们就被野蛮人包围和统治，那是事实上他们都是野蛮人：不要认为战争是一个障碍，因为我可以轻松地摆脱敌人（在上帝的帮助下我并不害怕），并且如果您想要我留在西班牙，我要告诉您两件事：第一是一定不要在这个城市，第二无论我在哪里，我都不希望你给我寄更多的钱，因为我不能允许自己拿着您的钱而一事无成。在这种情况下，我将争取通过教书来挣些钱（我相信我的收入足以维持生活），我会用挣到的钱养活自己。我再重复一遍，我不想跟我的兄弟们争抢生活费，所以请正视这些事实，看看你能拿什么主意，反正我宁可在阿尔及尔当奴隶也不愿意留在这里，如果上天允许我撕下埃尔南德斯的耳朵，我一定让他没有耳朵。如果您不回信（我已经卖掉所有家当），我就步行去巴塞罗那，在那儿找个药房工作，挣两三个比塞塔，至少可以和比这里更有教养的人一起生活。那里的人证明了他们是有教养的，报纸上天天都在谈论他们的新发现，而这里的人既不会写字也不会读书。父亲，让我们结束这一切吧。我不是想让您伤心，而是出于责任向您揭示真相，也是为了我自己有个好出路。我不提跟胡安·庞斯（Juan Pons）一起去马翁念书（到我该上医学课的时候）的事儿了，您对这件事有疑虑。我唯一要说的是，如果您想明白了，那就别管我了……如果我应该念法学将来成为一名律师（这最适合我，我喜欢，您也喜欢），无论如何我也不可能留在西班牙。因为首先要念 10 年，其次，律师的学习遵循的是与医学相同的方法。再次，马翁的律师遵守的法律与西班牙的截然不同，这是岛上之前多位国王造成的。最后，正如加夫列尔·塞吉（Gabriel Seguí）博士说的，这儿的人都是些傻瓜。所以，父亲，下定决心吧，我将很乐意学习法律，既是因为我自己高兴，也是为了迅速摆脱开销的困扰。现在，我们不但还远没有摆脱这种困扰，反而深陷其中。因为我要么必须去巴黎念书，要么就做个裁缝或者鞋匠，或是其他什么。不要相信那些说“你在西班牙没有毕业就不能去法学院念书”的人……所以我要说：我绝不在这个城市停留片刻，因为它太糟糕了，已经糟糕得没有办法再糟糕了。

化学教学的情况远未让我们满意，但这并不能让我们忘记之前已经看到过的这种情况——在 17 世纪末到 18 世纪上半叶，巴伦西亚大学曾是西班牙在医学尤其是物理－数学科学领域的主要科学创新中心之一[6]。但是，在接着往下讲之前，让我们先介绍一下奥尔菲拉。

马泰奥·奥尔菲拉是马翁人，1794 年在巴伦西亚大学学习医学，但正如我们刚刚看到的，他在那里碰到的科学环境令他非常失望，于是他搬到了巴塞罗那。在那里，他认识了一些化学家，特别是在当时已经开始研究法国化学家拉瓦锡、贝托莱（Berthollet）和富克鲁瓦（Fourcroy）著作的弗朗西斯科·卡沃内利（Francisco Carbonell）。让我们记住，这些人物都是 18 世纪最后几十年新化学领域的引领者。带着商业委员会授予的奖学金，奥尔菲拉搬到了马德里，打算跟随普鲁斯特继续深造，但当时普鲁斯特已经离开了那里，于是奥尔菲拉又前往巴黎。1806 年，他终于抵达巴黎，并在那里度过了他的余生[7]。

在巴黎，他重拾昔日对医学的兴趣，于 1811 年获得了医学博士学位，论文内容是有关黄疸病人的尿液研究。他的名声传到了西班牙。1815 年，他获邀出任普鲁斯特之前曾经在马德里担任过的教职，奥尔菲拉接受了这个职位。尽管最终西班牙失去了这次机遇，但并不是因为奥尔菲拉的过错。这在奥尔菲拉 1818 年 2 月 25 日写给费尔南·努涅斯公爵（Fernán Núñez）、时任西班牙驻巴黎大使的卡洛斯·古特雷斯·德洛斯里奥斯的信中可以看出[8]：

亲爱的先生：

我刚刚收到阁下惠寄给我的圣克鲁斯侯爵阁下信件的副本，其要义是再次推荐我担任马德里大学的化学教授一职。

1815 年 10 月，佩德罗·塞瓦略斯先生阁下通知我，国王陛下同意任命我为该校的教授，薪金将在我抵达后商谈，并将视情况而定。我立即做了回复，接受了这个职位，条件是给予我两年的年金，以便可以参观工厂并了解各种工艺细节。但在离开这个为我提供如此多资源的城市（巴黎）之前，似乎很自然地我想要知道我在西班牙能享受到怎样的薪水，以及将有哪些义务。米格尔·德阿拉瓦（Miguel de Álaba）中将慷慨地批准了我的答复，并将其送交宫廷。但我提的这个问题石沉大海，所以我认为要么是大臣反对给我这笔年金，要么是认为在当时不适宜设立这个教席。一年后，当看到还没有人答复时，我就申请并获得了法国王室的医生职位，我被任命为盟国欧洲研究所的化学教授，我决心在巴黎行医，继续促成化学作为医学的辅助学科。我在这里发现完全可以体面地生活之后，便决心放弃化学专业。（确确实实的是）我的体质不够强壮，不足以继续长时期地教授公共课程。除此之外，今年年初我签订了一项法律义务，即在 1819 年年底前出版一本医学和自然科学的词典，这本词典目前已交付印刷，我非常投入地完成了这项任务。

请转告圣克鲁斯侯爵阁下，我非常感谢他给予我的荣誉，并对无法接受一个能给我带来诸多好处的职位而感到巨大遗憾。

正如我们看到的，“人才流失”并不是从 20 世纪才开始的。

正如信中所述，1815 年，奥尔菲拉获得了巴黎医学院法医学的教授职位。1823 年，他转而担任化学教授。1831 年被任命为院长，一直到 1848 年他重新担任化学教授，直到 1853 年去世。

奥尔菲拉的学术成就具有突出的重要性是因为，根据欧亨尼奥·波特拉 – 安帕罗·索莱尔（Eugenio Portela y Amparo Soler，1992）编写的化学领域最多产西班牙作家分类研究，奥尔菲拉位居第一，他在 1811 年至 1858 年出版了 75 部作品（包括再版和翻译成其他语言的作品）。然而，很重要的一点是，19 世纪最有成就的西班牙化学家却是在法国发展自己的事业。同样重要的是，他的专业并不属于基础化学，而是毒理学，他被认为是这一分支学科的现代创始人之一。接下来出现在安帕罗·索莱尔名单上的是发表 37 部作品的弗朗西斯科·巴拉格尔－普里莫（Francisco Balaguer y Primo），他在 1869—1899 年出版了多部工业专题论文。其次是弗朗西斯科·卡沃内利－布拉沃（1801—1842，23 部作品，涉及药学、酿酒学和普通化学）、拉蒙·托雷·穆尼奥斯·德卢纳（Ramón Torre Muñoz de Luna），他是普通化学和无机化学教授兼皇家物理和化学工作室主任（1845—1885，22 部作品，涉及普通化学、工业和农业）、塞萨尔·奇科特·德尔列戈（César Chicote del Riego，1888—1899，21 部作品，涉及城市卫生）、华金·奥尔梅迪利亚－普伊赫（Juaquìn Olmedilla y Puig，1864—1900，18 部作品，涉及学术化学和历史）、马里亚诺·桑蒂斯特万－德拉富恩特（Mariano Santisteban y de Lafuente，1857—1877，17 部，中学教科书）和巴托洛梅·费利乌·佩雷斯（Bartolomé Feliú Perez，1872—1900，15 部，中学教科书）。这些人并非名单中被提到的全部名字，但有他们已经足够了，因为这些人有所贡献的化学领域代表了索莱尔研究的西班牙专业人士的专业价值。同时，也必须指出的是，他们的研究成果大多是在应用领域，对国际科学进步的贡献并不十分关键。

除了巴伦西亚，在马德里的皇家化学学院、药学院和外科学院，以及贝尔加拉爱国神学院及加的斯外科学院，在萨拉戈萨和格拉纳达的经济学会也有化学教职。巴塞罗那的教授比巴伦西亚大学的更幸运一些，尽管在巴塞罗那并没有大学校舍，而是设在贸易委员会里，该委员会的资金来源于港口贸易的税收。在巴塞罗那成立了一所化学学校（但不是唯一的一所），第一任教授就是前面提到过的药剂师和医生弗朗西斯科·卡沃内利－布拉沃（1768—1837）[9]，像其他行业的执业者一样，这也反映了西班牙科学的状况。卡沃内利在 1803 年获得批准并在 1805 年开始执教，在此之前（也就是 1801 年）他就搬到了蒙彼利埃，在那里他参观了与化学相关的许多工厂，并报名参加了法国化学家让－安托万·沙普塔尔（Jean-Antoine Chaptal）在法国医学院教授的课程。起初聆听卡沃内利在巴塞罗那的课程的学生似乎和普鲁斯特在马德里的学生一样都是“选择性听课的”，也就是说，他们对演示的兴趣大于对课程涉及的科学本身的兴趣（当地媒体《巴塞罗那日报》定期公布将要进行的演示的一些细节），但是在开课两个月之后，卡沃内利在一次不幸的事故中失去了一只眼睛，于是从那时起，只有真正对科学感兴趣的学生才会来上课。1805—1822 年，约有 400 名学生听了他的课程，他们分别来自以下职业：外科医生（27%）、药剂师（20%）、工匠（18%）、商人（13%）、医生（9%），还有 13% 来自其他各类职业。分析这些数字，毫无疑问的结论是，化学是依照“有用科学”这一良好传统来教授的，这是一个颇具延续性的传统，而且显然会在整个世纪保持下去（除了会让更加“科学”的维度枯萎或被遗忘之外，这个传统倒没什么坏处）。在前面提到过的 1888—1889 学年格拉纳达大学开学典礼的演讲中，无机化学教授何塞·阿隆索·费尔南德斯（1888：7-8）说：“化学发挥着政府管理的有利助手这一作用。如今，如果不咨询工业和农业化学，就不可能缔结贸易协议。为了征收和执行关税和消费税，化学也是不可或缺的。同样，在政府支持或干预的工业中，在民事和军事行政部门的拍卖和其他服务中，化学也必须提供宝贵的支持。”

这些话与 1805 年卡沃内利（1805：16-17）在贸易委员会化学学院教授就职演讲中所宣称的没有什么不同，这些话完美地概括了这门学科在 18 世纪所发挥的特殊作用：

> 化学知识的扩展是所有化学工艺在外国得到促进和发展的原因，这完全是因为那些着手创办和领导这类机构的人所坚守的原则：法国为我们提供了这一真实情况最明显的证据。它拥有数量众多的、最新的大型设施，这些设施包括漂白厂、油漆厂、染料厂、肥皂厂、制革工厂、矿物盐和酸、玻璃、水晶、瓷器等加工工厂等。在英国、德国和荷兰，这类化学也是最先进的，而且具有独特的国家优势，有利于居民的共同福祉。让化学研究在西班牙成为普遍现象，很快我们就可以看到我们国家的化学工艺的完善程度绝不会输给外国人，因为在材料方面我们有肥沃的土壤、有利的位置和气候条件以及勤奋的人才，这些都给我们带来了获得同等优势的最令人鼓舞的希望。

在介绍了19世纪初西班牙的化学学科状况后，我们必须要自问，19世纪的西班牙在化学发展方面到底发生了什么。有几种方法可以谈论并尝试回答这个问题。一是要考虑大学里化学实验室的情况。在德国，让这门学科成为具有国家价值和普遍社会经济价值的因素就是从化学实验室开始的。这种提法是1855年时任工业研究所应用化学教授的马欣·博内特－邦菲利（Magín Bonet y Bonfill，1818—1894，后来成为马德里大学化学分析教授）作为译者在为德国吉森大学化学教授、吉森大学实验室主任海因里希·威尔（Heinrich Will，1812—1890）的一本书的西班牙语版本添加后记时指出的。这本书题为《化学分析的关键：定性化学分析研究现状》，1854年的第三版也是最后一版德语版由皇家工业研究所马欣·博内特－邦菲利翻译并作译注（1855：10）：

> 说起来很痛苦，但这是明摆着的事实，这是必须承认的，只有说出事实才能在将来适当的时机给予纠正和完善。在化学研究方面，当前我们面临的如此显而易见的落后状况并不能归咎于学生，也不是因为缺乏人才，或是缺乏应用，根源是在化学教学中一直沿用至今的不良制度。相反，我们按法国方式提供教育，有总比没有强。但是我们缺乏协作精神，建立以盈利为目的的实用性的学校，让领导者有利可图，为学生提供进步的机会，替政府消弭在这一方面的缺失，就像法国一样，每天都为学校提供新的支持者和给养。
>
> 正在制定当中的新的教学大纲是否会对这一弊端提供适当的补救？我们最终是否会建立一所西班牙自己的化学学校？我们的大学今后能否培养出能与德国甚至是法国或意大利并驾齐驱的学生？一切都取决于在新的计划中采取的恰当措施：只要参与其中的人愿意这样做，我们的愿望就能得到满足。我们确信，对于现任政府以及议会来说，它们不会缺乏必要的资源，就像他们能把如此庞大的资金投入公共服务的其他各个部门一样。还有什么能比现代的、真正进步和文明的社会坚不可摧的基础更值得引起它们的关注呢？

博内特－邦菲利是一位药学博士，也是化学学科硕士毕业生，曾是海因里希·威尔在吉森大学的弟子，而威尔在 19 世纪 30 年代末曾是冯·李比希的学生，后来成为私人讲师（被授权开设课程，从学费中获得唯一的薪金）。1843 年，冯·李比希将他的实验室的一部分向没有经验的学生开放，并在他搬到慕尼黑后让曾经担任过他的助手，后来又接替了他在吉森教职的威尔负责这个实验室。

威尔的《化学分析的关键》一书获得了成功，在第一版出版 23 年后的 1878 年迎来了第二版。在这个版本中，仍然收入了博内特－邦菲利为初版写的后记，虽然增加了新的内容。在前面引述的文字之后，他增加了以下内容：

> 这是我们在 1855 年夏天曾经说过的。23 年过去了，但化学教学绝对依然如故。在这个漫长的时期，其他所有国家都取得了显著的进步。因此在所有这些国家都可以看到众多的科学活动。而在西班牙，因为缺乏实验室，在这一点上可以说没有真正意义上的科学活动。

评价 19 世纪西班牙化学科学状况的另一种方式是看出版的书籍。尽管关于这方面的资料不多，但也有一些已出版的文本。在研究这些文本时，可以立即发现，化学研究与当时西班牙技术并不精进的工业需求之间存在着联系。这些需求不仅影响到私营企业，而且还影响到中央政府和省市级企业，如对食品和饮料的检验和消毒的方法。19 世纪至少是在下半叶出版的化学书籍和小册子的大部分标题都涉及以下几种类型[10]：安东尼奥·贝鲁特（Antonio Bellout）的《家庭实用化学知识与配方合集》：①用于烈酒酿造；②用于纠正葡萄酒的不良口感和用本国葡萄酒制作上好的洋酒；③用于各种清漆的合成；④用于各种香水产品的制作（巴利亚多利德，1843）。爱德华多·阿韦拉－赛恩斯·德安迪诺（Eduardo Abela y Sainz de Andino）的《葡萄种植者之书：栽培葡萄和酿制优质葡萄酒最有用的做法简介》（马德里，1855）。安东尼奥·卡萨雷斯·罗德里格（Antonio Casare Rodrigo）的《矿泉水和饮用水的水质分析实用手册：标明西班牙矿泉水的来源、成分、适用症及每年就诊患者人数》（马德里，1866）。弗朗西斯科·阿吉拉尔·马丁内斯（Francisco Aguilar

Martínez）的《以主任疗养医生团队招募考试方案为依据的医用水文学、化学和水文生物学笔记》（巴伦西亚，1896）。弗朗西斯科·巴拉格尔－普里莫（Francisco Balaguer y Primo）的《农业化学概论》（1896）。诸如此类的题材与我们前面所谈到的1805—1822年在巴塞罗那贸易委员会化学课程注册上课的学生分布是一致的。当然，也不乏一些与时俱进的教科书，它们吸纳了国外的一些最新研究成果，例如圣地亚哥－德孔波斯特拉大学化学教授安东尼奥·卡萨雷斯的《工业和农业应用普通化学教程》，该书共两卷，先后出版了3个版本（1857年、1867年和1873年）。

向外国化学家学习

纵观西班牙的科学史，我们发现有许多例子证明，西班牙科学家——已经取得学术地位的或正渴望取得学术地位的——所采用的“机制”之一是到国外学习在国内鲜为人知或不为人知的东西。19世纪发生的事情尤为令人感兴趣，因为那是一个非常特殊的历史时期：化学经历了一个奇特的发展过程，这门学科从一套实用知识变成了现代分析科学。这不是一个徒有其表的世纪，在这个世纪涌现了包括贝尔塞柳斯（Berzelius）、冯·李比希、克库勒（Kekulé）、沃勒（Wöhler）、门捷列夫（Mendeléiev）和邦森（Bunsen）在内的一批科学家。

为了说明这个问题，一种可能是在具体案例上花费大量时间，分析师从4位德国化学家的学生们的背景和过程，借以了解这几位化学家通过他们创办的学校给19世纪的化学史带来的重要影响。他们是吉森的尤斯图斯·冯·李比希；柏林、斯特拉斯堡和慕尼黑的阿道夫·冯·贝耶尔（Adolf von Baeyer）；慕尼黑、埃朗根、维尔茨堡和柏林的埃米尔·菲舍尔（Emil Fischer），以及布拉格和斯特拉斯堡的弗朗茨·霍斯迈斯特（Franz Hofmeister）。我们从美国生物学家和历史学家约瑟夫·弗吕东（Joseph Fruton，1990）的研究中了解到这一背景，虽然说弗吕东掌握的资料肯定会有遗漏，但也毫无疑问具有指导性。

让我们从冯·李比希开始。冯·李比希在吉森大学时（1830—1850），跟随他学习的有83个英国人、38个瑞士人、27个法国人、16个美国人、13个俄国人、5

个意大利人、2 个波兰人、2 个荷兰人和 2 个卢森堡人，以及 1 个丹麦人、1 个比利时人、1 个墨西哥人和 1 个西班牙人。至于德国人和奥地利人，共有 407 人注册了他的化学课程，252 人参加了药学课程学习，其中 141 人获得了博士学位。弗吕东没有指出在吉森大学学习的西班牙人是谁，但正如我们看到的，这个人一定就是马欣・博内特，尽管当时在那里学习的似乎至少还有另外两位化学家：曼努埃尔・萨恩斯（Manuel Sáenz）和拉蒙・托雷・穆尼奥斯・德卢纳——我们很快会再谈到他们。无论如何，天平显然不是倾向西班牙这边的，鉴于 19 世纪冯・李比希对化学的现代化和体制化发挥的重要作用，这一点令人尤为感到遗憾。

至于菲舍尔的学校（其教学活动从 1878—1919 年）和霍夫迈斯特的学校（1879—1919）的数据，来自其他国家的学生的情况非常类似。没有任何西班牙学生或教师跟随菲舍尔学习，只有 1 个西班牙学生（博士后）在斯特拉斯堡跟随霍夫迈斯特学习（1896—1919），他是来自马德里的医生胡安・洛佩斯・苏亚雷斯（Juan López Suárez），1912 年毕业后成为公共卫生学教授，1912—1913 年他居住在斯特拉斯堡。因此，他既不是化学家，也不属于 19 世纪。

最后我要提到的是冯・贝耶尔的学校，但我仅限于讲述他职业生涯中最长和最有成果的时期，即 1875—1915 年在慕尼黑的这段时间（1860—1870 年在柏林，1872—1875 年在斯特拉斯堡）。数据是不言自明的，就博士预科生和博士后的学生人数而言，德国人和奥地利人各都有 357 名和 83 名；英国人有 31 名和 1 名；美国人是 20 名和 8 名；瑞士人有 16 名和 2 名；俄国人和波兰人各都有 8 名和 5 名；法国人各有 3 名；荷兰是 3 名和 1 名，也没有西班牙学生。这些是弗吕东给出的数字，但我们知道这其中至少有一个遗漏，因为 20 世纪最著名的西班牙化学家之一何塞・卡萨雷斯・希尔（1866—1961）自 1896 年就在慕尼黑与冯・贝耶尔一起工作。

这非常有意思，因为这些数据让我们了解了 19 世纪末德国化学教学的情况，多年后卡萨雷斯在退休时（1952：58-63）曾经回忆起他在慕尼黑时的生活：

我很高兴回忆起早期在慕尼黑生活的日子。1896 年的德国与我们的距离比起今天还要遥远。在西班牙，很少有人了解他们的语言，而且人们普遍认为，对于西班牙人来说，学习德语的困难不亚于学习斯拉夫语或亚洲语言。

我先在巴黎稍作停留，有幸听了莫瓦桑教授（Moissan）的一堂课。我必须告诉你们的是，这是一堂精彩绝伦的讲座。教授身着燕尾服，身后跟着他的多名助手，在一张摆满各种仪器的大桌子前，以法国教授常见的、令人赞叹的口才，阐述了他这堂课的主题。教授众多辉煌的经历增添了这堂讲座的趣味性。

我从第一时间就注意到，莫瓦桑教授的课和我后来在慕尼黑大学听到的贝耶尔教授的课之间存在明显的差别。贝耶尔穿着简朴，课上没有任何仪器，直接进入主题，只是努力地做到讲述清晰。在 45 分钟的理论课结束时，他准时下课以便下堂课继续。

在课上，学生们俯身在课桌上，做着笔记。他们没有用速记方式，他们的笔记只是教师所讲主题的提要。德国学生们知道，可以在书本和杂志上找到课程所依据的事实，他们要找的是相互之间的关联和研究方法。伟大的学者总有一些东西是可以激发、刺激和鼓励想象力的……

在德国是没有教科书的。我惊讶地发现，学生们使用的教科书没有我们的那么多，而化学方面的记忆学习也远比我想象的少得多。贝耶尔教授的课与这一制度有关，尽管他的阐述非常精彩，但有时在我看来是如此简单，以至于我认为都是些非常初级的阐述。

贝耶尔在夏季学期讲解了普通化学的有机部分，在三个半月的时间里，他发现有足够的时间让学生熟悉这个庞大的化学分支的最基础部分。

让卡萨雷斯感到惊讶的是，像贝耶尔这样一位杰出的科学家还能讲这么多的课，而不是把所有的时间都用于研究。他指出，在那个地方“大教授们的任务是对整个知识体系加以概括性的阐释，从而把深入讲解一些特殊课题的任务留给普通讲师（级别低于教授）和私人教师”。然而贝耶尔感兴趣的却是实践教学：

我主要关注的是实践教学。西班牙的化学专业学生不在实验室工作，和其他国家一样，即使在实验科学方面，我们也只限于口头教学。只有助手和极少数被选中的人进入实验室，即便如此，他们的工作也往往仅限于为第二天的课堂实验做准备。

于是我意识到，为了培养一个优秀的化学家，不像我以前想象的那样需要太多的工作和努力，也没有必要练习这么多的操作和实验。为训练那些从事初级工作的人，做经过精心挑选的三四十种实验就已经足够，进行二三十个定量分析则足以获得进行有关研究的必要技能。同一门课程的学生都准备相同的实验，进行相同的分析。一本相关的书籍就可以详细描述这些操作，这就是为什么一名助手就可以指导许多学生的实践，而且他还能继续干他自己要干的事。

卡萨雷斯对德国的教学方式最不喜欢的是，“为了能在实验室工作，必须支付场地费用，使用煤气也需付费，除了一些非常廉价的商品以外，要为所有使用的物品付费，使用过后以后不再使用的物品也要继续付费，阅览实验室专用图书馆的书籍也需要付费”。

“幸运的是，”他补充说，这并不是“一笔过高的支出，比上一堂私人教师的复习课的花费要少”。他最后总结道：

德意志民族真是慷慨地在传播文化，但却要求学生在实验科学方面付出高昂的代价。我当时就说，我们更加慷慨，但不幸的是，我们教化学的方式跟教数学或哲学的方式是一样的。

1918 年 12 月 1 日，当卡萨雷斯进入马德里国家医学院时，何塞 · 罗德里格斯 · 卡拉西多对他的言论作出了回应，并以如下措辞提到了他在冯 · 贝耶尔实验室的情况（Carracido，1924：402）[11]：

卡萨雷斯先生开始了他在巴塞罗那大学担任（化学分析）教授的生活，

吸引了众多学生围在他的身边，这不仅是因为对教学的兴趣，也是因为授课之人的性情，希望他的实验室能够充满一种友好聚会的氛围。但是在这种科学大家庭的平和气氛中，年轻的教授突然产生了一种怀疑，认为自己不足以恰当地履行他作为主任的使命，这种怀疑唤起了他的渴望，想要亲眼看看其他城镇的大学的教学成果。当时并没有出国学习的补助金，卡萨雷斯先生只带着他作为入门级教授工资中的3000比塞塔，受贝耶尔实验室显赫的盛名驱使而前往慕尼黑。他既没有任何官方或私人的推荐，更令人惊讶的是，他还不懂德语，但他赢得了这位大师的喜爱，获得了在很多情况下需要外交推荐才能获得的东西：被允许进入那个用各种奇妙的合成震惊了世界的化学研究中心[12]。

当我们在第13章讨论20世纪前期西班牙物理学的领导者布拉斯·卡夫雷拉时，我们将会看到在他身上发生的与卡拉西多回忆卡萨雷斯的事情类似的情况。卡夫雷拉当时已经像他的化学同行一样，成为大学教授和一间刚刚在马德里成立的物理研究实验室的主任，但在意识到自己知识的局限性后，卡夫雷拉利用1912年夏天的学校假期去了位于苏黎世的由著名磁学专家皮埃尔·魏斯（Pierre Weiss）领导的实验室。同样，卡夫雷拉也是在没有事先做任何安排的情况下这样做的。卡夫雷拉同样获得了外国老师的信任。回到马德里后，他拥有了上述实验室的设施，而这是卡萨雷斯不曾拥有过的。这里要再次引用卡拉西多的话（1924：402-403）：

带着对教学工作缺陷的不满离开巴塞罗那的他回到了教授的岗位上，满怀幻想，相信能够得到开展必要工作需要的一切条件，以便在西班牙建立一种类似于贝耶尔的教学环境。但是在当时被错误地称作“发展部”的小官僚机构一贯的抵制做法下，这位渴望着新的大学生活的教授的雄心被彻底打碎，而他自己被迫成为一名化学文献的传播者。

卡萨雷斯本人（1922：22）在中央大学1922—1923学年的开学演讲中提到了

他这一段在巴塞罗那担任教授期间所遭受的窘况（他在 1888 年赢得了教席）："发生在我身上这么多年的事情现在不会再有了……当年我在巴塞罗那大学担任化学分析和物理技术两门课程的教授期间，每个季度可以得到 80 比塞塔的拨款作为我的实验室资金。在仅靠微薄的工资，没有任何资金，没有指导，与外国也没有联系的情况下，我们的许多教授在他们的人生中做出了惊人的努力和自我牺牲，成就了他们已经或正在成就的人生。"[13]

面对这种情况，对于 1905 年卡萨雷斯放弃在巴塞罗那大学的教授职位一点都不用感到惊讶。他通过竞争调到中央大学药学系担任化学分析教授，希望在西班牙首都能够获得更多的研究便利[14]。在马德里，他在科学研究和机构两方面都获得了丰收：他是皇家精确、物理和自然科学院，国家药学科学院的成员，而且正如我们所看到的，他还是皇家医学科学院的成员（之前他还是巴塞罗那科学和美术学院的成员）。他领导科学和药学工作，还主持了西班牙皇家物理和化学学会。此外，他还将其作为教授的活动与财政部中央海关实验室的工作结合起来，在那里研究与货物关税分类有关的问题。他还是皇家公共教育与卫生委员会的成员。

对于他的工作，卡拉西多（1924：406）用华丽散文体说道：

> 离开历史，来到现代，卡萨雷斯先生向拉瓦锡介绍了他将氧气的化学研究拓展到动物呼吸研究并将之与生理学的热生成联系起来的宏伟著作；向冯·李比希介绍了在对尿酸分子和其他有机物质进行精细而巧妙的解析后，对植物营养和一般营养之间密切关系的阐述；向巴斯德介绍了他对分子不对称性的超越性研究以及对微生物化学神奇过程的精细探究；最后对菲舍尔，描绘了糖和嘌呤系列的结构图谱因而解开了白蛋白复合物的复杂结构，为生理学提供了理解含氮食物代谢转化的关键。

要对西班牙的化学状况作出评估并尝试厘清西班牙化学家的对外交流情况，则必须了解他们对 19 世纪科学史上一个重要事件的参与情况，也就是 1860 年 9 月 3 日至 5 日在德国卡尔斯鲁厄举行的国际化学会议。这是一次在德国有机化学家奥古斯特·克库勒（August Kekulé）的倡议下举行的会议，其主要任务是就“原子”“分子”“当量”的定义达成共识。这关系到化学术语一致性的问题，也是第一次国际性的科学家大会。仅这一点足以突出其重要历史意义。根据会议记录，有 140 名化学家出席了大会，包括阿道夫·冯·贝耶尔、罗伯特·邦森、亨利·罗斯科（Henry Roscoe）、让－巴蒂斯特·安德烈·迪马（Jean Baptiste André Dumas）、斯塔尼斯劳·坎尼扎罗（Stanislao Cannizzaro）、德米特里·门捷列夫以及克库勒本人等。参与人数最多的是德国人，共有 56 名化学家，其次是法国（21 名）、英国（17 名）、俄罗斯（7 名）、奥地利（7 名）、瑞士（6 名）、比利时（3 名）。西班牙代表是前面提到过的来自马德里的化学家拉蒙·托雷斯·穆尼奥斯·德卢纳（在会议记录中他的名字被错误地写为“R. 德苏纳”）。此外，葡萄牙和墨西哥也各派出了一名代表。

托雷斯·穆尼奥斯·德卢纳拥有药学和物理数学的博士学位。他在获得马德里大学普通化学教席之前，担任过各种职务，包括担任 7 年之久的国家彩票总局机械运行主管[15]。1848 年，中央大学哲学系设立了第一个有机化学教席（当时科学研究包含在哲学系中），应聘者需要通过考试才能获得该职位，托雷斯提出了申请。尽管他通过了考试，但评选委员会决定让这个职位空缺，因为他们认为没有一个候选者有足够的资质。作为公共教育总局局长的安东尼奥·希尔·德萨拉特在 1849 年 7 月 10 日发给内政大臣的一份报告中解释说，“现在不能立即补上有机化学教授这个空缺职位，有必要采取非常手段以聘请到一位优秀的教授。在公共教育总局看来，唯一的办法就是像普通化学教席那样举办一次竞赛，并将获得最佳成绩的人公派到巴黎工作两三年，这样他就可以专门致力于这门科学的研究，然后再回到这所大学找到相应的职位开展教学”。

两个奖学金的获得者是托雷斯·穆尼奥斯·德卢纳和马里亚诺·埃切瓦里亚（Mariano Echevarría），后者是马德里哲学系物理数学学科的副教授。1849 年托雷斯被任命为马德里哲学系的化学教授，任务是与埃切瓦里亚一起前往巴黎，“进修有机化学和无机化学两个分支，并在归来后担任委派给他的教职”。他们在巴黎一直待到 1851 年，参加了以下法国化学家的课程：巴拉尔（Balard）、德普雷（Despretz）、迪马（Dumas）、奥尔菲拉、帕扬（Payen）、佩利戈特（Péligot）、珀卢兹（Pelouze）、普耶（Pouillet）和武尔茨（Wurtz）的课程。为了进一步拓宽自己的学识，1851 年 3 月，托雷斯申请去吉森大学跟随冯·李比希学习。我们已经知道，他被批准前往德国，并于 5 月 25 日走进了这位伟大的德国化学家的办公室。托雷斯·穆尼奥斯·德卢纳（1873：10）在如今已被遗忘的《药学周刊》上发表了一篇有关冯·李比希的生平的短文，回忆了他在吉森大学遇到过的同事们：

> 我有幸在 1851 年与我们难忘的朋友和同伴马里亚诺·埃切瓦里亚博士成为冯·李比希的弟子。埃切瓦里亚的过早离世使西班牙失去了一位杰出的教授，我们永远不会忘记吉森大学的那座宏伟的实验室。在课堂上和实践中我们组成了一个真正的化学工作者的国际团体。在那里我们看到了优雅的麦肯齐（Makensi），现在他是英格兰的一位杰出外交官。他的旁边还有现在的圣彼得堡理工学院的著名教授尼古拉斯·索科洛夫（Nicolás Socoloff）。前面一张桌子，与斯特雷克（Streker）坐在一起的是著名化学家莱曼（Lehmann）和克库勒。再远一点，跟赛德勒（Zedeler）和雅戈尔（Yagor）坐在一起的是马斯普拉特（Musprat）。对面角落里是前面提到过的两位西班牙人，正在结结巴巴地用德语与亨佩尔（Hempel）和道富斯（Dolfus）交谈。总之，这是一个真正的科学家共和国，在这里“合众为一”这句至理名言比在任何其他国家都更加真实地刻在所有年轻人的心上。

1869 年，托雷斯享受奖学金又在德国度过了一年，研究“发展西班牙农业和工业财富的有效途径”。在这方面出现一个不可回避的问题：为什么像穆尼奥斯·德卢纳这样有机会和外国科学名人一起进修过的西班牙科学家，最终没有在国际领域做出重大贡献？我认为，问题的答案要从他们在西班牙拥有的物质条件（实验室）和学术条件（他们必须教什么和教什么人）中寻找。这些情况将在本书的其他不同章节讲述。

我想补充的是，托雷斯·穆尼奥斯·德卢纳（他也是《西班牙科学与农业》杂志的主编）是原子理论在西班牙最积极的传播者之一。他在一些教科书中谈到了这个理论，如《医学、科学、药物学、工业工程、农学、矿业等专业学生使用的普通化学基本课程》（1861 年，1885 年为第五版，从 1872 年第三版开始，他用“原理”代替了“课程”）[16]。此外，他在化学产品应用于医学领域方面也开展了很多工作，特别是在农业方面的应用。在这一领域，冯·李比希做出了突出贡献。

然而，应该指出的是，原子理论最明确的支持者是何塞·拉蒙·德卢安科－列戈（José Ramón de Luanco y Riego，1825—1905）。他在担任各种学术职务之外，于 1868 年获得了巴塞罗那大学科学系普通化学教席，并一直在那里从事专业研究，最终成为该大学的校长。他撰写了《巴塞罗那大学普通化学课程汇编》，该书第一版于 1878 年出版。和托雷斯·穆尼奥斯·德卢纳一样，为了在西班牙引进原子理论，他首先使用的是外国课本（一般是法国课本），其中部分内容是由他翻译的，如 1871 年使用的《现代化学导论》。该书的副标题是《法国和德国化学家最新著作和作品摘要》。该书作者是法语瑞士专科学校和洛桑工业学校的教授 G. 布雷拉（G. Brélaz），该书首次出版是在 1868 年。将外国科学文献翻译成西班牙语（尤其是医学、化学和物理学文献）是西班牙科学家经常从事的一项活动。

我还要指出的是，一些“伟大的海外人士”对西班牙化学教学的巨大影响力，如马泰奥·奥尔菲拉。就我们所说的“基础化学”而言，这种影响力在他翻译的《医学、药学和艺术中的化学应用基础理论》一书中表现得尤为突出。该书用以下措辞提到了英国化学家道尔顿（Dalton）的原子理论（Orfila，1822：11-14）：

> 道尔顿在 1802 年发表了一个被称为“原子论”的体系，这个体系与物质的组成有关。我们将详细地介绍这个体系，因为我们将在这部作品中多次使用它，特别是因为这个体系得到了普遍认可，可以用它开展大量的应用分析。
>
> 道尔顿对原子的理解是，物质的最小组成部分是原子，因此这些原子

是不可分割的。尚不知道的是，物体 *A* 的原子是否与另一个物体 *B*、*C* 或 *D* 的原子具有相同的尺寸，但存在着它们的尺寸并不相同的可能性。同样不知道的是，它们的尺寸是否与其重量有关。原子的形态也是未知的，对此，道尔顿假设原子是球形。

道尔顿在其原子理论中选择了氢作为单位，但任何其他物质都可以填满同一个物体。道尔顿之所以选择“氢”，是因为氢是最轻的元素，因此也是按最小比例结合的物质。根据这位著名物理学家的说法，如果一个氢原子的重量是 1，那么氧原子的重量就是 7.5，氮的重量是 5，碳是 5.65，硫是 15。然而尽管如此，把氧原子的重量作为一个单位要更加方便，因为大量物质中都包含有氧原子，出于这个原因，我们会优先采用氧原子。

道尔顿同时还确认，除了我们迄今为止所谈到的简单物质的原子之外，化合物中还有其他原子。这些化合物原子的重量是由各组成物原子的重量之和决定的。所以，一个铜原子和一个氧原子结合形成氧化铜，其中铜原子的重量是 8，氧原子是 1，因此一个氧化铜原子的重量为 9。当两个化合物结合形成更复杂的化合物时，其原子的结合也是以同样的方式和方法被验证，与简单物质一样。

特别有趣的是，他用以下表述结束了涉及原子理论的部分（Orfila，1822：15）：

在结束本文之前，有必要指出的是，道尔顿的体系完全是假设性的，其准确性无法被严格地证明，但它对我们了解物质的组成有很大帮助。许多著名化学家已经用它来确定许多尚未分析的化合物的比例并获得了最好的结果。最后，这套体系也是贝尔塞柳斯总结出他的关于物质组成规律的伟大理论的第一个想法的源泉。

当然，说道尔顿的理论具有“假设”性质也是合理的。对物质是由原子组成的这一理论的证实仍是一个漫长的过程。

原子理论

约翰·道尔顿（1766—1844），这位织工的儿子后来成为曼彻斯特的一名私人教师和工业顾问。由于他对“色盲”的研究成果（他本人患有这种疾病，从那时开始这种疾病被称为“道尔顿症”），他的姓氏成为世界语言遗产的一部分。在法国化学家普鲁斯特提出的定比定律的基础上，道尔顿提出了化学合成物是通过离散的单位实现的观点，也就是化合物是由一个原子与另一个原子组合而成，而且每种元素的原子（关于其结构他无法说明）都是相同的。他在他最著名的作品《化学哲学新体系》（1808 年在曼彻斯特出版）中写道：“我们可以得出结论，所有均质体的最终微粒在重量、形状等方面都是完全相同的。”他进一步补充道：“而且，这项工作的一个主要目标是，弄清楚简单物质和化合物质的最终微粒的相对重量和构成化合物的最简单基本粒子的数量对于我们有什么重要性并给我们带来什么好处。”

在《化学哲学新体系》中，道尔顿列出了 36 种“简单”元素（以及其他二元化合物，即由两个或更多简单元素组成的化合物）。这些都是以氢元素为首，鉴于不可能展开绝对的测量，于是他给氢设定了一个相对的重量单位。由于实际上不可能对原子的大小进行直接测量，因此是通过与一个基础元素的比较来计算的，而这个基础元素便被当作重量单位。氢的原子重量刚刚超过 1，氧的原子重量就是接近 16[①]。碳的原子重量如果是 5，则氧为 7[②]，磷为 9，排在最后的是铅（95）、银（100）、铂（100）、金（140）和汞（167）。

一个特别重要的问题是确定一种元素的粒子是相同还是不同，是有原子和分子还是它们之间没有区别。1811 年，意大利化学家阿梅代奥·阿伏伽德罗（Amedeo Avogadro，1776—1856）发表了一篇文章，题为《关于确定物质的基本分子的相对质量及其分子组合比例的方法》。阿伏伽德罗利用盖－吕萨克定律指出，当一个物质（化学元素或元素组合）进入气态时，它形成的不是“不可分

① 原文如此——译者注。

② 原文如此——译者注。

割的粒子”，即道尔顿假设的“原子”，而是由“基本分子”组成的“完整分子”。有了这个概念，阿伏伽德罗重新表述了盖－吕萨克定律，指出“在同等温度和压力条件下，同等体积的不同气体含有相同数量的分子”。“阿伏伽德罗数”，即 $N=6.023\times10^{23}$ 是一个物理常数，代表每 1“克原子”（12 克 ^{12}C）所含的原子数量，用摩尔代替，作为未知量级的单位，即物质的量。

1858 年，在考虑到阿伏伽德罗定律的情况下，斯坦尼斯劳・坎尼扎罗（意大利化学家，1826—1910）修订了体积和分子的比较关系，解释了如何确定元素的原子质量和化合物的分子质量。即便如此，到 19 世纪中叶人们对“原子”和“分子”的定义仍有相当大的分歧。

周期表引入西班牙

在门捷列夫提出他的化学元素周期表之前，给化学元素排序的问题在西班牙就已经找到了途径。这种排序主要基于法国化学家路易・雅克・泰纳尔（Louis Jacques Thénard）提出的分类。他撰写的《基础化学、理论与实践概论》（*Traité de chimie élémentaire，théorique et pratique*）一书被翻译成西班牙语，名义上的作者是弗朗西斯科・苏里亚・洛萨诺（Francisco Suriá Lozano），标题为《化学、理论和实践基础教程：物理－化学课基础》，但他承认这就是泰纳尔的《化学概论》的摘编。在其四卷中的第一卷（pp.303-304），概述了泰纳尔的分类体系：

> 金属是简单物质，不透明，非常有光泽，能够接受抛光，是热的良好导体，主要是电的导体。金属容易与氧气以不同的比例结合，而成为不稳定的氧化物，这种氧化物易变色，没有光泽，而且通常具有与酸形成盐的特性。
>
> 目前已知金属有 38 种，我们在简单物质的清单和研究计划中都已经提到，其中 6 种尚未以金属状态获得，鉴于提取的物质与金属氧化物密切相关，只是因其与金属类似才被纳入金属的序列。这 6 种所谓的金属是硅、锆、铝、钇、铍和镁。

正如我们看到的，分类的标准是金属对氧的反应性。此外，他还加上了对水的反应性。

如果在教科书中寻找，第一个提到门捷列夫元素周期表的是西班牙巴利亚多利德大学的化学教授圣地亚哥·博尼利亚·米拉特（Santiago Bonilla Mirat）及其《化学基础概论》一书（1880）。19 世纪 90 年代，博尼利亚得到了马德里中央大学化学系教授的职位，这本书多次重印，帮助他扩大了影响力。正如贝托梅乌·桑切斯和穆尼奥斯·贝略（2015：22）指出的："博尼利亚支持原子重量而不是当量。他在关于化学原子理论的章节中提到了门捷列夫和洛塔尔·迈耶（Lothar Meyer，德国化学家），强调了原子重量与周期属性之间的关系，同时将新发现的钪描述为'门捷列夫思想巨大重要性'的证明。"

在门捷列夫对存在镓（1875）和钪（1879）等新元素的预测的准确性得到验证之后，这位俄国化学家的周期表被纳入西班牙使用的化学教科书中的做法才真正得到巩固。即便如此，这个表格似乎并没有被视为解开宇宙物质构成的大师级作品之一。至少布拉斯·卡夫雷拉（1927b：92）在回应安赫尔·德尔坎波的时候是这样说的（1927）。当时德尔坎波在皇家精确、物理和自然科学院宣读了他的入院演讲，其内容正好是针对"元素周期体系"：

> 在 17 世纪末，当德尔坎波先生和我在我们大学听课时，人们普遍认为门捷列夫的作品只是对各种元素进行了准确排序，以方便记忆并预见它们的特性。

顺便说一下，卡夫雷拉是在 1894—1895 年开始在西班牙中央大学科学系学习的，并于 1900 年参加了硕士学位考试。

化学工业和外国的存在

德国是 19 世纪化学领域的领导者，其工业、经济、政治和军事实力中的很大一部分都归功于这门科学（20 世纪德国化学学科继续发展），尤其在有机化学领域，这其中最为突出的是人造染料和肥料方面。同时，德国化学工业的实力也对基础化学的研究产生了积极的影响和刺激作用。因此，我们必须自问，这一行业在西班牙的发展状况如何。

根据《西班牙工业化图表集》(Nadal et al，2003：192)，19 世纪西班牙的化学工业经历了"既过早又艰难的起步。早在 1820 年，法国人弗朗索瓦·克罗（François Cros）就在巴塞罗那的桑斯区开始生产硫酸这种无处不在的试剂，只是从 1872 年起西班牙炸药公司开始在其位于加尔达卡奥的炸药工厂生产出硫酸，这一工业才引起关注。更为明显的关注是从 1884 年开始，克罗的后代在位于巴达洛纳的农用化肥厂大规模生产硫酸"。从克罗家族的第一个工厂到其子孙在巴达洛纳建立工厂，这期间了经历了一个深刻改变西班牙工业状况的发展：通过法国设计的勒布朗工艺（用硫酸处理普通盐）成功获得了人工苏打。尽管西班牙拥有的黄铁矿资源（黄铁矿是获得硫酸的主要矿物）和盐矿似乎决定了西班牙在这一专业领域占据重要地位，但极少的消费和矿物煤昂贵的成本却让所有期望落空。因此，含碱商品的生产一直低迷，直到 20 世纪初，勒布朗工艺生产的苏打水终于过时，让位于使用更加现代化手段生产的其他苏打水。此外，引入勒布朗工艺在西班牙产生了一些负面影响。在此之前，西班牙一直是欧洲苏打水的主要供给国，因为价格的下滑导致这一领域的许多西班牙公司消失。

周期表

如果要选出 19 世纪对化学做出的最杰出贡献，很可能大多数人会选择俄国化学家门捷列夫（1834—1907）在 1869 年提出的元素周期表。当时，古代的四大元素——空气、水、土和火——只是一种古老的记忆。拉瓦锡认为化学元素的数量是 33 个，贝尔塞柳斯认为是 47 个。在 1700 年之前，人们已经知道的是锑、砷、硫、碳、铜、锡、磷、铁、汞、金、银和铅，而在 1700—1799 年，人们发现了铍、铋、锆、氯、钴、铬、锶、氟、氢、钇、锰、钼、镍、氮、氧、铂、碲、钛、钨、铀和锌。(在各种新发展如电解和放射性的帮助下，) 这个名单迅速持续增加，

1800—1849年，铝、钡、硼、溴、镉、钙、铈、铒、铱、镧、锂、镁、铌、锇、钯、钾、铷、硒、硅、钠、钽、钍、钒和碘得到确认；1850—1899年，确认了锕、氩、铯、镝、钪、钆、镓、锗、氦、钬、铟、镱、氪、钕、氖、钋、镨、镭、铑、钌、钐、铊、铥和氙，一共81种元素。

问题由此出现，这些化学元素是如何组织排序的？于是产生了根据它们的特性进行分组的想法，这导致了周期表的出现。从1817年开始，约翰·沃尔夫冈·德贝赖纳（Johann Wolfgang Döbereiner）发现了几种情况，即具有相同化学特性的3种元素，如钙（Ca）、锶（Sr）和钡（Ba），其重量以等差数列增加。1857年，英国化学家威廉·奥德林（William Odling）提醒人们注意这样一个事实：碳、氮、氧和氟的系列显示出有规律的重量增加和原子价下降，即从碳的4下降至氟的1。1862年，法国矿物学家亚历山大－埃米尔·贝古耶·德尚寇特斯（Alexandre-Émile Béguyer de Chancourtois）将所有已知的化学元素排列成一个螺旋形，画在一个圆柱体上，在一个元素上方每隔16个单位就会出现另一个与第一个元素密切相关的元素。到了1869年，亚历山大·雷纳·纽兰兹（Alexander Reina Newlands）将所有元素排列成每行7个，发现从第8个元素开始，与上一行的相同位置的原子具有相同属性。这一规则从排在第17个的碳元素起就不再成立。因此我们看到，按照原子重量将各元素排列在一个表中，即每一种元素的特性都以一定的间隔重复出现的想法已经确立。参与提出这一想法的众人之一就是门捷列夫。

门捷列夫出生于西伯利亚，在当时那里并不是学习科学专业的最好地方，他在圣彼得堡教育学院接受教育（圣彼得堡大学因为他的出身没有录取他，此前莫斯科大学也没有）。他的表现非常出色，以至于政府为他提供了奖学金，让他在海德堡（德国）进一步深造化学。1859年，他在海德堡著名化学家罗伯特·邦森的实验室找到了工作。但更重要的是，他有机会参加了1860年9月在卡尔斯鲁厄举行的会议，即化学史上的第一次国际会议。正如我们看到的，来自世界各地的化学家，包括最著名的化学家都出席了这次大会，试图澄清这一学科中一些已经陷入混乱的基本概念。

1861 年，他回到圣彼得堡。1867 年 10 月，他获得了圣彼得堡大学化学教授的职位，这是理解他为什么能够排列出周期表的关键点之一。他必须承担的教学任务之一是无机化学，有大量学生跟随他学习，因为这是自然科学系所有学生的必修课。为了方便教学，门捷列夫为其学生寻找可以使用的书籍，但并没有找到任何一本俄文书：所有书籍都已经过时。当然，也没有一本书收录了化学新发展成果。此外，那些书中也没有关于光谱学技术或新发现的化学元素等内容的章节。于是，他决定自己写一本教科书。他完全沉浸在这项工作中。1869 年 1 月他意识到一个严重问题：他已经把后来成为《化学原理》的第一卷交给了印刷商，虽然他对完成这部分内容感到高兴，但第一卷中只涉及了 8 种化学元素，因此在计划中的第二卷就要介绍 55 种。显然，他需要某种排序原则以便简化叙述。这就是导致他提出元素周期表的原因。他在《化学原理》一书中提出了元素周期表，依据是众多单一物质的属性以周期性的方式与它们的原子量相关这一想法。他是在俄罗斯化学协会的一次会议上这样介绍的（该协会是前一年由他本人在圣彼得堡帮助建立的）。同年德国《化学杂志》月刊总结了门捷列夫的想法，但并没有引起太大关注，直到洛塔尔·迈耶在 1870 年发表了自己的描述。第二年，门捷列夫预测了当时未知的 3 种元素的存在，甚至指出了它们的突出特性（包括大概的原子量）。这些预测很快便得到证实。1875 年，法国人保罗·埃米尔·勒科克·布瓦博德朗（Paul Émile Lecoq de Boisbaudran）宣布发现了镓（门捷列夫称之为“类硼”）。1879 年，瑞典人弗雷德里克·尼尔森（Fredrik Nilson）发现了钪（门捷列夫称之为“类铝”）。1886 年，德国人克莱门斯·亚历山大·温克勒（Clemens Alexander Winkler）发现了锗（门捷列夫称之为“类硅”）。

更为有意义的是，从 19 世纪的第二个 25 年开始，陆续出现了专门生产硫酸钠和盐酸的工厂，这些产品是在勒布朗工艺的反应过程中获得的。在巴塞罗那周边的酸生产商利用这一反应制作盐酸。此外，在玻璃生产中，硫酸钠经常取代苏打（这就是为什么它被赋予“人造纯碱”的误导性名称）。19 世纪中叶，许多工业家从马德里（包括先波苏埃洛斯、阿兰胡埃斯和巴尔德莫罗等地）、布尔戈斯（塞雷索德里奥蒂龙）和萨拉戈萨的丰富矿场中提取和提纯硫酸钠，这使他们能够建立起小型的勒布朗工厂。然而，所有这些设施的规模都不大，西班牙的煤炭价格很高，加上英国和法国等大型生产商引起的激烈竞争，在进入 19 世纪最后 25 年之前，这些设施就已经消失了。

有必要指出的是，上述提到巴塞罗那是化学工业所在的城市之一，这并非是巧合。必须注意到的是加泰罗尼亚纺织业的重要性，尤其是这里的棉花加工业。这一过程需要漂白剂和染料。我们将在关注巴塞罗那的萨里亚化学研究所的时候再来介绍这个行业。

除了上述数据，还值得注意的是外国公司存在的重要性。我们已经提过克罗和勒布朗工艺，但也还有其他一些值得一提。在炸药领域，西班牙炸药公司于 1872 年成立，以便在西班牙利用诺贝尔专利。5 年以后的 1877 年，这项专利的取消促成了阿斯图里亚斯、加泰罗尼亚和比斯开等地一些竞争对手公司的出现，它们都是欧洲企业的子公司。而且有必要记住的是，在采矿领域，1848—1881 年，外国资本侵入了西班牙的矿区。1855 年，法国佩尼亚罗亚矿产冶金公司在西班牙戈兰朵塔、圣菲尔梅、纳兰、坎西奥内斯、奥利奥涅戈（阿斯图里亚斯）和威立雅马宁（莱昂）经营几个露天铁矿，而阿尔马登矿区从 1835—1911 年一直由德国罗斯柴尔德银行控制。

另一个外国企业进入西班牙的突出例子是苏威公司，尽管这已经是 20 世纪的事情。1895 年苏威公司开始研究进入西班牙的可行性，但在弗利克斯（塔拉戈纳省）、阿波尼奥（阿斯图里亚斯）和巴塞纳 - 德皮耶德孔查（坎塔夫里亚自治区）同时建立了 3 个生产氯和烧碱的电解装置，这推动了苏威公司最终做出在 1902 年夏天成立公司的决定，并选择在坎塔夫里亚自治区靠近托雷拉韦加市的巴雷达建厂。建设工程于 1904 年 5 月开工，4 年后首批数吨苏打和烧碱等产品出厂。

总之，其他国家的新兴和蓬勃发展的化学工业在西班牙建立了起来，但总的来说，都是利用从外国引进的技术。这种局面并不利于西班牙化学研究的进步。

制药业

西班牙本土制药业与在西班牙的外国制药企业之间关系并不密切，同时在适应并利用科学进步带来的发展可能性方面并没有太大困难。因此，西班牙本土制药业与前面提到过的其他化学工业在某些方面有所不同。尽管如此，介绍一下同样受益于 19 世纪新化学科学发展并成为西班牙化工产业一个主角的制药业也还是有启示作用的。

如同人工染料领域一样，能够更好地面对 19 世纪随着新化学知识的发展而出现的新情况的国家是德国。德国把药品的生产纳入其整个化学产业中，这使其具备了以更合理和更全面（因而也更有利可图）的方式组织生产的可能性。当然，这意味着让药剂师远离但不是脱离药品的生产。几个世纪以来，药剂师已经习惯了垄断药店出售自己制作的药品（当然数量有限）。传统的药房（盖伦制剂）是药师传统知识的宝库，他们在前店后厂模式中为顾客配制所需的药品。这种药房的消失是德国和瑞士等国家制药工业化的结果之一。西班牙的情况有所不同。一些药房开发了自己独有的制药流程，创建了小型实验室，当需求超过它们的能力时，其中一些企业家开始——因其严重依赖来自中欧地区的关键原材料——小规模且有限地工业化生产。事实上，化学科学的发展及其与工业的联合让药剂师远离了对原材料和大批量药品生产的控制，于是药品首先经过药商之手，然后是化学工业家。从经济、工业和科学的角度来看，抵制工业化制药这一变化的国家都是最糟糕的。西班牙就是这些国家中的一个，不是因为药剂师的专业能力不足和缺乏远见，就是因为它的经济和工业缺乏优势。从下面这段话中不难体会西班牙药剂师在面对新的科学技术世界时的那种无奈、遗憾和无能为力。这段话摘自 1890 年发表在专业杂志《现代药学》上的一篇文章[17]："所有这一切对多药联用构成了致命打击，而这种做法在我们的前辈眼中是一种积极的联系。化学物质让盖伦制剂失去了权威，甚至没有人出来自我辩护，要么在分析的某些缺陷中寻求庇护，其实这种缺陷至今仍然存在，要么是以治疗的晦涩性为借口，而这种晦涩其实更多的是由于生理学还没有能力解释清楚，在我们的药典中确实仍然保留着盖伦的方法，但制药工业主义也确实日新月异，并且正在一步步地接管所有的配制药品。总之，现代医学的简单性、形式的精细化、与盖伦派的相左，工业化已经拆散了我们的实验室，提供给我们的几乎所有药品都是现成的。”

新科学知识的产生导致或可能导致创新和技术进步，从而创造财富，但要获得这种技术和经济资本就必须克服诸多习惯和偏见，它们深深扎根于对现实——包括“专业现实”——的各种理解方式之中。此外还必须投入足够多的手段，长期持续下去，以便对科学家的培养转化为显著成果。这一观点既适用于一个世纪之前，也适用于今天。

第 8 章

19 世纪的自然科学

经过自然界的战争，经过饥荒与死亡，我们所能想象到的最为崇高的产物，即各种高等动物，便接踵而来了。生命及其蕴含之能力，最初由造物主注入到寥寥几个或单个类型之中；当这一行星按照固定的引力法则持续运行之时，无数最美丽与最奇异的类型，即是从如此简单的开端演化而来、并依然在演化之中；生命如是之观，何等壮丽恢宏！

查尔斯·达尔文

《物种起源》（*On the Origin of Species*，1859）

19 世纪下半叶，特别是后期，西班牙的科学经历了一定的复苏，首先是在自然科学领域——植物学、动物学、地质学、矿物学以及医学等学科。正如阿尔弗雷多·巴拉塔斯（Alfredo Baratas，1998）所指出的，对于这种情况的解释有：①国家拥有历史悠久的综合机构，例如马德里的自然科学博物馆和植物园，其活动可追溯到 18 世纪；②西班牙几乎所有大学都设有医学系，此外还有各种类型的医院；③新的官方机构建立，例如西班牙地质图委员会，虽然旨在追求实际结果（了解西班牙领土并利用其资源），但脱离不了科学活动。除了这些原因之外，还必须考虑另一个社会经济性质的原因：工业革命后西班牙的工业情况并不令人满意；出口商品绝大多数是农产品和矿产。但是，地下资源从 19 世纪 30 年代开始有了爆炸性的发展：在阿尔梅里亚（1839）阿尔马格罗山发现了次火山岩银铅矿床；随后是在哈恩的利纳雷斯 - 拉卡罗利纳发现的矿床；1840 年在墨西哥（瓜达拉哈拉）延德拉恩西纳发现的银矿；穆尔西亚拉乌尼翁 - 卡塔赫纳矿；比斯开铁矿和坎塔夫里亚锌矿等（Ayala-Carcedo，1998）。为此，创建了地质图委员会。

基于 18 世纪已经建立的基础而取得的进步本应有助于西班牙科学的总体发展，但实际情况并非如此。不要忘了，对国内大自然的科学认识往往是科学制度思维发展的第一步（或最初的步骤之一）。美国的例子尤为明显，也特别容易理解。鉴于其领土的规模，美国的博物学家和地理学家在国家的支持下创建了相关机构（Dupree，1986），在整个 19 世纪对国家的地理特征和蕴藏的财富进行了解。尽管西班牙在同时期做了类似事情，却不可与美国同日而语，因为美国正在将自己塑造成一个国家，而西班牙从任何历史角度来看都是一个古老的（这个形容词可能引发不同的解读）国家。确实可以在西班牙找到以往的此类举措，但其中一些也值得深思。例如，费利佩二世统治时期制定的地形关系几乎与科学性不沾边；只是为了应对了解领土和人口分布的愿望，主要强调人口和地理情况。正如我们所见，18 世纪的科学考察与此不同，但他们的主要目标是了解和开发美洲或帝国其他领土，或者试图测定子午线。这意味着当存在强大的激励措施时，可以取得科学成果。伊比利亚半岛的自然状况直到 19 世纪才变得足够引发兴趣，当时大西洋彼岸的自然资源（如矿物等）不再运到这边来了。

因此，虽然自然科学在 19 世纪蓬勃发展，但物理化学和数学却衰落了。考虑到当时西班牙工业和经济的状况，这是可以理解的情况；但不幸的是，而且有必要强调的一点是，科学的制度化恰恰就是在那个时候发生的。

自然科学博物馆

自然科学博物馆已经在第 3 章出现过（我们将在第 11 章再次讨论），现在有必要继续讲述它的沿革。西班牙的独立战争在很大程度上使其活动陷入瘫痪，费尔南多七世复辟后，1815 年废除了自然科学博物馆馆长职务，成立了一个理事会，一直运作到 1821 年，这一年博物馆转为隶属于研究总局。1845 年，当马德里大学成立时，自然科学博物馆成为哲学系的附属单位（我们知道，理学学科的教学也在哲学系进行），任命了优秀博物学家、博物馆动物学教授和《西班牙观察到的陆地和淡水软体动物目录》（*Catálogo de los moluscos terrestres y de agua dulce observados en España*，1846）的作者马里亚诺·德拉帕斯·格赖利斯（Mariano de la Paz Graells，1809—1898）担任博物馆的主管馆长。格赖利斯的名言是“依次为我们土地中的产物编制目录，从而形成西班牙博物学的总目”。他是里奥哈人，在巴塞罗那学习，1834 年获得医学和外科学士学位。1835 年皇家自然科学和艺术学会任命他为动物学和动物标本剥制术教授，他在任职期间推动了自然陈列馆的发展。两年后，马德里自然科学博物馆动物学教授托马斯·比利亚努埃瓦去世后，格赖利斯继任并离开了巴塞罗那。这一任命最初是临时的，最终在博物馆通过竞聘后，他获批成为常任教授，并于 1851—1867 年担任馆长，1867 年他辞职离开了博物馆。[1]

格赖利斯在科学方面主攻昆虫学研究（他最大的成就是发现了伊莎贝拉蝶），尽管他具备科学素养，但博物馆进入了一个衰落期，对此,（我们之后还会提到的）伊格纳西奥·玻利瓦尔（1915：35-37）在科学院的就职演说中是这样说的：

> 在这种情况下，1847 年颁布了一项条例，其中宣布博物馆的目的是促进 3 个自然王国的科学研究，以及增加组成其藏品的标本，并对其进行分类，博物馆的教授职务属于马德里大学哲学系的编制。指定校长是博物馆的最高领导，并任命一名主管馆长。通过这种方式，理学系吸收了博物馆中开展的教学工作，将它们变成了大学课程，并剥夺了此前学生自由和自发学习的特性。在这种制度下，院系的教授负责各自的收藏，无论他们是否具备收藏家所需的技能，而这与教学工作不同，两种工作通常不会一起开展，更不用说，教授们迫于教学的强制性需求，开始认为教学是唯一必须从事的工作，尤其是当他们没有因博物馆的工作而获得酬劳的时候。

不要忘了，这些表现有助于更好地了解当时的情况，我将在第 11 章中探讨这一点，而博物馆又转而隶属于 1907 年成立的扩展科学教育与研究委员会。时任博物馆馆长的玻利瓦尔介入了此事。

在西班牙自然科学看似永恒的制度摇摆中，1868 年 6 月 10 日的敕令又批准了一项新条例，决定将科学博物馆和植物园的最高领导统一起来，外加一个设立没多久就撤销了的动物驯化园。格赖利斯就成为那个“最高领导”，而卢卡斯·德托诺斯（Lucas de Tornos）是执行馆长，米格尔·科尔梅罗（Miguel Colmeiro）是植物园园长。这种情况一直持续到新世纪初，即公共教育和美术部成立后不久，1901 年 3 月 14 日的敕令制定了另一项规定，将博物馆和植物园分配给中央大学。两年后，(9 月的）另一项敕令承认植物园独立于博物馆，即 1868 年建立的综合行政单位不复存在。阿波利纳尔·费德里科·格雷迪利亚（Apolinar Federico Gredilla）被任命为植物园园长，而博物馆仍在 1901 年任命的伊格纳西奥·玻利瓦尔馆长的领导之下，并持续了多年。

从采矿到地质：采矿工程师学校和西班牙地质图委员会

像自然科学博物馆一样，本书也已经探讨过地质学，特别是在第 3 章和第 6 章中。在谈及自由教育学院的章节，我提到了何塞·麦克弗森对地质学的一些贡献。但他不是唯一一个，也不是第一个研究这门学科的人。正如我之前在第 3 章中所提到的，福斯托和胡安·何塞·德卢亚尔兄弟以及美洲的安德烈斯·曼努埃尔·德尔里奥都曾在这个领域工作过，尽管是出于采矿的动机。在西班牙和其他地方，主要是由于采矿活动，地质学都具有其独特的性质。

第 3 章已经出现的一个重要观点是德卢亚尔兄弟和德尔里奥都曾在著名的弗赖堡矿业学院进修，地质学家亚伯拉罕·戈特洛布·维尔纳在那里任教，他担任矿物学和矿山勘探教授。福斯托在德国城市弗赖堡和美洲获得的经验（见第 4 章）无疑促进了西班牙矿业总局（1825 年 7 月 4 日敕令）的创建，并由他本人担任局长。采矿教学层面，最初的打算是改进旧的阿尔马登学院（创建于 1777 年），其建院之初的首要目的是加深有关使用汞来提炼美洲开采的银的知识，这是第 4 章讨论的主题。然而，将正式的矿业教育带到马德里的想法正在逐步巩固。赞成这个想法的人中有洛伦索·戈麦斯·帕尔多（Lorenzo Gómez Pardo，1801—1847），他在获得药学学士学位后前往巴黎，在那里待了两年（1825—1826）——他的经济条件允许他这样做，他与索邦大学及其他巴黎学校的矿物学家和地质学家一起学习。[2] 促使他这样做的动力很可能源于他对冶金的热爱，源于他从小就在父亲工厂里接触到了提炼金银的工作。回到西班牙后，他完成了药剂师这一专业的学业，于 1828 年获得了硕士学位。就在那时，福斯托·德卢亚尔正在发愁为阿尔马登学院找到好老师的问题，他给戈麦斯·帕尔多和伊西德罗·赛恩斯·德巴兰达（Isidro Sáinz de Baranda）奖学金，送他们去弗赖堡进修，加深矿物学方面的知识，并参观了德国、捷克共和国、奥地利、波兰和法国的矿山和工厂。[3]

甚至在帕尔多 1834 年 2 月返回马德里去接替当时刚去世的德卢亚尔担任矿业总局局长的蒂莫特奥·阿尔瓦雷斯·德韦里尼亚（Timoteo Alvarez de Veriña）之前，就任命戈麦斯·帕尔多为矿业学院矿物学教授（1833 年 12 月），但他直到学校搬到马德里才开始到校任教。1835 年 4 月 23 日颁布的敕令宣布“在马德里组建矿业工程师学院”，由内政大臣迭戈·梅德拉诺（Diego Medrano）签署，我摘录了其中的第一段：[4]

> 考虑到你们向我展示的关于矿业工程师学院的实用性和适用性，我国基于矿业重大而深远的意义创建此类教学，希望借此传播有用的知识，考虑到经济情况，需要提供关于这一博物学分支的藏品，这些藏品现存于矿业总局的陈列室中，还需提供熔炉和机器的模型，如果没有则需要重新仿制并运送到阿尔马登学院，费用和风险不小，特颁布以下命令：第一，矿业工程师学院设在首都，与矿业总局位于同一座建筑里。第二，其宗旨是教授矿物学和地球构造学、力学、金属含量检定、冶金和采矿。

还有其他一些本书中不打算讨论的内容。当时遵循的样板是萨克森州弗赖堡矿业学院和匈牙利的班斯卡－什佳夫尼察矿业与林业学院。

矿业工程师在西班牙地质学发展过程中重要性的另一个体现可以在华金·埃斯克拉·德尔巴约（Joaquín Ezquerra del Bayo，1793—1859）身上找到。这位地质学家被指控为亲法分子；1821 年费尔南多七世复辟之后，他获得了王室的支持，进入了土木工程学院。不过后来他又遇到了问题，1823 年他因法国“十万圣路易之子”部队（Los Cien Mil Hijos de San Luis）干预后的镇压而流亡法国。经历了政治的多事之秋，埃斯克拉最终于 1828 年受委托绘制里奥廷托矿的平面图，这项活动使他在 1830 年获得了前往弗赖堡矿业学院学习的奖学金。1835 年，他加入了矿业工程师协会，同时被任命为马德里矿业学院的教师。他最终获得认可的证明是，他是 1847 年皇家精确、物理和自然科学院的创始成员之一。

但这里我关注的是，为了强调上述采矿工程与地质学之间的关系，埃斯克拉·德尔巴约为后一学科的发展提供了重要服务：将查尔斯·莱尔（Charles Lyell，1797—1875）的《地质学纲要》（*Elements of Geology*，1838）翻译成西班牙文，这本书是对他现代地质学开山之作内容的提炼:《地质学原理，尝试解释地球表面的早期变化》（*Principles of Geology. An Attempt to Explain the Former Changes of the Earth's Surface*），第一卷 1830 年出版，第三卷也是最后一卷于 1833 年出版。莱尔在世时见证了 11 个修订版的出版，足以说明这部著作产生的影响。

尽管在莱尔之前的其他人［尤其是詹姆斯·赫顿（James Hutton）］已经提出了这个想法，但莱尔最早提出所谓的“均变论原理”，即在漫长的时间里自然法则的作用是均等的；我们在地球上看到的一切——例如山脉、沉积物、断层、高原、河口、海盆、冰川舌或火山——都是由于元素的持续作用产生的。这位英国地质学家以前所未有的方式看待和解释地球表面，表明没有必要诉诸超自然的原因。

《地质学纲要》在 1865 年时已经出版了第六版，是对《地质学原理》这部从未被翻译成西班牙语作品的整理和提炼，适用于教学。埃斯克拉在他增添的“敬告读者”（他还增添了“关于西班牙大地的补充”部分）中写道:[5]

到目前为止，我们还没有用西班牙语写成的关于地质学原理的论文，既没有原创的也没有翻译的，并且鉴于目前的科学状况，可以认为这是一项迫切需求。为了满足这一科学需求，我发现没有比伦敦地质学会副主席查尔斯·莱尔爵士出版的《地质学纲要》更合适的作品了：第一，因为除了该论著之外，没有其他论著真正配得上《地质学纲要》的名号。第二，可以这样说，莱尔先生整理了一套新的地球史理论，通过该理论，几乎所有以前模糊和不可理解的现象都变得清晰起来。第三，莱尔在这门科学中引入的所有命名法，无论他自己新创立的命名法，还是他从其他作者那里采用的命名法，都获得了地质学家们的普遍接受，他们甚至没有修改就接受了。[6]

激励西班牙研究地质学的另一个因素是人们想更好地了解自己的国家。第一步是 1849 年，根据相应的法令，成立了一个委员会，负责“绘制马德里地形地质图，并采集和整合整个西班牙的数据”。然而，这一举措并没有取得成功：直到 1870 年，才以“西班牙地质图委员会”之名进行重组。[7] 该委员会的目的不仅限于地质方面；还致力于研究地形、气象、植物和动物学方面的问题，最终在 1889 年至 1892 年之间得以落实。整个半岛的第一张详细地质图于 1889 年完成；其比例尺为 1∶400000（1893 年出版的地图集中使用的比例尺为 1∶1500000）。1910 年，西班牙地质图委员会更名为“西班牙地质研究所”，并于 1927 年进行了重组，更名为“西班牙地质和矿业研究所”，这是一个至今仍存在的公共机构。

在曼努埃尔·费尔南德斯·德卡斯特罗（Manuel Fernández de Castro）领导的委员会成员中，值得一提的是矿业工程师卢卡斯·马利亚达 - 普埃约（Lucas Mallada y Pueyo，1841—1921），他负责为 1895—1911 年出版的地图撰写说明。1866 年夏天，马利亚达以年级第 9 名（共 11 名学生）的成绩从马德里矿业学院毕业后，曾在多个矿区工作：阿尔马登（1866—1867）、阿斯图里亚斯（1867—1869）和特鲁埃尔（1869—1870）。1870 年 8 月，他被分配到西班牙地质图委员会，在这个岗位上一直干到 1911 年退休（他还担任矿业学院古生物学教授）。作为实地研究的结果，马利亚达出版了大量科学论文，其中包括：《西班牙发现的化石物种概况》（*Sinopsis de las especies fósiles que se han encontrado en España*，1875—1887）、《韦斯卡省物理和地质描述》（*Descripción física y geológica de la provincia de Huesca*，1878）以及《西班牙发现的化石物种总目》（*Catálogo general de las especies fósiles encontradas en España*，1892）。作为对他科学成就的认可，1895年他当选科学院院士。然而，在西班牙历史上，马利亚达作为一位再生主义者更为出名，他的作品之一《祖国的弊端》（*Los males de la patria*，1890）是这场世纪末意识形态运动的经典作品之一。虽然这篇作品无人不知无人不晓，但我还是想引用马利亚达持有的一些想法作为例子——这有助于更好地理解创建西班牙地质图委员会的原因，以下是他于1882年1月1日在（马德里）《进步报》上发表的一篇题为《西班牙矿产资源简介》（*La riqueza mineral de España. Introducción*）的文章中的一些段落（Mallada，1998：135-137）：

> 今天，西班牙的矿山为激发我们这个时代的企业家精神和商业精神提供了广阔的领域，其中蕴藏的利益非常可观，人们日复一日地致力于研究、开采和提炼矿物。上帝让我们的地下资源如此丰富，在其中发现了数以千计的矿层，几乎没有一个省没有重要的矿脉，这激发了资本的有益作用，并为许多贫困家庭的工作提供了回报。
>
> 这个行业的特殊性，在提供许多好处的同时，也带来了巨大的风险，使得成立协会组织对行业运行至关重要，这也经常导致矿业贸易沦为赌博，在市场上，真理和善意并不总是占上风。
>
> 幸运的是，对这个行业发展如此有害的时代已经结束，经过了一段时间的过度采矿热潮，另一个极度疲倦和衰退的时代到来了。多年前，采矿业已经建立在坚实的基础上。
>
> 西班牙不能在17世纪伟大的科学和工业运动中继续落后；本国的地质构造正在被广泛而深入地了解；对交通线路的推动，把以前没有被充分利用的矿层置于有利的条件中；日益密切的国际关系已经吸引并正在吸引大量资金投入到采矿业中，前提是该国资本缺乏的现实使其丰富的矿层已经或正在陷入衰退和笨拙的采矿活动中。

在这一点上，他提到了使西班牙地质图委员会的创建成为可能的关键条件：

> 在这种情况下，政府并没有考虑过这个重要的部门还有多少工作要做，不管先后出台了多少法律来制约这件事，而且正因为太多了，很可能没有一个是好的。直到最近，对地下资源进行确切的了解仍可悲地被人们忽视了。一个可耻的例子是，到 19 世纪末，我们只有关于西班牙矿产资源的不完整的官方数据，而同时期在欧洲其他地区，已经没有一个国家不知道自己到底拥有些什么。

地质图委员会并不是那个时期成立的唯一委员会。此外，还建立了森林植物群委员会（1867—1888）和西班牙森林地图委员会（1868—1887）。自然科学在西班牙取得了进步。

西班牙博物学会

1871 年西班牙博物学会成立，是自然科学得以巩固的一个重要体现。这是由一小群博物学家推动的，其中包括米格尔·科尔梅罗（Miguel Colmeiro）、华金·冈萨雷斯·伊达尔戈（Joaquín González Hidalgo）、佩德罗·冈萨雷斯·德贝拉斯科、马科斯·希门尼斯·德拉埃斯帕达（Marcos Jiménez de la Espada）、拉斐尔·马丁内斯·莫利纳（Rafael Martínez Molina）、胡安·比拉诺瓦（Juan Vilanova）、帕特里西奥·玛丽亚·帕斯－门别拉（Patricio María Paz y Membiela）、弗朗西斯科·德保拉·马丁内斯－赛斯（Francisco de Paula Martínez y Sáez）、何塞·玛丽亚·索拉诺－欧拉特（José María Solano y Eulate）、塞拉芬·德瓦贡（Serafín de Uhagón）、劳雷亚诺·佩雷斯·阿尔卡斯（Laureano Pérez Arcas，格赖利斯的弟子和合作者，他于 1886 年将 6000 种 40000 份藏品捐赠给科学博物馆），还有最年轻的伊格纳西奥·玻利瓦尔。根据其条例，学会主要目标是博物学的研究和改进，“主要是研究西班牙及其海外省份的自然产物，并出版有关这些产物的研究成果”。

学会很快就聚集了几乎所有自然科学的大学教授、科学博物馆和植物园成员以及许多中学教师（1875 年，其成员已经超过 400 人）。用桑托斯·卡萨多·德奥陶拉（1998：75-76）的话来说："西班牙博物学家们希望通过联合起来，克服科研力量稀缺和分散所带来的局限性，以迎合当时开始出现的一种声势浩大的科学需求，即对本国自然情况进行基本了解，或者根据当时典型的、重复了无数次的表述，对西班牙的'地理、植物群和动物群'进行研究。"因此，这一点也的确被收录进学会的建会通报中，其中也指出了学会出版一份刊物（这一举措在西班牙新成立的此类机构中很常见）的目的，实际上在其第一期中出现了以下阐释：[8]

> （宣传国家的自然产物将是）《西班牙博物学会年鉴》的重要目标，其中包括特定地区的产物的全部或部分目录，新物种描述、对已发表文章的评论，还会在获得充分的数据之后，发表关于特定自然生物群的专刊，以及发布关于半岛及其海外省份的地理、植物群和动物群的消息。

阿尔韦托·戈米斯·布兰科（Alberto Gomis Blanco）（1998：16-17）研究了已发表文章的学科分布，以及从 1872 年创刊开始到 1902 年最多产的作者。这是特别有价值的数据，因其有助于评估当时自然科学的状况。数据如下：

学科	文章数量（篇）	占比（%）
动物学	140	35.6
植物学	82	20.8
矿物学 - 岩石学	48	12.2
地质学	41	10
解剖 - 形态学	13	3
科学史（传记）	10	2.5

发表不到 10 篇文章的学科有史前考古学、古生物学、细胞学和组织学、人类学、生理学、植物病理学等。

发表文章最多的作者是：萨尔瓦多·卡尔德龙，28 篇（与其他研究人员合著 5 篇）；何塞·麦克弗森，20 篇；伊格纳西奥·玻利瓦尔，17 篇（合著 1 篇）；弗朗西斯科·基罗加，15 篇（合著 2 篇）；约翰内斯·贡特拉赫（Juan Gundlach），12 篇；塞拉芬·德瓦贡，10 篇；其他人论文不足 10 篇（包括拉蒙－卡哈尔，发表了 9 篇文章）。

1901 年，学会开始出版学报，即《西班牙博物学会通报》（*Boletín de la Sociedad Española de Historia Natural*，1903 年更名为《西班牙皇家博物学会通报》），最初只收集篇幅不超过 8 页的作品。1901—1927 年发表的学术文章的主题分布也很值得了解，根据戈米斯·布兰科（Gomis Blanco）（1998：23）的调查：

学科	文章数量（篇）	占比（%）
动物学	655	32.6
植物学	317	15.8
地质学	297	14.8
矿物学－岩石学	149	7
古生物学	97	5
细胞学－组织学	74	3.6
解剖－形态学	70	3.4
科学史（传记）	50	2.5

发表少于 50 篇文章的学科有史前考古学、人类学、生理学、农业植物病理学、生物化学等。

可以看出，西班牙博物学会取得了蓬勃发展。

伊格纳西奥·玻利瓦尔－乌鲁蒂亚

现在，有必要讨论一个第 6 章出现过的人，虽然提到他的篇幅很短，但他在西班牙自然科学和整个科学领域中的重要性和影响是巨大的，他就是昆虫学家伊格纳西奥·玻利瓦尔－乌鲁蒂亚（Ignacio Bolívar y Urrutia，1850—1944）。[9]

玻利瓦尔曾在马德里大学学习法律和自然科学（在自然科学专业，他曾得到劳雷亚诺·佩雷斯·阿尔卡斯的教导，也是他的弟子），1875 年在自然科学博物馆获得助理职位，两年后来到他的母校担任环节动物学（昆虫学）教授直到 1920 年。同时他也开始收集所有种类的昆虫，不仅用于教学，还用于科学博物馆，我们之前提到过，科学博物馆当时隶属于理学系。奥东·德布恩（2003：35）曾在马德里上过他的课（并于 1884 年获得硕士学位），他在回忆录中说："西班牙的自然科学教学完全是照本宣科和死记硬背，倾向于制做分类柜，这种已有百年之久的教学方案在一定程度上由年轻的昆虫学教授伊格纳西奥·玻利瓦尔先生进行了革新"。此外，他还补充说："除了玻利瓦尔，其他动物学家对科学来说简直是灾难。"[10]

1941 年 4 月 29 日，流亡墨西哥的玻利瓦尔写信给另一位杰出的植物学家何塞·夸特雷卡萨斯（José Cuatrecasas），米格尔·安赫尔·普伊赫·桑佩尔（2016：17）得到了这封信，信中伊格纳西奥回忆起他在担任教授时所做的事情：

> 我开设了学生需要自己完成的实践课，并引入了野外实地考察，力求大学不再像旧时那样纯粹是口头教学。学生们通过这些方式熟悉了栖息地中动物的知识，无需死记硬背，就能掌握它们的特性。我试图让学生们同时也参与博物馆的工作；他们收集的标本被纳入馆藏，仔细保留收集者的名字，这让那些参加培训的人产生兴趣。多年来，博物馆可以被视为博物学家之家，博物学家们用自己的收藏为这个家增光添彩。

玻利瓦尔走上教授岗位意味着他成为教师委员会的一员，与馆长一起管理自然科学博物馆。他后来成为享誉国际的昆虫学家（四十多个国外科学学会都任命他为通讯会员），专攻直翅目和半翅目。

1887 年，玻利瓦尔经过筹措，成功地在西班牙成立了一个昆虫学研究常设委员会，由林业工程师马克西莫·拉古纳（Máximo Laguna，1826—1902）担任主席。次年，当公共教育委员会重组时，玻利瓦尔被任命为委员。有必要将这一事实放在更广泛的背景下来思考：在西班牙科学史上，这种科学家获得官方职位的情况并不少见（比较突出的例子有何塞·埃切加赖、何塞·罗德里格斯·卡拉西多、布拉斯·卡夫雷拉和埃斯特万·特拉达斯）。这意味着，由于他们独一无二的特性，杰出的科学家往往不得不扮演双重角色：作为科学专业人士的同时充当管理者和教育者，有时甚至成为立法者，这种现象只在第二次世界大战之后才在世界上广为流行。

与其他博物学家相比，伊格纳西奥·玻利瓦尔的履历与自然科学博物馆的历史密不可分，1901 年 7 月他被任命为馆长。幸运的是，在他到任之后不久，博物馆总算在令人满意的场馆安顿下来。

1880 年，政府打算将博物馆从卡洛斯三世时期的旧馆址搬到韦尔塔斯街尽头的破旧建筑或植物园的旧温室。面对西班牙博物学会的抗议，内阁首脑卡诺瓦斯·德尔卡斯蒂略保证，在为其建造合适的建筑之前，不会进行类似的搬迁。然而，实际情况有所不同。1895 年 8 月 3 日，为了满足财政部希望扩充其所属机构的愿望，科学博物馆被命令安置在一个更糟糕的地方，位于雷科莱托斯大道的博物馆和图书馆宫内——比亚努埃瓦街的低处。卡苏罗和阿里亚斯（1921：76）在玻利瓦尔传记中写道："如果说位于阿尔卡拉街的博物馆是幼虫，现在博物馆的第一个阶段，那么它是一只活泼的幼虫，而位于雷科莱托斯大道的博物馆则是犹如尸体般的若虫，就像许多昆虫的若虫，器官和组织分解然后形成新的一样，在那个地点一切似乎都被拆散了。"

在被任命为馆长后不久，罗马诺内斯担任公共教育大臣，玻利瓦尔设法让他颁布了一项法令，其中制定了关于促进博物学研究的规定。这些举措，包括在学校建立博物馆，以更好地认识西班牙的地理、植物和动物群，学院教授负责外出考察收集标本，并且这些标本不仅属于当地博物馆，还属于位于马德里的国家博物馆，以这种形式丰富其馆藏。为了整理这些藏品，科尔多瓦学院教授爱德华多·埃尔南德斯 - 帕切科（Eduardo Hernández-Pacheco，1872—1965）加入博物馆，他后来成为西班牙最著名的地质学家之一，正如人们所见，他正是从麦克弗森的帮助中受益的人之一。1910 年埃尔南德斯·帕切科成为马德里大学地质学教授后，他的任务也很快变成了长期的。他的贡献包括他对撒哈拉沙漠、科尔多瓦山脉、莫雷纳山脉、拉曼查平原和雷阿尔城火山区等地的地质描述，对河流和河流阶地的研究（没有忽视对于水的动能利用和农业利用的可能性），以及对阿维拉地区第四纪冰川遗迹的研究。[11]

1912 年 5 月 12 日新的自然科学博物馆终于落成，正值阿方索十三世的宣誓和加冕典礼。它位于工业和艺术宫、跑马场附近的一座大型建筑（位于今天的卡斯特利亚纳大街，圣胡安 - 德拉克鲁斯广场的高处），随着时代的发展，这里后来还逐步建立了扩展科学教育与研究委员会的物理研究实验室、托雷斯・克韦多的航空测试中心和自动化实验室、工业工程师学院、皇家博物学会和一个国民警卫队营房。因此一个新阶段开始了，几年后，博物馆与理学系分离并划归扩展科学教育与研究委员会（还应指出，植物园在 1903 年脱离博物馆独立），因而其地位得以巩固。玻利瓦尔（1915）在皇家精确、物理和自然科学院的就职演讲中提到了这些情况：

> 西班牙作为唯一一个没有此类博物馆的国家的这种尴尬境地现在已经消失了，多亏我国多年前并没有忽视建立它并赋予它生命，不然场面就更加难看了。如果说当年博物馆重组时并入理学系是有道理的，因为缺乏陈列场馆和其他物质条件，包括教学场所，这种情况现在已不复存在，因为新建的博物馆有非常适合各学科用于教学的藏品，其中许多藏品正是博物馆为教学而收集的。实验室也是一样，如果要用作教室或学生实践，就不能在那里进行研究工作，就像天文台必须在每一步的观测中停下来，才能向学生展示设备并讲解它们是如何工作的。

伊格纳西奥・玻利瓦尔还担任过植物园园长（1921—1930 年在任），此外，他还是西班牙科学院（1915）和西班牙皇家语言学院（1931）院士，在他之后，卡夫雷拉、特拉达斯、马拉尼翁（Marañón）和雷伊・帕斯托尔也是如此。卡哈尔去世（1934）后，玻利瓦尔接替他被任命为扩展科学教育与研究委员会的主席，这将在后面讨论。总而言之，毫无疑问，他是西班牙公认的科学家，直到西班牙内战后独裁政权的到来。

至于他的弟子，有必要提及一些跟他学习的科学家，如爱德华多·雷耶斯·普罗斯珀（Eduardo Reyes Prósper，虽然他后来专注于数学）、何塞·佩雷斯·马埃索（José Pérez Maeso）和里卡多·加西亚·梅塞特（Ricardo García Mercet）等。里卡多·加西亚·梅塞特后来成为皇家精确、物理和自然科学院院士［他在 1922 年 3 月宣读了他的就职演讲，题为《昆虫学研究的重要性和用途，在西班牙取得的发展，我们国家在这方面做了什么，还有什么要做》（*Importancia y utilidad de los estudios. Desarrollo que alcanzar on en España. Lo que en esta materia se ha hecho y lo que falta por hacer en nuestro país*）］。

森林自然主义

森林研究最终被称为“生态学”，也是自然科学的一部分，该学科在西班牙始于 19 世纪，主要标志是林业工程师的产生，这一资格自 1846 年设立以来一直延续至今。[12] 前面提到的马克西莫·拉古纳想必是这门科学最受尊敬的工程师之一。他于 1851 年毕业于林业学院，1856—1867 年留校任教，担任许多学科的教授，后来担任埃尔埃斯科里亚尔林业工程师专科学院院长，拉古纳曾前往奥地利的帝国皇家学院，以及俄罗斯的圣彼得堡森林学院进修。但他最重要的职务是西班牙森林植物群委员会（1866—1888）的负责人，该委员会的创建是为了绘制西班牙木本植被地图。

1880—1887 年，在森林物种木本植被显微研究学科，该领域另一个重要人物就是华金·玛丽亚·德卡斯特利亚尔瑙（已在第 6 章中出现）。1876—1883 年，他是西班牙王室工程师，也是西班牙在林业研究中使用显微镜的伟大先驱。卡斯特利亚尔瑙在他的回忆录（1942：92）中提起了是什么改变了他的职业生涯。1875 年 10 月的一天，在巴塞罗那，他偶然在一家光学品商店看到了一台显微镜并购买了它。“如果真的有‘心血来潮’或‘预感’，以一种隐蔽和无意识的方式指引我们的行动，从而影响遥远的、未知的未来”，他在那些回忆录中写道，“那么购买显微镜就是这种‘心血来潮’，因为它不仅对我的科学爱好产生了决定性的影响，而且也对我生活中的其他事件产生了决定性的影响。为了能够全身心投入显微研究，我已经将我作为工程师的目标和工作置于次要地位，从物质角度来看，工程师职业或许会对我更有帮助。”卡斯特利亚尔瑙因为自己的科学爱好，将自己看作职业中的异类。事实上，他将自己对植物组织学和显微光学的偏爱运用在了对西班牙木材的显微描述和书籍中，例如《显微镜成像通论》（*Teoría general de la formación de la imagen en el microscopio*，Castellarnau，1911）。然而，有必要指出，正如卡萨多－卡萨尔斯·科斯塔（Casado y Casals Costa，1998）所说，他的事业发展“处于相对孤立的状况”。

第 9 章

19 世纪的数学和何塞・埃切加赖－埃萨吉雷

从事高等数学研究并不能提供足够的生活保障。靠最糟糕的戏剧演出或者最普通的戏剧性犯罪得到的钱财也比解决积分计算中最难问题得到的报酬多得多。满足基本需求这一职责总是先于对某种事物的偏爱，现实决定一切。必须让数学来重新填补谋生工作之余的一段段空闲时光。

何塞・埃切加赖－埃萨吉雷

《今生回忆》(*Recuerdos*，1917)

工程师们在 19 世纪西班牙科学中的作用

在研究 19 世纪和 20 世纪初西班牙的物理化学和数学科学历史的时候，有必要研究一些工程师学校发挥的作用。但是，在做这种研究的过程中，经常会遇到一些人，这些人至少拥有工程师的头衔，比如胡安・德科塔萨尔（Juan de Cortázar）、弗朗西斯科・特拉韦塞多、何塞・埃切加赖－埃萨吉雷、古梅辛多・比库尼亚、弗朗西斯科・德保拉・罗哈斯（Francisco de Paula Rojas）、何塞・玛丽亚・德马达里亚加、莱昂纳多・托雷斯・克韦多、埃斯特万・特拉达斯或佩德罗・普伊赫・亚当。

在我之前提到的比库尼亚在马德里中央大学的演讲中（1857：57-58），他指出：

> 我曾多次提到一些专科学校，主要是指培养土木工程师、采矿工程师、林业工程师、工业工程师、农艺师、建筑师和公共工程助理、建筑工程师等人才的学校，以及培养工程兵、炮兵、总参谋、海军工程师、舰艇炮兵和造船工程师的军事学校。如果不论及上述机构甚至一些更早的机构在19世纪对西班牙的巨大影响，西班牙科学的培育发展就无从谈起。这不仅是因为这些机构普遍对应用科学，甚至对纯科学发展的严谨研究，而且也是因为它们对发展数学的私人教学发挥了极大的作用。但它们对物理学却没有起到这样的作用，这一点可以从物理学科普遍陈旧的招生计划中得到证实。

一些土木工程师在19世纪西班牙的主要数学家中占有一席之地（至少就机构认可而言），但这一事实不应该让我们得出这样的结论：他们对数学或物理学的贡献具有足够的原创性，并使他们能够参与到过去，现在仍然可以参与代表这门学科进步的国际事业当中。何塞·埃切加赖的案例就是最好的证明。

何塞·埃切加赖－埃萨吉雷

何塞·埃切加赖－埃萨吉雷（1832—1916）是一位多面手。作为土木工程师、数学家、数学物理学家、科学传播者、剧作家、经济学家和政治家，他在所有这些活动中都取得了很高的声誉。他在土木工程师学校的同届生中成绩排名第一，后来成为那里许多门课程的教授，曾多次担任大臣，先是发展大臣，后来担任财政大臣，是科学和文学协会的杰出成员，是创建西班牙银行的杰出人物，也是西班牙皇家语言学院和科学院院士、马德里科学和文学协会主席、公共教育委员会成员、土地登记委员会成员、皇家科学院成员、西班牙物理和化学学会成员、西班牙数学学会成员、西班牙科学促进会成员、诺贝尔文学奖获得者、中央大学数学物理学教授、众议员及终身参议员。他还曾先后担任西班牙烟草租赁公司董事经理（1908—1913）

和总裁（1913—1916）。他获得过金羊毛勋章（1911）、荣誉军团勋章、阿方索十二世大十字勋章和意大利圣莫里斯和圣拉撒路大十字勋章。在他那个时代，无论在其之前还是之后，都没有任何一个西班牙人能够获得所有这些头衔[1]。然而，时间的久远确实让他的身影变得模糊，甚至几乎已经消失。他作为作家的重要性早已受到质疑，而他作为数学家或数学物理学家的工作除了少数研究西班牙科学史的学者外，几乎被所有人忽视，甚至在这里必须指出的是，对他的科研工作的研究非常少且有限。但是，当时的情况却大不相同，他的名气大放异彩，正如圣地亚哥 · 拉蒙 – 卡哈尔 1922 年从国王阿方索十二世手里接过由皇家科学院设立的埃切加赖奖章时所描述的那样。以下是当时的神经元理论研究负责人拉蒙 – 卡哈尔的讲话（1922：xxix–xxxi）：

> 可以说仙女们把所有的优点都慷慨地赋予了令我们难忘的何塞教授：令人折服的口才、非常敏锐和全面的智力、对学习和教学不可抑制的渴望、用文字和点缀着绝妙思想和非常愉悦的比较文字表达各种最深奥理论和发明的天赋、对计算科学的绝顶才华、只有他的谦虚能与之相比的善良。总之，他拥有一切，包括为教学工作保有的体质和精神上的健康强壮，直到他离世的那一刻。因为你已经十分清楚：埃切加赖的生命没有尽头。
>
> 我从很年轻的时候就学会了崇拜他，从他在制宪议会的精彩政治演说开始，我的崇拜变成了狂热。1883 年，作为巴伦西亚大学的一名教授，我贪婪地阅读了他的精彩著作《物理学的现代理论》，这本书远远超过了英国的廷德耳和法国的 J. H. 法布尔（J. H. Fabre）的大众化的作品，他无疑拥有 19 世纪西班牙最精细和最有条理的大脑。他无所不能，因为他什么都可以办到：大臣、演说家、财政家、教师、作家、剧作家、研究员等。可惜生活的残酷和暴虐要求没能让他在青年时代在数学物理学的无尽空间里施展天才的翅膀。众所周知，数学物理学是他的挚爱，是他平静安详的晚年最喜欢的职业。即便如此，他的科学著作（我要把他那些伟大的戏剧剧目排除在外）是自卡尔德龙（Calderón）和洛佩 · 德维加（Lope de Vega）时

代以来我们看到的最丰富、最紧凑和最具原创性的剧目——与他奇妙的数学物理学课程和他的那些大众化书籍一起，都将作为不可超越的典范留给后人。

埃切加赖是洛佩斯·皮涅罗、纳瓦罗·布罗顿斯和波特拉·马尔科（1988：315-316）定位的“中间人物”，就像索埃尔·加西亚·德加尔德亚诺（Zoel García de Galdeano）一样。索埃尔·加西亚是萨拉戈萨大学的数学教授——尽管他的数学思想更加特立独行，但其公共影响力更小。我在后面还会提到他。然而，从一开始就应该指出的是，与后者不同，埃切加赖从未推广过一本数学杂志，也几乎没有参加过数学专业的国际会议，而他本可以在这些会议上向其他国家的同行和机构学习并建立联系。他是一个自学成才的人，曾与很多人一起分享他对科学的兴趣。

不仅是今天，在历史视角的帮助下，我们可以学会将埃切加赖当作科学界尤其是西班牙数学界的重要人物来看待。正如我已经指出的，他在他的时代获得了当之无愧的认可。因此，在他去世后 3 天发布的讣告中，加西亚·德加尔德亚诺（1916a）——没有人比他更加真正地欣赏他的同事的贡献——总体上准确地表达了我刚才所说的那些想法：

埃切加赖在数学方面不是柯西（Cauchy），也不是黎曼（Riemann）；作为政治家，他不是俾斯麦（Bismarck）或梅特涅（Metternich）；作为诗人，他也不是彼得拉尔卡（Petrarca）或但丁，抑或洛佩·德维加。但是上面提到的这些人呼吸着已经被杰出的前辈们的思潮净化过的气氛。柯西的前辈有拉格朗日（Lagrange）和拉普拉斯（Laplace），就像彼得拉尔卡或卡尔德龙有维吉尔（Virgilio）或阿里斯托芬（Aristofanes）那样的前辈一样……而现在的物理学和化学家也有这样的先辈，从帕斯卡（Pascal）和牛顿到汉弗里·戴维（Humphry Davy）、亨利·卡文迪什（Henry Cavendish）、盖－吕萨克和其他许多杰出的指引者，可以在他们的成果基础上推动科学的进步。

但是，当埃切加赖作为一名出类拔萃的学生出现在土木工程学校时，西班牙甚至还没有根据莫亚诺的法律建立中等教育，皇家科学院在当时也处在萌芽状态。而圣彼得堡、柏林、巴黎和伦敦的其他皇家学院已经拥有了欧拉、高斯、拉格朗日、拉普拉斯和其他许多天才的大量著作。

埃切加赖来到了一个被内战祸害的沙漠，当时国家这座大厦处于不稳定的平衡状态，漂浮在最激烈的推动力之下。从这一刻起他进入了为生活而奋斗的行列，但还是被对科学最纯粹理想的不可战胜的渴望所熏陶，就像一位不知疲倦的劳动者，为了通过坚持不懈的劳动获得丰富而美味的果实而开始拓荒耕耘。

虽然他出生在马德里，但他的家人很快便搬到了穆尔西亚，他在那里完成了中学学业，在花了一年时间准备之后，埃切加赖于 1848 年 8 月搬到了马德里，在土木工程学校学习，对于一个将数学当作兴趣之一的人来说，这是一个并不会让人感到奇怪的选择，特别是如果考虑到 19 世纪中期这门学科在西班牙的教学情况。正如我已经反复指出的那样，1850 年科学研究被纳入哲学系（1857 年,《莫亚诺法》纠正了这种情况）。虽然土木工程学校的目标是培养技术人员（工程师），而不是数学家，但该校在数学教学中的优异成果足以使它成为数学高等教育的中心之一（这并不是说该机构的数学水平或土木工程师的数学水平已经达到了可以与其他国家相比的高度）。埃切加赖不止一次地提到了他的母校对西班牙数学学科发展的贡献。例如 1897 年，他指出（1897b：2）：

17 世纪以来，西班牙为摆脱（数学的）耻辱状况付出了巨大努力。

在这项我们可以称之为数学再生的工作中，土木工程学校发挥了非常重要的作用。

多亏了它的影响，也多亏了入学考试的严格以及总是优先考虑纯数学研究，才在短短几年内培养出了一支基础数学研究方面自由活跃的教师队伍。

除其他一些因素外，马德里土木工程学校数学教学的重要性体现了法国技术学校，特别是分别成立于 1794 年和 1829 年的巴黎综合理工大学和巴黎中央理工学院在 19 世纪下半叶对西班牙专科学校发挥的重要影响力。尤其是在综合理工大学，在 19 世纪的头几十年的教学中，数学是其非常重要的一个组成部分。其教学大纲包括 108 节双堂分析课（每节课一个半小时）、17 节几何分析应用课、153 节画法几何学、175 节算数和 94 节力学课。

19 世纪中叶，从马德里皇家科学院精确科学部的构成可以明显看出西班牙的数学和土木工程师之间存在的关系。精确科学部的 12 个创始职位中，有 6 个是由土木工程师担任的，其中 4 人正在担任或曾经担任过该校的教授。后来加入精确科学部的埃切加赖将再为他们增加一员。

当这位马德里的工程师进入土木工程学校学习时，该校的发展已经进入第三阶段。与培养采矿、工业、农业和林业等部门的工程师学校一起，是费尔南多七世去世后机构改造的一部分，并得到了伊莎贝尔女王统治时期第一个自由主义政府的支持。总之是为了培养出在各个领域推动西班牙工业发展的技术人员，而工业发展则是当时西班牙迫切需要的[2]。尤其是在发展大臣弗朗西斯科·哈维尔·德布尔戈斯（Francisco Javier de Burgos）作出的决议推动下，新的土木工程学校于 1834 年 11 月重新开放（请记住，这所学校是由贝当古在 1803 年创立的）。之后矿业（1835）、林业（1846）、工业（1850）和农业学校（1855）相继建立。

要进入土木工程学校（当时隶属于发展部下属的公共教育总局）就必须通过严格的考试，尤其是数学。就埃切加赖的情况来说，他必须参加的考试大纲是由 1847 年 7 月 8 日的王室敕令决定的。考试科目为：

1. 算数－代数：包括高级方程式的理论和解析，以及指数和对数的理论。

2. 几何学－直线和球面三角学，使用对数表和三角线解决这两类三角形。

3. 代数在几何学中的应用，包括曲线和二阶曲面理论，以及双曲率的曲线。

4. 测量的要素。

5. 法语翻译。

6. 绘图的原则。

埃切加赖在专业学习中使用的教科书几乎全部都是法语。他在自传中曾经写道（Echegaray，1917：t. Ⅱ，74），“只是偶尔看了一些英语版的回忆录或者从德语翻译成法语的书籍，这都是最近几年的事……法国人，并且总是法国人，法国作家在土木工程学校占据主导地位”。其中一些教科书包括樊尚的《几何学》、布尔东的《代数学》、毕奥（Biot）的《解析》、勒鲁瓦（Leroy）的《三维解析几何学》。在学校里始终是法语教科书为主，并且是未经翻译的原版教科书。例如，纳维（Navier）和杜哈梅（Duhamel）的《微积分》、泊松（Poisson）的《力学》、勒鲁瓦的《画法几何学》、阿代马尔（Adhémar）的《宝石切割》、蓬斯莱（Poncelet）的《应用力学》和裘布依（Dupuit）的《水传导》[3]。

就这一教学大纲的数学部分来说，必须指出的是，更多的是为培养工程师这一教学目的服务，而不是为培养有助于推动学科发展的数学家。换句话说，在土木工程学校使用的法语数学教科书并非真正的19世纪著作，尤其是在早期。胡利奥·雷伊·帕斯托尔（1915：14）在西班牙科学促进会巴利亚多利德大会第一次会议（数学科学）开幕演讲中已经指出了这一事实。他在回顾19世纪中叶西班牙的数学情况时说：

> 当时开始引进法国的著作：西罗德（Ciroddle）① 的书、勒费比尔·德富尔西（Lefébure de Fourcy）的《代数学》、布尔东的书、樊尚的《几何学》、纳维的《微积分》和古诺（Cournot）的书……所有这些平淡无奇的著作都无法激发一个为科学而生的国家对这门科学的热爱。如果说在众多引进著作中也有原创著作的话，比如勒让德（Legendre）的《几何学基础》，那也是18世纪的作品，而且如果我们看一下它的内容，即便日期较

① 原文“Ciroddle”疑为笔误，应为“Cirodde”。——译者注

> 晚，但也无一例外都属于 18 世纪。
>
> 这些都是我们的前辈们汲取知识的源泉，当时高斯、阿贝尔（Niels Abel）和柯西已经更新了整个“分析教程”，非欧几何学已经诞生，随着德国数学家施陶特（Staudt）的出现，射影几何学已经近乎成熟，黎曼已经创造了现代函数理论。总之，当时不仅有我们现在了解的数学，还有许多其他理论也已经诞生。

埃切加赖最大的功劳是，在 1860—1890 年，相比其他数学家而言，他在将雷伊·帕斯托尔所说的新理论中的一部分引入西班牙方面做出了更大的贡献。

1853 年 9 月，埃切加赖完成了土木工程专业的学习，他是同年级的第一名，在他学习的所有科目中都取得了优异成绩。作为新毕业的学生，他在等级严格的土木工程师协会中获得的头衔是二级工程师，而他的第一份工作是在格拉纳达区[4]。

1854 年 1 月，埃切加赖抵达格拉纳达，总工程师将他派往阿尔梅里亚，由于没有公路，他只能骑马去。在那里，他的职责是维护在阿尔梅里亚和加多尔之间修建的一条 5.5 千米长的公路，并监督一条防波堤码头的延伸工程。

阿尔梅里亚的日子是孤独的，没有了马德里那种吸引他的戏剧生活，为数不多的能让埃切加赖消遣的工作之一就是研究数学，这是他最大的爱好，他自己在回忆录中也承认了这一点（Echegaray，1917：t. Ⅰ，405-406）：

> 数学过去是，现在也是（埃切加赖在 1913—1915 年写下这几句话）我一生中最重要的关注点之一。如果当时我很有钱，或者今天我很有钱，如果我不必用我的日常工作赚取每天的面包，我可能会去一个非常快乐和舒适的乡村别墅，我会把自己完全投入数学科学的研究中。没有更多的戏剧，没有更多可怕的争吵，没有更多的伪造行为，没有更多的自杀，没有更多的决斗，没有更多的激情释放，最重要的是没有更多的批评家，让我关心的只有未知数和方程式。

即使是在我生命中最激动人心的时刻，我也从未放弃过我所偏爱的科学，但我从未如愿以偿地投身其中。

1854 年的大部分时间他都住在阿尔梅里亚，但疟疾感染迫使他请假回到马德里养病，在西班牙首都他得到了一个在帕伦西亚的新职位。然而，埃切加赖似乎并没有接受这个工作，因为很快他便被召唤到土木工程学校担任教授。从那时起，马德里就将成为我们的数学家埃切加赖所有活动的中心。

埃切加赖加入土木工程学校的教师队伍，在某种程度上是这一年发生的政治事件的结果（1854 年杜尔塞将军带着 2000 多人武装起义，政府首脑圣路易斯伯爵派兵镇压叛军）。政府中发生了相当多的变化，尤其是土木工程学校的一些教授离开并转岗，导致职位空缺，埃切加赖被任命填补其中一个职位。担任教授的第一年，他教授的科目是立体切割技术课程，其中包括石头、金属和木材的切割。1855 年开始的学年中，费尔南多・古铁雷斯、佩德罗・塞莱斯蒂诺・埃斯皮诺萨、何塞・阿尔马桑（José Almazán）、何塞・希门尼斯、米格尔・阿尔科拉多（Miguel Alcolado）、弗朗西斯科・德萨拉斯・卡瓦哈尔（Francisco de Salas Carvajal）和爱德华多・萨阿韦德拉（Eduardo Saavedra）成为他在校务委员会的同事。这些人都是土木工程师。据我所知，这些教授中最杰出的是爱德华多・萨阿韦德拉，除了其他头衔，他还是皇家科学院院士。关于萨阿韦德拉和埃切加赖的关系，以及两位工程师可能的职务，从埃切加赖被任命为公共工程总局局长后，由他任命萨阿韦德拉为铁路部门的负责人中就可以看出。几个月后，埃切加赖出任发展大臣，萨阿韦德拉则接替了埃切加赖空出的职位。

1857 年 11 月，埃切加赖和阿斯图里亚斯的安娜・佩费克塔・埃斯特拉达（Ana Perfecta Estrada）结婚。很快，女儿安娜和儿子曼努埃尔的降生让埃切加赖有了新的责任，让他必须努力赚取额外的收入。为此，他成立了一所私人数学学校，对土木工程学校的学生和那些想要进入该校的学生给予辅导。最初取得了巨大的成功：在头两个月里他赚了 1000 多杜罗，相当于 5000 比塞塔（这种货币从 1868 年 10 月 19 日开始使用）。埃切加赖因此推测通过这种类型的学校，他可以获得“2

万到 2.4 万杜罗”的年收入，这与他当时的工资相比并不算少。用他自己的话说（Echegaray，1917：t. Ⅱ，6）：

> 当时我是二级工程师，有 9000 雷亚尔（相当于 2250 比塞塔）的收入。我负责两个班，每个班有 3000 雷亚尔的津贴。这样我一年的收入不超过 1.5 万雷亚尔（3750 比塞塔）。
>
> 一个年收入 1.5 万雷亚尔的中产阶级家庭，是生活在贫困中的家庭。
>
> 工人们认为，资产阶级是社会中最邪恶、最自私、最安逸的阶级，而我认为资产阶级却是当前经济状况的受害者。
>
> 一个工人每年有 1.5 万雷亚尔的收入就会是富人。一个拥有 1.5 万雷亚尔收入的资产阶级就是一个真正的金玉其外的穷人。他不能穿夹克，某些场合必须穿燕尾服，他不止一次地不得不与贵族阶层打交道。
>
> 总之，有很多需求，很多炫耀，还有社会现实强加给他的虚荣心。即便如此，收入却很可怜。

这样的表述在今天会被误读，但我们必须努力去理解，把这种情况放在一种与今天的社会和文化环境截然不同的情况中看待。无论如何，可以肯定的是，埃切加赖确实推算出私人授课可以赚得更多。“所以，用 10—15 年的工作，就像过去一样，而且现在也继续像过去一样，节制我的兴趣爱好，节约开支，从所有迹象来看，在这个期限结束的时候，如果将累积的利息计算在内，我可以拥有 800 万—1000 万雷亚尔的资本”（Echegaray，1917：t. Ⅱ，8）。

于是他试图暂时离开土木工程师协会，放弃一切官职，但他的愿望被一项部颁规定打破了，该规定宣布不得同时进行私人教学和公共教学。在实现他的愿望的问题上，学校校长卡利斯托·桑塔·克鲁斯（Calixto Santa Cruz）没有帮助他，之后公共工程总局的负责人也拒绝了他的请求。虽然他完全可以选择彻底离开公职，但他并不敢这样做。他在《今生回忆》中写道：“因为我是一个好老师，正如他们所说，我的前途被阻断了，我注定要经历体面的苦难，被困在教授这个职位上，犹如被困

在一座荣誉的监狱和提早到来的坟墓里。”（Echegaray，1917：t. Ⅱ，19）

因为要留下来而失去了额外的收入，作为补偿，埃切加赖在接下来的几年里收到了一些极为诱人的佣金。其中之一是 1860 年 7 月 18 日负责在卡斯特利翁省拉斯帕尔马斯山脉观测日全食，更重要的是另一笔佣金：收集有关在阿尔卑斯山脉修建一条隧道的相关信息，这条隧道将位于海拔 2083 米的塞尼山下。

日全食一直是天文学家特别感兴趣的现象，现在也仍然是，因为如果不对太阳光进行遮挡，这样的研究根本无法实现。

埃切加赖在他的回忆录中也没有忘记提到这种太阳现象（1917：t. Ⅰ，46–47）：

> 我终于来到了拉斯帕尔马斯沙漠，在这里会有各种活动。安东尼奥·阿吉拉尔阁下（Don Antonio Aguilar）和其他天文学家正在为观测做准备，因此我只和他说了几句客套话，当时我和他的关系并不密切，因为直到五六年后我才加入科学院。还有一位来自巴伦西亚的优秀教授，他正在那里准备他的照相设备。如果我没记错的话，他是蒙塞拉特先生，尽管他的名字很有可能是别的什么，因为我对专有名词的记忆总是那么差。但是我记得，这位教授在日全食发生时拍摄了几张太阳的照片，这些照片非常引人注目，得到了国外多位教授的称赞。

埃切加赖提到的来自巴伦西亚的教授是何塞·蒙塞拉特·里乌托特（José Monserrat Riutort）。他把拍摄的日冕照片的副本送到了欧洲多家天文台。因此，在《皇家天文学会月刊》（*Monthly Notices of the Royal Astronomical Society*）第 21 册（1860—1861：51）中我们可以读到以下文字[5]：

> 在 1860 年 12 月 14 日的会议上，展示了巴伦西亚大学化学教授蒙塞拉特先生在西班牙拉斯帕尔马斯沙漠拍摄的 4 张太阳照片。这些照片是用罗马公学天文台台长 P. 塞基（P. Secchi）带去的科舒瓦天文望远镜拍摄的。

这些照片由马德里天文台台长阿吉拉尔先生寄给了皇家天文学家①。

虽然参加了观测日全食的活动，但蒙塞拉特并不是一位天文学家，而是从1847年开始在巴伦西亚大学担任普通化学系主任的化学教授，直至去世。因此，他也在医药领域承担一些职责（例如，制造巴伦西亚医生使用的三氯甲烷以及用于防治黄热病的酚酸）。然而，正是他的爱好和掌握的摄影知识使他参与了对日全食的科学观测活动。正如英国皇家天文学会的期刊所指出的，罗马公学天文台也参与了这次观测活动，特别是该天文台负责人、著名的耶稣会天文学家安杰洛·塞基（Angelo Secchi），埃切加赖并没有提到这一细节。事实上，在观测中西班牙天文学家主要是作为外国人的助手。之所以发生这种情况，必须要把西班牙人的经验不足，以及日全食的重要性和伊比利亚半岛提供的良好的能见度等因素考虑在内。这些特点让来自11个国家的30多位科学探险家聚集在拉斯帕尔马斯沙漠和蒙卡约山，这也是刚刚重建的马德里天文台必须面对的第一次如此重大的天文事件。正如洛佩斯·阿罗约指出的（2004：115），“1860年7月18日的日全食发生在最合适的科学时刻，因为它恰逢天体物理学的两项新辅助技术的诞生，即摄影和光谱学”。

加西亚·德加尔德亚诺和马德里以外的数学研究

在继续讨论埃切加赖之前，有必要说说索埃尔·加西亚·德加尔德亚诺（1846—1924）。他是一位杰出的人物，也是少数几个能与埃切加赖竞争“19世纪最优秀西班牙数学家”这个可疑称号的人之一。他的人生轨迹也可以用来概括马德里以外的几何学的一些情况，即便仅仅是轻描淡写或惊鸿一瞥。这样，我就可以相对削弱一下影响到对西班牙科学史中很大一部分内容进行研究的局限性，即只把首都作为开展科学研究工作阵地造成的局限性，尽管这样做的确有很多原因。我在这里谈到的大部分时期中，马德里的确是开展大多数科学活动的地方。这里是大多数

① 英国的一个高级职位。——译者注

教授（科学或其他学科）努力想要进入的大学的所在地，加的斯议会颁布的有关教育的立法对此是赞成的：议员（诗人）何塞·金塔纳（José Quintana）1813年发表的报告以法国数学家孔多塞1792年向法国国民立法议会递交的计划为依据。在这份计划中，大学中心主义占据突出位置。因此，金塔纳在其报告中设想将伊比利亚半岛的大学数量减少到9所（萨拉曼卡、圣地亚哥、布尔戈斯、萨拉戈萨、巴塞罗那、巴伦西亚、格拉纳达、塞维利亚和马德里），另外在加那利群岛也设有一所。但是1836年从埃纳雷斯堡搬到马德里的大学因为专业全面而在所有大学中脱颖而出。虽然金塔纳报告在费尔南多七世统治期间几乎没有什么影响力，但确实帮助马德里在所有大学中保住优越地位。然而，在马德里以外的地方也有各种科学活动，而数学——一门几乎不需要材料辅助的学科——和医学学科一样就是最好的例证之一，加西亚·德加尔德亚诺及其数学研究可以证明这一点。

索埃尔先生是萨拉戈萨大学普通几何和解析几何学的第一位教授（1881），之后他又成为微积分学教授（1896年）。索埃尔相比埃切加赖更有恒心和制度意识，他努力在该大学引进新的数学思想并与国际数学界保持联系，但这种联系有时会在他个人性格上和数学教学方面的强烈的独特气质面前变得黯然失色。他自掏腰包创立并领导编辑了一份杂志《数学进展》（1891—1896，1899—1900）（Hormigón，1981），写了大量作品并尽可能多地参加国际会议，这是一个不小的成就。例如他参加了几届国际数学家大会，从1897年在苏黎世举行的首届国际数学家大会开始，再到后来1900年在巴黎举行的国际数学家大会和1908年在罗马举行的国际数学家大会。在头四届国际数学家大会中，他只错过了1904年在海德堡举行的会议。此外，他还是参加这些会议中为数不多的西班牙人之一（至少他是自掏腰包，或许其他人也一样）：在苏黎世，他是参加会议的唯一一位西班牙人；在巴黎，只有4位西班牙数学家注册参会（托雷斯·克韦多、军人托尔内－卡尔沃、里乌斯－卡萨斯和加西亚·德加尔德亚诺）；在罗马有5位西班牙人。

数学家何塞·玛丽亚·普兰斯（José María Plans）在1926年也曾写过关于德加尔德亚诺的文章（1926：172）：

> 虽然活动的范围没有何塞·埃切加赖那么大，但作为微积分教授的索埃尔·加西亚·德加尔德亚诺的创新活动则因为他的恒心和所从事活动的不可企及性而更加有效。他的学生雷伊·帕斯托尔正确地称他是“西班牙现代数学的勇敢的捍卫者”。除了他发表过的大量有关代数、微积分等学科的作品外，他的许多著作都涉及方法论、评论和数学参考书目等。他创办了西班牙第一本数学杂志《数学进展》，其中出现了很多享有声望的外国数学家的名字。他还将柯西的复变函数论和置换群理论引进西班牙，并与雷耶斯·普罗斯珀共同引进了非欧几里得几何学和四维几何学。他是那个时代与其他国家数学家接触最多的西班牙人，他的名字出现在所有国际大会上，其中有些大会他亲自出席，并贡献了他的研究成果。在其众多藏书这一强大资源的帮助下，他试图向学生传达他对数学研究的巨大热情。

虽然普兰斯所指出的都是事实，但正如胡利奥·雷伊·帕斯托尔多年后（1951）所说，索埃尔先生作为西班牙的一位新思想的引进者，他最具创新性的贡献是在多维几何学领域。

> 热情高涨的加西亚·德加尔德亚诺将 n 维几何学引入西班牙，虽然不是今天已经被熟知的贝尔蒂尼（Bertini）、韦罗内塞（Veronesse）等数学家提出的投影理论，但却是爱德华多·托罗哈（Eduardo Torroja）、米格尔·维加斯（Miguel Vegas）和何塞·阿尔瓦雷斯·乌德（José Álvarez Ude）理论的延伸，特别是在安东尼奥·托罗哈也做出贡献的画法几何学方面。安东尼奥·托罗哈是他的父亲爱德华多·托罗哈提出的理论的有效传承者。

事实上，在加西亚·德加尔德亚诺的很多文章中多次提及和解释俄罗斯数学家罗巴切夫斯基（Lobachevski）、匈牙利数学家鲍耶·亚诺什（János Bolyai）和德国数学家黎曼的贡献。他将这些贡献与赫尔曼·冯·亥姆霍兹介于数学和哲学之间的分析，以及挪威数学家索弗斯·利（Sophus Lie）的连续群理论联系在一起，尤其是与同样在国际数学界引起巨大反响的费利克斯·克莱因（Felix Klein）提出的研究纲领联系在一起。1872 年，克莱因在埃朗根大学的就职演讲中首次介绍了这个纲领。在这方面，德加尔德亚诺的《符号代数、非欧几何学与超空间概念所表达的现代泛化》一书具有特殊意义。

加西亚·德加尔德亚诺也没有缺席至少在过去两个世纪中大多数西班牙科学家一直在遵守的那个看似永恒的约定，那就是对西班牙的科学状况进行痛苦的抱怨。在这方面我想回顾的是，1916 年 5 月 28 日德加尔德亚诺在由他担任院长的萨拉戈萨精确、物理化学和自然科学院的成立大会上说过的一些话。他呼吁在西班牙立即采用国际数学教育委员会的协议，即将函数的基本原理、导数概念和画法几何的概念引入中等教育领域，以便尽可能广泛地在接纳大学课程中的其他高等教育内容。加西亚·德加尔德亚诺指出（1916b：23-24）：

> 如果仍抱有那种世俗的懒惰，那么我们现在还沉浸在二次几何学的领域里，让我们永远地回忆那个化圆为方问题和三等分角问题的历史时代，这些概念如今已经如同幼年时代的幼稚梦想，或者至少是像青春期的幻想一样被淘汰。那些化圆为方问题或三等分角问题的爱好者仍抱有希望也不足为奇，他们认为一个时代仍将为它们而继续下去，那是一个典型的中世纪时代，在那个时代人们仍在寄希望于发现贤者之石、万灵药和永动机。
>
> 难怪在我们未开垦的科学教育领域，蝗虫会像在拉曼查未开垦的平原上一样筑巢和蔓延。
>
> 我们的议员们从不关心数学和物理学的具体领域，他们的漠不关心是那些早已经从文明国家永远消失的思想维护者所开展活动的原因。我们的议员必须让西班牙知识界的这一污点尽快消失，遵守 1814 年巴黎大会上达成的国际协议……避免代表着国家科学未来的学生在进入学院的头两年里无所事事，接受着属于 19 世纪上半叶的教育，而今天这些教育几乎已经被数学思想界的巨大进步所淘汰。

加西亚·德加尔德亚诺的传播工作是他自觉承担的一项任务，是让西班牙摆脱深陷孤立状态的一种途径。他本人的一篇著作中的一些段落很有援引的价值。在回顾了数学的发展情况后，他表达了自己对这种情况的看法（Garcia de Galdeano，1906：34）：

> 不幸的是，我们（西班牙人）在其他导航者的推动下无法与这些潮流建立起连续性的联系。我们的数学研究只是对我们邻国出现的一些进展的苍白无力的反映，我们最多只做到了引进，而不是用生命力寻求问题的起始根源，让新生命更加强大，而是通过教科书有限的讲述学习和重复，这不是创造新思想的途径。先是勒让德、拉克鲁瓦和蒙日，后来是数量较少的一些作品，它们更多的都局限于眼前的教学，因此也没那么重要，比如西罗德（Cirodde）、勒费比尔·德富尔西（Lefebure de Fourcy）、H. 索内（H. Sonnet）、弗龙特拉（Frontera）、勒鲁瓦、奥利维耶（Olivier）、特雷斯卡（Tresca），在此基础上我们还可以加上斯图姆（Sturm）和杜哈梅的有关微积分的作品。
>
> 不足为奇的是，仅凭这些值得尊重的例证就可以得出一个概念，那就是数学最多只能用于能带来直接益处的物质应用。但这些成果都缺乏一个基本的东西，即创造性的精神。

虽然可以提及一些对技术的要求更高的例子，比如另一个“中间人物”爱德华多·托罗哈——正如在第 6 章所述，他从 1876 年起在马德里担任画法几何学教授，在几何学领域表现突出——但加西亚·德加尔德亚诺的例子则更清楚地证明了当时存在的那些局限性。唯意志论和某种程度上的肤浅性说明了这些倡议的短暂性和个人主义特点，构成了一个阶段的特征。虽然是可以避免的，但如果西班牙的数学发展是追求真正的专业性，那就必须超越这一阶段。“播种者们”开始有其他选择的这一天终将会到来：米格尔·维加斯、路易斯·奥克塔维奥·德托莱多（Luis Octavio de Toledo）、塞西略·希门尼斯·鲁埃达（Cecilio Jiménez Rueda）、何塞·阿尔瓦雷斯·乌德（José Álvarez Ude）、帕特里西奥·佩尼亚韦尔（Patricio Peñalver）、何塞·玛丽亚·普兰斯以及分别于 1904 年和 1908 年毕业的年轻有为的埃斯特万·特拉达斯和胡利奥·雷伊·帕斯托尔。

关于加西亚·德加尔德亚诺创办数学杂志这一事实，应该指出的是在马德里以外的地区，这一方面开展了相当多的活动。在加的斯，1848 年《数学和物理科学月刊》开始出版，由刚刚从圣费尔南多天文台台长职位上退休的海军准将何塞·桑切斯·塞尔克罗负责。1847 年，西班牙皇家精确、物理和自然科学院成立时，桑切斯·塞尔克罗被任命为院士。然而，这份出版物的寿命是短暂的。这本追求某种原创性的杂志仅存在了 6 个月，出版了几期，共 192 页，11 篇论文（9 篇数学论文和 2 篇物理论文），其中 6 篇都是桑切斯·塞尔克罗本人撰写的。这本杂志的消失要归因于缺乏足够的订阅量（这足以说明 19 世纪中叶物理和数学科学在西班牙的境况），因此对桑切斯·塞尔克罗来说变成了一种负担。虽然只有 28 个订阅机构，但有意思的是在订阅机构中有马德里的参谋学院、塞哥维亚的炮兵学院图书馆、圣费尔南多的海军军事学院、托莱多的刀剑厂和军事学院图书馆、加的斯伊莎贝尔 2 号战船指挥官、圣费尔南多天文台和马德里天文台、加的斯贵族艺术学院等。可以看出，在所有这些机构中，军事性质的机构占据主导位置，这种情况也许是因为：众所周知，数学教育也一向是军事教育感兴趣的对象。

与此同时，巴伦西亚大学教授路易斯·加斯科（Luis Gascó）在 1896 年至 1897 年出版了《纯粹数学和应用数学档案》。大约在同一时间，在托莱多，本图拉·德洛斯雷耶斯·普罗斯珀（Ventura de los Reyes Prósper，1863—1922）编辑出版了《渴求者》。在《数学进展》这本杂志停刊后，何塞·里乌斯 – 卡萨斯（José Rius y Casas）推出了《数学季刊》（1901—1906）。而在维多利亚，安赫尔·博萨尔·奥韦赫罗（Ángel Bozal Obejero）从 1903 年开始出版《基础数学学报》（*Gaceta de Matemáticas Elementales*），1905 年改名称为《数学学报》（*Gaceta de Matemáticas*）并于一年后停刊（Llombart，1988；Hormigón，1988）。

埃切加赖和皇家科学院

1865 年，埃切加赖受邀加入皇家精确、物理和自然科学院（1901 年他成为该院院长，直到 1916 年去世）。当时在该院的 35 名院士中（必须加上埃切加赖），10 名是工程师，此外还有 7 名军人、5 名医生、3 名药剂师、2 名天文学家、2 名物理学家，以及 1 名建筑师、1 名农学教授、1 名数学教授、1 名描述植物学和植物地理学教授、1 名化学教授和 1 位“多面手”比森特·巴斯克斯·凯波（Vicente Vázquez Queipo）。在所有这些人当中，仅有的几位在数学物理学方面做出突出成绩：胡安·德科塔萨尔（Juan de Cortázar，补数和解析几何）、贝南西奥·冈萨雷斯·巴列多尔（Venancio González Valledor，物理学教授）、安东尼奥·阿吉拉尔·贝拉（天文学教授，担任过多年的天文台台长）、曼努埃尔·里科－西诺瓦斯（高等物理学教授）。所有这些教授的教职都在马德里中央大学。尽管按照今天的标准，我们不能说埃切加赖在 19 世纪 60 年代是一位特别引人注目的数学家，但这并不妨碍他担任科学院院士的资格。事实上如果考虑到他可以用来展现的那些学术经历，情况可能还恰恰相反。

然而，当他被推荐进入科学院时，他的履历中仅有一本书，即以教学为明显目的而出版的《变分法》(1858)。如果我们考虑到变分法自 18 世纪以来一直处于发展当中这一事实（在这方面有两本重要的著作，即拉格朗日的《解析函数论》和拉克鲁瓦的《微分与积分论》，两本书都出版于 1797 年），那么这一点就显得尤为值得注意。即使是在西班牙，也不能说这一数学分支是新事物：至迟在 1772 年贝尼托·拜尔斯（Benito Bails）就已经在他的《数学基础》(*Elementos de Matemáticas*)一书中做了介绍，并且在当时的教科书中也可以找到。例如，在 1830 年出版的由赫罗尼莫·德尔坎波（Gerónimo del Campo）翻译成西班牙语的布沙拉的《微分与积分》一书中就有超过 50 页的内容涉及变分法。此外，这本书还用于土木工程学校的教学。尽管埃切加赖已经出版了《平面几何问题》和《二维解析几何问题》两本数学问题选集，但据他自己说，他的一个童年好友贝尔纳迪托·桑切斯·比达尔

（Bernardito Sánchez Vidal）要求他在马德里讲授一堂有关这门学科的私人课程，相比《变分法》，这些课本对西班牙的数学实践更是没有做出任何原创性贡献，因为这是两本相当基础、已经解决了问题的选集。

此外，也不能说埃切加赖在当时对西班牙引入新的数学思想方面做出了重大贡献，尽管他很快就开始这样做了。事实上，在 1866 年科学院出版的《精确、物理和自然科学进展》杂志第 16 期中，发表了他的《高等几何学导论》。只需要简单浏览一下这本杂志就可以看出他的两篇文章是为数不多的由西班牙作者撰写的文章：这一册中的大多数文章都是外国科学家著作的西班牙文译本或新闻介绍。

事实上，尽管如此，科学知识依然是匮乏的（这是从我们现在的观点来看，并不是从当时西班牙的情况而言，我一直坚持这样的看法）。1865 年 4 月 3 日，埃切加赖当选为皇家精确、物理和自然科学院院士。签署他的候选资格的人是同为土木工程师的何塞·苏维卡塞·希门尼斯（José Subercase Jiménez）和卢西奥·德尔巴列·阿拉纳（Lucio del Valle Arana），以及步兵和炮兵上校弗鲁托斯·萨阿韦德拉·梅内塞斯（Frutos Saavedra Meneses），他也曾担任过公共工程总局局长。1866 年 3 月 11 日埃切加赖就任科学院院士，并在就职演说中谈到了西班牙的纯粹数学的历史发展（Echegaray，1866）。

这篇演讲之所以重要，是因为它在所谓的“西班牙科学论战”中发挥了作用。简言之，埃切加赖（1866：28）捍卫的观点是，虽然西班牙有伟大的文学家、艺术家、军事家、音乐家、哲学家、航海家和征服者，但从未拥有过一位重要的数学家。他指出，“数学科学跟我们毫无关系，它不是我们的，数学界没有一个人的名字是卡斯蒂利亚人的嘴唇能够毫不费力就念出的”。从修史的角度分析他的话，我们可以看到问题在于这位新晋科学院院士对“数学”抱有非常狭隘的，或者说是精英主义的见解。在他的阐述中隐含的一种观念是，数学是由像毕达哥拉斯、塔尔塔利亚（Tartaglia）、笛卡尔、牛顿、莱布尼茨、蒙日、拉格朗日、阿贝尔、卡瓦列里（Cavalieri）、欧拉、穆瓦夫尔（Moivre）、傅立叶、雅可比（Jacobi）、柯西、高斯、加卢瓦（Galois）或类似的人所产生或创造出的一门学科。显然，如果数学可以被简化为这样的表述，那么的确可以认为实际上西班牙从未拥有过数学家。但是无论是什么，某种活动的历史不能局限于其最杰出的表现者的贡献。

埃切加赖这个演讲的另一个局限性是其使用的历史资料的贫乏。他的处理方式是一个熟悉这门学科的传统数学家的做法，但除了断言从来没有一个牛顿、一个莱布尼茨或类似地位的数学家之外，他并没有表现出对西班牙数学史——原本他应该谈论的主题——有多少了解。这或许就是多年来很多人对埃切加赖的观点持批判态度的原因之一。第一位对埃切加赖作出负面评论的人是马德里圣伊西德罗学院数学教授费利佩·皮卡托斯特（Felipe Picatoste），他在1866年3月17日即埃切加赖加入科学院的6天后，在《消息报》上匿名发表了一篇文章（转引自 Camarero y Camarero，comps.，1970）[6]。以下是这篇文章中最具代表性的几句话：

> 埃切加赖先生把证明数学科学与西班牙无关作为自己的唯一课题。即使他说的都对，即使我们没有参与过很多发现，即使我们一直都在为整个欧洲提供教科书的那几个世纪都不曾存在，即使欧洲的天文学家和数学家都来到这里为外国大学寻找教授的那几个世纪也不曾存在，即使我们的名字从未在科学领域出现过，即使梅迪纳－卡拉穆埃尔（Medina y Caramuel）、西鲁埃洛－查孔（Ciruelo y Chacón）、西夫拉蒙特－奥尔特加（Cibramonte y Ortega）在其他国家的科学院中没有名气，即使今天没有有利于西班牙的积极反应——正是这种精神促使法国、英国和比利时对我们的科学历史展开研究，即使没有以上所有这些情况，我们也要说，选择科学院发表这样的演说是不合时宜的，这样的演说将会传到欧洲其他科学院那里，会让我们在欧洲名誉扫地。

皮卡托斯特的文章绝不是唯一的此类文章，但我并不打算展开类似“西班牙科学论战”的话题（我在序言中已经提到），它会将我们引向曼努埃尔·德拉雷维利亚（Manuel de la Revilla）、马塞利诺·梅嫩德斯·佩拉约、何塞·德尔佩罗霍（José del Perojo）、古梅辛多·德阿斯卡拉特、古梅辛多·拉韦德（Gumersindo Laverde）、何塞·安东尼奥·桑切斯·佩雷斯、亚历杭德罗·皮达尔－蒙（Alejandro Pidal y

Mon）、弗朗西斯科・贝拉或胡利奥・雷伊・帕斯托尔等人物身上。在这里我只引用胡利奥・雷伊・帕斯托尔的几句话（1913：8），这可能有助于我们更好地理解埃切加赖在科学院欢迎仪式上发言时的情绪：

> 埃切加赖那篇点缀着各种漂亮的形象和恰当比喻的演讲，和他所有的演讲一样热情而精彩，是在相互对立的政治思想斗争达到顶峰时写出来的……那是一个更有利于进行激烈论战而缺少适合科研工作的严肃与平静的时代。当时所有的工作都因为接触时代环境被激化而变成了战斗的武器，埃切加赖的演讲也是如此。最近他试图为此辩护：“当大地在颤抖时，宫殿也会颤抖，茅舍也会颤抖。”

雷伊・帕斯托尔的解释相当有道理。必须从其政治思想的角度来理解为皇家科学院的辩解，事实上皇家科学院在当时是一个捍卫思想自由的机会主义的工具。让我们回顾一下他说过的一些话（Echegaray，1866：27）：西班牙只有取得了“哲学自由，也就是思想自由”才能拥有科学。他还痛苦地做出总结，指出他回顾的科学史不是也不可能是一个“除了鞭子、铁、血、火炉和烟雾之外什么都没有的”国家的历史。

更为明确的表述是他自己在《今生回忆》中所说的话（Echegaray，1917：t. Ⅱ，cap. XLVIII）：“（在科学院说的话）是我打的第一场战役，我的人生战役和斗争就从那里开始，因为以前那些支持自由贸易的斗争可以说都是集体斗争。在我可以选择的一百个平和的题目中，我选择了一个在某些圈子里特别是科学界人士中肯定会掀起狂风暴雨的题目，一个最终必定令人反感的甚至是不爱国的题目，也是一个在科学院甚至在新闻界引发轩然大波的主题。”他继续总结了他的演讲内容，回顾了在回答“为什么我们没有伟大的数学家”这个问题时，他要把所有的责任都归咎于“宗教狂热、宗教裁判所及其火刑。宗教裁判所火刑架下燃烧释放出的气体熏坏了西班牙人民的头脑并窒息了人们的科学本能”。近 40 年后，他承认“冷静地想一想，（这个）解释既不完整也不充分，但在那些日子里，我就是这样认为也是这样说的”。

埃切加赖：西班牙新数学思想的引入者

正如我已经指出的，在进入皇家科学院之前，埃切加赖的数学著作对当时的西班牙数学的贡献甚微。从根本上说，这些作品只是某些学科课题研究的辅助工具。但是在他被任命为院士后，他的贡献在性质上发生了变化，以至于引起了雷伊·帕斯托尔有些夸张的感叹（1915：15）：“对 19 世纪的西班牙数学来说，始于 1865 年，始于埃切加赖。”

无论如何，1865 年都是一个糟糕的起点，1866 年才是一个更加合适的年份。1866 年埃切加赖开始在《精确、物理和自然科学进展》杂志上发表他的有关几何学的论文，次年这些作品被结集成书，题目是《高等几何学导论》（Echegaray，1867）。在这本书中，这位来自马德里的数学家将当时在法国十分受欢迎的米歇尔·沙勒（Michel Chasles）的几何体系介绍到西班牙。用雷伊·帕斯托尔的话说，这个体系后来成为爱德华多·托罗哈（1899 年）在西班牙带来“几何革命”的起点，索埃尔·加西亚·德加尔德亚诺对这场革命也做出了贡献，尽管贡献量不如托罗哈及其几位学生（包括马德里大学教授米格尔·维加斯，他在 1894 年发表了《解析几何学论文》），而且几年后，年轻的雷伊·帕斯托尔也参与其中[7]。

通过介绍这类几何学问题——在此之前这些问题从未进入西班牙的数学教学大纲中——埃切加赖触及了数学中的一个领域，这个领域在整个 19 世纪以最原始的方式得到发展，得到了多位法国数学家的推动，奥古斯特·默比乌斯（August Möbius）、雅各布·施泰纳（Jakob Steiner）、尤利乌斯·普吕克（Julius Plücker）、卡尔·克里斯蒂安·冯·施陶特（Karl Christian von Staudt）和费利克斯·克莱因对这一领域也做出了贡献。

在《高等几何学导论》之后，埃切加赖于 1868 年出版了他的《行列式理论论文》，从而在向西班牙介绍新的数学理论方面又迈出了新的一步。他再次对自己的书不抱太大的幻想，他写下了这样的“警示”：“这篇论文是一种改写，也几乎可以说是对特鲁迪（Trudi）教授杰出作品基础部分的随意翻译。我知道没有比这位意大利教授的书更优秀的作品了，他的书阐述得清晰且准确，并且有方法，他把一切都融合在一起，我只希望我的论文能反映出原作的某些光芒。”

作为不变式理论最直接的前身的行列式理论，最初由莱布尼茨提出，18 世纪由范德蒙德（Vandermonde）和 19 世纪由柯西等人加以改进，最后由德国数学家雅可比（Jacobi）和黑塞（Hesse）完善。埃切加赖的书——其中除了特鲁迪没有提到其他数学家——正如他自己所说，相当清楚地阐述了行列式理论的基础部分，这是一个对物理学、数学和工程学都非常有用的工具，以至于在这些学科的初级课程中已经出现。因此，埃切加赖以这种方式完成了一项重要工作，但他仍把自己局限在最基础的理论部分，把詹姆斯·西尔维斯特（James Sylvester）在 1851 年获得的有关基本除数的结果抛在了一边，这些结果与将在 19 世纪末和 20 世纪初成为数学研究的优先领域之一的不变式理论（二元形式）直接相关。

埃切加赖：政治家和剧作家

要继续研究作为工程师和科学家的埃切加赖，就不能不提到他个性中的其他方面。数学之外的一些兴趣爱好在很长一段时间里占据了他的大部分精力，虽然这些兴趣让他获得了巨大的吸引力，但却严重限制了他对数学物理学的贡献。当然，现在不是介绍他在政治和文学方面成就的时候，所以我将仅限于做出一些简短的评论，以便使他从 1868 年开始的生活轨迹更容易被理解。

皇家精确、物理和自然科学院

皇家精确、物理和自然科学院在本章中已经反复出现，考虑到在第 3 章中我已经提到过 18 世纪在弗洛里达布兰卡伯爵的倡议下创建这样一个机构的失败尝试，我现在将详述该机构的创立过程[8]。

它的成立源于 1847 年 2 月 25 日由伊莎贝尔二世签署，由贸易、教育和公共工程大臣马里亚诺·罗加·德托戈雷斯（Mariano Roca de Togores）签发的一项谕旨。在该谕旨中，皇家精确、物理和自然科学院在类别和特权方面与西班牙皇家语言学院、历史学院和圣费尔南多贵族艺术学院处于同等地位。实际上，这个新成立的学院是为了取代1834年2月成立的马德里自然科学院，存在时间短暂，表现并不突出。

成立新机构的谕旨序言中所使用的华丽言辞很清楚地表明了创建这样一个机构的目的：

夫人：陛下为特别关注人民文化和福祉而创建的由我负责的内阁机构应该优先推动的人类知识的分支之一是物理学和自然科学，它们对国家的工业与繁荣具有强大的影响力，但不幸的是，它们在我们的旧教育体系中并没有占据应有的突出地位。

夫人，各个大学很快就将配备必要的手段来开展这两门学科的研究，值得期待的是这两门科学能够得到快速而有效益的发展。但是尽管如此，负责签字的大臣仍然认为，采用有效的手段是必不可少的，在国外这些手段已经有力地促进了这些学科的发展壮大及其重要的应用。

在推动这个新机构时，贸易大臣也在维护一个明显是老生常谈的观点，那就是“凭借致力研究的有识之士单枪匹马的努力不足以汇集一个领域里所有最好的成果，这个领域如此宽泛，以至于人类的智慧也会迷失其中，但是这些人有必要聚集在一起，以便相互商讨、交流看法、相互帮助，并最终与世界上最杰出的有识之士和机构建立广泛的沟通和联系”。如果说纯粹的文学团体做出了巨大的贡献，那么“科学团体在功用性和重要性方面并不逊色于这样的机构，甚至还有可能超过它们，因为相对于语言和其他人文科学，对自然界的研究需要更多的人共同努力，需要他们共同致力于对自然界的秘密进行探究”。序言的最后回顾说：“在所有文化发达的国家里都设立了专门研究自然科学的协会，协会数量也在成倍增加。在政府的保护下，欧洲大国对协会在这方面付出的巨大努力和获得的公正的声誉都感到很自豪。”

序言强调了物理和自然科学的重要性以及其他国家对这些学科的重视程度，随后直接谈到了西班牙的历史，这是一部充满各种挫折的历史，本身就说明了16世纪至19世纪西班牙科学中出现的一些弊病：

西班牙曾多次尝试效仿这些值得称赞的榜样，甚至在这方面西班牙也曾经领先于其他国家，因为早在 16 世纪 80 年代，也就是早在巴黎和伦敦的著名协会成立之前，马德里就已经设立了皇家科学院，卡斯蒂利亚的一些大人物和有爵位的贵族都是该院的成员。然而，它的存在却相当短暂，以至于当西班牙哈布斯堡王朝灭亡时，人们对它没有留下任何记忆。

比列纳侯爵（Marqués de Villena）在费利佩五世统治时期为创建西班牙皇家语言学院做出了巨大贡献，他在一个更宏伟的计划中构想他的第一个项目，希望能包含所有的科学学科。之后，在看到语言学院和历史学院产生的令人满意的结果后，最初的想法被重新提出，伊格纳西奥 · 德卢桑（Ignacio de Luzán）起草了一个草案，得到的结果是西班牙向外国的科学院派出了很多专员，甚至还购买了若干机器供新机构使用。

不幸的是，这些努力并没有得到预期的结果，此后利用各种机会再次进行尝试的人也是如此，特别是杰出的豪尔赫 · 胡安阁下和安东尼奥 · 德乌略亚。终于在 1834 年，陛下的母亲依据 2 月 7 日法令，在西班牙设立马德里自然科学院，直到现在，这个科学院依然存在。然而当年那个时代这样一个机构产生预期的成果并不非常有利，也没有赋予它实现目标所需要的身份和重要性。在这种情况下，政府不可避免地忽视了它的存在。尽管这个科学院做出了一些值得赞赏的工作，尽管它不止一次地向上级提交若干明智的建议，但并没有获得实现适当目标的途径，仍然处于可怜的瘫痪状态，一直在请求援助和获得能让它新生的资源，以便让它成为原本期待它成为的样子。夫人，现在轮到陛下您来完成由您尊贵的母亲开启的伟大事业了。

在作为附件呈送的方案中，我提议设立一个与其他皇家学院同等对待并拥有相同特权的科学院。通过这种方式，陛下将再一次证明，这一机构在您的子民当中传播启蒙思想的所有努力正在得到特殊庇护，同时为您的子民们提供诸多无法估量的好处，为陛下您赢得另一项将会普照全部王土的至高荣耀。

评估马德里皇家科学院对西班牙科学发展的重要性并不是一件容易的事情。总体而言，直到 1936 年马德里皇家科学院接纳了大多数居住在马德里的最优秀的科学家。考虑到那个时期西班牙研究人员和教师都是以在中央大学获得教席来达到其学术生涯巅峰的普遍趋势和因此而产生的刺激作用，可以说在皇家科学院的科学家占据了全国最优秀科学家中相当大一部分比例（我们在这里又发现了中央集权主义弊端的另一种表现）。入职演说、学年开学典礼演讲，或者科学院出版的回忆录及各种文章都有助于历史学家把握1850—1936年西班牙科学思想的脉搏。科学院的讲台是一个漂亮的橱窗和一个某种意义上的社交厅，进入其中的人，特别是在欢迎他们时都会用这个讲台来展示他们身上最优秀的东西。而那些对不同科学的内在发展更为重要的职责，至少是在学院内或以学院为出发点对“做科学”的某种兴趣，比如维持某类实验工作室的做法都是（而且在很长时期内还会是）科学院职责本身之外的东西。在这方面，皇家科学院与巴塞罗那科学和艺术学院（其起源可以追溯到1764年）截然不同，后者除了在其他方面做出榜样外，还供养一个植物园，1888年建立了城市时间服务的必要设备，并在20世纪接管了法布拉天文台的科研与管理工作。

马德里皇家科学院履行的最重要、最频繁的社会职能是编写政府要求的报告。根据其《年鉴》和《马德里皇家科学院院刊摘要》，这项活动肯定消耗了其成员的部分时间。数量最多的报告包括关于科学书籍的报告。原因在于1895年8月29日颁布的题为《关于代表国家采购、订阅和印刷书籍诸事宜》的王室敕令。其中规定，如果没有相应的皇家学院（这里指的就是马德里皇家科学院）的事先报告，国家就不能出资采购书籍，也不能为印刷未出版的作品出资。王室敕令颇有些好笑地指出，“如果发展部将一些因为没人感兴趣而作者卖不出去的书籍拿到图书馆将是一件令人遗憾的事情”。正是为了防止这种滥用国家经费现象的出现才要求科学院提供学术报告。科学院也被要求处理一些与国家的科学发展问题更加毫不相关的事务，比如对加入阿方索十二世荣誉团的档案进行评定。总之，科学院必须照顾到作为公共机构的提供信息的所有要求，这就是它的官方身份所意味着的责任。

王室敕令预计科学院成立时的院士人数为36人——分为精确科学、物理学和自然科学3个部分——其中女王任命占一半，由女王任命院士仅此一次。这些人再开会选定其他院士。下表（Moreno González，1988：431）表明了第一批院士的学历或职业，间接地有助于了解 1850 年前后西班牙科学界的情况[9]：

马德里皇家科学院首批院士

学历或职业	王室任命人数（位）	挑选人数（位）
工程师或艺术学院教授	5	7
大学教授或中等教育教师	6	5
军人	4	4
医生或药剂师	1	1
公共教育或国务委员会委员	2	1

在相当长的一段时间里，正如我已经指出的那样，科学院中最多的是工程师。创建之初以下人员被任命为精确科学部院士：费尔南多·加西亚·圣佩德罗（Fernando García San Pedro，工兵上校）、奥古斯丁·巴莱拉（Agustín Valera，炮兵中校）、何塞·加西亚·奥特罗（José García Otero，道路、运河和港口总督察）、何塞·德奥德里奥索拉（José de Odriozola，炮兵上校）、胡安·苏韦卡塞（Juan Subercase，土木工程师协会督察）、佩德罗·米兰达（Pedro Miranda，前土木工程督察）、塞莱斯蒂诺·德尔彼埃拉格（Celestino del Piélago，工程师协会上校）、弗朗西斯科·特拉韦塞多（高等数学教授和土木工程师）、赫罗尼莫·德尔坎波（一级土木工程首席工程师）、何塞·桑切斯·塞尔克罗（José Sánchez Cerquero，海军准将）和安东尼奥·特雷洛（Antonio Terrero，陆军参谋部准将）。可以看出，军人和土木工程师从刚一开始就主导皇家科学院的精确科学部。

1854 年年底，埃切加赖从阿尔梅里亚回到马德里，他重新感到自己被那些与精确科学毫不相关的课题所吸引，至少一开始是这样。于是他踏足政治经济学的圈子，为自由贸易学说辩护，反对盛行的贸易保护主义。他和加夫列尔·罗德里格斯（Gabriel Rodríguez）一道创办了《经济学家》杂志，并为其撰写了大量文章，从而开启了他此后一生都没有放弃过的新闻事业。他还参与了 1850 年 4 月成立的关税改革协会。由于这些兴趣以及与经济界的联系，他在马德里证券交易所以及马德里科学和文学协会的公开讲坛上都发表过演讲。

他是土木工程学校的教授，当1868年9月西班牙第5次革命（1868—1874年）到来时，他是民主党的成员，民主党、进步党和自由派联盟组成当时西班牙的三大政治组织。在第一届由普里姆主持的政府成立不久之后，发展大臣曼努埃尔·鲁伊斯·索里利亚（Manuel Ruiz Zorrilla）任命埃切加赖为公共工程、农业、工业和贸易局局长，换句话说，除了公共教育局外，他是发展部下设所有局的局长。

给西班牙带来1869年宪法（1869年6月）的制宪会议成立时，埃切加赖是阿斯图里亚斯的议员。不久后在一次政府危机之后，他被任命为发展大臣，并于1869年7月15日上任，一直到1871年年初，阿马代奥·德萨沃亚（Amadeo de Saboya）也就是之后的阿马代奥一世来到西班牙（埃切加赖是到卡塔赫纳迎接他的人之一）。然而，没过多久他又再次担任发展大臣。1872年夏天，他加入了意大利国王维克托·曼努埃尔二世（Víctor Manuel Ⅱ）的儿子，也就是阿马代奥组建的最后一届政府，该政府工作由鲁伊斯·索里利亚主持[10]。1873年2月，因普里姆遭到暗杀（1870年12月28日）而使其失去主要后台后，阿马代奥退位，此后法律权力属于议会，后者组成了国民议会。1873年2月11日，国民议会以258票对32票宣布成立西班牙第一共和国，到6月举行制宪会议时联邦共和党人占据了大多数，一个常设委员会成立，埃切加赖也是该委员会的成员之一。正是因为参加了这个委员会，在那几个月的混乱和冲突中，出于自身安全考虑，他被迫离开了西班牙，前往巴黎，并在那里待了6个月。在巴黎，埃切加赖撰写了独幕喜剧《票据簿》，随着埃切加赖回到马德里，1874年春天该剧首演，这标志着他作为剧作家的职业生涯真正开始。

1874年1月3日，帕维亚将军（Pavía）发动政变，导致第一共和国解体，塞拉诺将军成为政府首脑，埃切加赖代表激进党被任命为财政大臣。虽然他在这个职位上只待了3个月的时间，但却有一个重要的成就，即让西班牙银行具有了国家银行的架构，特别是让该银行获得了发行货币的垄断权。

事实上，西班牙银行在1856年就已经存在，当时这个名称是用来指代圣费尔南多银行，该银行是1829年在已有的圣卡洛斯银行基础上成立的。在确定新的银行机构可以履行的职能的同时，将其资本总额从1.2亿雷亚尔增加到1亿比塞塔，并授权它发行相当于其资本 5 倍的钞票，要求银行用黄金或白银持有货币流通量的四分之一。在相应法令颁布之前，该银行分别于 1874 年 2 月 19 日、23 日、24 日和 25 日举行了几次股东大会。这些会议的记录保存在西班牙银行的档案中，其中包括参会股东的姓名。举行这几次会议的原因是股东们在收到政府拟定的、即将公布的法令的消息时感到惊讶，再加上信息不对称。最终，经过多次讨论，股东们以 88 票对 29 票批准了发行钞票的计划。

关于埃切加赖实施这种“再创造”的意图（顺便说一下的是，他背叛了他此前信守的自由市场的理念），相关法令（1874 年 3 月 19 日）的解释部分可以提供一些思路，而埃切加赖在这里表现出的文学造诣不可小觑：“信贷因滥用被耗尽，税收因行政弊端而枯竭，分期偿还没有成果。因为这些原因，有必要采取其他手段来巩固短期债务并维持巨大的战争开支……在如此危急的情况下……在下面签字的大臣提议建立一个国家银行，这是一个全新的金融力量，以支援财政部的工作。”

一经离开政府，埃切加赖就越来越专注于戏剧创作［1904 年他获得了诺贝尔文学奖，与法国诗人费代里科·米斯特拉尔（Federico Mistral）共同分享这个奖项］，但他也从未完全放弃政治及其周边世界。1876 年，抱着越来越积极的进步主义精神，他成为自由教育学院的创始成员之一。1880 年 4 月 1 日，他和马托斯、萨尔梅龙等人一起签署了《1880 年 4 月 1 日宣言》，进步共和党由此诞生。在获得诺贝尔奖之后，埃切加赖愈发地成为一个神话般的人物，1905 年他接受了欧亨尼奥·蒙特罗·里奥斯（Eugenio Montero Ríos）的提议短暂担任财政大臣一职。显然，埃切加赖对共和理念的热情在那时已经大大减弱了（就像 1868 年他的许多政见相同者一样，埃切加赖最终还是欣然接受了复辟）。正如我前面所说，他也是终身参议员、公共教育委员会主席，并在 1908 年担任烟草和印花租赁公司的负责人。

化圆为方问题和伽罗瓦理论

埃切加赖最令人钦佩的一面是他能够将他对数学的热情和其他兴趣爱好结合在

一起。例如，我们刚刚看到，他的生活在 1868 年后发生了根本性的变化，但他仍然继续研究工作并对西班牙的数学知识拓展做出了贡献。这些贡献之一是 1887 年出版了专著《有关化圆为方问题的数学论述：旺泽尔的方法与将圆周分割为几等份》（Echegaray，1887）。

在数学领域享有盛名的少数几个问题中，有一个是化圆为方的问题。具体地说，就是化圆为方的问题是否有可能实现。埃切加赖在我刚刚说到的这本专著中谈到的正是这个棘手问题。当我们试图确定："不可能解决化圆为方问题"时，我们意识到正如雷伊·帕斯托尔（1915）指出的，在 1886 年之前，"化圆为方问题的难度"使所有人为之感叹，称之为"一项巨大工程"。因此，《马德里科学院年鉴》在 1885 年指出，不幸的是，西班牙不可能像外国一些机构那样，"通过决议将化圆为方问题排除在外"，因此不得不屈从于"耐心地研究会出现多少奇点"。科学院院士爱德华多·萨阿韦德拉（1885）指出，"我们是如此落后，以至于实际上我们不能以科学的名义回应说，某些研究是完全荒谬的。"1882 年，德国数学家费迪南德·林德曼（Ferdinand Lindemann）在《数学年鉴》上发表一篇论文，以《论数字 π》为题，彻底地证明了解决这一问题的不可能性。

这就是埃切加赖在 1886 年的《科学发展杂志》第 21 卷中发表题为《论化圆为方问题的不可能性》的文章时所处的境况，这篇文章后来成为《数学论文集》（Echegaray，1887）的开篇文章。与这篇文章有关的一个事实是，作者并没有读过林德曼具有开创意义的论文，埃切加赖指出："尽管我希望，同时也付出了努力，但我并没能看到这位杰出的数学家的论文原文，因此我不得不局限在我自己的猜测中——猜测他所证明的内容可能是什么。我说明这一点很重要，读者可以就此知道该坚持什么。说其重要还是因为这个问题如此微妙，以至于还没有一个定论。"至少这就是埃切加赖在前言的"说明"中陈述的观点（Echegaray，1887），尽管我不想对他的说法表示怀疑，但我要说的是，在马德里科学院可以找到 1869—1936 年的《数学年鉴》。

埃切加赖似乎是从法国数学家鲁谢（Rouché）和孔贝鲁斯（Comberousse）合著的《几何学论文》第 5 版第 1 卷中了解到林德曼的研究，在这篇论文中林德曼的证明并没有完整出现，因此其贡献实际上是一种重构[11]。在那些年紧张的文学创作中，埃切加赖真正地，也许是第一次展现出一个数学家的才华。虽然他并没能看到林德曼的文章，他所做的也并非原创性的贡献（我再重复一遍，他从来都不是一位有创新精神的数学家），但没关系，他已经比以前更接近他那个时代的数学研究了。因此可以理解的一点是，虽然有些夸张，雷伊·帕斯托尔（1915：11-12）总是对埃切加赖（也对索埃尔·加西亚·德加尔德亚诺）表现出某种程度的偏爱，多年后他感叹道："在科学的所有领域……每个新的想法或事实都对应着一个日期和一个独有的名字，正如每个新发现的星体和彗星与它们的发现者的名字永远密不可分一样。在某个国家的科学史这个更小的范畴里，也有两个有决定意义的坐标，1886 年这个日期和埃切加赖这个名字。"

埃切加赖的下一部重要的数学著作使我不得不对一个与他有联系并在当时的马德里（乃至西班牙）的政治和文化生活中发挥过一定作用的机构作一些评论，那就是马德里科学和文学协会。该协会成立于 1835 年，有 329 名成员，是一个科学、文学和艺术协会，具有皇家学院、高等研究院和文学团体三重性质的机构。最初协会分为 3 个部分，在 1884 年变成 4 个：道德和政治科学、自然科学、数学科学以及文学和艺术（1894 年，增至 6 个部分）[12]。一些被协会成员认为有意思和最新的论文在这里被阅读和讨论。特别是在 19 世纪末，高等研究院尤为重要，在科学、文学和艺术领域最具声望的西班牙人士进入高等研究院讲解最先进的课题。塞希斯孟多·莫雷特（Segismundo Moret，于 1884—1886 年和 1899—1913 年担任过协会主席）在 1896 年研究院落成典礼上的讲话中总结了这所机构成立的目的：

> 官方教育的特点是完全面向实际生活的，为了立竿见影，为了获得学术学位和发展事业，但为科学本身而开展的科学研究却很难得，在西班牙更是如此。
>
> 在不影响此后的专题性研究即对各类科学的应用和特定方面研究的情况下，这样的教学必须是综合性的，旨在完善、平衡和组织当代的知识结构。为了实现这一目标，必须包含所有的教学内容，并与所有以某种方式

> 培养年轻人的学校和中心建立联系。每一个有思想和有些学识的人都需要在这里找到吸引力和号召力，并看到通过他在这项工作中的合作，很容易做到甚至是伟大人物单凭个人努力都不可能做到的事情：影响他所处的这个时代的文化方向及其更大范围内所包含的一切，当然各省的大学和学校也在其中。这些机构比马德里的机构更需要被召唤和吸引到这个高等研究机构当中，并要求首都以外的那些培养科学人才的地方给予宝贵的合作。

莱奥波尔多·阿拉斯（Leopoldo Alas）、阿道夫·阿尔瓦雷斯·布伊利亚（Adolfo Álvarez Buylla）、古梅辛多·德阿斯卡拉特、伊格纳西奥·玻利瓦尔、何塞·卡纳雷哈斯（José Canalejas）、曼努埃尔·巴托洛梅·科西奥（Manuel Bartolomé）、华金·科斯塔（Joaquín Costa）、索埃尔·加西亚·德加尔德亚诺、爱德华多·伊诺霍萨（Eduardo Hinojosa）、何塞·马尔瓦（José Marvá）、马塞利诺·梅嫩德斯·佩拉约、拉蒙·梅嫩德斯·皮达尔、莫雷特本人、埃米利亚·帕尔多·巴桑、圣地亚哥·拉蒙-卡哈尔、何塞·罗德里格斯·卡拉西多、何塞·罗德里格斯·莫雷洛（José Rodríguez Mourelo）、爱德华多·萨阿韦德拉和路易斯·西马罗，当然还有埃切加赖，都是在1896—1902年在该校任教的人（详尽名单见García Martí，1948）。

埃切加赖是学校成立时就开始授课的人之一。他选择了《高次方程的解和伽罗瓦理论》作为课程主题。那一学年（1896—1897）的课程设置引起了相当大的关注，入学人数非常多。听课人数最多的是埃米利亚·帕尔多·巴桑的课程，总共有825名学生，但拉蒙-卡哈尔、西马罗和古梅辛多·德阿斯卡拉特的课程也分别有221名、167名和243名学生听课。至于埃切加赖的课程，有122名学生报名听课（考虑到课程内容，这是一个令人难以置信的大数字），授课次数为21节（Villacorta Baños，1985）。

听过这些课程的奥古斯托·克拉厄（Augusto Krahe）（1916：480）在多年后描述了听课情况的变化过程：

这些课程不止一次地让人失望。正如料想的一样，何塞博士喜欢聚集大量内行人来当听众。起初他的愿望得到了满足。在他第一次授课的众多听众中，只有少数人能够富有成效地听懂他的讲解，其余听众……很快就幻想破灭，放弃了这位大师。后者虽然被听众的放弃而刺痛，但并没有因此而气馁，带着上第一堂课时的心气，坚持到了最后一堂课。

参加他最后几堂课的有 8 个或 10 个人，其中包括莱昂 – 奥尔蒂斯（León y Ortiz）、贝尼特斯将军（Benítez）、阿莫斯·萨尔瓦多（Amós Salvador）、奥克塔维奥·德托莱多（Octavio de Toledo）和我们亲爱的朋友胡安·V. 阿隆索（Juan V. Alonso）。

在接下来的一学年里（1897—1898 学年），埃切加赖继续着同样的课程，但这个学年学生人数更趋合理，总共有 32 人听课，传授了 23 讲的内容（总体而言，所有课程的听课学生人数都急剧减少）。第三学年（1898—1899 学年），学生的兴趣又大大减弱，不仅是在学生人数上，而且在课程数量上（16 讲，而前一年是 28 讲）。这一次埃切加赖将他的课题改为《椭圆函数的研究》（他有 24 名学生，上了 14 讲课），在接下来的一个学年里，他继续讲授这个课程。事实上，埃切加赖一直在马德里科学和文学协会高等研究院担任教职，直到 1904—1905 学年，他选择了“一般微积分方程，特别是线性方程”这一课程。从那时起，作为马德里中央大学理学系数学物理学新任教授的他便开始投入全部精力用于教授这些课程。

埃切加赖（1904：137）至少提到过一次他在该协会的授课，提到他想让这些课程具有的一些特征和内容：

多年来我一直在马德里科学和文学协会和高等研究院讲授一系列的数学理论，这些课程既是高等数学，同时也是一种宣传。

说是高等数学，是因为在这些课程中，我处理的是高等级的问题。说是宣传，是因为我总是以让年轻人在我们的大学和专科学校获得知识为出发点进行授课。

> 可以说这是一项介于基础科学和高级科学之间的过渡性工作。
>
> 在这一系列课程中，我讲解了以下内容：置换理论和伽罗瓦理论、椭圆函数、从勒让德的研究到魏尔施特拉斯的现代方法、阿贝尔函数论等。在上一个学年，我开始研究微分方程的积分法，我只关注（dy/dx）= X（x，y）方程。

埃切加赖在协会教授的课程中，从数学角度来说最有意思的是围绕《高次方程的解和伽罗瓦理论》传授的课程，协会分两卷出版了他的这一研究，题为《解方程与伽罗瓦理论》（Echegaray，1897b：1898—1902）。

在本部作品中要想对埃切加赖的课程内容进行任何详细的阐释都是不合时宜的。但是，指出这些课程都是以将伽罗瓦的思想介绍到西班牙为目的却是有必要的。伽罗瓦的主要贡献是，他意识到在每个特定情况下，发展代数方程的一般理论的问题，都会受某种置换群的制约，在置换群中反映出代数方程最重要的特性。伽罗瓦的那些继承者，尤其是卡米利耶·若尔当（Camille Jordan）都对他的这一发现进行了进一步阐述和延伸，而这一发现的结果是影响到了比解方程理论更为广泛的数学领域。正如伟大的挪威数学家索弗斯·李（Sophus Lie）（1895，1989：59）指出的那样：

> 伽罗瓦的工作的重大意义来自这样一个事实：他的高度原创的代数方程理论是对群和不变量这两个基本概念的系统应用，不变量概念在范德蒙德（Vandermonde）、拉格朗日、高斯、安培（Ampère）和柯西的作品中都很明显。另一方面，在我看来是伽罗瓦第一个提出了群的概念，而且无论如何，他是第一个深入探讨群和不变量概念之间存在关系的数学家。

随着课程内容的出版，埃切加赖变成了第一个系统性地发展了年轻法国数学家的研究中最重要部分的西班牙人——不管其局限性如何。但是，要说在他之前西班牙没有人讨论过这个问题也是不真实的。雷伊·帕斯托尔（1916c：11）甚至认为，“埃切加赖带来了塞雷、萨尔蒙、若尔当的研究成果”，但与帕斯托尔的看法不同的是，有足够的证据表明，在埃切加赖到协会授课之前，伽罗瓦（及其一些“继承者”）的工作已经吸引了西班牙数学家的注意。萨拉戈萨数学家索埃尔·加西亚·德加尔德亚诺（1896：48-49）在他的《符号代数、非欧几里得几何学和超空间概念的现代普及》中写道，他已经在1886年的《代数概论》和1888年的《代数的批判与综合》中引用了伽罗瓦的定理：

> 为了不让这些早已众所周知的有关拉格朗日、阿贝尔和伽罗瓦建立的方程理论的说明更加冗长，我们只想回顾一下在阿贝尔建立了可解性条件之后，伽罗瓦开始使用某些方程根的逐次伴随的方法，减少方程的群，以实现根式解。
>
> 我们列举M.卡米利耶·若尔当的《关于置换和代数方程式的论文》这部完美的作品，以及博雷尔和德拉克先生的《数论和高等数学研究导论》和沃格特先生的《关于方程的代数解法课程》的目的不外乎是指出，这些都是挪威数学家赫尔·索弗斯·李进行的重要研究的先例……在此基础上还要加上著名几何学家费利克斯·克莱因的研究。

加西亚·德加尔德亚诺在这里提到的索弗斯·李（1842—1899）和费利克斯·克莱因（1849—1925）值得加以评论。二者——尤其是前者——凭借对理论物理学的深入应用，在开启数学的新时代方面都发挥了重要作用。李发现了在那以前都被认为截然不同的理论之间的密切联系，如寻找代数方程解法及其与群论的联系，这种数学结构的起源要归于伽罗瓦本人。众所周知的“埃尔朗根纲领”的提出要归功于克莱因（1872年），根据这一理论，几何学是对特定变换群下不变物体的研究。根据这一观点，有多少种变换群，就有多少种几何学。换句话说，就是有多少个可能的世界（空间）就有多少个变换群。但是据我所知，埃切加赖并没有像加西亚·德加尔德亚诺那样意识到他们两人的工作的重要性。从这个意义上说，与上述引文一样，他的一篇著作中的以下段落非常具有启发性（García de Galdeano，1908：31-32）：

> 索弗斯·李在其关于连续群的不朽作品中完成了一项巨大工程，在宏大的综合中集纳了平面射影群、欧几里得空间群，再到接触变换群，甚至超空间群，在这样一个庞大的理论体系所能提出的无限多的应用和观点中，导致了一种类似于伽罗瓦的代数方程理论的微分方程理论的出现。最后，当为实现形式积分所做的尝试不成功时，解析积分问题的解决就在于对微分方程群结构的了解，但同时正如我们在其他理论中所看到的，也在于不可约的条件，这就将问题带到了类似让伽罗瓦寻求根式解方程的情况，因为当可以附加其他可兼容的代数方程，而不是成为其结果时，一个系统就是可简化的，因而得到一个被简化的系统。

无论如何，可以肯定的是，埃切加赖在其他任何时候都没有达到类似的数学高度。他处理了19世纪数学中最困难的理论之一，虽然的确存在明显的滞后，在做相应的证明时存在毫无疑问的简化，但他以毋庸置疑的尊严做到了，同时也给他的那些一般来说比他年轻得多的同事上了一堂有关科学抱负的课[13]。

埃切加赖、物理学和科学普及

只要看一眼埃切加赖的出版物清单，就足以说明物理学在他的科学兴趣中占有重要地位。当然，与纯粹数学一样，埃切加赖只是一个别人研究出的理论的阐释者，但在物理学研究中尤为明显的是，他从未有过属于自己的哪怕是中等架构的研究贡献。此外，正如我们将看到的，在物理学方面，他完全是一个属于19世纪的人。

如果我们用时间模式来说明，埃切加赖的物理学工作可以分为两个阶段：第一阶段是1905年以前，他在这年被任命为中央大学理学系数学物理学教授。第二阶段包括从1905年到他1916年去世的这段时间。

关于第一阶段，他发表的物理学方面的绝大多数文章都属于科普性质，最初发表在《西班牙》《公正》《西班牙语美洲杂志》《自由报》《哈瓦那海军报》《艺术画报》和《公共工程杂志》等刊物上，之后以书的形式出现。这些文章就是《现代物理学理论：物质力量的统一》（3 卷）以及《大众科学》（2 卷）的由来。这些书中包括的 107 篇文章可以印证埃切加赖所具有的丰富而多样的科学和技术知识，以及他向公众介绍这些知识的能力。关于丰富而多样这一点，只需要看一眼每本书的索引，就会发现诸如“空中导航”“煤炭为什么会燃烧”“镭的能量”“柯西男爵”“自行车及其理论”“X 射线”“热量”“无线电报”“人体是将思想转化为物质力量的机器”“光谱分析”“迪索望远镜”“论现代光的理论”或“1881 年巴黎电力博览会”等不同主题。在其强大语言功底的帮助下（对于今天的语言风格来说，他的语言一般都是华而不实的），埃切加赖是为了让许多西班牙读者了解 19 世纪末科学和技术世界的一部分做出了有效贡献。显然，这是一项对民族文化有积极意义的工作，但无论它有多少益处，都不应该掩盖这样一个事实：他在作品中经常表现出非常有限的哲学感知力，缺乏深度，此外还有对过于花哨的散文体的滥用。然而，为了理解这项教育任务的重要性，值得引用何塞·罗德里格斯·卡拉西多在第一次庄严的埃切加赖奖章授予仪式上的讲话，正如我们已经看到的，这个奖章是由皇家精确、物理和自然科学院设立并授予埃切加赖本人的（Carracido，1907：10-11）[14]：

在遥远的时代，早在 1867 年，埃切加赖先生就以单行本的形式出版了他的关于现代物理学理论的第一系列文章。他是在一个怎样的社会环境中进行着他的科学普及的有益事业啊！

那时，只有诗歌、演说和政治才是体现智力的高尚职业；那时，只有为它们搭建的伟大舞台；那时，群众用他们灵魂的全部力量来支持这些舞台，并以各种欢呼为舞台热场。而数学、物理和自然科学则是平民化的职业，承受所有社会阶层的冷漠甚至是蔑视，资源匮乏。埃切加赖先生以其巨大的个人威望和他的科学文献的迷人光彩，成为做出最大贡献的人。他把真正传教士的坚毅精神投入工作中，使以前被低估的任务变得更加崇高，他毫无私心地致力于在所有人中传播让人类力量变得强大的各种新学说。在西班牙科学文化的天平上，埃切加赖的教育工作的价值怎么估计都不为过。

在他的《今生回忆》中，埃切加赖（1917：t. Ⅱ，279-280）没有忘记提到这种传播活动：

> 如果我没记错的话，我从那个时候（19世纪60年代末）就不知疲倦地、始终如一地开始了一项至今仍在继续的工作，要不是这是一项朴素的事情，那么我就会说我对它抱有越来越炽烈的热情。
>
> 我指的是我在36年前开始发表的一系列文章，目的是为了在我国普及数学和物理数学。
>
> 这些文章总共有几百篇，或者说有几千篇。
>
> 我为《海军报》每月撰写两篇评论文章，一年就有24篇，三十年来仅为这一家撰写的文章就是720篇。
>
> 它们构成了大量的现代理论，并逐年、甚至是逐月地记录了物理学，有时还有化学、工业和建筑艺术等方面最重要的发现和发明。
>
> 我还为美洲和其他国外的报纸写过大量文章。

不言而喻，埃切加赖撰写科普文章的原因之一是出于经济收入的考虑。他在《今生回忆》中说（Echegaray，1917：t. Ⅱ，303）：“显然写科学书籍在西班牙不会让人发财……在报纸上写科普文章算是最为体面的。这就是为什么我写了这么多并且还在继续写的原因。”他一定赚到了他想要的钱，但并不确定他是否真的需要钱，因为当时他的戏剧作品已经开始获得成功。在拉萨罗·加尔迪亚诺基金会图书馆档案中，有一封信表明了他作为普及者的工作是多么成功。以下是商人、银行家、艺术史教授和作家何塞·拉萨罗·加尔迪亚诺（José Lázaro Galdiano，1862—1947）1893年12月16日写给埃切加赖的一封信，他在信中恳请埃切加赖加入由他担任董事的《现代西班牙》月刊的撰稿人名册。该杂志在1889年1月出版第一期（最后一期为第 312 期，于 1914 年 12 月出版）[15]：

> 我尊贵的朋友：从明年 1 月起，我将在《现代西班牙》月刊刊登西班牙作家撰写的文章，只刊登最杰出的西班牙作者的文章。对科学问题，我自然而然地想到了您，这并不妨碍您关注任何其他您认可的课题，但首先并始终遵循的原则是我对当下的时事的兴趣。
>
> 您是否愿意写一篇有关爆炸物的文章作为您在这本杂志上的首篇文章？很不幸，爆炸物这个东西现在就是最热门的话题。
>
> 我将无限感激您的迅速答复，尊贵的阁下和朋友。

埃切加赖接受了这一请求。他的第一篇文章于 1894 年 1 月发表，的确是有关爆炸物的，而且是同一主题的 3 篇文章中的第一篇。虽然并不知道他们就经济问题签署的最终协议是什么，但我们可以从同样保存在拉萨罗・加尔迪亚诺基金会的其他信件中推断出来：例如在 1895 年 12 月 25 日的一封信中，拉萨罗告诉埃切加赖，他将给埃切加赖寄去“2000 雷亚尔，用于支付 6 月、7 月、8 月、9 月，以及 11 月和 12 月的文章稿费”，也就是说 6 个月的稿费是 500 比塞塔，因此每篇文章不到 20 杜罗。埃切加赖在 1896 年上半年发表的 6 篇文章也获得了同样的稿酬。

在第一次发表文章后，1894 年 1 月 8 日拉萨罗再次致信埃切加赖，提出了一些建议：

> 我尊贵的朋友：您的文章写得短而精湛，但我希望今后的文章能否略长一些，更有学术性一些，并且每当您在撰写系列文章时，除了主标题外，是否应该给每篇文章加一个副标题。国外的杂志仅对小说进行分标题处理，我希望效仿这一做法。
>
> 我以最大的期待之情恳求您尽快把新的文章寄送给我们，如果您愿意，我需要一张收到稿酬的字据。
>
> 请原谅我的这些请求，这是我希望做到让这本杂志保持统一性的结果，

请相信我是您最忠诚的朋友和崇拜者。

在我现在谈到的这一时期，埃切加赖还出版了另外两本书和一本70页的小册子，从物理科学的角度看，它们都具有重大意义:《热力学基本原理》（1868）、《光的数学理论》（1871）和《关于化学亲和力的观察和理论》（1901）。

西班牙的数学物理学

埃切加赖与物理学的关系的第二阶段始于1905年，他获得中央大学数学物理学教授职位。我们要记住的是，尽管并不完全相同，但数学物理学与理论物理学存在密切关系，这门学科对20世纪的重要性是难以忽视的。

数学物理学是1858年9月11日由王室敕令批准的精确、物理和自然科学系教学总纲的一部分。在此之前的1857年根据这项王室敕令创建了理学系（之前提到的莫亚诺法）。数学物理学是有志于获得博士学位的精确科学专业毕业生必须学习的两门科目之一（另一个是物理和观测天文学）。如果对精确科学和物理学部分的教学大纲进行粗略地分析，可以看出当时人们具有的物理学和数学概念是什么，或者说如果愿意的话，可以从中看出当时使用的术语。当涉及数学物理学，或者当人们想要从当时的文献中以历史角度定位时，这些概念和术语就显得特别重要。进入科学系的学生首先要做的是争取获得学士学位，为此他们必须“在至少两年内”学习以下科目：代数补数、几何学和直角及球面三角学、二维和三维解析几何学、地理学、实验物理学的扩展、普通化学、动物学、植物学和地质学概念中的矿物学（他们还必须证明他们具备线性绘图的知识）。作为学士学位毕业生，他们可以选择在精确科学、物理学和自然科学这3个组中继续深造。在精确科学方面，他们用两年时间学习微积分学和变差、力学、画法几何学和大地测量学。在物理学方面需要学习无重量流体论、无机化学和有机化学，当然还有实验室实践。为了获得这部分的博士学位，必须选修化学分析科目，其中也包括实验室实践。因此，显然物理科学部分还包括了我们今天所说的“化学”，而精确科学部分包含大量数学物理学性质的知识，比如力学和大地测量学等，更不用说每个部分的博士学位的科目要求了。

1866 年 10 月，在当时的发展大臣曼努埃尔·德奥罗维奥（Manuel de Orovio）的干预下，情况发生了变化。随着一项法令的颁布，理学系缩减为两个部分，即数学物理学和化学科学，以及自然科学，而“无重量流体论”和“数学物理学”等科目则取消了。

德奥罗维奥的法令旨在“赋予理学系以生命”，但却遭到工程师们的反对，尤其是土木工程师。他们认为未来的工程师必须在理学系学习一定年限并不是合适的做法。在 1866 年的《公共工程杂志》（一本为土木工程师表达和释放压力的杂志）中人们可以看到以下这样一段文字[16]：

> 我们在王室敕令中发现的主要错误是，试图将截然不同的教学内容统一起来。理学系如果要成为真正的理学系，成为知识的中心，成为科尔多瓦、塞维利亚和格拉纳达等地的阿拉伯学校的光荣的延续，就不能以任何方式与专科院校的头几年混为一谈，因为前者与后者之间存在着一道不大不小的鸿沟。要么是因为学科的性质不同，要么是因为必须学习的学科的程度和趋势可能存在共同之处。首先要么失去所有的科学价值，被拉低至基础数学的水平，要么是牺牲那些致力于土木工程、采矿等专业的年轻人，迫使他们学习科学的抽象概念和高级理论，而这些概念和理论从实践的角度来说，对他们所向往的专业都是毫无用处的。

事实上，《公共工程杂志》社论文章的匿名作者正是何塞·埃切加赖本人，他认为理学系的问题可能会更大：

> 理学系的教学大纲对于国外了解我们并没有多大的帮助，只要看看构成四年教学的课程就足以让人相信，人们如此渴望的理学系，那个将把我们提升到科学巅峰的理学系，以及如我们所希望的那样从教授职位上涌现出一流的数学家和物理学家的理学系，只不过是在替国家培养进入矿业、

林业、工业工程、建筑和土木工程专科学校的人。所以从现在开始，理学系要教授过去由私人教师教授的课程和少量其他课程了。

我无意探讨理学系和专科学校之间的关系，但也许值得记住的是，这个问题并非随着德奥罗维奥提出的观点而出现的。1858 年在拉斐尔·德布斯托斯（Rafael de Bustos）担任大臣时批准的法令就已经要求，为了进入工程专业的专科学校，学生必须事先完成一定年限和在理学系学习一定数量的课程才行，土木工程、工业工程和采矿工程专业需要学习 3 年。有些情况（比如土木工程专业）需要学习的年限比获得学士学位更长。相反我想要谈的是上述文章中的某些段落，埃切加赖在其中特别提到了数学物理学科的消失：

在数学物理课程的新教学计划中发生了什么？在法国，杰出的拉梅（Lamé）先生曾经教授过这门课程，而且我们相信他现在仍然在教这门极其重要的，甚至是绝对必要的课程……西班牙设立了同名称的学科，但在新教学计划中它被完全废除，唯一的理由是它在教学任务中非必要。毫无疑问，在撤销这门课程的时候，改革的设计者们没有充分考虑到这门学科本身的重要性，也没有考虑到这种决定必然会产生的糟糕影响，甚至没有考虑到可能会给我国的科学尊严带来的不利解读。

我们深深地相信，数学物理是西班牙一流大学的绝对必要课程设置。事实上，在欧洲任何一个名副其实的理学院系是设置这门课程的。36 年前，柯西曾在小小的撒丁王国教授过这门课程，目前在罗马、法国、意大利、英国、德国、比利时和英国都在教授这门课程。

埃切加赖对撤销数学物理学科的批评在 1870 年才开始产生效果。当时他本人担任发展大臣，公共教育局仍隶属于发展部。在理学系的建议下，数学物理学教席被推出来进行竞争上岗，埃切加赖被任命为评审委员会成员（后来又被任命为主席）。当时只有一位老师参与竞争，那就是弗朗西斯科·德保拉·罗哈斯（Francisco de

Paula Rojas）。考核结束后，1871 年 7 月 1 日进行了投票，正是埃切加赖以赞成票打破了平局，将这个教席交给了罗哈斯。

埃切加赖：数学物理学教授

1905 年，当罗哈斯提出退休申请时，政府将这个教席交给了埃切加赖，其报酬与其他课程教授的工资相当。应该注意到的是，就在前一年埃切加赖获得了诺贝尔奖，从那一刻起，他就一直在不停地接受来自官方的各种荣誉。

贝拉（1916：481）曾回忆称，"1905 年 5 月我曾有幸陪同罗哈斯先生拜访过埃切加赖先生，与他商定明年开始的活动。我们在埃斯帕尼奥尔剧院的小厅里见面，何塞阁下告诉我们，他准备明年秋天开始教授这门课程，但不插手考试、评分和其他一切行政活动。他的计划是每周讲解一个主题，并且立即发表课程内容，分发给在所有来听这门课的学生人员"。当时是马德里天文台天文学家的贝拉（1908 年他获得了理学系天体物理学的教席）负责撰写和阐述正式的教学大纲，并负责一切有关论文学术价值事宜的决策。这样的安排一直维持到埃切加赖去世，唯一的变化是佩德罗·卡拉斯科取代了贝拉，1918 年卡拉斯科通过竞争考试获得了曾由罗哈斯和埃切加赖担任过的职位。因此，从 1905 年到西班牙内战爆发前，该课程的正式教学大纲一直掌握在两位天文学家手中。

当埃切加赖开始他的"数学物理学讲座"课程时，他已经 73 岁了。尽管年事已高，但他仍然精力充沛，最终一共讲授了 10 次，相应的讲义总共 4412 页（Echegaray，1909—1916）。在对这项工作进行简要的分析之前，我们有必要做一些澄清。首先应该指出的是，正如该课程的名称"数学物理学"一样，按照当前的标准，它也可以被称为"理论物理学"。另一方面，该课程真正面向的是物理学家或有物理学研究倾向的数学家，他们渴望从理论上理解自然界的运行，再考虑到 20 世纪上半叶西班牙在理论物理学方面所做的研究极其有限，因此应该得出的结论是，埃切加赖的努力并没有改变这一学科在西班牙的处境。埃切加赖所做的努力是对整个西班牙科学史上在这一物理学分支的教学领域做出过的最重要的贡献，同时也是 19 世纪物理学领域的一座丰碑。埃切加赖试图把 19 世纪末以来观察到的大量新现象稳妥地安放在他的数学物理学架构和原理中。物理学这一分支中的主要代表人物之一是威廉·汤姆森（William Thomson，即开尔文勋爵），但正如我们所知，这门学科很快就不可避免地败给了新的物理学门类，即相对论和量子力学。

从这个角度说，分析埃切加赖的课程与其说是对西班牙科学的集体历史做贡献，不如说是尝试理解当年科学家们的想法、他们遇到的挫折和他们抱有的希望。他们在所有国家都见证了科学世界的坍塌，但却在许多情况下都保持着一种无可置疑的清醒。虽然埃切加赖从未对这一学科的发展做出过原创性的贡献，但这一事实并没有动摇他对那场危机深入研究的意愿，因为他对 19 世纪的物理学和数学的内容、存在的问题和追求都有相当多的了解。此外，他还掌握新物理学的最新进展的大量信息。

如果我们直接研究埃切加赖的课程，就会发现他的目标是（数学物理学讲座，1910—1911 学年）（Echegaray，1909—1916）：

> 出版一本《数学物理学百科全书》，其中（应包括）：①古典数学物理学的主要理论，柯西、泊松、傅立叶、拉梅（Lamé）、安培、亥姆霍兹、高斯、韦伯（Weber）、弗雷内尔（Fresnel）以及所有在 19 世纪中前期致力于创建数学物理学的大师们的理论；②这门学科中主要的现代和最现代的理论，这就是我在我所教授的这门课上必须投入精力的部分。
>
> 我再说一遍，这门学科中现代的和最为现代的理论包括麦克斯韦、赫兹（Hertz）、庞加莱（Poincaré）、迪昂（Duhem）、洛伦茨、拉莫尔（Larmor）、希维赛德（Heaviside）、开尔文勋爵、约瑟夫·约翰·汤姆森（Joseph John Thomson）、卡诺（Carnot）、吉布斯（Gibbs）等提出的理论，这个名单可以无限延长。

在无趣的第一堂课程之后（数学物理学导论）——这堂课显示了这位新任教授

对“力学假设”的重视——埃切加赖将接下来的三堂课用来讲授“弹性理论”，分别是柯西、拉梅和庞加莱提出的公式。1909—1910 学年的重点是讲解格林公式和斯托克斯公式及其在物理学不同分支中的应用，特别是在静电学方面的应用。

1910—1911 学年是最充实的一年，因为埃切加赖涉足“漩涡理论”，或者如他自己所言“流体动力学和漩涡理论”。经典科学已经深入埃切加赖的骨髓，对于这样一位科学家，漩涡（也称“涡流”）理论这一课题非常重要，这一点只要回顾一下黑尔姆霍尔茨和开尔文勋爵在 19 世纪后期得出的数学结果和提出的物理学思想就可以有所理解。这是一个试图在以太涡流的基础上解释物质及其运动的问题，埃切加赖（1911）很乐观地看待这个问题:“相关理论，即漩涡理论以及流体动力学的其他问题为现代人关于通过否认远距离作用来解释万有引力的方式提供了解决方案，而且必须承认的是，所有这些都是数学物理学本身的问题。”1913—1914 学年，埃切加赖将重新回到“漩涡理论”的研究上。

1911—1912 学年的课程涉及“多种理论”。事实上，埃切加赖讲解的主要课题是离散加权质量和连续加权质量的牛顿位势论。当然他的大部分课程围绕数学物理学的经典理论展开，如拉普拉斯方程以及部分的泊松方程，尤其关注的是狄利克雷问题。

在 1912—1913 的第 8 学年，他专门探讨了“力学方程式”。总的来说，这个学年对分析力学的阐述相当完整。埃切加赖当年的最后一次讲座特别有趣，因为在其中我们看到了这位高龄教授（当时他已经 80 岁）是如何隐约看到未来物理学的一些发展方向，同时在一些问题上展示了他所掌握的最新信息。他在物理学的最新发展中为理性力学寻求支持，他指出（数学物理学讲座，1912—1913 学年）:

不久前在布鲁塞尔举行的物理学会议或理事会（如其所称）上那些最引人注目的、最令人好奇的和最值得研究的东西恰恰是最现代的各项研究课题[17]。

在那里详细讨论了气体和一般辐射的理论……

在这些讨论中，有非常大胆和新颖的有关“量子”的探讨和假设，也就是一般性原子论，不再是可称量原子，也不是带电原子，而是有能量的原子，甚至庞加莱先生带着讽刺的腔调补充说，是时间的原子，与此同时也讨论哈密顿正则方程。

因此，这些理论不再是带着荣光的老生常谈，而会是必将在现代主义的重大问题中占有一席之地的老生常谈。

表面上看，埃切加赖在那一年还分析了量子理论，但他在将授课讲义交付印刷时取消了这部分内容。“我压缩了内容，首先是为了不破坏或打乱课程的统一性，此外是因为我所探讨的所有现代物理学问题，如果可能的话，我将在其他课程中以更大的篇幅来讨论”。其实这是不可能的，因为我们能看到的只有几句话，在这几句话中他用总结的方式，清楚地表明了他所处的动荡和深邃领域，展现了一个受过经典科学教育的人为拯救他的世界所付出的令人感动的努力：

尽管我提到的这部分内容在印刷版的讲义中被恰当地删除了，但在口头讲解中，我相信它并没有与其他的讲解形成对立的二元论，至少我试图让它们之间相互协调。

出于逻辑的要求，这是为了让所有经典数学物理学与最现代的物理学面对面，我认为简单地称之为“现代”显然是不够的。

这是在肯定与否定之间进行的对比，是古代信仰与现代的无信仰之间的对比，也是不连续的原则与现在著名的普朗克先生提出的假设之间进行对比。

针对微分方程，现代学派带着明显的敌意崛起，尽管是无意的，但这一学派的崛起是对抗两个世纪以来的光荣胜利。

由于微分方程在物理科学中的合法性和有效性受到质疑，突然放弃它们是既不大度也不谨慎的做法。

我既不否认新学派的相对合法性，也不否认新学派一些论断的逻辑严谨性，其实这些论断自身更像是否定而不是肯定。

我不质疑新方向的丰富性，但我否认的是，为了遵循这个方向，放弃 18 世纪和 19 世纪的荣耀是否是必要的。

埃切加赖还会教授另外两门课程（涡流理论第二部分和气体动力学理论），但或许在他写下上面这些话的同时完成这些课程会更加合适，这些话代表了他整个人生和他那一代人中相当一部分人身上的共同特点。

埃切加赖和西班牙数学物理学的制度化

尽管他做了很多奉献，也不论他的著作所树立的是什么样的榜样，埃切加赖毕竟对西班牙科学的制度化有所帮助。他以更加积极的方式做到了这一点，把他的声望和名字奉献给了他认为值得的事业。他的这种想法没有错，以下两个例子证明了这一点。

首先是他在 1903 年西班牙物理学和化学学会成立时当选为学会主席，之后不久学会更名为皇家学会。该学会在西班牙物理学和化学发展的制度化方面做出了贡献，特别是因为它出版了自己的杂志《西班牙物理学和化学学会年鉴》，该杂志的第一期于 1903 年 3 月出版，也就是学会成立后不久。这一期杂志报道了 3 月 23 日由埃切加赖主持的一次会议。4 月该学会举行的会议由胡安·法赫斯（Juan Fages）主持，可能是埃切加赖已经认识到他已经完成了帮助新机构启动的职责，事实上，1904 年学会主席的职位由加夫列尔·德拉普埃尔塔（Gabriel de la Puerta）接手（请注意这个职位每年都会更换人选）。

埃切加赖以他自己的方式与西班牙物理学界的研究和动向保持着距离，但他仍然关注正在发生的事情。这方面的一个例子是，除了他开创的数学物理学课程外，他在 1910 年 4 月 17 日发表的演讲也是为了回答布拉斯·卡夫雷拉在加入皇家精确、物理和自然科学院时在演讲中提出的问题。卡夫雷拉的演讲题目是《以太及其与静止物质的关系》。这篇演讲被公布出来的内容长达 70 页，涉及很多技术细节。埃切加赖在 29 页的演讲中也丝毫没有妥协，他恰当地评论了卡夫雷拉所解释的事情。当时，卡夫雷拉已经走上了成为 20 世纪前期西班牙最优秀的物理学家的道路，与此同时他还是西班牙最好的研究实验室，即西班牙扩展科学教育与研究委员会物理研究实验室的主任（他在进入皇家学院时已经是该实验室主任）。在回答卡夫雷拉的问题时，埃切加赖对他看到的西班牙科学的进步做出了准确的评价。他回顾了自己在 1866 年进入科学院时的讲话，以及他如何批评西班牙科学的处境，以及当时他的那些话中所传达出的不可否认的悲观情绪，并补充说（Echegaray，1910：74）：

> 无论如何，那次演讲（1866 年）中的悲观是伴随着对我们西班牙在所有精确科学和纯粹数学领域取得进步的热切渴望的，注入了真理的崇高精神。同时我鼓励人们抱有热切的希望，相信未来不会对高贵的西班牙种族太坏。
>
> 好吧，我唤起这段记忆是因为我的期望没有白费，那以后的这些年来这个期待已经正在变成现实，而且很大一部分已经是现实。

最后，他用极具个人风格的欢快的话语作为结束：“愿快乐工作和工作快乐的时代早日到来！”

至于数学研究的制度化，埃切加赖将扮演类似他在物理学中扮演的角色。1911 年，西班牙数学学会成立[18]。我们让胡利奥·雷伊·帕斯托尔（1953：18）来解释这一点：

> 有能力的人太少了，而要做的工作却很多。每个人都必须在五花八门的任务中加倍努力，同一位工程师既要懂得如何将最纯粹的数学提升到最高水平的抽象猜测，又要知道用最强烈的情感煽动大众的浪漫情绪，在议会中用热烈的政治热情发表有效的演讲……也得知道如何沉浸到管理的各种细节中……
>
> 1911 年的一个晚上，这篇文章的作者——当时还是乳臭未干的男孩——不得不从（烟草公司）总裁的豪华办公室里把他请出来，为的是去

> 大学旧址创建西班牙数学学会。他比任何人都年长，但也比任何人都更有热情，他用那样娴熟的本领主持了一次令人难忘的会议，在一个小时内批准了章程，任命了董事会，并在激情洋溢的演讲中鼓励年轻人学习纯粹数学。他说："这是我的生活所需要的众多挚爱中的一个，是让我放弃一些事情的最大力量。"一旦播下了种子，我们就把这位值得称颂的八旬老人带回到他的办公室，让他继续完成那一天的工作。

埃切加赖一直担任数学学会主席，直到他去世。之后索埃尔 · 加西亚 · 德加尔德亚诺适时地接替了他的职位，并一直担任这个职务直到 1920 年，接着由另一位西班牙科技领域的伟大人物莱昂纳多 · 托雷斯 · 克韦多接任。

1912 年，埃切加赖前往英国，参加 8 月 22—28 日在剑桥举行的有 574 名[19]与会者出席的第五届国际数学家大会。埃切加赖是由 25 名数学家组成的西班牙大型代表团中的一员，是继英国（221 人）、美国（60 人）、德国（53 人）、法国（39 人）、意大利（35 人）和俄罗斯（30 人）之后的第七大代表团。参加会议的西班牙人的数量与西班牙数学领域的实力并不相符，但确实显示了西班牙数学界的活力，更具体地说就是新成立的西班牙数学学会的活力。在 1908 年罗马举行的上一届数学家大会上只有 3 名来自萨拉戈萨大学理学系的教授——索埃尔 · 加西亚 · 德加尔德亚诺、何塞 · 阿尔瓦雷斯 · 乌德和安东尼奥 · 里乌斯 · 卡萨斯（Antonio Rius Casas）——以及埃斯特万 · 特拉达斯（当时是巴塞罗那大学的年轻教授）和豪尔赫 · 托尔内 · 德拉富恩特斯（Jorge Torner de la Fuentes，埃尔埃斯科里亚尔林业学院的教授），一共 5 人参加。在 1912 年奥克塔维奥 · 德罗莱托发表在《西班牙数学学会杂志》上的一份报告中，他强调了这种前后差异[20]：

> 如果我们的读者还记得前四届大会来自西班牙的报到和出席者人数，并将其与第五届大会的人数加以比较，他们将会注意到西班牙数学学会的存在把我们所有从事科学研究的人聚集在一起并进行交流的同时，还使得行动和整体上的团结一致成为可能，而这是以前无法做到的。

在参加剑桥大会的西班牙人当中，在西班牙数学领域留下印记的几位最杰出数学家是：何塞·阿尔瓦雷斯·乌德（萨拉戈萨）、J. M. 卡斯特利亚尔瑙（马德里）、拉乌尔·克拉里亚纳－里卡特（Laur Clariana i Riart，巴塞罗那）、索埃尔·加西亚·德加尔德亚诺（萨拉戈萨）、帕特里西奥·佩尼亚尔韦尔（Patricio Peñalver，塞维利亚）、何塞·奥古斯丁·佩雷斯·德尔普尔加（José Agustín Pérez del Pulgar，I. C. A. A. I. 马德里）、何塞·安东尼奥·桑切斯·佩雷斯（马德里）、埃斯特万·特拉达斯（巴塞罗那）、路易斯·奥克塔维奥·德托莱多（Luis Octavio de Toledo，马德里）、爱德华多·托罗哈（马德里）和米格尔·维加斯（Miguel Vegas，马德里）[21]。在所有出席剑桥大会的西班牙人中，特拉达斯（1913 年）是唯一提交论文的人，他的论文题目是《关于线的运动》。他也是在国际数学家大会历史上第二位宣读论文的西班牙人，第一位是加西亚·德加尔德亚诺，但他在苏黎世、巴黎和罗马大会上的论文都是关于教学和方法论的问题。埃切加赖也出席了剑桥大会，但只是作为一名普通参加者，虽然他确实参与了西班牙代表团错综复杂并时有矛盾的组织筹备工作。他的重要性长期以来根植于这样一个事实，那就是他是西班牙科学和技术领域体制内的一位伟大人物，他因此而受到西班牙社会的认可。

第 10 章

拉蒙 - 卡哈尔，他的老师和弟子

旁若无人，神情优雅，讲究实际，经常纠缠在迷宫里，纠缠嵌在显微镜下方、无比美妙的生命迷宫里。在我们这个圈子之中，如此坚强、细心、敏感、变化快、善于思考的头脑真是没见过。那双眼睛从来不会目不转睛地看人；那眼神总是没有固定目标，总是萎靡不振，飘忽不定，似乎在寻找秘密状态中的自我，为的是终究要面对自己。

胡安 · 拉蒙 · 希门尼斯

《圣地亚哥 · 拉蒙 - 卡哈尔》

迄今为止，在西班牙科学史中，还没有一位科学家的作品在内容和国际影响方面可以与圣地亚哥 · 拉蒙 - 卡哈尔（1852—1934）的作品相提并论。他的科学贡献是巨大和经久不衰的（仍然在神经学文献中被广泛引用）。他的贡献还在另一个维度上影响了西班牙：为科学应当做什么做出了示范。我们也不要忘记，卡哈尔是一位伟大的爱国者，所以他没有忽视这种示范作用的重要性。[1] 因此，相较于其他科学家，我有理由更多地关注卡哈尔。[2] 但在那之前，由于卡哈尔并不是荒漠中的一枝花，所以有必要简要地评述一下 19 世纪西班牙的医学状况。

拉蒙－卡哈尔之前的西班牙科学医学

1808—1833 年，即独立战争和费尔南多七世统治期间，西班牙科学活动彻底崩溃，与几乎所有其他科学一样，与医学有关的工作被大幅削减，并且也仅仅是对欧洲新潮流的生搬硬套。如果说生物学研究的基础是显微镜的应用，也就是卡哈尔使用的显微绘图技术，那么正如该领域杰出学者何塞·玛丽亚·洛佩斯·皮涅罗（José María López Piñero，2006）所说的那样，我们会发现在很长一段时间内，关于这一主题的现有信息基本上仅限于对一系列法国书籍的翻译、摘录和“改编”，以及基于这些翻译、摘录和“改编”写成的三份简编。翻译的作品包括安托万·L. J. 贝莱（Antoine L. J. Bayle，1828）和亨利·奥兰（Henri Holland，1838）、皮埃尔－奥古斯丁·贝克拉尔（Pierre-Augustin Béclard，1832）、雅克·吉耶·迈松纳夫（Jacques Gilles Maisonneuve，1837，1838）和路易·弗朗索瓦·马尔谢索（Louis François Marchessaux，1845）。这些简编是由阿加皮托·苏里亚加（Agapito Zuriaga，1838）、洛伦索·博斯卡萨（Lorenzo Boscasa，1844）和马里亚诺·洛佩斯·马特奥斯（Mariano López Mateos，1853）出版的，出于各种原因，他们之中没有一个是从事解剖学的，更不用说使用显微镜了。一个重要的转折点是雅各布·亨勒（Jakob Henle）的《普通解剖学》（*Allgemeine Anatomie*）被翻译成西班牙语（1843），这是对基于细胞理论的新组织学的首次系统阐释（我将在后面讨论）。

1868 年 10 月，发展大臣曼努埃尔·鲁伊斯·索里利亚（Manuel Ruiz Zorrilla）签署法令，其中肯定了教育自由的原则，其成果之一是建立了许多“自由医学院”。其中很多学校水平不高，经济拮据，就像卡哈尔曾经在萨拉戈萨就读的那所学校一样。也有一些学校成了先锋机构，主要致力于在实践中研究新“实验室医学”的基础学科，即克洛德·贝尔纳（Claude Bernard）在他 1865 年伟大著作《实验医学研究导论》（*Introduction à l'étude de la médicine expérimentale*）中倡导的“科学医学”。[3] 普通和病理组织学是从这一进展中获益的医学学科之一。马德里慈善机构专业团队的医生组建了一所医学和外科学理论－实践学院，这所学校以将新实验主义病理生理学引入西班牙的埃塞基耶尔·马丁·德佩德罗（Ezequiel Martín de Pedro），皮肤科医生何塞·欧亨尼奥·德奥拉维德（José Eugenio de Olavide），精神科医生何塞·玛丽亚·埃斯克多（José María Esquerdo）和儿科医生马里亚诺·贝纳文特（Mariano Benavente）的教学而著称。应外科医生费德里科·鲁维奥（Federico Rubio）的要求，在塞维利亚成立的自由医学院中，设立了西班牙第一个组织学教授职位。拉斐尔·阿里萨（Rafael Ariza）在柏林与病理学家和伟大的细胞理论捍卫者鲁道夫·菲尔绍（Rudolf Virchow）一起受训后，回国担任了该教授一职。还建立了显微绘图、化学和生理学实验室，其中生理学实验室是以莱比锡的卡尔·路德维希（Karl Ludwig）实验室为模型建立的。外科医生佩德罗·冈萨雷斯·德贝拉斯科（Pedro González de Velasco）创建的医学和外科自由实践学院也具有相同的实验主义倾向。贝拉斯科在参观完欧洲重要的人类学博物馆后，回到马德里，凭借其在声望卓著的职业生涯中积累的财富创建了西班牙人类学博物馆，上述医学院也设立在该博物馆内。组织学研究者费德里科·鲁维奥、拉斐尔·阿里萨、欧亨尼奥·古铁雷斯·冈萨雷斯、路易斯·西马罗和莱奥波尔多·洛佩斯·加西亚，以及其他重要科学家，如临床和卫生学家卡洛斯·玛丽亚·科尔特索（Carlos María Cortezo）、古生物学家胡安·比拉诺瓦－彼拉（Juan Vilanova y Piera）以及动物学家华金·冈萨雷斯·伊达尔戈（Joaquín González Hidalgo）都曾在这所学院任教。卡哈尔与该学院有直接关系，因为他的生物研究实验室在一段时期内借用了该博物馆的场地。

在革命年代，除了这些自由医学院，还成立了其他致力于研究应用于该学科的实验方法的机构。1868 年，解剖学教授拉斐尔·马丁内斯·莫利纳（Rafael Martínez Molina）在马德里组建了生物学研究所。10 年之后，他将是第一个支持卡哈尔学术生涯的人，别忘了在 19 世纪 70 年代初，他还推动了组织学教授职位的设立，由奥雷利亚诺·马埃斯特雷·德圣胡安担任，马埃斯特雷后来也是卡哈尔的老师。虽然一开始的目的是为了补充有限的官方医学教育，但因为研究所拥有优秀的显微绘图和生理化学实验室，后来实际上成了实验生物医学学科研究者的活动中心。在巴塞罗那，未来的伟大外科医生萨尔瓦多·卡德纳尔·费尔南德斯（Salvador Cardenal Fernández）带领几名医学生共同创立了“实验室”（1872），这是加泰罗尼亚医学科学院的起点。而卡哈尔正是在加泰罗尼亚医学科学院首次系统地阐述了他关于神经中枢组织学的新理论（1892）。

奥雷利亚诺·马埃斯特雷·德圣胡安（1828—1890）的案例很适合作为对19世纪西班牙最为科学的医学情况简介的收尾。他曾在格拉纳达和马德里的医学院学习医学，早期在马科斯·比尼亚尔斯－鲁维奥（Marcos Viñals y Rubio）的指导下专攻形态学知识，特别以对颞骨岩部的研究而著称。毕业后他开始行医，特别是担任外科医生，直到1860年他通过竞聘获得格拉纳达医学院解剖学教授职位，从那时起开始致力于组织学研究。他意识到自身学识的局限性，于是1863—1867年他前往法国、德国、比利时和荷兰的许多实验室进修。他获得的声望对于在1873年争取马德里大学设立的第一个西班牙官方组织学教授职位具有决定性意义，马埃斯特雷·德圣胡安通过竞聘获得了该职位。任教期间，他开展了大量教学工作，不仅进行理论教学，最重要的是开展了大量实践教学。在他的实验室里，许多来自各个专业的医生开始使用显微绘图技术；他们之中有解剖学家佩雷格林·卡萨诺瓦（Peregrín Casanova）和组织学家莱奥波尔多·洛佩斯·加西亚（Leopoldo López García）、曼努埃尔·塔皮亚·塞拉诺（Manuel Tapia Serrano），以及卡哈尔。他还是西班牙组织学学会（1874）的创始人，该学会成功地整合了该学科绝大多数研究者的努力，组织了理论与实践相结合的课程，全国各地的医生和博物学家都来参加这些课程。1874年5月27日，在他的主持下，学会举办了几次“炎症问题讲习班”，这也是由马埃斯特雷·德圣胡安指导，卡哈尔于3年之后提交的博士论文主题。

总之，我们认为，在1868年民主革命推行教学自由的背景下，19世纪70年代建立的机构，根据新理论和技术手段，从完全生搬硬套转变为恢复显微绘图，并且这一趋势在随后的20年里得到了加强，在这期间，西班牙发表了数百篇组织学论文，这是西班牙科学中一项非同凡响的成就。

圣地亚哥·拉蒙－卡哈尔：出身和求学经历

圣地亚哥·拉蒙－卡哈尔1852年5月出生在一个小镇，实际上是一个村庄，

佩蒂利亚 – 德阿拉贡，属于纳瓦拉，但位于萨拉戈萨省。[4]他的父亲胡斯托·拉蒙·卡萨苏斯（Justo Ramón Casasús，1822—1903）在当地担任外科医生。尽管这看起来，而且也的确是一份非常普通的工作，但对胡斯托来说，这份工作代表他在职业生涯中又上了一个新台阶。为了职业发展，他投入了自己全部精力，并且对自己要求极为严格。他是一个贫苦农民家庭的第三个儿子，小时候当过牧羊人，十六七岁时离开父母家，在哈维尔雷拉特雷给一名外科医生打工。他从那时开始自学。1842 年，21 岁的他辞掉工作，（步行）前往萨拉戈萨，在阿拉巴尔区的一家理发店工作，半工半读，并最终取得了文学学士学位。凭着这样的学历，他申请了省立医院实习生的职位，并胜过另外 24 名申请人脱颖而出。拿着微薄的薪水（医院提供食宿，外加工资 3 杜罗），他开始在萨拉戈萨医院接受外科医生培训。但很快，1845 年国家禁止开展此类研究，给他带来了极大的不便，新的教学方案将萨拉戈萨的大学缩减到只剩文学、法学和神学系。[5]然而，胡斯托·拉蒙并没有放弃努力，他搬到了巴塞罗那，在萨里亚的一家理发店找到了工作。过了一段时间，为了赚取一些外快，他在港口摆摊理发，只在周日和节假日工作，但他的雇主发现后将他解雇了。胡斯托不得不在港口区附近的一个简陋小屋里开了自己的理发店来维持生计。

最终，1848 年 1 月，胡斯托·拉蒙获得了二等外科医生的称号，并且已经与安东尼娅·卡哈尔结婚，最初在佩蒂利亚 – 德阿拉贡担任二等外科医生，他的儿子圣地亚哥后来在该镇出生。拉蒙 – 卡哈尔一家在那里待到 1853 年 10 月，他的父亲得到了一个更好的职位，在他的家乡拉莱斯（韦斯卡）担任正式外科医生，但这也只是一个短暂的过渡。他在 1856 年提出申请，并且在萨拉戈萨的卢纳获得了正式外科医生的职位，并一直任职至 1860 年。圣地亚哥父亲缓慢而艰难的职业生涯下一站是阿耶韦，这是韦斯卡省的一个重要城镇。他在那里住了 10 年：1870 年，他选择在萨拉戈萨省慈善机构担任医生，不久后被任命为医学院解剖学临时教授，正是在担任该职位期间，他指导他的儿子圣地亚哥学习人体解剖。

圣地亚哥·拉蒙 – 卡哈尔在孩提和少年时代很难与人相处，非常叛逆和爱冒险，而他父亲是一个固执而严苛的人，二人的性格有着巨大的反差，经常发生冲突。问题严重到胡斯托不得不让他到理发店当学徒（1865）。在哈卡和韦斯卡完成高中学业后，圣地亚哥就读于萨拉戈萨自由医学院。在他的自传《我的人生回忆》（*Recuerdos de mi vida*）中，提到他在那里接受的教育，他写道（Ramón y Cajal，1923：110）：

> 当时，医学院盛行的是受希波克拉底主义启发的巴尔泰（Barthez）的活力论，桑特罗（Santero）先生当时是马德里的医学临床教授，也是活力论[①]的坚定支持者。当时那个我们可以称之为“前细菌时代”的教授们会对化学、组织学和后来的细菌学的唯物主义或有机主义倾向作出激烈的反应是自然的。赫纳罗·卡萨斯（Genaro Casas，他在萨拉戈萨读书时的一位教授）是一位坚定的活力论者，他总是知道如何为这些科学的积极成果正名，他用数据非常巧妙地解释了他的有机唯心主义。我还记得他对菲尔绍《细胞病理学》（*Patología celular*）一书所作的精彩阐述，这本书是当时出版的一部极具革命性的著作。当然，赫纳罗接受了事实，但抨击了结果。

正如我们所看到的，菲尔绍 1858 年出版的关于细胞病理学的书在他求学过程中至关重要。在菲尔绍之前，没有人以各种事实为依据如此有力地捍卫过细胞单元在生命中的核心作用。“就像一棵树，它构成了一个以特定方式排列的总和”，我们可以在这部堪称典范的作品中读到，“在它所有组成部分，无论是在叶子和根中，还是树干和枝丫中，都能发现细胞是终极要素，所有动物生命形式中也都是如此。每种动物都表现为生命单元的总和，每一个单元都表现出生命的特征。”我已经提到过，西班牙文译本于 1868 年出版，第二版 1878 年出版，因此卡哈尔可以无障碍阅读。这就是他在回忆录中所提到的（Ramón y Cajal，1923：110）：“我读过上述菲尔绍的《细胞病理学》和其他一些时兴的病理解剖学书籍，在经过客观、不充分的分析后，主张细胞呈现为一个活的、自主的存在，是病理过程中的唯一主角。”

拉蒙－卡哈尔 1873 年获得硕士学位。不久之后，同年 9 月，他通过了军医考试，在军队中待了 8 个月，在加泰罗尼亚与卡洛斯派作战。之后，他随军前往古巴，直

---

① 活力论，又译“生机论”。有关生命现象的一种唯心主义学说，认为一切有生命的物体的活动，都是其内部具有非物质所支配的。——译者注

到 1875 年，因身患疟疾而归。这无疑是卡哈尔生活中的一个重要节点，他曾多次提到。对美国的战争结束，西班牙失去了最后的海外殖民地古巴后不久，1898 年 9 月 10 日，他在写给斯德哥尔摩皇家卡罗琳医学外科学院解剖学教授古斯塔夫·雷丘斯（Gustav Retzius）的一封信中说：[6]

在 1874 年的古巴战争（一场持续 10 年的战争）期间，我是一名军医，和其他人一样，都患上了严重的疟疾。可以说，尽管已经过去了很多年，但我还没有完全恢复健康。当我看到我们国家，为维持一个我们种族无法居住，主要是黑人居住的殖民地而付出愚蠢的努力，您能想象我的心情吗？这里也是美国梦寐以求的殖民地，我们无法与之抗争；因其海军的巨大优势，将我们的军队困在岛上，无法获得援助，最终因饥饿不得不投降，因为古巴只生产奢侈品（咖啡、烟草、可可和糖），没有一样是欧洲人日常的食品。

有老师的天才

回到西班牙后，卡哈尔的健康状况一点一点好转直至痊愈。父亲希望他在未来成为一名教授，受到鼓舞的他终于又重新开始阅读解剖学书籍，进行解剖实践。1875 年 11 月，他从古巴归国仅 5 个月后，他被任命为萨拉戈萨医学院的临时解剖学助理。第二年，他通过考试在圣母医院取得了“一等实习医生”职位。1877 年 4 月，当医学院改为国立大学时，他被任命为临时助理教授。如果他想像他父亲希望的那样成为一名教授，必须取得博士学位，并且只能在马德里中央大学获得，因此他必须学习三门学科：医学史、化学分析、普通和病理组织学，并发表论文。然而，与其他人不同的是，卡哈尔在父亲的要求下，没有前去马德里上课，而是注册成为一名自考生，并于 1877 年 6 月前往首都参加考试。在他的回忆录中，当谈到他博士期间的研究，特别是显微镜的使用时，他说（Ramón y Cajal，1923：156-157）：

鉴于演示的简便性，我们的教授们几乎完全没有好奇心，这让我感到非常惊讶，他们有时间反复与我们唠叨健康和患病的细胞，却丝毫没有花精力去了解那些生命与痛苦中重要且神秘的主角。好家伙！……当时很多老师，大部分的老师，都鄙视显微镜，甚至认为它对生物学的进步有害！……在守旧的老师们看来，对细胞和肉眼不可见的寄生虫的奇妙描述纯粹是异想天开。我记得当时马德里的某一位教授，他从来不想俯身去看放大镜的目镜，他把显微解剖称为“无用的解剖”。这句话恰好是当时那一代教授们精神状态的真实写照。

幸运的是，西班牙还有另一面，极力向其他科学世界敞开大门，比如之前已经提到的奥雷利亚诺·马埃斯特雷·德圣胡安，他是卡哈尔之前一代西班牙大学组织学的领头人，是卡哈尔微观研究的启蒙老师。[7]卡哈尔在《回忆录》(Ramón y Cajal，1923：155）中写道，“我有幸亲眼看到马埃斯特雷·德圣胡安博士和他的助手［主要是洛佩斯·加西亚博士（López García）］向我展示一些美丽的显微切片样本。另一方面，我也渴望尽可能地学好普通解剖学，这是进行显微描述不可或缺的知识，我决定回到萨拉戈萨后建立一个显微实验室。有了奥雷利亚诺·马埃斯特雷先生无私的帮助，我终于通过了组织学考试；但我没有看到过样本制备过程，也无法进行最简单的显微分析。”

因此，卡哈尔是有老师的，尽管与马埃斯特雷·德圣胡安面对面学习的机会是有限的，因为他是作为一名自考生入学的（另一个之后会谈及的非常重要的自考生是路易斯·西马罗）。对这件事我们的思考如下。

在前几章中，我们一直会看到，无论是做得不好、中规中矩还是较好，西班牙并非与科学无关；怎么会形成一个有着这样历史的国家呢？但总的来说，西班牙的科学成就无法与其他国家相提并论。事实上，西班牙不能自夸拥有更多像圣地亚哥·拉蒙－卡哈尔这样的科学家。当某个特别的事物或人物出现时，就会有人试图将其解释为特例，只是因为其自身具有非凡能力，这种情况不足为奇。卡哈尔是一位天赋异禀的人，这一点毋庸置疑，但应该指出的是，他并非师出无门，他有老师。如果没有老师，他也不会成为他，更何况他的专业领域是医学。在物理、化学或数学学科中出现一个卡哈尔式的人物会困难得多。一个国家可能会（从 19 世纪和 20 世纪开始更是如此）没有物理学家、化学家或数学家，仅仅传播知识的人除外，但不能没有医生。事实上，在 4 所教授医学的大学，萨拉戈萨、巴伦西亚、巴塞罗那和马德里，卡哈尔都经历过，尽管它们之间存在差异和缺陷，但他在所有这些大学中都找到了志趣相投的伙伴并学到了有用的东西。并且在所有这些大学里，（在他成为民族英雄之前）尽管每次都面临巨大的困难，但他或多或少都能设法找到一种方法在自己学科中开展实践或研究，即组织学研究。例如，他在回忆录第二部分（Ramón y Cajal，1923：173）中所写的关于他在巴伦西亚医学院（他于 1884 年 1 月加入该学院担任普通和描述解剖学教授）认识的同僚："著名的教师，如坎帕（Campá）、希梅诺（Gimeno）、费雷尔 – 胡尔韦（Ferrer y Julve）、佩雷格林・卡萨诺瓦、戈麦斯・雷格（Gómez Reig）、奥茨（Orts）、马格拉内尔（Magraner）、马奇（Machi）、克鲁斯 – 卡塞利亚斯（Crous y Casellas）、莫利内尔（Moliner）等，在教学人员中出类拔萃。"当时没有，以前也没有任何西班牙大学可以在物理、化学或数学领域说类似的话。

尽管有这样的关系，卡哈尔依然面临两个巨大的困难：缺乏必要的仪器（显微镜）以及无法与外国科学家的直接接触。多年来，他不得不远程学习国际著名组织学家和神经科学家的著作。在经济困难、教学和家庭义务以及自己研究的多重压力下，他负担不起一些同胞所做的事情：出国，至少是亲自见见他钦佩的一些同行，当然也是为了获得他们拥有的设备和材料。在他 1885 年 1 月 1 日写给第一批弟子之一——耶稣会士安东尼奥・比森特・多尔斯（Antonio Vicent Dolz）的信中，能看出他多少有点羡慕和不快。因为比森特从 1884 年年底开始在鲁汶接受细胞学家让・巴蒂斯特・卡诺（Jean Baptiste Carnoy）的培训：[8]

亲爱的比森特：

收到您的来信甚感喜悦，尽管我确信您会写信给我。信中可以看出您在那些学者身边是多么的满足和高兴。

我也想效仿您，但条件不允许我这样做，不得不从远处时刻关注德国和比利时的科学发展。

在过去的 3 个月里，我几乎全身心地投入细胞核和原生质的研究中。我有幸验证了弗莱明和卡诺描述的几乎所有结构细节，以及我自己观察到的一些细节，如果可以我会把它们发表出来。

卡哈尔寄给比森特一些他的绘图和发现，其中提到：

我已经在结缔细胞、咽门上皮细胞、马尔比基氏小体等人体组织之中，验证了网状结构。因为这样那样的事情，相信您能理解我不方便中断我的工作。而第一紧急的事项是发表我已经验证过的内容，至少能够说明这种知识在西班牙并不是未知的，并将我工作 7 年以来，尽管很少但也是我尽可能收集的成果出版。另外，即使我想中断作品的出版也没有办法了，因为这项工作 2 个月前就开始了，出版社已经正式向我承诺要出版我的作品。

后来他补充说：

我不能再展开说这些事情了，因为这超出了一封友好信函的范围。希望通过我说的这些您能够明白，虽然您和杰出学者们一起工作，但我也做了我能做的。啊！谁能有弗莱明、斯特拉斯博格和卡诺的科学发现所仰仗的那些极好的物镜啊！谁能拥有 1/6 赛博特或 1/18 蔡司显微镜啊！不幸的是，学院没有这些设备，就算我坚持要求购买其中一个物镜，院长也不会同意，因为缺乏资金。更羡慕您那边拥有的丰富的技术手段，您可以用它做任何想做的事。我不得不使用韦里克 8 倍浸式物镜，这还是我自己的财产，学院提供的只有纳歇 5 倍或 6 倍物镜。

卡哈尔开始在马埃斯特雷·德圣胡安的指导下攻读组织学博士学位后，1877 年终于购买了他提到的韦里克显微镜。然而，同年，他获得了一台蔡司显微镜，这是萨拉戈萨省议会的礼物，以感谢他撰写的关于霍乱流行和豪梅·费兰（Jaume Ferrán，1852—1929）疫苗的报告。“当我收到那份意想不到的礼物时，”他在回忆录（Ramón y Cajal，1923：179）中写道，“我的满足和喜悦之情无以言表。在一台配备有如此出色的显微镜支架和包含了著名的 1.18 均质浸式物镜在内的大量物镜，代表了最前沿放大技术的显微镜旁边，我可怜的韦里克显微镜像一个松动的螺栓摇摇欲坠。我很欣慰地得知，这份厚礼，来自一家有远见卓识的阿拉贡的公司，这对我未来的科学工作是莫大的帮助，因为我有了外国最好的显微研究者使用的设备，使我能够毫无顾虑地以应有的效率解决细胞结构及其增殖机制的微妙问题。”

在给比森特的信中，他还提到了他所掌握的一些文献来源：“3 月和 4 月我焦急地盼望着全身心地投入细胞核分裂的研究中。为此，我手中已经有了弗莱明的著作《细胞质、细胞核与细胞分裂》（*Zellsubstanz Kern und Zelltheilung*，1882），施特拉斯布格尔的《细胞形成和细胞分裂》（*Zellbildung und Zelltheilung*）以及他的论文《显微观察记录。解剖学：关于细胞核分裂的过程以及细胞核分裂与细胞分裂的关系》（*Archiv für micros. Anatomie*：*Ueber den Theilunsvorgang der Zellkerne und das Verhältniss der Kerntheilung zur Zelltheilung*，1882）等。”[9]然后，立即询问道：

> 告诉我卡诺什么时候出版他作品的第二部分？因为我非常急切地盼望看到它。[10]到时请您代我向他表示衷心的祝贺，他的作品不仅展现了超越日耳曼人的耐心和才能，而且表明生物学研究不是只有在德国或在新教国家才能蓬勃发展。
>
> 此外，如果您发现英文、德文或法文发表了与这个方面相关的新内容（并且您与卡诺经常接触，想必一定会知道），拜托您将其与卡诺作品的最新部分一起立即发送给我，您知道我对这些研究有多么感兴趣。

卡哈尔急切地想知道他的外国同行在做什么，他不得不从远处关注国际科学界的进展。显然，研究外国文献是了解其他国家科学家正在做什么的最佳途径。在我刚刚引用的从巴伦西亚寄出的给比森特·多尔斯的信中，我们看到卡哈尔提到了他读的一些文献。他在回忆录中也提到了其他一些文献。他提到他抵达巴伦西亚首府之前，即在萨拉戈萨的时候，写道（Ramón y Cajal，1923：171-172）：

尽管我年少轻狂，但我很快就认识到了自己的一些缺陷：迫切需要扩展和更新我在物理学和其他自然科学方面的知识；克服理论上的诱惑和对自己假设的喜爱；扼制仓促解释事实、过早发表的自然倾向，不急于求成，严格讨论所有可能性；最重要的是，充分增加我的文献阅读量，以免把别人工作的成果当作自己的收获而痛苦失望。

西班牙大学以前，并且现在仍然缺乏外国期刊的收藏，为了解决我真正担心的最后一个缺陷，只能花钱了。我在订阅列表中增订了两个期刊：罗班（Robin）教授在巴黎出版的《生理解剖学杂志》（*Journal de l'Anatomie et de la Physiologie*），其中集结了法国显微科学的发展成就；以及《显微解剖和发展历史文献》（*Archiv für mikroskopische Anatomie und Entwikelunggesischte*），这是一份豪华的出版物，装饰着叹为观止的石版彩印画，由柏林著名的 W. 瓦尔代尔（W. Waldeyer）编纂，德国、俄罗斯和斯堪的纳维亚组织学家和胚胎学家最有价值的贡献在这里问世。

我也明白，除了外国教科书外，我还必须获得那些由著名学者或众多名誉研究人员撰写的，突出了最现代和最准确文献的代表性专著。这种对实验室研究来说十分宝贵的，集合了广泛论文的文献典范，就是施特里克（Stricker）教授的《组织教学手册》（*Handbuch der Lehre den Geweben*）；每一章都由一位著名的专家负责撰写。兰维尔的杰出作品也属于这一类内容广泛的专著：《神经系统课程》（两卷）（*Leçons sur le Système nerveux*）和《人体解剖课程》（*Leçons d'Anatomie genérale*）。以及有据可查的施瓦尔贝（Schwalbe）的论文，如关于神经系统的《神经病学教科书》（*Lehrbuch der Neurologie*）和关于感觉器官的《感觉器官的解剖》（*Anatomie der Sinnesorgane*）。

值得一提的是，卡哈尔努力使他的作品为外国同行所认知。例如，他把自己的研究成果和他自己 1888 年以来编辑的杂志分别寄送给外国著名的科学家。但这还不够，他还将他的一些展示了他对小脑、视网膜和脊髓结构的最重要发现翻译成法语。其中第一篇发表于 1886 年，第二篇发表于 1888 年，1889 年发表两篇，1890 年又发表了两篇，不是在威廉·克劳泽（Wilhelm Krause）主编的《国际解剖学和组织学月刊》（*Internationale Monatsschrift für Anatomie und Histologie*），就是德国解剖学会刊物《解剖学年鉴》（*Anatomischer Anzeiger*），该学会当时实际上充当了形态学研究人员的国际协会。

除了马埃斯特雷·德圣胡安，另一个对他科学生涯产生决定性影响的人是路易斯·西马罗，我们在讨论他与自由教育学院的关系时已经见过他。卡哈尔 1887 年访问了西马罗的实验室后，开始用意大利科学家卡米洛·高尔基（Camillo Golgi，1843—1926）的方法对神经系统结构进行初步的实验，并于 1906 年与他共同获得了诺贝尔奖。[11] 在这里我引用卡哈尔在自传中提到的关于西马罗的内容（Ramón y Cajal，1923：190）：

> 我要感谢巴伦西亚著名的精神病学家和神经病学家路易斯·西马罗，感谢他向我展示了第一批使用铬酸银染色法制备的显微样本，并提醒我注意意大利学者这部致力于研究灰质内部结构的极为重要的著作［卡米洛·高尔基，米兰，1885,《中枢神经系统器官精细解剖学》（*Sulla fina Anatomia degli organi centrali del sistema nervoso*）］。
>
> 1887 年，我被任命为描述解剖学教授席位竞聘评审。我希望利用我在马德里的逗留时间了解科学的新进展，并与马德里进行显微研究的人进行交流。在首都我参加了多次有建设性的参观访问活动，前往自然博物馆的那次，我遇到了非常谦逊的博物学家伊格纳西奥·玻利瓦尔先生；参观由尊敬的马埃斯特雷博士领导的圣卡洛斯组织学实验室，他的助手洛佩斯·加西亚博士向我展示了兰维尔的最新技术，洛佩斯是最用功、最受马埃斯特雷器重的徒弟；去了位于果戈拉街的某个非官方生物学研究所，有几位年轻医生在那里工作，其中包括费德里科·鲁维奥博士，尤其是路易

斯·西马罗先生，他最近从巴黎来到这里，致力于增进我们的研究兴趣；最后，访问了著名的巴伦西亚神经学家西马罗先生的私人实验室，他专攻精神疾病，从事神经系统变化分析（顺便说一句，他有非常丰富的神经学藏书），国外只要有新技术出现，他都会耐心细致地进行实验。

正是在西马罗博士的家中，我第一次有机会欣赏魏格特氏染色法的制备过程。而且正如我所指出的，那些精细的大脑组织切片，是巴黎学者使用银染法进行染色的。

高尔基设计的用于神经细胞染色的银染法主要包括用锇酸和重铬酸钾溶液使神经组织硬化。几天后，将组织转移到硝酸银溶液中，再放置一两天。最后，将组织切片在酒精中脱水，在丁香油中冲洗、清洗并封固。由于使用了硝酸银，这种技术被称为“银染”。神经细胞在显微镜下在淡黄琥珀色背景下呈黑色。

回到巴伦西亚后，拉蒙 - 卡哈尔（1923：191）决定“大规模使用高尔基银染法，并尽我所能耐心研究它”。由于所期待的结果具有一定“异想天开和随机”的性质，因此这是一项艰巨的任务。在这样的困难中，卡哈尔看到了他与西马罗的不同之处：

毫无疑问，正是由于铬酸盐 - 硝酸银浸泡的变化无常，将高尔基染色法和发现引入西班牙的西马罗才心生气馁，遗憾地放弃了他的实验。他在1889年给我写的信中告诉我：“我收到了您最近出版的关于脊髓结构的书，在我看来，这是一部了不起的著作。但高尔基染色法在您手中，尽管已经完善了不少，也不能令人信服，因为它不是一种证明性的方法，而是一种提示性的方法。”可惜，天资聪颖的西马罗，缺乏毅力这一谦逊者的美德。

由于卡哈尔的坚韧，西马罗的教导最终结出了硕果。他在自传中，非常清楚地说明了转折点是什么：从巴伦西亚搬到巴塞罗那后不久（1887），他担任了普通和病理组织学教授［为了发表他的研究结果，他决定自己掏钱出版上述《普通和病理组织学季刊》（*Revista trimestral de Histología normal y patológica*，1888—1889）］：[12]

> 时间终于来到了 1888 年，我的巅峰之年，我的收获之年。因为在这一年，黎明的曙光将我唤醒，我急切期盼和渴望的重要发现终于出现。如果没有它们，我会悲哀地在一所省立大学里虚度光阴，无法脱离科学秩序中多少有点像零工的工种。因为它们，我开始感受到名人的阿谀奉承，我卑微的姓氏，用德语发音（Cayal），跨越国界。我的想法总算在学者中传播，被热烈讨论。

1889 年 10 月，他参加了德国解剖学会大会，会上提出了他的方案和制备方法，赢得了那个时代最著名的组织学家阿尔伯特·冯·克利克（Albert von Kölliker）的认可。这一环节非常重要，值得更多关注。拉蒙－卡哈尔（1923：219）在他的回忆录中说，“在柏林大会上，我还有幸见到了杰出的古斯塔夫·雷丘斯，他是斯德哥尔摩的解剖学教授，他是我认识的最敏锐、最勤奋和最尽责的研究人员之一；遇到了伟大的莱比锡胚胎学家 W. 希斯（W. His）；瓦尔代尔，受人尊敬的德国解剖学和组织学导师，柏林大学教授；范赫许赫滕（van Gehuchten），鲁汶大学一位年轻而出色的教授，在我们开展肌肉纤维研究之时，我已经与他有过通信；最后，还有施瓦尔贝、C. 巴德莱本（C. Bardeleben），以及其他著名的解剖学家们。”

我们也有一些与他一同参会的人的回忆。其中一些证据由卡哈尔的主要弟子豪尔赫·弗朗西斯科·特略（1935：40-41）收集：

> 克利克在他的《回忆录》中也提到了柏林会议。他说，在为验证高尔基的研究成果而进行的研究中，“一位精力充沛且杰出的斗士出现了，他就是圣地亚哥·拉蒙－卡哈尔。他参加了 1889 年的柏林医学大会，展示了一系列令人赞叹的解剖切片。我提议介绍他认识一些我们解剖界的同仁，特别提到了希斯、弗莱克西希（Flechsig）、瓦尔代尔和施瓦贝尔。从那时起，高尔基和卡哈尔成为所有研究神经系统精细结构的人的典范，其中在我身边，处于最前沿的有雷丘斯、伦霍谢克（Lenhossék）和范赫许赫滕。”
>
> 范赫许赫滕也提到了那次会议，“卡哈尔在他的第一批出版物中描述的

情况非常奇怪，以至于那个时代的组织学家们——幸好我们[①]不属于他们的行列——对此抱以最大的怀疑态度。大家是如此的不信任，以至于1889年在柏林举行的解剖学大会上，后来成为马德里伟大组织学家的卡哈尔发现自己孤身一人，围绕在他周围的只有怀疑的微笑。我仍然相信我看到他把当时无可争议的德国组织学大师克利克拉到一边，把他拖到演示室的一角，在显微镜下向他展示令人钦佩的组织切片，同时让他相信了卡哈尔宣布已发现事实的真实性。这次展示至关重要，几个月后，这位维尔茨堡的组织学家证实了卡哈尔断言的所有事实”（*Le Neuraxe. Livre Jubilaire*，vols. XIV y XV，1913）。

卡哈尔的发现是什么？当然是神经元。再一次用拉蒙－卡哈尔（1923：199）自己的话说：

灰质中支配神经细胞形态和连接的规律，首先在我对小脑的研究中很明显，在随后探索的所有器官中得到证实。我当然要将它们提出来：

1. 轴索的侧枝和终末枝终止于灰质，并不是像格拉赫和高尔基与大多数神经学家所主张的那样通过网状结构扩散开来，而是以各种方式排列的，各自独立的树状结构（细胞周围的篮状细胞或细胞巢、树状分支等）。

2. 这些分支紧密地连接在神经细胞体和树突之上，在受体原生质和轴突终末之间建立接触或连接。

从上述解剖规律中可以得出两个生理学结果：

3. 由于神经元胞体和树突与轴突末梢紧密相连，因此必须承认，细胞体和原生质扩张参与了传导链，即它们接收和传播神经冲动，与高尔基体的看法相反。高尔基认为，上述细胞片段仅发挥纯粹的营养作用。

4. 排除细胞和细胞之间的实质连续性，更主张神经冲动是通过接触传递的，如同电导体导电一样传导，或通过某种感应，如感应线圈来传导。

① 经查，作者原文引用有误，应是“pertenecimos”而非“pertenecientes”。——译者注

上述规律纯粹是通过对小脑结构分析归纳出来的结论，后来在所有研究过的神经器官（视网膜、嗅球、感觉和交感神经节、大脑、脊髓、延髓等）中得到证实。

国际认可[13]

正如巴斯德（Pasteur）所说，科学无国界，但科学家有祖国。本书中出现的西班牙科学家，没有人比卡哈尔拥有更多的国际关系，因此我将这一节献给他，也有助于更好地理解他的重要性和对科学的贡献。

我说过卡哈尔于 1889 年 10 月参加德国解剖学会大会对他的职业生涯具有决定性意义，出席那次会议的阿尔伯特・冯・克利克、古斯塔夫・雷丘斯、威廉・希斯、威廉・瓦尔代尔、古斯塔夫・施瓦尔贝和卡尔・巴德莱本等声名显赫的科学家。

事实上，他的作品在柏林获得认可的消息很快传遍了整个科学界。1890 年 1 月 11 日，时任巴塞尔大学解剖学院解剖员和编外讲师的米哈伊・伦霍谢克（Mihály Lenhossék）给他的西班牙同行卡哈尔写了一封信。而这封信有助于我们了解卡哈尔在此之前遇到的阻碍：[14]

细胞理论、神经系统和高尔基的“黑色反应”

所有生物都是由细胞组成的，有机体的生命是构成它的细胞的产物，而不是原因。此外，细胞是有机体的原始单位，因为每个细胞都是由另一个先前存在的细胞产生的。这些简单的原理构成了细胞理论，其由马蒂亚斯・雅各布・施莱登（Matthias Jacob Schleiden）和特奥多尔・施旺（Theodor Schwann）在 19 世纪上半叶打下基础，在鲁道夫・菲尔绍前面已经提到的作品《细胞病理学》中达到巅峰，在这部作品中可以读到以下掷地有声的话语：

“生命活动来自身体的哪些部分？什么是主动成分，什么是被动成分？这是造成许多困难并主导生理学和病理学的问题。我已经解决了这个问题，证明细胞是真正的有机单元。我已经宣布，组织学通过研究细胞成分和由它们衍生的组织，构成了生理学和病理学的基础：我已经阐明了一个原则，即细胞是每个生命体的终极、不可再简化的形式；并且无论是在健康状态还是疾病状态下，所有生命活动都源于细胞。”

17 世纪下半叶，根据上述细胞理论的假设，对不同组织的组织学研究得到了巩固，同时在各种类型细胞的结构认识方面也取得了进展。只有神经组织的结构似乎摆脱了这一理论的普遍性，这主要是由于缺乏必要的分析技术来研究其复杂的结构。为了尝试对神经组织进行观察，必须拥有极大的耐心和通过精细的技巧对其进行机械分离。奥托·弗里德里希·卡尔·戴特斯（Otto Friedrich Karl Deiters）是第一个看到完整分离的神经细胞及其延伸部分的人。

神经系统包含在复合组织中，被定义为一组位于结缔组织块中间的纤维和细胞体。关于神经纤维的末端，人们认为它们的分支分成越来越细的结构，最后的分支与相应器官的组织混在一起。对于它生理机能的认识似乎充满了对于循环系统的先入之见，认为神经中枢的分布仅限于遵循类似于血液循环和封闭机制的神经系统组织学认识。

在这种循环概念的框架内，当深入细胞细节时，有两种试图解释神经细胞复杂结构的假设：占主导地位的是约瑟夫·冯·格拉赫和卡米洛·高尔基的假设，两者都建立在所谓的弥散网络基础上，所有或部分细胞树状结构都参与其中；换句话说，两人认为神经组织是一个连续的网状结构。冯·格拉赫的网状理论认为，神经细胞的树状结构通过相互接合（两个神经细胞之间连通）建立了彼此的连续性，从而在整个神经系统中形成了一个连续的网络。高尔基修改了这一概念，提出树突（原生质分支的延长）不参与神经传导，因为它们的末梢彼此独立，没有形成连续网络。冯·格拉赫和高尔基的网状理论遭到一些研究人员的反对，包括瑞士的胚胎学家威廉·希斯和精神病学家奥古斯特·亨利·福雷尔（August-Henri Forel）。希斯 1886 年出版的专著具有里程碑意义，其中他首次使用术语“树突”（源自希腊语“dendron”，意思是“树”）来指戴特斯发现的高度分叉的原生质的延长。此外，他小心翼翼地捍卫神经细胞的独立性，并表达了他对神经元的延长需要相互接续才能执行其功能的怀疑。奥古斯特·福雷尔 1887 年发表了一篇文章，质疑高尔基的理论，得出结论认为没有必要将神经细胞的连续性作为公理接受。然而，希斯和福雷尔对网状理论的批判都停留在假设的水平，特别是他们都没能提供直观的观测证据来进行反驳。没有确凿的事实可以将神经系统简化为细胞理论的假设，更不用说建立一个模型作为神经生理学的基础。拉蒙－卡哈尔的根本贡献就是完成了上述这两项任务。

1873年，定量技术取得了决定性的进步，具体是在神经系统染色法方面。在位于意大利北部阿比亚泰格拉索的家中设置的一个不起眼的实验室中，卡米洛·高尔基发现了这种方法。而在卡哈尔手中，它将彻底改变对神经系统的认知。这一发现有很大的偶然性，是有一天高尔基试图用银盐对先前用重铬酸钾溶液硬化的脑膜进行染色时出现的。在显微镜下观察切片时，在透明的黄色背景下，一些灰质细胞无比清晰地呈现出深褐色，近乎是黑色的染色，这就是为什么他将他的技术命名为“reazione nera”（“黑色反应”）。高尔基在一篇题为《关于大脑灰质的结构》（*Sobre la estructura de la sustancia gris del cerebro*）的意大利文文章中公布了他的方法，该文章1873年发表在伦巴第《意大利医学杂志》（*Gazzetta Medica Italiana*）上，这是一份地方性杂志，国际影响不大。由于语言障碍，该杂志传播度不广。并且，由于该方法的技术困难，这使得其可重复度较低。直到1887年，即发表后将近15年，国际科学界才注意到他的文章。那年春天，鲁道夫·阿尔伯特·冯·克利克前往帕维亚大学拜访高尔基，了解了该方法并将“好消息”传播给了科学界。

高尔基染色法的优点是可以通过切片观察神经组织，摒弃了用针进行机械分离的烦琐程序。但按照作者描述应用该方法还远非完美。用他的方法，高尔基至少表明树突末梢是独立的，而不是像冯·格拉赫和戴特斯所认为的那样，与其他神经元的轴突相连。然而，由于树突末梢与血管和神经胶质细胞的密切关系，高尔基得出了错误结论，他认为这是神经细胞接收营养的途径，在神经传导中没有任何作用。这位杰出的意大利人无法摆脱他那个时代的偏见，而对自己的实验结果视而不见，他还是宣布支持网状理论。

无论是新发现还是完美的绘图表达，您最近持续发表的开创性发现让我对您的才华充满钦佩。我认为您的发现是我几十年来在显微解剖学领域所知的最重要的贡献。10—11 月，我在巴塞尔与希斯和克利克先生以及其他同行进行了长时间的交流，他们也对您表示钦佩。大约两年前您好意把关于脊髓的论文寄给我，不到一年前，我还对它们表示怀疑，我必须说对于没能及时理解您发现的全部意义我感到无比的抱歉。

当然，重现卡哈尔的结果并不总是那么容易，这是在分析他的文章时，不经常被指出的情况。1890 年 12 月 9 日鲁汶大学解剖学教授阿图尔·范赫许赫滕在写给他的一封信中指出了这一点：

尊敬的、充满智慧的同仁：

怀着对您取得的美妙成果，以及在中枢神经系统微观结构这个困难、晦涩但又如此重要的问题上的辉煌发现的钦佩，我已经多次尝试进行一系列说明性的实验，以便在我关于人类神经系统的讲座中使用它。然而，我不知道如何向您解释，不幸的是，我从来没有得到满意的结果。

我已经将您的方法应用于雏鸡脑脊髓和其他新生动物脑脊髓，我几乎没有看到染色的神经细胞或一些能够显示一两个侧枝的神经纤维。

然后他继续提出了一系列关于卡哈尔采取的实验步骤的具体问题，结尾如下：

尊敬的同仁，如果您能亲自给我一些关于您工作方法的指导，我将非常感谢您。恕我冒昧，我想问您，在您为取得重要发现所制备的众多实验样品中，还有没有一些剩余的，对此主题有着极大兴趣的同仁们也许能够用得上的样品。

卡哈尔本人非常清楚自己研究的困难，不仅是因为技术能力，还因为所研究问题本身的复杂性。1900 年 1 月 28 日，他向古斯塔夫·雷丘斯（我在后面还会提到他）承认：

人类的大脑结构具有极高的复杂性，远比通过对哺乳动物大脑进行研究得出的结构要复杂得多。最严重的是，成人大脑任何神经末梢树状结构无法染色（铬酸银或科克斯方法仅浸染树突和轴突，而不是神经末梢分支）。即使是 1 个月大的孩子，也很少能从白质神经纤维中找到树状结构。因此，别无选择，只能将从胎儿（特别是感觉神经丛）中获得的结果与在儿童和成人中获得的结果结合起来，尽管存在将不少随着健康状况变化的状态视为确定状态的风险。

另一位努力传播卡哈尔研究成果的人是瑞士人威廉·希斯，他是菲尔绍和冯·克利克的弟子，自 1872 年以来，他一直担任莱比锡大学的解剖学教授［也是《解剖学和发展史文献》（*Archiv für Anatomie und Entwicklungsgeschichte*）主编，负责解剖学和生理学文献的解剖部分］。例如，1890 年 8 月 14 日，他写信给卡哈尔：

尊敬的同仁：

几天前从柏林大会回来，我来到瑞士度假。利用空闲时间我想向您简要介绍一下（国际医学）大会解剖学分会场的情况。我已经在解剖研究所展示了您制备的精美样本，特别是感觉神经纤维的分支及其侧枝，灰质细胞，脊髓上皮细胞和脊神经节的双极细胞。在我关于神经元的组织发生及其相互关系的通信中，我曾多次提到您的美丽发现，以及高尔基先生的发现。我希望几周后能够向您发送通信副本。

总的来说，您的缺席令人非常遗憾。有一场会议非常精彩。克利克先生和高尔基先生也都分别担任了分会场的主席，关于神经系统的讨论十分热烈。

他继续对卡哈尔在视神经纤维双末梢方面的发现提出了一些问题。他还通过自己与《解剖学和生理学文献》（*Archiv für Anatomie und Physiologie*）的关系为传播卡哈尔的成果做出了贡献。因此，1893 年 2 月 25 日，他向他的西班牙同行致谢，感谢他“关于神经系统的新文章”，[15] 并提出以下建议（原文为法语）：

> 我很高兴看到您在组织学方面的作品，这使我们对神经系统的认知有了很大进步，我很遗憾这些作品只有通过克利克、瓦尔代尔先生和其他人在德语文章中的引文才为人所知。
>
> 您在《解剖学年鉴》（*Anatomischer Anzeiger*）上发表的消息只能提供一个关于您作品不完整的介绍。因此，我认为如果您用德语发表一篇与您刚刚出版的《神经中枢组织学的新概念》（以下简称《新概念》）类似的论文，对于科学和您自己都将非常有利。
>
> 如果您同意这个想法，我将负责为您论文的翻译进行校对，并将其发表在《解剖学和生理学文献》中，我是杂志的编辑。我建议按照我的想法翻译《新概念》，也许您可能更想要进行一些修改，为您的文章增添更多扩展内容，添加更多最新数据。至于图片，我们可以从您的原始绘图或您在“概念”中的图片副本中进行复制。

作为回应，卡哈尔接受了希斯的提议。希斯 1893 年 3 月 15 日写信跟他说：“我很高兴看到您接受了将《新概念》翻译成德语的提议，并添加了原始注释和一些图画。如果您将在莱比锡印刷的论文的原始图片寄给我们，我们负责将它们进行更好的复制。”他补充说：“在未来，我们将随时准备发表包括您的新研究在内的作品，并且我们很乐意负责将其翻译成德语。”

卡哈尔将他的手稿寄给希斯，由希斯翻译，并于同年发表（Ramón y Cajal, 1893a）。正如我们所看到的，拉蒙 - 卡哈尔不得不自掏腰包发表作品并将其发送给外国科学家以期他们注意到自己作品的时代已经一去不复返了。现在，他拥有越来越广泛的由忠实同行们组成的关系网络，他们正努力在国际科学界（主要是德语区）传播这位西班牙组织学家的研究成果。我们将在下面看到更多这方面的例子，从阿尔伯特·冯·克利克开始。

卡哈尔和冯·克利克

在看到过卡哈尔制备样本并了解他在 1889 年柏林大会上所提出理论的科学家中，没有人比那个时代最著名的组织学家阿尔伯特·冯·克利克（1817—1905）传播了更多的卡哈尔的研究。维尔茨堡大学人体解剖学教授和解剖学研究所所长冯·克利克继续对卡哈尔取得的结果表现出极大的兴趣。[16]这方面的一个例子是他 1893 年 5 月 29 日从维尔茨堡写给卡哈尔的信：

亲爱的朋友：

首先，我衷心感谢您寄给我关于视网膜的伟大而精美的作品，[17]这使得其他观察变得不那么必要。如果您能把您制备的一些展示主要切面的样本发给我，我将不胜感激。我会把这些样本还给您，因为我不想剥夺您的研究资料。

至于您跟我说的关于海马体的文章，我愿意把它从西班牙语翻译成德语。因为需要研究您的论文，我已经学会了您的语言。[18]

我只希望能够让一个字迹清晰的人来抄写您的手稿，因为您的手稿对我来说很难阅读。我将在维尔茨堡待到 8 月初，我需要尽快拿到您的手稿。

冯·克利克信守充当翻译的承诺。因此，同年 8 月 8 日，他写信给卡哈尔，说道：

亲爱的朋友：

我已经给您发送了您关于海马体文章的印刷样稿，以便您检查一下是否有翻译错误。[19]特别是第 624 页“arcasas”这个词，[20]我在字典中没有找到。请您将校对过后的第一批样稿发送到这个地址。其他的样稿很快就会发送给你。附图是一只猫的大脑的横切面，我在其中发现，在标注的顶下小叶区域有与海马体中相同的大型锥体细胞，具有高尔基Ⅱ型分支轴索。

请说明您是否知晓这一事实，或者是否已经对其进行了描述。

英国皇家学会克鲁年讲座

1894 年，与冯・克利克互致信件一年后，卡哈尔前往伦敦，为的是在英国皇家学会组织的著名克鲁年讲座上发表演讲。[21] 在英国首都伦敦，他住在神经学家查尔斯・谢林顿（Charles Sherrington，荣获 1932 年诺贝尔医学奖）家里，后者还担当了卡哈尔在伦敦期间的导游。[22] 卡哈尔对谢林顿的影响是决定性的。谢林顿也为神经元事业做出了贡献，例如，“突触”这个术语，就是他首先提出来的。严格来说，“突触”（sinapsis）这个词在出版物中最早出现在剑桥大学教授迈克尔・福斯特（Michael Foster）1897 年出版的著作《生理学教科书。第三部分：中枢神经系统》（*A Textbook of Physiology. Part three*：*The Central Nervous System*）第 7 版。谢林顿协助福斯特编撰了这个版本，他的贡献之一是引入了这个概念和这个词。在创造这个词的时候，他得到了剑桥大学希腊语言文化学者阿瑟・维罗尔（Arthur Verrall）的帮助［“突触”一词来自希腊语词汇“syn”（“一起”）和“haptein”（“连接”）］。

1894 年 3 月 4 日，在克鲁年讲座上，拉蒙－卡哈尔用法语发表了关于“神经中枢精细结构”的演讲。

克鲁年讲座的传统是，讲座之后演讲人可以获得剑桥大学或牛津大学名誉博士学位。作为科学家，卡哈尔对应的是剑桥大学，恰恰就是前面提到的英国生理学领军人物迈克尔・福斯特 2 月 13 日写信给卡哈尔，宣布“受副校长之命，授予您剑桥大学的荣誉博士学位”。福斯特的弟子包括诺贝尔奖获得者谢林顿和亨利・戴尔（Henry Dale）。

卡哈尔回到马德里，面对的是国家残酷的现实，他在回忆录中记录如下（Ramón y Cajal，1923：269）：

回到我们的马德里真是太失望了！在最糟糕的教育建筑中，传授着最多的西班牙文化，这种对比令人费解！我的视网膜已经见惯了那么多辉煌和伟大的形象，一想到我们刻薄、反艺术的大学，想到陈旧不堪、卫生条件很差的圣卡洛斯学院，想到临床医院的阴森恐怖，想到特拉西内罗斯大道上小人国一般的植物园，想到面对政府驱逐漂泊不定的自然博物馆，我就无比的忧伤难过。

看到我们的学生们孤立无援，没有集体精神，分散在简陋、不卫生和肮脏的宿舍中，自由得更像是被遗弃，给我留下了深刻的印象；而教授们自己，就像钟楼里的猫头鹰一样高傲自居，同行相轻，完全没有团结协作的崇高意愿。就好像他们不是同一个集体的一部分，也不是为了同一个目的而努力！

当然，自从卡哈尔 1894 年在克鲁年讲座上发表演讲之后，就再没有其他的西班牙科学家受英国皇家学会的邀请，获得这样的荣誉。

卡哈尔和雷丘斯

我们继续了解卡哈尔的国际关系。另一个重要的关系是他与瑞典人古斯塔夫·芒努斯·雷丘斯之间建立的。雷丘斯是科学领域的重要人物（他对胚胎学、生理学和神经系统描述性解剖学做出了卓著的贡献），卡哈尔 1889 年在柏林解剖学大会上与他相识。正如我所指出的那样，雷丘斯是皇家卡罗琳医学外科学院（后来的卡罗琳医学院）的解剖学教授，并且与冯·克利克一起，是最早投身“卡哈尔事业”的人之一。在这方面，一份重要的文件是 1908 年雷丘斯（1908：420ff.）在伦敦皇家学会克鲁年讲座上发表的演讲中的一些段落，其中他说：

卡哈尔的早期研究对我们在同一领域搞研究的所有人产生了振奋人心的作用。就我而言，最难忘、最深刻的印象是在 1889 年柏林解剖学大会上，卡哈尔为所有对这个主题特别感兴趣的人展示了一系列他制备的样本。看到卡哈尔摆在我们面前的样本，阿尔伯特·冯·克利克和我感到十分高兴，我们两个人都折服了。回到实验室，我们开始用高尔基银染法进行研究，当时这种方法在其他解剖学家中并不盛行。冯·克利克，还有当时担任冯·克利克实验室助理的冯·伦霍谢克，成功地应用了高尔基银染法，并发表了几篇优秀的新研究文章。与此同时，身在斯德哥尔摩的我和在鲁汶的范赫许赫滕都在使用相同的方法，而卡哈尔本人一个接一个地继续他自己的研究，高尔基和他的几个学生继续开展他们的研究。

像冯·克利克一样，雷丘斯也努力学习西班牙语以便阅读卡哈尔的文章，从他1896年5月14日写给卡哈尔的信中可以看出（原文为德语）：

亲爱的同仁和朋友：

我刚刚收到您寄给我的《显微绘图季刊》（*Revista Trimestral Micrográfica*）第一卷，我向您表示衷心感谢。[23]拿到这本新刊物我就知道您开始编辑新杂志了。毫无疑问，这是一项伟大的事业，将会为西班牙科学发展注入新动力。您又为您的祖国做出了另一项伟大的贡献，我衷心祝贺您。

对于我们这些可怜的外国人来说，正确地阅读西班牙语有一定的困难。我们在学校学习过拉丁语和法语，所以去理解和学习西班牙语也不是不可能。前段时间我买了一本西班牙语词典来阅读您的文章。我时不时会遇到困难，但并非不可克服。

得知冯·克利克和雷丘斯等伟大的科学家们正在努力学习他热爱的祖国的语言——西班牙语时，想必卡哈尔非常高兴。我会提到他在《我的人生回忆》中所写的与这方面有关的内容（Ramón y Cajal，1923：394）：

幸运的是，在欧洲和美国，仍有一些投身组织学尤其是神经学研究的才华横溢的学者，尽管很稀少，我不说出他们的名字，以免忽略一些名人而显得不公平。但对西班牙来说，失去上述一些学者真正是国家的悲哀。因为他们正是那些不厌其烦地学习西班牙语并对我们实验室的发现抱有善意，有时甚至是极大热情的人。目前绝大多数生物学家不懂西班牙语。因此，在查阅神经病学的最新著作时，我们遗憾地看到，西班牙人在现代三分之二的贡献对于外界来说是完全未知的，这丝毫不奇怪。因此，我们年轻研究人员最紧迫的任务之一应该是将西班牙最重要的研究发现翻译成英语、法语或德语，其中许多已经被不熟悉西班牙语的异国学者在西班牙发现后的 10 年、15 年甚至 20 年后再发现。

卡哈尔和雷丘斯之间书信交流的另一个很好的例子是瑞典科学家雷丘斯 1897 年 12 月 22 日写给他西班牙同行卡哈尔的信。信中，他询问了卡哈尔一部伟大著作的情况："去年您告诉我您正在撰写关于脊椎动物中枢神经系统的作品。这项工作有进展吗？这让我特别感兴趣。没有人可以像您一样从整体上探讨这个问题。最重要的是，这部作品正是出自您手，定会成为一部经久不衰的伟大作品！"

这部作品就是《关于人和脊椎动物神经系统组织结构。基于新发现的生理学考量研究和神经中枢结构和组织学组成的研究》（*Textura del sistema nervioso del hombre y de los vertebrados. Estudios sobre el plan estructural y composición histológica de los centros nerviosos, adicionados de consideraciones fisiológicas fundadas en los nuevos descubrimientos*）。[24] 正如卡哈尔在他的回忆录中所评价的那样，"我的毕生之作"本身就属于科学经典。历经十年严谨、系统的工作才得以写成。这可能是神经科学领域有史以来最重要的一部著作。有 1800 页文字和 888 幅版画原件。第一个限量版以非常适中的价格出售，以促进其传播。当整个版本售罄时，卡哈尔已经损失了 3000 比塞塔。1911 年出版了法文版。

另一封重要的信件是雷丘斯 1898 年 12 月 31 日寄给卡哈尔的信，他在信中指出了对于神经元理论的某些反对意见（原文为德语）：

冯·伦霍谢克告诉我，以尼斯尔（Nissl）为首的德国神经学家针对主要由您提出来的新神经理论，即所谓的“神经元理论”展开了一场论战。尼斯尔的支持者有奥帕蒂（Apáthy）和贝特（Bethe）。[25] 然而，这是完全不恰当的。奥帕蒂在脊椎动物神经节细胞中发现了清晰的纤维束，而贝特已经能够效仿。然而，奥帕蒂和贝特的其他理论和推测并非基于真实事实，大部分是凭空而来。细胞原纤维可以很好地与应用高尔基方法得到的经验相协调。

非常奇怪的是，没有使用高尔基方法的组织学家试图推翻用高尔基方法获得的伟大和创新的发现。现在有必要捍卫作为他们攻击对象的令人钦佩的神经理论。伦霍谢克已做好准备。然而，在任何人之前，您作为理论提出者之首，必须捍卫自己的堡垒。

马德里的教席和国际奖项

卡哈尔在西班牙的职业生涯也在前进。1892 年，他获得了马德里大学医学系组织学、普通组织化学和病理解剖学的教授职位，这意味着他开展研究的条件很快将会有显著改善。1894 年，当他获得了罗马医药科学院颁发的荣誉名牌和剑桥大学授予的名誉博士学位后，获得了越来越多的外国认可：1895 年，他被任命为维尔茨堡、巴黎、罗马、里斯本和柏林的多个专业学会和科学院的成员；同年，他还被马德里科学院选为院士［他的入院演讲题为《生物学研究的理性基础和技术条件》（*Fundamentos racionales y condiciones técnicas de la investigación biológica*）这是他的经典著作《生物学研究规则和建议》（*Reglas y consejos sobre la investigación biológica*）的基础］。[26] 1896 年，他荣获巴黎生物学会福韦勒奖；当选维也纳精神病学和神经病学学会成员，并获得维尔茨堡大学荣誉博士学位。之后连续获得 3 个杰出奖项：国际医学大会颁发的莫斯科奖（1900），柏林帝国学院亥姆霍兹奖章（1905）和诺贝尔生理学或医学奖（1906）。

获得亥姆霍兹奖章让他特别高兴。他在回忆录（Ramón y Cajal，1923：352）中写道："获奖之时我没有完全意识到这份殊荣的重要性和意义。通过阅读规则我了解了这个奖项的背景，我惊讶地发现上述奖章每两年颁发给在任何人类知识分支中取得最重要发现的人。我带着惊讶和羞愧阅读了获奖者名单。"该奖项设立于 1892 年，亥姆霍兹在世时，该奖章曾颁给生理学家埃米尔·杜布瓦－雷蒙（Emil du Bois-Reymond）、数学家卡尔·魏尔斯特拉斯（Karl Weierstrass）、化学家罗伯特·本生（Robert Bunsen）和物理学家开尔文勋爵。亥姆霍兹去世后，该奖章曾颁发给鲁道夫·菲尔绍（物理学家，1898）、加布里埃尔·斯托克斯（Gabriel Stockes，物理学家，1900）、亨利·贝克勒尔（Henri Becquerel，物理学家，1906）、埃米尔·费舍尔（Emil Fischer，化学家，1908）和雅各布斯·范特霍夫（Jacobus van't Hoff，化学家－物理学家，1910）。

莫斯科奖尤为重要，引起了公众和政界对他的关注。玛丽亚·克里斯蒂娜王后亲自关怀要在马德里为卡哈尔建立一个官方实验室，而议会在弗朗西斯科·西尔韦拉的提议下，批准建立了生物研究实验室。该实验室于 1901 年落成，最初坐落在本图拉·罗德里格斯街。而后自 1902 年起，30 年来实验室一直坐落在阿托查环岛路口的贝拉斯科博士人类学博物馆旧配楼内。在 1922 年，鉴于位于阿托查的这座不起眼的楼房破旧不堪，议会批准建造一座新楼来取代它，地点选在圣布拉斯山，毗邻天文台，距离圣地亚哥家不到一百米。然而，这项工程持续了十多年，被称为"卡哈尔研究所"的新址于 1932 年落成，就在这位学者去世前两年，然而卡哈尔终究没能在新址工作。事实上，他非常不喜欢研究所浮夸的建筑，去的次数屈指可数，因为他更喜欢在位于阿方索十二世街住宅的实验室里继续做研究。

正如阿尔弗雷多·巴拉塔斯（Alfredo Baratas，1998：107–108）所说的那样，"（新楼建设的）工期过长无疑影响了神经生物学实验室的工作及其制度演变。如果研究所是按照制度主义和（扩展科学教育与研究）委员会习惯模式而建的（一个功能性的、朴素的、条件完备的建筑），而不是像最终完成的宏伟建筑那样，一些研究人员，如拉斐尔·洛伦特·德诺（Rafael Lorente de No）本可以在西班牙继续他们的科研工作，而在 20 世纪 30 年代重新投身研究的其他人，例如萨克里斯坦（Sacristán）或普拉多斯·苏奇（Prados Such），也不需要暂时去找工作谋生了；也可以认为费尔南多·德卡斯特罗关于颈动脉体功能意义的重要著作本可以有更高的成就”。[27]

诺贝尔奖

我之前就提到过诺贝尔奖，这是卡哈尔人生履历和西班牙科学史中不可忽略的大事，尽管在此我仅限于对卡哈尔写给雷丘斯信件中的段落做一些简要评论。

第一封是日期为 1901 年 3 月 24 日的信件，正是开始颁发诺贝尔奖的那一年。诺贝尔生理学或医学奖颁给了德国细菌学家埃米尔·冯·贝林（Emil von Behring），以表彰他对血清疗法的贡献。在信中可以读到以下内容：

> 至于诺贝尔奖，我对结果并不感到意外。事实上，为表彰医学和生理学贡献而设立的奖项，第一次颁给那些在细菌学和疗法上取得重大成就的杰出人才也是自然而然的事情。您和我所致力的组织学研究与病理学和生理学之间的关系有些远。尽管如此，我还是推荐了您，因为瑞典人创立的奖项也应当颁给瑞典人，当然前提是，您作为创始人诺贝尔的同胞，本身也位于伟大的研究人员之列。

不应认为西班牙组织学家卡哈尔对他的同行只是客套。在这方面，我们可以看看他在多年后也就是 1930 年所写的内容：[28]

> 获得诺贝尔奖后，我有 3 个感受：
>
> 1. 衷心感谢卡罗琳学院考虑奖励我浅薄的科学工作，我从未对此高度重视。
>
> 2. 令人疑虑不安的是，看到许多成就比我更卓著的研究人员被抛在后面，自尊心受到了伤害。正如我所预见的，他们中的一些人，从热情的朋友或良性的竞争者，变成了尖刻的对手。

3. 当注意到学院不顾爱国主义的需要，无视几位瑞典解剖学和组织学家，其中包括无与伦比的古斯塔夫·雷丘斯教授时，我感到震惊和意外。我一直认为他是我的老师，他的解剖学和组织学著作是现有最严谨、最有价值和最重要的作品之一。后来，当这位伟大的研究人员去世时，我通过他悲痛欲绝的夫人的来信证实了这句古老的格言：在自己的土地上，没有人是先知。

卡哈尔在这里提到了一个不常被提及的事实：1890 年辞去卡罗琳医学院职位的雷丘斯，并不是决定诺贝尔生理学或医学奖得主的人之一，也没有与他们保持良好的关系。然而，他是物理、化学和文学奖评审委员会的成员（他是瑞典皇家学院院士——也许因为他是一位非常谦逊的诗人，以及瑞典皇家科学院院士）。因此，他不能对奖项颁给卡哈尔施加影响。

卡哈尔 1902 年 1 月 23 日写给雷丘斯的第二封信坚持说："关于诺贝尔奖，没什么好说的。评审委员会是对的，因为一个致力于医学和生理学的奖项，颁给病理学家或纯生理学家是理所当然且合情合理的。在我看来，如果对颁奖条款没有一定的解释自由，则解剖学和组织学不能被列入该奖项的评奖范围。"

1902 年，诺贝尔医学奖颁给罗纳德·罗斯（Ronald Ross），以表彰他在疟疾研究方面的贡献。1903 年，尼尔斯·吕贝里·芬森（Niels Ryberg Finsen）获得诺贝尔奖："因其对疾病治疗，尤其是寻常狼疮的贡献"；1904 年，诺贝尔奖颁给伊万·彼得罗维奇·巴甫洛夫（Iván Petrovich Pavlov）：以"表彰他在消化生理学方面的贡献"；1905 年诺贝尔奖颁给罗伯特·科赫（Robert Koch）：以"表彰他在结核病方面的研究和发现"。之后的一年，诺贝尔奖颁给卡哈尔和卡米洛·高尔基，这是该奖项第一次颁给组织学家。

我们知道当年高尔基是由 4 位科学家提名的：奥斯卡·赫特维希（Oskar Hertwig）、冯·克利克、古斯塔夫·雷丘斯和卡尔·芒努斯·菲尔斯特（Carl Magnus Fürst），他们分别是柏林、维尔茨堡、斯德哥尔摩和隆德的解剖学教授。其中，最后 3 位也提名了卡哈尔，而雷丘斯提出了该奖项仅授予卡哈尔一人的可能性。

卡哈尔的提名也得到了柏林精神病学和神经病学教授齐恩（Ziehen）和斯德哥尔摩大学组织学教授埃米尔·霍姆格伦（Emil Holmgren）的支持。正是后者受诺贝尔奖委员会的委托，撰写了一份关于高尔基和卡哈尔贡献的报告。事实上，霍姆格伦从1902年起就在完成这项任务，因为从1901年开始已经收到了支持上述两位组织学家的提议。随着时间的推移，他的意见逐渐倾向于卡哈尔。

诺贝尔奖对这位西班牙科学家还有其他影响。例如，1906年3月，自由派政府首脑塞希斯孟多·莫雷特（Segismundo Moret）向卡哈尔提供了公共教育部的职位，但他拒绝了。

神经元学说和网状理论之争

说到这里，有必要提及神经元学说支持者和网状理论支持者之间的论战。我们在1898年12月31日雷丘斯写给卡哈尔的信中看到，他的瑞典同行提到了一些科学家（尼斯尔、奥帕蒂、贝特）对“新神经理论，即所谓的神经元理论”表示反对，这种反对意见一向有高尔基的支持，他坚持否认神经细胞系统是离散的、“原子一般的”神经元结构。这场争论的历史太长了（西班牙组织学家获胜——现在的历史已经证明了这一点），无法在这里详细展开。我只想说卡哈尔对此印象深刻。事实上，正如他自己在引言中指出的那样，他最后的作品之一［出版于1933年，题为《神经元还是网状结构？神经细胞解剖单位的客观证据》（*Neuronismo o reticularismo?Las pruebas objetivas de la unidad anatómica de las células nerviosas*）］致力于“简明地阐述与奥帕蒂、贝特和黑尔德相反的观察结果。我的目的是简要描述我在50年的研究工作中所看到的以及任何不受学派偏见影响的，任何观察者都可以轻松验证的内容，不是在这个或那个也许是制备错误的或异常的神经细胞中，而是在数百万神经细胞中通过各个浸染步骤着色明显的神经元中”（Ramón y Cajal，1933，1952：1-2）。

我还将引用其最后的“结论”（Ramón y Cajal，1952：141）：

我们相信我们已经为神经元学说提供了许多确凿的证据。详细列出来都能写一本书了。对于我们，对于第一代的观察者（克利克、雷丘斯、范赫许赫滕、阿蒂亚斯、杜瓦尔、马里内斯库等），这不是一个或多或少合理的理论，而是一个明确的事实。

我们不是教条也不是排他。我们以保持一种不以改正为耻的精神灵活性而自豪。在无数例子中非常明显的神经元的非连续性可能会出现例外情况。我们自己也提到了一些，例如：那些可能存在于腺体、血管和肠道中的（我们的间质神经元）。最近拉夫连季耶夫（Lawrentjew）在上述最后一种细胞类型中证实了这种连接。我们也不会因为腔肠动物存在这种连续性的接合而感到惊讶，尽管最近博兹莱（Bozler）根据埃利希（Ehrlich）的实验否认了这一点。（这是需要通过现代方法进行研究的点。）

我们不要害怕在网状理论支持者的猛攻下，菲尔绍古老精妙的细胞概念会受到严重破坏。正常的机体，作为相对自主的细胞的综合体，就像人口稠密的城市一样，除了健康的成员之外，还有其他有缺陷的、畸形的、怪异的甚至重病的成员。这就是为什么我们需要进一步指出并坚持自己的想法，在形态学和神经元连接方面，我们必须遵守大数定律，即严格的统计标准。

正如我所说，《神经元还是网状结构？》是卡哈尔最后的作品之一，也是一种科学遗嘱。他在该文章发表后的第二年去世。在他去世前几年，即 1921 年 3 月 23 日，荷兰皇家科学院神经学研究所所长科尔内留斯・乌博・阿林斯・卡珀斯（Cornelius Ubbo Ariëns Kappers）给他写了一封信，信中充满了对卡哈尔伟大之处的赞叹之词：

尊敬的大师：

收到您 3 月 15 日的来信，我非常高兴，由衷地感谢您。

我也很感谢您寄给我您令人钦佩的“作品”集。

没有遗漏任何一册，我很自豪我的研究所能收到前无古人后无来者最伟大的神经学家亲自寄过来的作品。

卡哈尔和西班牙神经组织学派

卡哈尔卓越的科学研究活动促成了组织学研究机构的建立，使得在20世纪初出现了真正蓬勃发展的西班牙神经组织学派。[29]卡哈尔本人在他的回忆录（Ramón y Cajal，1923：406）中提到了这一点："当我的职业生涯开始时，根据习惯和需要，我不得不将自己限定在独立工作者范畴；但我一直在着手筹建一个真正的西班牙组织学和生物学学派，尤其是国家将一个像样的、设备齐全的实验室交给我之后。"这个学派的基本特点是智识自由。卡哈尔注重强化弟子们的主观能动性和判断独立性，始终保持对发明著作权的绝对尊重。

正如我已经提到的，从1901年起，卡哈尔有了一个设备齐全的实验室，可以聘请带薪助理。之后他开始出版《马德里大学生物研究实验室论文》期刊（*Trabajos del Laboratorio de Investigaciones Biológicas de la Universidad de Madrid*），这是截至当时他一直私人出版的《显微绘图季刊》的延续。在1901年至1902年第一期，只刊登了卡哈尔的研究。从1903年的期刊中，我们才能找到他弟子的文章，他们从探讨老师之前已经提出和研究过的问题开始：中枢神经系统构造、胚胎发生、神经元理论、神经系统的退化和再生、亲神经性、神经胶质细胞和基于显微镜观察的神经系统生理学等。

在组织学派的历史中，可能包括偶尔与卡哈尔合作，但并未真正成为该学派成员的第一批弟子。那一代弟子有：克劳迪奥·萨拉（Claudio Sala）、卡洛斯·卡列哈（Carlos Calleja）、J. 拉维利亚（J. Lavilla）、胡安·巴图瓦尔（Juan Bartual）、特拉萨斯（Terrazas）、布拉内斯·比亚莱（Blanes Viale）、德尔里奥·拉腊（Del Río Lara）和费德里科·奥洛里斯·阿吉莱拉（Federico Olóriz Aguilera）。但研究人员的工作一般不会获得过多的物质利益，所以如果不算早逝的特拉萨斯和布拉内斯，其他人放弃了研究而转去行医赚钱。

由于该学派是20世纪西班牙科学史的杰出篇章，我将概述其中最具代表性成员的一些细节，从他的弟子和最密切的合作者开始。

豪尔赫·弗朗西斯科·特略·穆尼奥斯（Jorge Francisco Tello Muñoz，1880—1958）。1880 年出生于萨拉戈萨的阿拉贡省阿拉马，在马德里大学学习医学，最初攻读外科方向。1902 年，在他攻读博士学位期间，他被任命为组织学和病理解剖学实习生，开始与卡哈尔有了直接关系。虽然最初他只是打算熟悉实验室工作，但他最终完全放弃了一开始的外科专业，成为圣地亚哥生物研究实验室第一个也是最忠实的合作伙伴。

1911 年，当他已经完成了重要的组织学工作时，卡哈尔使用扩展科学教育与研究委员会的第一笔助研金将他送到柏林，进行病理解剖学方面的进修，他回到马德里后主要致力于这门学科的研究。之后，他研究细菌学和卫生问题多年，担任阿方索十三世国家卫生研究所流行病学部主任（1912—1920），并在卡哈尔辞职后担任该研究所所长（1920—1934）一职。

与卡哈尔一起合著了《病理解剖学技术手册（尸检－病理组织学－细菌学）》[*Manual Técnico de Anatomía Patológica*（*Autopsia–Histología patológica–Bacteriología*），1918]、《普通组织学和显微技术基础》（*Elementos de Histología Normal y de Técnica Micrográfica*，1928）和《病理解剖学手册和病理细菌学概念》（*Manual de Anatomía Patológica y nociones de Bacteriología Patológica*，1930），继卡哈尔之后担任组织学和病理解剖学教授（1926），1934 年担任研究所所长，整个西班牙内战期间一直留在马德里，1939 年被解职。1958 年在马德里去世。

特略与他老师长期密切的私人关系持续了 30 多年，以至于在卡哈尔去世的那一天，也就是 1934 年 10 月 17 日，卡哈尔在已经无法用语言表达的情况下，写下了最后几段可以辨认的文字，正是写给他身边忠实弟子特略的：[30]

> 亲爱的特略。我还是一样。无论白天还是黑夜，腹泻都没有停止。完全没有食欲。我甚至把药都吐了。昨天我又吐了两次。我不吃东西，怕拉肚子。医生朋友们坚持认为并仍然希望注射一些生理盐水会对我有所帮助，但昨天他们给我注射了一剂，结果我很痛，并且没有缓解。尽管如此，在希门尼斯·迪亚斯（Jiménez Díaz）的坚持下，除了注射，我别无选择。其

他像卡罗（Carro）这样的医生将一切都寄希望于药物。有没有用我们到时就会知道。同时我声音嘶哑，不能阅读，不能吃饭，乏力。

尼古拉斯·阿丘卡罗·隆德（Nicolás Achúcarro Lund，1880—1918）。严格意义上来讲，他并不是卡哈尔的亲传弟子，因为当他 1911 年开始与卡哈尔合作时，已然是一位著名的神经精神病学家，并在神经病理学领域做出了卓著的贡献。尽管如此，虽然他的履历很短和作品很少，却意义非凡，值得关注。

他 1880 年 6 月 14 日出生于毕尔巴鄂的一个资产阶级家庭。10 岁那年，他进入毕尔巴鄂学院，当时米格尔·德·乌纳穆诺（Miguel de Unamuno）在那里教授拉丁语。高中毕业后他立志学医，于 1895 年 10 月离开毕尔巴鄂，在德国威斯巴登的一所高级中学完成大学预科教育。1897 年 3 月从德国返回西班牙，1897—1898 学年开始在马德里大学学习医学。第二年，他就读于卡哈尔教授的科目，并在母亲的帮助下接触了自由教育学院，尤其是接触了弗朗西斯科·希内尔·德洛斯里奥斯，希内尔在得知他对组织学的兴趣后，将他介绍给西马罗，他在西马罗那里学习了神经解剖学和病理解剖学，并在其实验室担任研究人员，走上了组织病理学的职业生涯。1899 年秋天，仅仅完成了两年课程的他决定前往德国继续他的医学学习。他搬到马尔堡，除了在化学和生理学实验室工作外，他还在那里学习了普通病理学、听诊和叩诊等课程。他独立的个性体现在他学业生涯的很大一部分时间里，是作为一名自考生度过的（他每年都去马德里参加自考；1904 年获得硕士学位）。这并不意味着他在首都孤立无援；恰恰相反，他在马德里省医院的综合病理科接受了胡安·马迪纳贝蒂亚的临床培训，并在西马罗和马迪纳贝蒂亚自己创立的私人实验室工作。

完成学业后，他在巴黎萨尔珀蒂耶医院（Hospital de la Salpêtrière de Paris）神经科医生皮埃尔·马里（Pierre Marie）的诊室完成了培训（1904—1905），然后他移居佛罗伦萨（1906—1907），在圣萨瓦里医院与埃内斯托·卢加罗（Ernesto Lugaro）和欧金尼奥·坦齐（Eugenio Tanzi）一起进修精神病学方面的课程。1906 年 12 月，他在马德里提交了他的博士论文:《对狂犬病病理解剖学研究的贡献》

（*Contribución al estudio de la anatomía patológica de la rabia*）。离开佛罗伦萨之后，阿丘卡罗搬到慕尼黑，与埃米尔·克雷佩林（Emil Kräpelin）一起工作了将近 3 年。此外他还在阿洛伊斯·阿尔茨海默的实验室进行研究［在他的实验室中，他对狂犬病的神经病变进行了一项非凡的研究，发表在《大脑皮层的组织学和组织病理学研究》（*Histologische und Histopathologische Arbeiten über die Grosshirnrinde*）］。与阿尔茨海默的相处获益匪浅。用费尔南多·德卡斯特罗（1977：450）的话来说："阿尔茨海默对阿丘卡罗作出了高度评价，尤其是在他发现了狂犬病兔大脑中神秘的杆状细胞并看出了它们可能具有的功能意义之后。这一评价在 1908 年得到证实，当时一个美国委员会要求阿尔茨海默推荐一名能够在华盛顿'政府精神病院'创建组织病理学实验室的组织病理学家。阿尔茨海默在他认识的众多年轻组织病理学家中选择了阿丘卡罗。"他在他领导的华盛顿联邦精神病院病理解剖学部只待了两年。他对西班牙的思念促使他离开了美国，同时也拒绝了查尔斯·谢林顿前往英国实验室工作的邀请。"怀着对祖国的思念，"拉蒙 – 卡哈尔 1918 年 4 月 26 日在西班牙生物学会致悼词时说道，"在朋友的催促下，和担心失去一位最杰出的助研金领取者的扩展科学教育与研究委员会的要求下，他回到了西班牙，被任命为马德里省医院的医生。"[31] 当时，他在西班牙的威望已经相当可观，正如在斯特拉斯堡学习的扩展科学教育与研究委员会助研金领取者胡安·洛佩斯·苏亚雷斯 1911 年 10 月 17 日写给卡斯蒂列霍的信所表明的那样，其中也包含了对西班牙科学形势非常悲观的看法（Castillejo，1998：628）：

到目前为止，我们所有出国学习（医学和科学）的人，到了之后对学习的内容完全一无所知。而且，也许更糟糕的是，几乎所有人也完全不知道应该做些什么。如果有人不是这样说的，那么他说的不是实话。我们不是来学习国外最新进展的，几乎所有人，无论教授与否，都必须从最基础的概念开始学起。也没有别的办法，因为尽管医学和药学还有些成就，但在整个西班牙，除了卡哈尔和已经很伟大的阿丘卡罗之外，从事科学工作的没有更著名的科学家了，而我们的东西只能在实践中和了解它们的人一起学习，而不能心存幻想。我告诉您这一切是因为我认为您应该知道赤裸裸的真相，而不是大家习以为常的真相。

1912年，扩展科学教育与研究委员会委托阿丘卡罗组建神经系统组织病理学实验室，该实验室后来与卡哈尔生物研究实验室合并，成为实验室的一个部门。同一学年（1912—1913），阿丘卡罗在学生公寓开设了一门关于大脑皮层组织病理学的课程，其中包括显微样本投影，其中他介绍了使用以自己的名字命名的染色方法对神经胶质细胞的研究。何塞·米格尔·萨克里斯坦、贡萨洛·罗德里格斯·拉福拉（Gonzalo Rodríguez Lafora）、米格尔·加亚雷（Miguel Gayarre）、路易斯·卡兰德雷（Luis Calandre）、费利佩·希门尼斯·德阿苏亚（Felipe Jiménez de Asúa）和皮奥·德尔里奥·奥尔特加（Pío del Río Hortega）在位于自然博物馆的阿丘卡罗实验室中接受过培训或进修。不幸的是，阿丘卡罗在该实验室的工作只持续了短短几年，因为他于1918年英年早逝。他的致命疾病最初症状出现于1915年，1916年他不得不放弃一些活动，在埃尔帕多疗养院休养一年。1917年7月，病情已经很严重的他去了内古里，来到他位于阁楼上的简陋实验室里。虽然起初人们认为肺结核可能是他生病的原因，但随着时间的推移，症状有所不同。而正是他自己，在阅读有关医学病理学的文章时，看到对自己症状的描述，自我诊断出霍奇金病。他于1918年4月23日去世，享年37岁。

关于阿丘卡罗的贡献，最好再次引用拉蒙－卡哈尔（1918）在阿丘卡罗葬礼致辞中的内容：[32]

许多神经和精神疾病，如狂犬病、酒精中毒、舞蹈病、全身瘫痪、早老性痴呆、脑软化、脊髓痨、胶质瘤和神经胶质瘤都归功于他非常有价值的解剖病理学揭示。

近年来，他还致力于中枢神经系统的分析，特别是关于大脑神经胶质结构和动物神经胶质细胞的进化，他在这些研究中收集了很多新的和重要的客观数据，推翻和驳斥了一些相当冒险的理论解释。他还收集了有关松果体结构非常重要的新证据，首次准确地描述了松果体的神经和神经胶质细胞。在进行这些研究时，他遵循了一个后来被大量数据证明是正确的指导思想：一些人认为是简单填充物，而另一些人认为是被动、孤立结构的灰质中包含大量神经胶质细胞。而灰质也被证明是一个高级而活跃的器官，一种内部分泌腺，它的酶对大脑的正常功能有决定性的影响。在那之前很少被探索的神经胶质细胞的改变开始得到基本的重视，在某种程度上澄清了不少神秘的精神障碍。

后来卡哈尔补充说："阿丘卡罗为揭示结缔组织和中枢神经胶质细胞而设想的实验步骤在其他组织学领域被证明是有效的，可以揭示线粒体和中心体。同时使用德国的兰克变体，尤其是西班牙德尔里奥·奥尔特加的众多方法之后，新方法的能力也得到了增强。最初的结缔组织染色法即将成为一种通用的方法。"

皮奥·德尔里奥·奥尔特加（1882—1945）。关于他，洛佩斯·皮涅罗（1990：15）写道："由于他科学贡献的重要性和他著作的国际影响，皮奥·德尔里奥·奥尔特加是继卡哈尔之后，'西班牙组织学派'最杰出的人物。"他在家乡巴利亚多利德大学学医，1905 年毕业，作为乡村医生工作了两年，之后放弃行医而从事研究工作。1913 年，他获得了扩展科学教育与研究委员会的助研金，接受（巴黎）普勒南（Prenant）和勒蒂勒（Letulle）、（柏林）科赫（Cog）和（伦敦）默里（Murray）等教授的显微解剖学培训。

1913 年回到西班牙后，德尔里奥·奥尔特加与阿丘卡罗接触，并在扩展科学教育与研究委员会的神经系统病理组织学实验室与之合作。同年，他获得了西班牙癌症研究委员会提供的助研金，前往巴黎度过了 8 个月，师从莫里斯·勒蒂勒（Maurice Letulle）和路易 – 奥古斯特·普勒南（Louis-Auguste Prenant），扩充了他在普通和病理组织学方面的知识。后来又在柏林传染病研究所与微生物学家约瑟夫·科赫（Joseph Koch）一起工作，直到第一次世界大战开始，他不得不返回马德里。之后他再次前往国外，这一次是伦敦，回国之后德尔里奥·奥尔特加于 1915 年重新加入了阿丘卡罗实验室，继续他的研究生涯。阿丘卡罗去世后，他负责领导病理组织学实验室。

1919 年开始，在发现了一种非常有效的染色方法，即碳酸银染色法及其冷热变体之后，他开展了一系列研究，彻底改变了与神经胶质（或称神经胶质细胞，是组成神经系统的细胞，执行辅助神经元的功能）相关的知识。在那之前，只承认它存在两个基本变体——原生质和成纤维细胞，此外还有一种被卡哈尔称为“树突胶质细胞”或“第三成分”的一些鲜有人研究的成分。德尔里奥·奥尔特加证明，在大脑中，在这个“第三成分”中，有必要区分两种不同的细胞学类型，他将其称为“小胶质细胞”［德国人 A. 梅茨（A. Metz）和胡戈·施帕茨（Hugo Spatz）1924 年将其命名为“奥尔特加细胞”］和第二种类型的细胞，他称之为“少突胶质细胞”（少突神经胶质）。多年来，他对两种结构的形态、结构和组织发生进行了非常完整的研究，这些研究使他在国际上享有很高的声望。

然而，他与卡哈尔的一些在隔壁生物研究实验室工作的弟子关系并不友好，这一点导致了 1920 年他与卡哈尔（后者挑起）的冲突，尽管德尔里奥·奥尔特加十分尊敬卡哈尔。在阿尔韦托·桑切斯·阿尔瓦雷斯 - 因苏亚（Alberto Sánchez Álvarez-Insúa）复原的德尔里奥·奥尔特加的自传中，他本人也表达了自己的观点。显然，这场冲突的起因是德尔里奥·奥尔特加希望在实验室工作的时间比规定的时间长，这意味着对下级的一些干扰（del Río Hortega，1986：86-87）：

> 我与人保持一定距离，因为正处于像老师（即卡哈尔）当年一般的巅峰时期，当时他每天投入 12 个小时专注于研究，不需要任何人的帮助。我发现了一些似乎是很重要的东西，我真的很急切地想彻底解决这个东西给我带来的问题。我关于小胶质细胞的文章正在印刷中，新的证据似乎即将出现，这将澄清它在神经组织中的功能。我不需要任何帮助或协助；我只渴望拿回被限制的时间和从我身上偷走的宁静。我有理由预感小胶质细胞问题会得到解决。

更糟糕的是卡哈尔给德尔里奥·奥尔特加写了一封措辞非常严厉的信，我从中摘录了一些段落（del Río Hortega，1986：87-88）：

我亲爱的朋友和伙伴……商定的条例不包含任何侮辱和羞辱任何人的条款……

我也没有什么好解释的，出于对初级员工的尊重，设置 8 个小时（可以再延长 1 个小时）的工作时间，因为每个人不可能每天都开展和完成富有成效的工作……

另一方面，实验室最多只能容纳四五个助研金获得者，超过这个数，我发现会有许多我完全不认识的人进来……我还没有提到材料的破坏，天然气和电力的过度消耗，柜门经常开合影响试剂的密封，等等。

在不影响你们恢复工作的情况下——如果你们愿意的话，我认为，现在除了一个确定的、令人满意的解决方案外，别无他法：将您和您的弟子与内格林、卡夫雷拉和卡兰德雷安置在一个专门的实验室中。我正为此奔走。我参观了自然博物馆和学生公寓，顺便说一下，那里有一个小房间，可以进行一些扩建，你们可以在那里落脚，同时生物学研究所的项目可以建在圣布拉斯山上。在这个广阔的地方，您可以拥有一间大公寓。我打算就这些情况跟卡斯蒂列霍谈一谈。

尽管卡哈尔的措施令扩展科学教育与研究委员会于 1920 年年底在学生公寓创建了一个普通的病理组织学实验室，最终德尔里奥・奥尔特加也还是不得不离开阿托查街的病理组织学实验室。根据德尔里奥・奥尔特加（1986：110）的说法，上述地方“位于名为‘跨大西洋楼’下层长廊，是一个小房间，入口处黑暗，里面明亮，被两个玻璃连拱廊环绕。家具有两张旧松木桌和一些凳子”，然后他补充说，“它看起来像西伯利亚的一个不起眼的分支。”尽管这个地方简陋，但基础设施和仪器却相当充足：例如在西班牙内战开始之前，拥有 18 台当时技术最先进的显微镜，其中包括一台莱茨显微照相设备，以及柯达微型摄影设备（López Piñero，1990）。

不可避免产生的问题是：卡哈尔的行为是否出于某种原因？当涉及个人冲突时，即便有真相，也总是很难发现。而且，无论如何，卡哈尔的胸怀足够确保德尔里奥有继续开展研究的场所和设备。

1928 年，作为国内外著名人物，德尔里奥・奥尔特加被任命为国家肿瘤研究所病理组织学实验室的负责人，3 年后他成为该研究所的所长。神经系统肿瘤的病理组织学是他研究的另一个主要课题，他为此开展了 6 项研究，其中最重要的是根据胶质瘤和副胶质瘤细胞成分不同成熟度的类型学研究（1932）。尽管他继续领导学生公寓实验室，但他的大多数合作者都和他一起搬到了新实验室。随着时间的推移，卡哈尔提出将他的实验室安置在 1932 年落成的新研究所，但德尔里奥・奥尔特加拒绝了这一提议，因为那时委员会已经升级扩建了他所领导的学生公寓实验室。

该研究所此前一直隶属于由王后主持的西班牙抗癌协会，共和国时期来临后，转为隶属于卫生总局。该研究所的负责人被迫辞职，研究所重新开始竞聘，德尔里奥胜出。当战争降临，癌症研究所（位于大学城的入口处）很快就受到了轰炸的波及，德尔里奥先是去了巴伦西亚文化之家，在获得了无数来自国外的邀请之后，最终选择离开西班牙。首先搬到巴黎（1937 年 1 月），在巴黎萨尔珀蒂耶医院担任病理组织学家。然后（同年 11 月）前往牛津大学，获得荣誉博士学位。最后 1940 年前往阿根廷，担任布宜诺斯艾利斯西班牙文化协会创建的组织学和病理组织学研究实验室主任。他于 1986 年在布宜诺斯艾利斯去世。在这座实验室，他做出了另一项重要贡献：证实了围绕感觉神经节和植物神经系统神经元的卫星细胞的神经胶质特征。

与德尔里奥・奥尔特加一起的还有他的众多弟子，不仅在马德里［伊萨克・科斯特罗（Isaac Costero）、安东尼奥・利翁巴特・罗德里格斯（Antonio Llombart Rodríguez）、胡安・曼努埃尔・奥尔蒂斯・皮康（Juan Manuel Ortiz Picón）和罗曼・阿尔韦尔卡（Román Alberca）等］，也在布宜诺斯艾利斯［如莫伊塞斯・波拉克（Moisés Polak）和胡利安・普拉多（Julián Prado）］。

贡萨洛・罗德里格斯・拉福拉（Gonzalo Rodríguez Lafora，1886—1971）1912 年加入卡哈尔的研究所。卡哈尔帮助他在当时贝拉斯科博士的博物馆三楼的一个小空间里建了一个大脑生理学和神经病理学实验室。罗德里格斯・拉福拉仅用了 25 年时间就发现了神经细胞内的小体，与退行性和进行性肌阵挛性癫痫有解剖学相关性，在世界科学术语中被称为“拉福拉小体”，并对动脉硬化性和老年性痴呆进行了病理学描述。除了这些为他赢得国际声誉的成就外，他对帕金森病和流行性脊髓灰质炎的研究也很突出。拉福拉成立了一个重要的研究小组，成员有：M. 普拉多斯・苏奇（M. Prados Such）、J. 戈萨洛（J. Gozalo）、F. 利亚韦罗（F. Llavero）、R. N. 洛佩斯・艾迪略（R. N. López Aydillo）、B. 略皮斯（B. Llopis）、何塞・赫尔马因（José Germain）、恩里克・埃斯卡多（Enrique Escardo）、拉蒙・罗德里格斯・索摩查（Ramón Rodríguez Somoza）和路易斯・巴伦西亚诺（Luis Valenciano）。

费尔南多・德卡斯特罗（1896—1967）。这位马德里人是卡哈尔最后一批弟子之一，并与拉斐尔・洛伦特・德诺一起，开启了西班牙组织学派的生理学导向。他最初与阿丘卡罗一同接受培训，但阿丘卡罗生病后，他开始直接与卡哈尔一起工作，直至卡哈尔去世。从那时起，他几乎完全致力于神经组织学研究。最初他在科学领域获得认可的，是他关于交感神经节和感觉神经节的正常和病理结构的重要研究（1922），他凭借这一研究获得了博士学位。在此之前，他在《生物研究实验室论文集》（*Trabajos del Laboratorio de Investigaciones Biológicas*）中发表了 5 篇文章。一年后，他作为扩展科学教育与研究委员会的奖学金领取者进入卡哈尔研究所。从那时起，开始对血管壁中的神经末梢进行分析，在几年前德国生理学家海因里希・黑林（Heinrich Hering）所描述的心肺反射的解剖学基础上进行研究。

1925 年，他通过竞聘获得了马德里大学医学系组织学和病理解剖学助理教授一职，1929 年他被任命为卡哈尔研究所助理。1933 年他获得了塞维利亚大学组织学和病理解剖学教授职位，但两年后根据一项特别法令，他成为卡哈尔研究所正式成员，并领导了脑生理学实验室。西班牙内战的爆发使他的研究生涯发生了决定性的改变。由于政治原因失去了他在大学的教职，战后遭受了科学界的敌视。然而，他仍然是卡哈尔学派最名副其实的代表，通过与他一起培训或工作的一批弟子和合作者，为延续老师的榜样力量做出了积极努力，其中包括形态学家康斯坦丁诺・索特洛（Constantino Sotelo）和法昆多・巴尔韦德（Facundo Valverde）以及生理学家安东尼奥・加列戈和安东尼奥・费尔南德斯・德莫利纳。他于 1967 年 4 月 15 日在马德里去世。1933 年他与圣地亚哥·拉蒙 - 卡哈尔合著出版了《神经系统显微绘图技术》（*Técnica micrográfica del sistema nervioso*）一书。

拉斐尔·洛伦特·德诺（1902—1990）。他在家乡萨拉戈萨学习医学，1921 年在佩德罗·拉蒙 - 卡哈尔的指导下开始了他的神经系统研究。佩德罗·拉蒙 - 卡哈尔意识到他的才华，建议他去马德里与他的兄弟圣地亚哥·拉蒙 - 卡哈尔一起工作。他也是这样做的，作为助研金获得者加入了生物研究实验室，并将组织学研究与完成医学硕士学位相结合。于是他成了卡哈尔最年轻的弟子。

他的文章《老鼠的听觉大脑皮层》发表在《马德里大学生物研究实验室论文集》中。当时洛伦特只有 20 岁，这是一篇经典作品，其中包含了对体感皮层不同区域的首次描述。

应卡哈尔的请求，在扩展科学教育与研究委员会的资助下，洛伦特 1924 年前往荷兰乌得勒支药理研究所访学，然后去了瑞典乌普萨拉大学耳鼻喉医院进修，并一直待到 1927 年。他与医院院长、现代听力学权威罗伯特·巴拉尼（Robert Bárány）一起工作。他最终转向了神经生理学，尤其是对前庭器官功能的研究。1925 年，他短暂中断了在瑞典的工作，与柏林脑科学研究所的奥斯卡·福格特（Oskar Vogt）和塞西尔·福格特（Cécile Vogt）一起研究人类大脑皮层结构。

委员会助研金延期至 1928—1929 学年使他得以继续在乌普萨拉、哥本哈根，以及最后在柯尼斯堡生理研究所研究前庭器官。那些年他所做的研究使他能够确切地描述眼反射的机制。他将生理学研究结果与对内耳迷路感觉部分详细解剖学分析相结合，撰写了专著《内耳迷路和第 8 对神经的解剖生理学研究》（*Études sur Anatomie et physiologie du labyrinthe de l'oreille et du huitième nerf*，1926），这使他迅速享誉世界。

他 1929 年返回西班牙，但由于缺乏资金，他不得不在诊所工作。同年，他获得了桑坦德巴尔德西亚医院耳鼻喉科主任职务，成为西班牙该专科的领导者。他在那里工作了 11 个月，但临床工作过多且资金匮乏，促使他另谋出路以重返研究。卡哈尔本人意识到西班牙科学界可能会失去洛伦特的风险（后来被称为“人才流失”的早期例子），正如他在 1930 年夏天写给扩展科学教育与研究委员会秘书何塞·卡斯

蒂列霍的信中所示：[33]

> 洛伦特·德诺因为不满巴尔德西亚医院的薪资而打算离开我们前往北美。诸如此类的事件值得你们思考，并采取迫不得已的解决办法。在我看来，除了某些特殊情况，我们不应该给助教和教授之外的人员予以资助。否则就是把我们所拥有的一点点人才拱手送到美国。

最终，1931 年秋天，在巴拉尼和福格特夫妇的强烈推荐下，洛伦特被邀请前往密苏里州圣路易斯市中央聋人研究所领导新组建的大脑听觉中枢研究实验室。年轻研究员的流失让卡哈尔感到失望，他感觉失去了自己最好的弟子。尽管如此，他理解洛伦特的决定，并一直与他保持书信往来，直到生命的尽头。事实上，卡哈尔 1934 年 10 月 15 日最后一封信也是寄给他的，而卡哈尔当时几乎已经在死亡的边缘，事实上，不到 40 个小时后他就去世了。这封信的原件保存在马德里医学院，内容令人动容，这位老师在弥留之际仍然关注他弟子的科学工作，同时也彰显了他人格的伟大。

> 亲爱的同事和朋友：
>
> 我的结肠炎非常严重，已经持续了大约两个月，导致我无法下床、吃饭和写作。
>
> 写这封信是为了告诉您，我收到了您关于老鼠海马体的论文，感谢您的礼物。
>
> 我仅有两点意见：
>
> 1. 树突棘。请您注意这些不是异常的棘状突起，而是真正的树突棘，末端是一个小球。树突棘的颈部有时染色太浅。（这里他画了一幅图。）
>
> 2. 海马体。小鼠不利于结构研究。难以发现短轴突细胞，并且很倾向于形成看不清起点和末端细节的纤维团。
>
> 你为什么不使用出生 20~40 天的兔子做实验？科克斯染色法能够提供

短轴突细胞的清晰的松散树状结构，而使用高尔基法不是每次都能清楚地看到。

衷心的祝福

您的老朋友

卡哈尔

在美国，洛伦特继续他关于造成改变前庭眼反射的轻微损害的实验，但他也借机发表了他在柏林时就开始的关于大脑皮层结构的研究，并完成了对在桑坦德期间收集到的材料的详细分析。大西洋彼岸大萧条期间的科学预算严重枯竭时，洛伦特考虑了返回西班牙的可能性。然而，就在洛克菲勒基金会对洛伦特在中央聋人研究所的财政支持即将结束时，他的同事、未来的诺贝尔奖获得者赫伯特·斯潘塞·加瑟（Herbert Spencer Gasser）提议同他一起前往纽约。他接受了这个建议并于1936年转入洛克菲勒医学研究所。他被新兴的电生理学所吸引，并且身处可能是当时世界上装备最先进的实验室，通过将最新的电生理学方法应用于卡哈尔的发现，彻底改变了神经元激活和突触传递领域。他的两本著作《神经生理学研究》（*A Study of Nerve Physiology*，1947）汇集了他在纽约实验室十多年的研究成果，是第一部将神经系统基本电生理学知识系统化的伟大著作。

30年来，洛伦特研究了脊椎动物周围神经中神经冲动的传导，这一努力使他做出了卓越的科学贡献。

20世纪50—60年代他一直是诺贝尔奖的候选人，他辉煌的个人研究时代也到此终结。他于1970年退休，但1972年被任命为加州大学名誉教授，在那里他一直活跃到20世纪80年代。因为肺气肿的加剧，他搬到图森，并于1990年4月2日去世。

排除了先决条件和有利环境的缺乏等困难，卡哈尔表明如果为科学创造合适的条件，在西班牙开展科学研究是可行的。国家落后，但不颓废。卡哈尔就这样给西班牙上了宝贵的一课。在他生命的最后三分之一时间里，他至少欣慰地看到，他为之奋斗良久的文化复兴是如何在西班牙铸就的，见证了他的弟子阿丘卡罗、特略、拉福拉、卡斯特罗、洛伦特·德诺——确切地说，卡哈尔学派创造了一流的科学成就并获得了国际认可。在另一章中，我们将谈到这个学派是如何走向衰落的。

穆蒂斯和卡哈尔，蚂蚁将他们联系在一起

有时，分处不同时空的科学研究关注点产生交汇是很常见的。其中之一就发生在西班牙科学界两位伟大人物之间，塞莱斯蒂诺·穆蒂斯和圣地亚哥·拉蒙 – 卡哈尔。二人并非因为对蚂蚁的研究而出名，而且他们也没有专门研究蚂蚁。但事实证明，他们将一些精力投入了这门科学，即蚁学。让我们看看他们做了什么。

蚁学家穆蒂斯

塞莱斯蒂诺·穆蒂斯没有发表任何关于蚂蚁的研究成果，他所写的相关内容大部分业已丢失，但一些详细介绍了他的研究的文献仍然还在。幸存下来的文献佐证了两位杰出蚁学家，著名的爱德华·威尔逊（Edward Wilson）和何塞·戈麦斯·杜兰在一本关于穆蒂斯蚂蚁研究的书中所说的话（Wilson y Gómez Durán，2010：7，94）：

对于生物历史学家来说，穆蒂斯主要以植物学家和公认林奈的弟子而著称。此外，他也是在新大陆第一个研究美洲热带地区主要昆虫、蚂蚁和白蚁独特习性的人。在 18 世纪所有专注于研究植物、脊椎动物，有时研究蝴蝶的博物学家中，只有穆蒂斯将目光投向了脚下密布的小生命。

他的伟大成就是克服了作为一个在全新世界探索的博物学家所面临的艰巨挑战。没有任何可依靠的先验信息。作为未知大陆的第一位实地昆虫学家，他尽其所有开展研究。我们必须明白，他克服的困难比简单地缺乏先验知识更艰巨；他甚至不知道该问什么问题。

穆蒂斯关于蚂蚁幸存下来的文献之一是他写给瑞典鸟类学家古斯塔夫·冯·派库尔（Gustav von Pajkull，1757—1826）男爵的一封信的草稿（没有注明日期，但想必晚于 1778 年，即林奈去世的那一年，因为他提到了这一点）。他在其中解释了他对这些小昆虫感兴趣的缘由以及他的一些观察：[34]

敬爱的林奈先生，我尊敬他就好像他是我的导师一般，他在第一封信中要求我写一篇关于美洲蚂蚁的文章。从那时起，我开始搜寻这方面的知识，但是由于需要在首都圣菲波哥大生活而导致一些延迟，因该地区极高的地势导致气候对我们来说是寒冷，却不适宜这些昆虫生存。我从炎热的低地地区要到了一套昆虫标本；我研究了它们的特性，形成了对它们的描述，最后得知我们的美洲蚂蚁在欧洲大部分地区都不为人知。在那种状态下，我撰写了文章：后来我才知道，由于我长时间的旅行，这篇文章与我写给林奈先生的许多信一样遭受了相同的命运。

自从1777年我改变了研究方向，开始在伊瓦格矿场中尽情享受博物学的乐趣，我仿佛居住在一个蚂蚁王国，那里聚集了美洲所有类型的蚂蚁。我开始对该地区所有蚁群进行记录。在我住在那个非常温馨的豪宅的五年里，我花了几个小时、几天甚至整整几个星期观察蚂蚁，一些物种只有在特定季节才列队出现。在某些物种中，我设法反复观看交配过程，通过经验验证有关性征的疑问。在这种状态下，我知道我不应该再为失去最初的文章而痛惜，因为新物种和新知识使我更加充实。为了将它们整理好并发表，我想知道我从同一物种得出的一些观察结果是否与欧洲的相关知识相同。这些发现通常记载在学术书籍中，但由于这边缺乏欧洲的相关书籍，我无法知道关于该物种出版了哪些书籍。这就是我向亲爱的贝尔尤斯询问的原因，在斯德哥尔摩或乌普萨拉科学院的某些文章中，是否有关于每种性别特征的详细描述，以便一眼就能准确判断性别。因为我的提问，这也是我获得您信件的最佳时机。

当然，我们可以开始了，我将向您简要地介绍我的一些观察结果。一般在所有群落中，也可以称它们为“种群”，有3种性别：雄蚁、雌蚁和工蚁。众所周知的最后一种工蚁负责照料种群后代的想法是非常合理的。体型较大的兵蚁负责保卫家园从不外出，否则整个王国就有遭到破坏的危险。它们的数量很少，但在同一蚁群中地位极高，人们甚至会误以为这是一种与它们种群不同类的蚂蚁；这一点是确实的，因为这就曾经发生在林奈先生本人身上，他把芭切叶蚁属的兵蚁称为龟蚁。作为“平民”的工蚁数量众多，它们中有首领，但它只负责领导工蚁并给它们分配工作，只能通过体型大小来区分，它们的体型比兵蚁小比普通工蚁大。在这个群落中，两种蚁都具有塞氏切叶蚁的特征。未交配的有翼雌蚁（公主）比蚁后小，区别是体型小，腹部扁。蚁后肚子非常膨大。最后是雄蚁，体型比蚁后小，而且每个种属区别很大。

雄蚁体型大小的差异（体型的差异并不是真正性状的差异）并不能将其与雌蚁区分开来，雄蚁可能与有翼雌蚁混淆。这些就是我的发现，我的朋友，虽然仅限于这个种群的范围，我还要去其他种群中进行验证。只要说翼蚁出生时有触角，平行或略微分叉，通常向前伸展，触角节的数量与最低等级的蚂蚁几乎相等，比其他性别的 10 个或 11 个触角节加在一起还要长一半以上，那么您就能确定说这只蚂蚁是那个种群中的雄性。

我不知道欧洲蚂蚁在性状上是否具有相同的特征。在我的朋友、杰出的冯·林奈的劝说下，我完成了那篇文章，他的遗嘱是将那篇文章保存在乌普萨拉大学的纪要中。我对这位伟人充满敬意，就好像他还活着一样，我应当信守他的诺言和我的诺言。这并不妨碍我以后向您发送一些零散的文章，以进一步扩展对它们的描述、它们的机能和习性等多种多样且值得了解的内容。

有了这些，我就有足够的勇气接收您的来信了。

蚁学家卡哈尔

由于渴望将神经组织学分析扩展到所有类型的动物组织中，拉蒙－卡哈尔还探索了无脊椎动物的世界，在那里最多样化的特性为他提供了广阔的研究视野。然而，他在那里遇到了一个困难，即被认为专用于神经分化的组织学方法几乎完全失败。尽管如此，他还是取得了辉煌的成就，他在该领域的研究成果形成了一系列文章，其中以关于昆虫复眼结构的作品最为突出。但他并不满足于定义那个小生物世界中的神经连接、交叉点和通路，他仍然试图在面对综合功能问题时能走得更远，特别是在蚂蚁的情况下，蚂蚁生活在复杂的社会中，每个个体一丝不苟地完成自己的使命，而并没有任何人命令它这样做。

卡哈尔对蚂蚁投入了大量的精力，进行了长时间的耐心观察，为此设计了多个巧妙的实验，在拉格兰哈，布恩雷蒂罗公园，以及在他郊外别墅的花园中进行操作。他的这座别墅位于阿马尼埃尔桥旁边的山上一个朝向山脉和蒙克洛亚宫的开阔地方，靠近贝利亚斯和夸特罗卡米诺斯的工人阶级社区。在《八十岁所见的世界》（*El mundo visto a los ochenta años*）一书中题为《乡村退休生活的魅力》的章节中，他回忆起他是多么喜欢乡村（Ramón y Cajal，1921：225）："我还记得我对蚂蚁生活的观察，令人回味无穷，特别是可怕的橘红悍蚁，奴隶剥削制度的发明者；我对黄蜂、蜜蜂、大黄蜂和蝴蝶的飞行路线和习性的探索；我对蝇科和鳞翅目昆虫色觉的实验。在假期进行的此类研究时常让我觉得，没有什么比沉浸在开阔的大自然中更能让人精神焕发的了。"在他的实验室里，他跟每个人讲了他的兴趣（Del Río Hortega，1986：56–57）：老师当时对蜜蜂和蚂蚁的研究非常感兴趣。放假休息时，他在位于夸特罗卡米诺斯的房子里，探索了它们的触觉、视觉和嗅觉特性。他热情地、充满孩子气地告诉我们一些类似于法布尔的计策，通过隐藏花朵的颜色和气味来迷惑蜜蜂，并将它们吸引到不同的颜色和气味中，从而推断出是什么在引导它们。他还提到了他用障碍物和芳香物质误导蚂蚁的方式，以及它们如何凭借一种奇妙的方向感和计算找到自己的路。

他对蚂蚁的观察成果集结成一系列笔记，本来计划出版，但从未得以实现。在这方面唯一的书面贡献是1921年发表在《西班牙皇家博物学会通报》（Ramón y Cajal，1921）上的文章：题为《蚂蚁的感觉》（*Las sensaciones de las hormigas*），可以认为是在如此复杂而有趣的道路上迈出的第一步。因此，在文章开头可以读到：

这篇短小的语无伦次的文章不值一提，我对蚂蚁心理学的研究可以说是从果园树上摘下来的未成熟的果实。

在其他涉及面更广泛的文章中（未发表），我探讨了关于身体语言、筑巢、采集和狩猎探险等吸引人和有争议的问题，最重要的是定位和返回巢穴的大问题。

卡哈尔在文章的开头列出了蚂蚁拥有的4种基本感觉，它们的精神生活基于这些感觉：视觉、嗅觉、触觉和味觉，并质疑了一些作者提出的其他感觉的存在，例如由约翰·卢伯克（John Lubbock）爵士提出，夏尔·雅内（Charles Janet）描述的听觉；皮埃龙（Piéron）提出的肌觉，科尔内茨（Cornetz）提出的方向感等。

然后，他根据蚂蚁某些感官的优势对蚂蚁进行了分类。在他看来，鉴于几乎所有蚂蚁都拥有发达的触觉和嗅觉器官，他提出将蚂蚁分为两类：视力好的或良好的（多视型）以及视力不好或中等的（寡视型）。卡哈尔继续说，蚂蚁“通常受主导感官印象引导其工作”，因为“这种行为代表了对精力的节省。然后，像我们一样为了辨认方向相信眼前的一切，轻视或忽视触觉和嗅觉印象以及对机械振动的感觉；众所周知，这些是盲人在行进中具有重要意义的感官印象”。

卡哈尔主要着眼于视觉，质疑卢伯克和其他观察者认可的对颜色感知的假设。卡哈尔的假设则基于他对蚂蚁眼睛的解剖学研究结果，他认为这些昆虫不能辨别颜色。为了支持这一说法，他描述了一些奇特的实验，证明寡视型蚂蚁缺乏这种类型的视觉。他继续指出，它们无法区分颜色的事实并不意味着它们不能区分光影，只要对比足够强烈，它们就能很好地区分出来。他注意到这些昆虫如何对黑色形成特别深刻印象，只要黑色物体能够反光，并展示了他进行的此类实验中的两个典型例子：

黑毛蚁（*Lasius Níger*，多视型）的一个群落入侵了我们的野外小屋，在瓷砖的裂缝中筑巢。在离雌性工蚁走过的宽阔路径几米远的地方，我们在黑色玻璃上滴了三滴边缘反光的黏性液体：一滴是蜂蜜，另一滴是阿拉伯树胶，还有一滴是普通胶水。三者都微微呈现出相同的黄色调，在黑暗的背景下几乎无法区分。几分钟内，一些工蚁注意到了战利品，建立了一条从巢穴到黏液的十分寻常的路径。我们惊讶地发现，三滴黏性液体都同样吸引蚂蚁。似乎可以肯定的是，引诱黑毛蚁的不是气味或颜色，而是从一厘米到半厘米远的地方看到的黏性物质的生动的反光。

另一个能够通过亮光分辨暗处微小物体的例子通常是猎蚁，虽然它们属于寡视型。

用氯仿使几只野蛮收获蚁（*Aphaenogaster barbara*，多视型）工蚁窒息，随后先用酒精和乙醚处理，然后用各种碱剂处理，以尽可能消除蚁酸味；最后在阳光下晒干一个星期。在这种木乃伊化状态下，将它们放置在盘腹蚁（*Aphaenogaster testaceopilosa*，多视型）和蜜罐蚁（*Myrmecocystus viaticus*，寡视型）的巢穴附近。就会被陆地上的工蚁侦察员发现，认为是优秀的战利品，将它们带到了地下仓库。

但是，如果在放置到蚁丘附近之前，把它们涂成白色，猎蚁就不会认出它们，而从旁边直接绕过去。明确无误的证据表明，对许多昆虫来说，反光的黑色比形状和气味更能打动它们。

他以这样的假设结束了他的研究：尽管缺乏感官，但这些昆虫通过补偿表现出惊人的运动反应和奇妙的目的本能。并且感觉在精神生活中并不是最重要的；在此之上，综合相关数据，并根据该物种千年来的习得来解释它们，大脑占主导地位，具有丰富的潜力。